Periodic Table of the Elements

- Metals (main-group)
- Metals (transition)
- Metals (inner transition)
- Metalloids
- Nonmetals

MAIN GROUP ELEMENTS | TRANSITION ELEMENTS | MAIN GROUP ELEMENTS

Period	IA (1)	IIA (2)	IIIB (3)	IVB (4)	VB (5)	VIB (6)	VIIB (7)	VIIIB (8)	VIIIB (9)	VIIIB (10)	IB (11)	IIB (12)	IIIA (13)	IVA (14)	VA (15)	VIA (16)	VIIA (17)	VIIIA (18)
1	1 **H** 1.008																	2 **He** 4.003
2	3 **Li** 6.941	4 **Be** 9.012											5 **B** 10.81	6 **C** 12.01	7 **N** 14.01	8 **O** 16.00	9 **F** 19.00	10 **Ne** 20.18
3	11 **Na** 22.99	12 **Mg** 24.31											13 **Al** 26.98	14 **Si** 28.09	15 **P** 30.97	16 **S** 32.07	17 **Cl** 35.45	18 **Ar** 39.95
4	19 **K** 39.10	20 **Ca** 40.08	21 **Sc** 44.96	22 **Ti** 47.88	23 **V** 50.94	24 **Cr** 52.00	25 **Mn** 54.94	26 **Fe** 55.85	27 **Co** 58.93	28 **Ni** 58.69	29 **Cu** 63.55	30 **Zn** 65.39	31 **Ga** 69.72	32 **Ge** 72.61	33 **As** 74.92	34 **Se** 78.96	35 **Br** 79.90	36 **Kr** 83.80
5	37 **Rb** 85.47	38 **Sr** 87.62	39 **Y** 88.91	40 **Zr** 91.22	41 **Nb** 92.91	42 **Mo** 95.94	43 **Tc** (98)	44 **Ru** 101.1	45 **Rh** 102.9	46 **Pd** 106.4	47 **Ag** 107.9	48 **Cd** 112.4	49 **In** 114.8	50 **Sn** 118.7	51 **Sb** 121.8	52 **Te** 127.6	53 **I** 126.9	54 **Xe** 131.3
6	55 **Cs** 132.9	56 **Ba** 137.3	57 **La** 138.9	72 **Hf** 178.5	73 **Ta** 180.9	74 **W** 183.9	75 **Re** 186.2	76 **Os** 190.2	77 **Ir** 192.2	78 **Pt** 195.1	79 **Au** 197.0	80 **Hg** 200.6	81 **Tl** 204.4	82 **Pb** 207.2	83 **Bi** 209.0	84 **Po** (209)	85 **At** (210)	86 **Rn** (222)
7	87 **Fr** (223)	88 **Ra** (226)	89 **Ac** (227)	104 **Rf** (261)	105 **Db** (262)	106 **Sg** (266)	107 **Bh** (262)	108 **Hs** (265)	109 **Mt** (266)	110 **Ds** (269)	111 **Rg** (272)	112 **Uub** (277)	113 **Uut**	114 **Uuq** (285)	115 **Uup**	116 **Uuh** (289)	117 **Uus**	118 **Uuo**

INNER TRANSITION ELEMENTS

Period															
6	Lanthanides	58 **Ce** 140.1	59 **Pr** 140.9	60 **Nd** 144.2	61 **Pm** (145)	62 **Sm** 150.4	63 **Eu** 152.0	64 **Gd** 157.3	65 **Tb** 158.9	66 **Dy** 162.5	67 **Ho** 164.9	68 **Er** 167.3	69 **Tm** 168.9	70 **Yb** 173.0	71 **Lu** 175.0
7	Actinides	90 **Th** 232.0	91 **Pa** (231)	92 **U** 238.0	93 **Np** (237)	94 **Pu** (242)	95 **Am** (243)	96 **Cm** (247)	97 **Bk** (247)	98 **Cf** (251)	99 **Es** (252)	100 **Fm** (257)	101 **Md** (258)	102 **No** (259)	103 **Lr** (260)

List of the Element with their Symbols and Atomic Masses

영문명	한글명	기호	원자번호	원자량	영문명	한글명	기호	원자번호	원자량
Aluminum	알루미늄	Al	13	26.98	Iridium	이리듐	Ir	77	192.22
Americium	아메리슘	Am	95	(243)	Iron	철	Fe	26	55.85
Antimony	안티몬	Sb	51	121.75	Krypton	크립톤	Kr	36	83.80
Argon	아르곤	Ar	18	39.95	Lanthanum	란탄	La	57	138.91
Arsenic	비소	As	33	74.92	Lead	납	Pb	82	207.20
Astatine	아스타틴	At	85	(210)	Lithium	리튬	Li	3	6.941
Barium	바륨	Ba	56	137.33	Lutetium	루테튬	Lu	71	174.97
Berkelium	버클륨	Bk	97	(247)	Magnesium	마그네슘	Mg	12	24.31
Berylium	베릴륨	Be	4	9.012	Manganese	망간	Mn	25	54.94
Bismuth	비스무트	Bi	83	208.98	Mendelevium	멘델레븀	Md	101	(258)
Boron	붕소	B	5	10.81	Mercury	수은	Hg	80	200.59
Bromine	브롬	Br	35	79.90	Molybdenum	몰리브덴	Mo	42	95.94
Cadmium	카드뮴	Cd	48	112.41	Noedymium	네오디뮴	Nd	60	144.12
Calcium	칼슘	Ca	20	40.08	Neon	네온	Ne	10	20.18
Carbon	탄소	C	6	12.01	Nickel	니켈	Ni	28	58.69
Cerium	세륨	Ce	58	140.12	Niobium	니오브	Nb	41	92.90
Cesium	세슘	Cs	55	132.90	Nitrogen	질소	N	7	14.01
Chlorine	염소	Cl	17	35.45	Nobelium	노벨륨	No	102	(259)
Chromium	크롬	Cr	24	52.00	Osmium	오스뮴	Os	76	190.20
Cobalt	코발트	Co	27	58.93	Oxygen	산소	O	8	16.00
Copper	구리	Cu	29	63.55	Palladium	팔라듐	Pd	46	106.42
Curium	퀴륨	Cm	96	(247)	Phosphorus	인	P	15	30.97
Dysprosium	디스프로슘	Dy	66	162.50	Platinum	백금	Pt	78	195.08
Einsteinium	아인슈타이늄	Es	99	(252)	Potassium	칼륨	K	19	39.10
Erbium	에르븀	Er	68	167.26	Selenium	셀레늄	Se	34	78.96
Europium	유로퓸	Eu	63	151.96	Silicon	규소	Si	14	28.10
Feropium	페르뮴	Fu	100	(257)	Silver	은	Ag	47	107.87
Fluorine	플루오르	F	9	19.00	Sodium	나트륨	Na	11	23.00
Francium	프랑슘	Fr	87	(223)	Strontium	스트론튬	Sr	38	87.62
Gadolinium	가돌리늄	Gd	64	157.25	Sulfur	황	S	16	32.06
Gallium	갈륨	Ga	31	69.72	Tellurium	텔루륨	Te	52	127.60
Germanium	게르마늄	Ge	32	72.59	Thallum	탈륨	Tl	81	204.38
Gold	금	Au	79	196.97	Tin	주석	Sn	50	118.71
Hafnium	하프늄	Hf	72	178.49	Titanum	티타늄	Ti	22	47.88
Helium	헬륨	He	2	4.003	Tungsten	텅스텐	W	74	183.85
Holmium	홀뮴	Ho	67	164.93	Uranium	우라늄	U	92	238.03
Hydrogen	수소	H	1	1.008	Vanadium	바나듐	V	23	50.94
Indium	인듐	In	49	114.82	Zinc	아연	Zn	30	65.39
Iodine	요오드	I	53	126.91	Zirconium	지르코늄	Zr	40	91.22

GENERAL CHEMISTRY

최신 일반화학

대학화학교재연구회

도서출판 동화기술

머리말 PREFACE

대학 교육의 사명은 학생 스스로 문제를 설정하고 이미 알려진 지식과 자료를 활용, 수준 높은 사고력을 발휘하여 그 문제를 풀어갈 수 있도록 하는 데 있다. 즉 창조적 인물의 육성인 것이다. 이 책은 대학의 일반교육과정 혹은 전문과정에 있는 학생들에게 화학의 기초를 이해하고 체계화하는데 도움이 되고자 하는 의도에서 집필되었다.

화학을 어떻게 공부하면 좋은가 라는 질문에 대하여 한 마디로 대답하기는 어렵지만, 화학은 자연 과학의 한 분야로서 이론과 현상이 동전의 앞 뒷면과 같이 양립한다. 이론과 실험을 통하여 지식과 경험을 습득하되 어느 한쪽에 치우친다면 그 결과는 불완전한 것일 수밖에 없다. 이러한 상황과 이공계 학생들의 화학 지식 정도가 모두 다른 점을 감안할 때 필수적이고도 기초적인 화학원리로부터 수준 높은 분야에까지 화학 전반에 걸쳐 쉽게 이해할 수 있도록 그 내용과 순서를 여러 각도에서 검토하여 편찬하였다.

본 책은 총 20장으로 구성되었으며 제1장 서론에서는 실험수치 정리시 기초가 되는 단위 환산과 유효숫자에 대해 다루었다. 제2장부터 7장은 화학의 기본개념으로 원자, 분자, 그리고 이온간의 결합에 관한 내용을 다루었다. 주기율표에 따른 원자간 화학결합의 이해와 더불어 화합물의 스펙트럼을 해석할 수 있어야 하겠다. 제8장부터 10장은 기체, 액체, 고체내 원자의 결합방식과 분자운동에 대한 내용을 담고 있다. 제11장부터 13장에서는 물리화학-화학열역학, 화학평형, 화학반응속도를 다루었다. 제14장과 15장에서는 산화 · 환원개념을 기본으로 한 전기화학을 다루었으며, 제16장은 수용액에서의 산 · 염기 적정에 관한 내용으로 실험시 가장 많이 응용되는 장이기도 하다. 제17장과 18장은 응용화학으로 착화물, 금속에 대해 다루었다. 제19장과 20장은 유기화학과 생화학으로 유기화합물의 명명 및 반응 메카니즘과 함께 각종 유기물, 아미노산, 그리고 탄수화물의 구조를 중점으로 다루었다.

저자들의 욕심 같아서는 더 많은 내용을 더 깊숙히 다루어 이 한 권의 책으로 기초화학의 모든 문제가 해결될 수 있기를 원하지만, 현재의 제반 사항을 고려할 때 부득이 최소한의 기본 사항만을 다룰 수밖에 없었음을 인정하지 않을 수 없다.

이 책에 미비한 점이 많으리라 생각하며 이에 대하여 앞으로 여러분의 편달을 바라며 경험을 축적하여 보완함으로써 추일 더 좋은 작품이 되도록 노력할 것을 다짐한다. 다만, 이 책이 여러분의 화학 학습과 각 분야에서 화학을 이용하는데 도움이 될 수 있다면 커다란 보람으로 여기겠다.

끝으로 이 책의 출판을 맡아 협조하여 주신 도서출판 동화기술 사장님과 편집부 여러분께 깊은 감사를 드린다.

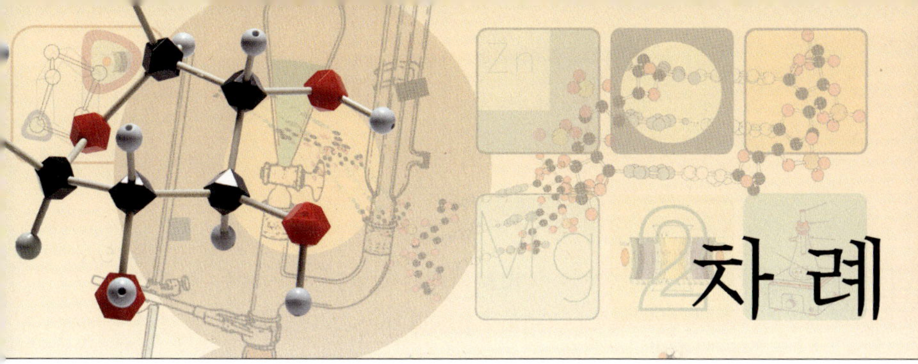

차례 CONTENTS

제 01 장 서론

제 02 장 원자, 분자 및 이온

제 03 장 화학식 및 화학반응식

제 04 장 원자의 구조

제 05 장 원자의 성질과 주기율표

제 06 장 화학결합과 분자구조

제 07 장 분자구조와 스펙트럼

제 08 장 기체

제 09 장 용액

제 10 장 고체

제 11 장 화학 열역학

제 12 장 화학평형

제 13 장 화학반응속도

제 14 장 산화와 환원

제 15 장 전기화학

제 16 장 산과 염기

제 17 장 착화물

제 18 장 금속과 비금속

제 19 장 유기화학

제 20 장 생화학

APPENDIX 부록

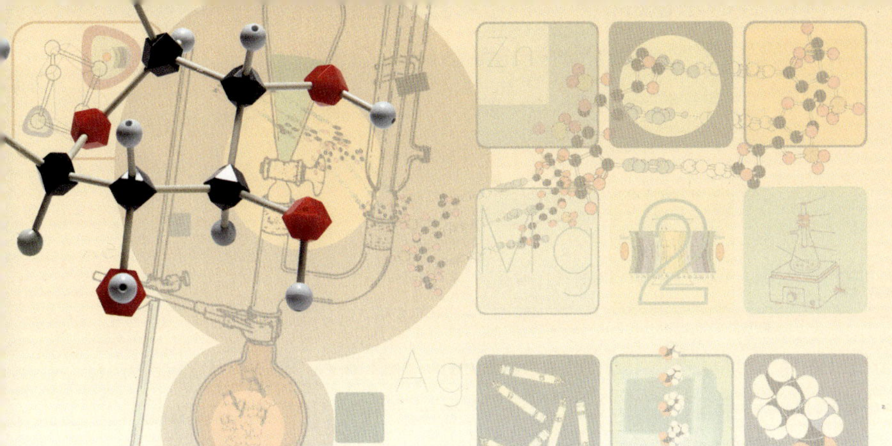

CHAPTER 01

서론

화학은 "변화에 대해 연구하는 자연과학"이다. 변화는 어디에서나 일어나고 있다. 우리 몸 속에서의 호흡과 소화작용, 공기 중에서 쇠가 녹스는 현상, 땅 속에서 생성되는 석유와 석탄, 태양이 방출하는 열과 빛 등 우리 주변에서는 물질이 끊임없이 변하고 있다. 어느 것은 느리게, 어느 것은 빠르게. 이러한 변화를 연구하다 보면 당연히 질문이 생기게 되는데, 각 질문에 대한 답변을 마련하는 과정이 바로 화학인 것이다.

그 첫 번째 질문은 "왜 변화하는가?"이다. "왜?"이것이야말로 자연과학의 출발점이며, 원동력이다. 모름지기 자연과학을 연구하는 사람이면 누구나 자연 현상에 대해 끊임없이 질문을 던져야 한다. "왜?" 간단하게 답하면 "안정한 상태가 되기 위해서", 즉 에너지를 낮추려는 경향이 "왜"에 대한 설명이다. 두 번째 질문은 "무엇이, 어떻게 변화하는가?"이다. 이에 대한 답을 마련하기 위해서는 물질 자체와 물질의 성질에 대한 기본적인 이해가 요구된다. 세 번째 질문은 "얼마나 빠르게, 어느 양까지 변화하는가?"이다. 이에는 물질을 분석하고 측정하는 기술이 필요하다.

화학이 문명을 어느 정도 변혁시켜 왔는가는 여러 증거로부터 알 수 있다. 대부분의 옷, 자동차 및 일상생활에서 볼 수 있는 모든 제품들은 20세기 전에는 없었던 재료들이다. 최근에 와서 유기체의 생명작용이 다양한 화학반응에 의한 현상이라는 것이 밝혀짐으로써 생화학의 연구에 깊은 관심이 쏠리고 또 생명의 본성에 대한 지식에 커다란 진전이 이루어졌다. 실험실에서 만들어진 의약품은 우리를 보다 건강하게 하였고 또 질병을 치료함으로써 우리의 수명을 연장하였다. 그러나 기술 성장에 의해 동반되는 부작용에 관한 문제를 알게 된 것은 최근의 일이다. 앞으로 이러한 문제의 해결 방법이 화학의 커다란 과제가 될 것이다. 이 장에서는 과학이 어떻게 결과를 낳는가를 생각하고 화학자들이 관심을 갖는 물질의 개념을 살펴 보고자 한다.

미리보기

1.1 과학적 방법

화학은 관심 대상을 조사하는데 **과학적 방법**(scientific method)이라고 하는 특수한 방법을 이용하므로 과학의 범주에 포함된다. 물리학, 생물학 및 심리학 등도 과학적 방법에 의해 발전되어 왔다. 이 방법은 몇 가지 단계로 구분되며 첫째 단계는 **관찰**(observation)이다. 화학자는 자연에 관한 단편적 자료를 모으는 일부터 시작한다. 예로서 수소 기체와 산소 기체가 함께 연소되면 맹렬한 폭발이 일어나서 수증기가 생기는 것을 관찰할 수 있을 것이다. 이러한 유형의 관찰 자료에는 수치가 나타나지 않으므로 이를 **정성적**(qualitative)인 자료라 한다. 화학자가 이와 같은 현상을 여러 번 측정한 결과, 온도와 압력이 같은 조건에서 수소기체 1 m^3는 산소 기체 1/2 m^3를 소모하여 수증기 1 m^3를 생성한다는 것을 알게 된다. 이와 같은 관찰 자료에는 수치가 포함되므로 **정량적**(quantitative)이라 한다. 정량적 측정은 정성적 관찰보다 많은 자료를 얻을 수 있으므로 과학자에게 더 도움이 된다.

다양한 관찰과 경험에 의해 많은 자료를 모은 후 이를 간결하고 보편타당한 수학적인 관계식으로 요약한 것을 **법칙**(law)이라 한다. 이 법칙은 실험 결과에 대해 평가하는 수단으로 이용되기도 하고, 또 아직 시도되지 않은 실험 결과를 예측하는 수단으로 제공되기도 한다. 예로서 같은 온도와 압력에서 수소와 산소가 반응하여 물이 생성되는 반응에 기존의 법칙을 적용하면, 산소 기체 1부피가 수소 기체 2 부피를 소모한다는 정량적 결론을 예측할 수 있을 것이다. 즉 산소 기체 5 m^3이 있을 때 최대량의 물을 생성하려면 수소 기체 10 m^3이 필요하며, 생성되는 물 기체의 최대량은 5 m^3라고 예측할 수 있을 것이다.

법칙은 예컨대 “전하를 가진 두 입자 사이의 힘은 전하의 곱에 비례하고 두 전하 사이의 거리의 제곱에 반비례한다”와 같이 단순히 말로 표현되거나 또는 다음과 같은 수식 형태로 표현된다.

$$F \propto \frac{q_1 q_2}{r^2}$$

여기서 F는 인력, q_1과 q_2는 두 입자의 전하, r은 두 입자 사이의 거리이다. 위에서 말한 바와 같이 법칙은 많은 양의 자료를 서로 연관시켜 흔히 수식 형태로 표현된다. 그리고 법칙만으로는 자연의 있는 그대로의 성질을 설명할 수 없기 때문에, 과학자들은 사실의 단순한 진술에 만족하지 않고 관찰 결과를 설명하고 싶어한다. 이리하여 과학적 방법의 둘째 단계로서는 실험에 의하여 검증될 시험적 설명, 즉 **가설**(hypothesis)을 제기한다. 가설이 보다 많은 실험에 의해서 증명되어 믿을만한 결과가 유도되면 이것은 **이론**(theory)으로 발전한다. 이론은 늘 새로운 실험에 대한 길잡이 역할을 한다. 실험에 의하여 어떤 이론이 옳지 않다는 것이 밝혀지면 이 이론은 새로운 이론에 자리를 양보하거나 또는 실험 결과가 설명될 수 있도록 수정된다. 이리하여 과학은 이론과 실험 사이의 끊임없는 상호 보완에 의하여 발전한다.

1.2 화학분야

자연과학은 크게 물리학적 과학(physical science)과 생물학적 과학(biological science)로 크게 나누며(그림 1-1), 그 중에서 화학은 물질 과학으로서 어떤 재료를 취급하거나 연구할 때에 필요하며, 오늘날 우리는 화학에 의해 연구되고 개발된 재료들로 둘러싸여 있다. 자동차는 금속, 섬유, 플라스틱 등으로 만들어지며, 아주 소수의 물질만이 자연에서 얻어진 그대로 사용된다. 금속은 광석에서 얻어지며 섬유는 식물, 동물에서 얻거나 혹은 합성 섬유로 제조되고 플라스틱은 간단한 물질의 결합으로 만들어진다.

우리는 아스팔트와 콘크리트로 포장된 고속도로를 달리며, 염소로 정제된 물을 마시고, 셀룰로오스에서 만들어진 종이 위에 색잉크로 인쇄된 신문을 읽고, 에너지를 받으면 색깔을 띠는 아주 작은 점으로 입혀져 있는 텔레비젼 스크린을 보며 살아가고 있다.

물론 화학적 방법으로 모든 생성물을 얻을 수는 없다. 화학자는 이미 알고 있는 사실을 이용해, 어떤 변화가 일어날 때 어떻게 되는가를 예측할 수 있는 능력과 그에 대한 이해를 추구한다. 또 다른 분야의 새로운 정보를 받아 들이고 새로운 문제와 씨름하며, 새로운 방법으로 낡은 방법을 재검토함으로써 화학의 기존 이론을 변화시킨다. 화학자들은 새로운 물질을 합성하거나 과거의 합성 방법을 개선하여 인간생활에 많은 영향을 끼칠 것이다.

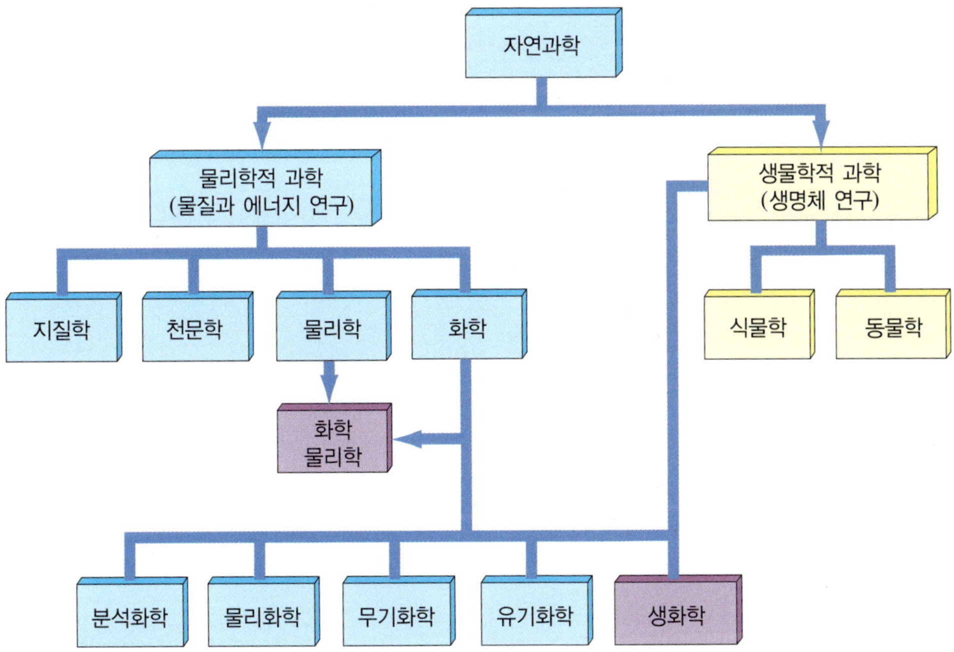

그림 1-1 자연과학의 분류

표 1-1 화학의 주요분야

분야	대상
유기화학(organic chemistry)	탄소와 수소의 화합물(탄화수소) 탄화수소에서 유도된 모든 화합물
무기화학(inorganic chemistry)	모든 원소 탄화수소와 그 유도체를 제외한 모든 원소의 화합물
분석화학(analytical chemistry)	물질의 양 측정 물질의 화학조성 측정 혼합물 성분의 분리
물리화학(physical chemistry)	물리적 성질 측정 물리적, 화학적 성질의 이론적 해석
생화학(biological chemistry)	생체 안에서의 순수물질과 화학반응

이런 사실들을 염두에 두고 화학에 대한 보다 이론적인 정의를 생각할 수 있다. 즉 **화학**(chemistry)이란 물질 자체에 대한 연구와 그 물질에서 일어날 수 있는 변화를 나타내는 법칙 등을 다루는 과학의 한 분야이다. 이 정의가 암시하듯 이 화학은 이론과학이며 응용과학이다. 화학의 5대 주요 분야를 표 1-1에 나타내었다.

유기화학(organic chemistry)은 생명체에서 얻을 수 있는 물질만을 취급해 왔으나, 현재에는 이러한 구분은 사라지고 탄소화합물과 그 유도체를 취급하는 화학을 의미한다. 탄소와 수소의 두 가지 원소로만 되어 있는 유기화합물을 **탄화수소**(hydrocarbon)라고 하며 거의 모든 유기화합물은 탄화수소의 유도체이다. **무기화학**(inorganic chemistry)은 탄화수소와 그 유도체를 제외하고 탄소를 포함한 모든 원소의 화합물을 다루는 화학이며, 그 외의 분석화학, 물리화학, 생화학 등을 표 1-1에 간단히 정의하였다.

유기화학과 무기화학의 경계도 다른 과학이나 화학의 모든 영역에서의 경계처럼 점차 사라져가고 있다. 유기금속화합물처럼 유기물질과 금속물질의 중간에 해당하는 화합물이 현재 많이 알려져 있으며, 또 전통적으로 무기화합물만이 가지고 있는 거동을 하는 유기화합물도 만들어졌다.

다른 분야의 학문 및 연구와 교량역할을 하는 특수한 분야의 화학으로는 지구화학, 미생물 및 의약화학, 농업, 비료, 토양 및 식품화학, 고분자화학, 셀룰로오스 제지 및 섬유화학 그리고 공업화학 및 환경화학 등이 있다. 지적한 바와 같이 재료를 탐구하는 사람은 결과적으로 화학에 관여하지 않으면 안되게 되었다.

1.3 물질의 상태와 성질

화학의 거의 모든 정의에서는 '물질(matter)'이나 '재료(material)'와 같은 말을 자주 사용한다. 물질이란 우주를 구성하고 있는 모든 것으로서, 질량을 가지고 공간을 차지하고 있으며 기체를 제외하고는 볼 수도 있고 만질 수도 있다. **물질의 상태**(state of matter)로는 기체, 액체, 고체 등 세 가지가 있으며 이들은 표 1-2와 같이 서로 다른 일반적 성질을 가진다.

보통의 온도와 압력에서 산소, 질소, 수소, 이산화탄소, 염소, 암모니아 그리고 천연 가스의 주성분인 메탄 등은 기체이며, 물, 에틸알코올, 수은, 가솔린 등은 액체이다. 고체는 우리 주위 어디에서든지 볼 수 있는 것들로서 대부분 여러 가지 물질의 조합이다. 즉 철, 구리, 금, 탄소인 다이아몬드와 흑연, 염화나트륨(소금), 자당(설탕) 등은 단일 물질로서의 고체이다. 그러나 커피잔을 만드는 도자기는 규소, 알루미늄, 산소 및 적은 양의 여러 가지 금속을 포함하고 있는 복잡한 물질의 혼합물이다.

어떤 물질은 세 가지의 상태로 모두 존재할 수 있다. 즉 물은 얼음으로서의 고체, 상온에서의 액체, 수증기로서의 기체로 존재할 수 있다. 보통 고체인 대부분의 금속은 용융시키면 액체로 되고 더 높은 온도로 가열하면 기체로 된다. 그러나 어떤 물질은 기체 상태 혹은 액체 상태로 존재하지 않고, 또 어떤 것은 기체나 액체 상태 중 어느 것으로도 존재하지 않는다. 즉 고체인 탄산칼슘은 열을 가하면 용융되거나 증발되지 않고 분해하여 다른 고체인 산화칼슘과 이산화탄소가 된다. 또 설탕은 서서히 가열하면 액체 상태로 용융되나 더 높은 온도로 가열하면 기화되지 않고 탄소를 가진 여러 생성물로 분해되고 만다. 그러나 모든 기체와 액체는 고체 상태로 응축될 수 있다.

표 1-2 기체, 액체, 고체 상태의 일반적 성질

성질	기체상태	액체상태	고체상태
압축성[a]	무한	약간	거의 무시
팽창성[b]	무한	약간	거의 무시
모양	그릇모양	그릇의 모양, 평평한 표면과 고정된 부피	그릇에는 관계없이 고정
흐름	빠름, 아주 작은 점도[c]	느림, 여러 가지 점도	높은 압력인 경우 외에는 거의무시, 아주 높은 점도
구조	완전 무질서	제한된 부분만 질서	완전 혹은 거의 완전한 질서
에너지 함량	가장 큼(에너지를 제거하면 액체가 됨)	중간 크기(에너지를 제거하면 고체가 되고 에너지를 더하면 기체가 됨)	가장 작음(에너지를 더하면 액체나 어떤 경우에는 기체가 됨)

a. 압축성은 압력의 증가에 따른 부피의 감소이다.
b. 팽창성은 온도의 증가에 따른 부피의 증가이다.
c. 점도는 흐름에 대한 저항이다.

화학에서 여러 가지 물질을 자세히 관찰하고 측정하는 것은 아주 중요한 일이다. 색깔, 녹는점, 끓는점, 밀도, 강도 등은 관측할 수 있는 물질의 성질이며 이런 것들을 물리적 성질이라고 한다. 물리적 성질(physical property)은 물질의 조성이나 동일성이 변하지 않으면서 나타나고 측정하고 관측할 수 있는 것이며, 반면 화학적 성질(chemical property)은 화학반응에서만 볼 수 있는 것이다. 화학반응(chemical reaction)이란 최소한 한 물질이라도 그 조성과 동일성이 변화하는 과정을 말한다. 공기 중에서 나무가 타고 은이 녹스는 것은 대표적인 화학적 변화의 예이다. 즉 나무는 타면서 공기 중의 산소와 결합하여 이산화탄소, 물 그리고 연기와 재 등의 여러 가지 탄소 함유물을 만들며, 반짝이는 은은 공기 중의 황화물과 화합하여 표면에 녹으로 나타나는 흑색의 황화은을 형성한다. 그러나 화학을 더 정의하기 전에 다루게 될 물질의 여러 종류에 대한 차이점을 알아 보자.

1.4 물질의 분류

물질은 물리적으로는 순수물질과 혼합물로 나눌 수 있다. **순수물질**(순물질; pure substance)이란 그것을 어디에서 얻었든 간에 물리적 성질과 화학적 성질이 동일한 물질을 말한다. 예를 들면, 순수한 물은 색깔과 냄새가 없고 대기압, 100°C에서 끓고, 0°C에서 얼며, 4°C에서 mL당 1 g의 질량을 가진다. 이러한 성질은 물을 바닷물에서 증류하였거나 산 속의 연못에서 떠왔거나 혹은 산소와 수소의 화학반응에 의해 합성했거나에 관계없이 모두 같으며, 따라서 이들 특성으로 다른 물질과 구분할 수 있다.

순수물질에는 원소와 화합물이 있다. **원소**(element)란 화학반응에 의하여 더 이상 간단한 형태로 만들 수 없는 물질로서, 책 표지 안쪽면의 주기율표에 나오는 모든 원자가 이에 속한다. **화합물**(compound)이란 두 개나 그 이상의 원소가 화학적으로 결합하여 생성된 일정한 조성의 물질을 말하며, 물리적 방법이 아닌 화학적 반응에 의해서만 각 성분으로 나누어질 수 있다. H_2, O_2, H_2O, CH_4, CH_3COOH 등이 화합물의 예이다. 화합물은 또다시 유기화합물(organic compound)과 무기화합물(inorganic compound)로 나눌 수 있다.

혼합물(mixture)은 두 가지 이상의 원소나 화합물이 그들 각각의 특성을 유지한 채 섞여 있는 것을 말한다. 이들 물질들은 어떤 비율로도 섞일 수 있으며, 혼합물의 성질은 그 구성 성분들의 성질이 종합되어 나타난다. 또 각 성분들은 화학반응에 의하지 않고 물리적인 방법으로도 완전히 분리할 수 있다. 혼합물은 각 성분이 섞여있는 정도에 따라 균일혼합물과 불균일혼합물로 나뉜다.

균일혼합물(homogeneous mixture)은 완전히 뒤섞여서 혼합물의 조성 등이 균일한 것을 말한다. 공기는 기체의 균일혼합물이며, 자동차 오일은 액체인 석유 유도체의 균일혼합물이다.

불균일혼합물(heterogeneous mixture)은 각각의 성분들이 물리적으로 분리되어 있으며, 어

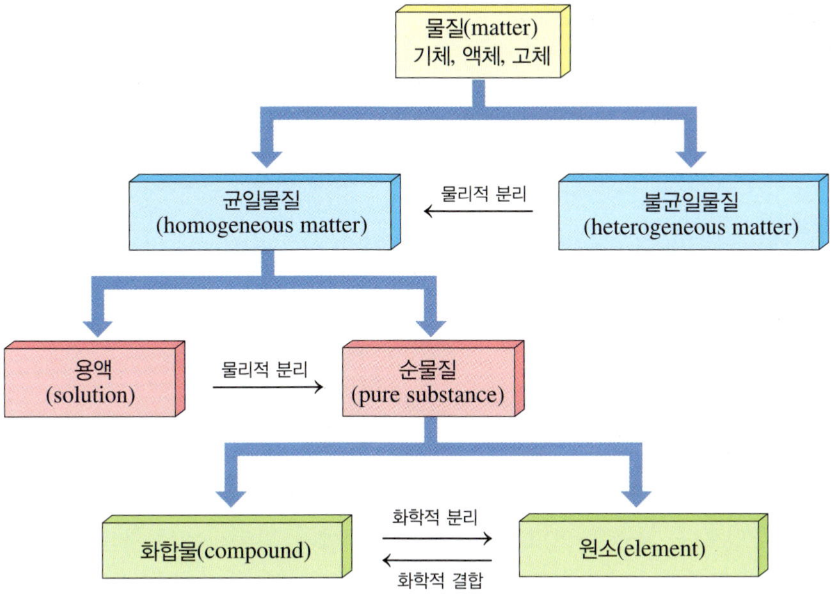

그림 1-2 물질의 분류

떤 경우에는 현미경이 필요하지만 분리된 성분들을 눈으로 볼 수 있다. 즉 콘크리트와 흙탕물 등은 불균일혼합물이며, 우유와 과자 반죽도 여기에 속한다.

1.5 측정과 단위

(1) 단위

어떤 수치를 나타낼 때 단위는 측정량의 일부분이나 마찬가지이다. 예를 들어 두 점 사이의 거리가 3이라고 할 때 측정의 단위(cm, m, km 등)가 수와 함께 표시되지 않으면 아무런 뜻도 없다. 그런데 종래에 쓰이던 단위는 나라마다 그 척도가 달랐기 때문에, 1875년에 전세계에서 공통으로 사용할 단위계를 제정하였다. 현재에는 **국제단위계**(International System of Units, SI 단위계)가 공용되고 있다. SI 단위는 7개의 기본단위와 2개의 보조단위로 구성되어 있으며, 그 내용을 표 1-3에 실었다. 이 7개의 기본단위를 적절히 조합하여 사용하면 모든 측정의 단위를 나타낼 수 있다.

각 기본단위의 크기는 당시의 관습적인 양을 기준으로 하였다. 표준 물질이 필요한 단위(길이, 질량 등)는 정밀 제작하여 프랑스의 국제도량형국(International Bureau of Weights and Measures)에 보관하였으나, 현재에는 특정 물질의 기본 성질을 이용하여 정의한다. 예를 들면,

표 1-3 국제단위계의 기본단위 및 보조단위

	측 정	단 위	기 호
기본단위	길 이	meter	m
	질 량	kilogram	kg
	시 간	second	s
	전 류	ampere	amp
	온 도	kelvin	K
	물질의 양	mole	mol
	광 도	candela	cd
보조단위	평면각	radian	rad
	입체각	steradian	sr

길이의 표준인 "1 m"는 온도에 의한 변형을 최소화한 백금-이리듐 합금 막대 위의 두 선 사이의 길이로 정했었으나, 지금은 크립톤-84($^{84}_{36}$Kr) 원자에서 방출되는 주황색 복사선 파장의 165,076,373배로 규정하여 사용한다.

표 1-3의 기본 단위는 가장 기초가 되는 물리량만을 규정하며, 실제 과학에서 쓰이는 여러 단위들(속도, 압력, 힘, 에너지, 전위차 등)은 기본단위를 조합하여 유도할 수 있다. 이를 유도단위(derived unit)라 부르며, 몇 가지 예를 표 1-4에 실었다. 예를 들면 속도는 단위 시간당 이동한 거리로서 m/s(또는 ms^{-1})로, 부피는 길이의 세제곱이므로 m^3으로 나타낸다. 많이 쓰이는 유도단위 중에는 별도의 이름이 있는 것도 있다. 예를 들면 힘의 SI 단위는 뉴우톤(Newton), N이며, 1 N은 1 kg의 잘량에 1 m/s^2의 가속도를 생기게 하는 힘을 뜻한다.

$$1\ \text{N} = 1\ \text{kg}\cdot\text{m/s}^2$$

국제도량형국에서는 모든 단위를 SI 단위로 사용하기를 권장하지만 아직까지는 관습적인

표 1-4 국제단위계의 주요 유도단위

양	정의	단위	단위명/약호
면적	Length × length	m^2	Square meter
부피	Length × length × length	m^3	Cubic meter
속력	Length/time	$m\,s^{-1}$	Meter per second
가속도	Length/time^2	$m\,s^{-2}$	Meter per second squared
힘	Mass × acceleration	$kg\,m\,s^{-2}$	Newton(N)
압력	Force/area	$N\,m^{-2} = kg\,m^{-1}s^{-2}$	Pascal(Pa)
에너지	Force × distance	$N\,m = kg\,m^2s^{-2}$	Joule(J)
마력	Energy/time	$W = kg\,m^2s^{-3}$	Watt(W)
전하량	Electric current × time	$A\,s$	Coulomb(C)
전위차	Energy/electric charge	$JC^{-1} = kg\,m^2s^{-3}A^{-1}$	volt(V)

표 1-5 SI 접두사

배수	접두사	기호	배수	접두사	기호
10^{18}	exa	E	10^{-1}	deci	d
10^{15}	peta	P	10^{-2}	centi	c
10^{12}	tera	T	10^{-3}	milli	m
10^{9}	giga	G	10^{-6}	micro	μ*
10^{6}	mega	M	10^{-9}	nano	n
10^{3}	kilo	k	10^{-12}	pico	p
10^{2}	hecto	h	10^{-15}	femto	f
10	deka	da	10^{-18}	atto	a

* Greek letter pronounced "mew".

단위도 많이 사용된다. 질량의 SI 단위는 kg이지만 유럽에서는 lb(pound), 우리나라에서는 관이나 근을 아직도 쓰고 있다. 일상생활에서 쓰이는 단위 뿐만 아니라 과학 문헌에서도 SI 단위와 여러 관습 단위가 함께 사용되므로 모두 알아둘 필요가 있다.

측정값을 이들 단위로 나타내면, 경우에 따라서는 대단히 크거나 또는 작은 수일 때가 있다. 이런 경우에는 표 1-5에 보인 바와 같이 적당한 접두사를 사용하여 표시한다. 한 예로 거리 1,000 m를 1,000의 뜻을 지니는 kilo(k)라는 접두어를 사용해 간단히 1 km로 나타내거나, 수소 원자의 직경을 약 0.0000000001 m라고 하기 보다는 0.1 nm(1 nm = 10^{-9} m)로 표시한다. 표 1-5의 기호들은 대단히 자주 쓰이므로 익숙해 질 필요가 있다.

(2) 온도

온도는 일반적으로 화씨(Fahrenheit), 섭씨(Celsius), 절대(Kelvin 또는 absolute)온도 등의 세 가지 방법으로 나타낸다. 이 중에서 **화씨**(Fahrenheit)온도는 물의 어는점을 32°F로 하고 끓는점을 212°F로 하여 어는점과 끓는점 사이를 180 등분으로 하며, **섭씨**(Celsius)온도는 물의 어는점(0°C)과 끓는점(100°C) 사이를 100 등분하므로 화씨와 섭씨 사이는 다음과 같은 관계식이 성립한다.

$$T(°\mathrm{C}) = \frac{5}{9}\,(°\mathrm{F} - 32)$$

한편 **절대온도**(absolute temperature)는 켈빈경(Lord Kelvin; 영국, 1824~1907)으로 잘 알려진 William Thomson이 제안한 온도로 도달할 수 있는 제일 낮은 온도인 −273.15°C를 **절대영도**(absolute zero; 0 K)로 하고 물의 어는점을 273.15 K, 끓는점을 373.15 K로 정하였다. 섭씨온도와 절대온도 사이는 다음 식으로 나타낸다.

$$T(\mathrm{K}) = °\mathrm{C} + 273.15$$

각각의 온도를 그림 1-3에 온도계의 눈금으로 비교하였다.

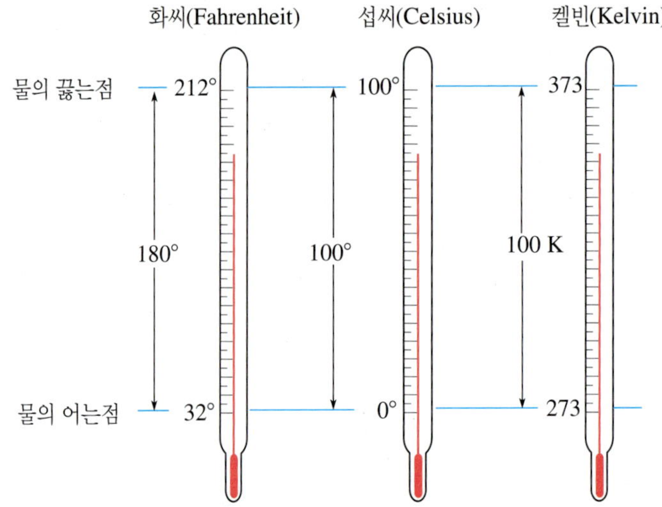

그림 1-3 여러 가지 온도의 비교

(3) 길이

일반적으로 가장 많이 사용하는 길이 단위는 미터(meter; m)이지만 화학에서의 측정 단위로는 1미터보다 더 작은 **센티미터**(centimeter; cm = 1/100 m) 또는 **밀리미터**(millimeter; mm = 1/1000 m)를 자주 사용하며, 분자나 원자의 세계에서는 이보다 더 작은 **나노미터**(nanometer; nm = 10^{-9} m) 또는 **피코미터**(picometer, pm = 1×10^{-12} m)를 더 자주 사용한다. 한편, SI단위계가 아닌 길이 단위로 **옹스트롬**(angstrom, 1 Å = 1×10^{-10} m)을 사용하기도 한다.

예제 1.1 물분자의 수소와 산소원자 사이의 길이는 아래 그림과 같이 95.8 pm이다. 이를 m와 nm로 나타내어라.

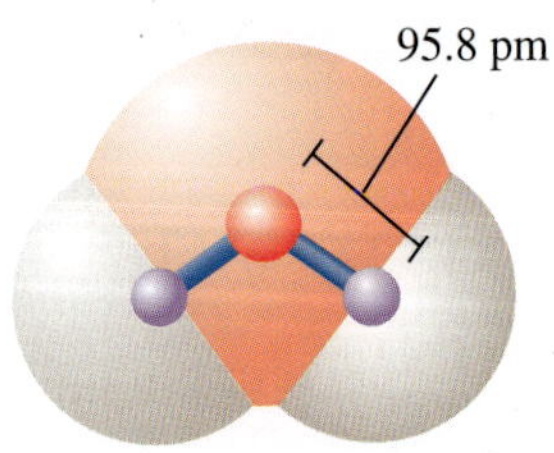

풀이:

$$95.8\ \cancel{\text{pm}} \times \frac{1 \times 10^{-12}\ \text{m}}{1\ \cancel{\text{pm}}} = 9.58 \times 10^{-11}\ \text{m}$$

$$9.58 \times 10^{-11}\ \cancel{\text{m}} \times \frac{1\ \text{nm}}{1 \times 10^{-9}\ \cancel{\text{m}}} = 9.58 \times 10^{-2}\ \text{nm}\ \text{또는}\ 0.0958\ \text{nm}$$

위의 예제에서 보는 바와 같이 pm를 nm, μm, mm 등의 단위를 고칠 때는 먼저 m로 환산한 다음 해당 단위로 고치는 것이 유리하다.

(4) 부피

화학실험실에서는 그림 1-4와 같이 비이커(beaker), 플라스크(flask), 피펫(pipet), 눈금실린더(graduated cylinder) 및 뷰렛(buret)과 같이 눈금이 있는 유리기구를 자주 사용한다.

SI단위계에서 부피의 단위로는 m^3을 사용하지만 이는 너무 큰 단위이므로 화학실험실에서는 리터(liter; L) 단위를 주로 사용하는데 1 L는 가로 × 세로 × 높이가 10 cm × 10 cm × 10 cm(= 1,000 cm^3)인 입방체의 부피로 정의한다(그림 1-5).

그림 1-4 실험실에서 자주 쓰이는 부피 측정기구

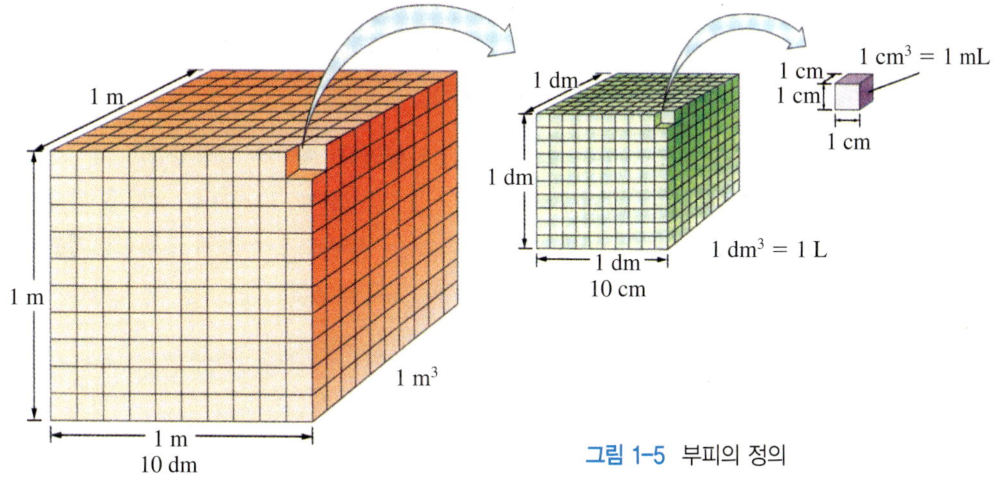

그림 1-5 부피의 정의

$$1 \text{ 리터(L)} = 1{,}000 \text{ mL} = 1{,}000 \text{ cm}^3$$
$$1 \text{ cm}^3 = 0.001 \text{ L} = 1 \text{ mL}$$

예제 1.2 부피가 0.6 L인 액체의 cm³, mL, dL를 구하여라.

풀이:

$$0.6 \text{ L} \times \frac{1{,}000 \text{ cm}^3}{1 \text{ L}} = 600 \text{ cm}^3 (= 600 \text{ mL})$$

$$0.6 \text{ L} \times \frac{10 \text{ dL}}{1 \text{ L}} = 6 \text{ dL}$$

(5) 질량

질량(mass)이란 몸무게와 같이 물질의 양을 나타내는 단위로서 SI단위로는 킬로그램(kilogram; kg = 1,000 g)을 사용하지만 더 작은 단위로 그램(gram; g), 밀리그램(milligram; mg = 1×10^{-3} g), 마이크로그램(microgram 또는 micron; μg = 1×10^{-6}g), 나노그램(nanogram; ng = 1×10^{-9} g) 등을 사용한다.

한편, 질량은 무게와 같은 의미로 사용할 수 있으나, 엄밀하게 **질량**(mass)은 지구의 중력가속도에 상관없이 항상 일정한 값을 갖으며, **무게**(weight)는 중력가속도가 변하면 따라서 변하는 값이다. 예를 들어 어떤 물체의 질량이 6 g일 때 지구에서 그 물체의 무게도 6 g이지만 중력가속도가 지구의 1/6인 달에서는 질량은 그대로 6 g이며 무게는 6 g × 1/6 = 1 g이 되는 것이다.

예제 1.3 어떤 강에서 농약 0.2 μg/L가 검출되었다. 이를 g/L로 나타내어라.

풀이:

$$0.2 \frac{\cancel{\mu g}}{\text{L}} \times \frac{1 \times 10^{-6}\text{g}}{1 \cancel{\mu g}} = 2 \times 10^{-7} \text{ g/L}$$

(6) 밀도(density)와 비중(specific gravity)

용액의 질량과 부피 사이의 관계는 용액의 화학식량론을 계산하는 데 있어 중요하다. 용액의 질량과 부피 사이의 관계는 다음의 밀도(density; d) 식에 의해 표현된다.

$$d = \frac{m}{V}$$

여기서 m은 질량, V는 부피이다.

표 1-6 여러 가지 물질의 밀도

액체		고체	
물질	밀도(g/cm^3)	물질	밀도(g/cm^3)
부탄, C_4H_{10}	0.58	리튬, Li	0.53
옥탄, C_8H_{18}	0.70	마그네슘, Mg	1.74
에탄올, C_2H_5OH	0.79	염화나트륨, NaCl	2.16
물, H_2O	1.00	흑연, C	2.27
브롬, Br_2	3.12	알루미늄, Al	2.70
수은, Hg	13.6	석회석, $CaCO_3$	2.71
		생석회, CaO	3.35
		다이아몬드, C	3.52
		코런덤, Al_2O_3	3.99
		구리, Cu	8.93
		납, Pb	11.3
		백금, Pt	21.5
		오스뮴, Os	22.5

액체와 고체에서 질량은 보통 g으로 그리고 부피는 cm^3로 측정한다. 밀도는 cm^3에 대한 g 단위를 갖는다. 예를 들면 물의 밀도는 1 g/cm^3에 매우 가깝다. 따라서 수용액의 경우는 밀도와 비중은 같은 값을 갖는다.

비중(specific gravity)은 그 물질과 같은 부피를 갖는 4°C 물의 질량에 대한 그 물질의 질량비 이다. 동일 부피의 물의 질량에 대한 어떤 물질의 질량의 비율이다. 단순하게 비중은 그 온도에서 물의 밀도와 어떤 물질의 밀도를 비교하여 흔히 물의 밀도에 대한 다른 액체의 밀도를 비교하는 데 이용된다. 물의 표준밀도는 g/mL의 값을 가지므로 미터법에서 비중은 간단히 단위 없는 밀도값을 사용한다.

$$\text{비중} = \frac{\text{물질의 밀도 g/mL}}{\text{4°C 물의 밀도 g/mL}}$$

한편, 액체인 경우는 대개 불순물이나 물 등이 포함되어 있으므로 질량을 부피로 바꾸거나 부피를 질량으로 바꿀 때는 앞의 식을 다음과 같이 바꾸어 사용한다.

$$m(\text{g}) = \text{비중(g/mL)} \times \text{부피(mL)} \times \frac{\%}{100}$$

예를 들면 비중이 1.84인 98% H_2SO_4 1 L의 질량은 1,840 g이다. 이 중에서 98%가 H_2SO_4이므로 1,840 × 98/100 = 1,803 g이 순수한 H_2SO_4이다.

예제 1.4 98% H_2SO_4(비중 = 1.84)와 30% H_2SO_4(비중 = 1.22) 100 mL를 혼합하여 50% H_2SO_4(비중 = 1.40)를 만들려면 98% H_2SO_4가 몇 mL 필요한가?

풀이: 98% H_2SO_4 중의 순수한 H_2SO_4의 질량(m_{98})과 30% H_2SO_4 중의 순수한 H_2SO_4의 질량(m_{30})을 더하면 50% H_2SO_4 중의 순수한 H_2SO_4의 질량(m_{50})이 되므로

$$m_{98} + m_{30} = m_{50}$$

그런데 $m = d \times V \times \frac{\%}{100}$ 이므로

$$1.84 \times x \times \frac{98}{100} + 1.22 \times 100 \times \frac{30}{100} = 1.40 \times (100 + x) \times \frac{50}{100}$$

$x = 30.28$ mL

1.6 데이터의 취급

(1) 표준지수표기법

과학적 측정에서는 흔히 대단히 크거나 작은 수들이 나타난다. 예를 들면 진공 중에서의 빛의 속도는 29,979,000,000 cm/s이며 사염화탄소에서 탄소원자의 중심과 염소원자의 중심 사이의 거리는 0.0000000176 cm이다. 이와 같은 수들을 간단하게 표시하는 편리한 방법으로서 **표준지수표기법**(standard exponential notation)을 사용한다. 이 표기법에서는 어떤 수를 대소수(1 이상 10미만의 수)에 10의 어떤 지수를 곱한 꼴, 즉 △.△△△ × 10^n으로 적는다.

표준지수표기법에 의하면 29,979,000,000 cm/s는 2.9979×10^{10} cm/s라고 적어야 할 것이며, 0.0000000176 cm는 1.76×10^{-8} cm라 적어야 할 것이다.

예제 1.5 다음의 수들을 표준지수형으로 적어라.

(a) 24.68×10^2 (b) 0.987×10^{-5} (c) 0.0000789 (d) 123456

풀이: (a) $24.68 \times 10^2 = 2.468 \times 10^3$
(b) $0.987 \times 10^{-5} = 9.87 \times 10^{-6}$
(c) $0.0000789 = 7.89 \times 10^{-5}$
(d) $123456 = 1.23456 \times 10^5$

지수형으로 적힌 수들의 덧셈 뺄셈에서는 이 수들을 모두 같은 10의 지수로 나타내야 한다. 해답은 더하거나 빼거나 하는 수들과 같은 10의 지수를 가지게 한다.

예제 1.6 다음 수를 더하여라.

$1.23 \times 10^3 + 2.46 \times 10^4$

풀이: 두 번째 수를 10^3이란 항을 갖도록 바꾼 다음 이 수들의 소수부분을 보통의 방식대로 더한다. 2.46×10^4는 24.6×10^3으로 변환가능하다.

$$\begin{array}{r} 1.23 \times 10^3 \\ +24.6 \times 10^3 \\ \hline 25.8 \times 10^3 \end{array} = 2.58 \times 10^4$$

지수형으로 나타낸 수들을 곱할 때는 소수부분은 보통의 방법대로 곱하고 10의 지수들은 대수적으로 더한다.

$$\begin{aligned}(1.2 \times 10^3)(4.0 \times 10^2) &= (1.2 \times 4.0)(10^{3+2}) &&= 4.8 \times 10^5 \\ (4.2 \times 10^5)(3.0 \times 10^{-9}) &= (4.2 \times 3.0)(10^{5-9}) &&= 12.6 \times 10^{-4} \\ & &&= 1.26 \times 10^{-3}\end{aligned}$$

지수형으로 나타낸 수들을 나눌 때에는 소수부분은 보통의 방법대로 나누고, 분자에 있는 10의 지수에서 분모의 10의 지수를 뺀다.

$$\frac{3.6 \times 10^{-5}}{1.2 \times 10^{-3}} = \frac{3.6}{1.2} \times 10^{-5-(-3)} = 3.0 \times 10^{-2}$$

10의 지수를 가지고 나누는 또 하나의 방법은 분모에 있는 10의 지수를 분자로 옮기고 그 지수의 부호를 바꾸는 것이다. 그러면 10의 지수들을 대수적으로 합하는 방법으로 곱할 수 있고, 분자의 소수부분은 분모의 그것에 의해 보통과 같이 나누어진다. 위에서 말한 예는 다음과 같이 계산할 수 있다.

$$\frac{3.6 \times 10^{-5}}{1.2 \times 10^{-3}} = \frac{3.6 \times 10^{-5} \times 10^{+3}}{1.2} = 3.0 \times 10^{-2}$$

예제 1.7 다음을 계산하여라.

$$\frac{4.8 \times 10^7}{8.0 \times 10^{-5}}$$

풀이:

$$\frac{4.8 \times 10^7}{8.0 \times 10^{-5}} = \frac{4.8 \times 10^7 \times 10^5}{8.0} = 0.6 \times 10^{12} = 6.0 \times 10^{11}$$

---

(2) 측정과 유효숫자

모든 측정은 어느 정도의 불확실성을 가진다. 불확실성의 크기는 측정 기구의 정확성과 측정하는 사람의 기술에 따라 달라진다. 예를 들면, 물체의 무게에 관련된 불확실성의 크기는 사용하는 저울의 종류에 따라 달라진다. 실험실에서 흔히 사용하는 탁상 저울로는 거의 0.1 g까지의 측정이 가능하고, 이것보다 더 작은 질량의 차이는 이런 저울을 가지고는 측정이 불가능하다. 이런 저울을 가지고 측정한 100원짜리 주화의 질량은 5.4 ± 0.1 g으로 나타낼 수 있으며, 이는 ±0.1 g까지 측정의 정확성을 보장할 수 있다는 뜻이다. 이와 같이 측정이 어느 정도의 정확도를 가지는가를 표시하는 것이 중요하며, ±의 표시는 이 정확도를 표시하는 방법이다. 분석용 저울에서는 더 정확하게 측정할 수가 있는데, 조심스럽게 다룬다면 0.0001 g까지 측정할 수 있다. 따라서 2.2405 ± 0.001 g과 같이 표시할 수 있다. 그러나 측정된 양의 마지막 자리수의 한 단위는 불확실하다는 것을 인정하기 때문에 일반적으로 ±표시는 하지 않는다. 불확실한 숫자를 포함한 모든 숫자를 **유효숫자**(significant figure)라 한다. 2.2는 2개의 유효숫자를 가지며, 2.2405는 5개의 유효숫자를 가진다.

예제 1.8 4.0 g과 4.00 g의 차이점은 무엇인가?

풀이: 얼른 보아서는 차이가 없다고 하겠지만, 두 측정값 사이에는 유효숫자의 수가 다르다. 4.0은 2개의 유효숫자를 가지며, 4.00은 3개의 유효숫자를 가진다. 이것은 나중의 측정이 더 정확하다는 뜻이다. 4.0 g의 표현은 실제 질량이 3.95 g과 4.05 g 사이에 있으며, 3.9 g이나 4.1g보다는 4.0 g에 더 가깝다는 것이다. 4.00 g의 표현은 실제 질량이 3.995 g과 4.005 g 사이에 있으며, 3.99 g과 4.01 g보다는 4.00 g에 더 가깝다는 뜻이다.

유효숫자를 결정하는 데에는 다음의 규칙이 적용된다.

1. 0이 아닌 모든 숫자는 유효하다. 즉 457 cm(유효숫자 3개), 0.25 g(유효숫자 2개)
2. 0이 아닌 숫자 사이의 0은 유효하다. 즉 1005 kg(유효숫자 4개), 1.03 cm(유효숫자 3개)
3. 어떤 수에서 첫 번째 0이 아닌 숫자의 왼쪽에 있는 0은 유효하지 않다. 그들은 단지 소수점의 위치를 표시하는 것이다. 즉 0.02 g(유효숫자 1개), 0.0026 cm(유효숫자 2개)
4. 어떤 수가 소수점 오른쪽에 있는 0으로 끝날 때 그 0은 유효하다. 즉 0.0200 g(유효숫자 3개), 3.0 cm(유효숫자 2개)
5. 어떤 수가 소수점 오른쪽에 있지 않는 0으로 끝날 때 그 0들은 반드시 유효한 것은 아니다. 즉 130 cm(유효숫자 2개 또는 3개), 10300 g(유효숫자 3, 4 또는 5개).

이러한 애매한 점을 해결하는 방법이 아래에 기술되어 있다. 지수를 사용하여 어떤 숫자의 끝에 있는 0이 유효한지(규칙 5)를 나타내 준다. 예를 들면 10300 g의 질량은 3, 4, 5개의 유효숫자를 나타내는 지수로 쓰일 수 있다. 즉

1.03×10^4 g (유효숫자 3개)

1.030×10^4 g (유효숫자 4개)

1.0300×10^4 g (유효숫자 5개)

이들 수에서 소수점 오른쪽에 있는 모든 0은 유효하다(규칙 2와 규칙 4).

유효숫자의 수는 측정과 관련된 불확실성을 나타내주기 때문에 측정값이 정수가 아닌 경우에 위의 규칙들이 적용된다. 계산으로부터 나온 결과나 정의되어진 정확한 정수가 아닌 숫자를 구별하는 것이 중요하다. 예를 들면 1야드가 정확히 3피트라든지, 나의 직계가족은 정확히 4명이라든지, 1킬로그램은 정확히 1,000그램이라든지 1줄의 달걀은 정확히 10개라고 하는 경우이다. 이러한 예들은 불확실한 것이 없는 정확한 숫자이다. 그들은 무한한 유효숫자를 가진다고 생각할 수 있다.

여러 개의 수치를 계산할 때, 결과의 정확성은 정확성이 작은 측정을 기준으로 하여야 한다. 즉 곱셈과 나눗셈에 있어서 그 결과는 가장 작은 유효숫자를 가진 측정보다 더 많은 유효숫자를 갖지 못한다. 따라서 계산 결과가 더 많은 자리 수를 가질 때에는 반올림해야 한다. 예를 들면 두 변의 길이가 각각 6.221 cm와 5.2 cm인 직사각형의 넓이는 32 cm^2로 기록되어야 한다.

$$\text{넓이} = (6.221\ \text{cm})(5.2\ \text{cm}) = 32.3492\ \text{cm}^2 \rightarrow 32\ \text{cm}^2\text{로 반올림}$$

5.2 cm가 2개의 유효숫자를 가졌기 때문에 2개의 유효숫자로 반올림한다.

숫자를 반올림할 때 아래의 규칙이 적용된다(각각의 예는 2개의 숫자로 반올림한다.)

1. 제거할 가장 왼쪽의 숫자가 5보다 클 때에는, 그 앞의 숫자는 1이 증가된다. 즉 2.376은 2.4로 반올림된다.
2. 제거할 가장 왼쪽의 숫자가 5보다 작을 때에는 그 앞의 숫자는 변하지 않는다. 즉 7.24는 7.2로 한다.
3. 제거할 가장 왼쪽의 숫자가 5일 때, 그 앞의 숫자가 짝수일 때에는 변하지 않고 홀수일 때에는 1이 증가된다. 즉 2.25는 2.2로 되며, 4.35는 4.4로 반올림된다.

곱셈과 나눗셈에 있어서 유효숫자의 수를 결정하는데 사용된 규칙은 덧셈과 뺄셈에는 적용하 수가 없다. 덧셈과 뺄셈에 있어서, 그 결과는 소수점 아래 최소자리의 숫자를 가지는 수와 같은 소수점 아래의 수를 가진다.

$$\begin{array}{rl} 20.4 & \leftarrow \text{소숫점이하 1자리} \\ 1.322 & \leftarrow \text{소숫점이하 3자리} \\ +\ 83 & \leftarrow \text{소숫점이하 0자리} \\ \hline 104.722 & \rightarrow \text{105로 반올림} \end{array}$$

예제 1.9 다음 수는 각각 몇 개의 유효숫자를 가지는가?

(a) 4.003　　(b) 6.023×10^{23}　　(c) 5000
(d) 15.3 + 0.24　　(e) (16)(5.77893)

풀이:

(a) 4; 소수점 오른쪽의 0은 유효숫자
(b) 4; 지수는 유효숫자의 수에 가산되지 않는다.
(c) 1, 2, 3 또는 4; 이 경우 지수법을 사용하여 애매한 것을 피할 수 있다. 즉 5×10^3이면 유효숫자가 1이고, 5.00×10^3이면 유효숫자가 3이다.
(d) 3; 적절한 3개의 유효숫자로 표시된 합은 15.5이다.
(e) 2; 적절한 2개의 유효숫자로 표시된 곱은 92이다.

1.7 단위의 환산

어떤 단위를 사용하거나, 물리량의 상관 관계를 계산할 때는 단위를 일률적으로 나타내도록 항상 주의하여야 한다. 가령 다음 식들은 어떻게 계산하여야 할 것인가?

$$12 \text{ kg} + 42 \text{ lb} = ?$$
$$6.7 \text{ m} + 18 \text{ ft} = ?$$

단위를 같은 의미의 다른 단위로 바꾸어 주는 것을 단위의 환산이라 하며, 이들 사이의 크기 관계를 알아야 한다.

$$12 \text{ kg} + 42 \text{ lb} = ?$$

kg과 lb의 환산계수는 다음과 같다.

$$1 \text{ lb} = 0.45359237 \text{ kg} \fallingdotseq 0.454 \text{ kg}$$

따라서, 위 문제의 답을 kg 단위로 구하고자 하면, 42 lb가 몇 kg인지 알면 된다. 이 계산은 다음과 같이 할 수 있다.

$$(42 \text{ lb}) = (42 \text{ lb})\left(\frac{0.454 \text{ kg}}{1 \text{ lb}}\right) = \frac{(42)(0.454)}{(1)} \frac{(\text{lb})(\text{kg})}{(\text{lb})} = 19 \text{ kg}$$
$$12 \text{ kg} + 19 \text{ kg} = 31 \text{ kg}$$

만일 lb 단위로 답을 구하고자 하면,

$$(12 \text{ kg}) \times \left(\frac{1 \text{ lb}}{0.454 \text{ kg}}\right) = \frac{(12)(1)}{(0.454)} \frac{(\text{kg})(\text{lb})}{(\text{kg})} = 26 \text{ lb}$$

$$\therefore\ 26\text{ lb} + 42\text{ lb} = 68\text{ lb}$$

길이와 질량 및 시간의 환산계수는 다음과 같다.

$$1\text{ m} = 0.001\text{ km} = 100\text{ cm} = 1000\text{ mm}$$
$$1\text{ ft} = 12\text{ in} = 0.3048\text{ m} = 30.48\text{ cm}$$
$$1\text{ in} = 2.54\text{ cm}$$
$$1\text{ kg} = 1000\text{ g} = 0.001\text{ ton}$$
$$1\text{ lb} = 0.454\text{ kg} = 454\text{ g}$$
$$1\text{ h} = 60\text{ min} = 3600\text{ s}$$

예제 1.10 상온에서 물의 밀도 ρ_{H_2O}는 약 1.00 g/cm^{3}이다. 이를 kg/m^{3}과 lb/ft^{3}으로 나타내어라.

풀이: 1 kg = 1000 g, 1 lb = 454 g, 1 m = 100 cm, 1 ft = 30.48 cm

이들 환산 계수의 비는 1이므로 필요한 단위가 얻어질 때까지 그 비를 곱하거나 나누어 준다.

$$\rho_{H_2O} = \left(1.00\,\frac{\text{g}}{\text{cm}^3}\right)\left(\frac{1\text{ kg}}{1000\text{ g}}\right)\left(\frac{100\text{ cm}}{1\text{ m}}\right)^3 = 1000\text{ kg/m}^3$$

$$\rho_{H_2O} = \left(1.00\,\frac{\text{g}}{\text{cm}^3}\right)\left(\frac{1\text{ lb}}{454\text{ g}}\right)\left(\frac{30.48\text{ cm}}{1\text{ ft}}\right)^3 = 62\text{ lb/ft}^3$$

$$\therefore\ \rho_{H_2O} = 1.00\text{ g/cm}^3 = 1000\text{ kg/m}^3 = 62\text{ lb/ft}^3$$

예제 1.11 지름 D = 98.0 cm, 높이 h = 1.20 m인 원기둥 속에 밀도 ρ = 1.00 g/cm^{3}인 액체가 가득 차 있다. 이 액체의 질량은 몇 kg인가?

풀이: 이 액체의 질량을 m, 원통의 부피를 V, 밑면의 단면적을 A라고 하면,

$A = \frac{\pi}{4}D^2$이므로

$$m = \rho V$$
$$m = \rho A h = (\rho)\left(\frac{\pi}{4}D^2\right)(h)$$

질량을 kg단위로 구하여야 하므로, 전부 mks 단위로 환산하면

$$\rho = 1\text{ g/cm}^3 = 1000\text{ kg/m}^3$$
$$D = (98.0\text{ cm})\left(\frac{1\text{ m}}{100\text{ cm}}\right) = 0.980\text{ m}$$

따라서

$$m = \left(1000\,\frac{\text{kg}}{\text{m}^3}\right)\left(\frac{\pi}{4}\right)(0.980\text{ m})^2(1.20\text{ m}) = 9.05\times10^2\text{ kg}$$

연습문제

PROBLEMS

01. 다음을 적당한 기본 SI 단위로 나타내어라.

(a) 트랙의 길이　(b) 수영장의 부피　(c) 금반지의 무게

(d) 제주도의 넓이　(e) 달의 자전시간

02. 만일 1.00 g의 금이 20°C에서 0.0518 cm^3 의 부피를 가진다면 다음은 각 몇 cm^3인가?

(a) 1.00 kg의 금　(b) 1.00 dg의 금　(c) 1.00 mg의 금

(d) 1.00 g의 금　(e) 1.00×10^2 ng의 금　(f) 0.100 mg의 금

03. 다음을 계산하여라.

(a) 6.5 m = _____ cm　(b) 33 kg = _____ mg　(c) 12 sec = _____ msec

(d) 43 mg = _____ g　(e) 2.35 kg = _____ g　(f) 2.5 mm = _____ μm

04. 천문학에서 사용하는 거리 단위인 파아섹(parsec)은 3.08×10^{324} km이다. 이것은 몇 m인가? 또 1 마이크로파아섹(microparsec)과 1나노파아섹(nanoparsec)을 각각 m와 cm로 나타내어라.

05. 다음 값에 대한 유효숫자의 수를 말하여라.

(a) 43.55　(b) 5.678×10^{12}　(c) 0.00346

(d) 3×10^6　(e) 2.7×10^{-3}　(f) 1200

(g) 1300.41

06. 다음 보기의 답들을 올바른 개수의 유효숫자를 가지도록 다시 적어라.

(a) (0.023)(1.004) = 0.0231

(b) (1.00)(2.3) = 2.300

(c) (0.23)(10.0) = 2.300

(d) 7.7 + 42.8 = 50.5

(e) [(0.1000)(23)] + 0.71 = 3.010

(f) (4.593 − 3.942)(2.000) = 1.302

(g) $(1.230 \times 10^3) + (2.46 \times 10^2) = 1.476 \times 10^3$

(h) $(1.4 \times 10^{-3})(3.00 \times 10^{-2}) = 4.200 \times 10^{-5}$

07. 다음을 적당한 지수 표기로 나타내어라.

(a) 1245　(b) 유효숫자가 3개인 65.000

(c) 유효숫자가 4개인 59.750　(d) 0.004567

08. 다음을 계산하여 적당한 유효숫자의 수로 답하여라.

(a) 3.33×0.17　(b) 4568/1.3　(c) $1.987/(3.46 \times 10^8)$

(d) 0.0003/162　(e) (12.3 + 0.092)/8.3　(f) $328 \times (0.125 + 5.43)$

09. 다음 물음에 답하여라.

(a) 4.85×10^3 lb인 자동차는 (   ) kg이다.

(b) 1 km은 (   ) ft이다.

(c) 320 in^3인 엔진 피스톤의 배기량은 (   ) L이다.

(d) 100 ha = 1 km^2 = (   ) m^2 = (   ) cm^2

(e) 키가 5 ft 10 inch인 사람은 (   ) m이다.

10. 50.0 mL의 물이 담겨 있는 눈금 실린더에 12 g의 유리가루를 부어 넣었다. 이때 수면의 높이는 58.0 mL로 올라갔다. 유리의 밀도는 얼마인가?

11. 어떤 기체가 10.0 mg/mL의 밀도를 갖고 있다. 밀도를 g/L로 환산하여라.

12. 수은의 밀도(13.6 g/mL)를 g/L와 kg/L로 계산하여라.

13. 메탄올은 600 mL에 0.39$로 판매된다. 메탄올의 밀도가 보통 온도에서 0.79 g/cm^3일 때 kg당 메탄올의 가격은 얼마인가?

14. 1기압, 25°C에서 공기의 밀도는 1.19 g/L이다. 크기가 $8.2 \times 13.5 \times 2.75$ m로 측정된 방안의 공기는 몇 kg인가?

15. 다음에 진술한 값들을 미터 단위로 바꾸어라.

(a) 5 ft 3 in의 표준키를 가진 여인들은 110~122 lb 범위의 몸무게를 가져야 한다.

(b) 키가 5 ft 9 in, 몸무게 154 lb인 사람은 매일 약 2.5 oz의 단백질을 섭취하여야 한다.

1 oz = 28.35 g

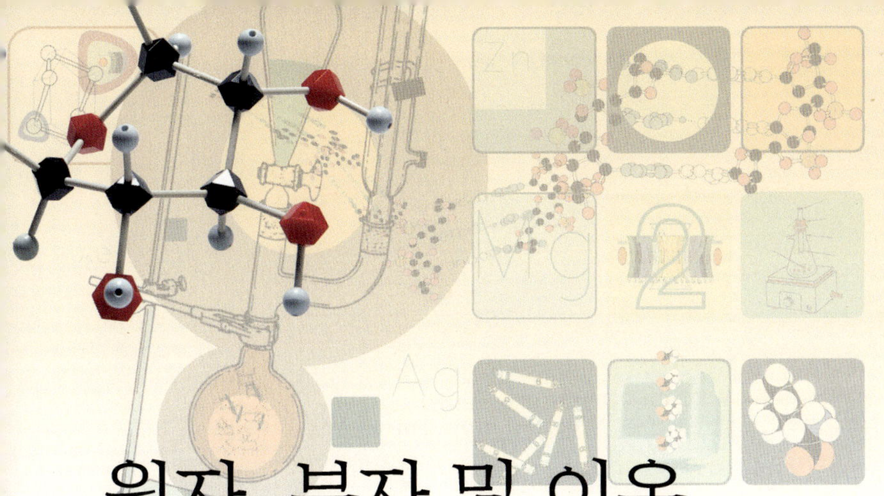

CHAPTER 02

원자, 분자 및 이온

물질을 한없이 작게 쪼개어 나가면 마지막엔 무엇이 되겠는가? 라는 물질의 성질에 대한 의문은 고대 그리이스 철학자들에 의해 제기되었고, B.C. 4세기경 Democritus는 "모든 물질은 쪼개어 가면 더 이상 쪼갤 수 없는 작은 입자로 구성되어 있다"는 현대의 원자론에 아주 근접한 주장을 하였다. Democritus는 이 입자를 그리스어로 "나눌 수 없다"는 뜻을 가진 원자 {atom:a(not)+toms(cut)}라고 하는 이름으로 사용하였다. 그러나 이와 같은 주장은, 연기가 공기 중으로 흩어지는 현상을 보고 추측해 낸 것으로 전해지듯이 매우 직관적이고 철학적인 것이었다. 원자(atom)의 개념을 과학적으로 처음 제창한 사람은 영국의 물리학자이며 화학자인 John Dalton(1766~1844)이었다.

미리보기

2.1 원자

(1) 원소와 원자

물에 전류를 통하면 기체상태의 수소와 산소로 분해된다. 이와 같이 한 종류의 원자로만 이루어진 것을 **원소**(element)라고 한다. 현재까지 116 종류의 원소가 알려져 있으며, 이 중에서 약 90개 원소는 천연에 존재하고 나머지는 인공적으로 만든 것이다. 이 교재의 앞표지와 뒷표지 안쪽에 이들 원소의 이름과 기호를 나타내었다. 탄소(carbon; C), 황(sulfur; S), 철(iron; Fe), 구리(copper; Cu), 은(silver; Ag), 주석(tin; Sn), 금(gold; Au), 수은(mercury; Hg), 납(lead; Pb) 등은 일찍이 고대 그리스로마, 중국, 아랍 등에서 알려져 있었으나, 알루미늄(aluminum; Al), 규소(silicon; Si), 요오드(iodine; I), 헬륨(helium; He) 등은 18~19세기에 발견된 것이다. 테크네튬(technetium; Tc), 플루토늄(plutonium; Pu), 아메리슘(americium; Am) 등의 인공 원소는 20세기에 들어서 현대물리학적 기술로 만들어진 것이다.

대부분의 원소 이름과 기호는 라틴어나 그리스어에 기원을 두고 있는데, 예를 들어 헬륨(helium)은 그리스어로 '태양'을 뜻하는 '*helios*'에서 기원하였고, 납(lead)은 라틴어로 '무거운'이라는 뜻의 '*plumbum*'에서 온 것이다. 최근에 발견된 원소는 발견한 장소 또는 사람 이름에서 따온 것으로 예를 들면 아메리슘(americium; Am), 칼리포늄(californium; Cf), 퀴륨(curium; Cm) 등이다.

이 교재의 앞표지 안쪽에 있는 표에 각종 원소의 이름과 기호 및 여러 가지 성질을 나타내었으며, 이를 **원소주기율표**(periodic table)라고 한다.

한편, 원자(atom)는 그 원소의 화학적 성질을 유지하는 가장 작은 입자를 일컬으며, 여러 가지 원자와 원자의 성질은 제4장과 제5장에서 다루게 될 것이다.

수은(Hg)-액체 황(S)-고체 구리(Cu)-고체 철(Fe)-고체 알루미늄(Al) -고체

그림 2-1 여러 가지 원소들

(2) Dalton의 원자설

원자설(atomic theory)의 발전에는 많은 사람들이 공헌하였으며, 그중 원자설의 정립에 큰 영향을 끼친 사람은 영국의 John Dalton(1766~1844)이다. 그의 가장 큰 업적은 다음의 두 가지 면으로 요약할 수 있다.

첫째, 그는 물리적인 증명과 함께 화학적인 증거를 제시하였고,

둘째, 그의 가설은 정성적인 관찰에서 비롯된 것이 아니고 정량적인 측정에 기초를 두고 있다는 것이다.

이를 바탕으로 1808년에 다음과 같은 원자설이 발표되었다.

① 모든 물질은 더 이상 쪼갤 수 없는 가장 작은 입자, 즉 **원자**(atom)로 구성되어 있다.

② **원소**(element)는 한 종류의 원자로 되어 있는 물질로 적은 종류의 원소들만 존재한다(현재는 116종이 알려져 있다).

③ 같은 원소의 모든 원자는 성질과 질량 등이 모두 같다.

④ **화합물**(compound)은 두 종류 이상의 원소로 구성된 물질이며, 각 원소의 원자가 간단한 정수비로 결합하여 생성된다.

⑤ **화학반응**(chemical reaction)은 물질의 화학적 동일성을 변화시킨 것으로서 물질을 구성하는 원자의 결합을 재배열시킨다. 즉 화학반응에서는 원자가 결합하거나 떨어질 뿐이고, 원자 자체가 새로 만들어지거나 없어지지는 않는다.

이러한 가정 가운데 사실이 아닌 것도 있으나, 이 이론은 현대 과학분야의 발달을 가져온 가장 빛나는 성과 중의 하나이다. 그러나 방사능을 가진 원소가 발견되면서 한 원자가 다른 원자로 변할 수도 있음이 밝혀졌다. 또 동위원소의 발견으로 한 원소의 원자가 모두 같다고 생각할 수도 없게 되었다. 이와 같은 특별한 경우를 제외하고는 현재도 Dalton의 원자설은 계속 유용되고 있다.

Dalton은 이 원자설로 질량보존의 법칙이나 일정성분비의 법칙(순수한 화합물은 어디서 얻었든가에 각 원소의 질량이 일정한 비례로 들어 있다)을 설명하였고 또 배수비례의 법칙(두 원소가 둘 이상의 화합물을 만들 때 화합물들 사이에서 한 원소의 질량에 대한 다른 원소의 질량은 작은 정수비를 갖는다)을 추론하여 실험적 사실로서 입증하였다.

(3) 원자 구조

원자는 한 개의 **원자핵**(atomic nucleus)과 원자핵 주위를 돌고 있는 전자들로 이루어져 있으며, 그 크기는 반경 0.6~2.5 Å(1 Å = 10^{-10} m) 정도이다. 또, 원자핵은 10^{-5}~10^{-4} Å 정도의 크기를 가진 입자로서 보통 수소의 원자핵을 제외하고는 어느 것이나 **양성자**(proton)와 **중성자**(neutron)로 구성되어 있다.

이 양성자와 중성자를 통틀어서 **핵(입)자**(nucleon)라 한다. 각 원소의 원자핵에 들어 있는 양성자의 수는 같은 원소에서는 동일하며, 또한 그 원소의 **원자번호**(atomic number)와 같다. 그러나 중성자의 수는 같은 원소라 해도 반드시 일치하지 않는다. 예를 들면, 원자번호 17인 염소는 원자핵 내에 17개의 양성자와 18개의 중성자를 가지고 있는 것과 17개의 양성자와 20개의 중성자를 가지고 있는 두 종류가 있다. 따라서 같은 염소 중에는 핵자가 35인 원자와 37인 원자가 함께 존재하고 있다.

양성자는 보통 수소의 원자핵으로 단위 양전하($+1.602 \times 10^{-19}$ C)를 가지며, 그 질량은 1.6726×10^{-24} g이다. 중성자는 전하를 가지지 않으며, 양성자와 비슷한 1.6749×10^{-24} g의 질량을 가진다. 전자(electron)는 단위 음전하(-1.602×10^{-19} C)와 9.1094×10^{-28} g의 질량을 가지고 있어 양성자의 질량에 비하여 1/1836에 불과하다. 그러므로 원자의 질량은 거의 원자핵에 집중되어 있다고 볼 수 있다. 그런데 이들 값은 너무도 작아서 보통 사용하는데 크게 불편하기 때문에 각 원자 간의 질량비를 구하고 다시 이것을 다루기 편한 값으로 환산하여 사용한다.

즉, 핵자 12개를 가진 탄소 원자의 질량을 12.0으로 정하고, 이것을 기준으로 하여 이것에 대한 다른 원자의 질량비를 구하여 각 원소의 원자량으로 한다. 이와 같은 **원자질량단위**(atomic mass unit; amu)를 사용하면 양성자의 질량은 1.00728이고, 중성자는 1.00866, 전자는 0.00055가 된다.

이 값으로부터 양성자나 중성자는 1 원자질량단위와 거의 같음을 알 수 있으며, 또 원자질량단위로 구한 각 원소의 원자질량에 가장 가까운 정수는 그 원자핵자의 총수와 같은 값이 됨을 알 수 있다. 따라서 일반적으로 각 원자 내의 핵자의 총수, 즉 원자핵에 포함되어 있는 양성자 수와 중성자 수를 합한 것을 **질량수**(mass number)라 한다.

어떤 원자가 원자번호와 질량수는 다음과 같이 표현한다.

$$\text{원자의 질량}\ {}^{A}_{B}\mathrm{X}\ \text{원소기호}$$
$$\text{원자번호 (B)}$$

위에서 본 염소를 다시 예로 들면, 자연계에서 존재하는 염소 원자에는 질량수 35와 37의 두 종류의 원자가 있게 된다. 원자번호와 질량수에 의하여 구성된 원자 또는 원자핵의 하나 하나를 **핵종**(nuclide)이라 하는데, 어떤 핵종을 나타내는데는 일반적으로 원소 기호의 왼쪽 위에 질

표 2-1 원자의 구성 입자

입자	실제 질량	상대적 질량	전하	원자 내의 위치
양성자(proton)	1.6726×10^{-24} g	1	1+	원자핵
중성자(neutron)	1.6749×10^{-24} g	1	0	원자핵
전자(electron)	9.1094×10^{-28} g	1/1836	1−	원자핵의 바깥

량수를, 왼쪽 아래에 원자번호를 붙여 쓴다.

염소의 두 핵종은 각각 $^{35}_{17}Cl$, $^{37}_{17}Cl$로 표시한다. 이와 같이 원자번호는 같으나 질량수가 서로 다른 핵종을 **동위원소**(isotope)라 한다. 같은 원소의 동위원소는 일반적으로 화학적 성질이 같다. 이 사실은 화학 변화를 할 때에 원자핵은 관여하지 않고 핵외 전자만이 관여하고 있음을 시사한다.

양성자와 전자가 가지는 전하의 절대값은 같으며, 각 원소의 원자가 전기적으로 중성인 것은 원자핵 내의 양성자 수와 핵외 전자 수가 같음을 의미한다. 따라서 원소의 성질을 지배하는 요인은 원자번호로 표시되는 핵의 전자, 그 배치 상태가 된다.

2.2 분자와 이온

원자로만 된 물질은 매우 드물다. 다만 **비활성기체**(inert gas ; He, Ne, Ar, Kr, Xe, Rn)라고 하는 극소수의 단체에서는 그 물질을 구성하는 기본 구조 단위가 원자로 되어 있다. 이 밖의 모든 단체와 화합물의 물리적 및 화학적 성질은 원자로부터 이끌어 낸 두 가지 다른 형식의 구조 단위, 즉 분자와 이온에 의하여 대체로 쉽게 설명된다.

(1) 분자

분자(molecule)는 같은 원소 또는 서로 다른 원소의 원자들이 화학 결합에 의해 강하게 결합된 여러 원자의 집합체이다. 이에 반하여 분자 사이의 힘은 비교적 약하다. 따라서 일반적으로 분자들은 서로 강하게 묶이지 않으므로 대체로 독립된 입자로서 행동한다. 그림 2-2에 몇 가지 간단한 분자들의 분자식과 구조식 그리고 분자모델을 나타내었다.

물 분자는 1개의 산소 원자와 2개의 수소 원자의 결합으로 되어 있다. 물 분자는 구부러진 구조를 가지고 있으며, 물 분자는 보통 조건에서는 안정하며 다른 물 분자와 화학적으로 반응하지 않는다. 그러므로 물의 성질은 그 분자 자신의 성질에 의하여 결정된다.

(2) 이온

원자나 분자는 전자를 잃거나 얻으면 전하를 띠게 된다. 원자나 분자가 양전하 또는 음전하로 하전된 것을 **이온**(ion)이라 한다. 이온은 그리이스어로 움직인다는 뜻을 가지고 있으며, 만일 중성 원자 또는 분자로부터 전자가 제거될 경우 양성자가 남이 있는 전자보다 많으므로 양전하를 띠는 양이온(positive ion 또는 cation)이 생성된다. 마찬가지로 한 원자가 전자를 얻어서 원자번호보다 더 많은 전자를 가질 때 그 원자는 음전하를 가지는 음이온(negative ion 또는 anion)이 된다.

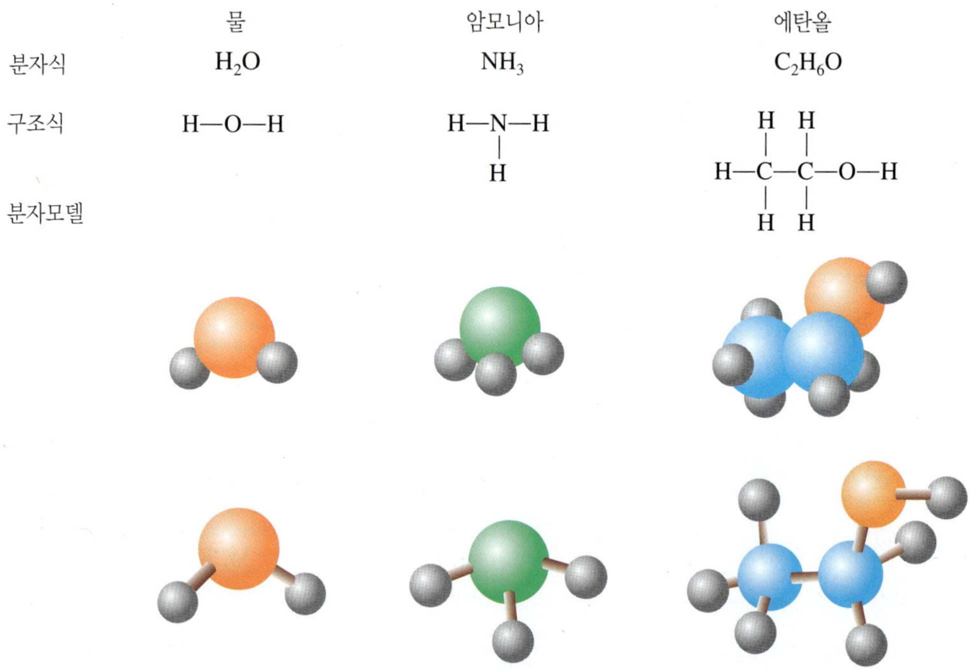

그림 2-2 몇가지 간단한 분자들의 모형

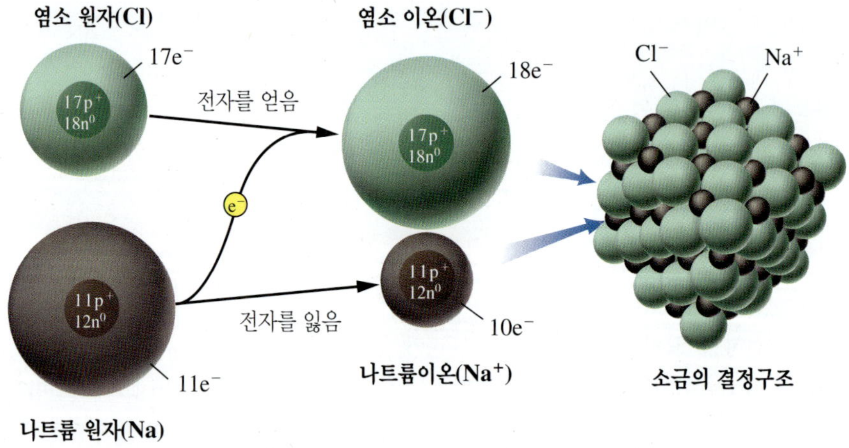

그림 2-3 염화나트륨(NaCl, sodium chloride)의 생성과정과 결정구조

양이온의 예로서는 나트륨 원자로부터 1개의 전자가 빠져나가서 생긴 나트륨이온(Na^+)을 들 수 있다. 음이온으로는 염소 및 플루오르 원자가 여분의 전자 1개를 얻는 경우 생성되는 Cl^- 및 F^-이온 등이 있다. 그러한 양이온과 음이온이 교대로 결합되어 있는 화합물을 이온결합 화합물이라 한다. 대표적인 이온결합 화합물인 염화나트륨의 구조를 그림 2-3에 나타내었다. 이온결합 화합물도 전체적으로는 전기적인 중성이므로 염화나트륨 결정에는 서로 반대 전하(Na^+, Cl^-)를 가진 이온이 같은 수만큼 존재한다. 같은 이유로 플루오르화칼슘 속에는 1개의 Ca^{2+}이온에 대하여 2개의 F^-이온이 들어있다. 실제로 모든 이온결합 화합물은 반대로 하전된 이온을 서로 붙들고 있는 연속적 삼차원 그물 모양의 화학결합을 이루고 있다. 반대로 하전된 이온 사이의 정전기적(electrostatic) 인력에 의해 이루어진 이들의 결합은 매우 강하다.

2.3 원자량

Dalton은 화학적으로 성질이 다른 원자는 특정한 질량을 갖는다고 하였다. 그러나 각 원자의 질량을 직접 측정하는 것은 매우 어려우므로 Dalton은 원자 질량을 추정하기 위하여 화합물을 만들때 기준 원소의 일정량과 결합하는 다른 원소의 양을 알아내어 실험적으로 원자량을 결정하였다.

예를 들면 실험에 의하여 수소 기체와 산소 기체가 질량비 1 : 8의 비율로 서로 반응하여 물을 만든다는 것을 알 수 있다. 따라서 물의 화학식을 알면 수소원자 질량에 대한 산소 원자의 상대적인 질량을 쉽게 구할 수 있다. Dalton은 물의 화학식을 HO라고 가정했으며, 수소 원자의 질량을 1로 정하면 산소 원자의 질량은 8이라고 생각하였다. 그 후 물의 화학식은 H_2O임이 밝혀져 산소 원자의 질량은 16으로 수정되었다. 이처럼 초기에는 수소를 기준물질로 택해 1의 값을 할당하고 다른 원소의 질량을 비교했으며, 나중에는 거의 모든 원소와 화합물을 이루는 산소를 기준물질로 정하고 그 원자량을 16으로 하였다.

지금은 국제 협약에 의해 $^{12}_{6}C$ 원자를 원자량의 기준물질로 삼아 그 원자량을 12.000 단위로 정하였다. 그러므로 원자질량단위(atomic mass unit; amu)는 $^{12}_{6}C$ 원자 1개의 질량의 1/12로 정의되며, 원자량은 이 단위로 나타낸다.

$$1\ \text{amu} = \frac{12}{6.02 \times 10^{23}} = 1.66057 \times 10^{-24}$$

그러나 대부분의 원소들은 특정한 질량을 가진 단일 원자만 존재하는 것은 아니고, 비록 동일 원소라 할지라도 질량이 다른 원자도 존재하고 있음이 밝혀졌다. 이처럼 원자번호는 같지만 질량이 서로 다른 원소를 **동위원소**(isotope)라 부른다.

예를 들면 자연에 존재하는 탄소는 두 가지의 동위원소로 구성되어 있고 질량은 각각

표 2-2 원소들의 원자량(탄소-12 척도)

원소	기호	원자량(amu)	원소	기호	원자량(amu)
알루미늄	Al	26.98154	마그네슘	Mg	24.305
바륨	Ba	137.33	망간	Mn	54.9380
브롬	Br	79.904	수은	Hg	200.59
칼슘	Ca	40.08	니켈	Ni	58.69
탄소	C	12.011	질소	N	14.0067
염소	Cl	35.453	산소	O	15.9994
크롬	Cr	51.996	인	P	30.97376
코발트	Co	58.9332	칼륨	K	39.0983
구리	Cu	63.546	규소	Si	28.0855
플루오르	F	18.998403	은	Ag	1078682
수소	H	1.00794	나트륨	Na	22.98977
요오드	I	126.9045	황	S	32.06
철	Fe	55.847	주석	Sn	118.69
납	Pb	207.2	아연	Zn	65.38

1.99268×10^{-23} g(탄소 − 12)과 2.15929×10^{-23} g(탄소 − 13)이다.

자연에 존재하는 원소 시료는 이들이 지구의 어느 곳에서 발견되어도 대개 동일한 성분비를 갖는다. 따라서 원자의 평균원자량을 구하기 위해서는 각 동위원소의 존재비율을 알아야 하며, 만약 어떤 원소 X에 대해 X_1, X_2, X_3와 같이 세 종류의 동위원소가 존재한다면 다음과 같이 X의 평균 원자량을 구할 수 있다.

$$\text{X의 평균 원자량} = X_1\text{의 원자량} \times \frac{X_1\text{의 존재비율}}{100} + X_2\text{의 원자량} \times \frac{X_2\text{의 존재비율}}{100} + X_3\text{의 원자량} \times \frac{X_3\text{의 존재비율}}{100}$$

예를 들면 자연에 존재하는 탄소는 98.889%의 ${}^{12}_{6}C$와 1.111%의 ${}^{13}_{6}C$으로 이루어져 있다. 이러한 시료에 있어서 탄소 원자의 평균질량은 (12 amu × 98.889 + 13 amu × 1.111)/100 = 12.011 amu이다.

이와 같이 자연에 존재하는 원소의 평균 원자량을 원자질량단위(amu)로 표시한 것을 원자량(atomic weight)이라 부른다. 많이 사용되는 원소의 원자량과 대표적인 동위원소를 표 2-2와 표 2-3에 각각 나타내었다.

표 2-3 여러 가지 동위원소

원소명	동위원소	천연 존재 비율(%)
Hydrogen	${}^{1}_{1}H$	99.985
	${}^{2}_{1}H$	0.015
	${}^{3}_{1}H$	trace
Carbon	${}^{12}_{6}C$	98.89
	${}^{13}_{6}C$	1.11
	${}^{14}_{6}C$	trace
Oxygen	${}^{16}_{8}O$	99.758
	${}^{17}_{8}O$	0.038
	${}^{18}_{8}O$	0.204
Magnesium	${}^{24}_{12}Mg$	78.99
	${}^{25}_{12}Mg$	10.00
	${}^{26}_{12}Mg$	11.01
Chlorine	${}^{35}_{17}Cl$	75.77
	${}^{37}_{17}Cl$	24.23

2.4 분자량

물질의 **분자량**(molecular weight: MW)은 화합물의 화학식에 표시된 원자들의 원자량을 전부 더한 값이며 원자질량단위(amu)로 표시된다. 어떤 화합물의 분자량을 계산하기 위해서는 그 화합물의 정확한 화학식과 각 원소의 원자량을 알아야만 한다.

예제 2.1 물(H_2O)과 사염화탄소(CCl_4) 및 황산(H_2SO_4)의 분자량을 구하여라.

풀이: 화합물의 각 원소들의 원자량을 그 원소의 원자수와 곱한 후 이들을 전부 합하면 분자량이 된다.

H_2O	H : 2원자 × 1.008 amu/원자	= 2.016 amu
	O : 1원자 × 15.994 amu/원자	= 15.994 amu
	물의 분자량	= 18.01 amu
CCl_4	C : 1원자 × 12.011 amu/원자	= 12.011 amu
	Cl : 4원자 × 35.453 amu/원자	= 141.812 amu
	사염화탄소의 분자량	= 153.82 amu
H_2SO_4	H : 2원자 × 1.008 amu/원자	= 2.016 amu
	S : 1원자 × 32.06 amu/원자	= 32.06 amu
	O : 4원자 × 15.994 amu/원자	= 63.976 amu
	황산의 분자량	= 98.05 amu

2.5 몰

지금까지 우리들은 원자와 분자의 질량을 논의할 때 원자질량단위(amu)를 사용해 왔다. 그러나 실제로 실험실에서 개개의 분자를 각각 다루기는 어려우므로 화학자들은 물질의 무게를 원자질량단위가 아닌 그램이라는 단위를 사용하게 되었다. 분자 수준에서 실험실 수준으로 무게 척도를 크게 했을 때 우리는 **몰**(mol; 라틴어로 '무리', '더미' 라는 의미)이라 불리는 단위를 쓴다.

1몰(mol)은 정확하게 ${}^{12}_{6}C$ 12.00g 속에 포함되어 있는 탄소 원자 수와 같은 개수를 포함하는 물질의 양으로 정의한다. 예를 들면 1몰의 황산 속에는 12.00g의 ${}^{12}_{6}C$ 속에 포함되어 있는 탄소 원자와 같은 수의 황산 분자를 포함하고 있다. 12.00g 속에 포함되어 있는 ${}^{12}_{6}C$의 원자수는 6.022×10^{23}개이고 이 수를 **Avogadro수**(Avogadro' s number: N_A)라고 한다.

유효숫자 3자리까지의 Avogadro수는

$$N_A = 6.02 \times 10^{23}$$

이다. 어떤 물질 1몰은 Avogadro수만큼의 그 물질을 포함하고 있다. 그러므로 몰(mol)이란 개념은 타스나 그로스와 같이 사물의 수를 세는 단위이다. 연필 한 타스는 연필 12자루이고 연필 한 그로스는 144개의 연필을 의미하고 계란 한 꾸러미는 10개의 계란을 나타내듯이 연필 1몰은 6.02×10^{23} 자루의 연필이 있음을 의미한다. 이와 같이 몰(mol)이란 어떤 단위체 6.02×10^{23}개를 포함하고 있는 물질의 양이다.

몰이란 용어를 사용할 때 혼동을 피하기 위하여 화학식의 단위를 명시하는게 중요하다. 예를 들면 1 mol의 산소 원자(화학식: O)는 6.02×10^{23}개의 산소 원자를 포함하고 1 mol의 산소분자(화학식 O_2)는 6.02×10^{23}개의 산소 분자, 즉 $2 \times 6.02 \times 10^{23}$개의 산소 원자를 포함하고 있다.

물질의 **몰질량**(molar mass)은 물질 1 mol의 질량이다. ${}^{12}_{6}C$는 정의에 의하여 정확하게 12.00 g의 몰질량을 갖는다. 모든 물질에 대하여 그램으로의 몰질량은 원자질량단위로의 분자량(혹은 화학식량)과 수치적으로 똑같다. 이러한 이유 때문에 **그램화학식량**(gram formula weight) 또는 **그램분자량**(gram molecular weight)이라 한다. 따라서

H원자 1개의 질량 = 1.008 amu
H원자 1 mol의 질량 = 1.008 g
H원자 1 g-원자 질량 = 1.008 g
H_2분자 1개의 질량 = 2.016 amu
H_2분자 1 mol의 질량 = 2.016 g
H_2분자 1 g-분자 질량 = 2.016 g

몰 수를 그램으로 고칠 때는 다음 환산계수를 사용하고

$$\left[\frac{\text{몰질량}}{1\text{ mol}}\right]$$

그램 수를 몰 수로 고칠 때는 다음 환산계수를 사용한다.

$$\left[\frac{1\text{ mol}}{\text{몰질량}}\right]$$

예제 2.2 산소 57.6 g 속에 들어 있는 산소 기체의 몰수는 얼마인가?

풀이: 산소 기체의 화학식은 O_2이고 1 몰질량은 32.0 g이다.

$$\text{몰수} = 57.6\text{g } O_2 \times \frac{1\text{ mol } O_2}{32.0\text{ g } O_2} = 1.8\text{ mol } O_2$$

예제 2.3 CO_2 17.6 g이 있다.

1) CO_2 속에 포함되어 있는 산소 원자의 몰수는?
2) CO_2 속에 포함되어 있는 탄소 원자의 수는?

풀이: 먼저 CO_2의 몰수를 계산한다.

$$CO_2\text{의 mol수} = 17.6\text{ g } CO_2 \times \frac{1\text{ mol } CO_2}{44.0\text{ g } CO_2} = 0.4\text{ mol } CO_2$$

1) 다음은 CO_2 속에 존재하는 산소 원자의 몰수를 계산한다.

$$\text{O 원자의 mol수} = 0.4\text{ mol } CO_2 \times \frac{2\text{ mol O}}{1\text{ mol } CO_2} = 0.8\text{ mol O}$$

2) 먼저 CO_2의 몰수로부터 C 원자의 몰수를 계산한다.

$$\text{C 원자의 mol수} = 0.4\text{ mol } CO_2 \times \frac{1\text{mol C}}{1\text{ mol } CO_2} = 0.4\text{ mol C}$$

마지막으로 C 원자의 수를 계산한다.

$$0.4\text{ mol C} \times \frac{6.02 \times 10^{23}\text{개 원자}}{1\text{ mol C}} = 2.41 \times 10^{23}\text{ C원자}$$

연습문제

PROBLEMS

01. 다음의 이온에서 생성되는 화합물의 화학식을 써라.

(a) Ca^{2+}, F^- (b) BH_4^+, $Cr_2O_7^{2-}$ (c) Al^{3+}, PO_4^{3-}
(d) Bi^{3+}, SO_4^{2-} (e) Zn^{2+}, IO_4^- (f) Fe^{3+}, Cl^-
(g) Fe^{3+}, NO_3^- (h) Li^+, P^{3-}

02. 다음 물질의 몰질량을 구하여라.

(a) H_3PO_4 (b) NH_4Cl (c) As_2O_3 (d) Fe_3O_4
(e) $UO_2(SO_4)$ (f) $HgBr_2$ (g) NO (h) H_2O_2
(i) $Ba(OH)_2$ (j) $C_{12}H_{22}O_{11}$ (k) Mn^{2+} (l) CO_3^{2-}
(m) N

03. 다음에 대한 몰수를 계산하여라.

(a) 10.0 g 탄산칼슘 $CaCO_3$ (b) 14 g의 철 Fe
(c) 24.5 g 포름알데하이드 HCHO (d) 34 g 설탕 $C_{12}H_{22}O_{11}$
(e) 33.5 g의 식초산 CH_3COOH

04. 다음 물질 속에 포함되어 있는 인의 무게 백분율을 구하여라.

(a) $Ca_3(PO_4)_2$ (b) $Ca(H_2PO_4)_2$ (c) $Na_5P_3O_{10}$ (d) P_4O_{10}

05. FeO, Fe_2O_3, Fe_3O_4에 들어 있는 철의 무게 백분율을 구하여라. 각 산화물의 배 운임비가 같다면 철을 수송하기 위하여 어떤 것을 싣는 것이 가장 경제적인가?

06. 12wt%인 NaCl 용액 160 g에 들어 있는 NaCl과 H_2O의 질량을 계산하여라.

07. 구리의 평균원자량은 63.546 amu이다. 자연에서 얻은 구리는 질량이 62.9298 amu와 64.9278 amu를 가진 원자만으로 되어 있다면 이들 원자의 분율은 얼마인가?

08. 실험식이 MO이고 무게로 71.4%의 금속을 가진 산화물을 만드는 금속의 원자량을 구하고, 또 이 금속이 무엇인지 밝혀라.

09. KNO_3 중의 질소의 백분율을 계산하여라.

10. 수소 27.0 g은 몇 mol인가?

11. CO_2 0.00220 g 속에 들어 있는 탄소 원자의 수는 얼마인가?

12. 100 g의 구리 중의 총 원자수를 구하여라. 단 구리의 분자량은 63.54

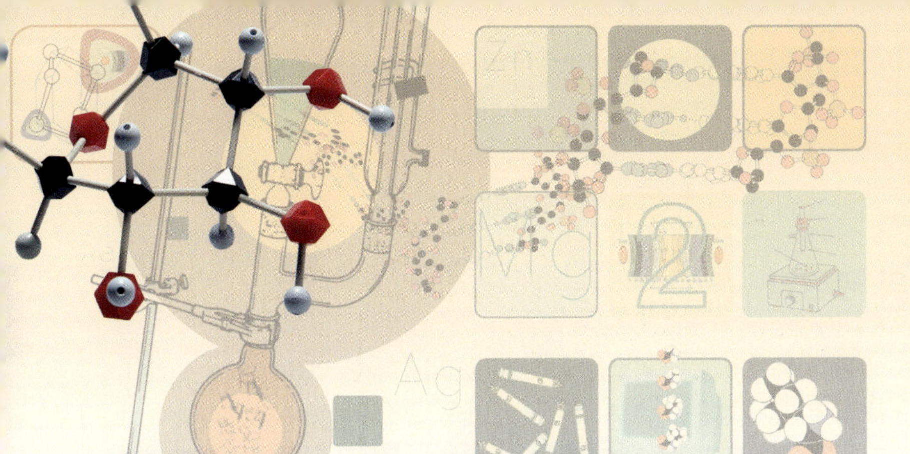

CHAPTER 03

화학식 및 화학반응식

화학식은 화합물 내에 들어 있는 원자의 수와 종류를 표시하고, 또 화합물의 이름으로도 사용되며 화학반응식을 나타내는데 사용된다. 화학반응식은 반응물이 생성물로 되는 과정과 이에 대한 정량적인 관계를 제공한다.

본 장에서는 화합물의 명명법, 화학식의 결정 방법, 화학반응식의 완성과 그의 정량적 의미, 계산 방법 등에 대하여 소개한다.

미리보기

3.1 화합물의 명명법

사람에게도 각각의 고유한 이름이 있듯이 화합물도 역시 개개의 고유한 이름이 있어야 한다. 원소 및 화합물의 이름을 명명하고 화학식으로 나타내는 것을 **명명법**(nomenclature)이라 한다. 화합물의 명명은 합리적인 체계 없이는 상호 전달이 불가능하므로 이를 위하여 세계 각국의 과학자들로 구성된 국제 순수 및 응용 화학협회(International Union of Pure and Applied Chemistry; IUPAC)에서 명명법의 기본 원칙을 제정하여 널리 사용하고 있다. 국내에서는 대한화학회에서 IUPAC 명명법을 토대로 한 우리말 명명법을 제정하여 사용하고 있다.

일반적으로 원소와 화합물을 나타내는 데는 이름보다 기호와 화학식을 사용하는 것이 편리할 때가 많으며, 기호의 이름은 대부분 라틴어에서 따온 것이다. 원소 기호의 이름은 영어 발음과 일치하는 것도 있지만 그렇지 않은 것도 있다. 표 3-1에 보편적으로 사용되는 원소의 기호와 이름을 나타내었다.

두 가지의 원소로 이루어져 있는 화합물을 **이성분**(binary)화합물이라 한다. 화학식을 표현할 때는 양이온을 먼저 쓰고 음이온을 뒤이어서 표기하는데, 이러한 양이온과 음이온들은 서로 다른 전하를 가질지라도 화합물 자체는 전기적으로 중성이므로 각 형태의 전하를 가진 이온들

표 3-1 원소 기호와 이름

원소	기호	원소	기호
아르곤(argon)	Ar	리튬(lithium)	Li
붕소(boron)	B	마그네슘(magnesium)	Mg
브롬(bromine)	Br	망간(manganese)	Mn
칼슘(calcium)	Ca	수은(mercury)	Hg
탄소(carbon)	C	네온(neon)	Ne
염소(chlorine)	Cl	니켈(nickel)	Ni
크롬(chromium)	Cr	질소(nitrogen)	N
코발트(cobalt)	Co	산소(oxygen)	O
구리(copper)	Cu	인(phosphorus)	P
플루오르(fluorine)	F	칼륨(potassium)	K
금(gold)	Au	은(silver)	Ag
헬륨(helium)	He	나트륨(sodium)	Na
수소(hydrogen)	H	황(sulfur)	S
요오드(iodine)	I	주석(tin)	Sn
철(iron)	Fe	우라늄(uranium)	U
크립톤(krypton)	Kr	아연(zinc)	Zn
납(lead)	Pb		

의 상대적 수는 전체 전하의 합이 0이 되도록 결합하여야 한다. 예를 들어 염화칼륨(potassium chloride; KCl)의 경우는 칼륨(K) 이온은 (1+)의 전하를 가지며, 염소 이온은 (1−)의 전하를 가지므로 전체의 합이 0이 되려면 칼륨과 염소가 1 : 1로 결합하여야 한다. 염화칼슘(calcium chloride; $CaCl_2$)은 칼슘(Ca) 이온의 전하가 (2+)이므로 양이온과 음이온의 전하의 합이 0이 되려면 (1−)의 전하를 갖는 염소(Cl) 이온 2개와 결합하여야 하므로 $CaCl_2$가 되는 것이다.

화합물의 이름을 부를 때는 큰 원칙상 영어로는 화학식의 표기된 순서, 즉 양이온을 먼저 읽고 음이온을 뒤에 읽으며, 우리말로는 반대로 음이온을 먼저 읽고 양이온을 뒤에 읽는다.

(1) 이성분 화합물

한 종류의 양이온과 한종류의 음이온으로 이루어진 화합물을 이성분 화합물(binary compound)이라고 하고 이성분 화합물의 명명법은 다음과 같다.

영어식 — 음이온의 어미를 "–ide"로 고친다.
우리말 — 음이온 뒤에 "–화"를 붙인다.
예) KCl   potassium chlor**ine** → potassium chlor**ide**
염**소**칼륨   →   염**화**칼륨

이때 이성분 화합물의 이름을 부를 때 탄소, 질소, 산소, 염소 등과 같이 "–소"는 생략하는 것이 일반적이다.

(2) 두 가지 이상의 산화수를 갖는 금속

두 가지 이상의 산화수를 갖는 금속은 그 금속의 산화수를 금속명 다음에 괄호 안에 로마숫자로 표기하여 나타낸다. 관용적으로는 어미를 변화시켜 낮은 산화수의 경우 "–ous"로, 높은 산화수의 경우 "–ic"로 표기하고 우리말로는 낮은 산화수를 갖는 금속명 앞에 "제일", 높은 산화수를 갖는 경우는 금속명 앞에 "제이"라고 부른다.

예) Fe^{2+} Iron(II), 철(II)
ferrous, 제일철
Fe^{3+} Iron(III), 철(III)
ferric, 제이철

(3) 다원자 이온

다원자 이온 중 가장 흔히 쓰이는 양이온은 NH_4^+이며 읽을 때는 암모늄이온(ammonium ion)이라고 한다. 그러나 음이온의 경우는 보다 복잡한데 일반적으로 산소를 포함하는 산소산의 경우는 다음과 같이 읽는다.

영어식 — 음이온 어미를 "–ate"로 고친다.
우리말 — 음이온 뒤에 "–산"을 붙인다.
예) $NaClO_3$ sodium chlor**ate**, 염소**산**나트륨
KNO_3 potassium nitr**ate**, 질**산**칼륨

이성분 화합물의 경우에는 원소명에 들어있는 "–소"를 생략하는 것이 일반적이지만 염소산나트륨($NaClO_3$)의 경우는 염산(HCl)과 구별하기 위하여 "–소"를 생략하지 않는다.

보통의 산소산에서 산소가 하나 적은 경우에는 다음과 같이 고쳐 부른다.

영어식 — 음이온 어미를 "–ite"로 고친다.
우리말 — 음이온에 "아–산"을 붙인다.
예) $NaClO_2$ sodium chlor**ite**, **아**염소**산**나트륨
KNO_2 potassium nitr**ite**, **아**질**산**칼륨

아염소산나트륨($NaClO_2$)보다 산소가 하나 더 적은 경우에는 다음과 같다.

영어식 — 음이온 어미를 "hypo–ite"로 고친다.
우리말 — 음이온에 "하이포아–산"을 붙인다.
예) NaClO sodium **hypo**chlor**ite**, **하이포아**염소**산**나트륨

보통의 산소산보다 산소가 하나 더 많은 경우에는 다음과 같다.

영어식 — 음이온을 "per–ate"로 고친다.
우리말 — 음이온에 "과–산"을 붙인다.
예) $NaClO_4$ sodium **per**chlor**ate**, **과**염소**산**나트륨
$KMnO_4$ potassium **per**mangan**ate**, **과**망간**산**칼륨

어떤 산소산의 경우는 동일한 두 분자의 산소산이 결합하여 하나의 산소산을 만드는 경우가 있는데 이 경우에는 다음과 같다.

영어식 — 음이온을 "di–ate"로 고친다.
우리말 — 음이온에 "중–산"을 붙인다.
예) $K_2Cr_2O_7$ potassium **di**chrom**ate**, **중**크롬**산**칼륨

위에 열거한 방식에 의해 표 3-2의 여러 이온들의 이름을 확인해 보면 도움이 될 것이다.

표 3-2 몇가지 이온들의 명칭과 화학식

		1+			2+
암모늄이온	(ammonium)	NH_4^+	바륨이온	(barium)	Ba^{2+}
구리(I)이온	[copper(I)]	Cu^+	칼슘이온	(calcium)	Ca^{2+}
수소이온	(hydrogen)	H^+	크롬(II)이온	[chromium(II)]	Cr^{2+}
칼륨이온	(potassium)	K^+	구리(II)이온	[copper(II)]	Cu^{2+}
은이온	(silver)	Ag^+	철(II)이온	[iron(II)]	Fe^{2+}
나트륨이온	(sodium)	Na^+	납(II)이온	[lead(II)]	Pb^{2+}
		2+			**3+**
마그네슘이온	(magnesium)	Mg^{2+}	알루미늄이온	(aluminum)	Al^{3+}
망간(II)이온	[manganese(II)]	Mn^{2+}	크롬(III)이온	[chromium(III)]	Cr^{3+}
수은(II)이온	[mercury(II)]	Hg^{2+}	철(III)	[iron(III)]	Fe^{3+}
수은(I)이온	[mercury(I)]	Hg_2^{2+}			
주석(II)이온	[tin(II)]	Sn^{2+}			
스트론튬이온	(strontium)	Sr^{2+}			
아연이온	(zinc)	Zn^{2+}			
		3−			**2−**
비산이온	(arsenate)	AsO_4^{3-}	탄산이온	(carbonate)	CO_3^{2-}
아비산이온	(arsenite)	AsO_3^{3-}	크롬산이온	(chromate)	CrO_4^{2-}
인산이온	(phosphate)	PO_4^{3-}	중크롬산이온	(dichromate)	$Cr_2O_7^{2-}$
			산화이온	(oxide)	O^{2-}
			황화이온	(sulfide)	S^{2-}
			황산이온	(sulfate)	SO_4^{2-}
			아황산이온	(sulfite)	SO_3^{2-}
		1−			**1−**
아세트산이온	(acetate)	CH_3COO^-	수소화이온	(hydride)	H^-
브롬화이온	(bromide)	Br^-	수산화이온	(hydroxide)	OH^-
염소산이온	(chlorate)	ClO_3^-	하이포아염소산이온	(hypochlorite)	ClO^-
염화이온	(chloride)	Cl^-	요오드산이온	(iodate)	IO_3^-
아염소산이온	(chlorite)	ClO_2^-	요오드화이온	(iodide)	I^-
시안화이온	(cyanide)	CN^-	질산이온	(nitrate)	NO_3^-
플루오르화이온	(fluoride)	F^-	아질산이온	(nitrite)	NO_2^-
탄산수소이온	(hydrogen carbonate)		과염소산이온	(perchlorate)	ClO_4^-
(중탄산이온)	[(bicarbonate)]	HCO_3^-	과망간산이온	(permanganate)	MnO_4^-

예제 3.1 다음 화합물의 화학식을 적어라.

(a) aluminum nitrate (질산알루미늄)
(b) aluminum sulfate (황산알루미늄)

풀이: (a) Al과 NO_3로 이루어진 화합물이므로 $Al_x(NO_3)_y$로 표시 가능하며 여기서 x, y 값만 구하면 된다. 전체 전하의 합이 0이 되어야 하므로 각각의 전하수($Al = +3$, $NO_3 = -1$)로 정리하면

$$(+3 \times x) + (-1 \times y) = 0$$
$$x = 1, y = 3$$

결국 화학식으로 표시하면 $Al(NO_3)_3$가 된다.

(b) (a)와 동일한 방법으로 하면 $Al_x(SO_4)_y$가 되며 x, y를 구하면

$$(+3 \times x) + (-2 \times y) = 0$$
$$x = 2, y = 3$$

따라서 화학식은 $Al_2(SO_4)_3$가 된다.

예제 3.2 다음 화합물을 명명하여라.

(a) $FeCl_3$ (b) Cu_2O (c) $CrSO_4$ (d) $(NH_4)_2Cr_2O_7$

풀이: (a) iron (III) chloride (염화철(III))
(b) copper (I) oxide (산화구리(I))
(c) chromium (II) sulfate (황산크롬(II))
(d) ammonium dichromate (중크롬산 암모늄)

또한 화합물의 명명에 있어 그리스어의 접두어를 사용하는 것도 IUPAC에서 추천되고 있으며 그 보기를 다음 표 3-3에 나타내었다.

이들 접두어 사용은 두 비금속으로 이루어진 화합물에 대해서만 적용하고, 금속과 비금속으로 이루어진 화합물에 대해서는 보통 사용하지 않는다.

표 3-3 비금속들의 이성분화합물에 대한 명명법에 쓰는 접두어

접두어	수	보기	화학식
일(mon(o))	1	일산화탄소(carbon monoxide)	CO
이(di)	2	이산화탄소(carbon dioxide)	CO_2
삼(tri)	3	삼산화황(sulfur trioxide)	SO_3
사(tetra)	4	사염화탄소(carbon tetrachloride)	CCl_4
오(penta)	5	오염화인(phosphorus pentachloride)	PCl_5
육(hexa)	6	육플루오르화황(sulfur hexafluoride)	SF_6

예제 3.3 다음 화합물을 명명하여라.

(a) CS_2 (b) PCl_3 (c) SF_2 (d) $AlCl_3$

풀이:
(a) carbon disulfide (이황화탄소)
(b) phosphorus trichloride (삼염화인)
(c) sulfur difluoride (이플루오르화 황)
(d) aluminum chloride (염화 알루미늄)

3.2 화학식

Dalton이 처음 원자설을 제안할 때는 현재와 같은 원소기호를 사용한 것이 아니고 원과 기호를 이용하여 원자들을 표현하였다. 현재의 원소기호는 1820년대 스웨덴의 Jöns Jakob Berzelius가 제안하였으며, 주로 라틴어에서 따 온 것이다.

표 3-1에서도 언급되었듯이 물질 중 원소의 성분을 편의상 화학 기호로 나타내는데 이 기호는 라틴어로 된 원소명의 첫 부분을 주로 따서 표시한다. Calcium의 원소명은 Ca, Cadmium은 Cd, Chlorine은 Cl, Copper(라틴어: Cupum)은 Cu로 표시한다. 화합물을 구성하고 있는 원소의 종류와 성분비를 알면 원소 기호를 사용하여 그 조성을 간단히 표시할 수 있는데 이것을 화학식(chemical formula)이라 한다. 화합물의 화학식은 다음과 같은 뜻을 내포하고 있다.

1. 화합물의 원소 종류
2. 화합물의 각 원소의 원자수
3. 원소들의 함량
4. 화합물의 질량

화학식은 미지화합물을 분석하여 구조를 결정하는 과정에 따라 실험식, 분자식, 구조식, 시성식 등으로 나누어진다.

3.3 실험식

실험식(empirical formula)은 화합물의 조성을 각 원소의 상대적인 원자수의 비로 나타낸 식이다. 일반적으로 화합물의 분석으로부터 얻은 결과를 각 성분 원소의 질량백분율로 나타내며 이로부터 미지 화합물의 실험식을 추정할 수 있다.

C, H, O로 구성된 유기화합물의 경우 각 구성원소의 질량백분율은 연소방법에 의한 원소분석법으로 쉽게 구해진다. 그 개략적인 과정을 그림 3-1에 보였다.

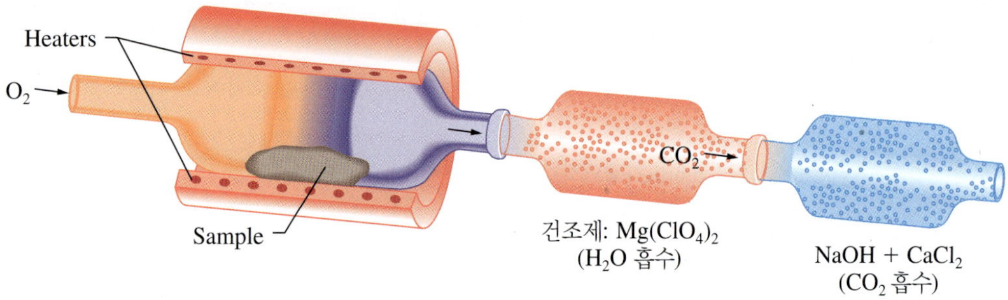

그림 3-1 화학물의 연소방법에 의한 탄소와 수소의 백분율 구하기

실험식의 결정은 다음 과정을 거쳐 구한다.

첫째, 원소 분석에 의한 각 성분 원소의 질량백분율을 구한다.

둘째, 각 성분 원소의 백분율을 무게 기준으로 변환하고, 원자량으로 나누어 각각에 해당하는 몰수를 구한다.

셋째, 각 성분 원소의 몰수에 대한 가장 간단한 정수비를 구한다.

이를 각 원소의 오른쪽 아래에 표시하여 원하는 실험식을 구할 수 있다.
실험식에 들어있는 각 원소의 원자량의 합을 **실험식량**이라 한다.

예제 3.4 포도당을 원소분석하여 그 결과 40.0%의 C, 6.7%의 H, 53.3%의 O를 함유하고 있음을 알았다. 이 포도당의 실험식을 구하여라.

풀이: 앞에서 설명한 과정대로 풀어보자.

첫째, 각 성분 원소의 질량백분율은 구해져 있다.

둘째, 질량백분율을 무게 기준으로 변환, 즉 전체 화합물의 양을 100 g으로 기준하면 각 성분 원소의 무게는 다음과 같다.

$C : 0.4 \times 100 = 40.0\ g$

$H : 0.067 \times 100 = 6.7\ g$

$O : 0.533 \times 100 = 53.3\ g$

각 성분 원소에 대한 무게를 원자량으로 나누어 몰수를 구한다.

$$C = \frac{40.0\ g\ C \;\Big|\; 1\ mol\ C}{\;\Big|\; 12.0\ g\ C} = 3.3\ mol\ C$$

$$H = \frac{6.7\ g\ H \;\Big|\; 1\ mol\ H}{\;\Big|\; 1.0\ g\ H} = 6.7\ mol\ H$$

$$O = \frac{53.3\ g\ O \;\Big|\; 1\ mol\ O}{\;\Big|\; 16.0\ g\ O} = 3.3\ mol\ O$$

각 성분원소의 몰수에 대한 가장 간단한 정수비를 구하면,

$$C : H : O = 3.3 : 6.7 : 3.3 = 1 : 2 : 1$$

그러므로 구하는 실험식은 CH_2O가 된다.

3.4 분자식

원소 기호를 사용해 어떤 화합물의 조성과 분자량을 표시한 식을 **분자식**(molecular formula)이라 하며, 이러한 분자식은 실험식의 배수가 된다.

$$\text{분자식} = (\text{실험식})n \qquad n : \text{정수}$$

분자량과 실험식량과의 관계는 다음과 같으며, 분자량은 어는점 내림, 광산란법, 삼투압법 등의 방법으로 구할 수 있다. 그 구체적인 방법은 9장 용액에서 다루게 될 것이다.

$$\text{분자량} = n \times \text{실험식량} \qquad n : \text{정수}$$

여기서 구한 n값을 윗 식에 적용시키면 분자식이 구해진다.

예제 3.5 커피, 콜라, 홍차 등에 존재하는 카페인 1.261 g을 분석한 결과, C : 0.624 g, H : 0.065 g, N : 0.364 g, O : 0.208 g을 함유하고 있음을 알았다. 또한 근사 분자량 측정 결과 194라는 값을 얻었다. 카페인의 실험식과 분자식은?

풀이: 우선 실험식을 앞의 방법에 의하여 구해보면,

1. 보통의 원소 분석 결과는 질량백분율로 나타내며 이것을 다시 무게 기준을 환산해야 하나, 여기서는 직접 무게로 주어졌으므로 질량백분율로 다시 환산할 필요가 없다.
2. 각 성분 원소의 몰수를 구한다.

$$C = \frac{0.624\text{ g C}}{} \left| \frac{1\text{ mol C}}{12.0\text{ g C}} \right. = 0.052\text{ mol C}$$

$$H = \frac{0.065\text{ g H}}{} \left| \frac{1\text{ mol H}}{1.0\text{ g H}} \right. = 0.065\text{ mol H}$$

$$N = \frac{0.364\text{ g N}}{} \left| \frac{1\text{ mol N}}{14.0\text{ g N}} \right. = 0.026\text{ mol N}$$

$$O = \frac{0.208\text{ g O}}{} \left| \frac{1\text{ mol O}}{16.0\text{ g O}} \right. = 0.013\text{ mol O}$$

3. 각 성분 원소의 몰수에 대한 가장 간단한 정수비를 구하면,

$$\begin{aligned} C:H:N:O &= 0.052 : 0.065 : 0.026 : 0.013 \\ &= \frac{0.052}{0.013} : \frac{0.065}{0.013} : \frac{0.026}{0.013} : \frac{0.013}{0.013} \\ &= 4:5:2:1 \end{aligned}$$

4. 구하려는 카페인의 실험식은 $C_4H_5N_2O$

5. 분자량 = $n \times$ 실험식량의 관계 에서 n을 구하면

$$n = \frac{\text{분자량}}{\text{실험식량}}$$

$$= \frac{194}{(12.0 \times 4 + 1.0 \times 5 + 14.0 \times 2 + 16.0 \times 1)} = 2$$

6. 따라서 구하는 분자식은 다음과 같다.

$$\begin{aligned} \text{분자식} &= (\text{실험식})n \\ &= (C_4H_5N_2O)_2 \text{ 또는 } C_8H_{10}N_4O_2 \end{aligned}$$

3.5 구조식

분자 내에서 원자 사이의 결합상태 혹은 결합순서를 결합선으로 표시한 식을 **구조식**(structural formula)이라 한다. 구조식으로 표시하면 물질의 구조를 쉽게 알아볼 수 있는 장점을 가지며, 표 3-4에 몇 가지 예를 들었다.

특히, 표 3-4에서 에틸알코올과 다이메틸에테르의 분자식은 C_2H_6O로 서로 같으나 그 구조가 다름을 알 수 있다. 아울러 각각의 화학적 성질, 물리적 성질을 조사한 결과 서로 그 성질들이 다름을 확인하였다. 이와 같이 분자식은 같으나 그 구조나 성질 등이 다른 화합물을 **이성질체**(isomer)라 한다.

표 3-4 몇 가지 물질의 구조식

물질명	암모니아	물	메탄	에틸알코올	다이메틸에테르
분자식	NH_3	H_2O	CH_4	C_2H_6O	C_2H_6O
구조식	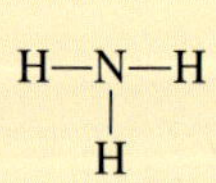	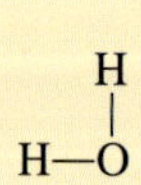	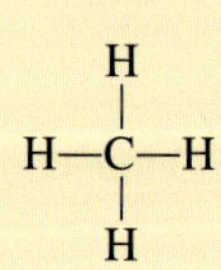	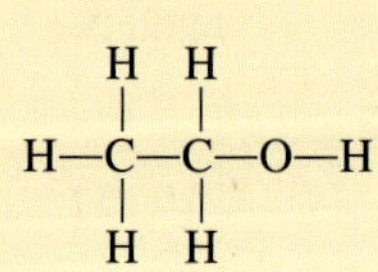	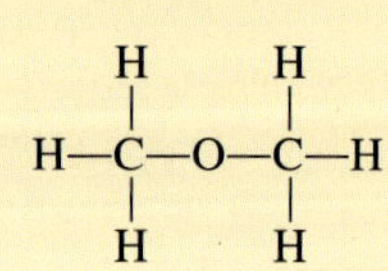

이름	분자식	시성식	구조식	분자모형
Ethanol	C_2H_6O	CH_3CH_2OH	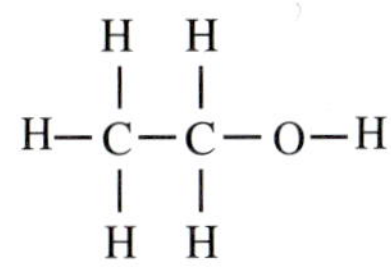	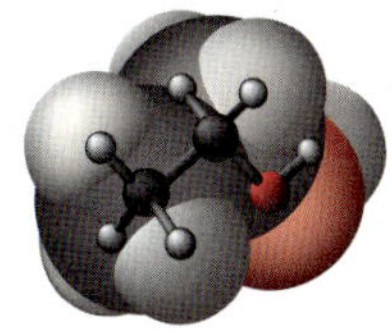
Dimethyl ether	C_2H_6O	CH_3OCH_3	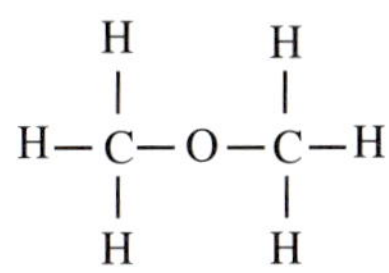	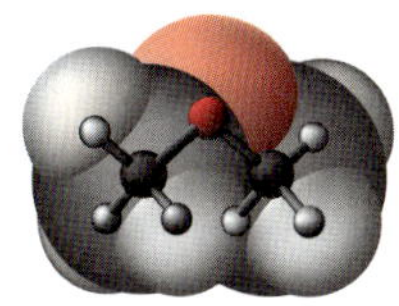

그림 3-2 몇 가지 물질의 분자식, 시성식, 구조식 및 분자모형

미지 시료 분석이란 실험식, 분자식 확인을 거쳐 최종적으로 구조식까지 알아내는 과정을 의미한다. 구조식을 얻기 위해서는 7장 분자구조 및 스펙트럼에서 다루게 될 적외선 분광기, 핵자기 공명 분광기 등을 복합적으로 이용하여야 한다.

한편, 모든 화합물을 일일이 구조식으로 표시하는 것은 매우 복잡하므로 그 화합물의 특성을 나타내는 원자단의 결합상태를 표시하여 물질의 성질을 간단히 나타낼 수 있다. 이렇게 나타낸 식을 **시성식**(rational formula) 또는 **축소구조식**(condensed formula)이라고 부르며 이제까지 설명한 분자식, 구조식, 시성식과의 비교를 그림 3-2에 나타내었다.

3.6 화학반응식

반응물(reactant)이라고 하는 처음의 물질로부터 새로운 화합물인 생성물(product)이 얻어지는 과정을 **화학반응**(chemical reaction)이라고 한다.

$$\text{반응물} \rightarrow \text{생성물}$$

고체상태의 철(Fe)이 기체상태의 염소(Cl_2)와 반응할 때 이를 화학반응식으로 나타내면 다음 그림 3-3과 같다. 여기서 반응식의 왼쪽에 나타나 있는 Fe와 Cl_2는 반응물질, 그리고 오른쪽에 나타나 있는 $FeCl_3$는 생성물질임을 알 수 있다.

화학반응식의 표시는 첫째, 반응식의 좌변에 반응물질, 우변에 생성물질의 분자식이나 화학식을 표시하고 더하기 부호(+)로서 연결한다. 둘째, 양변에서 각각의 원소의 원자수가 같게 되도록 계수를 결정한다. 계수 결정은 "화학반응의 전후에 있어 총 질량은 변화가 없어야 한다"는 질량 보존의 법칙에 따라서 결정한다(계수가 1인 경우에는 표시하지 않는다).

$$2\,Fe(s) + 3\,Cl_2(g) \longrightarrow 2\,FeCl_3(s)$$

반응물질 생성물질

그림 3-3 철과 염소의 반응

예를 들어 가정에서 연료로 많이 사용되고 있는 프로판(C_3H_8) 기체가 공기 중에서 연소할 때의 반응식을 생각해 보자.

1) 반응물질과 생성물질을 생각하면, 프로판 기체와 공기 중의 산소가 반응하여 이산화탄소와 물을 생성할 것이다. 따라서 다음과 같이 표시할 수 있다.

프로판 + 산소 → 이산화탄소 + 물

2) 앞의 가상반응식을 분자식으로 바꾸어 나타내고, 각각의 반응 mol 비인 계수를 정확히 알 수 없으므로 이를 각각 a, b, c, d로 나타낸다.

$$a\,C_3H_8 + b\,O_2 \rightarrow c\,CO_2 + d\,H_2O$$

3) 질량보존의 법칙에 의하며 양변의 각 원소에 대한 원자수는 같아야 하므로 미정계수법을 이용하여 각각의 계수를 구한다.

$C : 3a = c$
$H : 8a = 2d$
$O : 2b = 2c + d$

다음, 각 계수의 비를 구하면 되므로 $a = 1$이라 하면

$c = 3a = 3$
$d = 8a/2 = 4a = 4$

$$b = \frac{2c + d}{2} = \frac{2 \times 3 + 4}{2} = 5$$

이제 각각의 계수가 구해졌으므로 우리가 원하는 프로판 기체의 연소반응식은 결국 다음과 같이 될 것이다.

$$C_3H_8 + 5O_2 \rightarrow 3CO_2 + 4H_2O$$

예제 3.6 다음 반응식의 계수를 구하여라.

( )Cu + ( )HNO_3 → ( )$Cu(NO_3)_2$ + ( )H_2O + ( )NO

풀이: 반응식의 계수를 다음과 같이 표시한다.

$a\,Cu + b\,HNO_3 \rightarrow x\,Cu(NO_3)_2 + y\,H_2O + z\,NO$

미정계수법을 이용해서 각각의 계수를 구한다.

Cu : $a = x$ ············ ①

H : $b = 2y$ ············ ②

N : $b = 2x + z$ ············ ③

O : $3b = 6x + y + z$ ············ ④

여기에서 $a = 1$이라면 ①에서 $x = 1$

식 ③ × 3을 식 ④에 대입하여 b를 소거하면

$6x + 3z = 6x + y + z$

$2z = y$ ············ ⑤

식 ⑤와 식 ②에서

$b = 4z$ ············ ⑥

식 ③에 $x = 1$, $b = 4z$를 대입하면

$4z = 2 + z$

$z = 2/3$

식 ⑥에 대입하면

$b = 8/3$

$y = 4/3$이 된다.

정리하면

$a = 1$

$b = 8/3$

$x = 1$

$y = 4/3$

$z = 2/3$

이 값을 원 식에 대입하면

$Cu + (8/3)\ HNO_3 \rightarrow Cu\ (NO_3)_2 + (4/3)H_2O + (2/3)NO$

관습상 계수는 정수로 표시하므로 윗 식에 3을 곱하여 정리하면 결국 이 반응식은 다음과 같이 결정된다.

$3Cu + 8HNO_3 \rightarrow 3Cu(NO_3)_2 + 4H_2O + 2NO$

3.7 화학반응식의 정량적 의미

특정 반응에서 일정량의 반응물로부터 얻어지는 생성물의 최대량은 얼마나 될까? 혹은 일정량의 생성물을 얻기 위한 최소한의 반응물량은 얼마나 되겠는가? 하는 의문이 제기될 수 있을 것이다. 이의 해결은 화학반응식을 살펴보면 가능하며, 완결된 화학반응식에서 우리는 여러 가지 의미를 유추해 낼 수 있다. 화학 반응식에서 반응물질의 질량(g)에서 생성물질의 질량(g)을 직접 구하는 것은 불가능하며 반드시 반응물질의 몰수를 구하여 대응하는 생성물질의 몰수를 구하고 다시 질량으로 환산하여야 한다(그림 3-4). 앞서 예를 든 프로판 기체의 연소반응식을 통하여 살펴보면 다음과 같다.

C_3H_8	+	$5O_2$	$\rightarrow$	$3CO_2$	+	$4H_2O$
1분자의 C_3H_8		5분자의 O_2		3분자의 CO_2		4분자의 H_2O
1 mol의 C_3H_8		5 mol의 O_2		3 mol의 CO_2		4 mol의 H_2O
6.02×10^{23}개의 C_3H_8분자		$5 \times 6.02 \times 10^{23}$개의 O_2분자		$3 \times 6.02 \times 10^{23}$개의 CO_2분자		$4 \times 6.02 \times 10^{23}$개의 H_2O분자

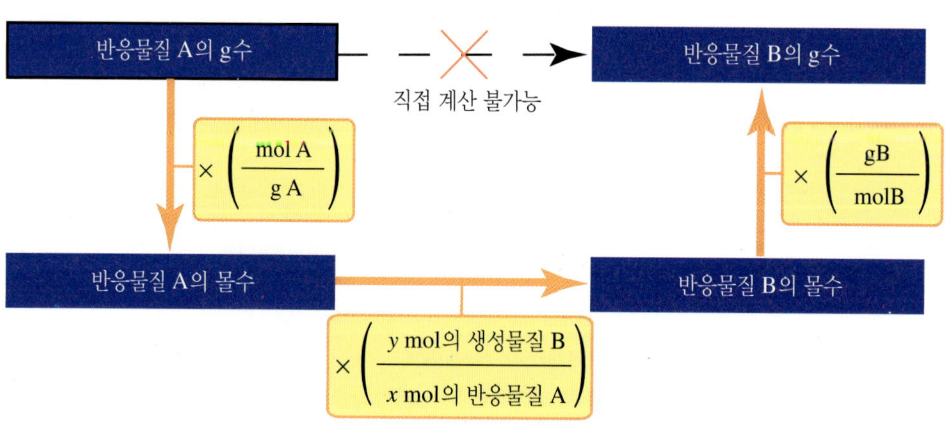

그림 3-4 화학양론적 계산

따라서 위와 같은 화학반응식에서의 관계로부터 원하는 화학적 계산이 가능하며, 이처럼 반응에서 각 화합물의 정량적인 관계를 다루는 분야를 **화학양론**(stoichiometry)이라 한다.

예제 3.7 황산철(Ⅲ)($Fe_2(SO_4)_3$)과 염화바륨($BaCl_2$)과의 반응식은 다음과 같다.

$Fe_2(SO_4)_3 + 3BaCl_2 \rightarrow 3BaSO_4 + 2FeCl_3$

1) $BaSO_4$ 100.00 g을 얻는데 필요한 $Fe_2(SO_4)_3$의 양은 몇 g인가?

2) $Fe_2(SO_4)_3$ 100.00 g과 반응하는 $BaCl_2$의 무게는 얼마인가?

3) $Fe_2(SO_4)_3$ 50.00 g과 $BaCl_2$ 100.00 g을 혼합하여 생성되는 $FeCl_3$의 최대량은 얼마인가?

풀이: 1) 이런 유형의 계산은 화학양론에서 자주 접하는 내용이므로 상세히 설명하고자 한다.

주어진 양 : 100.00 g $BaSO_4$

구할 양 : x g $Fe_2(SO_4)_3$

이 계산의 열쇠는 완결된 반응식에 주어진 정량적 의미를 이용하는 것이다. 반응식으로부터 1 mol의 $Fe_2(SO_4)_3$로부터 3 mol의 $BaSO_4$가 생성됨을 알 수 있다. 계산은 3단계로 이루어진다.

1단계 : $BaSO_4$의 100.00 g을 몰수로 바꾼다.

2단계 : 반응식의 계수를 이용하여 대응 $Fe_2(SO_4)_3$의 몰수를 구한다.

3단계 : 얻어진 $Fe_2(SO_4)_3$의 몰수를 g으로 바꾼다.

따라서 각 단계에 대한 계산은 다음과 같다.

$$\text{1 단계: } 100.00\text{ g } BaSO_4 \times \frac{1\text{ mol } BaSO_4}{233.40\text{ g } BaSO_4} = 0.428\text{ mol } BaSO_4$$

$$\text{2 단계: } 0.428\text{ mol } BaSO_4 \times \frac{1\text{ mol } Fe_2(SO_4)_3}{3\text{mol } BaSO_4} = 0.143\text{ mol } Fe_2(SO_4)_3$$

$$\text{3단계: } 0.143\text{ mol } Fe_2(SO_4)_3 \times \frac{399.88\text{g } Fe_2(SO_4)_3}{1\text{ mol } Fe_2(SO_4)_3} = 57.18\text{ g } Fe_2(SO_4)_3$$

이상과 같은 계산 경로를 요약하면 다음과 같다.

$$\text{주어진 양} \xrightarrow{\text{mol 질량}} \text{주어진 물질의 mol수} \xrightarrow{\text{반응식 mol비}} \text{구하려는 물질의 mol수} \xrightarrow{\text{mol 질량}} \text{구하려는 양}$$

또한, 환산인자(conversion factor)를 이용하여 한 단계의 계산으로도 구할 수 있다.

$$100.00\text{ g } BaSO_4 \times \frac{1\text{ mol } BaSO_4}{233.40\text{ g } BaSO_4} \times \frac{1\text{ mol } Fe_2(SO_4)_3}{3\text{ mol } BaSO_4} \times \frac{399.88\text{ g } Fe_2(SO_4)_3}{1\text{ mol } Fe_2(SO_4)_3}$$

$= 57.18\ g\ Fe_2(SO_4)_3$

2) 앞서 행한 방법과 동일하게 해결하면 된다.
사용할 환산인자

- $Fe_2(SO_4)_3$ 1 mol과 $BaCl_2$ 3 mol이 반응하므로

$$\frac{3\ mol\ BaCl_2}{1\ mol\ Fe_2(SO_4)_3} \text{ 또는 } \frac{1\ mol\ Fe_2(SO_4)_3}{3\ mol\ BaCl_2}$$

- $1\ mol\ Fe_2(SO_4)_3 = 399.88\ g\ Fe_2(SO_4)_3$
- $1\ mol\ BaCl_2 = 208.24\ g\ BaCl_2$

따라서 $BaCl_2$의 양은

$100.00\ g\ Fe_2(SO_4)_3$	$1\ mol\ Fe_2(SO_4)_3$	$3\ mol\ BaCl_2$	$208.24\ g\ BaCl_2$
	$399.88\ g\ Fe_2(SO_4)_3$	$1\ mol\ Fe_2(SO_4)_3$	$1\ mol\ BaCl_2$

$= 156.23\ g\ BaCl_2$

3) 먼저 반응식으로부터 각각의 반응물질의 몰수를 구해보면 다음과 같다.

$50.00\ g\ Fe_2(SO_4)_3$	$1\ mol\ Fe_2(SO_4)_3$	$= 0.125\ mol\ Fe_2(SO_4)_3$
	$399.88\ g\ Fe_2(SO_4)_3$	

$100.00\ g\ BaCl_2$	$1 mol\ BaCl_2$	$= 0.480\ mol\ BaCl_2$
	$208.24\ g\ BaCl_2$	

여기서 원하는 생성물의 양은 반응물의 반응 몰비에 따라 결정되므로 $Fe_2(SO_4)_3$와 $BaCl_2$는 1 : 3의 몰비로 반응할 것이다. 따라서 주어진 $Fe_2(SO_4)_3$와 반응하는 $BaCl_2$의 양은 0.375 mol이 되며, $BaCl_2$ 0.105 mol은 과량으로 존재한다. 특히 여기서 생성물의 양을 제한하는 반응물 $Fe_2(SO_4)_3$를 한계반응물 또는 **한정반응물**(limiting reactant)이라 하며, 과잉으로 존재하는 $BaCl_2$를 **과잉반응물**(excess reactant)이라고 한다. 결국 생성되는 $FeCl_3$의 최대량은 한정반응물인 $Fe_2(SO_4)_3$의 양에만 관계되므로 다음 계산에 의하여 구하여 진다.

$50.00\ g\ Fe_2(SO_4)_3$	$1\ mol\ Fe_2(SO_4)_3$	$2\ mol\ FeCl_3$	$162.20\ g\ FeCl_3$
	$399.88\ g\ Fe_2(SO_4)_3$	$1\ mol\ Fe_2(SO_4)_3$	$1\ mol\ FeCl_3$

$= 40.56\ g\ FeCl_3$

일반적으로 실제의 반응으로부터 얻어지는 생성물의 양은 계산된 이론치보다 적다. 이는 반응물 일부가 반응을 하지 않았거나, 또는 원하는 반응과는 다른 부반응을 일으켰거나 생성물이 전부 회수되지 않았기 때문이다. 생성물의 이론 수득량과 실제 수득량과의 관계를 % **수득률**(percent yield)로 나타낸다.

$$\% \text{ 수득률} = \frac{\text{실제 수득량}}{\text{이론 수득량}} \times 100$$

예제 3.8 예제 3.7의 반응으로부터 35.70 g의 $FeCl_3$가 얻어졌다면 % 수득률은 얼마인가?

풀이: 예제 3.7에서 계산된 $FeCl_3$의 이론 수득량은 40.56 g이었으며, 실제 수득량은 35.70 g이므로 따라서 % 수득량은 다음과 같이 구해진다.

$$\% \text{ 수득률} = \frac{35.70\text{g } FeCl_3}{40.56\text{g } FeCl_3} \times 100$$

한편, 많은 화학반응이 용액 내에서도 일어나므로 용액 내에서의 화학양론도 다루어야 한다. 이는 9장의 용액 편에서 취급하겠다.

연습문제

PROBLEMS

01. 다음 화합물들의 화학식을 표기하여라.

(a) ammonium cyanide (시안화암모늄)

(b) barium chromate (크롬산바륨)

(c) mercury(I) chloride (염화수은(I))

(d) magnesium fluoride (플루오르화마그네슘)

(e) manganese(II) nitrate (질산망간(II))

(f) aluminum sulfide (황화알루미늄)

(g) iron(III) hydroxide (수산화철(III))

(h) potassium permanganate (과망간산칼륨)

02. 다음 화합물들을 명명하여라.

(a) Cu_2O (b) $Fe(NO_3)_2$ (c) $FeCl_3$

(d) $Cr_2(SO_4)_3$ (e) $(NH_4)_2Cr_2O_7$ (f) $SnSO_3$

(g) $CrSO_4$ (h) $Sr(ClO_3)_2$ (i) $Hg(NO_3)_2$

03. 다음 화합물들의 화학식을 표시하여라.

(a) sodium hypochlorite (하이포아염소산나트륨)

(b) sodium chlorite (아염소산나트륨)

(c) sodium chlorate (염소산나트륨)

(d) sodium perchlorate (과염소산나트륨)

(e) barium hypochlorite (하이포아염소산바륨)

04. 다음 화합물들을 명명하여라.

(a) PCl_3 (b) $SOCl_2$ (c)AsF_5

(d) SF_6 (e) CO_2 (f) CO

(g) SO_3 (h) $MgCl_2$ (i) $(NH_4)_2S$

(j) K_3P

05. 다음과 같은 무게 백분조성을 가지는 화합물의 실험식을 구하여라.

(a) Sr = 65.7%, Si = 10.4%, O = 23.9%

(b) Na = 29.1%, S = 40.5%, O = 30.4%

(c) C = 10.1%, H = 0.84%, Cl = 89.15%

06. 어떤 미지의 물질은 무게백분조성으로 74.05%의 C, 7.46%의 H, 9.86%의 O, 8.63%의 N으로 구성되어 있다. 이 물질의 실험식을 구하여라.

07. 아크릴수지를 만드는데 쓰이는 아크릴산은 C; 50.0%, H; 5.6%, O; 44.4%의 무게성분비로 되어 있다. 아크릴산의 실험식을 구하여라.

08. 옥살산은 세탁소에서 녹을 제거하는데 사용되는 독성 물질이다. 이것의 질량 백분율은 C가 26.7%, H가 2.2%, O가 71.1%이다. 또한 분자량 측정 결과 90의 분자량을 가짐을 알았다. 옥살산의 분자식을 구하여라.

09. Saccharin의 분자량은 183.19이며, 이것은 45.90%의 C, 2.75%의 H, 26.20%의 O, 17.50%의 S, 7.65%의 N으로 구성되어 있다. Saccharin의 분자식을 구하시오.

10. 다음 화학반응식을 완결하여라.

(a) $NO_2 + H_2O \rightarrow HNO_3 + NO$

(b) $Al_2S_3 + H_2O \rightarrow Al(OH)_3 + H_2S$

(c) $SiCl_4 + Si \rightarrow Si_2Cl_6$

(d) $(NH_4)_2Cr_2O_7 \rightarrow N_2 + H_2O + Cr_2O_3$

(e) $Ca_3N_2 + H_2O \rightarrow Ca(OH)_2 + NH_3$

11. 산소는 다음 반응과 같이 염소산칼륨을 분해시켜 만든다.

$KClO_3 \rightarrow KCl + O_2$

(a) 위의 반응식을 완결하여라.

(b) 염소산칼륨 50.00 g으로부터 얻을 수 있는 염화칼륨의 몰수와 질량은 얼마인가?

(c) 염소산칼륨 75.00 g으로부터 얻을 수 있는 산소의 질량은 몇 g인가?

12. $CaCO_3$ 시료를 가열, 분해하였더니 CaO와 CO_2가 얻어졌다. 만약 6.79 g의 CaO를 얻었다면 몇 g의 CO_2가 생성되겠는가?

13. 염화수소는 실험실에서 염화나트륨과 진한 황산을 가열하여 만든다.

$NaCl + H_2SO_4 \rightarrow NaHSO_4 + HCl$

(a) 한정반응물은 어느 것인가?

(b) 반응이 완료되면 몇 g의 염화수소가 생성되겠는가?

14. 살리실산($C_7H_6O_3$)과 무수아세트산($C_4H_6O_3$)을 가열하면 아스피린($C_9H_8O_4$)과 아세트산($C_2H_4O_2$)이 생성된다.

$C_7H_6O_3 + C_4H_6O_3 \rightarrow C_9H_8O_4 + C_2H_4O_2$

(a) 한정반응물은 어느 것인가?

(b) 2.00 g의 살리실산을 4.00 g의 무수아세트산과 가열하면 아스피린의 이론 수득량은 몇 g인가?

(c) 아스피린의 실제 수득량이 2.21 g이었다면 % 수득률은 얼마가 되겠는가?

CHAPTER 04

원자의 구조

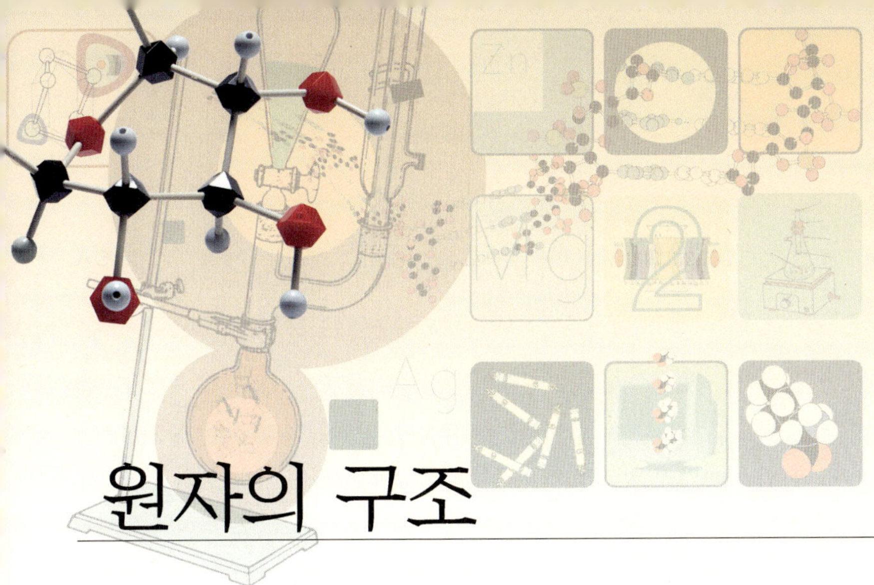

Dalton이 원자설을 주장한 당시에는 원자를 더 이상 쪼갤 수 없는 궁극 입자로 생각하였으며, 19세기 말에 이르러서야 원자가 더 작은 입자들로 구성되어 있음을 알게 되었다.

1897년 J. J. Thomson이 전자를 발견하여 노벨 물리학상을 수상했으며 1911년 Rutherford에 의해 원자핵이 발견되고, 또 원자를 구성하는 입자인 중성자가 1932년에 Chadwick에 의해 발견됨으로써, 원자는 양성자, 중성자, 전자로 구성되어 있음이 밝혀졌다. 20세기에 들어와 새롭게 등장한 양자론은 원자핵 주위에 있는 전자의 거동을 합리적으로 설명하는데 크게 도움을 주었다.

이 장에서는 원자 구조의 일반적 개념을 설명하고자 한다.

미리보기

4.1 전자

(1) 전기

고대 원시시대부터 물체를 공중에 던지면 땅으로 떨어진다는 사실을 알았다. Newton은 물체의 낙하는 물체와 지구 사이의 **중력**(gravity)에 의한 것이라고 설명하였다. 중력은 항상 양의 값을 가지며, 서로 끌어당기기만 할 뿐 서로 밀치지는 않는다. 중력은 사과나 지구 같은 큰 물체에 대해서 크게 작용하지만 원자나 분자와 같은 대단히 작은 물체에 대한 영향력은 매우 작다.

털모자를 쓴 어린 아이가 모자를 벗을 때 어린 아이의 머리카락은 모자에 달라붙기 위해 일어서게 된다(그림 4-1). 고대 이집트인들은 호박(amber)을 모직이나 비단으로 문지르면 깃털과 같은 작은 것들은 달라붙지만 다른 호박을 모직이나 비단으로 문질러서 두 호박 막대를 가까이 대면 서로 밀어내는 것을 알았다. 이와 같이 서로 밀고 당기는 두 종류의 전기적 힘을 전하(electric charge)라고 하고, 미국의 정치가이자 발명가인 Benjamin Franklin(1706~1790)은 전하를 양(+)과 음(−)으로 표시하였다.

(2) 쿨롱의 법칙

전하의 크기에 대한 SI단위는 프랑스 과학자 Charles de Coulomb(1736~1806)의 이름에서 유래한 쿨롱(Coulomb)이라 하고 C로 나타낸다. 전기 도선에 1암페어(A)의 전류가 흐를 때 도선의 단면을 통해 흐르는 전하의 양으로 그 크기를 나타낸다. 쿨롱의 실험을 통해 알려진 쿨롱의 법칙(Coulomb's law)은 다음과 같다.

그림 4-1 전기적 힘의 증거

$$f = \frac{kq_1q_2}{r^2}$$

여기서 q_1, q_2는 전하의 크기이며, r은 두 전하 사이의 거리이고, 상수 k는 두 전하 사이의 매질에 따라 다르다. 따라서 서로 반대되는 전하 사이의 인력은 두 전하 크기의 곱에 비례하고 두 전하 사이의 거리의 제곱에 반비례한다.

4.2 전자의 발견

1838년 영국의 화학자 Brookes는 유리관 양끝에 전극이 장치되어 있는 방전관(그림 4-2 참조)에 낮은 압력의 기체를 채우고, 수천 볼트의 전압으로 방전시키면 그 관을 채운 기체의 종류에 따라 독특한 색의 빛을 방출함을 발견하였다. 기체를 조금씩 뽑아내어 압력을 천천히 낮추면 음극(−극) 주위에서부터 어두운 부분이 점차 확대되어 빛나던 색이 없어진다. 이것은 마치 어떤 종류의 선이 음극에서 나와 양극(+극)쪽으로 이동하는 것처럼 보였다. 그는 이 선이 음극에서 방출되었기 때문에 **음극선**(cathode rays)이라고 명명하였다.

1897년 J. J. Thomson(1856~1940)은 그림 4-3에 보인 기구를 이용해 방전관 외부에 전기장이나 자기장을 가했을 때 음극선이 휘는 현상을 관찰하였다.

그는 일련의 실험을 통해 음극선이 음전기를 띠고 질량을 가진 입자의 흐름임을 밝혀냈으며, 그 입자를 **전자**(electron)라고 명명하였다. Thomson은 실험에 의하여 전자의 전하와 질량

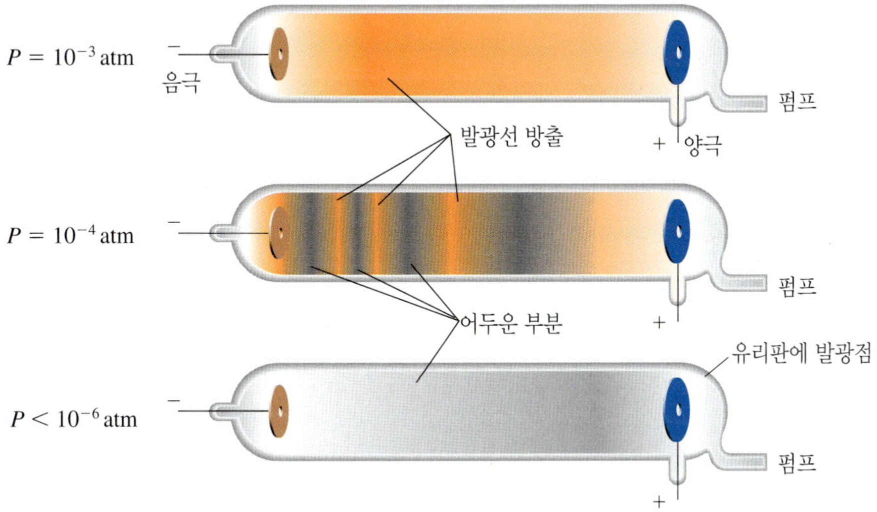

그림 4-2 방전관

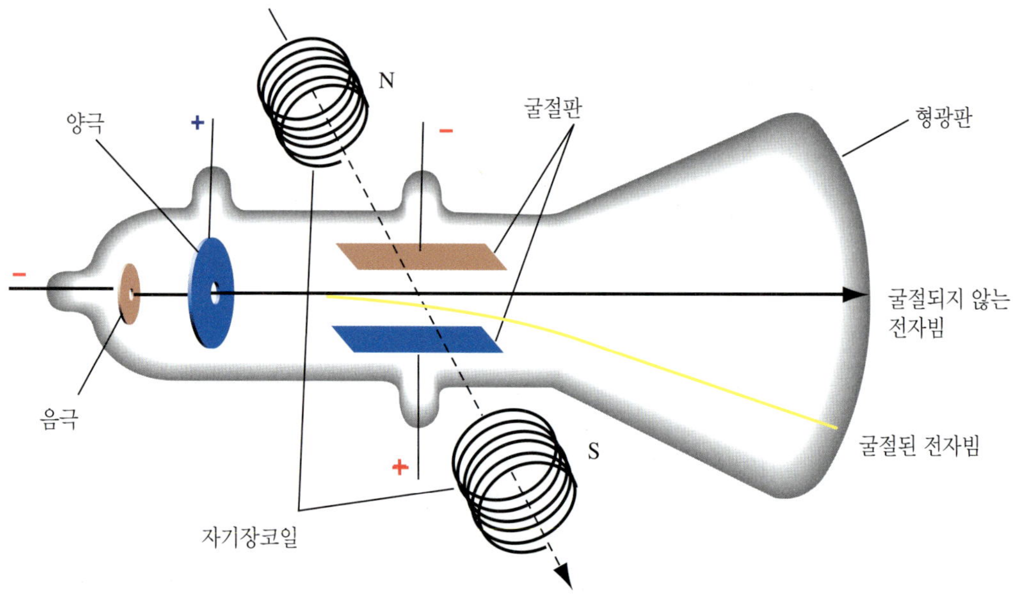

그림 4-3 음극선의 휘어짐

비를 측정하여 아래와 같은 값을 얻었다.

$$e/m = -1.7588 \times 10^{8} \text{ coulomb/g}$$

e/m 값은 관 속의 기체나 관을 만든 재료 또는 음극으로 사용한 금속과는 무관하게 일정한 값이 얻어졌다. 따라서 음극선은 모든 물질이 공통적으로 가지고 있는 전기의 기본 입자라고 생각하게 되었다.

1909년 미국의 물리학자 Robert Millikan(1868~1953)은 그림 4-4의 장치를 이용하여 하전된 기름 방울의 움직임을 연구하여 전자의 질량 및 전하량을 측정하였다.

기름 방울들이 통의 중간에서 두 개의 하전판 사이로 들어가게 된다. 이때 X-선 등을 이용해 기름방울이 음으로 하전되게 하고, 두 판 사이의 전압을 조정해서 위로 올라가려는 전기에 의한 인력과 아래로 내려가려는 중력에 의한 힘이 균형을 이루게 하면 기름 방울은 공중에 가만히 떠 있게 된다.

이렇게 균형을 이루는데 필요한 전압을 이용하여 그 방울의 질량 대 전하의 비를 계산하였다. 이러한 실험을 반복하여, Millikan은 기름 방울이 항상 최소 전하량의 정수배로 하전되어 있음을 발견하였다. 그 최소의 전하량을 **전자의 전하량**이라고 가정함으로써 다음과 같은 값을 얻을 수 있었다.

$$e = -1.6022 \times 10^{-19} \text{ coulomb}$$

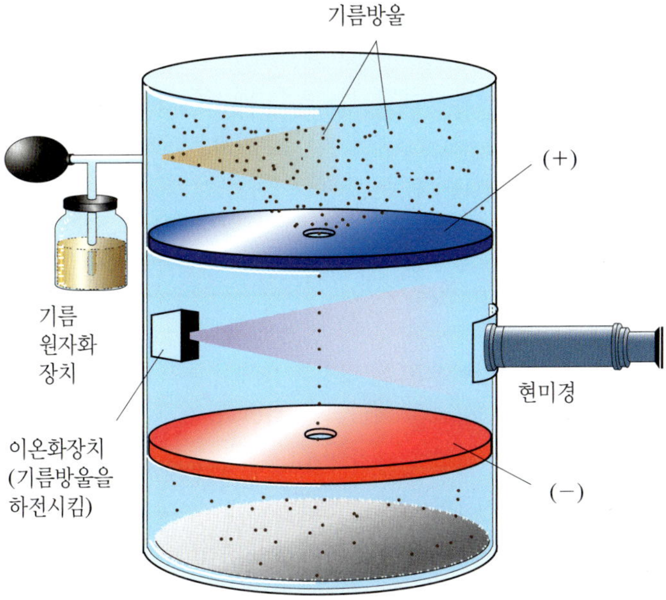

그림 4-4 Millikan의 기름방울 실험

전자의 전하량을 알면 Thomson이 얻은 *e/m* 값으로부터 전자의 질량을 구할 수 있다.

$$m = \frac{e}{e/m} = \frac{-1.6022 \times 10^{-19}\,\text{coulomb}}{-1.7588 \times 10^{8}\,\text{coulomb/g}} = 9.1094 \times 10^{-28}\,\text{g}$$

정전기 문제에서는 전하를 표시할 때 coulomb보다도 정전기 단위(electrostatic unit, esu)를 사용하는데 그 관계는 다음과 같다.

$$1\ \text{coulomb} = 3 \times 10^{9}\ \text{esu}$$

따라서 전자의 전하는 다음과 같이 나타낼 수 있다. 즉

$$\begin{aligned} e &= -1.60 \times 10^{-19}\ \text{coulomb} \\ &= -4.80 \times 10^{-10}\ \text{esu} \end{aligned}$$

4.3 양성자

중성 원자나 분자에서 하나 또는 그 이상의 전자를 제거하면, 제거된 전자들의 전하량의 합과 같은 양의 (+)전기를 갖는 부분이 남게 된다. 만일 Ne 원자에서 전자 하나를 제거하면 Ne^{+} 이온이 형성된다. 전자 2개를 제거하면 Ne^{2+} 이온이 형성된다.

표 4-1 양극선의 성질

1. 음극 쪽으로 직진한다.
2. 방전관의 벽에 부딪치면 형광을 낸다.
3. 전기장과 자기장에 의하여 음극선과의 반대 방향으로 휘어진다.
4. 같은 세기의 장에서는 음극선보다 덜 휘어진다.
5. 사진 건판을 감광시킨다.
6. 기체마다 다르다

이와 같은 양전기를 띤 입자(양이온)들은 방전관 내에서 음극쪽으로 움직이게 된다. 음극에 구멍을 뚫어 놓으면 양이온들은 여기를 지나가게 된다. 이와 같은 양이온의 흐름을 **양극선**(canal ray)이라고 부르며 1886년 독일의 물리학자 E. Goldstein(1850~1930)에 의해서 처음으로 관찰되었다. 이들의 성질을 표 4-1에 나타내었다.

방전관 내에 여러 종류의 기체를 사용하면 여러 종류의 양이온이 생성된다. 수소 기체를 사용하면 가장 작은 질량을 갖는 양이온이 생성되며, e/m은 가장 큰 값을 보인다.

$$e/m = +9.5791 \times 10^4 \text{ coulomb/g}$$

현재 **양성자**(proton)라고 부르고 있는 이 입자는 모든 원자를 이루는 기본 성분중 하나이며, 전자의 전기량과 크기는 같고 부호가 반대인 전하를 띠고 있다.

$$e = +1.6022 \times 10^{-19} \text{ coulomb}$$

이 전하량을 **단위전하**(unit electrical charge)라고 부른다. 따라서 양성자는 단위 양전하를, 전자는 단위 음전하를 띠고 있다고 말할 수 있다. 이런 데이터에서 양성자의 질량이 전자의 질량의 1,836배가 된다는 계산이 나온다.

$$m = \frac{e}{e/m} = \frac{+1.6022 \times 10^{-19}\text{coulomb}}{+9.5791 \times 10^4 \text{ coulomb/g}} = 1.6726 \times 10^{-24} \text{ g}$$

4.4 중성자

원자는 전기적으로 중성이기 때문에 원자는 전자 수만큼의 양성자를 포함하고 있다. 그러나 양성자와 전자만으로는 원자의 전체 질량을 설명할 수 없었기 때문에 뉴질랜드의 물리학자 Ernest Rutherford(1871~1937)는 1920년에 전기를 띠지 않는 입자의 존재를 가정하였다.

이 입자는 전기를 띠고 있지 않기 때문에 이를 검출하거나 성질을 알아내는 것이 어려웠다. 그러나 영국의 물리학자 James Chadwick(1891~1974)는 1932년 핵반응 실험을 통해 **중성자**(neutron)가 존재한다는 자신의 실험 결과를 발표하였다. 즉, 원자는 양성자, 중성자, 전자로 구

표 4-2 원자구성 입자의 성질 비교

입자	전하	질량	원자량 단위	비 고
양성자	e의 양전하(+)	1.673×10^{-24} g	1.007275 amu	러더퍼드가 발견
중성자	전하 없음	1.675×10^{-24} g	1.008669 amu	채드윅이 발견
전자	e의 음전하(−)	9.109×10^{-28} g	0.000549 amu	톰슨이 발견

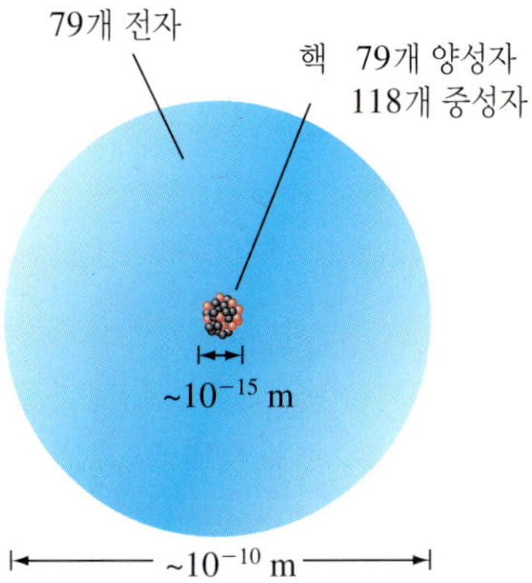

그림 4-5 금(Au) 원자의 크기와 핵의 상대적 크기

성되어 있으며, 각 입자의 성질을 표 4-2에 나타내고 실제 금(Au) 원자의 상대적 크기를 그림 4-5에 나타내었다.

4.5 원자핵

1911년에 Ernest Rutherford는 원자의 전하와 질량의 분포 상태를 결정하기 위해서, 그림 4-6과 같은 장치를 이용하여 얇은 금속막에 라듐의 붕괴에서 발생되는 α입자를 부딪히게 하고, α입자의 구부러지는 정도를 관찰하였다.

α입자가 ZnS 막에 부딪치면 눈으로 볼 수 있는 형광이 생기므로 이를 관찰함으로써 금속막에 부딪친 α입자의 행로를 알 수 있게 된다. Rutherford는 이 α입자를 금, 백금, 은, 구리 등의 얇은 막에 쪼여서 원자 구조를 연구하였다. 그림 4-7에서 나타난 것과 같이, 대부분(99.95% 이상)의 α입자들은 그대로 직진하여 통과하였으나 몇몇 입자들은 직선에서 휘어지고 심지어는 되돌아오는 것들이 나타났다.

이처럼 α입자가 휘는 현상은 그 당시 알고 있던 원자 모델(양전하가 균일하게 퍼져 있는 구

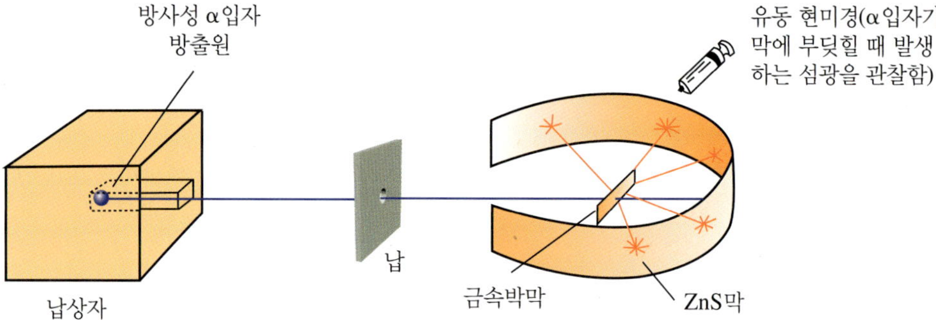

그림 4-6 금속박막의 α입자 산란 실험

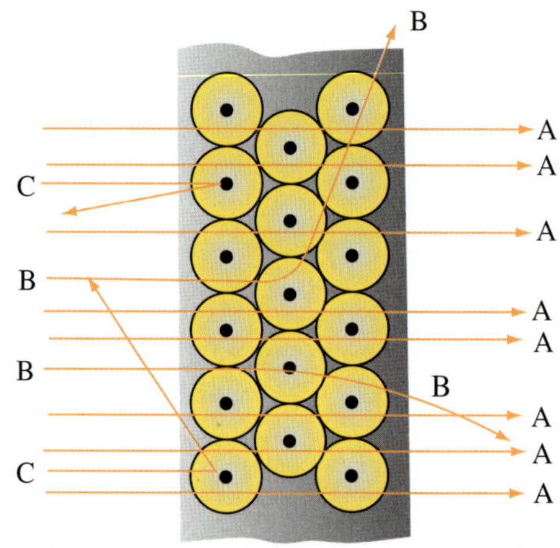

그림 4-7 금속원자에 대한 α입자의 경로(A: 직진, B: 약간 휘어짐, C: 크게 휘어짐)

형의 원자에 전자가 여기 저기 박혀 있다는, 소위 살구-푸딩 모델)로는 설명할 수 없었다. Rutherford는 양전하가 퍼져 있지 않고 원자 중심부의 아주 작은 영역에 밀집해 원자핵을 이루고 있기 때문이라고 설명하였다. α입자는 He의 원자핵으로서 +2의 전하를 띠고 있다. 따라서 원자의 빈 공간을 통과하는 대부분의 α입자는 직진하지만, 원자핵에 가깝게 접근하는 극소수의 α입자는 양전하끼리의 반발력에 의해 진로가 변하거나 심지어는 되돌아 올 수 있게 된다. Rutherford는 일련의 실험을 통해 원자핵의 크기가 10^{-15} m 정도라고 밝혔는데, 이는 실제값과 거의 같은 수준이다.

이로부터 밝혀진 원자의 구조는 다음과 같다.

① 원자는 전자, 양성자, 중성자의 조합으로 구성되어 있으며,
② 원자 자체는 전기적으로 중성이므로 양성자의 수와 전자의 수는 같다.

③ 원자의 거의 대부분의 질량을 차지하는 양성자와 중성자는 원자 내부의 좁은 공간에 모여 원자핵을 구성하고 있다.
④ 전자는 원자핵 주위를 빠른 속도로 돌고 있으며, 원자의 크기는 전자의 운동 범위에 의해 결정된다.

Rutherford실험에 의하면 핵의 α입자들은 심하게 구부러진다. 원소들이 α입자를 산란시키는 능력은 원자량이 증가함에 따라 커지는데, 이는 원자번호와 핵전하 사이에는 상호 관계가 있음을 시사하고 있다. Rutherford의 공동 연구자인 H. G. J. Moseley(1887~1915)는 1914년 한 원소의 원자번호(Z)는 그 원소의 **핵 전하량**이라는 것을 제안하였다.

$$\text{핵전하} = Z(+1.60 \times 10^{-19}\ \text{coulomb})$$

한 원소의 모든 원자들은 같은 수의 양성자를 가지며, 중성 원자에서는 양성자와 같은 수의 전자들이 존재한다.

4.6 빛의 파동성

빛은 물체에서 방출되는 **전자기파**(electromagnetic wave)로서 에너지의 한 형태이다. 빛은 관찰하는 방법에 따라 파동성과 입자성을 모두 가지고 있다. 우선 파동의 특성을 알아보면 바다의 파도와 같은 파동 운동을 생각할 수 있다. 일반적인 전자기 파동을 그림 4-8에 나타내었다. 빛은 진동하는 전기장 및 자기장으로 구성되어 있으며 전기장과 자기장, 그리고 빛의 진행방향은 서로 직각을 이룬다. 그림 4-9에서 보는 바와 같이 파동 중 가장 높은 점이 **마루**(crest)이고, 가장 낮은 점이 **골**(trougt)이다. 두 마루 사이의 거리를 **파장**(wavelength)이라 하고, 그리이스 문자 λ로 표시한다. 일반적으로 라디오파의 파장은 대략 수백 m 정도이고 가시광선은 10^{-7} m 정도의 파장을 갖는다.

진동수(frequency)는 단위 시간 당 일정한 점을 통과하는 마루의 수이며 그리이스 문자 ν로 나타낸다. 진동수의 단위는 "per second" 또는 "sec^{-1}"이고 헤르츠(hertz, Hz)라고 한다. 그러므

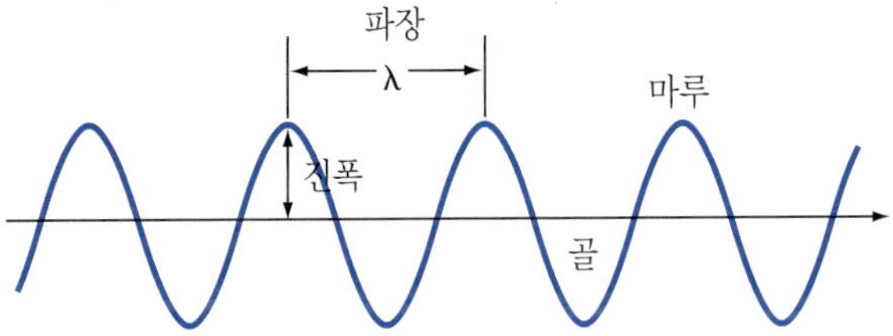

그림 4-8 파동의 요소

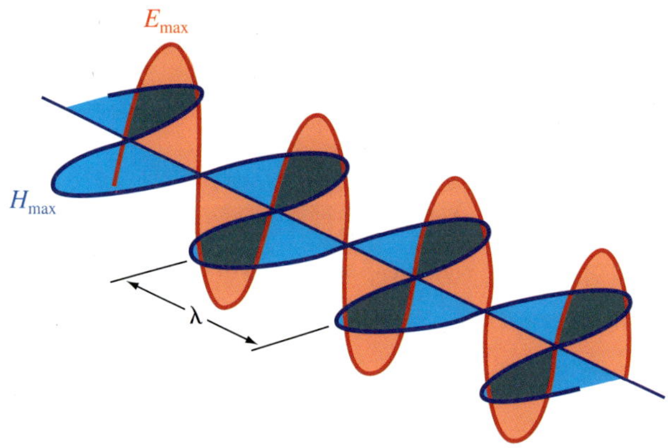

그림 4-9 진자기 파동의 노식도. E : 전기장. H : 자기장

로 빛 파동의 속도, 즉 빛의 속도(C: 2.998 × 10^8 m/sec)는 다음과 같은 식으로 나타낼 수 있다.

$$\text{빛의 속도(C)} = \text{파장} \times \text{진동수}$$
$$= \lambda \times \nu$$
$$= [\text{m}] \times [1/\text{sec}] = [\text{m/sec}] \text{ 또는 } [\text{m} \cdot \text{sec}^{-1}]$$

예제 4.1 나트륨에서 나오는 진동수가 5.09 × 10^{14} sec^{-1}인 노란 빛의 파장은 얼마인가?

풀이: 진동수와 파장의 관계식

$$\text{광속도(C)} = \lambda \times \nu$$

빛의 광속도 C는 2.998 × 10^8m/sec이다.

$$\lambda = \frac{2.998 \times 10^8 \text{ m/sec}}{5.09 \times 10^{14} \text{ sec}^{-1}}$$
$$= 5.89 \times 10^{-7} \text{ m}$$
$$= 589 \text{ nm}$$

1801년에 Thomas Young(1773~1829)은 빛의 파동성을 확립하는 중요한 실험을 하였다. "단색광의 빔"을 작은 구멍으로 통과시킨 결과, 일련의 밝고 어두운 원 무늬를 형성하는 것을 알았다. 이는 모든 파동의 전형적인 특성으로 이러한 빛의 성질을 **회절**(diffraction)이라고 한다.

가시광선의 파장은 400~700 nm 사이로 전자기복사선(electromagnetic radiation)의 일부분에 불과하며, 이 복사선은 그림 4-10과 같이 진동수에 따라 γ선, X선, 자외선, 가시광선, 적외선, 마이크로파(레이다), 라디오파 등의 이름으로 구분된다. 이들 복사선은 모두 진공 속에서 광속도(C)로 진행한다.

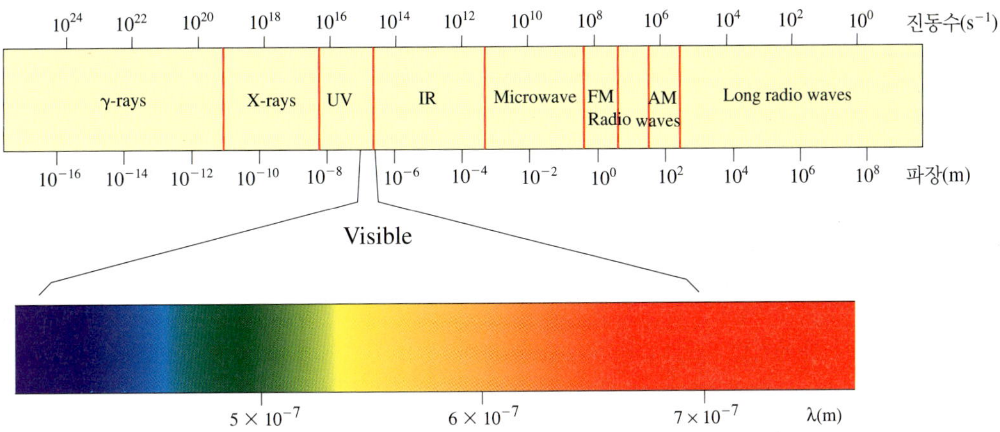

그림 4-10 전자기 복사선 스펙트럼

예제 4.2 보라빛의 파장은 420 nm이다. 진동수를 구하여라.

풀이: 빛의 진동수와 파장 사이에는 다음과 같은 관계가 있다.

$$\lambda \times \nu = C$$

$$\nu = C/\lambda = \frac{2.998 \times 10^8 \text{ m/sec}}{420 \text{ nm} \times \dfrac{1 \text{ m}}{10^9 \text{ nm}}} = 7.14 \times 10^{14} \text{ sec}^{-1}$$

4.7 빛의 입자성

1900년 Max Planck(1858~1947)는 빛에너지의 양자론(quantum theory)을 제안하였다. Planck는 빛에너지는 양자(quantum)라고 불리는 어떤 일정한 양으로만 흡수되거나 방출될 수 있다고 하였다. 그리고 양자의 에너지(E)는 전자파의 진동수(ν)에 비례하며, 최소 단위($h\nu$)의 정수배로만 존재한다.

$$E = nh\nu \qquad (n = 1, 2, 3, \cdots)$$

여기서 비례상수(h)는 **Planck 상수**(6.625×10^{-34} J · s)라고 부른다.

따라서 높은 진동수를 갖는 전자파는 높은 에너지를 갖는다. 높은 진동수를 갖는다는 것은 단위시간 내에 어떤 점을 통과하는 파동의 수가 많다는 것을 의미하며 파장은 짧아진다.

예제 4.3 수소의 방출 스펙트럼에서 보라색선(410.2 nm)에 해당하는 광자 1개의 에너지는 얼마인가?

풀이: $E = h\nu = hC/\lambda$

$$= \frac{6.625 \times 10^{-34}\,(\text{J} \cdot \text{sec/광자}) \times 2.998 \times 10^{8}\,(\text{m/sec}) \times 10^{9}\,(\text{nm/m})}{410.2\ \text{nm}}$$

$$= 4.842 \times 10^{-19}\ \text{J/광자}$$

빛은 파도나 음파처럼 파동의 한 형태라고 알고 있었는데, 의외로 입자의 성질도 띠고 있다는 사실이 Einstein(1879~1955)의 **광전효과**(photoelectric effect) 실험에 의해 밝혀졌다. 그림 4-11에 보인 바와 같이 금속에 빛을 쪼여 주면 금속 표면에서 전자가 튀어 나오는 현상이 광전효과인데, 이는 당시에도 이미 알려진 현상으로서 파도가 바닷가의 조약돌을 밀어내는 것과 같은 현상으로 받아 들여지고 있었다. 그러나 Einstein은 쪼여 주는 빛의 진동수를 변화시켜 실험

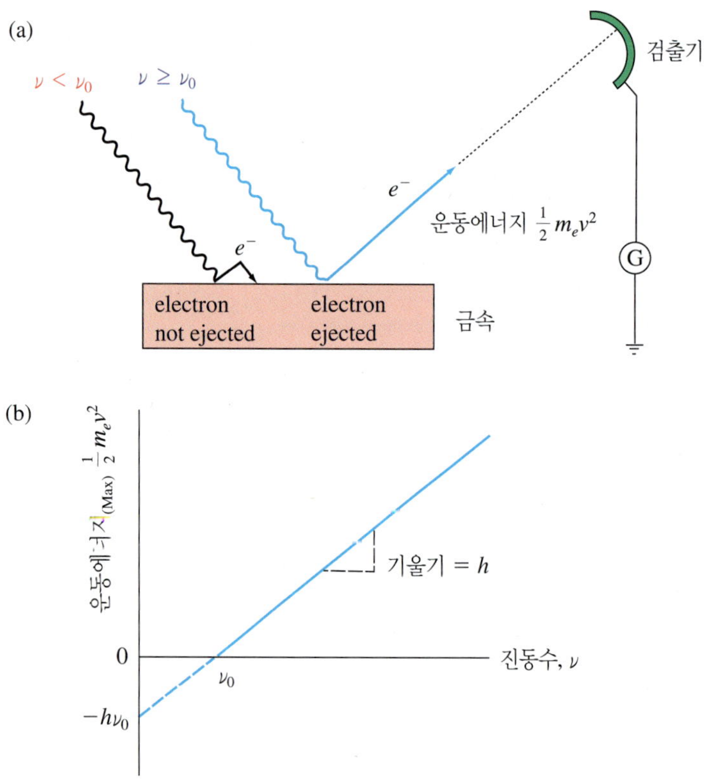

그림 4-11 (a) 광전자 효과: 금속 표면에서 전자를 방출시키는 데는 청색광이 효과적이고 적색광은 불가능하다. (b) 방출된 전자의 최고 운동에너지는 진동수와 비례하여 변화된다. ($\frac{1}{2}m_e v^2 = h\nu - h\nu_0$)

해본 결과 흥미로운 사실을 발견하였다. 즉 쪼여 주는 빛의 진동수가 특정 진동수 ν°를 넘지 않으면 아무리 강한 빛(진폭이 큰 빛)을 쪼여도 전자는 전혀 튀어 나오지 않았으며, 또 ν°보다 진동수가 큰 빛을 쪼여줄 때 튀어 나오는 전자의 운동에너지는 빛의 진동수에 비례하였다. 그림 4-11은 빛의 강도가 진폭의 곱에 비례한다는 고전적인 파동이론으로 설명할 수 없는 현상으로서, 빛이 입자처럼 작용하여 금속내의 전자와 1 : 1 대응 충돌을 일으킨다고 가정할 때에만 가능한 현상이다. Einstein은 이러한 개념의 빛 입자를 **광자**(photon)라고 정의하였으며, 광자의 정지 질량은 0(zero)이다.

4.8 수소의 원자 스펙트럼

태양 광선과 같은 백색광이 프리즘을 통과하면 각 파장 별로 나뉘어 무지개를 만들어 낸다. 이 무지개는 빨강, 주황, 노랑 등으로 명확히 구분되는 것은 아니고 경계를 알 수 없을 정도로 연속적으로 변해가는데, 이런 스펙트럼을 **연속 스펙트럼**(continuous spectrum)이라 한다. 무색의 태양 광선으로부터 무지개가 만들어지는 이유는 빛이 프리즘을 통과할 때 파장에 따라 굴절되는 정도가 다르기 때문인데, 연속 스펙트럼이 얻어지는 것은 태양 광선 속에 모든 파장의 빛이 포함되어 있음을 의미한다.

한편 기체를 전기 방전시키거나 가열시키면 특유의 빛이 발생된다. 이 빛이 프리즘을 통과하면 불연속적인 몇몇 선으로 분리되는데, 이는 특정한 몇몇 파장의 빛만 발생됨을 의미한다. 이를 **선 스펙트럼**(line spectrum)이라 하며 기체 원자내의 전자 배열과 깊은 관계가 있다.

가장 간단한 원소인 수소 기체 방전관으로부터 얻은 가시광선 영역의 선 스펙트럼을 그림 4-12(b)에 보였다. 1885년에 Balmer는 이 선 스펙트럼의 결과를 분석하여, 각각의 빛의 파장에 대한 다음과 같은 실험식을 얻었다.

$$\frac{1}{\lambda} = \bar{\nu} = 109{,}678\left[\frac{1}{2^2} - \frac{1}{n^2}\right]\ \mathrm{cm^{-1}}$$

위 식에서 λ는 파장, $\bar{\nu}$는 진동수, n은 2 보다 큰 정수이며 3, 4, 5 ⋯의 값이다. 만약 $n = 3$을 대입하면

$$\frac{1}{\lambda} = \bar{\nu} = 109{,}678\left[\frac{1}{4} - \frac{1}{9}\right]\ \mathrm{cm^{-1}}$$

$$= 15{,}233\ \mathrm{cm^{-1}}$$

또는

$$\lambda = 6.564 \times 10^{-5}\ \mathrm{cm} = 656.4\ \mathrm{nm}$$

이 값은 적색 빛의 파장에 해당된다.

수소의 선 스펙트럼은 가시광선(Balmer 계열) 외에도 자외선(Lyman 계열), 적외선

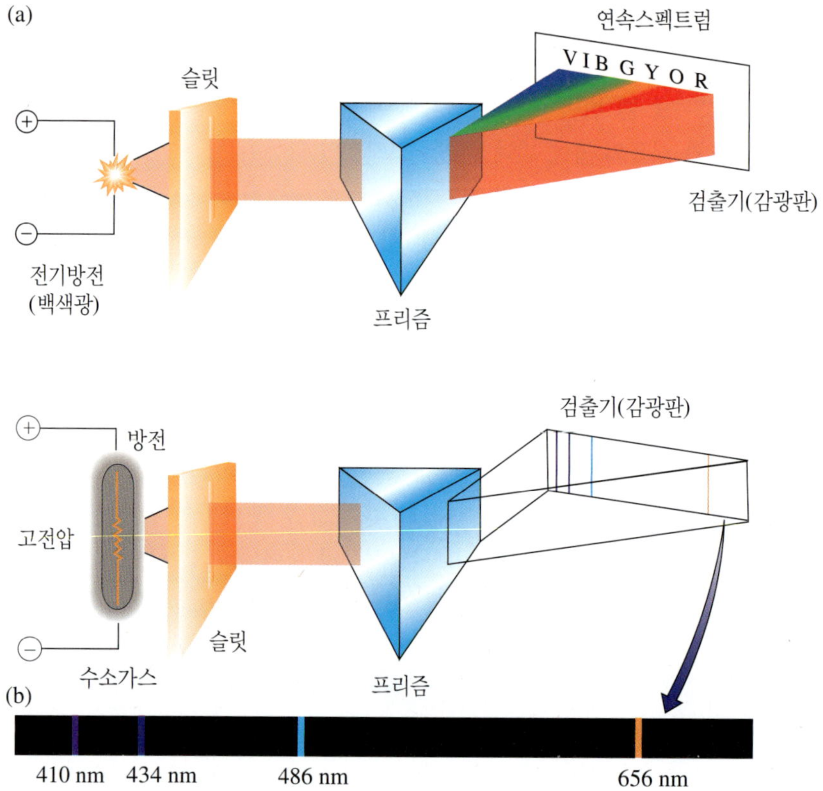

그림 4-12 (a) 연속 스펙트럼, (b) 선 스펙트럼

(Paschen 계열) 영역에서도 나타나는데, 각 영역에 대해 다음과 같은 실험식이 구해졌다.

Lyman 계열 $\bar{\nu} = CR_H\left[\frac{1}{1^2} - \frac{1}{n^2}\right]$ $n = 2, 3, 4, \cdots$

Balmer 계열 $\bar{\nu} = CR_H\left[\frac{1}{2^2} - \frac{1}{n^2}\right]$ $n = 3, 4, 5, \cdots$

Paschen 계열 $\bar{\nu} = CR_H\left[\frac{1}{3^2} - \frac{1}{n^2}\right]$ $n = 4, 5, 6, \cdots$

C는 광속도이며, R_H는 수소에 대한 **Rydberg 상수**라고 한다. 이 상수의 실측값은 다음과 같다.

$$R_H = 109{,}677.576 \pm 0.012\ \text{cm}^{-1}\ (\text{실측값})$$

4.9 Bohr의 수소원자 이론

Bohr(1885~1962)는 수소원자는 양성자를 중심으로 전자가 원운동을 하고 있다고 생각하고, 이를 바탕으로 한 모형에 양자론을 도입하여 수소의 선 스펙트럼을 이론적으로 유도하는데 성공하였다. Bohr의 이론은 다음과 같다.

(가) Rutherford의 원자 모형에 따라 수소원자는 질량이 m이고, 전하가 $-e$인 1개의 전자가 r을 반지름으로 하여 양성자 주위를 돌고 있다고 가정하였다. 이때 전자의 원심력(mv^2/r)은 전자-핵 사이에 작용하는 coulomb의 힘(e^2/r^2)과 균형을 이루고 있다. 즉

$$\frac{mv^2}{r} = \frac{e^2}{r^2}$$

(나) 전자의 각 운동량(mvr)이 $h/2\pi$의 정수배라는 조건을 만족시키는 궤도(Bohr orbit)가 안정한 궤도이며, 전자가 이러한 궤도에 있을 때에는 복사선의 흡수나 방출이 일어나지 않는다. 전자의 이러한 상태를 **정상상태**(stationary states) 또는 **양자상태**(quantues states)라 하였다. 즉

$$mvr = n\frac{h}{2\pi} \qquad n = 1, 2, 3, \cdots$$

여기서 n은 1, 2, 3, …이고 Bohr의 주양자수(principal quantum number of the Bohr orbit)라 한다. 그리고 위의 가정을 양자 조건 또는 정상상태 조건이라고 한다. 따라서 위 두 식을 연립하여 풀면 전자의 속도와 원운동 반경을 구할 수 있다.

$$v = \frac{2\pi e^2}{nh} = \frac{2.18 \times 10^8}{n}\ \text{cm}\cdot\text{sec}^{-1}$$

$$r = \frac{n^2h^2}{4\pi^2 me^2} = n^2 \times 0.530\ \text{Å}$$

(다) 전자의 총 에너지 E는 전자의 운동에너지($mv^2/2$)와 전자와 양성자간의 위치에너지($-e^2/r$)를 합한 것과 같고, (가)로부터 $mv^2/2 = e^2/2r$이므로

$$E = \text{운동에너지} + \text{위치에너지} = \frac{1}{2}mv^2 - \frac{e^2}{r} = -\frac{e^2}{2r}$$

$$E = \frac{2\pi^2 me^4}{h^2}\left[-\frac{1}{n^2}\right]$$

을 얻는다. 이 식에서 에너지가 (−)로 표시된 것은 전자가 원자핵으로부터 완전히 떨어져 나갔을 때의 에너지가 0(zero)이며, 전자가 수소원자핵에 가까이 올수록 안정해져 낮은 에너지 값을 가진다는 것을 뜻한다. $n = 1$일 때 수소원자의 에너지는 가장 낮은 (−)값을 가

지며, 따라서 제일 안정한 상태에 있게 된다. 이 상태를 **바닥상태**(ground state)라 하고 이외의 상태, 즉 $n = 2, 3, 4, \cdots$ 등의 값을 취한 상태를 **들뜬상태**(excited state)라 한다.

(라) 전자가 한 궤도에서 다른 궤도로 옮길 때, 즉 에너지 상태 E_m에서 서로 다른 에너지 상태 E_n으로 변할 때 특정한 진동수의 복사선이 흡수 또는 방출된다. 이때의 진동수는 두 상태의 에너지차 $E_m - E_n$에 비례한다. 이것을 Bohr의 **진동수 조건**(Bohr's frequency condition)이라 하며 이 관계는 다음과 같은 식으로 나타낼 수 있다.

$$\nu = \frac{\Delta E}{h} = \frac{2\pi^2 me^4}{h^2}\left[\frac{1}{n^2} - \frac{1}{m^2}\right] = CR_\infty\left[\frac{1}{n^2} - \frac{1}{m^2}\right]$$

이론적으로 구한 R_∞값은 $109{,}737 cm^{-1}$이며, 이는 측정값으로부터 구한 Rydberg 상수와 거의 일치한다.

Rydberg의 실험식과 Bohr의 이론식으로부터 알아낸 수소원자의 에너지 준위를 그림 4-13에 나타내었다. 수소원자 내에서 전자가 다닐 수 있는 궤도는 "n = 자연수"인 경우만 허용된다. 바닥상태에 있던 전자가 전기 방전에 의해 에너지를 얻으면 들뜬 상태로 올라 가는데, 이 전자는 다시 바닥상태로 떨어지면서 그 에너지 차이를 빛으로 방출하므로 독특한 선 스펙트럼을 만들게 되는 것이다. 높은 에너지 상태에서 $n = 1$인 바닥상태로 떨어질 때가 가장 큰 에너

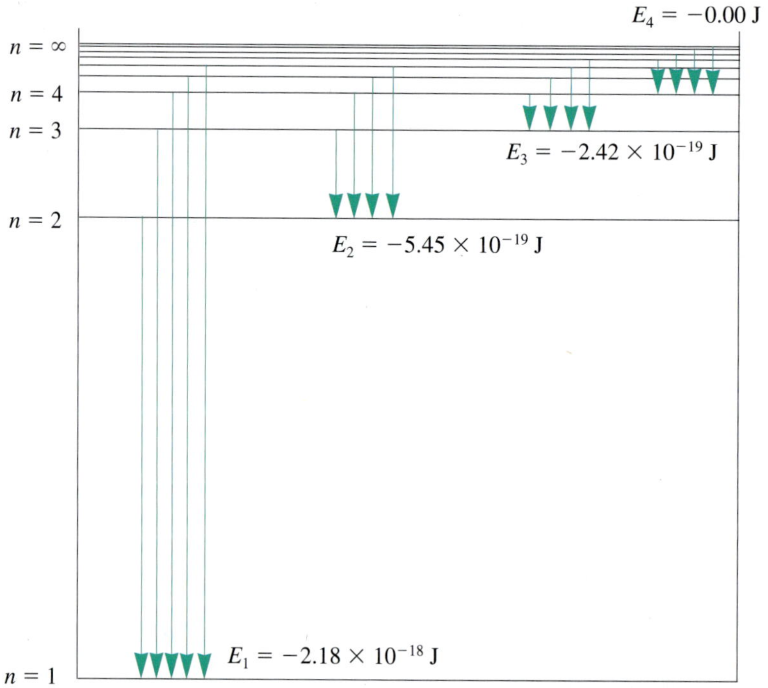

그림 4-13 수소원자의 에너지 준위와 스펙트럼과의 관계

지인 자외선 영역의 Lyman 계열, $n = 2$로 떨어질 경우가 가시광선인 Balmer 계열, $n = 3$으로 떨어질 경우가 적외선 영역의 Paschen 계열 등에 해당된다.

Bohr의 이론은 수소의 원자 스펙트럼을 설명하는데 있어서 아주 성공적이었으나, 둘 이상의 전자를 갖는 원자 스펙트럼을 설명할 수 없어 결국 수정되어야 했다.

4.10 양자수와 원자궤도함수

4.6절에서 언급했듯이 파동으로 알고 있던 빛이 입자의 성질도 갖는다는 사실이 밝혀지자, 1923년 de Broglie(1892~1987)는 입자도 파동의 성질을 가질 수 있다는 가설을 세우고 이를 수소원자 모델의 전자 운동에 적용시켰다. 즉 전자가 파동의 성질을 갖는다면 수소원자 내에서 핵 주위를 원운동하는 전자 파동은 정상파(standing wave)일 때에만 살아 남을 수 있으며, 이를 Bohr 모델에서의 각운동량 양자조건과 연립하여 풀면 전자파동의 파장을 구할 수 있다.

$$2\pi r = n\lambda \qquad n = 1, 2, 3, \cdots$$

$$mvr = n(h/2\pi) \qquad n = 1, 2, 3, \cdots$$

따라서

$$\lambda = \frac{h}{mv} = \frac{h}{p}$$

이를 de Broglie의 관계식이라 부르며, 물질(입자)과 파동은 독립적인 별개의 성질이 아니고 서로 연관되어 있음을 뜻한다. 1927년 Davisson과 Germer가 전자에 의한 회절 현상을 발견함으로써 de Broglie의 가설이 사실임을 입증하였다.

1926년에 E. Schrödinger(1887~1961)는 de Broglie의 관계식($\lambda = h/mv$)과 W. Heisenberg의 불확정성 원리(운동하는 입자의 위치와 운동량을 동시에 정확히 측정할 수 없다는 이론, $\Delta x, \Delta p \geq h/4\pi$)를 이용해 전자의 운동을 파동방정식으로 풀어내었다. Schrödinger에 의하면, 입자가 파동성을 가지면 입자의 운동 궤적(trajectory)은 파동함수(wave function), Ψ(psi)로 나타낼 수 있으며, Ψ^2은 특정 위치에서 전자가 발견될 확률을 의미한다.

Schrödinger는 파동방정식을 푸는 과정에서 세 종류의 불연속적인 요인을 얻었는데, 이를 주양자수, 부양자수, 자기양자수라 부르며 각각 전자궤도의 에너지, 궤도의 모양, 궤도함수의 방향을 결정한다. 그후 전자의 회전에 대한 스핀양자수가 추가되어 전자의 위치 및 운동 형태를 완전히 결정할 수 있게 되었다.

(1) 주양자수(principal quantum number); *n*

주양자수는 Bohr이론에서의 에너지 준위(n)와 같으며 전자궤도의 전체 에너지를 결정한다. 정수 $n = 1, 2, 3, \cdots$의 값을 가지며 또 문자기호인 K, L, M, N, ⋯ 등으로 나타낼 수 있다.
즉, $n = 1$인 껍질(shell)은 K 껍질, $n = 2$인 껍질을 L 껍질이라 한다. n이 클수록 그 껍질의 전자 에너지는 크고, 원자핵에서 멀리 떨어져 있다. 각 껍질은 제한된 수인 $2n^2$개의 전자만을 수용할 수 있다. 즉, $n = 2$인 L 껍질에 수용할 수 있는 전자 수는 8개이다.

주양자수(n)	1	2	3	4	⋯
기호표시	K	L	M	N	⋯
전자수용능력($2n^2$)	2	8	18	32	⋯

(2) 부양자수(subsidiary quantum number); *l*

원자의 각 껍질은 하나 이상의 부껍질로 구성되어 있으며 부껍질의 수는 n의 값에 의해 결정된다. 주양자수가 $n = 1$인 껍질에는 부껍질이 하나 있으며 $n = 2$에는 2개, $n = 3$일 때는 3개의 부껍질이 있다. 원자 껍질에 있는 각 부껍질을 **부양자수** 또는 **방위양자수**(azimutal quantum number), l로 나타내며 이 값은 전자궤도의 각운동량과 궤도 모양을 결정한다.

$$l = 0, 1, 2, 3, 4, 5 \cdots (n - 1)$$

$n = 1$이면 l의 값은 0 뿐이며 하나의 부껍질만 존재한다. $n = 2$이면 l의 값은 0과 1 두 개의 부껍질이 존재하고, $n = 3$이면 l의 값이 0, 1, 2이며 세 개의 부껍질이 존재한다. 부껍질을 l 값에 대해 다음 문자로 나타낸다.

l = 0 ⋯⋯ *s* (sharp in the spectra)
1 ⋯⋯ *p* (principal in the spectra)
2 ⋯⋯ *d* (diffuse in the spectra)
3 ⋯⋯ *f* (fundamental in the spectra)
4 ⋯⋯ *g*
5 ⋯⋯ *h*

이들 중 처음 네 개의 기호는 스펙트럼선의 특징을 나타내는 sharp, principal, diffuse 및 fundamental의 첫 글자를 따서 이름지은 것이며, l의 값이 4에서부터는 알파벳의 순서를 따른 것이다. 주양자 수의 숫자 하나와 위의 문자 기호를 하나씩 결합시키면 부껍질을 나타내는 편리한 기호가 된다. 표 4-3에 보였듯이 $n = 2$이고 $l = 0$인 부껍질을 $2s$ 부껍질이라 하며, $n = 2$이고 $l = 1$인 부껍질은 $2p$ 부껍질이라고 한다.

표 4-3 부껍질을 나타내는 기호

n	l	문자기호	
1	0	1s	한 종류
2	0	2s	두 종류
	1	2p	
3	0	3s	세 종류
	1	3p	
	2	3d	
4	0	4s	네 종류
	1	4p	
	2	4d	
	3	4f	

(3) 자기양자수(magnetic quantum number); m_l

각 부껍질은 하나 이상의 궤도함수로 구성되어 있는데, 이를 결정하는 요소를 **자기양자수**(magnetic quantum number) m_l으로 나타낸다. m_l은 궤도함수의 방향을 의미하며, 궤도함수의 수는 부양자수 l 에 의해 다음과 같이 결정된다.

$$m_l = l, l-1, l-2, \cdots 1, 0, -1, \cdots, -l \qquad (2l+1\text{개})$$

$l = 0$일 때 m_l의 값은 0이며 1개의 s 궤도함수를, $l = 1$일 때는 m_l의 값은 +1, 0, −1이며 3개의 p 궤도함수를 가진다. $l = 2$일 때는 m_l의 값은 +2, +1, 0, −1, −2이며 5개의 d 궤도함수를 가질 수 있다.

따라서 원자에 있는 각 궤도함수는 n, l 및 m_l의 값으로 표시되는데, 자기양자수(m_l)는 부양자수(l)에 의해 정해지며 부양자수의 값은 주양자수(n)에 의해 결정된다.

예를 들면, 양자수 $n = 2$, $l = 1$, $m_l = 0$으로 표시되는 궤도함수는 두 번째 원자 껍질에 들어있는 p 부껍질 중의 세 궤도함수 중 한 궤도함수 즉, 2p 궤도함수를 나타낸다. 원자껍질 중에 들어있는 궤도함수의 양자수를 표 4-4에 나타내었다.

각 궤도함수의 모양은 다음과 같다. 그림 4-14는 s 궤도함수의 지름, 확률분포 곡선과 전자밀도 단면을 나타낸 것이다. 2s 궤도함수의 전자밀도 그림은 1s 궤도함수의 전자밀도 그림과 형태는 같지만 크기가 4배 정도 크다. 그리고 모든 s 궤도함수는 구형이다.

3개의 2p 궤도함수는 그림 4-15와 같으며, 원자핵은 원점에 있고 p 궤도함수의 전자밀도는 구형이 아니며 원자핵을 지나는 평면의 양쪽에 있는 두 둥근 lobe형으로 구성되어 있다. 세 궤도함수의 모양은 동일하다. 이 lobe형의 방향은 서로 다르며, 둥근 부분이 각각 x, y, z축에 놓여 있기 때문에 $2p_x$, $2p_y$, $2p_z$로 표시한다.

표 4-4 껍질에 있는 궤도함수

주양자수 (껍질)	부양자수 (부껍질)	자기양자수 (궤도함수)	부양자수 기호	부껍질 내의 궤도함수의 수
1(K)	0	0	1*s*	1
2(L)	0	0	2*s*	1
	1	+1 0 −1	2*p*	3
3(M)	0	0	3*s*	1
	1	+1 0 −1	3*p*	3
	2	+2 +1 0 −1 −2	3*d*	5
4(N)	0	0	4*s*	1
	1	+1 0 −1	4*p*	3
	2	+2 +1 0 −1 −2	4*d*	5
	3	+3 +2 +1 0 −1 −2 −3	4*f*	7

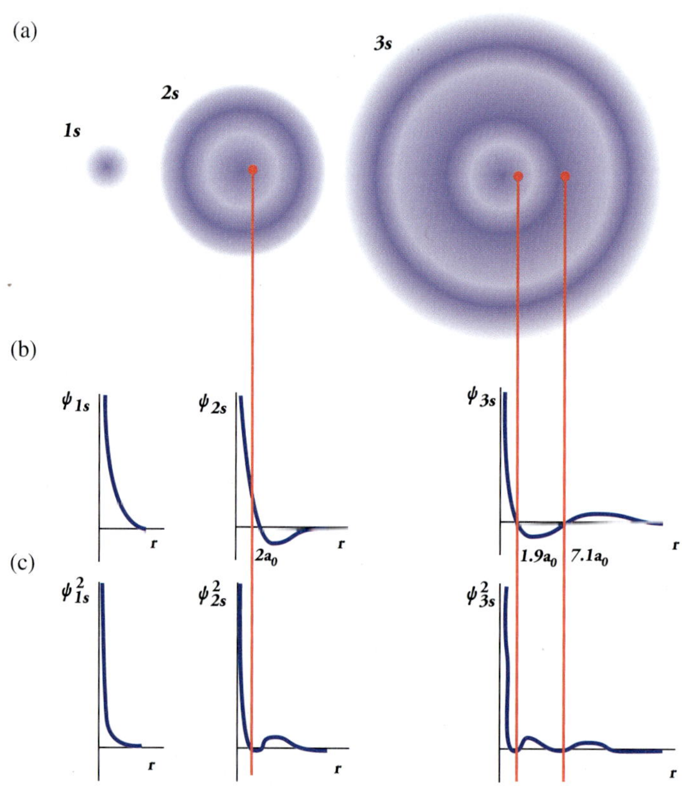

그림 4-14 1*s*, 2*s*, 3*s*의 궤도함수에서 전자밀도

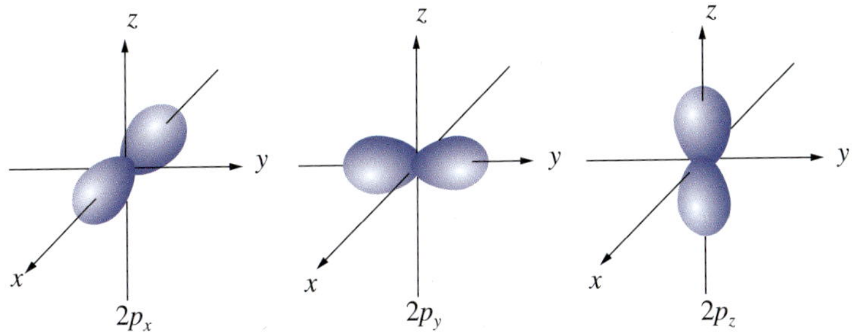

그림 4-15 2*p* 궤도함수

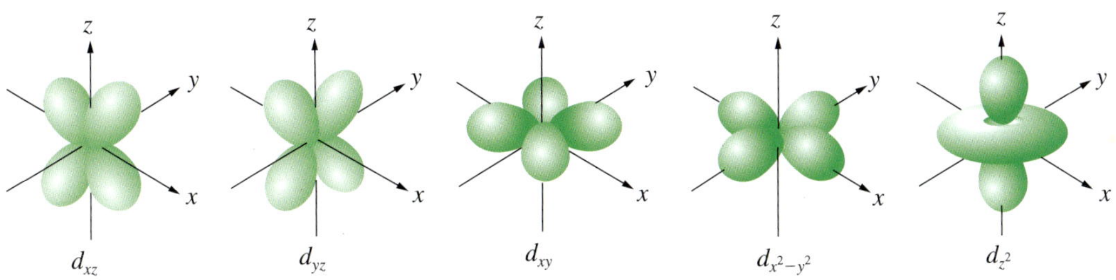

그림 4-16 3*d* 궤도함수

s 궤도함수는 구형이기 때문에, *s* 전자의 에너지는 자장에 의한 영향을 받지 않는다. 구를 어떻게 회전시키더라도 똑같은 형태를 가지기 때문이다. 그러나 *p* 궤도함수는 구형이 아닌 까닭에 자력선에 의해서 다른 영향을 받게 된다. 자장이 있는 경우는 스펙트럼 선이 몇 개로 갈라지는 현상이 나타나는데 이를 **Zeeman 효과**라고 한다.

5개의 3*d* 궤도함수에 대한 그림은 4-16과 같다.

(4) 스핀양자수(spin quantum number); m_s

1921년에 O. Stern과 W. Gerlach는 바닥상태의 수소원자(n = 1, l = 0, m_l = 0) 빔이 자기장을 통과할 때 절반씩으로 나뉘어 서로 반대 방향으로 휘어지는 현상을 발견하였다. 회전하는 전하가 자기장을 만들어 낸다는 전자기이론을 고려하면, 그림 4-17의 현상은 수소원자 내의 전자가 서로 반대 방향으로 자전하고 있음을 의미한다. 전자의 자전방향은 시계 방향이거나 반시계 방향의 두 가지 배향만 존재하며, 그에 따라 **스핀양자수** m_s가 결정된다. 각 방향에 대한 m_s 값은 +1/2과 −1/2이며, +1/2를 ↑로, −1/2을 ↓로 표시하기도 한다.

원자 내의 전자는 이상의 네 양자수에 의해 완전히 결정되며, 요약하면 다음과 같다.

① 주양자수(K, L, M, N⋯)(n) : 전자껍질과 원자핵 사이의 상대적 평균거리와 에너지를 결정한다.

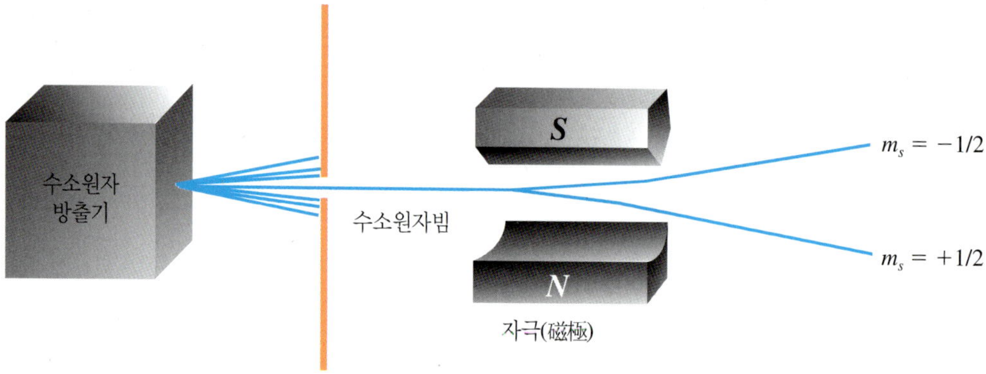

그림 4-17 Stern-Gerlach 실험

② 부양자수(s, p, d, f, g⋯)(l) : 부껍질과 궤도함수의 모양을 결정해 주며, 같은 부껍질 내의 궤도함수는 동일한 에너지를 갖는다.
③ 자기양자수(m_l) : 궤도함수의 분포범위, 방향을 정해준다.
④ 스핀양자수(m_s) : 전자의 자전 방향에 관계된다.

Pauli(1900~1958)는 양자수와 관련된 매우 중요한 법칙을 발견했는데, "한 원자 내에서 네 가지 양자수가 모두 같은 두 개의 전자는 존재할 수 없다"는 **배타원리**(exclusion principle)가 그것이다. 이는 달리 표현하면, 스핀양자수를 제외한 세 개의 양자수(n, l, m_l)로 결정되는 하나의 궤도함수에는 스핀이 서로 다른 두 개의 전자가 쌍을 이루고 들어갈 수 있으나, 스핀이 같은 두 개의 전자는 들어갈 수 없다는 것이다.

예제 4.4 Pauli의 배타원리에 의해서 다음 궤도함수 그림이나 전자배열 중 어떤 것이 가능하고, 어떤 것이 불가능한가.

(a) (↑↓) (↑↓) (↑)( )( )
$1s$ $2s$ $2p$

(b) (↑↓) (↑↓↑) ( )( )( )
$1s$ $2s$ $2p$

(c) (↑↓) (↑) (↑↑)( )( )
$1s$ $2s$ $2p$

풀이: (a) 가능
(b) $2s$ 궤도함수에 세 개의 전자가 있으므로 불가능하다.
(c) $2p$ 궤도함수에 스핀이 같은 방향의 두 개의 전자가 있으므로 불가능하다.

연습문제

PROBLEMS

01. 아래 사항을 명확히 구별하여라.

(a) 전자, 중성자, 양성자, α입자의 성질

(b) 연속 스펙트럼과 선 스펙트럼

(c) 원자번호와 원자량

(d) 원자번호, 질량수, 중성자수

(e) 전자의 입자성과 파동성

(f) 파장, 파동수, 진동수

(g) 양극선과 음극선

02. 원자번호는 어떻게 결정되었는가?

03. 플루오르 원자 1개의 질량을 계산하여라.

04. 2.57×10^{-6} g의 수소에는 원자가 몇 개일까?

05. 질량수 88인 Sr 원자에는 양성자, 중성자 및 전자는 각각 몇 개인가?

06. 나트륨의 원자량은 22.99 amu이다. 그 원자의 부피(atomic volume)는 얼마인가?(나트륨의 밀도는 0.978 g/cm^3)

07. Bohr의 수소원자 구조론에서 산출된 n = 1, 2, 3, 4, 5에 대응하는 전자궤도의 반지름 값을 구하여라.

08. 1 erg의 에너지를 얻으려면 파장이 4,000 Å인 광자 몇 개가 필요한가?

09. 파장이 6,562 Å인 수소의 적색 스펙트럼의 진동수를 구하여라.

10. 무게가 10 g이고 속도가 1 km · sec^{-1}인 탄환의 파장을 구하여라.

11. 파장이 2×10^{-8} cm인 전자의 속도는 얼마인가?

12. 광전효과(photoelectric effect)를 설명하여라.

13. 파장 6,500 Å인 광양자 1개의 에너지는 얼마인가?

14. 흑체(black body)에서 나오는 복사에너지와 그 파장과의 관계를 설명하여라.

15. 음극선은 e/m의 비가 모두 같으나 양극선의 경우는 관 속의 기체에 따라서 다른 이유를 설명하여라.

16. 어느 광전효과 실험에서 진동수가 1×10^{14}/sec인 빛을 금속에 쪼였더니 최대 운동에너지가 6.0×10^{-11} erg인 전자를 방출하였다. 이 금속의 ν^{0}를 계산하여라.

17. (a) 수소원자의 여섯번째 궤도로부터 세 번째 궤도로 전자가 전이될 때 방출되는 빛의 진동수를 계산하여라.

(b) 이 빛은 스펙트럼 중 어느 영역에 나타나는가?

18. 1전자볼트(eV)는 1 volt의 전위차만큼 전자의 전하(e)를 움직이기에 필요한 에너지이다.

(a) erg로 나타내어라

(b) 전자 몰당의 kcal로 나타내어라.

19. Bohr 이론의 가정을 말하여라. 왜 이 이론은 현재의 원자모형으로 적합하지 않는가?

20. $1\ \text{erg} = 1\ \text{g} \cdot \text{cm}^2/\text{sec}^2$이다.

(a) $1\ \text{kg} \cdot \text{m}^2/\text{sec}^2$은 몇 erg인가?

(b) 1 joule은 몇 erg인가?

21. 어떤 광파의 진동수가 $1.0 \times 10^{15}/\text{sec}$이다. 이 광파의

(a) 파장

(b) 파동수를 계산하여라.

22. 다음 원자궤도함수에 대한 자기양자수를 표시하여라.

(a) $4d$ 궤도함수 (b) $1s$ 궤도함수 (c) $3p$ 궤도함수

23. 다음의 원자궤도함수의 모형을 그려라.

(a) s (b) p_x (c) p_y

(d) p_z (e) $d_{x^2-y^2}$ (f) d_{z^2}

(g) d_{xy} (h) d_{yz} (i) d_{xz}

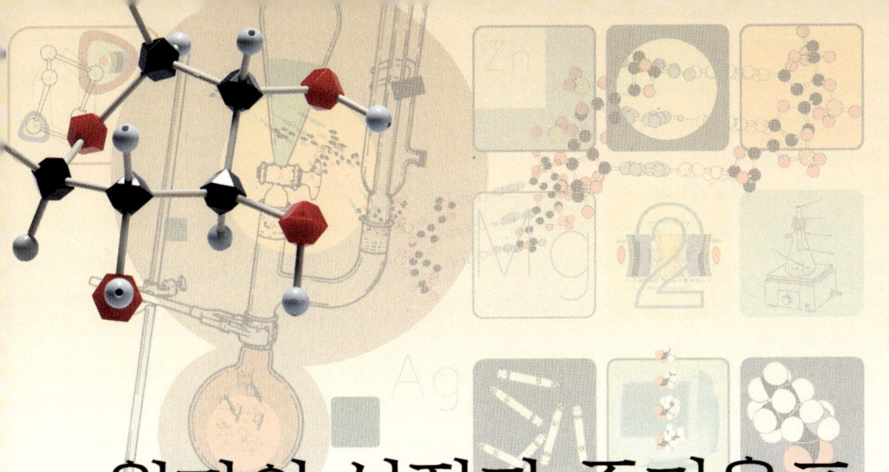

CHAPTER

05 원자의 성질과 주기율표

물질의 성질은 대부분 구성 원소의 성질에 의존하므로 화학자들은 원자의 구조에 대한 연구에 많은 노력을 기울이고 있다. 원소에 대한 주기성의 발견은 여러 가지 측면에서 19세기 화학을 대표하는 업적이다. 본 장에서는 원자의 전자배열과 주기율표 사이의 관련성을 논의하고 화학결합을 이해하는데 기초가 되는 각 원자의 성질을 고찰하기로 한다.

미리보기

5.1 전자배치와 Hund의 법칙

원자의 전자배치란 원자 내에서 전자가 속하는 궤도함수와 부껍질을 나타내어 표시하는 방법이다. 예를 들면, 바닥상태의 수소는 가장 에너지가 낮은 1*s* 궤도 함수에 한 개의 전자만 있으므로 $1s^1$으로 표시하며, Li(원자번호 3)은 1*s* 궤도함수에 스핀이 다른 두 개의 전자, 2*s* 궤도함수에 한 개의 전자가 있으므로 $1s^22s^1$ 등으로 나타내는 것을 말한다.

p 부껍질부터는 에너지가 같은 여러 개의 궤도함수가 존재하므로 각 궤도함수를 괄호나 ○, —으로 표시하고 전자는 화살표로 나타낸다. 원자번호가 5인 붕소(B)의 전자배치는 $1s^2 2s^2 2p^1$이며, 다음과 같이 표시하기도 한다.

(↑↓)	(↑↓)	(↑)(　)(　)
1*s*	2*s*	2*p*

그런데 탄소의 경우에는 문제점이 발생한다. 앞에서의 방법대로 탄소 원자의 전자배치를 표시하면 $1s^22s^22p^2$인데, 세 개의 2*p* 궤도함수에 두 개의 전자가 어떤 방식으로 들어가는가 하는 점이다. 방법의 가짓수는 모두 세 종류로, 첫째는 두 개의 전자가 스핀을 달리 하여 하나의 궤도함수에 들어가는 방법, 둘째는 두 개의 전자가 서로 다른 궤도함수에 같은 방향의 스핀으로 들어가는 방법, 셋째는 두 개의 전자가 서로 다른 궤도함수에 서로 반대 방향의 스핀으로 들어가는 방법이 가능하다.

이에 대한 법칙이 **Hund의 최대다중도법칙**(rule of maximum multiplicity)이며, 그 내용은 "하나의 부껍질 내의 에너지가 같은 여러 궤도함수에 전자가 들어가는 순서는, 각각의 궤도함수에 스핀의 방향이 같은 전자가 하나씩 채워진 후 스핀이 다른 두번째 전자가 들어간다"는 것

표 5-1 원자번호 1에서 10번까지 원자들의 바닥상태 궤도함수 도표

원자	원자번호	전자배치	궤도함수 1*s*	궤도함수 2*s*	궤도함수 2*p*
Hydrogen	1	$1s^1$	(↑)	(　)	(　)(　)(　)
Helium	2	$1s^2$	(↑↓)	(　)	(　)(　)(　)
Lithium	3	$1s^22s^1$	(↑↓)	(↑)	(　)(　)(　)
Beryllium	4	$1s^22s^2$	(↑↓)	(↑↓)	(　)(　)(　)
Boron	5	$1s^22s^22p^1$	(↑↓)	(↑↓)	(↑)(　)(　)
Carbon	6	$1s^22s^22p^2$	(↑↓)	(↑↓)	(↑)(↑)(　)
Nitrogen	7	$1s^22s^22p^3$	(↑↓)	(↑↓)	(↑)(↑)(↑)
Oxygen	8	$1s^22s^22p^4$	(↑↓)	(↑↓)	(↑↓)(↑)(↑)
Fluorine	9	$1s^22s^22p^5$	(↑↓)	(↑↓)	(↑↓)(↑↓)(↑)
Neon	10	$1s^22s^22p^6$	(↑↓)	(↑↓)	(↑↓)(↑↓)(↑↓)

이다. 따라서 탄소 원자의 경우, 위에 열거한 세 가지 방법 중 두번째 방법이 옳으며, $1s^2 2s^2 2p^3$의 전자배치를 갖는 질소 원자의 $2p^3$ 전자도 세 개의 $2p$ 궤도함수에 하나씩 같은 방향의 스핀으로 들어간다.

이상을 종합하여 원자번호 1부터 10까지의 원자에서 전자가 채워지는 순서를 표 5-1에 나타내었다.

Hund의 법칙은 자기적 실험을 통해 확인된다. 4.9절의 스핀양자수에서 설명했듯이 회전하는 전하는 자기장을 만들어 내므로 원자 내의 모든 전하는 작은 자석으로 생각할 수 있으며, 스핀 방향에 따라 자기장의 방향도 달라진다. 만일 원자내의 모든 전자가 둘씩 짝지어 있다면 전자 스핀에 의한 자기장은 서로 상쇄되므로 외부 자기장에 의한 영향을 받지 않지만, 짝짓지 않은 전자(unpaired electron)가 있다면 그에 의한 자기장은 살아 남기 때문에 외부 자기장에 끌리는 영향을 받게 된다.

원자 내에 짝짓지 않은 전자가 있어 자기장으로 끌려 가는 물질을 **상자성 물질**(paramagnetic material)이라 하며, 짝짓지 않은 전자가 없어 자기장에 끌리지 않는 물질을 **반자성 물질**(diamagnetic material)이라 한다(반자성 물질은 전자의 공전 운동에 의한 Lentz 효과 때문에 실제로는 자기장에 약하게 반발함).

Hund의 법칙에 따르면 s, p, d, f 궤도함수에는 짝짓지 않은 전자가 각각 1, 3, 5, 7개 까지 존재할 수 있으며, 그러한 원자들은 모두 상자성이다. 원자번호 1부터 10까지의 원소 중에서 H, Li, B, C, N, O, F는 상자성이며, He, Be, Ne은 반자성이다.

5.2 쌓음원리

한 원자 내에 여러 개의 전자가 존재할 경우, 전자는 에너지가 낮은 궤도함수부터 차례로 들어간다. 궤도함수의 에너지는 주양자수 n에 의해 결정된다(4.10 양자수 참조). 따라서 비록 궤도함수가 다를지라도 주양자수가 같으면($2s$와 $2p$처럼) 같은 에너지 상태라 할 수 있다. 그러나 이는 전자가 한 개만 존재하는 경우에 성립하는 이론이며, 전자가 둘 이상이 되면 상황이 달라진다.

그 이유는 전자가 둘 이상이 되면 다른 전자에 의해 핵 전하가 일부 가려지는 **차폐효과**(screening effect)가 발생하는데, He을 예로 들면 He 원자내의 전자가 실제로 느끼는 핵 전하는 +2가 아니라 +1.7로 작아진다. 또한, 부양자수 l에 의해 결정되는 궤도함수의 모양에 따라 핵 가까이 접근하는 **침투효과**(penetrating effect)가 달라지는데, 침투효과는 $s > p > d > f$ 순이다. 핵 가까이 접근하는 전자일수록 핵 전하를 보다 많이 느끼게 되어 에너지가 낮아지므로, 주양자수가 같을지라도 궤도함수의 에너지는 $s < p < d < f$ 순으로 증가하게 된다.

각 궤도함수의 에너지를 비교하여 그림 5-2(a)에 보였다. 주양자수가 커지면 각 궤도함수의

최외각 전자수

	1	2	3	4	5	6	7	8	9	10	11	12	13	14
7*p*	113	114	115	116	117	118								
6*d*	103 Lr	104 Rf	105 Db	106 Sg	107 Bh	108 Hs	109 Mt							
5*f*	89 Ac $6d^{1}7s^{2}$	90 Th $6d^{2}7s^{2}$	91 Pa $5f^{2}6d^{1}6s^{2}$	92 U $5f^{3}6d^{1}7s^{2}$	93 Np $5f^{4}6d^{1}7s^{2}$	94 Pu	95 Am	96 Cm $5f^{7}6d^{1}7s^{2}$	97 Bk	98 Cf	99 Es	100 Fm	101 Md	102 No
7*s*	87 Fr	88 Ra												
6*p*	81 Tl	82 Pb	83 Bi	84 Po	85 At	86 Rn								
5*d*	71 Lu	72 Hf	73 Ta	74 W	75 Re	76 Os	77 Ir	78 Pt $5d^{9}6s^{1}$	79 Au $5d^{10}6s^{1}$	80 Hg				
4*f*	57 La $5d^{1}6s^{2}$	58 Ce $4f^{1}5d^{1}6s^{2}$	59 Pr	60 Nd	61 Pm	62 Sm	63 Eu	64 Gd $4f^{7}5d^{1}6s^{2}$	65 Tb	66 Dy	67 Ho	68 Er	69 Tm	70 Yb
6*s*	55 Cs	56 Ba												
5*p*	49 In	50 Sn	51 Sb	52 Te	53 I	54 Xe								
4*d*	39 Y	40 Zr	41 Nb $4d^{4}5s^{1}$	42 Mo $4d^{5}5s^{1}$	43 Tc	44 Ru $4d^{7}5s^{1}$	45 Rh $4d^{8}5s^{1}$	46 Pd $4d^{10}$	47 Ag $4d^{10}5s^{1}$	48 Cd				
5*s*	37 Rb	38 Sr												
4*p*	31 Ga	32 Ge	33 As	34 Se	35 Br	36 Kr								
3*d*	21 Sc	22 Ti	23 V	24 Cr $3d^{5}4s^{1}$	25 Mn	26 Fe	27 Co	28 Ni	29 Cu $3d^{10}4s^{1}$	30 Zn				
4*s*	19 K	20 Ca												
3*p*	13 Al	14 Si	15 P	16 S	17 Cl	18 Ar								
3*s*	11 Na	12 Mg												
2*p*	5 B	6 C	7 N	8 O	9 F	10 Ne								
2*s*	3 Li	4 Be												
1*s*	1 H	2 He												

그림 5-1 에너지 준위에 따른 주기율표

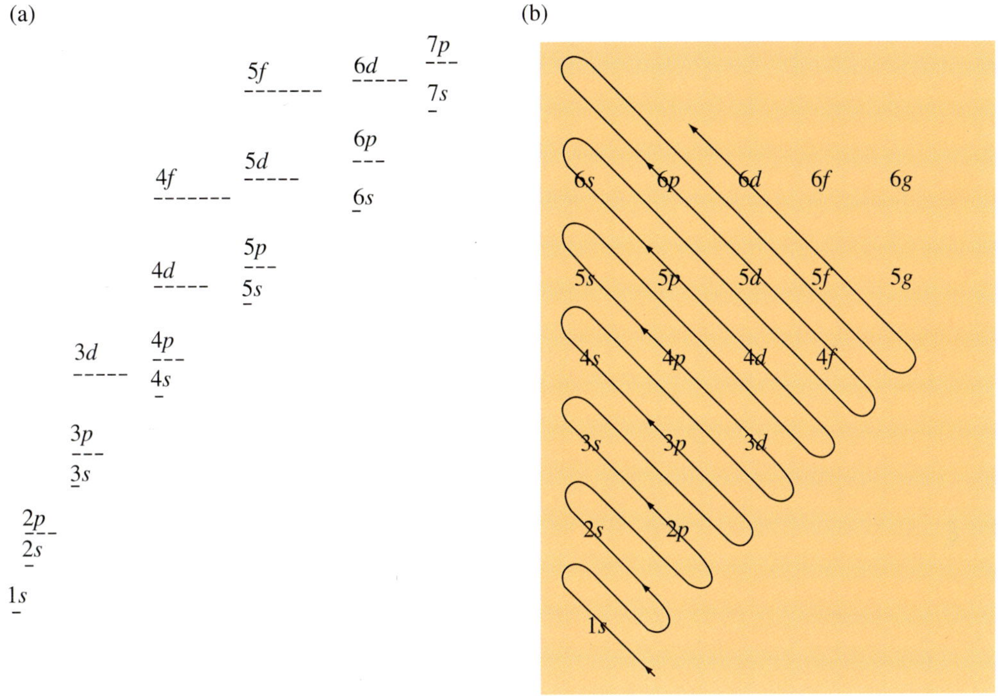

그림 5-2 (a) 원자궤도함수의 에너지 준위, (b) 중성 원자의 껍질에 전자가 채워지는 일반적인 순서

에너지 차이도 증가하여, 심지어는 4*s* 궤도함수의 에너지가 3*d* 궤도함수의 에너지보다 낮아짐을 알 수 있다. 다전자 원자에서 전자가 채워지는 순서는 그림 5-2의 에너지 순서를 따르며, 이를 **쌓음원리**(aufbau principle)라 부른다. 그 순서는 그림 5-2(b)의 방법을 이용하면 손쉽게 구할 수 있다.

표 5-2에 각 중성 원자들의 바닥상태에서의 전자배치를 나타내었다. 표 5-2에서 [He], [Ne] 등의 표시는 각각 He, Ne 원자의 전자배치를 의미한다. 대부분의 원자는 그림 5-1의 에너지 순서를 따르는데, 몇몇 예외가 있음을 볼 수 있다. $_{24}$Cr과 $_{29}$Cu 등이 그 예로, 그림 5-1의 순서에 따르면 Cr과 Cu의 전자배치는 각각 [Ar]$3d^44s^2$와 [Ar]$3d^94s^2$이어야 하는데 실제로는 각각 [Ar]$3d^54s^1$와 [Ar]$3d^{10}4s^1$의 전자배치를 보인다. 그 이유는 *d* 궤도함수처럼 에너지가 동일한 여러개의 궤도함수가 존재하는 부껍질의 경우, 모든 궤도함수가 다 채워지거나 혹은 각 궤도함수에 스핀이 같은 전자가 하나씩 채워지는 것이 안정하기 때문이다.

표 5-2 바닥상태에 있는 원자들의 전자배치

원자번호	원소기호	전자배열	원자번호	원소기호	전자배열
1	H	$1s^1$	56	Ba	$[Xe]\ 6s^2$
2	He	$1s^2$	57	La	$[Xe]\ 5d^1 6s^2$
3	Li	$[He]\ 2s^1$	58	Ce	$[Xe]\ 4f^1 5d^1 6s^2$
4	Be	$[He]\ 2s^2$	59	Pr	$[Xe]\ 4f^3 6s^2$
5	B	$[He]\ 2s^2 2p^1$	60	Nd	$[Xe]\ 4f^4 6s^2$
6	C	$[He]\ 2s^2 2p^2$	61	Pm	$[Xe]\ 4f^5 6s^2$
7	N	$[He]\ 2s^2 2p^3$	62	Sm	$[Xe]\ 4f^6 6s^2$
8	O	$[He]\ 2s^2 2p^4$	63	Eu	$[Xe]\ 4f^7 6s^2$
9	F	$[He]\ 2s^2 2p^5$	64	Gd	$[Xe]\ 4f^7 5d^1 6s^2$
10	Ne	$[He]\ 2s^2 2p^6$	65	Tb	$[Xe]\ 4f^9 6s^2$
11	Na	$[Ne]\ 3s^1$	66	Dy	$[Xe]\ 4f^{10} 6s^2$
12	Mg	$[Ne]\ 3s^2$	67	Ho	$[Xe]\ 4f^{11} 6s^2$
13	Al	$[Ne]\ 3s^2 3p^1$	68	Er	$[Xe]\ 4f^{12} 6s^2$
14	Si	$[Ne]\ 3s^2 3p^2$	69	Tm	$[Xe]\ 4f^{13} 6s^2$
15	P	$[Ne]\ 3s^2 3p^3$	70	Yb	$[Xe]\ 4f^{14} 6s^2$
16	S	$[Ne]\ 3s^2 3p^4$	71	Lu	$[Xe]\ 4f^{14} 5d^1 6s^2$
17	Cl	$[Ne]\ 3s^2 3p^5$	72	Hf	$[Xe]\ 4f^{14} 5d^2 6s^2$
18	Ar	$[Ne]\ 3s^2 3p^6$	73	Ta	$[Xe]\ 4f^{14} 5d^3 6s^2$
19	K	$[Ar]\ 4s^1$	74	W	$[Xe]\ 4f^{14} 5d^4 6s^2$
20	Ca	$[Ar]\ 4s^2$	75	Re	$[Xe]\ 4f^{14} 5d^5 6s^2$
21	Sc	$[Ar]\ 3d^1 4s^2$	76	Os	$[Xe]\ 4f^{14} 5d^6 6s^2$
22	Ti	$[Ar]\ 3d^2 4s^2$	77	Ir	$[Xe]\ 4f^{14} 5d^7 6s^2$
23	V	$[Ar]\ 3d^3 4s^2$	78	Pt	$[Xe]\ 4f^{14} 5d^9 6s^1$
24	Cr	$[Ar]\ 3d^5 4s^1$	79	Au	$[Xe]\ 4f^{14} 5d^{10} 6s^1$
25	Mn	$[Ar]\ 3d^5 4s^2$	80	Hg	$[Xe]\ 4f^{14} 5d^{10} 6s^2$
26	Fe	$[Ar]\ 3d^6 4s^2$	81	Tl	$[Xe]\ 4f^{14} 5d^{10} 6s^1$
27	Co	$[Ar]\ 3d^7 4s^2$	82	Pb	$[Xe]\ 4f^{14} 5d^{10} 6s^2$
28	Ni	$[Ar]\ 3d^8 4s^2$	83	Bi	$[Xe]\ 4f^{14} 5d^{10} 6s^3$
29	Cu	$[Ar]\ 3d^{10} 4s^1$	84	Po	$[Xe]\ 4f^{14} 5d^{10} 6s^4$
30	Zn	$[Ar]\ 3d^{10} 4s^2$	85	At	$[Xe]\ 4f^{14} 5d^{10} 6s^5$
31	Ga	$[Ar]\ 3d^{10} 4s^2 4p^1$	86	Rn	$[Xe]\ 4f^{14} 5d^{10} 6s^6$
32	Ge	$[Ar]\ 3d^{10} 4s^2 4p^2$	87	Fr	$[Rn]\ 7s^1$
33	As	$[Ar]\ 3d^{10} 4s^2 4p^3$	88	Ra	$[Rn]\ 7s^2$
34	Se	$[Ar]\ 3d^{10} 4s^2 4p^4$	89	Ac	$[Rn]\ 6d^1 7s^2$
35	Br	$[Ar]\ 3d^{10} 4s^2 4p^5$	90	Th	$[Rn]\ 6d^2 7s^2$
36	Kr	$[Ar]\ 3d^{10} 4s^2 4p^6$	91	Pa	$[Rn]\ (5f^2 6d^1 7s^2)$
37	Rb	$[Kr]\ 5s^1$	92	U	$[Rn]\ (5f^3 6d^1 7s^2)$
38	Sr	$[Kr]\ 5s^2$	93	Np	$[Rn]\ (5f^4 6d^1 7s^2)$
39	Y	$[Kr]\ 4d^1 5s^2$	94	Pu	$[Rn]\ 5f^6 7s^2$
40	Zr	$[Kr]\ 4d^2 5s^2$	95	Am	$[Rn]\ 5f^7 7s^2$
41	Nb	$[Kr]\ 4d^4 5s^1$	96	Cm	$[Rn]\ (5f^7 6d^1 7s^2)$
42	Mo	$[Kr]\ 4d^5 5s^1$	97	Bk	$[Rn]\ (5f^9 7s^2)$
43	Tc	$[Kr]\ 4d^6 5s^2$	98	Cf	$[Rn]\ (5f^{10} 7s^2)$
44	Ru	$[Kr]\ 4d^7 5s^1$	99	Es	$[R]\ (5f^{11} 7s^2)$
45	Rh	$[Kr]\ 4d^8 5s^1$	100	Fm	$[Rn]\ (5f^{12} 7s^2)$
46	Pd	$[Kr]\ 4d^{10}$	101	Md	$[Rn]\ (5f^{13} 7s^2)$
47	Ag	$[Kr]\ 4d^{10} 5s^1$	102	No	$[Rn]\ (5f^{14} 7s^2)$
48	Cd	$[Kr]\ 4d^{10} 5s^2$	103	Lr	$[Rn]\ (5f^{14} 6d^1 7s^2)$
49	In	$[Kr]\ 4d^{10} 5s^2 5p^1$	104	Rf	$[Rn]\ (5f^{14} 6d^2 7s^2)$
50	Sn	$[Kr]\ 4d^{10} 5s^2 5p^2$	105	Db	$[Rn]\ (5f^{14} 6d^3 7s^2)$
51	Sb	$[Kr]\ 4d^{10} 5s^2 5p^3$	106	Sg	$[Rn]\ (5f^{14} 6d^4 7s^2)$
52	Te	$[Kr]\ 4d^{10} 5s^2 5p^4$	107	Bh	$[Rn]\ (5f^{14} 6d^5 7s^2)$
53	I	$[Kr]\ 4d^{10} 5s^2 5p^5$	108	Hs	$[Rn]\ (5f^{14} 6d^6 7s^2)$
54	Xe	$[Kr]\ 4d^{10} 5s^2 5p^6$	109	Mt	$[Rn]\ (5f^{14} 6d^7 7s^2)$
55	Cs	$[Xe]\ 6s^1$			

예제 5.1 철 원자의 바닥상태에서의 궤도함수 그림을 그려라.

풀이: 쌓음원리에 의하여, 철원자의 전자배열은 $1s^2 2s^2 2p^6 3s^2 3p^6 3d^6 4s^2$로 얻어진다. $3d$ 부껍질 이외의 모든 부껍질은 채워져 있다. $3d$ 부껍질의 여섯 개의 전자 중 처음 다섯 개는 같은 방향의 스핀으로 $3d$ 궤도함수에 나누어 들어간다. 여섯 번째의 전자는 $3d$ 궤도함수 중 하나에 이중으로 들어간다. 궤도함수 그림은 다음과 같다.

(↑↓)	(↑↓)	(↑↓)(↑↓)(↑↓)	(↑↓)	(↑↓)(↑↓)(↑↓)	(↑↓)(↑↓)(↑)(↑)(↑)	(↑↓)
$1s$	$2s$	$2p$	$3s$	$3p$	$3d$	$4s$

이 궤도함수 그림을 [Ar]을 사용하여 간략하게 그릴 수 있다.

[Ar]	(↑↓)(↑↓)(↑)(↑)(↑)	(↑↓)
	$3d$	$4s$

5.3 주기율의 발견

현재 사용하고 있는 **주기율표**(periodic table)와 비슷한 원소의 분류가 1869년 Mendeleev (1836~1907)와 Meyer(1830~1895)에 의해서 독립적으로, 그러나 거의 동시에 발표되었다. 이들은 원소를 원자량의 크기 순서로 배열하면 비슷한 성질을 갖는 원소가 주기적으로 되풀이하여 나타난다고 제안하였는데, 이것이 오늘날 주기율(periodic law)의 기초가 되었다. 또한 주기율에 따라 원소를 배열한 것을 주기율표라고 한다.

주기성을 보여주는 대표적인 예가 원자반경이다. 4장에서 배웠듯이, 전자는 확률적으로 분포하기 때문에 원자반경을 정확히 정의할 수는 없다. 그림 5-3에 보인 원자반경은 공유결합반경으로 나타낸 것으로, 주기적인 경향을 한 눈에 확인할 수 있다. 즉 같은 족에서는 아래로 갈수록 새로운 전자껍질이 생기므로 원자반경이 커지며, 같은 주기에서는 원자번호가 커질수록 원자핵의 인력이 증가하여 원자반경은 감소한다.

한 원소의 몰 부피(molar volume)는 1 mol의 원자가 차지하는 부피로 정의할 수 있는데, 이것은 식 (5-1)과 같이 그 원소의 원자량을 밀도(d)로 나누면 구할 수 있다.

$$\text{몰 부피}(\text{cm}^3\text{mol}^{-1}) = \text{원자량}(\text{g}\cdot\text{mol}^{-1}) \times 1/d(\text{cm}^3\text{g}^{-1}) \tag{5-1}$$

1870년 Meyer에 의해서 몰 부피와 원자량은 주기적인 상관관계를 가진다는 사실이 최초로 발표되었다. 이는 몰부피와 원자번호와의 관계를 나타낸 것으로 알카리금속, 즉 Li, Na, K, Rb, Cs의 부피는 주기적으로 최고의 값을 갖는다.

1871년 Mendeleev에 의해서 두번째 발표된 주기율표는 세로 12줄과 가로 8개로 구성되어 있다. 그후 1894년 William Ramsay(1852~1916)는 다른 원소들과는 성질이 특이하게 다른 헬

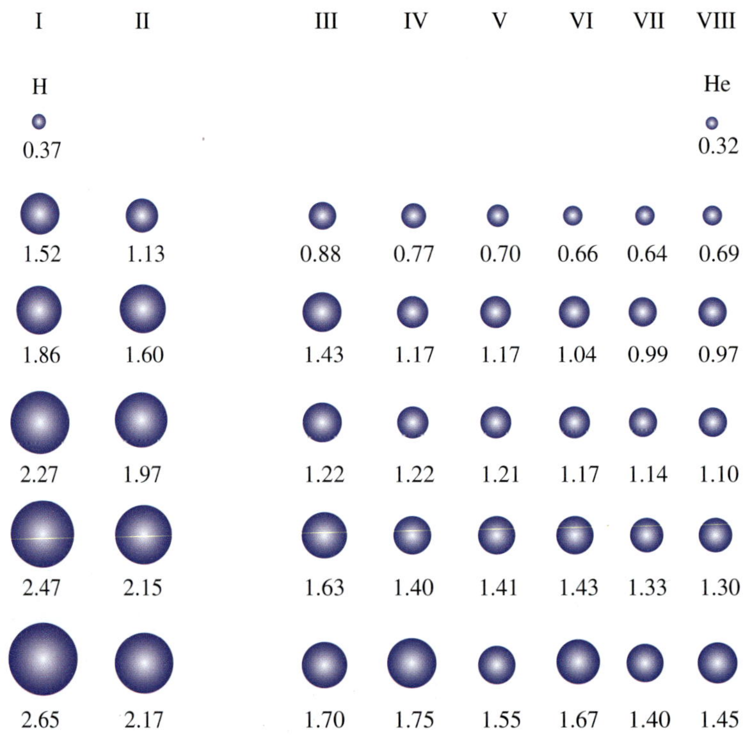

그림 5-3 공유결합반경(Å)

11.4 H																	21.0 He
13.0 Li	14.0 Be											4.39 B	3.42 C	13.5 N	17.4 O	11.2 F	13.2 Ne
23.6 Na	14.0 Mg											10.0 Al	12.1 Si	17.0 P	15.5 S	17.4 Cl	22.6 Ar
45.9 K	26.2 Ca	15.0 Sc	10.6 Ti	8.32 V	7.23 Cr	7.35 Mn	7.09 Fe	6.67 Co	6.59 Ni	7.11 Cu	9.16 Zn	11.8 Ga	13.6 Ge	13.0 As	16.4 Se	19.8 Br	28.0 Kr
55.8 Rb	33.9 Sr	19.9 Y	14.0 Zr	10.8 Nb	9.38 Mo	8.63 Tc	8.17 Ru	8.28 Rh	8.56 Pd	10.3 Ag	13.0 Cd	15.8 In	16.3 Sn	18.2 Sb	20.6 Te	25.7 I	05.9 Xe
70.9 Cs	38.2 Ba	17.8 Lu	13.4 Hf	13.4 Ta	13.4 W	8.86 Re	8.42 Os	8.52 Ir	9.09 Pt	10.2 Au	14.1 Hg	17.2 Tl	18.3 Pb	21.3 Bi	23.0 Po		50.5 Rn

그림 5-4 원자들의 몰 부피(cm^3/mol)

륨과 아르곤을 발견하였고 이들 두 기체는 나중에 발견한 Ne, Kr, Xe, Rn과 함께 영(0)족에 배치되었다.

5.4 주기형 주기율표

단주기형(short form)인 Mendeleev의 주기율표에서 부족들을 각각 분리하여 배치한 주기율표를 **장주기형**(long form)이라고 하는데 그림 5-5와 같다. 원소를 원자번호의 순서로 배열한 표의 가로줄을 주기(period)라고 하며, 세로줄은 족(group)이라고 한다.

1주기는 수소와 헬륨 2개의 원소가 있으며 2주기는 리튬부터 네온까지 8개의 원소가 들어 있다. 족은 로마 숫자와 문자로 표시하는데 ⅡA족과 ⅢA족 사이에는 ⅢB족부터 ⅧB족 및 ⅠB족, ⅡB족의 원소가 배열되어 있다. 이들 B가 붙은 원소의 집단을 **전이원소**(transition element)라고 하며 전이원소 이외의 원소를 **전형원소**(typical element)라고 부른다. 최근에는 A, B의 구분을 없애고 1~18까지의 숫자로 족을 나타내기도 한다.

주족원소 s subshell fills (ⅠA–ⅡA) / 전이금속 d subshell fills (ⅢB–ⅡB) / 주족원소 p subshell fills (ⅢA–ⅧA)

주기(period)	ⅠA	ⅡA	ⅢB	ⅣB	ⅤB	ⅥB	ⅦB	ⅧB	ⅧB	ⅧB	ⅠB	ⅡB	ⅢA	ⅣA	ⅤA	ⅥA	ⅦA	ⅧA
1	1 H $1s^1$																	2 He $1s^2$
2	3 Li $2s^1$	4 Be $2s^2$											5 B $2s^22p^1$	6 C $2s^22p^2$	7 N $2s^22p^3$	8 O $2s^22p^4$	9 F $2s^22p^5$	10 Ne $2s^22p^6$
3	11 Na $3s^1$	12 Mg $3s^2$											13 Al $3s^23p^1$	14 Si $3s^23p^2$	15 P $3s^23p^3$	16 S $3s^23p^4$	17 Cl $3s^23p^5$	18 Ar $3s^23p^6$
4	19 K $4s^1$	20 Ca $4s^2$	21 Sc $3d^14s^2$	22 Ti $3d^24s^2$	23 V $3d^34s^2$	24 Cr $3d^54s^1$	25 Mn $3d^54s^2$	26 Fe $3d^64s^2$	27 Co $3d^74s^2$	28 Ni $3d^84s^2$	29 Cu $3d^{10}4s^1$	30 Zn $3d^{10}4s^2$	31 Ga $4s^24p^1$	32 Ge $4s^24p^2$	33 As $4s^24p^3$	34 Se $4s^24p^4$	35 Br $4s^24p^5$	36 Kr $4s^24p^6$
5	37 Rb $5s^1$	38 Sr $5s^2$	39 Y $4d^15s^2$	40 Zr $4d^25s^2$	41 Nb $4d^45s^1$	42 Mo $4d^55s^1$	43 Tc $4d^55s^2$	44 Ru $4d^75s^1$	45 Rh $4d^85s^1$	46 Pd $4d^{10}$	47 Ag $4d^{10}5s^1$	48 Cd $4d^{10}5s^2$	49 In $5s^25p^1$	50 Sn $5s^25p^2$	51 Sb $5s^25p^3$	52 Te $5s^25p^4$	53 I $5s^25p^5$	54 Xe $5s^25p^6$
6	55 Cs $6s^1$	56 Ba $6s^2$	57 La $5d^16s^2$	72 Hf $5d^26s^2$	73 Ta $5d^36s^2$	74 W $5d^46s^2$	75 Re $5d^56s^2$	76 Os $5d^66s^2$	77 Ir $5d^76s^2$	78 Pt $5d^96s^1$	79 Au $5d^{10}6s^1$	80 Hg $5d^{10}6s^2$	81 Tl $6s^26p^1$	82 Pb $6s^26p^2$	83 Bi $6s^26p^3$	84 Po $6s^26p^4$	85 At $6s^26p^5$	86 Rn $6s^26p^6$
7	87 Fr $7s^1$	88 Ra $7s^2$	89 Ac $6d^17s^2$	104 Rf $6d^27s^2$	105 Db $6d^37s^2$	106 Sg $6d^47s^2$	107 Bh $6d^57s^2$	108 Hs $6d^67s^2$	109 Mt $6d^77s^2$									

전이금속 f subshell fills

lanthanides	58 Ce $4f^15d^16s^2$	59 Pr $4f^36s^2$	60 Nd $4f^46s^2$	61 Pm $4f^56s^2$	62 Sm $4f^66s^2$	63 En $4f^76s^2$	64 Gd $4f^75d^16s^2$	65 Tb $4f^96s^2$	66 Dy $4f^{10}6s^2$	67 Ho $4f^{11}6s^2$	68 Er $4f^{12}6s^2$	69 Tm $4f^{13}6s^2$	70 Yb $4f^{14}6s^2$	71 Lu $4f^{14}5d^16s^2$
actinde	90 Th $6d^27s^2$	91 Pa $5f^26d^17s^2$	92 U $5f^36d^17s^2$	93 Np $5f^46d^17s^2$	94 Pu $5f^67s^2$	95 Am $5f^77s^2$	96 Cm $5f^76d^17s^2$	97 Bk $5f^97s^2$	98 Cf $5f^{10}7s^2$	99 Es $5f^{11}7s^2$	100 Fm $5f^{12}7s^2$	101 Md $5f^{13}7s^2$	102 No $5f^{14}7s^2$	103 Lr $5f^{14}6d^17s^2$

금속 :
준금속 :
비금속 :

그림 5-5 주기형 주기율표

5.5 원소의 분류

원소들이 화학결합을 할 때 전자배치 상태가 어떻게 바뀔 것인가에 따라 원소들을 4가지로 분류하면 금속, 비금속, 준금속 및 영족기체로 나눌 수 있다(그림 5-5 참조).

특히 헬륨을 제외한 영족기체(비활성기체)들은 바깥 전자 껍질에 8개의 전자를 갖는 ns^2np^6(n = 정수)의 전자 배치를 하고 있는데, 이러한 배치는 대단히 안정하여 다른 상태로 바꾸기가 매우 어렵다. 따라서 0족기체와 다른 전자 배치를 하고 있는 다른 원소들은 전자를 받아들이거나 혹은 내보내는 방법을 통해 그러한 전자 배치를 하려는 경향이 있다.

ⅠA족 및 ⅡA족 원소들의 전자 배치 상태가 영족원소와 다른 것은 새로운 전자껍질, 즉 s 궤도함수에 1개 또는 2개의 전자를 더 가지고 있다는 점이다. 예를 들면 칼륨(K)원자와 칼슘(Ca)원사는 안정한 아르곤(Ar)원소보다 전자를 1개와 2개 각각 더 지니게 된다.

$$\mathrm{K} : [\mathrm{Ar}]\ 4s^1$$
$$\mathrm{Ca} : [\mathrm{Ar}]\ 4s^2$$

만약 K 원자가 1개의 바깥껍질 전자를 잃게 되면 K^+이온이 되고, Ca의 경우는 전자를 2개 잃어 Ca^{2+}이온이 되면 영족원소인 Ar과 같은 전자배열 상태를 만든다.

$$\mathrm{K}([\mathrm{Ar}]4s^1) \rightarrow \mathrm{K}^+([\mathrm{Ar}]) + e^-$$
$$\mathrm{Ca}([\mathrm{Ar}]4s^2) \rightarrow \mathrm{Ca}^{2+}([\mathrm{Ar}]) + 2e^-$$

이와 같이 주양자수 값이 가장 큰 전자 껍질(최외각껍질)의 s 및 p 궤도함수에 작은 수의 전자를 갖는 원소를 **금속**(metal)이라고 한다. 이들은 적당한 조건 하에서 1개 또는 그 이상의 전자를 잃고 양이온이 되려는 경향이 있으며, 이를 금속성이라 한다. 금속성은 주기율표에서 왼쪽, 아래쪽으로 갈수록 증가한다. 또한 열 및 전기전도성, 광택, 높은 녹는점, 연성(ductility) 및 전성(malleability) 등과 같은 물리적 특성을 갖는다.

Ⅶ족 및 Ⅵ족 원소들은 영족원소들보다 각각 1개와 2개의 전자가 부족하다. 이들은 적당한 수의 전자를 받아서 영족원소의 전자 배치를 하려고 한다.

$$\mathrm{Cl}([\mathrm{Ne}]\ 3s^23p^5) + e^- \rightarrow \mathrm{Cl}^-([\mathrm{Ar}])$$

이와 같이 몇 개의 전자를 얻어 영족원소의 전자 배치를 하려고 하는 원소들을 **비금속**(non-metal)이라고 한다. 이런 비금속들은 금속에 비하여 전기전도도가 나쁘며, 광택이 없고, 고체상태에서 부서지기 쉬운 성질을 갖는다.

붕소(B)에서 시작되는 계단형 대각선을 기준으로 금속과 비금속의 중간성질을 갖는, 즉 겉모양은 금속같이 보이나 비금속성을 나타내는 원소들도 있는데 이들을 **준금속**(metalloids)이라고 한다. 이런 준금속은 반도체의 특성을 보이므로 트랜지스터(transistor)의 제조에 많이 이용되고 있다.

Group 1A: H, Li, Na, K, Rb, Cs, Fr

주기율표의 제일 오른쪽에 있는 족으로서 **알칼리금속**(alkali metal)에는 Li, Na, K, Rb, Cs, Fr 등이 있으며, 상온에서는 모두 고체상태로 존재한다. 이 알칼리금속들은 반응성이 크다. 예를 들어 그림 5-6에서 보는 바와 같이 이들 금속들은 물과 쉽게 반응한다. 반응성이 크므로 천연에서는 순수한 금속상태로는 존재하지 않고 NaCl과 같은 화합물로 존재한다.

Group 2A: Be, Mg, Ca, Sr, Ba, Ra

주기율표의 오른쪽에서 두 번째에 해당하는 2A족에는 Be, Mg, Ca, Sr, Ba, Ra 등이 속하며 이들을 **알칼리토금속**(alkali earth metal)이라 한다(그림 5-7). 이들 원소도 역시 천연에서는 화합물의 형태로 존재하며, 베릴륨(Be)을 제외하고 나머지 알칼리토금속들은 물과 쉽게 반응

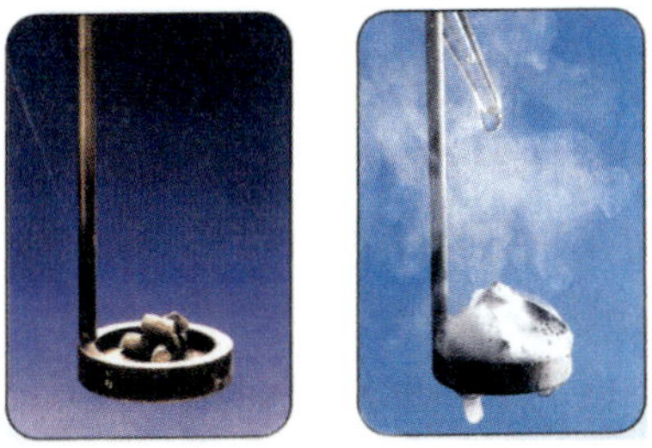

$2\,Li(s) + 2\,H_2O(l) \longrightarrow 2\,LiOH(aq) + H_2(g)$

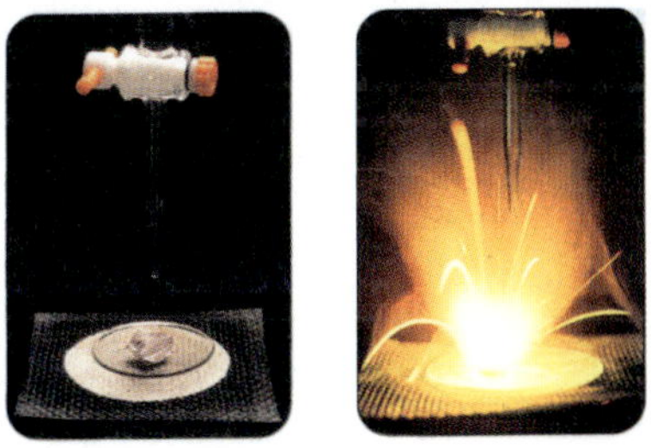

$2\,Na(s) + 2\,H_2O(l) \longrightarrow 2\,NaOH(aq) + H_2(g)$

$2\,K(s) + 2\,H_2O(l) \longrightarrow 2\,KOH(aq) + H_2(g)$

그림 5-6 1A족 원소

(a) 불꽃놀이에서 Mg와 Sr

(b) Ca을 함유한 상품

그림 5-7 2A족 원소

표 5-3 지각에 존재하는 원소의 순위

순위	원소	존재농도*
1	Oxygen	474,000
2	Silicon	277,000
3	Aluminum	82,000
4	Iron	41,000
5	Calcium	41,000
6	Sodium	23,000
7	Magnesium	23,000
8	Potassium	21,000
9	Titanium	5,600
10	Hydrogen	1,520

* ppm = g per 1000 kg

한다. 특히, 마그네슘(Mg)과 칼슘(Ca)은 각각 지구상에서 7번째와 5번째로 많은 원소이다(표 5-3)

Group 3A: B, Al, Ga, In, Tl

3A족 원소들은 우리 일상생활에서 매우 중요한 원소들 중 하나이며, Al, Ga, In, Tl 등은 금속이지만 B는 준금속(metalloid)이다. 이 중에서 알루미늄(Al)은 지구를 구성하는 물질 중에서 3번째로 많은 원소이며, 전체 지구의 8.2%를 차지한다. 이들 원소는 점토 속에서 화합물을 형성하거나 보통의 광석으로 존재하지만 세정제나 방부제로 사용하는 붕소(B)는 광물질인 붕사(borax)의 형태로 존재한다.

Group 4A: C, Si, Ge, Sn, Pb

4A족은 비금속인 탄소(C), 준금속인 규소(Si)와 게르마늄(Ge), 금속인 주석(Sn)과 납(Pb)으로 구성된다. 이들 원소들은 다른 어떤 족 원소보다 원소의 성질이 많이 변하지만 CaO_2, SiO_2, GeO_2, SnO_2, PbO_2 등과 같이 유사한 화합물을 형성하므로 같은 족으로 분류한다.

탄소는 생명체를 구성하는 화합물의 중요한 부분을 차지할 뿐만 아니라 기본이 되는 원소이다. 대기 중에서는 CO_2로, 지표면에서는 석회석과 같은 탄산염(carbonate) 또는 석탄, 석유 및 천연가스와 같은 화석연료의 형태로 존재한다. 흑연, 다이아몬드, C_{60}(Buckyball)과 같이 모두 탄소로 이루어져 있으나 서로 그 성질이 다른 물질을 **동소체**(allotrope)라고 한다(그림 5-8).

그림 5-8(a)에서 보는 바와 같이 흑연(graphite)은 평면구조를 하고 층으로 이루어져 잘 부스러지는 성질을 가지고 있으므로 점토와 섞어서 연필심으로 사용하기도 한다.

다이아몬드는 그림 5-8(b)에서처럼 한 개의 탄소가 다른 4개의 탄소와 결합하여 4면체구조를 갖기 때문에 흑연보다 강도가 크고 광석을 자르는 절단용 소재로 사용하기도 한다.

C_{60}는 탄소를 포함하는 물질을 산소가 부족한 상태에서 태우면 검댕이 생기는데 이 검댕은 60개의 탄소로 이루어져 있다. 그림 5-8(c)에서 보는 바와 같이 60개의 탄소가 5각형과 6각형으로 결합하여 축구공 같은 구조를 이루는데 강도는 매우 크며, 돔(dome)형태의 건축물을 고안한 미국의 철학자이자 기술자인 R. Buckminster Fuller의 이름을 따서 **buckminsterfullerene**이라고 하고 줄여서 **buckyball**이라고 한다.

규소(Si)는 점토, 모래, 바위를 구성하는 기본적 원소이며, 그림 5-9에는 수정과 자수정이 모래 위에 놓여 있는데 모두 주성분은 SiO_2이다.

Group 5A: N, P, As, Sb, Bi

5A족 원소도 비금속인 질소(N)와 인(P), 준금속인 비소(As)와 안티몬(Sb), 금속인 비스무스

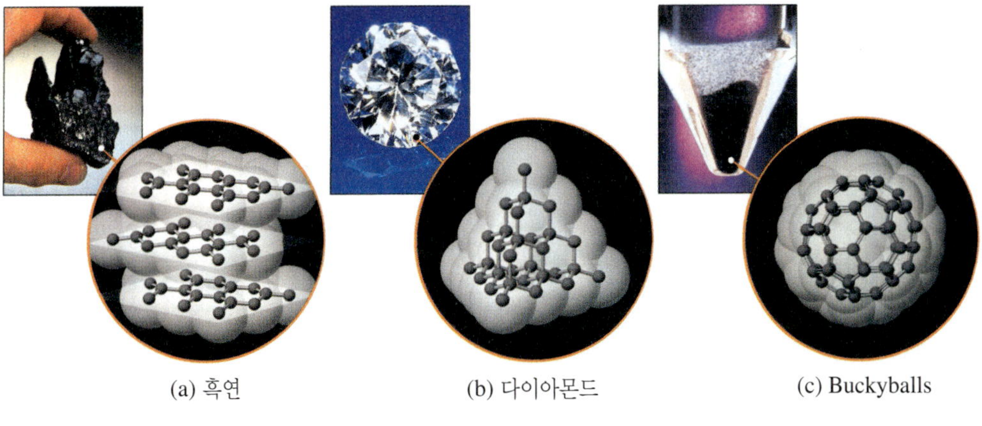

(a) 흑연　(b) 다이아몬드　(c) Buckyballs

그림 5-8 탄소의 동소체

그림 5-9 규소를 함유하는 화합물

(Bi)로 구성되지만 N_2O_5, P_2O_5, As_2O_5와 같은 유사한 산화물을 만든다.

질소(N)는 N_2의 형태로 대기 중의 3/4을 차지하고 있으며, 클로로필, 단백질 및 DNA 등과 같은 생화학물질을 이루는데 기본 원소가 된다. 대기 중의 질소를 높은 온도와 같이 극렬한 조건에서 수소(H_2)와 반응시키면 비료의 원료가 되는 NH_3를 만들 수 있다.

인(P)도 역시 생명과 직접적인 연관이 있는 원소로서 우리 몸의 뼈나 이를 구성하는 중요한 원소이다. 이것은 어두운 공기 중에서 빛을 발산하는데 "빛을 내는"이라는 뜻을 가지는 그리스어에서 그 이름인 phosphorus가 유래되었다. 인(P)도 두 종류 동소체를 가지는데 흰색과 붉은색의 인(P)이다. 흰색의 인은 공기 중에서는 발화하기 때문에 물 속에 보관하여야 한다. 공기 중에서 산소와 결합하면 P_4O_{10}의 산화물이 생기며, 이것이 물과 반응하면 인산(H_3PO_4)이 된다. 한편, 붉은색 인(P)도 공기 중에서 산소와 반응하는데 성냥이 대표적이다.

Group 6A: O, S, Se, Te, Po

6A족도 비금속인 산소(O), 황(S), 셀렌(Se), 준금속인 텔루르(Te), 금속인 폴로늄(Po)으로 이루어져 있으나 산소와 반응하여 SO_2, SeO_2, TeO_2, 나트륨(Na)과 반응하여 Na_2O, Na_2S, Na_2Se, Na_2Te 등의 같은 종류의 화합물을 생성한다.

산소(O)는 공기의 21%를 차지하고 대부분의 다른 원소와 쉽게 결합한다. 생명체에서 대부분의 에너지는 다른 물질과 산소(O)가 반응할 때 생성된다. 그림 5-10에서 보는 바와 같이 7종류의 원소들은 이원자(diatom)로 천연에 존재하며, 산소는 질소 등과 달리 동소체 오존(O_3)이 존재한다.

황(S)은 유황(brimstone) 또는 '불 타는 돌(burning stone)로 고대부터 잘 알려진 원소이다. 황(S), 셀렌(Se), 텔루르(Te)는 구리(copper)를 뜻하는 그리스어 "khalkos"에서 유래한 칼코겐(chalcogen)으로 합쳐 부르기도 하는데, 이 원소들은 구리 광석 중에 흔히 포함되어 있기 때문이다. 황은 또 어떤 화합물보다도 많이 생산되는 황산(H_2SO_4)의 원료이다. 황은 많은 동소체를 가지고 있으며, 천연에서는 노란색으로 존재하며, 8개의 황 원자(S_8)가 왕관 모양으로 결합되어 있다.

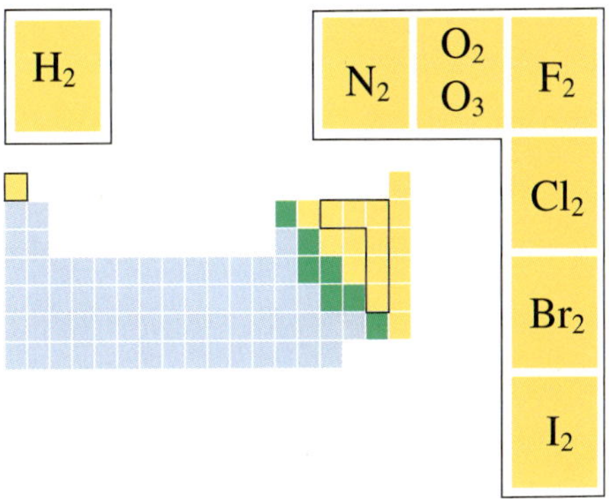

그림 5-10 이원자로 천연에 존재하는 원소

그림 5-11 브롬(Br_2)과 요오드(I_2)

폴로늄(Po)은 방사선 동위원소이며, 1898년 큐리부인(Marie Curie)과 그 남편인 피에르 큐리(Pierre Curie)가 우라늄 광석으로부터 분리하였고, 원소기호 Po는 큐리부인의 고국인 폴란드(Poland)에서 따온 것이다.

Group 7A: F, Cl, Br, I, At

7A족 원소들은 모두 비금속이며, 그림 5-11에서 보는 바와 같이 이원자로 존재한다. 실온에서 플루오르(F_2)와 염소(Cl_2)는 기체상태로, 브롬(Br_2)은 액체상태로, 요오드(I_2)는 고체상태로 존재한다. 특히 브롬과 요오드는 휘발성 또는 승화성이 있어 눈으로 쉽게 보이는 기체를 발산한다.

Group 8A: He, Ne, Ar, Kr, Xe, Rn

헬륨(He), 네온(Ne), 아르곤(Ar), 크립톤(Kr), 크세논(Xe), 라돈(Rn)을 **영족기체**(noble gas), **비활성기체**(inert gas) 또는 **희유기체**(rare gas)라고 한다. 이들은 대기 중이나 땅 속에 존재하는 양이 매우 적어 19세기 말까지는 알려지지 않은 원소였다.

헬륨은 수소 다음으로 우주에 많이 존재하며, 1868년 태양 광선의 스펙트럼을 분석하여 그 존재를 확인하였고, "태양"이라는 뜻을 가지는 그리스어 "helios"에서 그 이름이 유래하였다.

전이원소

주기율표에서 2A와 3A족 사이에 있는 원소들, 즉 ⅢB~ⅧB, ⅠB, ⅡB족을 전이원소(transition element)라고 한다. 원자의 *d*-궤도에 전자가 한 개 있는 경우를 ⅢB족으로 분류하고 점차적으로 *d*-궤도에 전자를 채워가면 ⅠB와 ⅡB족은 *d*-궤도에 전자 모두 채워지게 되며, ⅠB와 ⅡB족의 구별은 *s*-궤도의 전자수에 따라 분류한다. 즉 *s*-궤도에 전자 한 개일 때 ⅠB족, 두 개일 때

표 5-4 지각에 존재하는 전이원소의 순위

순위	원소	존재농도*
4	Iron	41,000
9	Titanium	5,600
12	Manganese	950
18	Zirconium	190
19	Vanadium	160
21	Chromium	100
23	Nickel	80
24	Zinc	75
25	Cerium	68
26	Copper	50

* ppm = g per 1000 kg

ⅡB족으로 분류한다(그림 5-5). 지구를 이루는 원소들 중 상위 30위 안에 들어가는 전이원소가 13개나 된다(표 5-4). 대부분의 전위원소들은 천연에서 다른 원소들과 결합하여 존재하지만 은(Ag), 금(Au), 백금(Pt) 등은 반응성이 낮아 순수한 상태로 존재하기도 한다.

철(Fe), 티타늄(Ti), 크롬(Cr) 등은 구조물의 재료 또는 플랜트 재료로 사용되며, 백금(Pt), 로듐(Rh) 등은 촉매, 구리(Cu), 니켈(Ni), 아연(Zn) 등은 동전의 재료, 망간(Mn), 카드뮴(Cd), 수은(Hg) 등은 전지의 재료로 사용되기도 한다. 또한 전이원소는 중요한 생물학적 기능을 하기도 하는데 예를 들면 혈액에 산소를 공급하는 헤모글로빈(hemoglobin)의 중심원자가 철(Fe)이다.

주기율표 아래에 따로 나타낸 두 줄의 전이원소는 각각 란탄족(lanthanide)과 악티늄(actinide)족이다. 란탄족 원소들은 칼라 텔레비젼의 화상에, 우라늄(U)은 원자력 발전소의 연료로, 아메리슘(Am)은 연기검출기(smoke detector)로 사용된다.

5.6 이온화에너지와 전자친화도

앞에서 금속, 비금속, 준금속 원소를 설명했는데, 원자성질이 서로 다른 가장 큰 이유는 이온화에너지와 전자친화도의 차에서 비롯된다. 이들은 6장 화학결합을 논하는 과정에서도 매우 중요하게 쓰이므로 잘 이해해야 한다.

전자를 원자로부터 떼어내는데 필요한 최소한의 에너지를 그 원자의 **이온화에너지**(ionization energy, I.E)라고 한다. 이 과정은 다음과 같다.

$$M(g) \rightarrow M^{+}(g) + e^{-}$$

그림 5-12는 원자번호에 대한 이온화에너지 변회를 도시한 것으로 어느 주기에서나 원사번

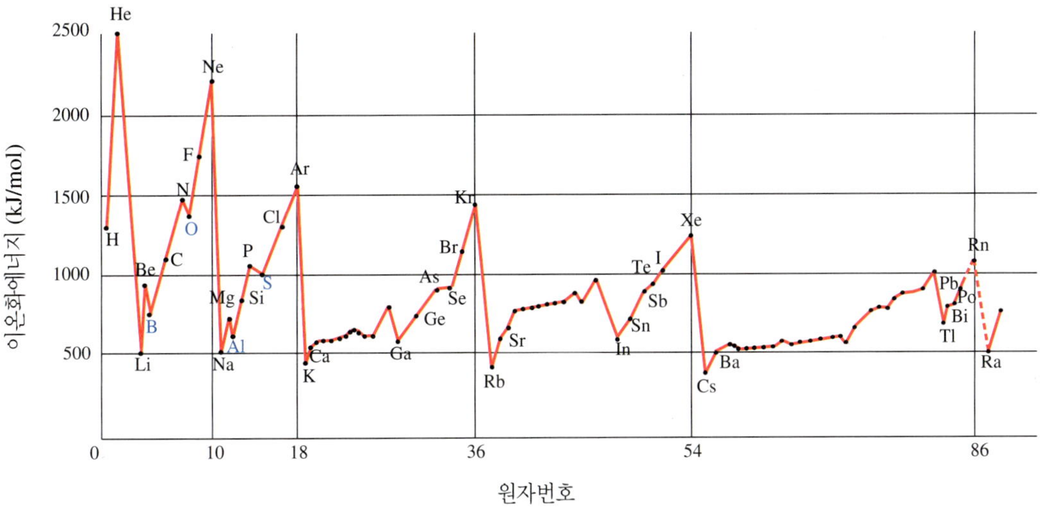

그림 5-12 원자번호에 대한 이온화 에너지 그림

호가 증가하면 이온화에너지도 대체로 증가함을 보여준다. 그림 중 B, O, Al 및 S 등의 원소는 일반적인 경향에서 약간 벗어나 있음을 알 수 있다. 이는 부껍질이 완전히 채워지거나 혹은 반만 채워져 있을 때 특별히 안정해짐을 뜻한다.

만일 한 원자로부터 전자를 2개 제거할 경우 첫번째 전자를 제거하는데 필요한 에너지를 제1 이온화에너지라 하고, 두번째 전자를 제거하는데 필요한 에너지를 제2 이온화에너지라 한다. 표 5-5에 몇몇 원소들의 연속적인 이온화에너지를 나타내었다. 연속해서 전자를 제거할 때 필요한 에너지가 점차 증가하는 것은 당연하지만, 그 증가폭이 갑자기 커지는 부분에 유의할 필요가 있다. 즉 Li의 제2, Be의 제3, C의 제5 이온화에너지 등이 그 예이다.

표 5-5 원자번호 10번까지 원소들의 연속적인 이온화에너지(kJ/mol)

	First	Second	Third	Fourth	Fifth	Sixth	Seventh
H	1312						
He	2372	5250					
Li	520	7298	11815				
Be	899	1757	14848	21006			
B	801	2427	366	25025	32826		
C	1086	2353	4620	6222	37829	47276	
N	1402	2857	4578	7475	9445	53265	64358
O	1314	3388	5300	7469	10989	13326	71333
F	1681	3374	6020	8407	11022	15164	17867
Ne	2081	3952	6122	9370	12177	15238	19998

표 5-6 주족원소의 전자친화도(kJ/mol)

	I	III	IV	V	VI	VII
1주기	H −73					
2주기	Li −60	B −27	C −122	N 0	O −141	F −328
3주기	Na −53	Al −44	Si −134	P −72	S −200	Cl −349
4주기	K −48	Ga −30	Ge −121	As −101	Se −190	Br −295
5주기	Rb −47	In −30	Sn −121	Sb −101	Te −190	I −295
6주기	Cs −45	Tl −30	Pb −110	Bi −110	Po −180	At −270

반면에 중성 기체원자가 음이온을 만들기 위하여 전자 1개를 받아들일 경우 방출하는 에너지를 **전자친화도**(electron affinity)라 한다. 이 과정은 다음과 같이 표현된다.

$$X(g) + e^- \rightarrow X^-(g)$$

표 5-6은 원자번호에 대한 전자친화도의 관계를 나타낸 것으로 전자친화력은 주기율표에서 같은 족에서는 원자번호가 증가함에 따라 감소한다. 따라서 이온화에너지가 작을수록 그 원자는 쉽게 전자를 내버리면서 양이온으로 되고, 전자친화도가 클수록 그 원자는 쉽게 전자를 받아들여서 음이온이 된다고 요약할 수 있다. 전자친화도는 원자의 크기가 작을수록 증가하나 원자 반지름에 따라 많은 영향을 받는다. 원자 반지름은 제 I 족 원소에서 제VII족 원소로 갈수록, 주기율표에서 왼쪽에서 오른쪽으로 갈수록 감소하기 때문에 전자친화도는 VII족 원소에서 가장 크며 같은 족 중에서는 첫 원소가 가장 크다.

5.7 전기음성도

전기음성도(electronegativity)란 분자 내에서 원자가 전자를 끌어 당기는 능력의 정량적인 척도이다. 일반적으로 전기음성도는 같은 족에서는 원자번호와 크기가 증가할수록 감소하며, 같은 주기에서는 원자번호에 따라 증가하는 경향을 보인다.

원소 중 크기가 가장 크고 가장 작은 이온화에너지를 가지는 Fr은 가장 작은 음성도를 가진

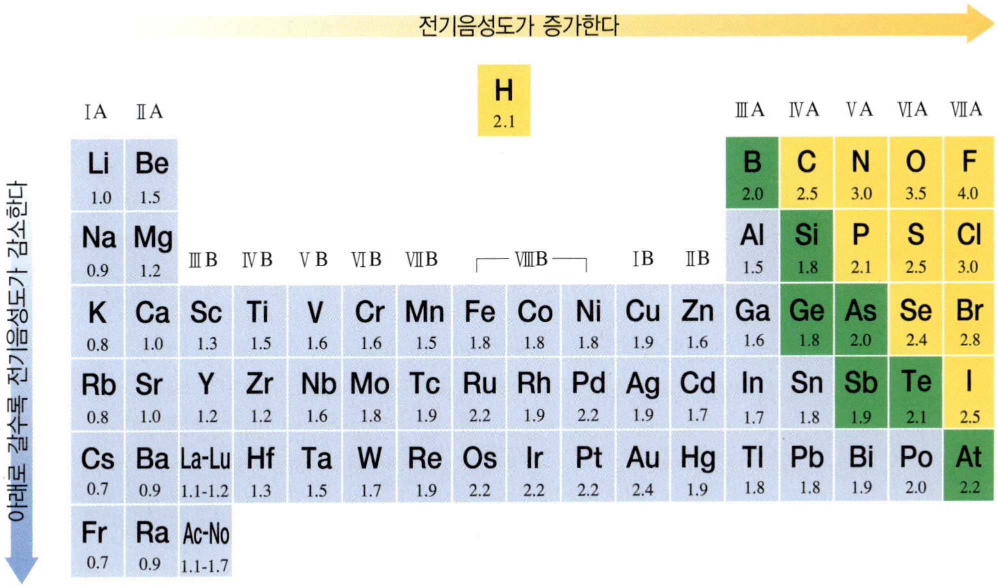

그림 5-13 전기음성도의 크기

다. 즉 Fr은 가장 금속성이 큰 원소이다. 전기음성도 값을 결정하는데는 R.S Mulliken과 L. Pauling 그리고 R.T Sanderson 등에 의해 제시되어진 방법에 의존한다. 일반적으로 가장 널리 쓰이는 것이 Pauling이 고안한 방법에서 비롯된 평균 전기음성도 값이며 그림 5-13에 요약하여 나타내었다. 전자를 당기는 능력이 가장 큰 원소인 플루오르(F)의 전기음성도를 4.0으로 정하고 비교하여 얻어진 값이다.

연습문제

PROBLEMS

01. 아래 원소의 타당한 전자 배치를 써라.
K, Sc, Si, F, Ca, B, C, Cr, Zn, P, Ne, Al

02. Hund의 원리를 상세하게 설명하여라.

03. Pauli의 배타원리는 원자의 전자배열을 어떻게 제한하느냐?

04. 상자성과 반자성에 대해 설명하여라.

05. 쌓음원리에 따라 알루미늄의 바닥상태 전자배열을 써라.

06. 전자배열이 [Ar] $3d^7 4s^2$인 코발트의 바닥상태 궤도함수 그림을 그려라.

07. 주기적 경향에 따라 원소들의 반경이 증가하는 순서로 나열하여라.

08. 다음과 같은 양자수를 가지는 원자의 전체 전자수는 얼마인가?
(a) $n = 3, l = 1$　(b) $n = 4, l = 2$　(c) $n = 3, l = 2, m_l = 2$
(d) $n = 4$　(e) $n = 3, m_s = +\frac{1}{2}$

09. 주기율표의 왼쪽에서 오른쪽으로, 위에서 아래로 갈수록 다음의 성질은 어떻게 변하는가?
(a) 원자의 크기　(b) 이온화에너지　(c) 전자친화도

10. 다음 설명에 맞는 원소를 써라.
(a) 최외각 전자가 $4s^1$인 알카리금속
(b) 최외각 전자가 8보다 적은 영족기체
(c) p부껍질에 전자가 반만 채워진 가장 가벼운 원소
(d) 가장 높은 이온화에너지를 갖는 원소
(e) 전자친화도가 가장 낮은 원소

11. Fe 원자의 바닥상태에서의 궤도함수 그림을 그려라.

12. 원자번호에 대한 원자반경의 그림에서 어떤 경향이 있는지 설명하여라.
원자번호에 대한 일차 이온화에너지의 그림에서는 어떤 경향이 있는지를 설명하여라.

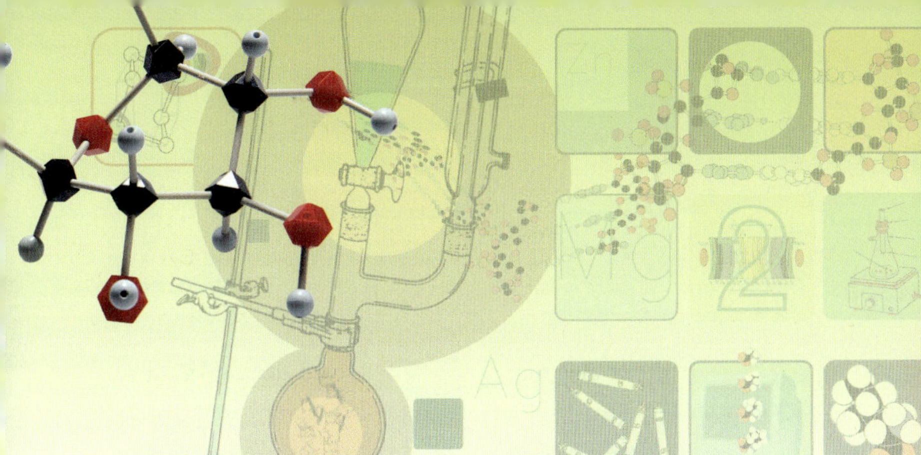

CHAPTER

06

화학결합과 분자구조

물질의 성질은 화학적 결합에 의해 결정된다. 원자 또는 원자단들 사이에서 작용하는 힘에 의해 하나의 집합체가 형성되며 이때 관여하는 힘을 **화학결합**(chemical bond)이라 한다. 화학결합은 이온결합, 공유결합, 배위결합, 금속결합 등으로 구분된다. 이 장에서는 이런 종류의 결합이 어떻게 형성되는가를 설명하며, 아울러 결합의 개념을 알아보려고 한다.

먼저 화학결합을 설명하기 위한 기초단계인 전자구조이론 중 최외각전자 배치와 Lewis 기호 표시방법 등 간단한 이론들을 먼저 설명한 후 원자들 사이에 형성된 결합의 종류에 대하여 설명하기로 한다

미리보기

6.1 원자가전자

원자의 전자는 크게 나누어 **원자가전자**(valence electron)와 **핵심부전자**(core electron)로 나누는데, 원자가전자는 제일 바깥쪽에 있는 전자이며, 그 안쪽에 위치하는 전자는 핵심부전자이다. 원자가전자는 잃거나, 얻을 수 있을 뿐만 아니라 재배열이 가능하므로 원자의 화학적 성질을 결정하며, 핵심부전자는 화학반응에 관여하지 않는다.

주기율표에서 A족의 원자가전자는 제일 바깥쪽 전자껍질의 *s*-와 *p*-궤도에 있는 전자이며, 그 안쪽에 위치하는 전자는 핵심부전자이다. A족의 경우 그 족의 번호가 곧 그 족의 원자가전자를 나타낸다. 예를 들어 ⅢA족의 알루미늄은 원자가전자가 3개이며, ⅣA족의 황(S)은 원자가전자가 6개가 되는 것이다.

전이원소의 원자가전자는 *s*-와 *d*-궤도에 존재하며, 그 외의 전자는 핵심부전자이다. A족 원소와 마찬가지로 전이원소도 원자가전자가 그 원소의 화학적 성질을 좌우한다. 표 6-1에 몇가지 원소의 원자가전자를 나타내었다.

6.2 Lewis 구조와 팔우설

Lewis(1875~1946)는 원자의 원자가전자를 나타내는 유용한 제안을 하였는데 4개의 원자가전자를 원소기호 아래와 위 그리고 좌우에 점(dot)으로 표시하고 만약 4개보다 더 많은 원자가전자는 쌍으로 배치하는 것이다. 이를 Lewis의 **점전자기호**(Lewis electron dot symbol)라 한다. 예를 들면 표 6-2와 같다.

표 6-2에서 보는 바와 같이 원자 주위에 최대로 8개의 전자를 배치할 수 있으며, 네온(Ne)과 아르곤(Ar)은 8개의 전자가 모두 배치되어 있으므로 다른 어떤 원소와 결합하지 않으므로 비활성기체(inert gas)라 한다. 따라서 모든 원소는 비활성기체와 같이 8개의 전자를 가지려고 하고

표 6-1 몇가지 원소의 원자가전자

원소	족	중심전자	원자가전자	전체 전자배치
주족원소				
Na	1A	[Ne]	$3s^1$	[Ne] $3s^1$
Si	4A	[Ne]	$3s^2 3p^2$	[Ne] $3s^2 3p^2$
As	5A	[Ar]$3d^{10}$	$4s^2 4p^3$	[Ar] $3d^{10} 4s^2 4p^3$
전이원소				
Ti	4B	[Ar]	$3d^2 4s^2$	[Ar] $3d^2 4s^2$
Co	8B	[Ar]	$3d^7 4s^2$	[Ar] $3d^7 4s^2$
Mo	6B	[Kr]	$4d^5 5s^1$	[Kr] $4d^5 5s^1$

표 6-2 주요 원소의 Lewis 점전자 구조

1A ns^1	2A ns^2	3A ns^2np^1	4A ns^2np^2	5A ns^2np^3	6A ns^2np^4	7A ns^2np^5	8A ns^2np^6
Li·	·Be·	·Ḃ·	·Ċ·	·N̈·	:Ö·	:F̈·	:N̈e:
Na·	·Mg·	·Ȧl·	·Ṡi·	·P̈·	:S̈·	:C̈l·	:Är:

비활성기체처럼 한 원자에 8개의 전자가 모두 배치되었을 때 그 원자는 안정한 상태가 되며 이를 **팔우설**(octet rule)이라고 한다. 단, 이때 수소(H)의 경우는 최대 2개의 전자만 배치된다.

간단한 분자의 Lewis 구조를 그리는 방법은 다음과 같다.

① 모든 원자에 의해서 공급되는 총원자가전자의 수를 구한다.
- 음이온은 음이온의 전하 수 만큼 더한다.
  (SO_4^{2-} 경우는 전하가 2개 더 많음을 뜻하므로 2를 더한다)
- 양이온은 양이온의 전하 수만큼 뺀다.
  (NH_4^+ 경우는 전하가 1개 작음을 뜻하므로 1을 뺀다)

② H원자에 대해서는 2개 씩, 그 외 다른 원자들은 8개 씩을 배당하는데 필요한 전자수를 결정한다.

$$\text{각 원자를 위한 전자수} = 2 \times (\text{H원자의 수}) + 8 \times (\text{다른 원자의 수})$$

③ 2단계에서 얻은 수에서 1단계에서 얻은 수를 빼면 최종적인 구조에서 공유할 전자수의 수이다.

$$\text{결합전자수} = (\text{각 원자를 위한 전자수}) - (\text{총전자수})$$

④ 결합전자수의 1/2이 최종구조의 결합수이다.

$$\text{결합수} = \text{결합전자수}/2$$

⑤ 원자들의 기호를 실제구조에 맞게 배열한다.

⑥ 결합 기호는 선으로 표시하고, 4단계에서 계산된 총결합수 중 남은 것은 다중결합을 만든다.
- 각 H원자는 한 개의 결합만을 갖는 것에 유의한다.

⑦ 총전자수(1단계)에서 결합전자수(3단계)를 뺀 것이 비 공유 전자수이다.

$$\text{비공유전자수} = \text{총전자수} - \text{결합전자수}$$

⑧ 각 원자들의 형식전하를 표시하고 구조를 검토한다.

예제 6.1 염소산 이온(ClO_3^-)의 Lewis 구조를 그려라.

풀이: (1) 총원자가전자수를 구하면

(Cl 원자에서)	7
(3개의 O원자에서)	18
+ (음이온 전하에서)	1
	26

(2) 각 원자를 위한 전자수는

= 2 × (H원자의 수) + 8 × (다른원자수)

= 2 × (0) + 8 × (4) = 32

(3) 결합전자수 = (각 원자를 위한 전자수) − (총전자수)

= 32 − 26 = 6

(4) 결합수 = (총 결합수)/2

= 6/2 = 3

(5) 원자들의 기호를 실제구조에 맞게 배열한다.

(6) 비공유전자수 = 전체전자수 − 결합전자수

= 26 − 6 = 20

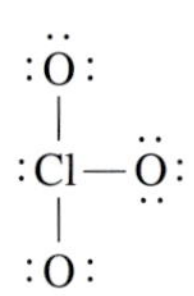

(7) (Cl)의 형식 전하

= (족번호) − (결합수) − (비공유전자수)

= +7 − 3 − 2 = +2

(O)의 형식 전하

= +6 − 1 − 6 = − 1

결국 ClO_3^-의 전자구조는 다음과 같이 된다.

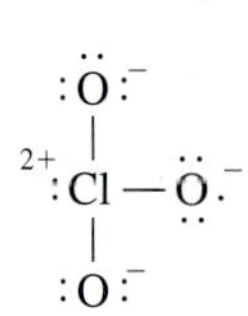

6.3 결합구조

한 분자내의 각 원자의 전자배치와 **전기음성도**(electronegativity), **유전상수**(dielectric constant)이론에 의해 발생하는 전자의 편재가 있을 때 나타나는 **극성결합**(polar linkage)과 전자 편재가 없을 때 나타나는 **비극성결합**(nonpolar linkage) 등을 고려하면 그 분자 내의 결합을 설명할 수 있다. 간단한 분자는 다음과 같은 규칙에 의해 쉽게 예측할 수 있을 것이다.

<규칙 1> 전기음성도가 작은 분자나 다원자 이온은 F, Cl, O와 같이 전기음성도가 큰 원자의 중심에 결합된다.

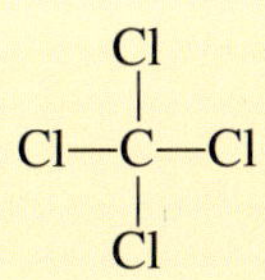

사염화탄소
CCl_4

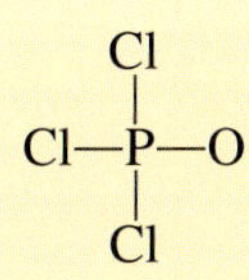

염소산인
$POCl_3$

Cl—N=O

염화니트로실
NClO

<규칙 2> 대칭되는 식을 갖는 분자나 다원자 이온은 중심원자를 중심으로 대칭구조를 보인다. 예를 들면 S_2Cl_2는 S 중심원자를 중심으로 더 큰 전기음성도를 갖는 Cl원자가 대칭구조를 갖는다.

Cl—S—S—Cl

<규칙 3> 산소산(Oxyacid)은 O원자가 중심원자에 결합되어 있으며 보통은 하나 또는 그 이상의 H원자가 O원자에 결합되어 있다. 예로는 다음과 같은 화합물이 있다.

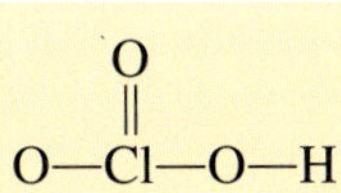

과염소산
$HClO_3$

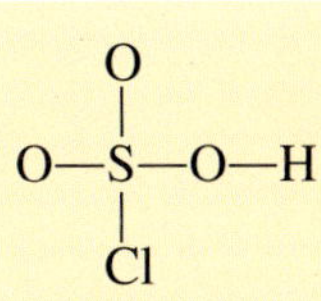

황산염소산
HSO_3Cl

<규칙 4> 여러 개의 구조식이 가능한 경우 원자가 정상적으로 팔우설을 만족하는 공유결합수를 갖는 것이 안정된 식이 된다. 예를 들어 시안화 수소, HCN의 Lewis식은 :C⋮⋮N—H가 아니라 H—C⋮⋮N: 이다.

표 6-3 여러 가지 산소산의 Lewis 구조

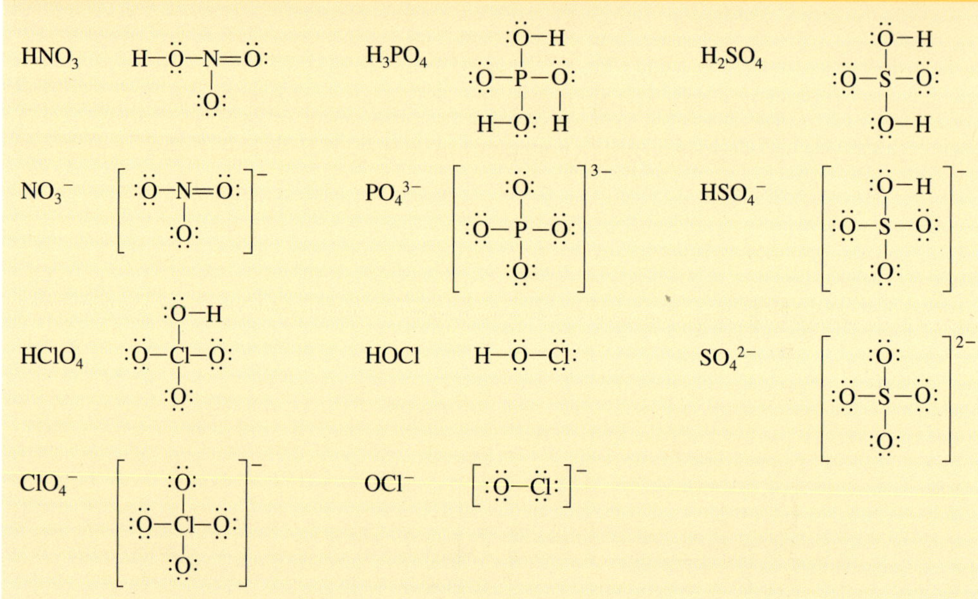

6.4 이온결합

원자는 중심의 원자핵과 그 주위를 둘러싸고 있는 전자로 이루어져 있다. 이 전자가 어떤 원자의 최외각에서 다른 원자의 최외각으로 이동할 때 양이온과 음이온이 형성된다. 즉, 원자는

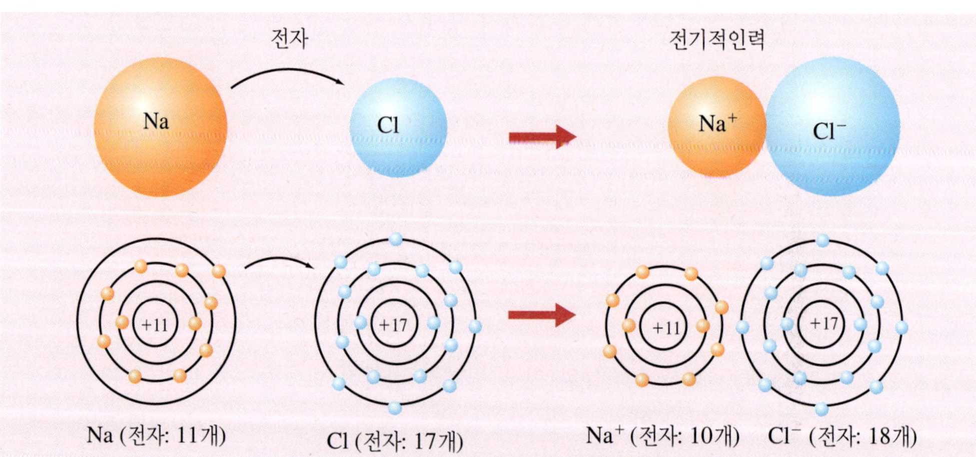

그림 6-1 Na^+ 양이온, Cl^- 음이온의 전자이동

안정한 팔우설을 만족하기 위해 가전자를 버리거나 얻어 0족 원소와 같은 구조 상태로 되려고 한다.

그림 6-1과 같이 전자를 잃어버림으로써 팔우설을 만족하면 **양이온**(cation)이라 하고, 전자를 얻어서 팔우설을 만족하면 **음이온**(anion)이라 한다. 이때 생성된 양이온과 음이온이 서로 정전기적 인력에 의해 결합되는 것을 **이온결합**(ionic bond)이라 한다. 일반적으로 이온결합은 음이온과 양이온이 서로 결합하여 고체상태를 이루며 결합력이 매우 강하고 끓는점, 녹는점도 대체로 높다. 고체상태인 경우 전기전도성이 매우 낮지만 물과 같은 극성 용매에 용해되어 양이온과 음이온으로 이온화되는 경우 이온의 움직임이 자유로워 전류가 통한다. 그리고 이온화합물의 일반적 특성은 표 6-4, 5와 같다.

표 6-4 이온화합물의 일반적 성질

결정 고체
단단하고 부서지기 쉬움
높은 녹는점
높은 끓는점
큰 증발열
큰 녹음열
용융하면 좋은 전기양도체
고체상에서는 전기부도체
물과 극성용매에 녹음

이온결합으로 형성된 물질의 예로서는 NaCl, $CaCl_2$, Na_2SO_4, KBr 등이 있다. NaCl과 KBr을 이용하여 이들이 어떤 방법으로 이온결합을 생성하는지를 알아보자. 양전하를 띠고 있는 Na^+ 이온과 음전하를 띠고 있는 Cl^- 이온이 정전기적 결합을 하면 다음과 같다.

$$\mathrm{Na} + \text{에너지} \rightarrow \mathrm{Na^+} + e^-$$
$$\mathrm{Cl} + e^- \rightarrow \mathrm{Cl^-} + \text{에너지}$$

이를 Lewis 구조식으로 표시하면 다음과 같으며,

표 6-5 몇가지 이온화합물의 성질

성 질	플루오르화리튬 LiF	브롬화칼륨 KBr	질산칼슘 $Ca(NO_3)_2$	황산바륨 $BaSO_4$	요오드화프라세오디뮴 PrI_2
외관	흰색결정	흰색결정, 흡수성[a]	흰색결정	흰색결정	녹색결정, 흡습성[a]
분자량(amu)	25.939	119.01	164.096	233.4	521.62
녹는점(°C)	870	730	561	1580	733
끓는점(°C)	1670	1435	분해[b]	분해[b]	1377
밀도(g/cm^3)	2.295(s,21.5°C)	2.75(s,21.5°C)	2.36(s,20°C)	4.5(s,15°C)	2.31(s)
녹음열 kcal/mol	2.4	7	5.1	9.7	12.7
증발열 kcal/mol	51.0	37.1	분해	-	41
전기전도도					
액체	크다	크다	크다	크다	크다
고체	대단히 작다	대단히 작다	대단히 작다	대단히 작다	대단히 작다

[a] 흡습성 물질은 공기로부터 물을 흡수하여 젖은 고체로 된다.

[b] 녹는점이나 끓는점에서 화학변화가 일어나 보통 쪼개어져서 더 간단한 물질로 된다.

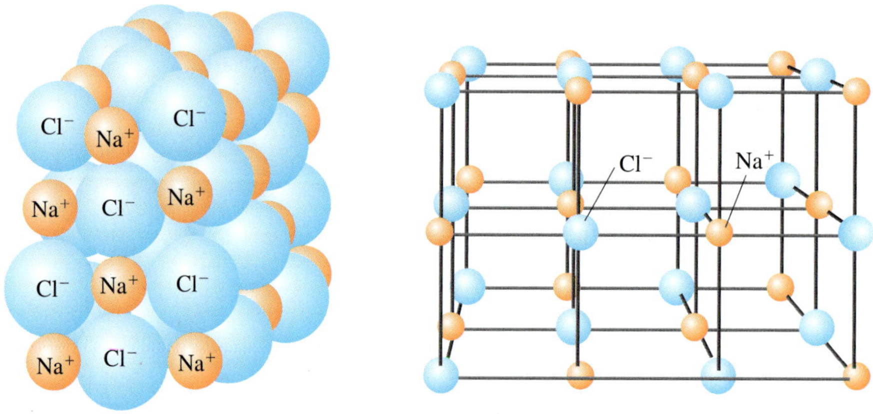

그림 6-2 염화나트륨의 결정격자

$$\underset{(1s^2 2s^2 2p^6 3s^1)}{\mathrm{Na}\cdot} \quad + \quad \underset{(1s^2 2s^2 2p^6 3s^2 3p^5)}{:\ddot{\underset{..}{\mathrm{Cl}}}\cdot} \quad \rightarrow \quad \underset{(1s^2 2s^2 2p^6)}{\mathrm{Na}^+} \quad + \quad \underset{(1s^2 2s^2 2p^6 3s^2 3p^6)}{:\ddot{\underset{..}{\mathrm{Cl}}}:^-}$$

이들의 결정구조는 그림 6-2와 같다.

KBr의 칼륨원자 K(원자번호 19)는 전자 1개를 잃고 0족 기체인 아르곤(원자번호 18)과 등전자 이온인 K^+로 된다. 브롬원자 Br(원자번호 35)는 전자 1개를 얻어서 0족인 크립톤(원자번호 36)과 등전자인 Br^-가 된다. 이러한 전자이동 결과로 생긴 칼륨(K^+) 양이온과 브롬(Br^-) 음이온의 결합에 의해 이온결합이 형성된다. 브롬화칼륨의 이온결합과정을 Lewis 기호를 사용해서 표시하면 다음과 같다.

$$\underset{[\mathrm{Ar}]\,4s^1}{\mathrm{K}\cdot} \quad + \quad \underset{[\mathrm{Ar}]\,3d^{10}4s^2 4p^5}{:\ddot{\underset{..}{\mathrm{Br}}}\cdot} \quad \rightarrow \quad \underset{[\mathrm{Ar}]}{\mathrm{K}^+} \quad + \quad \underset{[\mathrm{Kr}]}{:\ddot{\underset{..}{\mathrm{Br}}}:^-}$$

$$\mathrm{K}\cdot \quad + \quad :\ddot{\underset{..}{\mathrm{Br}}}\cdot \quad \rightarrow \quad \mathrm{K}^+ \; :\ddot{\underset{..}{\mathrm{Br}}}:^-$$

전자이동으로 원자가 반응하여 얻은 전자수와 잃은 전자수가 반드시 같아야 되므로 생성된 이온염은 중성이 된다. 알루미늄(3A족)과 플루오르(7A족)로부터 플루오르화알루미늄(AlF_3)의 생성을 예로 들어 Lewis 기호를 써서 설명하면 다음과 같다.

$$\dot{\underset{\cdot}{\mathrm{Al}}}\cdot \; + \; 3:\ddot{\underset{..}{\mathrm{F}}}\cdot \; \rightarrow \; \mathrm{Al}^{3+} + 3:\ddot{\underset{..}{\mathrm{F}}}:^- \; (\mathrm{AlF_3})$$

팔우설을 만족하기 위해 Al은 전자 3개를 잃어야 하고 F는 1개의 전자만을 얻어야 하는데 1개의 Al 원자가 잃는 3개의 전자를 받기 위하여 3개의 F원자가 필요하게 된다. 일반적으로 전자를 잃고 양이온을 만드는 원자들은 금속이며 전자를 얻어서 음이온을 만드는 원자들은 보통

표 6-6 이온의 예

이온	이름	이온	이름	이온	이름
F^-	플루오르이온	ClO_3^-	염소산이온	Al^{3+}	알루미늄이온
Cl^-	염소이온	ClO_4^-	과염소산이온	Zn^{2+}	아연이온
Br^-	브롬이온	SO_4^{2-}	황산이온	Cd^{2+}	카드뮴이온
I^-	요오드이온	CO_3^{2-}	탄산이온	Fe^{2+}	제일철이온
NO_3^-	질산이온	SO_3^{2-}	아황산이온	Fe^{3+}	제이철이온
OH^-	수산이온	CrO_4^{2-}	크롬산이온	Co^{2+}	코발트이온
HSO_4^-	황산수소이온	$Cr_2O_7^{2-}$	중크롬산이온	Hg_2^{2+}	제1수은이온
CN^-	시안이온	AsO_3^{3-}	아비산이온	Hg^{2+}	제2수은이온
HSO_3^-	아황산수소이온	AsO_4^{3-}	비산이온	Ni^{2+}	니켈이온
HCO_3^-	탄산수소이온	Na^+	나트륨이온	Cr^{3+}	크롬이온
MnO_4^-	과망간산이온	K^+	칼륨이온	Mn^{2+}	망간이온
PO_4^{3-}	인산이온	Mg^{2+}	마그네슘이온	As^{3+}	제1비소이온
NO_2^-	아질산이온	Ca^{2+}	칼슘이온	As^{5+}	제2비소이온
ClO^-	하이포아염소산이온	Sr^{2+}	스트론튬이온	NH_4^+	암모늄이온
ClO_2^-	아염소산이온	Ba^{2+}	바륨이온	$C_2H_3O_2^-$	초산이온

비금속이다. 또 전자를 잃는 것을 **산화**(oxidation), 전자를 얻는 것을 **환원**(reduction)이라고도 한다. 이들 정의에 의해 원소간에 이온결합이 생성되는 것은 산화-환원 반응에 포함한다. 이온결합에 관여하는 음이온과 양이온의 명칭과 화학기호는 표 6-6과 같다.

6.5 공유결합

화학결합에는 이온이 형성되지 않고도 화학결합이 이루어지는 경우도 많이 존재한다.

수소, 탄소 및 Ⅳ, Ⅴ, Ⅵ, Ⅶ족 사이의 비금속 원소끼리 결합할 때는 이온결합과 같이 양이온과 음이온에 의한 결합이 아니라 각 원자가 같은 수의 최외각 전자를 내어 전자쌍(electron pair)을 이루어 서로 공유하여 결합하며 이때의 결합양식을 **공유결합**(covalent bonds)이라 한다. 공유결합 양식을 간단하게 표현하면 다음과 같다.

$$A\cdot \ + \ \cdot B = A:B$$

공유결합을 만드는 두 원자는 전자쌍을 공유함으로써 각각 최외각 전자가 8개(예외 H는 2개)의 전자구조를 형성하여 팔우설을 만족하게 된다.

공유결합을 이루고 있는 두 원자가 서로 같은 전자친화력을 가질 때 이를 **비극성 공유결합**

(non-polar covalent bond)이라고 하고, 이와는 반대로 두 원자 사이의 전자친화력이 서로 다를 때의 공유결합은 **극성공유결합**(polar covalent bond)이라 한다.

비극성공유결합은 두 원자가 서로 같은 수의 전자쌍을 공유하는 H_2, Cl_2, N_2등의 경우에 형성되며 Lewis 구조식은 다음과 같다.

$$\mathrm{H:H} \qquad \mathrm{:\ddot{\underset{..}{Cl}}:\ddot{\underset{..}{Cl}}:} \qquad \mathrm{:N\vdots\vdots N:}$$

반면 서로 전자친화력이 다른 두 원자 사이에 결합이 이루어질 때는, 어떤 한쪽의 원자가 더 강하게 전자쌍을 잡아 당기게 된다. 이와 같은 경우 한 쪽의 원자는 전기적으로 음성을 띠고 다른 한쪽의 원자는 양성을 띠게 되는데, 이러한 극성공유결합 물질의 예는 다음과 같다.

$$\mathrm{H:\ddot{\underset{..}{Cl}}:} \qquad \mathrm{:\overset{H}{\underset{..}{\ddot{O}}}:H} \qquad \mathrm{H:\underset{H}{\overset{..}{\ddot{N}}}:H}$$

염화수소는 다음과 같이 공유결합을 하며 이온결합적 성격을 띠고 있다.

$$\mathrm{H\cdot} + \mathrm{\cdot\ddot{\underset{..}{Cl}}:} \rightarrow \mathrm{\overset{\delta+}{H}:\overset{\delta-}{\ddot{\underset{..}{Cl}}}:}$$

염화수소에서는 염소가 수소보다 큰 전기음성도를 가지므로 수소는 부분적인 양전하($\delta+$)를, 염소는 부분적인 음전하($\delta-$)를 가진다. 수소분자는 한 개의 전자를 서로 공유함으로써 팔우설을 완성할 수 있다.

Lewis의 기호를 사용해서 H_2를 표시하면 다음과 같다.

$$\mathrm{H\cdot} + \mathrm{\cdot H} \rightarrow \mathrm{H:H}$$

여기서 : 는 결합을 뜻하며 때로는 –로 나타낸다.

탄소는 4개의 수소원자와 전자를 공유하여 CH_4을 만든다.

$$\mathrm{\cdot\dot{\underset{\cdot}{C}}\cdot} + 4\mathrm{H\cdot} \rightarrow \mathrm{H:\underset{\underset{H}{..}}{\overset{\overset{H}{..}}{C}}:H} \quad \text{또는} \quad \mathrm{H{-}\underset{\underset{H}{|}}{\overset{\overset{H}{|}}{C}}{-}H}$$

보통 결합은 한쌍의 전자를 공유하여 Lewis결합을 하지만 때에 따라서 한쌍 이상의 전자를 공유하는 예도 많다. 예로서 CO_2는 다음과 같이 나타낸다.

$$\mathrm{\ddot{\underset{..}{O}}::C::\ddot{\underset{..}{O}}} \quad \text{또는} \quad \mathrm{\ddot{\underset{..}{O}}{=}C{=}\ddot{\underset{..}{O}}}$$

CO_2는 산소가 6A족이므로 6개의 최외각전자를 가지고 있고, 탄소는 4A족이므로 최외각전자는 4개이다. 따라서 CO_2의 최외각전자는 모두 16개이다. 탄소와 산소간의 전자배치는 다음과 같다. 총 전자수 16개 중 4개는 탄소에, 나머지 12개는 산소에 배당된다.

$$:\ddot{\underset{..}{O}}:C:\ddot{\underset{..}{O}}:$$

위와 같이 산소는 전자수를 만족하지만 탄소는 전자수가 4개로 팔우설을 만족하지 못하게 된다. 그래서 산소는 팔우설을 만족하기 위해서 전자쌍을 탄소와 한쌍씩 더 공유하게 된다.

$$:\ddot{\underset{..}{O}}:C:\ddot{\underset{..}{O}}: \rightarrow \ddot{\underset{..}{O}}::C::\ddot{\underset{..}{O}}$$

이렇게 하여 탄소와 산소는 모두 팔우설을 만족한다.

CO_2의 Lewis결합 구조와 같이 두쌍 이상의 전자가 공유될 때의 결합을 **다중결합**(multiple bound)이라고 하고, CO_2와 같이 탄소와 산소 사이에 있는 2개의 전자쌍으로 구성된 결합을 **이중결합**(double bound)라고 한다. 아래의 N_2의 Lewis결합 구조와 같이 3쌍의 결합이 관여하면 **삼중결합**(triple bound)이라고 한다.

$$:N\vdots\vdots N: \quad 또는 \quad :N\equiv N:$$

6.6 이온결합과 공유결합 사이의 전이

Cs와 같이 매우 낮은 이온화에너지를 갖는 금속과 F와 같이 전자를 얻고자 하는 경향(전기음성도)이 매우 큰 비금속이 서로 결합하여 생성된 화합물은 순수한 이온결합의 좋은 예라 할 수 있다. CsF와 같은 화합물에서는 각 원자에서 생긴 이온이 결정 내에서 분리된 단위로 존재한다.

순수한 공유결합은 Cl_2와 같이 동일한 종류의 두 원자로 이루어진 분자(동핵이원자 분자)에서 주로 나타난다. 각 Cl원자는 전자쌍을 거의 같은 세기로 당기므로, 결합을 이룬 전자구름은 확률적으로 두 핵 주위에 대칭형으로 분포된다. 즉 결합에 참여한 전자들은 두 개의 동일한 원자에 의해 똑같이 공유되게 된다.

그러나, 대부분의 화합물의 결합은 이 양 극단(순수한 이온결합과 순수한 공유결합)의 중간에 위치한다. 금속과 비금속으로 된 이온결합 화합물에서의 결합은 각 원자에서 생긴 이온 사이의 인력에 의해 생기므로, 양이온은 음이온의 전자구름을 잡아 당겨 전자구름을 변형시킨다. 극단적인 경우에는 이러한 이온의 변형으로 이온결합이라기보다는 오히려 공유결합에 가까운 화합물이 생성된다(그림 6-3). 결합이 가지는 공유결합 특성의 정도는 음이온이 변형되는 정도에 따라 결정된다.

음이온이 얼마나 용이하게 변형되는가 하는 것은 음이온의 크기와 전하에 관계된다. 최외각전자가 핵으로부터 멀리 떨어져 있는 큰 음이온은 쉽게 변형된다. 따라서, 이온반경이 216 pm인 요오드화이온(I^-)은 이온반경이 136 pm인 플루오르화이온(F^-)보다는 쉽게 변형된다. 전하가 큰 음이온은 전하가 작은 음이온보다 양성자 수에 비해 전자의 수가 많으므로 전자구름이 쉽게 변형된다. 따라서 S^{2-} 이온이 Cl^-이온보다 쉽게 변형된다.

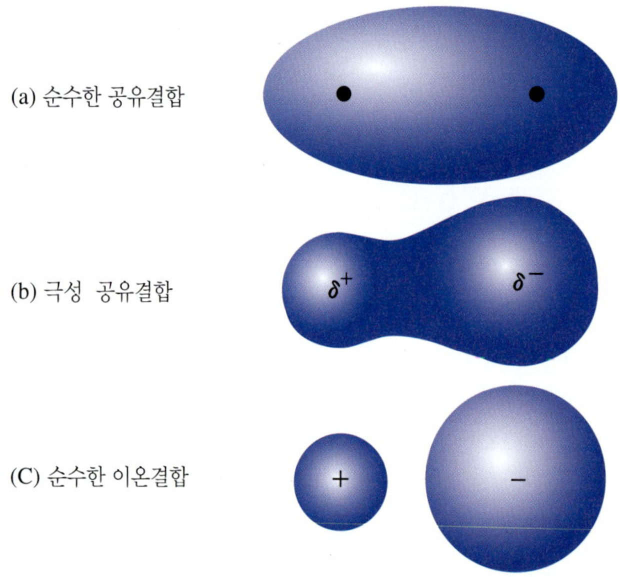

그림 6-3 화합물의 결합예

양이온이 이웃하는 음이온의 전자구름을 변형시킬 수 있는 능력은 양이온의 크기와 전하에 관계된다. 높은 양전하를 가지며 크기가 작은 양이온은 매우 높은 양전하 밀도를 가지므로 이웃하는 음이온을 변형시키는데 가장 효과적이다. ⅡA족에서 가장 작은 양이온인 Be^{2+}를 생성하는 베릴륨의 화합물은 공유결합의 특성을 상당히 나타낸다. ⅢA족에서 가장 작은 붕소는 공유결합성 화합물만을 형성한다. 이는 B^{3+}이온이 그 크기는 매우 작으면서 비교적 높은 전하를 가지므로, 공유결합을 이룰 정도로 음이온을 심하게 변형시킬 능력을 갖기 때문이다.

네번째 주기의 처음 네 개의 금속이 염소와 반응하여 생성된 염화물에서는 Ar과 전자의 수가 같은(등전자성의) 양이온이 된다. 따라서 KCl, $CaCl_2$, $ScCl_3$, $TiCl_4$의 순서로 양이온의 전하가 증가하고 크기가 감소함에 따라 공유결합의 특성도 증가한다. 따라서, KCl은 이온 결합의 특성을 강하게 나타내고, 액체인 $TiCl_4$는 공유결합의 특성을 나타낸다. 그리고, 전하가 +3 또는 그 이상인 양이온이 진정한 이온화합물을 형성하는 경우는 드물다. 따라서 $SnCl_4$, $PbCl_4$, $SbCl_5$, BiF_5 등은 모두 공유결합성 화합물이다.

근본적으로 공유결합성인 화합물에 나타나는 부분적인 이온결합성은 **편극**(polarization)을 이용하여 설명할 수 있다. 순수한 공유결합은 두 개의 동일한 원자가 결합하여 분자(동핵이원자 분자)를 이룰 때에만 생긴다. 두 개의 다른 원자가 공유결합에 참여하면, 결합을 이루는 전자구름은 핵주위에 대칭형으로 분포하지 않는다. 이는 두 원자가 아무리 성질이 비슷하더라도 전자를 당기는 힘(전기음성도)의 크기에는 항상 차이가 있기 때문이다.

염소는 브롬보다 전자를 당기는 힘이 크다. 따라서 BrCl분자 내에서 공유결합을 이루는 전자들은 브롬원자보다는 염소원자쪽으로 더 강하게 끌리고, 전자구름은 염소원자 주위에 확률적으로 더 밀집하게 된다. 결과적으로, 염소원자쪽은 부분음전하를 띠게 된다. 양극과 음극을 가지는 이러한 결합을 **극성공유결합**(polar covalent bond)이라 하며, 이때 생긴 부분전하를 완전한 이온전하와 구별하기 위해 δ^+, δ^-로 표시한다(7.3절). 공유결합을 이루는 두 원자가 공유된 전자를 끌어 당기는 힘의 차이가 클수록 결합의 극성은 커지고 부분전하의 크기도 따라서 커진다. 만약 전자를 공유하는 정도의 차이가 극단적으로 커지면, 결합을 이룬 원자 중 하나가 공유된 전자들을 모두 가져 이온결합성 화합물을 이룬다.

6.7 그물구조의 공유결합

그림 6-4에서 보여주는 다이아몬드(결정탄소), 석영(SiO_2), 카아보런덤(탄화규소, SiC: 연마재)과 같은 몇 가지 물질들은 대단히 단단하고 녹는점이 아주 높다(약 2000~6000°C)는 사실 이외에는 공유결합이 가지는 대부분의 특성을 가지고 있다. 그림 6-4는 공유결합한 원자의 삼차원적 배열로 다이아몬드와 석영의 구조를 예로 들었다. 1부터 10까지의 경도 척도로 다이아몬드는 10, 석영은 7의 경도를 가지고 있고, 암염은 2, 대리석은 3, 철은 4~5의 경도를 가진다.

이들 물질에서는 불연속 분자가 존재하지 않는다. 다이아몬드 및 그물구조의 공유물질은 원자들이 삼차원적으로 배열되어 있다. 다이아몬드는 각 탄소원자가 다른 네 개의 탄소원자와 공유결합을 하고 이들 네 개의 탄소원자는 각각 다른 네 개의 탄소원자와 결합하고 이들 탄소

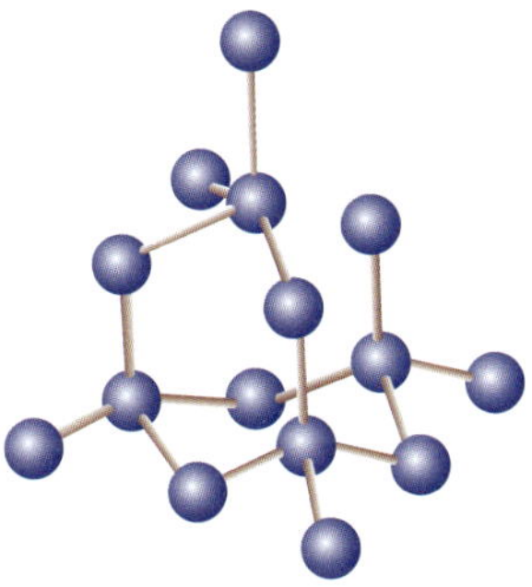

(a) 다이아몬드 m.p > 355°C, b.p 4827°C

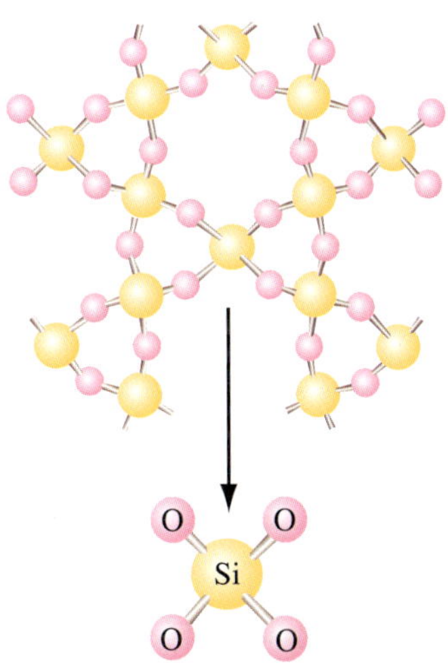

(b) 석영 m.p 1610°C, b.p > 2200°C

그림 6-4 그물구조의 공유물질

원자는 또 다른 탄소원자와 결합한다.

SiO_2의 한 형태인 석영에서는 Si원자는 네 개의 O원자와 결합하고 O원자는 두 개의 Si원자와 결합한다. 이들 결정을 파괴하기 위해서는 많은 공유결합을 깨트려야 하므로 매우 단단하고 녹는점과 끓는점이 매우 높다.

6.8 배위결합

공유결합에서는 두 원자가 서로 원자가전자를 제공하여 전자쌍을 만들어 결합하지만, 결합원자 중 한쪽만이 가전자를 제공하고 다른 한쪽은 가전자를 일방적으로 제공받음으로써 결합이 형성되는 것을 **배위결합**(coordination bond)이라 한다.

$$A + :B \rightarrow A:B$$

여기서 전자쌍을 내놓는 원자를 **주게**(donor)라 하고, 전자쌍을 받아들이는 쪽을 **받게**(acceptor)라 한다.

NH_3는 3개의 공유결합과 한쌍의 비공유결합 전자쌍을 가지고 있고, 암모늄이온 $[NH_4]^+$은 4개의 공유결합을 하고 있으며, 다음과 같은 결합형태를 하고 있다.

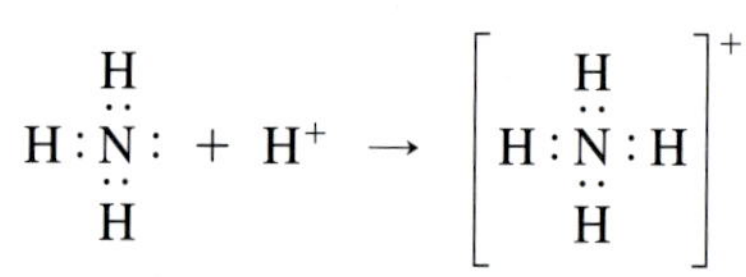

NH_3와 H^+가 결합을 할 때 전자쌍은 모두 질소에서 제공된 것이다. 이와 같이 공유전자쌍이 한 개의 원자에서 모두 나왔을 때의 결합을 배위결합이라 하고, 결합이 이루어진 후에는 공유결합과 차이가 없다. 그러므로 공유결합한 전자쌍은 —로 표시하고 배위결합은 전자쌍을 주는 쪽에서 받는 쪽으로 →로 표시하기도 한다.

암모늄이온 $[NH_4]^+$의 배위결합 표시는 다음과 같다.

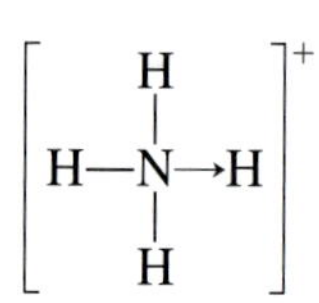

또 하이드로늄이온 $[H_3O]^+$의 배위결합은 다음과 같다.

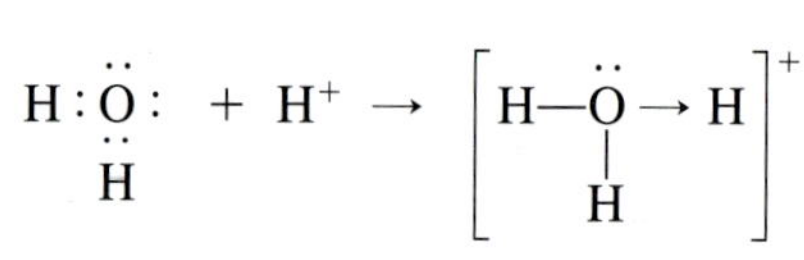

표 6-7 팔우설을 벗어나는 화합물

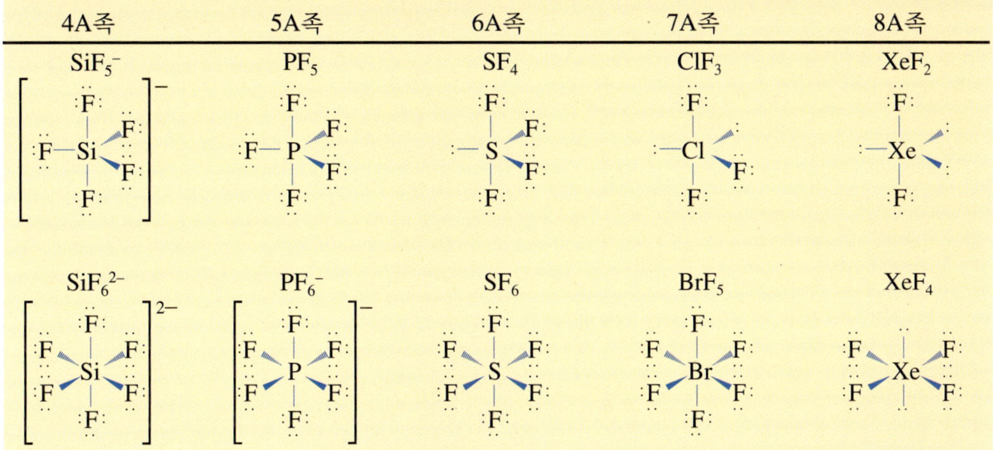

수소이온은 물속에서 단독적으로 존재하기는 힘들기 때문에 위와 같이 물분자와 배위결합을 하여 **하이드로늄이온**(hydronium ion)을 형성하여 존재한다.

또 NH_3와 삼플루오르화붕소(BF_3)의 배위결합 형태도 다음과 같이 표시할 수 있다.

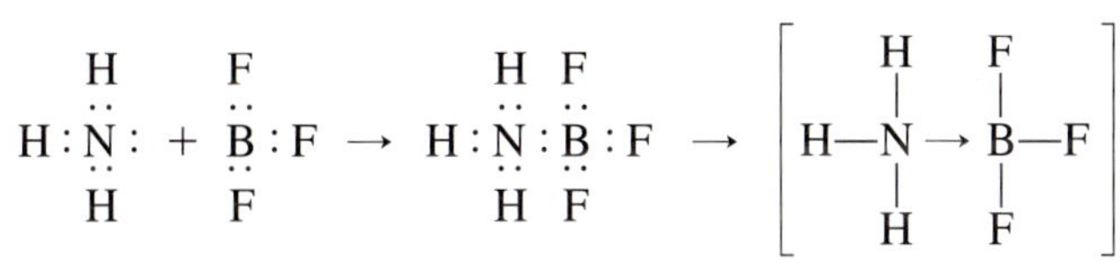

한편, 주기율표에서 3주기 이상의 원소들은 그 원자 주위에 4개 이상의 전자쌍을 이루어 팔우설을 만족하지 않는 화합물이나 이온을 형성하기도 한다(표 6-7).

이 범주에 속하는 화합물이나 이온들은 중심원자가 주로 산소, 플루오르 또는 염소와 결합한다. 예를 들어 육플루오르화황(sulfur hexafluoride; SF_6)는 황(S)과 과량의 플루오르(F)가 반응하여 생성하는 기체이다. 이 화합물의 중심원자는 황(S)이며, 플루오르는 다른 원자 한 개에만 결합하는 전형적인 단일결합을 이룬다. 이 화합물은 S–F 결합으로 이루어져 있으며, 중심원자인 황(S)은 6쌍의 전자쌍을 가지고 있다.

6.9 공명

공유결합을 몇 쌍의 점, 선분 등으로 묘사하는 Lewis구조를 써서 모든 화합물을 충분히 설명할 수 없는 경우가 많다. 예를 들어 이산화황(SO_2)을 Lewis구조로 표현하면 다음 두 가지 형태로 표시가 가능하다.

Ⓐ Ⓑ

Ⓐ에서 S–O결합의 왼쪽은 이중결합, 오른쪽은 단일결합이다. Ⓑ에서는 그와 반대로 되어 있다. 그러나 실험 결과 두 결합은 동일한 것으로 나타났다. 그러므로 A식과 B식은 정확한 표현이라고 말할 수 없을 것이다.

이론에 의하면 SO_2에 있는 결합전자쌍 중 하나는 특정 S–O 결합에 편재되어 있지 않고 세 원자 영역에 퍼져 있다. 이를 **비편재결합**(delocalized bond)이라 한다. SO_2의 비편재결합을 다음과 같이 나타낼 수 있다.

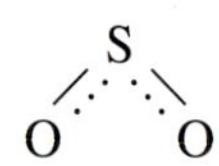

점선은 세 핵에 걸쳐 있는 전자들의 결합전자쌍을 나타낸다.

사실상 S–O결합은 단일결합도 이중결합도 아닌 중간형태를 띤다. Lewis식은 비편재결합을 표현할 수 없으므로 **공명표시**를 이용하여 나타낸다. 이에 따르면 가능한 모든 Lewis식을 써서 분자의 전자구조를 나타낼 때 두 가지 이상의 동등한 구조를 가지는 분자를 **공명식**(resonance formula)이라 한다. 분자의 실제 전자분포는 공명식의 혼성이다. 그러므로 SO_2의 전자구조는 두 공명식으로 표현할 수 있으며 양쪽 화살표를 서서 공명을 표시한다. SO_2는 다음과 같이 쓸수 있다.

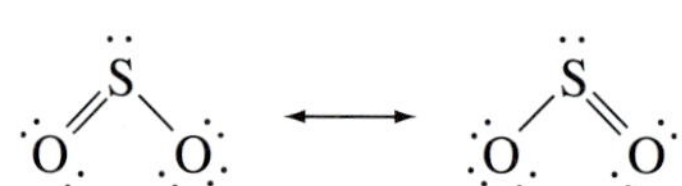

Ⓐ Ⓑ

이는 이산화황 분자가 두 형태 사이를 왔다 갔다 하는 것을 의미하지 않는다. 이산화황의 분자구조는 오직 하나이다. 양쪽 화살표는 공명식의 혼성을 나타낸 것이다.

또 다른 공명 구조는 다음과 같다.

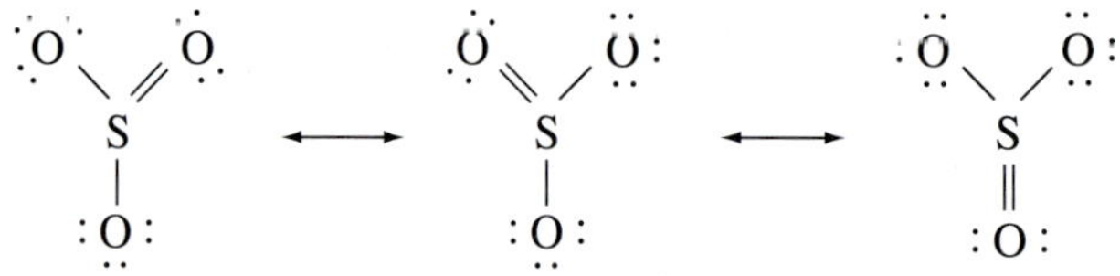

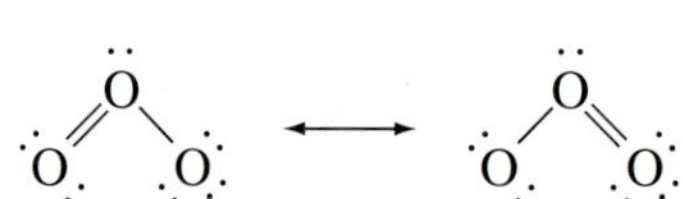

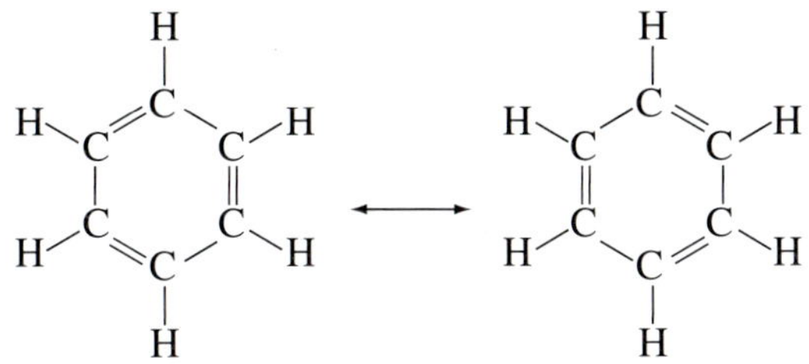

예제 6.2 Lewis식으로 탄산이온 CO_3^{2-}의 전자구조를 그려라.

풀이: 탄산이온에 대한 Lewis식은 다음과 같다.

(반응표기)

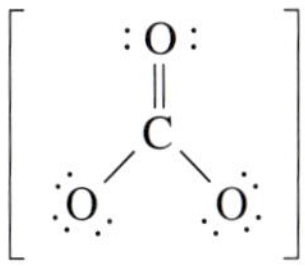

모든 탄소 결합은 동등하므로 공명으로 전자구조를 쓸 수 있다.

(반응표기)

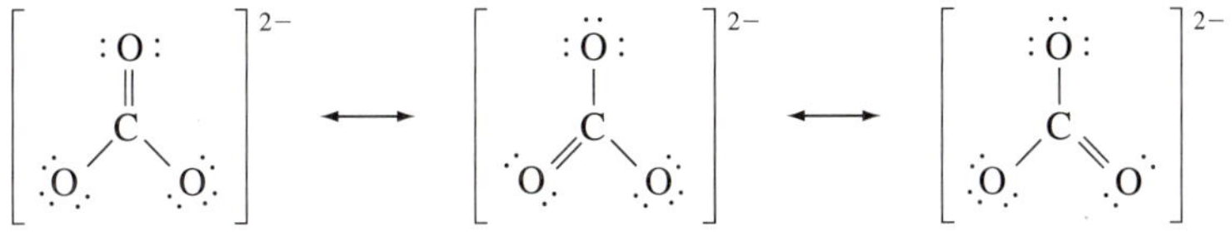

6.10 금속결합

금속은 다른 물질에 비하여 전기전도성, 열전도성, 금속광택, 전성과 연성 등의 여러 성질들이 월등하게 우수하다. 또 금속결정 안의 1개의 금속원자에는 8~12개의 다른 원자가 배위되어 있으므로 이온결합이나 공유결합으로는 설명할 수 없다. 금속에서는 양이온이 규칙적으로 배열되어 있으며, 그 사이로 **자유전자**(free electron)가 자유롭게 움직이면서, 이들 양이온들을 결합시켜 주고 있는 결합을 **금속결합**(metallic bond)이라 한다.

X선을 이용하여 금속결정의 구조를 조사하여 보면 세 가지로 크게 분류할 수 있다. 즉, 육면체의 꼭지점과 각 면의 중심에 원자가 위치하고 있는 **면심입방구조**, 정육각형의 밑면을 가진 상자 모양을 하고 있는 **육방밀집구조**, 육면체의 각 꼭지점과 중심에 1개의 원자가 있는 **체심입방구조** 등이 있다(그림 10-4 참조).

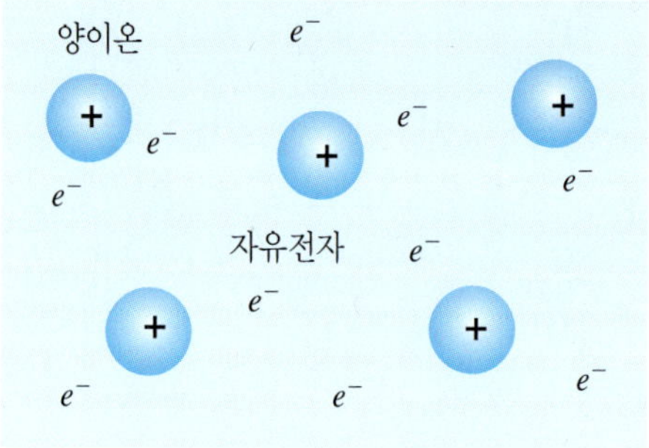

그림 6-5 금속결합

금속의 높은 끓는점과 증발열은 금속이온이 주위의 자유전자로부터 벗어나기가 어렵기 때문이며, 일반적으로 자유 금속전자로 될 수 있는 최외각전자의 수가 많으면 많을수록 그 금속의 녹는점이나 끓는점이 높다. 또한 이런 금속은 최외각전자의 수가 적은 금속보다 더 단단하고 조밀하다. 표 6-8에서도 나타나듯이 한 개의 최외각전자를 갖는 칼륨원자의 성질과 두 개의 최외각전자를 가지는 칼슘의 성질을 비교해보면 녹는점은 원자의 크기와 금속에서의 원자간 거리에 영향을 받는다.

금속 결합을 하고 있는 물질의 일반적 성질은 다음과 같다.

① 금속 광택
② 전성, 연성
③ 높은 녹는점
④ 높은 끓는점

표 6-8 몇가지 금속원소의 성질

성 질	칼륨(K)	칼슘(Ca)	구리(Cu)	아연(Zn)	주석(Sn)[a]
외관	은색, 광택	은색, 광택	적색, 광택	청백색, 광택	백색, 광택
원자량(amu)	39.099	40.08	63.546	65.38	118.69
녹는점(°C)	63.4	851	1083	419.5	231.9
끓는점(°C)	757	1482	2582	907	2270
밀도(g/cm^3)	0.856(s, 18°C)	1.54(s, 20°C)	8.94(s, 25°C)	7.133(s, 25°C)	7.29
녹음열 kcal/mol	0.57	2.2	3.11	1.59	1.69
증발열 kcal/mol	19.4	36.7	72.8	27.4	61.8
전기전도도					
고체	대단히 크다	대단히 크다	대단히 크다	대단히크다	대단히 크다
액체	대단히 크다	대단히 크다	대단히 크다	대단히 크다	대단히 크다

[a] 백색 주석의 형태

Li ○	Be △										
Na ○	Mg △										
K ○	Ca △□	Sc △	Ti △○	V ○	Cr △○	Mn +	Fe △	Co □	Ni □	Cu □	Zn △
Rb ○	Sr □	Y △	Zr △○	Nb ○	Me ○	Te △	Ru △	Rh □	Rb □	Ag □	Cd △
Cs ○	Ba ○	La △□	Hf △	Ta ○	W ○	Re △	Os △	Ir □	Pt □	Au □	Hg +

□ 면심입방격자
△ 육방밀집격자
○ 체심입방격자
\+ 기타

그림 6-6 금속의 결정구조

⑤ 큰 증발열

⑥ 큰 밀도

⑦ 열과 전기의 우수한 전도성

금속은 보통 조밀하나 기계적 힘이 가해지면 양이온은 움직일 수가 있어 자유전자의 자리로 미끄러지게 되고 따라서 특정한 결합이 깨어지거나 양이온과 자유전자간의 힘이 파괴되지 않으므로 이온고체처럼 추가적인 반발이 생기지 않는다. 금속 결합은 망치를 두드려 여러 가지 형태로 만들 수가 있는 **전성**(malleability)과 긴 전선으로 뽑을 수 있는 **연성**(ductility)을 가지므로 외부 충격에 의해 이온 결합과 같이 쉽게 깨어지지 않는다(그림 6-7 참조).

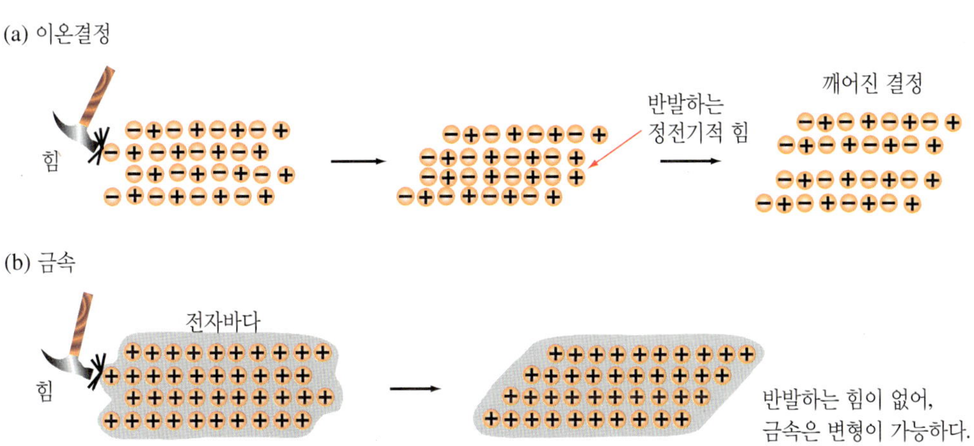

그림 6-7 이온결정의 부서짐과 금속의 휘어짐

6.11 원자궤도함수: 혼성화(Hybridization)

분자 내 원자배열(분자구조)을 기술하기 위해 지금까지 Lewis구조를 이용하였다. 그러나 분자 내 전자에너지나 결합전자가 어떤 궤도함수에 속하는 지에 대한 정보를 알 수 없기 때문에 조금 미흡한 점이 있다. 이를 위해 Linus Pauling은 공유결합을 이론적으로 설명하기 위해 원자궤도함수 또는 원자가 결합이론을 주창하였다.

이 이론에 의하면 공유결합은 서로 반대스핀을 가진 전자쌍이 1개의 원자궤도함수를 채워서 형성된다는 것이다. 수소 원자를 예로 설명하면, 수소 원자는 다른 원자로부터 전자 1개를 받아 1*s* 궤도함수를 채워 공유결합을 형성한다. 즉, 궤도함수 그림을 사용하면 다음과 같이 나타낼 수 있다.

	1*s*
고립된 수소 원자	(↑)
안정한 분자 내 수소 원자	(↑↓)

여기에서 다른 원자란 수소원자에 전자 1개를 제공하는 원자로 다른 수소 원자 또는 플루오르나 탄소 원자가 될 수 있다. 이는 다른 원자에도 적용할 수 있다. 플루오르 원자(원자번호 9번, $1s^22s^22p^5$)는 3개의 p-궤도함수 중 1개는 반만 채워져 있다.

	1*s*	2*s*	2*p*
고립된 플루오르 원자	(↑↓)	(↑↓)	(↑↓)(↑↓)(↑)

수소 원자에서와 같이 다른 원자로부터 전자 1개를 받아 플루오르는 2p-궤도함수를 채울 수 있다.

	1*s*	2*s*	2*p*
HF에서의 플루오르 원자	(↑↓)	(↑↓)	(↑↓)(↑↓)(↑↓)

결국 이 이론에 의하면 공유결합을 형성하기 위해서 원자는 짝짓지 않은 홑 전자를 갖고 있어야 한다. 따라서 공유결합이 수는 홑 전자의 개수에 의해 결정된다. 이런 관점에서 본다면, 헬륨(He), 네온(Ne) 및 아르곤(Ar) 등은 공유결합을 형성할 수 없어야 하며 실제로도 공유결합을 하지 않는다.

그러나 이 개념 역시 수소, 할로젠족 및 영족 기체 이외의 원소에 적용할 때 문제가 발생한다. 베릴륨(Be, 원자번호 4번)과 탄소(C, 원자번호 6번)를 예로 들어 설명해 보자.

	1*s*	2*s*	2*p*
Be 원자	(↑↓)	(↑↓)	( )( )( )
B 원자	(↑↓)	(↑↓)	(↑)( )( )
C 원자	(↑↓)	(↑↓)	(↑)(↑)( )

중성상태에서 Be는 홑 전자가 없으며, B는 1개, C는 2개의 홑 전자를 소유한다. 따라서 단순히 원자가 결합이론에 의하면 Be는 He처럼 공유결합을 하지 못하고, B는 1개, C는 2개의 결합만을 형성할 수 있다. 그러나 실험적 사실은 Be는 2개, B는 3개, C는 4개의 결합을 형성하는 것으로 나타났다. 이런 실험적 사실을 정확히 설명하기 위해서는 단순한 원자가 결합이론을 수정해야 할 필요가 있다. 그 결과 혼성궤도함수이론(hybrid orbital theory)이라는 새로운 원자궤도함수이론이 등장하게 되었다.

(1) 혼성궤도함수: *sp*, *sp*^{2}, *sp*^{3}

중성상태의 Be가 홑 전자가 없음에도 불구하고, 2개의 결합을 형성할 수 있다는 실험적 사실을 설명하기 위해서는 반응하기 전에 2*s* 전자 1개가 2*p* 준위로 올라간다고 가정하면 설명이 가능하다. 이런 설명을 다음과 같이 쓸 수 있다.

이렇게 되면 Be는 2개의 공유결합을 형성할 수 있다.

	1*s*	2*s*	2*p*
BeF_2에서의 Be 원자	(↑↓)	(↑↓)	(↑↓)( )( )

↓ 화살표는 플루오르에 의해 제공된 전자를 의미하고, 〰〰〰은 결합에 참여한 궤도함수를 의미한다. 이때 반드시 알아야 할 사항은 2개의 Be–F 결합이 형성될 때는 2*s* 전자를 들뜨게 하는 데 필요한 에너지보다 더 많은 에너지를 내놓는다.

물론 이때에도 문제는 있다. 왜냐하면 2가지 다른 결합을 형성할 수 있기 때문이다. 즉, 하나는 *s* 전자 2개가 *s*-궤도함수를 채워서 *s* 결합을 형성하고, 다른 것은 *p* 전자 2개가 *p*-궤도함수를 채워서 *p*-결합을 만들어야 하지만 실험적으로 밝혀진 사실은 BeF_2의 2개 결합이 동등하다는 사실이다. 그렇다면 2개의 결합은 동등한 궤도함수를 사용해야 한다. 이 새로운 궤도함수를 *sp*-혼성궤도함수라 한다.

1개의 *s*-궤도함수 + 1개의 *p*-궤도함수 = 2개의 *sp*-혼성궤도함수

비슷한 설명을 "붕소(B)"에도 적용시킬 수 있다. BF_3의 3개 결합은 따라서 1개의 *s*-궤도함수와 2개의 *p*-궤도함수가 혼합하여 3개의 새로운 혼성궤도함수를 준다고 생각한다.

1개의 s-궤도함수 + 2개의 p-궤도함수 = 3개의 sp^2-혼성궤도함수

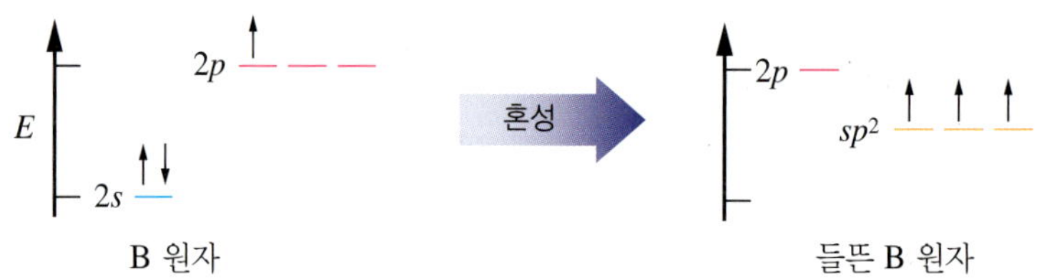

이는 다음과 같이 쓸 수 있다.

	1s	2s	2p
BF_3에서 B원자	(↑↓)	(↑↓)	(↑↓)(↑↓)( )

여기에서 ↑는 붕소에서 ↓는 F에서 제공된 전자이다.

탄소 역시 같은 방법으로 설명이 가능하다. 즉, 1개의 s-궤도함수와 3개의 p-궤도함수가 혼성화되어 sp^3 혼성궤도함수 4개가 형성된다.

1개의 s-궤도함수 + 3개의 p-궤도함수 = 4개의 sp^3-혼성궤도함수

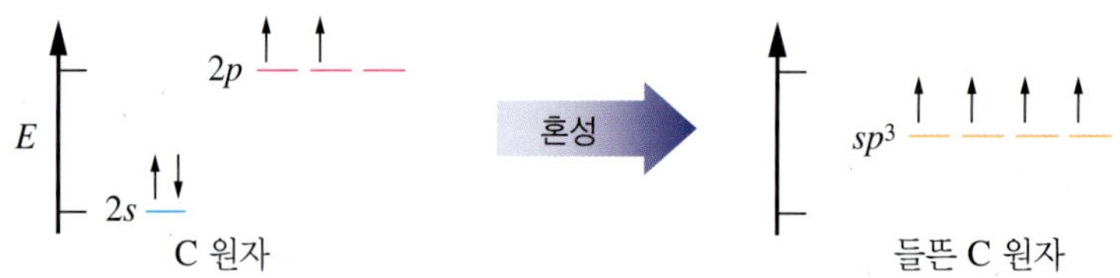

탄소가 단일결합 4개를 형성하는 CH_4에서 탄소원자는 다음과 같은 궤도함수 그림을 갖는다.

	1s	2s	2p
CH_4에서 C원자	(↑↓)	(↑↓)	(↑↓)(↑↓)(↑↓)

암모니아와 물의 결합 각이 정사면체의 각과 매우 비슷하다는 것을 이미 배웠다. 이는 NH_3의 중심원자인 질소와 H_2O의 중심원자인 산소에 존재하는 전자쌍이 sp^3-혼성궤도함수를 채운다는 의미이다. 만일 NH_3나 H_2O에서의 결합이 순수한 p-결합이라면 이들의 결합 각은 90°일 것이다. 이때 주의해야 할 점은 혼성궤도함수는 그들을 형성하는 원래의 원자궤도함수와 다른 고유한 성질을 갖는다는 점이다. 표 6-9에는 혼성궤도함수의 공간 배향을 보여주고 있는데, 기하구조는 전자쌍 반발에 기초를 두고 전자쌍들이 가능한 멀리 떨어져 있도록 배향된다.

표 6-9 혼성궤도함수와 기하구조

결합수	원자궤도함수	혼성궤도함수	배향	보기
2	*s*, *p*	*sp*	선형	BeF_2
3	*s*, 2개의 *p*	sp^2	삼각평면	BF_3
4	*s*, 3개의 *p*	sp^3	사면체	CH_4

(2) 다중결합을 포함하는 분자에서의 혼성화

분자의 기하구조는 중심원자의 혼성궤도함수에 있는 전자쌍에 의해 결정되며 이들 궤도함수는 가능한 멀리 떨어져 있다. 즉, 다중결합에서 여분의 전자쌍(이중결합에서 1쌍, 삼중결합에서 2쌍)은 혼성에 참여하지 않는다.

결국 혼성궤도함수는 다음을 포함한다고 보아야 한다.

- 모든 비공유전자쌍
- 단일결합을 형성하는 전자쌍
- 이중, 삼중결합에서 한 개의 전자쌍

마지막 세 번째 사항을 자세히 살펴보면 에텐(이중결합)의 결합각은 120°, 에타인(삼중결합)의 결합각은 180°이다. 따라서 에텐은 sp^2, 에타인은 *sp*-혼성궤도함수라 볼 수 있다(표 6-9 참조). 이들의 구조식을 그리면 다음과 같다.

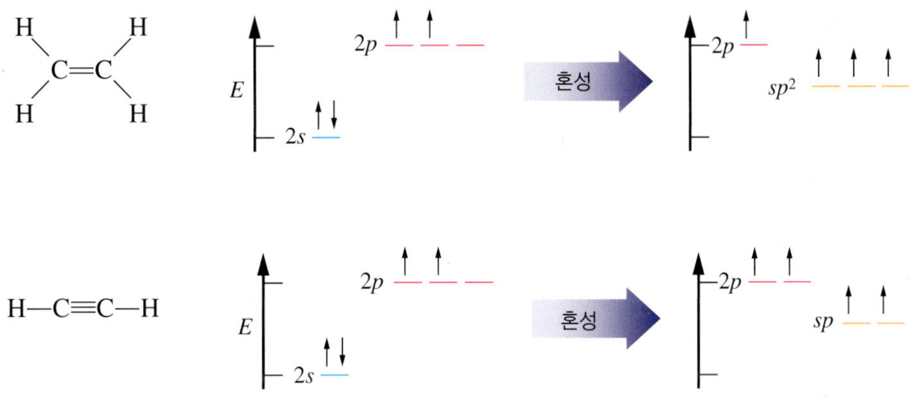

두 경우 모두 다중결합 중 단지 1개의 전자쌍만이 혼성화(혼성궤도함수 형성에 참여) 되어 있다.

6.12 원자가결합이론과 분자궤도함수이론

전자점기호의 사용과 전기음성도의 개념은 공유결합을 정성적으로 기술하는데는 충분하지만 더 세련된 방법들에 의해서 분자의 구조 및 물리, 화학적성질을 설명할 수 있다.

첫째 방법으로 **혼성궤도함수**(hybrid orbitals)의 개념을 도입한 **원자가결합이론**(valence bond theory)은 분자내 원자들의 공간배열을 고려한 결합형태의 설명 또는 예측을 가능케 한다. 그리고 비공유전자쌍(lone-paired electrons)은 공유전자쌍(bond-paired electrons)에 비하여 큰 부피(bulky)를 가지며, 이상적인 분자의 구조에 찌그러트림(distortion)을 유발한다는 원자가 껍질 **전자쌍반발이론**(valence shell electron pair repulsion theory, VSEPR)을 적용하게 되면 분자의 구조를 더욱 합리적으로 설명 또는 예측할 수 있다.

또한 두 번째 방법으로 **분자궤도함수이론**(molecular orbital theory)이 있는데 이 방법은 분자의 에너지 계산, 분광학적인 성질, 자기적 성질 등을 설명하는데 더욱 적합하다.

위에서 언급한 두 가지 결합론은 서로 반하는 개념의 이론이 아니며 연구자가 분자의 성질을 연구할 때 상호 보완관계의 좋은 도구로 이용된다.

연습문제

PROBLEMS

01. 이온결합 화합물의 특성은 무엇인가?

02. 공유결합물이 갖는 특성을 말해 보아라.

03. 이온결합으로부터 공유결합으로 변할 때 어떠한 성질이 변하겠는가?

04. AgF, AgCl, AgBr, AgI 중에서 이온성이 가장 큰 것은 어떤 것이며, 그 이유를 설명하여라.

05. 이온화에너지와 공유결합성과의 관계를 설명하여라.

06. (a) 원소의 이온원자가와 주기표의 족 사이에는 어떤 관계가 있는가?
(b) 어떠한 원소들 사이에서 이온결합이 잘 일어나는가?
(c) 알류미늄과 염소, 칼슘과 산소 사이에 일어나는 이온결합을 각각 전자구조식을 써서 설명하여라.

07. (a) 동족이온과 동전자이온에 대해서 원자번호가 커지면 각 이온의 크기는 어떻게 변하는가?
(b) Li^+, Be^{2+}, Na^+, Mg^{2+} 중에서 물 분자와 작용하는 힘이 강한 순서로 나열하고 그 이유를 말하여라.

08. NH_3분자의 결합각은 107.3°인데 비해 NF_3분자의 결합각은 102.1°이다. 이유를 설명하여라.

09. 전기음성도와 전자친화도 간의 차이를 말하여라.

10. 극성공유결합을 이루지 않은 분자가 쌍극모멘트를 가질 수 있을까? 극성결합을 이루는 분자가 쌍극모멘트를 가지지 않는 경우는 어떤 때인가?

11. 다음을 쌍극모멘트가 증가하는 순서대로 나열하여라.
BCl_3, H_2S, H_2O, NCl_3

12. 다음 화학종에 있어서 공명을 나타내는 전자점 구조를 그려라.
(a) CO_3^{2-} (b) HCO_3^- (c) NO_3^- (d) CO

13. 한 중심원자 주위에 있는 4개의 전자쌍이 (a) 평면상에서, (b) 3차원 공간에서 최대한 벌어질 수 있는 각은 얼마냐?

14. XeF_4에는 Xe중심원자 주위에 전자 6쌍이 거의 대등하게 둘러싸고 있다. F원자 4개는 Xe원자를 중심으로 하는 평면상에 위치한다. 이 분자는 평면사각형이라고 하는 것이 좋은가 아니면 팔면체라고 하는 것이 좋은가? 그 이유를 설명하여라.

15. 독가스의 성분인 HCN(C가 중심 원자)의 Lewis 구조를 그려라.

16. Al, Al^{3+}, Sn, Sn^{2+}, Se, Se^{2-}, P, P^{3-}의 Lewis 구조를 그려라.

17. Thionyl chloride, $SOCl_2$는 부식성의 증기를 갖는 액체이다. Lewis 구조를 그려라.

18. SO_4^{2-}, NO_3^-, CO_3^{2-}의 공명구조는 어떠한가?

19. HNO_3, SeO_2, SeO_3의 공명구조는 어떠한가?

20. 배위공유결합을 하는 분자의 예를 들어라.

21. H_2에서 원자로부터 공유결합이 형성되는 것을 설명하여라. 두 원자가 결합전자를 공유한다는 의미는 무엇을 말하는가?

22. 다음 화합물의 이름은?

(a) Na_2SO_3 (b) SiO_2 (c) $CuCl_2$ (d) Cr_2O_3

23. 공명이란 무엇을 말하는가?

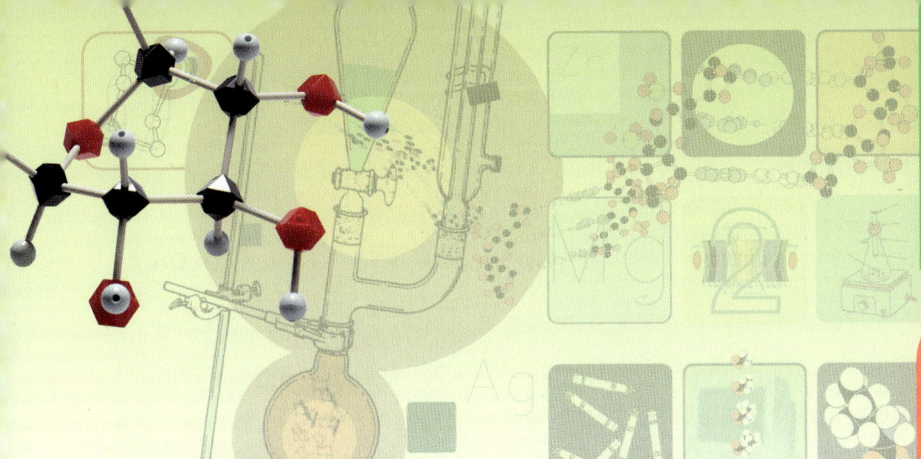

CHAPTER 07

분자구조와 스펙트럼

물질의 성질은 분자를 이루는 원자간의 결합과 분자간에 존재하는 힘에 의해 결정된다. 분자간의 힘은 물질의 휘발성, 녹는점, 용해도와 같은 물리적 성질에 크게 영향을 준다. 이 장에서는 분자간 힘과 분자구조와의 관계를 알아보고 분광학적 방법으로 분자의 구조를 규명하는 몇 가지 예를 들어 살펴보기로 한다.

미리보기

7.1 분자

분자는 원자가 결합하여 이루어진 하나의 단위체이며, 이 단위체 내에 있는 원자들 사이의 인력은 다른 단위체의 원자들과의 인력보다 훨씬 크다. 예를 들어 헬륨원자는 다른 헬륨원자와의 인력이 매우 작으므로 원자 단독으로 존재한다. 수소분자는 단단히 결합된 두 개의 수소원자로 이루어진다. 그러나 수소분자간의 인력은 매우 약하다. 다이아몬드의 분자는 다이아몬드 전체가 탄소만으로 이루어져 있다. 이와 비슷하게 금속은 거대분자를 이루나 성질은 아주 다르다. 이러한 특수 단위체가 전기적으로 중성이면 **분자**(molecule)라고 부른다. 이 단위체 내의 전자들은 여러 개의 양전하와 균형을 이루고 있다. 그러나 핵의 양전하의 합보다 전자가 부족하든지 또는 초과하는 경우도 있다. 이것들을 양전하 또는 음전하를 띠는 단위체라고 하며 양 또는 음으로 하전된 화학종을 **이온**(ion)이라 부른다. 또한 둘 이상의 원자핵을 갖는 이온을 **착이온**(complex ion)이라고 한다.

7.2 분자식

분자 또는 착이온에서 원소의 성분비를 **분자식**(molecular formula)으로 표시한다. 헬륨분자는 하나의 원자만으로 되어 있기 때문에 헬륨의 원소기호 He로 표시한다. 그러나 수소분자는 각 분자 단위체에 두 개의 수소원자를 포함하기 때문에 H_2로 표시한다. 이때 분자내에 있는 수소원자의 수를 우측 하단에 표기하도록 한다.

2H와 같이 2를 앞에 붙여 쓰면 이것은 멀리 떨어져 있는 두 개의 수소원자 단위를 뜻하며, 분자내에서 단단히 결합된 수소원자 한쌍을 뜻하는 H_2와는 의미가 다르다.

(1) 분자량

한 원자는 특이한 몇 종류의 **동위원소**(isotope)로 이루어져 있다. 이와같은 동위원소의 혼합을 고려하여 원소 1 mol의 질량은 동위원소의 천연적 조성에 따른 평균질량을 취한다. 천연탄소는 대부분 ^{12}C(98.89%)와 약간의 ^{13}C(1.11%)의 혼합물이므로 메탄 CH_4은 $^{12}CH_4$ 또는 $^{13}CH_4$이어야 한다. 따라서 천연탄소로부터 만들어진 Avogadro 수만큼의 메탄 분자를 다룰 경우에는 한 분자의 평균 질량은 천연탄소의 평균 원자질량으로부터 구할 수 있다. 화합물의 **분자량**(molecular weight)을 말할 때 특별한 동위원소에 대한 언급이 없는 한 각각의 동위원소의 질량과 그 상대적 존재비로 구한 원자량을 사용한 평균분자량을 뜻한다.

예제 7.1 메탄 CH_4의 분자량을 계산하라.

풀이: 원자량 표로부터

$$\begin{array}{rl} \text{C의 원자량} \times 1 = & 12.01115 \\ + \quad \text{H의 원자량} \times 4 = & 4.03188 \\ \hline CH_4\text{의 분자량} = & 16.04303 \end{array}$$

예제 7.2 니켈 카보닐, $Ni(CO)_4$의 분자량을 계산하라.

풀이: 원자량 표로부터

$$\begin{array}{rl} \text{Ni의 원자량} \times 1 = & 58.71 \\ \text{C의 원자량} \times 4 = & 48.0446 \\ + \quad \text{O의 원자량} \times 4 = & 63.9946 \\ \hline Ni(CO)_4\text{의 분자량} = & 170.75 \end{array}$$

예제 7.3 CH_4에서 C의 질량백분율은 얼마인가?

풀이:

$$\%C = \frac{\text{C의 원자량}}{CH_4\text{의 분자량}} \times 100 = \frac{12.0115}{16.04303} \times 100 \fallingdotseq 74.87\%$$

예제 7.4 CH_4 0.1 mol의 질량은 얼마인가?

풀이: CH_4의 분자량은 16.04303이므로 CH_4 1 mol의 질량은 16.04303 g이다. 따라서 메탄 0.1 mol의 질량은 $0.1 \times 16.04303 = 1.604303$이며, 유효숫자 네자리까지 취하면 1.604 g이 된다.

(2) 화학식량

어떤 경우에서는 원소의 상대적 성분비는 알지만 실제 분자량은 모르는 경우가 있다. 화학사에 있어서 오랫동안 수소가스, 염소가스, 과산화수소에 대하여 각각 H, Cl, OH로 표시한 적이 있었다. 이들은 분자를 이루는 원소의 상대적 성분비를 나타낸 **실험식**(empirical formula)이며, 분자단위의 실제조성은 아니다. 이 경우의 실제 분자 단위는 H_2, Cl_2, H_2O_2임을 지금은 알고 있으며 이와 같이 표시하고 있다. 화학식 단위가 반복되어 매우 큰 분자를 구성할 때에는 분자식보다는 오히려 실험식으로 표시하는 것이 편리할 때가 있다. 소금을 NaCl로 나타내지만 이것은 고체상태가 분자단위를 나타낸 분자식이 아니다. 실험식에 대응하는 단위질량, 다시 말해서 실험식에 포함된 모든 원소의 원자량의 합을 **분자량**(molecular weight) 또는 더 정확한 표현으로 **화학식량**(formula weight)이라 한다.

예제 7.5 NaCl에서 Na의 원자분율은 얼마나 되는가?

풀이: 화학식 NaCl에서 반은 나트륨원자이다. 그러므로, NaCl에서 나트륨의 원자분율은 1/2이다.

예제 7.6 설탕 $C_{12}H_{22}O_{11}$에서 탄소의 원자분율은 얼마인가?

풀이: 각 분자단위에서 탄소원자가 12이고, 총 원자수는 45이다.
따라서 탄소의 원자분율은 12/45 = 0.2667이다.

예제 7.7 산소가 11.18%, 구리가 88.82%의 질량비로 구성된 물질이 있다. 이 화합물의 실험식을 구하라.

풀이: 이 화합물을 100 g이라고 보면

$$\text{산소(O)} : \frac{11.18\ \text{g}}{16.00\ \text{g}} = 0.6988(\text{mol})$$

$$\text{구리(Cu)} : \frac{88.82\ \text{g}}{63.54\ \text{g}} = 1.398(\text{mol})$$

따라서 산소의 mol 성분비는

$$\frac{0.6988}{1.398 + 0.6988} = \frac{1}{3}$$

구리의 mol 성분비는

$$\frac{1.398}{1.398 + 0.6988} = \frac{2}{3}$$

따라서 가장 간단한 실험식은 Cu_2O이다.

7.3 분자간의 힘

분자간 힘(intermolecular forces), 즉 분자들 사이의 인력은 분자 내에 있는 원자들 사이의 화학결합력보다는 약하다. 분자간의 힘은 물실의 휘발성, 녹는점, 용해도와 같은 성질에 크게 영향을 준다. 이 힘은 크게 두 가지의 형태로 나누어 볼 수 있다. 즉 Van der Waals힘과 수소결합이다.

표 7-1에 분자간의 힘의 형태와 이들의 에너지의 크기를 화학결합에너지의 크기와 비교하였다.

표 7-1 분자간의 힘과 화학결합력

힘의 형태		에너지(kJ/mol)
분자간의 힘	Van der Waals(London)	0.1~10
쌍극자-쌍극자 힘	수소결합	10~40
화학결합	이온성	100~1000
	공유성	100~1000

(1) Van der Waals힘

Van der Waals힘은 분자들 사이의 인력의 한 종류이다. 이 힘은 두 분자 사이에 있는 **London힘**에 의한다. 우선 London힘에 관하여 알아보면, 단원자 분자인 네온같은 물질은 두 원자사이에 화학결합을 형성하지는 않으나 두 원자가 서로 가깝게 접근하면 인력이 강해진다. 즉, 네온원자 한 개에 대하여 생각하면 네온 내의 전자는 핵 주위에서 대단히 빠른 속도로 움직이고 있으므로 짧은 시간내에 전자의 분포상태는 구형의 분포를 가질 것이다. 따라서 이 원자들은 핵의 한쪽에 머무는 시간이 다른 쪽에 머무는 시간과 거의 같아진다. 실험에 의하면 네온원자의 쌍극자모멘트는 없다. 그러나 어느 순간에 핵의 한쪽에 전자가 몰려 있을 수 있으며, 따라서 한쪽에는 부분적인 음전하(δ^-)를, 다른 한쪽에는 부분적인 양전하(δ^+)를 띠게 된다(그림 7-1(a)). 첫번째 원자 가까이 있는 두번째 원자는 그 영향을 받아 쌍극자를 띠게 된다(그림 7-1(b)).

이때 한 원자의 한쪽에 음전하가, 이와 가까이 있는 원자쪽에는 양전하가 가까이 오도록 배열되어 두 원자 사이에는 인력이 생긴다. 원자에 있는 전자들은 항상 움직이며, 이런 전자의 움직임은 다른 원자에 있는 전자의 움직임에 영향을 준다. 이런 이유 때문에 순간적인 쌍극자는 인력의 생성에 의해 변화한다.

(그림 7-1의 (b)와 (c)를 비교해 보아라) 이와 같은 전자분포의 변화는 모든 분자 내에서도 일어난다. 그러므로 London힘은 두 분자 사이에는 항상 존재하게 되고 따라서 두 분자 사이에

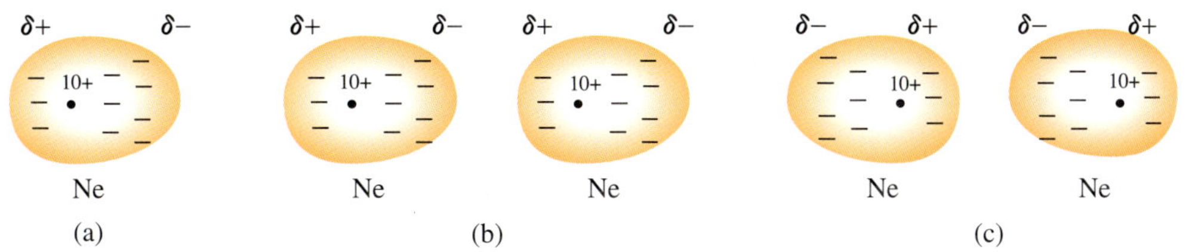

(a) 어느 순간에 네온원자의 한쪽에 전자가 치우치게 된다.
(b) 이때 다른 네온원자가 접근하면 δ^+와 δ^-로 배열되며 두 원자 사이에 인력이 생긴다.
(c) 양쪽의 원자 사이에는 항상 인력이 작용한다.

그림 7-1 London 힘

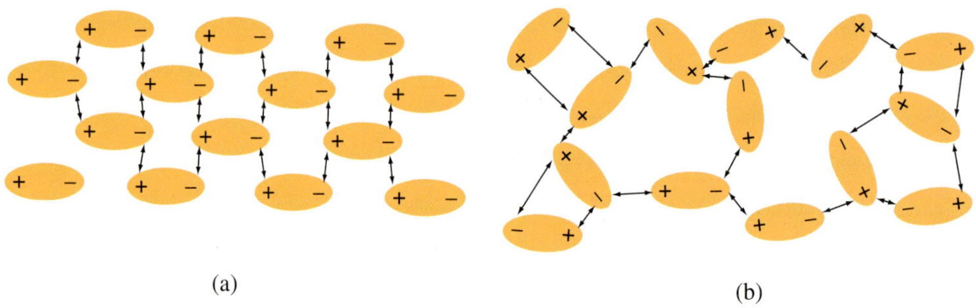

(a) 고체의 경우 양전하를 띤 쪽이 음전하를 띤 쪽에 오도록 배열한다.
(b) 액체상태의 분자가 무질서하게 움직이는 경우에는 위와 같은 배열이 일부분 파괴된다.

그림 7-2 극성분자인 HCl의 배열

는 항상 인력이 작용한다고 할 수 있다. London 힘은 분자량이 커질수록 증가한다. 그 이유는 첫째로 분자량이 큰 분자들은 전자를 많이 포함하고 있으며 둘째로 분자량이 큰 분자들은 큰 원자로 이루어진 경우가 많기 때문이다.

(2) 쌍극자-쌍극자 힘

극성분자의 양전하와 음전하의 중심은 서로 일치하지 않으며 극성분자가 분자의 전자구조 때문에 **쌍극자모멘트**(dipole moment)를 갖게 되는 사실은 이와 같은 이유 때문이다. 한 극성분자의 양전하는 가까이 있는 다른 극성분자의 음전하를 끌어당기며 이때 두 분자간에 인력이 작용하게 되는데 이를 **쌍극자-쌍극자 힘**이라고 부른다. 염화수소, HCl은 극성분자인데, 그 이유는 H와 Cl원자의 전기음성도의 차이 때문이다(그림 7-2 참고).

(3) 수소결합(hydrogen bond)

수소결합(hydrogen bond)이란 한 분자 내의 수소원자와 다른 분자 내의 전기음성도가 큰 원자의 전자쌍 사이에서 이루어지는 인력에 의한 비교적 강한 분자간의 결합이다. 수소결합은 수소원자가 플루오르나 산소 또는 질소와 같이 전기음성도가 큰 원자와 공유결합을 이루고 있는 경우에 일어난다.

수소결합의 세기는 대략 2~10 kcal/mol인데 이 값은 보통의 공유결합 세기의 1/10정도이다. 그림 7-3은 HF에서의 수소결합을 나타낸 것이다.

수소결합이 일반적인 쌍극자결합보다 센 이유를 다음과 같이 크게 두 가지로 요약할 수 있다.

첫째, H(2.1)와 F(4.0), O(3.5), N(3.0) 사이의 전기음성도 차이가 너무 크기 때문에 HF, H_2O, NH_3 분자에 있는 결합전자는 H원자로부터 상당히 떨어져 있다. 따라서 이들이 이웃 분자와 만나면 분자내의 H원자는 양성자와 비슷한 행동을 한다. 그리하여 양의 부분전하를 띤

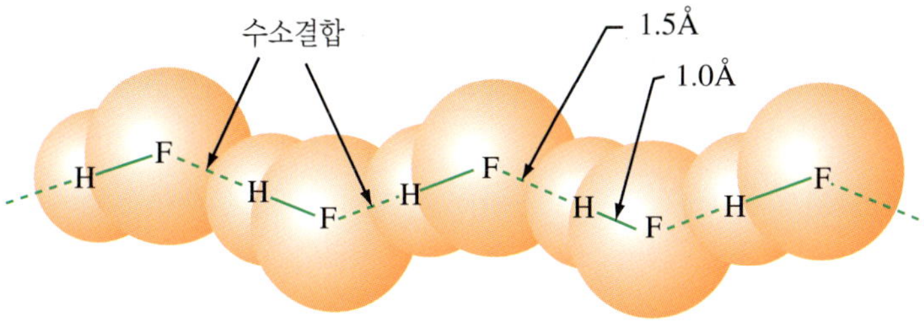

그림 7-3 HF에서의 수소결합

수소원자는 이웃하고 있는 분자 중의 음의 부분전하를 띤 원자로 접근하여 전자를 끌어당기면서 분자간 결합(수소결합)을 이룬다. 수소결합은 전기음성도의 차가 클수록 세다.

둘째, F, O, N 원자들은 비교적 크기가 작은 원자들이기 때문에 한 분자내에 있는 이 원자들은 다른 분자에 있는 H원자에 매우 가까이 접근할 수 있다. 수소 결합을 원자반지름이 비교적 작은 이 세 원소들의 화합물에서 찾아볼 수 있는 것은 이러한 이유 때문이라 생각된다. Cl 및 S 원자는 그 전기음성도(3.0, 2.5)가 N의 전기음성도와 비슷하지만, 이들은 부피가 크기 때문에 HCl, H_2S와 같은 화합물에서는 수소결합을 형성하려는 경향이 작거나 거의 없다.

그림 7-4에는 수소결합이 끓는점에 미치는 영향을 나타내었다. 여기서는 같은 수의 전자를 가지고 있는 수소화합물을 한 조로 하여 그 끓는점들을 전자수에 대해서 도시하였다. 쌍극자가

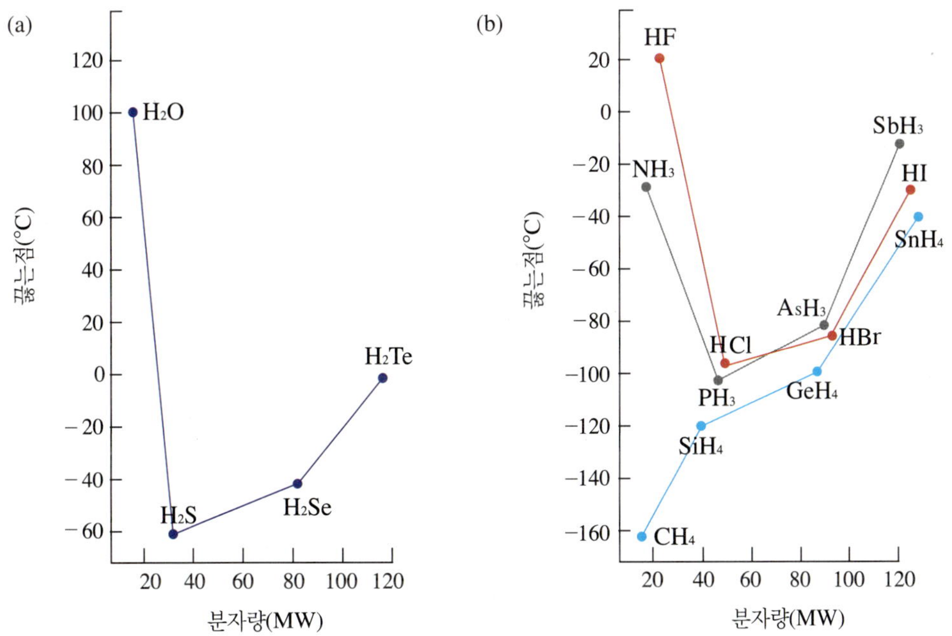

그림 7-4 수소 화합물들의 끓는점과 분자량 사이의 관계 표시

없는 CH_4로부터 SiH_4까지의 분자는 주된 분자간 힘이 Van der Waals힘인 경우에 예상되는 값과 같이 분자량에 따라서 증가하는데 비해, 질소, 산소 및 플루오르(fluorine, 불소) 화합물은 분자간의 수소결합으로 인해 비정상적으로 높은 끓는점을 나타낸다.

7.4 기하이성질 현상

이성질체(isomer)란 조성은 같으나 구조가 다른 물질을 말한다. 예를 들면 에틸알코올(C_2H_5OH)과 다이메틸에테르(CH_3OCH_3)를 들 수 있다. 분자는 삼차원적 구조를 가지므로 이성질분자는 분자내에 있는 원자들의 공간적 배열의 차이 때문에 구조가 달라질 수도 있다.

분자의 동일성을 바꾸지 않고서도 분자의 일부분을 단일결합 주위로 회전시킬 수가 있다. 예를 들면 CH_2ClCH_2Cl이라는 물질의 구조를 삼차원적으로 나타내면 다음과 같다.

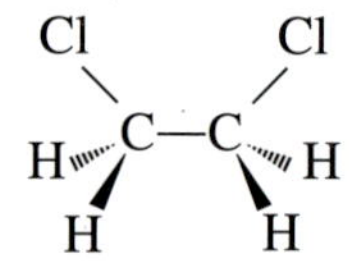

하지만 분자가 이중결합을 포함하고 있거나 한 세트의 원자가 동일 평면상에 놓여 있는 구조를 이루고 있으면 결합을 하나 이상 깨뜨리지 않고서는 회전시키거나 비틀 수가 없다. 이러한 경우 기하이성질체가 존재할 수 있다. 예를 들어 ClCH=CHCl의 가능한 구조를 생각해 보면 다음과 같다.

염소원자들이 이중결합의 같은 편에 존재

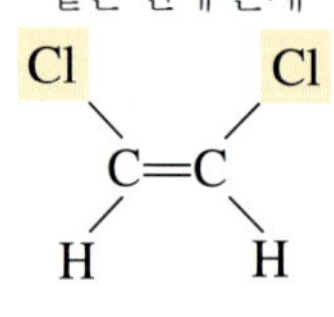

cis-1,2-Dichloroethene
(끓는점: 60°C)

염소원자들이 이중결합의 다른 편에 존재

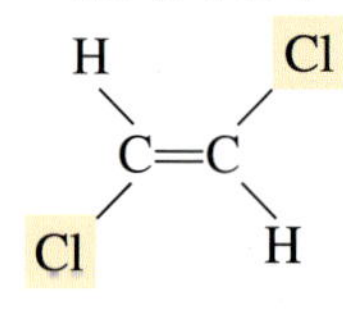

trans-1,2-Dichloroethene
(끓는점: 48°C)

기하이성질체(geometrical isomer)는 조성이 각 원자들이 같은 세트의 다른 방향으로 결합되어 있는 물질이라 할 수 있다. 이들 이성질체는 서로 성질이 다른 화합물이며 쉽게 분리할 수 있다. 예를 들어 cis이성질체는 쌍극자모멘트를 갖지만, trans이성질체는 갖지 않는다.

한편 기하이성질체는 평면정사각형, 이중삼각뿔 및 팔면체의 구조를 가진 화합물이나 이온에서도 찾아볼 수 있다. 몇 가지 예를 표 7-2에 나타내었다.

표 7-2 기하이성질체 보기

화학식	시스 이성질체	트랜스 이성질체
$Pt(NH_3)_2Cl_2$	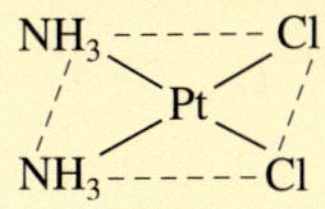	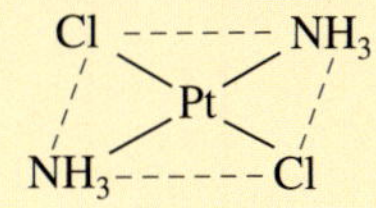
$P(CH_3)_2Cl_3$	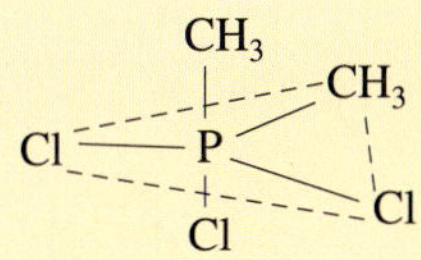	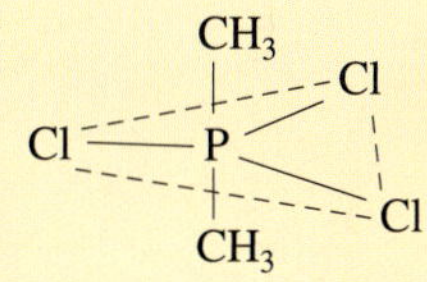
$[Co(NH_3)_4Cl_2]^+$	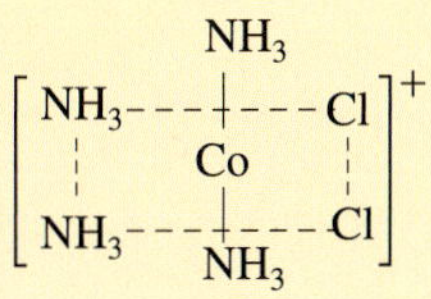	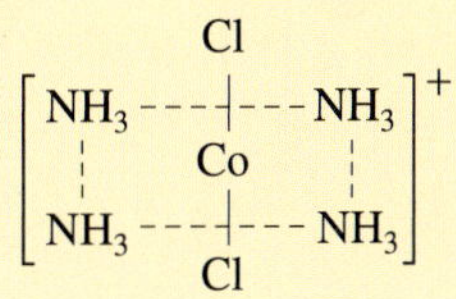

예제 7.8 다음 화합물 어느 것이 기하이성질체를 가지겠는가?

CH_2Cl_2, $CH_2Cl—CH_2Cl$, $CHBr═CHCl$, $CH_2Cl—CH_2Br$

풀이: $CHBr═CHCl$만이 다음과 같은 기하이성질체를 가질 수 있다.

$CH_2Cl—CH_2Cl$과 $CH_2Cl—CH_2Br$에서는 탄소원자가 단일 결합에 의해서 결합되어 있으므로 이 결합 주위로 원자단의 자유회전이 가능하게 된다. 따라서 할로겐 원자들의 배열은 단일결합 주위의 회전만으로 서로 뒤바뀔 수 있다. CH_2Cl_2에서는 분자의 배열이 사면체이며 원자들의 위치를 어떻게 바꾸어도 똑같은 배열이 된다.

7.5 질량분석법

질량분석법은 분자량을 결정하는데 뿐만 아니라 분자조각의 질량을 알아내어 분자의 구조를 연구하는 데에도 이용된다. 한 물질을 질량분석법으로 확인하면 분자량 뿐만 아니라 이성질체들도 구별할 수 있으며, 심지어는 분자에 있어서의 상대적인 결합에너지에 관한 정보를 얻기도 한다.

질량분석기에 액체나 기체시료를 이온화실에 분사하고 고에너지 전자를 써서 충격을 준다. 이때 여러 가지 양이온(아주 불안정함)이 생성되어 어미분자와 함께 존재하게 된다. 화학결합이 깨어짐에 따라서 여러 가지 이온조각이 생기는데, 이 조각으로부터 전자의 이탈이 일어나게 된다. 가해진 전기장과 자기장 속에서 이온의 진로가 휘는 정도는 그 이온의 m/e^-비에 따라 다르다. 여러 가지 m/e^- 비의 이온들이 일련의 피이크로서 검출기에 나타나며 이른바 **질량스펙트럼**을 이루게 된다(그림 7-5).

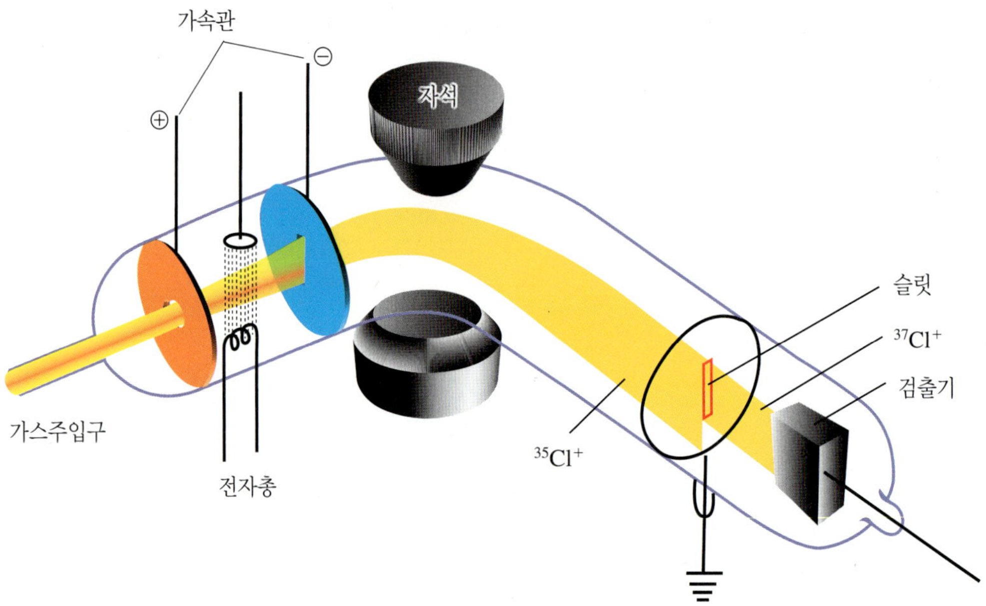

그림 7-5 질량 분석기

양으로 하전된 어미분자의 피이크가 보통 가장 큰 질량에 대응하는 피이크이다. 동위원소의 존재 때문에 질량이 1내지 2단위 큰 피이크가 나오기도 한다. 화합물의 정확한 분자량이 이 모든 피이크로부터 결정된다. 이러한 의미에서 보면 분자량을 결정하는 방법으로서는 질량분석법보다 나은 것이 없다. 다른 방법을 쓰는 경우에는 정확한 분자량에 1~2%의 오차가 따른다.

예로 물질 $HOCH_2CH_2SH$의 질량스펙트럼을 그림 7-6에 나타내었다. m/e^- 비가 78인 피이크가 이 화합물의 분자량에 해당된다. 79와 80에서의 작은 두 피이크는 ^{12}C, ^{16}O, ^{32}S 대신에 자연에 존재하는 동위원소 ^{13}C, ^{18}O, ^{33}S, ^{34}S 등이 포함된 분자가 약간 존재하기 때문에 나타난 것이다. m/e^-비가 77인 조각이 없는 것은 H원자 조각이 없음을 뜻하는 것으로 S–H, C–H, O–H 등의 결합이 아주 강한 결합임을 의미한다.

이 화합물의 실험식만 알고 구조는 모른다고 하자. 질량스펙트럼을 보면 곧 구조를 짐작할 수 있다. 또한 분자량이 결정되었으므로 분자식을 알게 된다. m/e^-비가 63인 피이크가 강하게 나타나지 않는 것은 이 화합물에 CH_3OCH_2SH, CH_3SCH_2OH, $CH_3CH(SH)(OH)$에서와 같은 CH_3 원자단의 존재가능성이 없음을 뜻한다. 따라서 적합한 구조식은 $HOCH_2CH_2SH$이다.

위의 예에서 알 수 있듯이 질량분석법은 유기화학분야에서 특히 유용한데 그 이유는 유기화합물에는 이성질체가 존재할 가능성이 많으며 또 휘발성이 커서 기체상태로 만들어 기기 속에 분사하기가 용이한 화합물이 많기 때문이다.

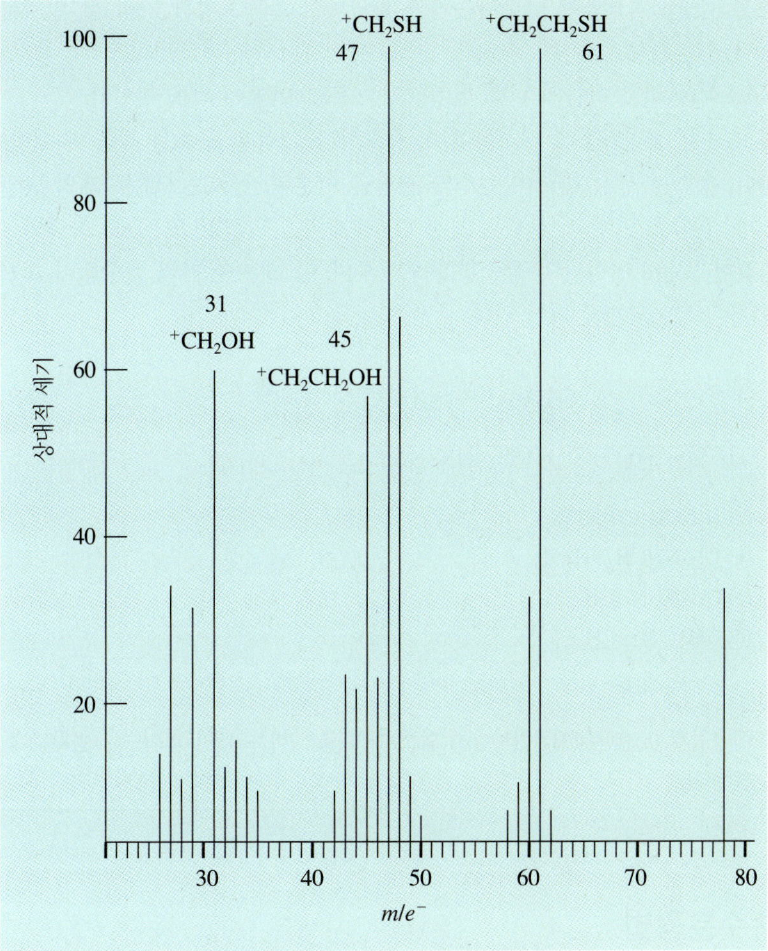

그림 7-6 $HOCH_2CH_2SH$의 질량스펙트럼

예제 7.9 이성질체 CH_3CH_2OH와 CH_3OCH_3의 질량스펙트럼 간의 중요한 차이점은 무엇이겠는가?

풀이: CH_3CH_2OH의 질량스펙트럼에는 $CH_3CH_2{}^+$에 해당하는 m/e^-비가 29인 피이크가 나타나지만 메틸 에테르에서는 이 피이크가 나타나지 않는다. 두 스펙트럼에 모두 $m/e^- = 31$인 피이크가 있지만 CH_3OCH_3의 스펙트럼에는 이 피이크의 세기가 CH_3CH_2OH의 스펙트럼보다 두 배나 강하다. CH_3OCH_3의 경우에는 CH_3O 조각이 얻어질 방법이 두 가지이지만 CH_3CH_2OH에서는 CH_2OH가 얻어지는 방법이 한 가지 밖에 없기 때문이다.

질량분석법에 의하여 어느 화합물을 확인하는 과정을 요약하면, 우선 분자량을 결정한 후 가능한 구조식을 적기 위하여 그 화합물에 관한 모든 지식(예컨대 실험식)을 동원한다. 가능한 구조를 여러 가지로 생각해 놓고 각 구조에서 나올 수 있는 조각에 대응한 m/e^-의 피이크가 실

험적으로 얻은 질량스펙트럼에 나타나는가를 확인하여 스펙트럼과 가장 잘 일치하는 구조를 찾는다.

가능한 구조식을 적고 이들의 실험 데이터와 구조를 어떻게 적을 것인가, 그리고 분자의 모양을 어떻게 예측할 것인가를 이해하는 일이 중요하다. 가능한 구조를 적을 때 다음을 알고 있으면 편리하다. 수소는 항상 하나의 원소와 결합을 이루며, 산소는 (1) 두 개의 단일결합 또는 (2) 하나의 이중결합을 이루고, 질소는 보통 (1) 세개의 단일결합 또는 (2) 하나의 이중결합과 하나의 단일결합 또는 (3) 하나의 삼중결합을 이루며, 탄소는 몇 가지 결합들이 적절하게 섞여서 전체 결합차수 4가 되게끔 되어 있다.

예제 7.10 $C_2H_8N_2$의 가능한 이성질체의 구조식을 모두 적어라.

m/e^- 비가 45인 피이크가 나타나지 않는 것은 어느 것인가?

풀이:

(a) $H_2NCH_2CH_2NH_2$

(b) $CH_3NHCH_2NH_2$

(c) $CH_3NHNHCH_3$

(d) $CH_3—N—CH_3$ (N에 NH_2 결합)

이성질체 (a)에는 CH_3 원자단이 없으므로 m/e^- 비가 45인 피이크는 명확하게 나타나지 않는다.

7.6 흡수분광법

분자분광학은 각각의 원자나 분자와 에너지간의 상호작용이 양자화되어 있다는 개념에 근거를 두었다. 두 에너지 준위간의 차이는 다음과 같은 식으로 진동수 ν로 나타낼 수 있다.

$$E_2 - E_1 = h\nu$$

여기서 h는 Planck 상수이다.

위 식은 **방출분광법**(emission spectroscopy)과 **흡수분광법**(absorption spectroscopy)에 모두 적용된다. 방출분광법에서는 원자나 분자가 적당한 방법에 의해서 들뜬 후 다시 바닥상태로 되돌아갈 때 그 계에서 허용된 전이에 대응하는 진동수를 가진 빛이 방출된다는 원리를 이용한다. 흡수분광법에서는 원래 바닥상태(ground state)에 있던 원자나 분자가 들뜬 상태(excited state)로 되면서 그에 허용된 전이에 대응하는 진동수를 가진 빛을 흡수하는 원리를 이용한다.

(1) 전자전이

한 전자가 에너지를 흡수하면 높은 에너지준위로 올라갈 수 있는데 이와 같이 전자의 에너지 상태가 변화하는 것을 **전자전이**(electronic transition)라 한다. 전자전이에서는 주로 스펙트럼에서 자외선과 가시영역에 해당되는 빛이 흡수된다.

(2) 진동전이

결합의 진동운동과 관계있는 흡수, 즉 분자전체로서 에너지를 흡수하여 원자들 사이의 결합이 보다 더 기운차게 늘어나고 구부러지고 또는 비틀리게 되는 수가 있으며 이를 **진동전이**(vibrational transition)라 한다. 이때 각 운동의 변화마다 일정한 에너지가 흡수된다.

(3) 회전전이

회전전이(rotational transition)란 분자 전체의 회전운동에 변화가 일어나는 흡수, 즉 어떤 분자가 기체나 액체에서처럼 자유롭게 움직일 수 있으면 흡수된 에너지로 말미암아 분자 전체가 분자의 질량중심 주위로 회전하는 운동 상태로 변하고 이때 일어나는 흡수를 말한다. 그림 7-7은 분자전이의 에너지준위를 나타낸 것이다.

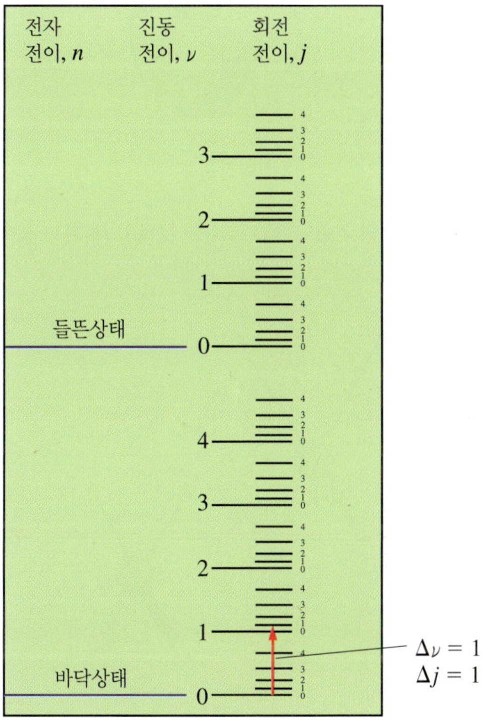

그림 7-7 분자전이

7.7 적외선(IR)스펙트럼

분자를 구성하고 있는 원자들은 끊임없이 운동을 하고 있는데 분자의 운동은 병진운동(translation motion), 회전운동(rotational motion) 및 진동운동(vibrational motion) 등 세 가지로 대별할 수 있다. 그림 7-8은 이와 같은 분자의 운동을 나타낸 것이다.

진동에는 결합의 신축(stretching), 굽힘(bending)과 비틀림(twisting)에 의한 결합각의 변화, 분자의 한 부분의 다른 부분에 대한 상대적인 흔들림(rocking and scissoring), 같은 방향으로의 흔들림(wagging), 비틀림(twisting) 등이 있다. 그러나 순수한 진동은 병진운동이나 회전운동을 수반하지 않는다.

적외선스펙트럼은 진동스펙트럼인데 그림 7-9는 진동의 몇 가지 예를 나타낸 것이다.

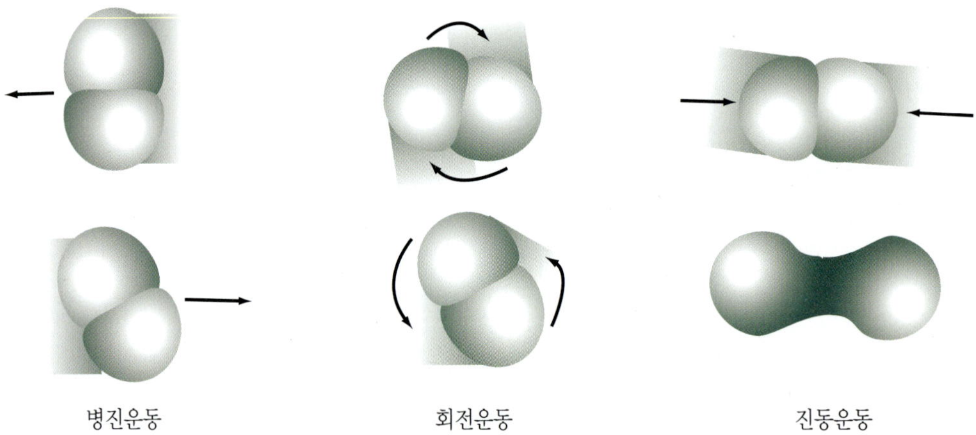

그림 7-8 이원자분자의 운동의 세 가지 형식

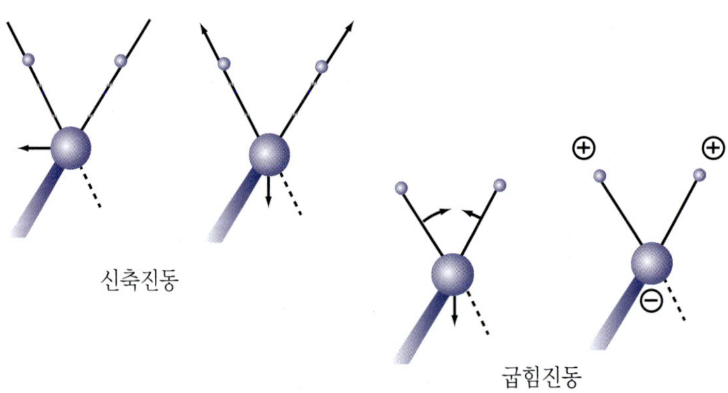

그림 7-9 분자의 진동방식의 몇 가지 보기

표 7-3 원자단의 고유한 흡수진동수

띠	원자단	방식[a]	진동수의 근사값(cm^{-1})
C—H	CH_3, 알케인	신축	2960, 2870
	CH_2, 알킨	신축	2920, 2850
C—H	—CH═CH—	신축	3040~3010
C—H	≡C—H	신축	3300
C—H	—C—H 방향족	신축	3030
C—H	—CH_2—	굽힘	1465
C—H	—C—CH_3	굽힘	1380
C—H	—CH═CH— 트랜스	굽힘	300, 970
C—H	—CH═CH— 시스	굽힘	690
C—C	$(CH_3)_3$—C—R	흔들림	1250
C—C	—$(CH_2)_n$—($n > 3$)	신축	725
C—C	—C═C—	신축	1680~1620
C—C	—C≡C—	신축	2230
C_6H_5	방향족고리	고리진동	1600, 1500
O—C	═C═O	신축	1850~1600
O—C	≡C—O—	신축	1250~1000
O—H	O—H(자유로운 H)	신축	3620
O—H	O—H(수소결합된 H, 알코올)	신축	3300
N—H	N—H_x(x = 1,2,3)	신축	3500~3300
S—H	S—H	신축	2600
Cl—C	Cl—C	신축	800~700

[a] 굽힘, 흔들림 등의 말은 진동방식을 나타내는 학술적인 공통어임.

분자의 모든 진동은 하나 또는 일정수의 진동 기본방식의 결합으로 나타낼 수 있다. 분자가 적외선을 흡수하면 그 분자의 진동 기본방식 중 흡수한 광자에 대응하는 진동이 들뜨게 되어 진동 상태간에 전이가 일어나는데, 이때에는 회전상태의 변화가 수반되기 때문에 이러한 전이는 **흡수띠**(absorption band)라고 하는 에너지 영역에 걸쳐서 일어난다. 대부분의 유기화합물은 적외선 영역에서 그 분자 중에 존재하는 결합의 종류에 따라 각각 특유한 일정 파장의 빛을 흡수하여 진동한다.

또한 원자단은 그의 특유한 원자단 흡수진동수를 갖는다. 이런 원자단의 흡수 진동수를 표 7-3에 나타냈으며 이러한 진동수 표는 분자 내의 원자단을 확인하는데 유용하고, 어느 분자에 있어서 한 원자단에 대하여 관측된 진동수가 보통의 경우와 다소 다르면 그 차이로부터 전문가들은 흔히 이 원자단 주위에 있는 다른 원자단의 결합성격에 대하여 추론할 수 있다.

그림 7-10에 몇 가지 화합물의 적외선스펙트럼을 예시하였고 이를 해석해 놓았다.

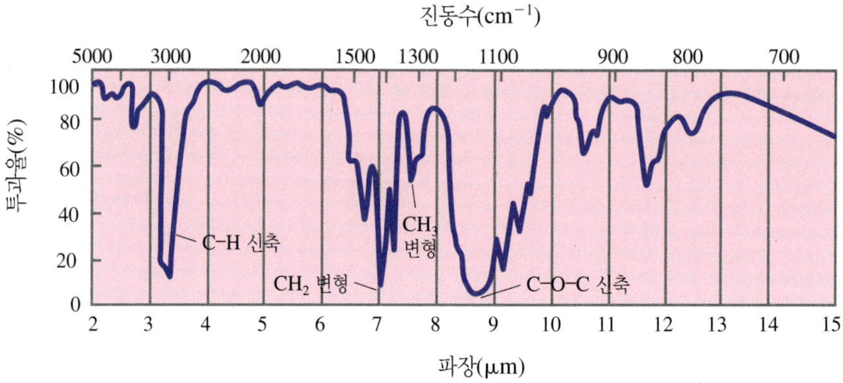

그림 7-10(a) 다이에틸에테르($CH_3CH_2OCH_2CH_3$)의 적외선스펙트럼

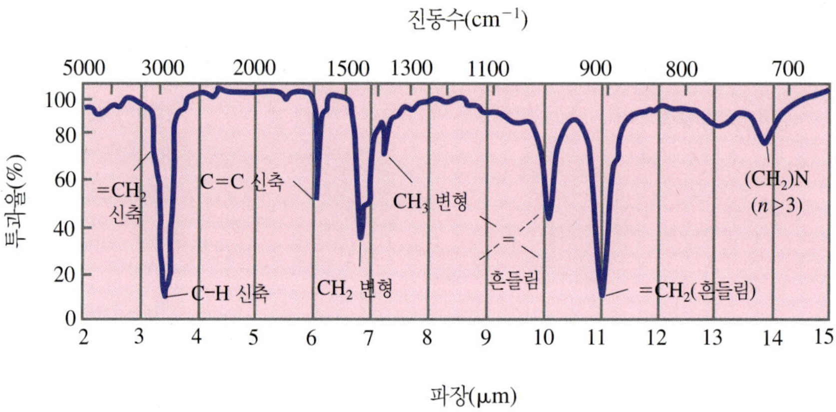

그림 7-10(b) 1-옥텐($C_6H_{13}CH=CH_2$)의 적외선스펙트럼

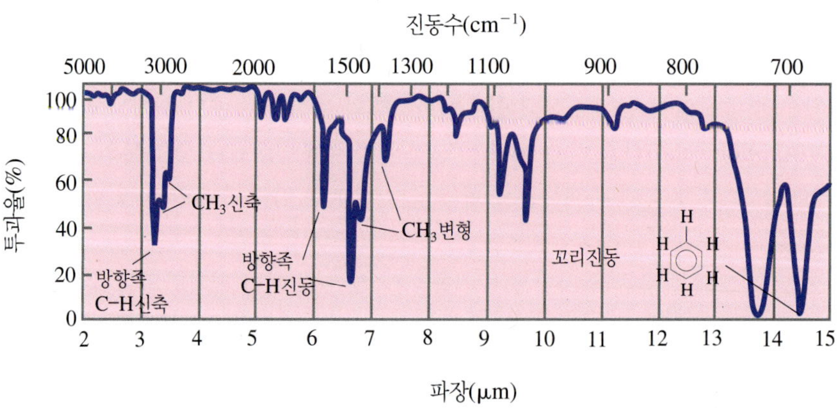

그림 7-10(c) 메틸벤젠(톨루엔:$C_6H_5CH_3$)의 적외선스펙트럼

7.8 핵자기 공명(NMR)스펙트럼

원자핵은 그에 고유한 양자화된 스핀(spin)을 갖는다. 핵에 스핀이 있으면 이것은 하나의 작은 자석처럼 행동하여 외부의 자장과 상호작용할 수 있다. 그리고 라디오파를 낼 수 있는 진동자는 핵자기 공명분광학에서의 동력원으로 사용된다. **핵자기 공명**(nuclear magnetic resonance: NMR)이란 진동자의 진동수가 핵스핀 상태간의 전이에 따른 에너지와 정확히 대응되면 자기장 속에 늘어선 핵들이 공명에 의해 에너지를 흡수하여 이들의 배향이 변하게 되는 현상으로 그림 7-11은 핵자기 공명분광계의 간단한 개요도를 나타낸 것이다.

핵자기 공명활성인 핵의 이웃 자리에 있던 전기음성도가 큰 원자가 전기음성도가 더 작은 원자로 치환되면 핵자기 공명활성인 핵의 공명진동수는 각 화학적 환경에 따라 변하게 된다. 서로 다른 두 화학적 환경에 놓여 있는 동일한 원자의 공명진동수간의 차이를 **화학적 이동**(chemical shift)이라고 한다. 화학적이동 δ는 ppm단위로 나타내며, 어떤 표준물질을 기준으로 해서 측정한다. 양성자 공명의 경우 표준물질로서 물, 벤젠 또는 테트라메틸실란[TMS, $(CH_3)_4Si$]을 택한다. 화학적 이동은 다음과 같은 관계식으로 정의한다.

$$\delta = \frac{\text{H(표준물질)} - \text{H(시료)}}{\text{H(표준물질)}}$$

여기서 H(시료)와 H(표준물질)은 각각 시료와 표준물질이 일정한 진동수 ν_0에 대하여 공명흡수를 일으키는 장의 세기들이다.

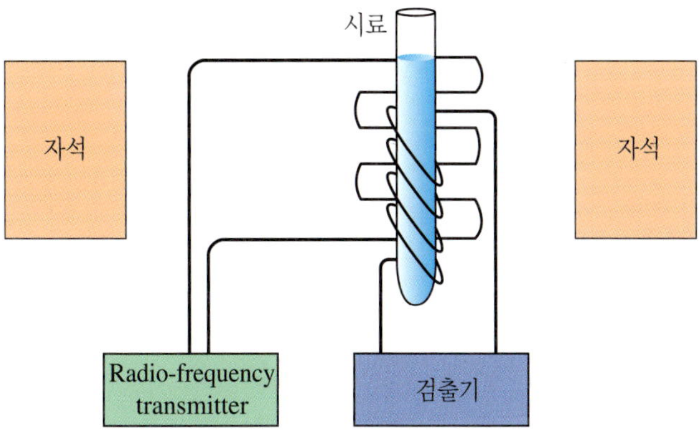

그림 7-11 핵자기 공명(NMR) 실험

연습문제

PROBLEMS

01. 분극(分極)이란 무엇인가?

02. 다음 화합물의 분자량 혹은 화학식량을 계산하라.

(a) 벤젠(C_6H_6) (b) 설탕(sucrose, $C_{12}H_{22}O_{11}$) (c) 이산화티타늄(TiO_2)

03. 접시 세척용으로 쓰이는 세척제 Na_3PO_4중의 인(P)의 백분율을 구하라.

04. 다음 물질에서 탄소의 원자분율은 얼마인가?

(a) 다이아몬드 (b) CH_4 (c) CO (d) CO_2

05. O_2^-의 결합길이는 0.128 nm, O_2에서는 0.121 nm 그리고 O_2^+의 경우에는 0.117 nm이다. 이와 같은 현상을 분자오비탈을 이용하여 설명하여라.

06. MX_2Y_2분자가 있다고 하자. 이 분자가 평면사각형 또는 정사면체의 구조를 가질 경우 모두 시스-트랜스 이성체를 가질 수 있는지 설명하여라.

07. 다음 화합물 중 어느 것이 기하이성질체를 가지는가?

(a) CH_2Br_2 (b) CH_2Br-CH_2Br (c) $CH_3CH=CHCH_3$ (d) CH_2Cl-CH_2Br

08. 다음의 상호작용들을 안정도가 증가하는 순서대로 나열하여라.

(a) 공유결합 (b) 수소결합 (c) Van der Waals힘 (d) 쌍극자힘

09. 분자구조에 의하여 물질이 존재하는 분자간 힘에 대하여 논하라.

10. 다음 물질의 성질을 결정함에 있어서 Van der Waals힘이 중요한 역할을 하는 것은 어느 것인가?

(a) NaCl (b) CO_2 (c) CO (d) H_2S

(e) BrF (f) Br (g) CH_4

11. 다음 어느 분자가 수소결합을 가지겠는가?

(a) CH_3OCH_3, CH_3CH_2OH

(b) CH_3SH, CH_3NH_2

(c) CH_3OH, $(CH_3)_3N$

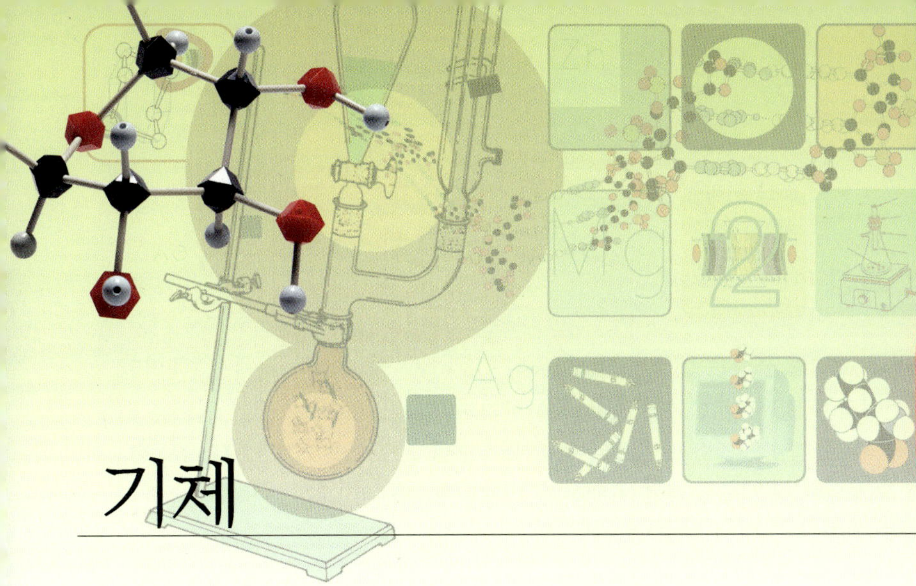

CHAPTER 08

기체

기체는 물질의 가장 간단한 형태이며, 몇 가지 간단한 방정식으로 모든 기체의 압력, 부피, 온도 및 분자수 사이의 관계를 표시할 수 있다. 이 장에서는 기체의 성질에 대해 알아보고, 일정한 양의 기체에 있어서 압력, 부피, 온도 변화 등을 다룬 Boyle의 법칙, Charles의 법칙, 그리고 기체분자운동론을 제시하고 이상기체와 실제기체를 설명하고자 한다.

미리보기

8.1 기체의 특성

우리가 살고 있는 지구 대기의 구성은 78%의 N_2, 21%의 O_2와 CO_2등의 기타 기체가 1%이다. 일반적으로 대기조건이라는 것은 25°C, 1기압(atm)을 말하며, 이 조건에서 기체인 원소를 그림 8-1에 나타내었다. 수소, 질소, 산소, 플루오르, 염소 등은 2원자 상태의 기체 즉 H_2, N_2, O_2, F_2, Cl_2이며, 산소의 동소체인 오존은 삼원자 기체이다. 그러나 8A족, 즉 비활성기체는 모두 단원자(monoatom) 기체이다.

대부분의 분자화합물들은 고체나 액체 상태로 존재하지만 CO, CO_2, HCl, NH_3, CH_4 등은 기체상태로 존재한다. 표 8-1에 대기조건에서 기체인 물질들을 나타내었다. O_2는 우리가 살아가는데 필수적이나 H_2S와 HCN은 독성이 강하여 죽음의 기체이다. 거기에 비하여 CO, NO_2, O_3, SO_2 등의 기체는 독성이 비교적 약하다.

기체는 투명하며, 플루오르(황록색), 염소(황록색), 브롬(적갈색), 요오드(보라색), 이산화질소(갈색), 삼산화이질소(갈색) 등을 제외하고는 대부분 무색이다. 또 기체는 다른 형태의 물질에 비하여 흐르는 과정에서 저항이 거의 없고, 분산속도가 매우 빠르다.

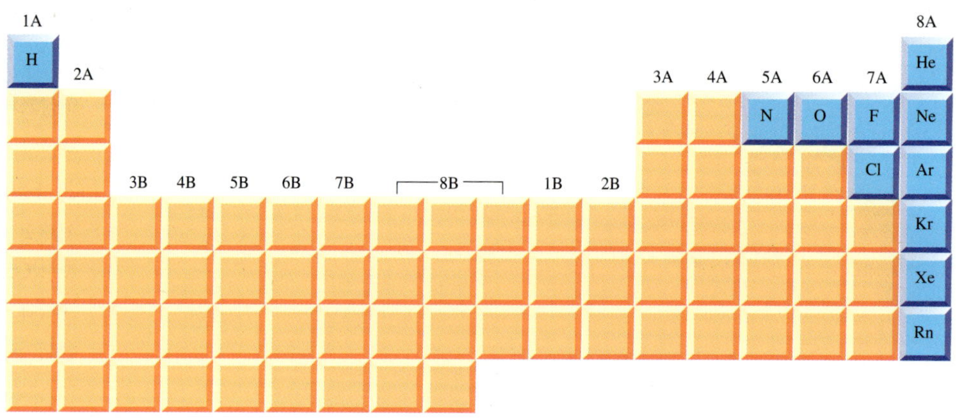

그림 8-1 25°C, 1기압에서 기체로 존재하는 원소

표 8-1 25°C, 1기압에서 기체로 존재하는 물질

원소		화합물	
H_2 (수소 분자)	He (헬륨)	HF (플루오르화수소)	NH_3 (암모니아)
N_2 (질소 분자)	Ne (네온)	HCl (염화수소)	NO (일산화질소)
O_2 (산소 분자)	Ar (아르곤)	HBr (브롬화수소)	NO_2 (이산화질소)
O_3 (오존)	Kr (크립톤)	HI (요오드화수소)	SO_2 (이산화황)
F_2 (플루오르 분자)	Xe (제논)	CO (일산화탄소)	H_2S (황화수소)
Cl_2 (염소 분자)	Rn (라돈)	CO_2 (이산화탄소)	HCN (시안화수소)

기체는 다른 형태의 물질에 비해 온도가 증가하면, 압력 감소에 의해 부피가 크게 팽창하는 특성이 있다. 또 기체는 부피, 온도, 압력, 몰수 등의 네가지 특성이 상호 연관되어 있어 이들 변수 중 하나가 변하면 나머지 3개 중 적어도 하나가 변한다.

8.2 기체의 압력

압력은 기체의 성질을 측정하는 유효한 수단이다. 기체의 압력을 이해하기 위하여 속도와 가속도를 이해할 필요가 있다. **속도**(velocity)는 다음과 같이 단위시간당 가는 거리로 나타내며, 단위는 m/s 또는 cm/s 등이다.

$$\text{속도} = \frac{\text{거리}}{\text{시간}} \ (\text{m/s})$$

가속도는 단위시간당 속도의 변화를 의미하므로 다음과 같이 표현한다.

$$\text{가속도} = \frac{\text{속도의 변화}}{\text{시간}} \ (\text{m/s}^2)$$

힘은 Newton(Sir Isaac Newton, 1642~1726)의 법칙에 따라 다음과 같이 나타낸다.

$$\text{힘} = \text{질량} \times \text{가속도} \ (\text{kg} \cdot \text{m/s}^2)$$

힘의 단위인 $\text{kg} \cdot \text{m/s}^2$는 곧 1 N(newton)이다. 즉,

$$1 \text{ N} = \text{kg} \cdot \text{m/s}^2$$

압력은 단위면적에 작용하는 힘이므로 다음식으로 표현한다.

$$\text{압력} = \frac{\text{힘}}{\text{면적}} \left(\frac{\text{kg} \cdot \text{m/s}^2}{\text{m}^2} \right)$$

압력은 SI단위인 Pa(파스칼, pascal)을 사용한다.

$$1 \text{ Pa} = 1 \text{ N/m}^2$$

기체의 압력은 용기의 벽에 부딪히는 기체의 힘을 용기의 표면적으로 나눈 값과 동일하다.

$$\text{압력} = \frac{\text{힘}}{\text{면적}} \quad \text{또는} \quad P = \frac{F}{A}$$

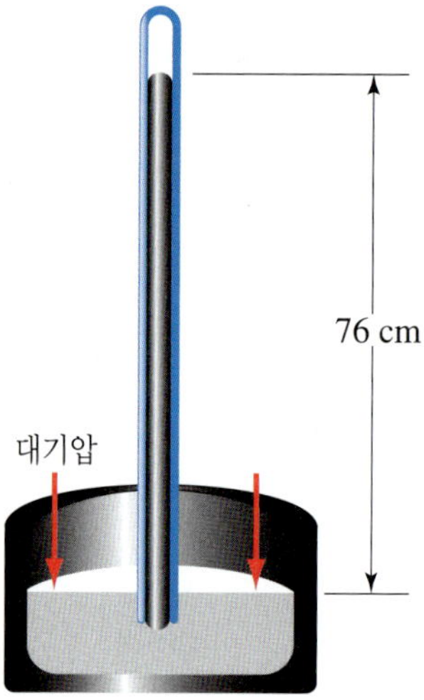

그림 8-2 수은 기압계

예로서 면적이 0.01 m^2인 피스톤에 1 N의 힘이 작용하면 피스톤에 작용하는 압력은 100 N/m^2이 될 것이다. 만약 피스톤의 면적이 0.1 m^2이면 압력은 10 N/m^2이 될 것이다. 이와 같이 압력은 힘이 작용하는 면적에 따라 달라진다.

지구의 대기는 기체혼합물로 되어 있고 대기압이라고 하는 압력을 받고 있다. 이와 같은 압력은 **기압계**(barometer)라고 하는 계기로 측정한다. 기압계는 한쪽이 막힌 유리관에 수은을 넣고 이것을 뒤집어 수은속에 세운 것이며, 그림 8-2와 같이 세우면 수은주의 높이가 압력을 표시하게 된다.

대기압의 측정은 보통 압력을 알고 있는 기준준위와 비교하는 방법을 사용하며 **표준대기압**은 수은주의 높이가 0°C에서 760 mm일 경우로 이것을 1기압(atm)이라고 한다. 또 압력은 Torricelli의 이름을 따서 **토르**(torr)단위로 나타내기도 한다. 1 torr는 1 mmHg와 같다.

$$1\ \text{atm} = 760\ \text{torr} = 760\ \text{mmHg} = 101325\ \text{Pa} = 1013\ \text{bar} = 14.7\ \text{lb/in}^2$$

압력의 단위는 mmHg외에도 여러 가지가 있으며 이를 표 8-2에 나다내었다.

한편 밀폐용기 중의 기체압력을 측정할 필요가 있을 경우에는 **마노미터**(manometer)라는 장치를 사용한다. 이는 그림 8-3에서 보여주는 바와 같이 수은을 넣은 U자관으로 되어 있다. U자관의 한쪽 끝은 대기와 통하게 열려 있어서 대기압은 수은에 압력을 미치고 용기에 연결되어 있는 다른 한쪽의 기체도 수은에 압력을 가하게 되어 결국 관 높이의 차이에 따라 압력이 결정된다. 즉 기체의 압력과 대기압이 같을 때 U자관의 수은의 높이는 양쪽이 같은 위치를 나타낼 것이다. 그림 8-3의 (a)의 경우는 기체의 압력이 대기압보다 더 작은 경우이다. 이 경우에는 대기압에서 관 높이의 차이를 빼주어야만 실제 압력이 얻어진다. 반대로 기체의 압력이 대

표 8-2 압력의 단위

단위	정의 또는 관계식
파스칼(Pa)	$kg/(m \cdot s^2)$(SI단위)
기압(atm)	1atm = 1.01325×10^5 Pa ≃ 100 kPa
mmHg 혹은 torr	1atm = 760 mmHg = 760 torr
바(bar)	1atm = 1.013 bar
psi	1atm = 14.7 psi(lb/in^2)
mH_2O	1atm = 10.33 mH_2O
kg/cm^2	1atm = 1.033 kg/cm^2

기압보다 더 높을 때에는 반대현상이 나타나며 이 경우에는 관높이의 차이에다 대기압을 더해 주어야만 실제의 기체압력을 구할 수 있다(그림 8-3의 (b)).

예제 8.1 대기압이 748.2 mmHg이고 수은주의 차이가 25.0 mmHg이었다면 대기압보다 더 높은 기체의 압력은 얼마인가?

풀이:

$$P_{gas} = \text{대기압} + \text{수은주 높이}$$
$$= 748.2\text{ mmHg} + 25.0\text{ mmHg}$$
$$= 773.2\text{ mmHg}$$

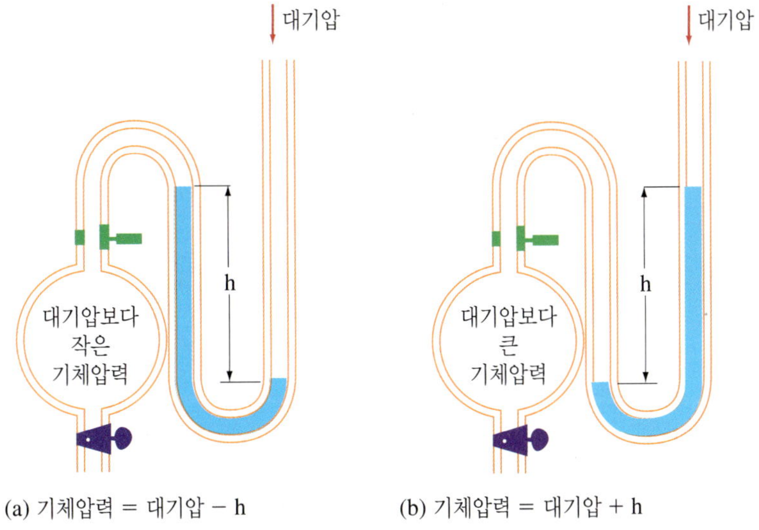

그림 8-3 압력계

8.3 Boyle의 법칙

1662년 Robert Boyle은 일정한 온도에서 기체의 압력에 따른 부피변화를 연구하기 위하여 그림 8-4와 같은 장치를 이용하였다. 그는 J형태 관의 열린 부분의 끝에 수은을 넣으면 밀폐된 곳에 있는 기체의 부피가 감소함을 관찰하고 "일정한 온도에서 기체 시료의 부피(V)는 가해준 압력(P)에 반비례한다"고 보고하였다. 이것을 식으로 나타내면 다음과 같다.

$$V \propto \frac{1}{P} \quad (T : \text{일정})$$

이것을 **보일의 법칙**(Boyle's law)이라 하며, 다음과 같은 형태의 식으로 나타낼 수 있다.

$$V = \frac{1}{P} \quad \text{또는} \quad PV = k \quad (k : \text{상수})$$

이 식에서 일정한 농도와 일정한 온도에서 기체의 압력과 부피의 곱은 항상 일정하다는 것을 보여 준다.

실제 0°C, 1.000 g의 O_2에 대한 압력과 부피의 실험값을 표 8-3에 나타내었으며 여기서 압력과 부피의 곱은 거의 일정함을 알 수 있다. 또한 그림 8-5에 나타낸 바와 같이 압력과 부피가 서로 반비례하는 도표를 얻을 수 있다. 일반적인 기체의 압력과 부피와의 관계를 그림 8-6에 나타냈으며 일정한 온도에서 주어진 기체시료의 압력이나 부피가 변한다면 다음 관계식에 의해서 최종상태의 압력과 부피를 각각 구할 수 있을 것이다.

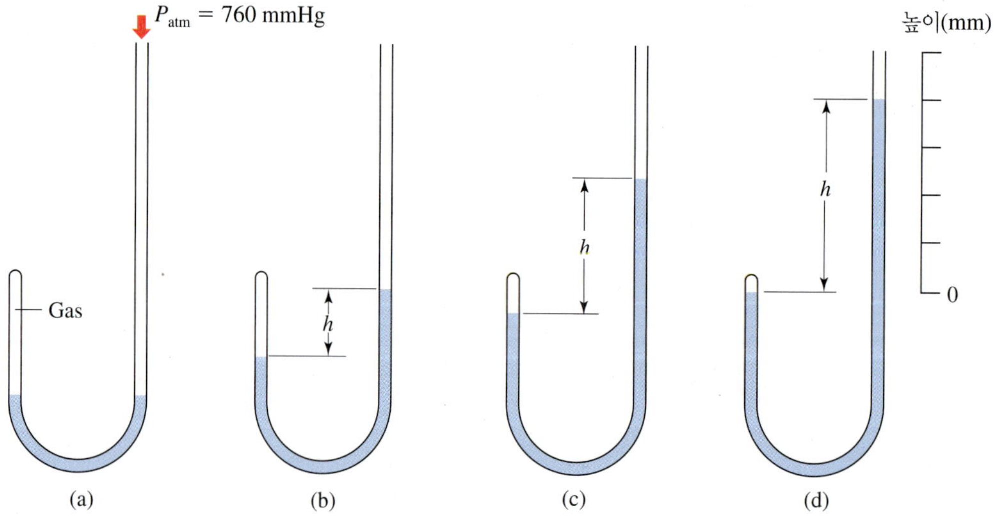

그림 8-4 Boyle의 실험장치. 수은을 넣으면 대기압 + h로 압력은 증가하고 기체의 부피는 줄어든다.

표 8-3 1.000 g 산소의 0°C에서의 압력-부피의 실험값

압력(atm)	부피(L)	PV(atm · L)
0.25	2.76	0.69
0.50	1.40	0.70
0.75	0.93	0.70
1.00	0.70	0.70

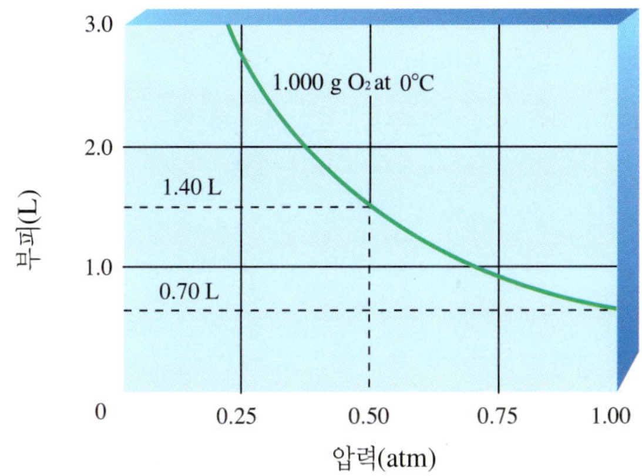

그림 8-5 압력변화에 대한 부피의 변화. 압력이 증가함에 따라 부피(0°C에서 1.000 g의 O_2)가 줄고 있다. 압력이 두 배가 되면(0.50 atm에서 1.00 atm으로) 부피는 반이 된다.

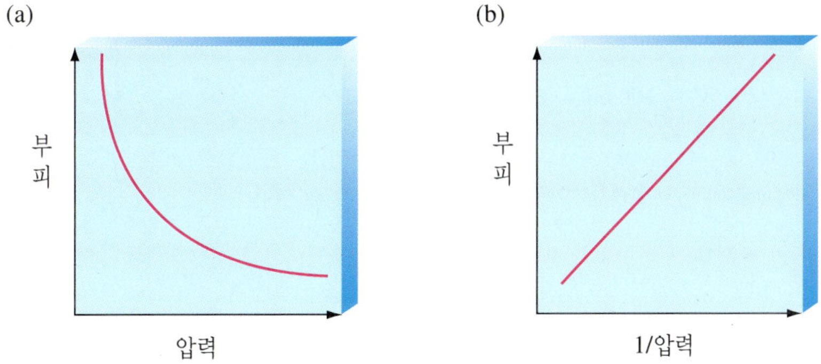

(a)에는 일정한 온도에서 기체의 압력과 부피를 그림으로 나타내었다.
(b)에서처럼 부피를 압력의 역수(1/*P*)에 대해 도시하면 기울기가 일정한 값인 PV = 상수를 가진 직선이 얻어진다.

그림 8-6 Boyle의 법칙

$$P_1V_1 = P_2V_2$$

$$P_1, V_1 : \text{초기상태}$$
$$P_2, V_2 : \text{최종상태}$$

예제 8.2 1.5 atm의 기체 10 L를 일정한 온도에서 3.8 L로 압축하였다. 이 기체의 최종압력을 mmHg 단위로 구하여라.

풀이: 먼저 주어진 데이터를 정리하면

최초 상태 $V_1 = 10\ \text{L}$ $\quad P_1 = 1.5\ \text{atm}$
최종 상태 $V_2 = 3.8\ \text{L}$ $\quad P_2 = ?\ \text{mmHg}$

또한 이 변화는 일정온도에서 행하여졌으므로 보일의 법칙으로부터 구할 수 있다.

$$P_1V_1 = P_2V_2$$

$$P_2 = \frac{V_1}{V_2} \times P_1$$

여기서 원하는 단위로 환산을 하면

1 atm = 760 mmHg

따라서 최종 압력 P_2는

$$P = \begin{array}{c|c|c} 10\ \text{L} & 1.5\ \text{atm} & 760\ \text{mmHg} \\ \hline 3.8\ \text{L} & & 1\ \text{atm} \end{array} = 3{,}000\ \text{mmHg}$$

예제 8.3 760 torr에서 100 mL의 기체를 같은 온도에서 800 torr로 압축하면 최종부피는 얼마인가?

풀이: 최초상태 $V_1 = 100\ \text{mL}$ $\quad P = 760\ \text{torr}$
최종상태 $V_2 = ?$ $\quad P = 800\ \text{torr}$

온도변화가 없으므로 보일의 빕칙에 의해서 구할 수 있나.

$$P_1V_1 = P_2V_2$$

$$V_2 = \frac{P_1}{P_2} \times V_1$$

$$V_2 = 100\ \text{mL} \times \frac{760\ \text{torr}}{800\ \text{torr}}$$
$$= 95\ \text{mL}$$

8.4 Charles의 법칙

1787년 Jacques Charles는 일정한 압력에서 모든 기체는 온도를 증가 또는 감소시킴에 따라 팽창이나 수축을 하며, 부피 변화는 넓은 온도 범위에 걸쳐 매우 일정함을 알았다. 즉 일정한 압력하에서 온도가 변화함에 따라 일정한 시료의 기체부피는 직선적으로 변화한다. 만일 어떤 기체가 1°C 올라가면 0°C일 때의 부피의 1/273만큼 팽창하며, 반대로 온도가 1°C 내려가면 1/273씩 감소하게 된다.

그림 8-8에서 보듯이 모든 기체의 부피가 0인 온도는 이론적으로 −273°C에 해당되며, 절대 온도인 Kelvin 척도(Kelvin scale)로는 0에 해당하는데 이것을 절대영도(absolute zero)라고 한다. Kelvin온도는 특별한 조건이 없는 한 T로 표시하고, 섭씨 온도는 °C로 표시하거나 또는 소문자 t로 표시한다. 따라서 섭씨온도와 절대온도와의 관계는 다음과 같이 나타내며, 그림 8-7에 서로 비교하였다.

$$T = t + 273.15(\mathrm{K})$$

Charles의 법칙을 따르는 기체는 이론적으로 절대영도에서 부피가 0이 되겠지만, 실제기체는 그 이전에 먼저 액화된다. 그림 8-8의 왼쪽 점선부분은 이론적인 부피감소를 나타내고 있는데, 기체부피 0은 0 K에 해당한다.

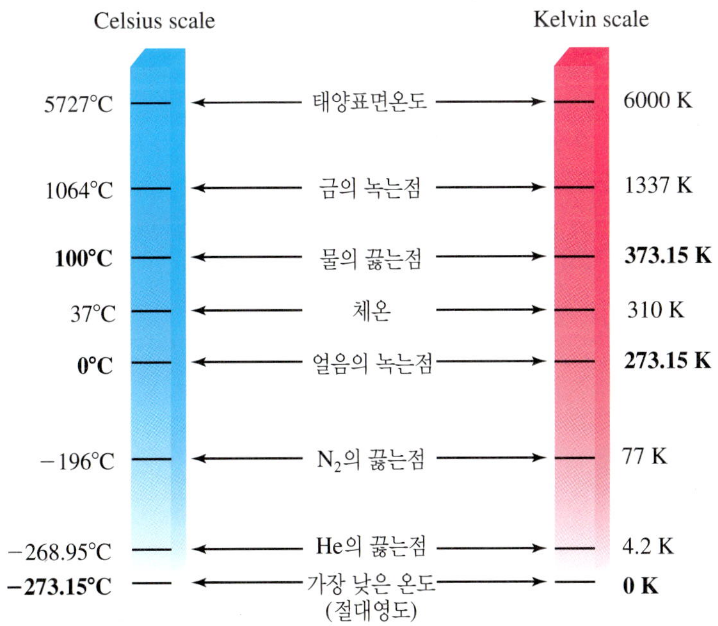

그림 8-7 절대온도와 섭씨온도의 비교

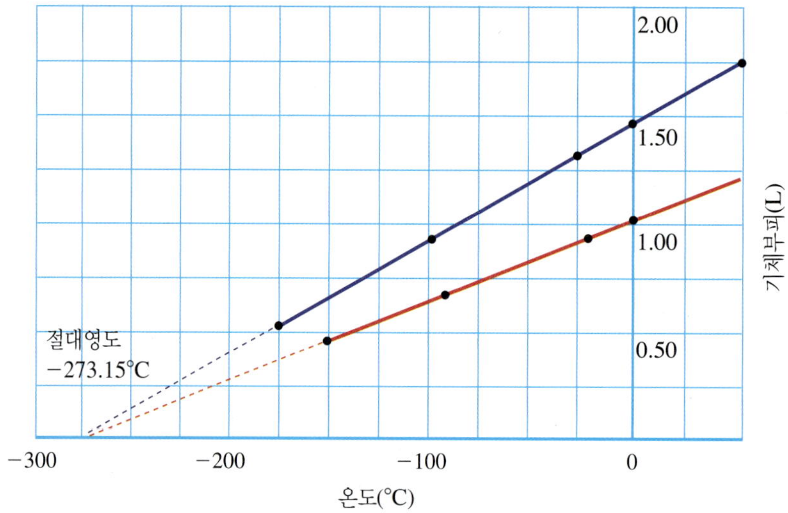

그림 8-8 일정 압력하에서 기체부피와 온도와의 관계. 온도에 따른 부피 변화 속도는 달라도 절대영도에서는 모든 기체의 부피가 0이다.

이 그래프는 "일정한 양의 기체부피는 절대온도에 정비례한다"는 **Charles의 법칙**(Charles' law)을 나타낸 것으로, 이것을 식으로 나타내면 다음과 같다.

$$V \propto T$$

$$V = kT \text{ 또는 } V/T = k$$

$$T : \text{온도(K)},\ k : \text{상수}$$

일정압력하에서 어떤 기체가 초기상태 V_1, T_1에서 최종상태 V_2, T_2으로 되었을 때 다음 식이 성립할 것이다.

$$\frac{V_1}{T_1} = \frac{V_2}{T_2} \text{ 또는 } V_1T_2 = V_2T_1$$

기체에 사용되는 표준온도 및 압력(standard temperature and pressure; STP)은 0°C, 1기압을 의미한다.

예제 8.4 압력이 일정할 때 20.0°C인 10.00 L의 기체를 0°C로 냉각하였다. 새로운 부피는 얼마인가?

풀이: 주어진 데이터를 정리하면

초기상태 $V_1 = 10.00\ \text{L}$ $T_1 = (20 + 273.15)\text{K}$

최종상태 $V_2 = ?$ $T_2 = (0 + 273.15)\text{K}$

여기서 T_1, T_2는 Charles의 법칙에서 절대온도이고, 이 법칙으로 계산하면

$$V_1T_2 = V_2T_1$$

$$V_2 = \frac{T_2}{T_1} V_1 = \frac{(0 + 273.15)\text{K} \times 10.00\text{ L}}{(20 + 273.15)\text{K}}$$

$$= 9.32\text{ L}$$

8.5 Boyle-Charles의 법칙

온도와 압력이 함께 변했을 때 일정량의 기체의 부피가 어떻게 변하는지를 알아 보면 첫째, 보일의 법칙을 적용하여 온도를 일정하게 하고 새로운 압력에서 부피를 계산한다. 그후 계산된 부피에 샤를의 법칙을 적용하여 새로운 온도의 나중부피를 계산하면 된다. 여기서 두 단계를 합하면 기체부피의 압력과 절대온도와의 관계를 동시에 나타낼 수 있다.

$$\frac{P_1V_1}{T_1} = \frac{P_2V_2}{T_2}$$

이 식을 **Boyle-Charles의 법칙** 또는 **결합기체 법칙**(combined gas law)이라고도 한다.

예제 8.5 0°C, 1.00 atm에서 어떤 기체의 부피는 2.50 L이다. 이 기체가 2.00 L의 용기에서 그 압력이 1.50 atm이 되게 하려면 온도는 얼마나 올려주어야 하는가?

풀이: 주어진 조건을 정리하면

초기상태	최종상태
$P_1 = 1.00$ atm	$P_2 = 1.50$ atm
$V_1 = 2.50$ L	$V_2 = 2.00$ L
$T_1 = (0 + 273.15)$ K	$T_2 = ?$

Boyle-Charles의 법칙으로부터 T를 구하면

$$\frac{P_1V_1}{T_1} = \frac{P_2V_2}{T_2}$$

$$T_2 = \frac{P_2V_2T_1}{P_1V_1}$$

$$= \frac{1.50\text{ atm} \times 2.00\text{ L} \times 273.15\text{ K}}{1.00\text{ atm} \times 2.50\text{ L}}$$

$$= 327.78\text{ K}$$

즉 273.15 K로부터 327.78 K까지 약 55도를 올려 주어야 한다.

8.6 Avogadro 법칙

"일정 조건의 온도와 압력에서 측정한 기체의 동일한 부피에는 동일한 수의 기체 분자가 포함되어 있다"는 것을 **Avogadro 법칙**이라 한다.

n을 분자수라 하면 Avogadro의 식은 다음과 같이 나타낼 수 있고,

$$V \propto n \quad \text{또는} \quad V = k \cdot n$$

이 식은 모든 기체에 적용된다. 이 법칙을 이용하면 두 기체 분자의 상대적인 질량을 측정할 수 있다.

모든 기체는 분자수가 같으면 같은 조건에서 같은 부피를 차지하므로 어떠한 기체라도 0°C, 1 atm(STP)에서 22.4 L의 부피를 갖는다. 또한 1몰(1mol)의 분자수를 N라 표시하고 이것을 Avogadro수라 하는데 이 값은 약 6.022×10^{23}개로 알려져 있다.

8.7 이상기체 법칙

기체에 있어서 부피, 온도, 압력 및 몰의 양적인 관계를 Boyle 법칙, Charles 법칙, Avogadro의 법칙에 의해서 설명할 수 있다. 이들 법칙들을 아래와 같이 표시할 수 있다.

Boyle의 법칙	$V \propto \frac{1}{P}$	$(n, T = \text{일정})$
Charles의 법칙	$V \propto T$	$(n, P = \text{일정})$
Avogadro의 법칙	$V \propto n$	$(P, T = \text{일정})$

위의 세 식에서 다음과 같은 간단한 관계식을 얻을 수 있다.

$$V = \frac{1}{P} \times n \times \text{상수} \times T$$

$$\text{즉} \quad PV = n \times \text{상수} \times T$$

위 식의 비례상수를 **기체상수 R**로 두면 **이상기체 법칙**(ideal gas law)은 다음과 같이 정리할 수 있으며, 이 식을 이상기체 방정식(ideal gas equation)이라고 한다.

$$PV = nRT$$

$$V = \frac{nRT}{P}$$

표 8-4 여러 단위의 몰기체상수 값

R의 값	단위
0.082057	L · atm/K · mol
8.31441	J/(K · mol)
8.31441	$kg \cdot m^2/(s^2 \cdot K \cdot mol)$
1.98719	cal/(K · mol)
8.31441×10^7	erg/(K · mol)

이때 R을 **이상기체상수**(ideal gas constant)라 하며, n은 몰수이다. 이 방정식을 사용하려면 이상기체상수 R의 값이 결정되어야 한다. R값은 표준상태(0°C, 1 atm)에서 몰부피의 실험값으로부터 얻어진다.

실험값
$$P = 1\ \text{atm}$$
$$V = 22.4\ \text{L}$$
$$T = 0°\text{C} = (0 + 273.15)\ \text{K}$$
$$n = 1\ \text{mol}$$

위의 실험값과 이상기체 법칙을 이용하여 R의 값을 구하면

$$R = \frac{PV}{nT} = \frac{1\ \text{atm} \cdot 22.4\ \text{L}}{1\ \text{mol} \cdot 273.15\ \text{K}} = 0.08205\ \text{L} \cdot \text{atm/mol} \cdot \text{K}$$

R값은 이외에도 사용되는 단위에 따라 여러 가지가 있으며 이를 표 8-4에 나타내었다.

기체상태에 있어서의 여러 가지 계산은 이상기체 법칙을 이용하여 해결할 수가 있다.

예제 8.6 산소기체의 압력이 12.0 atm일 경우 15°C에서 35.0 L의 용기속에는 몇 g의 산소가 들어 있는가?

풀이: 기체의 양은 몰수와 연관되므로 이상기체 법칙에서 n을 해결하면 풀 수 있다. 주어진 자료를 정리하면

$$P = 12.0\ \text{atm}$$
$$V = 35.0\ \text{L}$$
$$T = (15 + 273.15)\ \text{K} = 288.15\ \text{K}$$
$$n = ?$$

여기서 주의할 점은 P와 V의 단위에 따라 적합한 R값을 선택하여야만 한다는 것이다. 이 문제에서는 L과 atm 단위를 사용하였으므로 R = 0.082 L atm/mol K을 적용시켜야 한다. 이상기체 법칙에서 n에 대하여 풀면

$$PV = nRT$$

$$n = \frac{PV}{RT}$$

$$= \frac{(12.0\ \text{atm})(35.0\ \text{L})}{(0.082\ \text{L atm/mol K})(288.15\ \text{K})}$$

$$= 17.78\ \text{mol}$$

몰수를 질량으로 변환하면

$$= \frac{17.78\ \text{mol O}}{} \left|\ \frac{32.0\ \text{g O}}{1\ \text{mol O}}\right. = 568.96\ \text{g}$$

예제 8.7 어떤 화합물이 90°C, 720 mmHg에서 증기의 밀도는 1.434 g/L이다. 이 화합물의 분자량(M)은 얼마인가?

풀이: 밀도가 단위 부피당의 질량수를 나타내는 값이므로 주어진 자료를 R의 단위에 맞게 변환한다.

$$P = \frac{720\ \text{mmHg}}{} \left|\ \frac{1\ \text{atm}}{760\ \text{mmHg}}\right. = 0.947\ \text{atm}$$

V = 1 L

T = (90 + 273.15) K = 363.15 K

R = 0.082 L atm/mol K

m = 1.434 g

M = ?

여기서 몰수 n은 기체 질량을 분자량으로 나눈 값이므로 이상기체 법칙을 다시 정리하면

$$PV = nRT = \frac{m}{M}RT$$

$$M = \frac{mRT}{PV}$$

$$= \frac{(1.434\ \text{g})\ (0.082\ \text{L atm/mol K})\ (363.15\ \text{K})}{(0.947\ \text{atm})\ (1\ \text{L})}$$

$$= 45.09\ \text{g/mol}$$

예제 8.8 95°C, 650 torr에서 아세톤증기(C_3H_6O)의 밀도는 얼마인가?

풀이: 이 기체의 온도 $T = 95 + 273.15\ K = 368.15\ K$

$P = (650\ torr)(1\ atm/760\ torr) = 0.86\ atm$, $M = 58\ g/mol$이다. 밀도 $d = m/V$이므로 이상 기체 법칙은 다음과 같이 나타낼 수 있다.

$PV = nRT$에서

$$n = \frac{m}{M} \text{ 이므로 } PV = \frac{m}{M}RT$$

$$d = \frac{m}{V} = \frac{PM}{RT}$$

$$= \frac{(0.86\ atm)(58\ g/mol)}{(0.082\ L\ atm/mol\ K)\ (368.15\ K)} = 1.6\ g/L$$

위에서 설명한 이상기체방정식은 온도, 부피, 압력, 기체의 양이 모두 변할 때는 적용할 수 없으므로 이들 조건이 모두 변할 때는 다음과 같은 식으로 설명할 수 있다.

$$R = \frac{P_1V_1}{n_1T_1} \text{ (조건이 변하기 전)}$$

$$R = \frac{P_2V_2}{n_2T_2} \text{ (조건이 변한 후)}$$

만약 $n_1 = n_2$이라면 위의 식은 다음과 같이 나타낼 수 있다.

$$\frac{P_1V_1}{T_1} = \frac{P_2V_2}{T_2}$$

예제 8.9 호수의 밑바닥에서 기체 방울이 올라오고 있다. 호수의 밑바닥은 8°C, 6.4 atm이고, 호수의 표면은 25°C, 1 atm이다. 이 기체 방울의 처음 부피는 2.1 mL였다. 기체 방울의 최종부피를 구하라.

풀이:

처음 조건	최종 조건
$P_1 = 6.4\ atm$	$P_2 = 1\ atm$
$V_1 = 2.1\ mL$	$V_2 = ?$
$T_1 = (8 + 273)\ K = 281\ K$	$T_2 = (25 + 273)\ K = 298\ K$

기체의 양은 변함이 없으므로 $n_1 = n_2$이므로 다음과 같이 V_2를 구할 수 있다.

$$V_2 = V_1 \times \frac{P_1}{P_2} \times \frac{T_2}{T_1}$$

$$= 2.1\text{ mL} \times \frac{6.4\text{ atm}}{1.0\text{ atm}} \times \frac{298\text{ K}}{281\text{ K}} = 14\text{ mL}$$

예제 8.10 아르곤은 전구에 자주 사용하는데 이 전구 내의 아르곤은 압력이 1.20 atm이고 온도는 18°C이다. 이제 전구에 스위치를 켜면 전구의 온도는 85°C까지 올라간다. 이 전구의 압력을 구하라.

풀이:

처음 조건	최종 조건
$P_1 = 1.20\text{ atm}$	$P_2 = ?$
$T_1 = (18 + 273)\text{ K} = 291\text{ K}$	$T_2 = (85 + 273)\text{ K} = 358\text{ K}$

전구의 부피와 아르곤의 양은 변화 없으므로 $V_1 = V_2$, $n_1 = n_2$이다.
따라서 이상기체방정식은 다음과 같이 간단히 표현된다.

$$\frac{P_1}{T_1} = \frac{P_2}{T_2}$$

$$P_2 = P_1 \times \frac{T_2}{T_1}$$

$$= 1.20\text{ atm} \times \frac{358\text{ K}}{291\text{ K}} = 1.48\text{ atm}$$

8.8 부분압 법칙

둘 또는 그 이상의 서로 다른 기체를 동일 용기 내에서 혼합시켰을 때 화학반응이 일어나지 않으면 전체압력은 단순히 각 기체압력의 합과 같아진다. 즉, 각 기체는 다른 기체의 존재에는 관계없이 혼자만이 용기 내에 존재하는 것처럼 압력을 미친다. 따라서 전체압력 P는 부분압력 P_1, $P_2 \cdots$ 등의 합과 같이 된다.

$$P_T = P_1 + P_2 + \cdots$$

이러한 관계를 **Dalton의 부분압 법칙**(law of partial pressure)이라고 한다. 예를 들어 질소, 산소 및 이산화탄소를 한 용기 내에 혼합하면 용기 내의 전체 압력은

$$P_T = P_{N_2} + P_{O_2} + P_{CO_2}$$

가 된다. 질소의 분압이 200 mmHg, 산소의 분압이 250 mmHg, 이산화탄소의 분압이 300 mmHg라면 전체압력은

$$P_T = 200\ \text{mmHg} + 250\ \text{mmHg} + 300\ \text{mmHg}$$
$$= 750\ \text{mmHg}$$

된다. Dalton의 부분압 법칙은 두 가지 이상의 기체를 혼합했을 때 각 기체의 분압을 알아내는 데 유용한 법칙이다.

예제 8.11 H_2 1.0 g과 He 5.0 g을 20°C에서 5.0 L의 용기에 섞어 넣을 때 압력은 얼마나 될까?

풀이:

$$P = \frac{n_{Total}RT}{V}$$

$$n_{Total} = \frac{1.0\text{g H} \mid 1\text{ mol H}}{\mid 2.0\text{ g H}} + \frac{5.0\text{g} \mid 1\text{ mol He}}{\mid 4.0\text{ g He}}$$

$$= 0.50\text{ mol } H_2 + 1.25\text{ mol He}$$

$$= 1.75\text{ mol gas}$$

$$P_T = \frac{(1.75\text{ mol})(0.082\text{ L atm/mol K})(293.15\text{ K})}{5.0\text{ L}} = 8.4\text{ atm}$$

예제 8.12 산소를 25°C에서 수상치환하여 3.00 L 용기에 모을 때의 압력은 압력계로 758 mmHg임을 알았다. 수집된 산소의 mol수를 구하라. (단, 25°C에서의 물의 증기압은 24 mmHg).

풀이: Dalton의 부분압 법칙으로부터 전체압력은 산소압력과 물의 압력의 합과 같다.

$$P_{Total} = P_{O_2} + P_{H_2O}$$

또한 25°C에서의 물의 증기압은 24 mmHg이므로, 따라서 순수한 산소만의 압력은

$$P_{O_2} = P_{Total} - P_{H_2O}$$
$$= 758\text{ mmHg} - 24\text{ mmHg}$$
$$= 734\text{ mmHg}$$

결국, 산소의 몰수는 이상기체 법칙으로부터 계산 가능해진다. R = 0.082 L atm/mol K의 단위로 하여 주어진 자료를 정리하면,

$$P = \frac{734\text{ mmHg} \mid 1\text{ atm}}{\mid 760\text{ mmHg}} = 0.966\text{ atm}$$

V = 3.00 L

T = (25 + 273.15) K = 298.15 K

R = 0.082 L atm/mol K

따라서 구하는 산소의 몰수는

$$n = \frac{PV}{RT}$$

$$= \frac{(0.966\ \text{atm})(3.00\ \text{L})}{(0.082\ \text{L atm/mol K})(298.15\ \text{K})} = 0.119\ \text{mol}$$

8.9 Graham의 법칙

어떤 기체분자들이 다른 기체속으로 움직여 들어가는 현상을 **확산**(diffusion)이라고 한다. 예를 들면 공기의 흐름이 없는 방 안에 암모니아 기체를 풀어 놓으면 얼마 후 이 기체가 방 전체에 스며 들어 있음을 알아낼 수 있다. 그림 8-9에서 NH_3은 HCl보다 가벼우므로 NH_3 기체는 HCl이 들어 있는 병 주위로 확산되어 HCl 기체와 반응하여 NH_4Cl을 만든다. 어느 기체가 아주 조그마한 구멍을 통하여 용기로부터 빠져나가는 **분출**(effusion) 속도는 기체 분자들의 질량에 따라 다름을 알 수 있다. 확산과 분출은 모두 **Graham의 법칙**(Graham' s law)에 의하여 정량적으로 설명되며, 이 법칙은 "어느 주어진 온도에서 두 기체의 상대적인 분출속도는 그들 밀도의 제곱근에 반비례한다"고 표현된다.

$$\frac{v_1}{v_2} = \sqrt{\frac{d_2}{d_1}} \qquad d: \text{밀도}$$

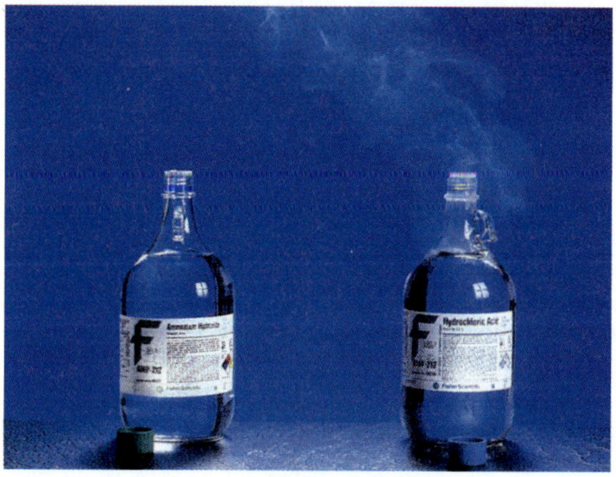

NH_3 HCl

그림 8-9 NH_3와 HCl 기체의 확산

어느 주어진 온도와 압력하에서 순수한 기체의 밀도는 그것의 분자량에 비례하므로 기체의 분출속도는 분자량 M의 제곱근에 반비례하게 된다. 따라서 동일한 온도와 압력의 조건하에서 순수한 두 기체의 상대적인 분출속도는 다음 식으로 나타내어 진다.

$$\frac{v_1}{v_2} = \sqrt{\frac{M_2}{M_1}} \qquad M : 분자량$$

Graham의 법칙은 분자운동론에 의하여 설명할 수 있다. 동일한 온도의 두 기체를 생각해 보자. 온도가 같으므로 이들의 평균분자운동에너지도 같을 것이다. 즉,

$$\frac{1}{2} m_1 v_1^2 = \frac{1}{2} m_2 v_2^2$$

이 식을 정리하여 제곱근 평균제곱속력을 구하면

$$\frac{v_1}{v_2} = \sqrt{\frac{m_2}{m_1}} = \sqrt{\frac{M_2/N}{M_1/N}} = \sqrt{\frac{M_2}{M_1}}$$

M : 기체의 분자량

N : Avogadro수

이 식은 Graham의 법칙을 나타내는 식과 같다.

예제 8.13 우라늄-238(핵연료가 아님)으로부터 우라늄-235(핵연료)를 분리하는 방법의 하나는 그들의 육플루오르화합물(UF_6)기체를 분출시키는 방법이다. $^{235}UF_6$는 $^{238}UF_6$보다 얼마나 빨리 분출되는가?

각각의 원자량은 다음과 같다고 하자.

^{235}U : 235.119 g/mol

^{238}U : 238.125 g/mol

풀이: $^{235}UF_6$의 분자량 = 235.119 + 6(18.9984) = 349.109 g/mol

$^{238}UF_6$의 분자량 = 238.125 + 6(18.9984) = 352.116 g/mol

따라서 Graham의 관계식으로부터

$$\frac{^{235}UF_6\text{의 속도}}{^{238}UF_6\text{의 속도}} = \sqrt{\frac{^{235}UF_6\text{의 분자량}}{^{238}UF_6\text{의 분자량}}} = \sqrt{\frac{352.115}{349.109}} = 1.0043$$

결국 $^{235}UF_6$는 $^{238}UF_6$보다 1.0043배 빨리 분출된다.

8.10 기체의 분자운동론

압력이 낮고 온도가 비교적 높을 때에는 모든 기체들은 동일한 물리적 법칙을 따르며, 기체가 무슨 물질로 구성되어 있는가는 직접적인 중요성을 갖지 못한다. 따라서 고전물리학의 잘 알려진 법칙들에 의거해서 기체법칙을 설명하는 하나의 모형이 제안되었다. 그 주요한 개념은 기체분자들이 끊임없이 움직이고 있다는 것이며, 이것을 **분자운동론**(molecular kinetics theory)이라고 한다. 분자운동론에 대한 가정은 다음과 같다.

1. 기체는 끊임없이 불규칙적인 운동을 하는 분자들로 이루어져 있다.
2. 분자들은 상호간에 인력 또는 반발력을 작용하지 않는다.
3. 분자의 충돌은 탄성적이며, 따라서 충돌로 인한 운동에너지의 손실은 없다.
4. 분자들 자체의 부피는 그들이 들어있는 용기의 부피에 비하여 무시할 수 있을 정도로 작다.
5. 분자들의 평균운동에너지는 기체의 절대온도에 비례한다.

$$\overline{KE} = \frac{1}{2}mv^2 = kT \qquad k : \text{상수}$$

이러한 가정들은 이상기체의 분자들에 대하여 적용되지만, 압력이 낮고 온도가 비교적 높은 경우에는 실제기체의 분자 등에 대해서도 적용된다. 분자운동론의 가정으로부터, 기체의 압력과 부피와의 곱을 기체분자들의 역학적 성질과 연관시키는 기본방정식을 유도할 수 있다. 그림 8-10과 같은 각 모서리가 1인 정육면체의 상자를 생각해보자. 상자속에는 속도 v, 질량 m을 가지고 운동하는 1개의 분자만이 있다고 가정하자.

이 경우 속도는 벡터량(크기와 방향을 모두 가짐)이며, x, y, z 방향에 따라 3개의 속도성분 $\overline{v_x}$, $\overline{v_y}$, $\overline{v_z}$로 나누어질 수 있다. 각 방향에 있어서의 분자운동은 따로따로 생각할 수 있다. 분자가 x방향에 대하여 수직인 벽 A와 충돌할 때 a방향의 운동량성분은 $m\overline{v}$부터 $-m\overline{v_x}$로 변하게 될 것이다. 따라서 변화한 운동량의 크기는 $2m\overline{v_x}$이다. 그 분자는 x방향으로 상자의 길이만큼 움직여서 벽 A와 충돌한 후 반대방향으로 움직여야 하므로 한번 충돌한 후 다시 충돌할 때까지

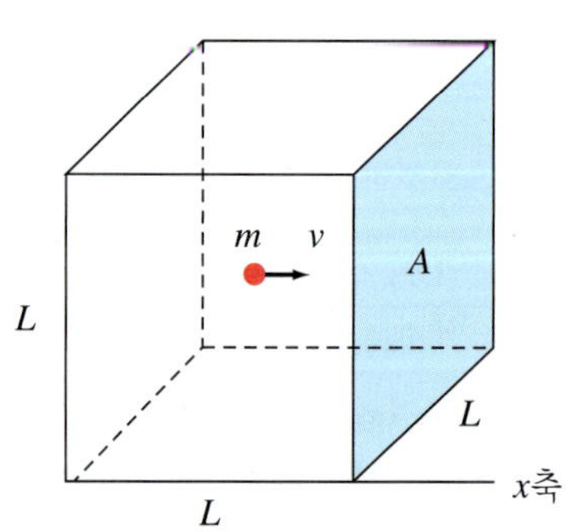

그림 8-10 정육면체의 상자

걸리는 시간은 $2L/v_x$가 된다. 따라서 단위 시간당 x방향에서의 운동량의 변화는 다음과 같다.

$$\frac{\text{운동량의 변화}}{\text{시간}} = \frac{2\,mv_x}{2\,L/v_x} = \frac{m(v_x)^2}{L}$$

힘은 단위시간당 운동량의 변화로 정의되기 때문에 이 양은 분자가 벽 A에 여러번 충돌함으로써 벽에 미치는 힘의 평균값이 된다. 이제 상자속에 질량이 똑같이 m인 n'개의 분자가 있다고 가정하자. 각 분자들은 x방향에 대하여 각각 다른 속도값$(v_x)_1$, $(v_x)_2$, $(v_x)_3 \cdots$ $(v_x)_{n'}$를 가질 것이다. n'개의 분자들이 벽 A에 미치는 전체의 힘은 각 분자가 미치는 힘들의 합과 같다.

$$F_x = \frac{m}{L}\,[(v_x)_1^2 + (v_x)_2^2 + (v_x)_3^2 + \cdots + (v_x)_{n'}^2]$$

u_x^2을 다음과 같이 정의한다면

$$u_x^2 = \frac{(v_x)_1^2 + (v_x)_2^2 + (v_x)_3^2 + \cdots + (v_x)_{n'}^2}{n'}$$

분자들이 벽 A에 미치는 전체 힘은 다음과 같다.

$$F_x = \frac{m}{L}\,(n'u_x^2)$$

압력은 단위면적당 작용하는 힘으로 정의되기 때문에 넓이가 L^2인 벽 A에 대한 압력은 다음과 같다.

$$P = \frac{F_x}{L^2} = \frac{n'mu_x^2}{L^3} = \frac{n'mu_x^2}{V}$$

V : 상자의 부피

y방향에 대해서도 앞서 고찰한 바와 같은 방법에 의하여 다음 식이 성립한다.

$$P = \frac{n'mu_y^2}{L^3} = \frac{n'mu_y^2}{V}$$

왜냐하면 밀폐된 용기 속의 기체는 모든 방향에 대하여 같은 압력을 나타내기 때문이며, 따라서 다음 식이 성립한다.

$$u_x^2 = u_y^2 = u_z^2$$

피타고라스의 정리에 의해서 x, y, z 방향의 속도성분이 각각 u_x, u_y, u_z인 벡터 u는 다음과 같은 식으로 표시된다.

$$u^2 = u_x^2 + u_y^2 + u_z^2$$

여기서 u^2은 **평균제곱속력**(mean square speed)이며 u은 **근평균제곱속력**(root mean square speed: rms 속력)이라 한다. 상자속의 분자들은 세 방향에서 평균적으로 같은 속력을 갖는다.

$$u^2 = 3u_x^2$$

따라서 근평균제곱속력으로 나타내면 다음과 같다.

$$P = \frac{n'mu^2}{3V}$$

$$P = \frac{1}{3}n'mu^2$$

이 방정식을 **분자운동론의 기본방정식**(fundamental equation of kinetic molecular theory)이라고 한다.

기체분자들의 평균운동에너지와 절대온도 사이의 관계식을 구하기 위하여 기본방정식을 다음과 같이 변형한다.

$$PV = \frac{2}{3}n'\left(\frac{1}{2}mu^2\right) = \frac{2}{3}n'(KE)$$

여기서 KE는 병진운동으로 인한 분자들의 평균운동에너지이다. 병진운동은 한분자가 전체로서 공간 속을 운동하는 것을 뜻한다. 이상의 결과를 이상기체에 대한 상태방정식

$$PV = nRT$$

와 비교하면 기체분자들의 평균운동에너지는 기체의 절대온도에 비례함을 알 수 있다. 왜냐하면 분자의 평균운동에너지와 절대온도는 둘 다 PV에 비례하기 때문이다.

$$nRT = \frac{2}{3}n'(KE)$$

위의 방정식을 정리하면 다음과 같다.

$$\overline{KE} = \frac{3n}{2n'}RT$$

n'/n는 분자수를 몰수로 나눈값, 즉 avogadro수 N이다. 따라서

$$\overline{KE} = \frac{3}{2}\frac{1}{N}RT = \frac{3}{2}kT$$

여기서 상수 k는 $R/N = 1.381 \times 10^{-16}$ erg/molecule · deg이며 이를 **Boltzmann상수**라고 한다.

위의 방정식으로부터 절대온도는 기체분자들의 평균운동에너지로 정의됨을 알 수 있으며,

또한 절대온도는 분자들의 평균운동에너지에 비례하므로 절대온도 0도는 분자들의 병진운동이 없어지는 온도를 뜻하게 된다.

8.11 분자속도의 분포

실제 분자들은 부피를 차지하게 되면 이들은 서로 끊임없이 충돌한다. 충돌로 인하여 어떤 분자들은 속도가 늦어지는 반면에 어떤 분자들은 속도가 빨라지기도 한다. 결과적으로 모든 기체분자는 충돌에 의해서 시시각각 속도가 변하게 된다. 그러나 실제 측정할 기체시료에는 많은 분자가 있기 때문에 어떤 한 순간에서 특정한 값에 접근하는 속도를 가진 분자의 분율은 일정해질 것이다. 소수의 분자는 매우 느릴 것이고, 어떤 분자는 비정상적으로 빠를 것이지만, 대부분은 어느 정도 평균값에 접근하는 속도를 가질 것이다.

이러한 분포는 그림 8-11의 그래프와 같이 속도에 대한 상대적인 분자의 수로 나타낼 수 있다. 이 그래프의 오른쪽은 분자속도의 상한선을 알 수 없으므로 무한히 뻗어나가나, 이론상으로는 속도가 빠른 분자일수록 그 분자의 수는 적을 것이라고 예측할 수 있다.

또한 기체시료를 0°C에서 500°C로 가열하면 곡선의 모양은 오른쪽으로 중심이 이동하는데, 이때의 중요한 결과는 분자의 평균속도가 다소 증가했다는 것뿐만 아니라 실제로 빠른 분자의 비율이 상당히 증가했다는 것이다. 온도상승에 따른 이 변화는 화학반응속도를 결정하는 데 매우 중요한 인자가 된다.

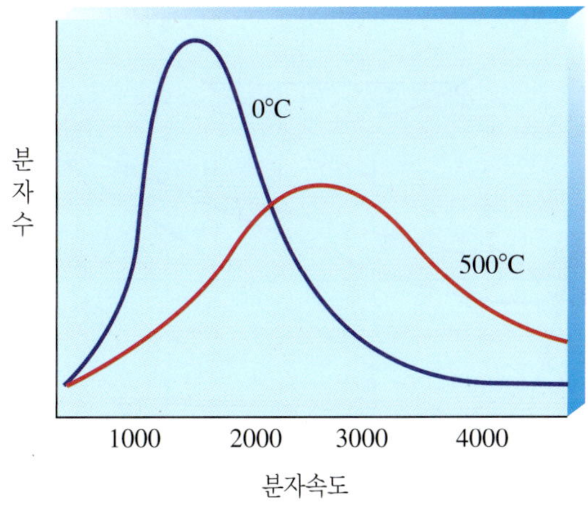

그림 8-11 기체분자의 속도분포

8.12 실제기체

Boyle의 법칙에 의하면 일정한 온도에서 기체의 압력과 부피의 곱은 일정해야 한다. 그러나 대부분의 실제기체들은 그림 8-12에서와 같이 이상기체의 성질로부터 벗어난다. 벗어나는 두 가지 요인은 각 분자의 부피와 분자간의 인력이 각 기체에 따라 달라지기 때문이다.

또한 쉽게 액화되는 기체가 가장 많이 벗어남이 밝혀졌으며, 이는 이러한 기체들이 강력하게 분자간에 작용하는 힘을 가지고 있기 때문일 것이다. 이상기체의 법칙이 충분하게 정확하지 않을 때 다른 형태의 법칙을 사용하거나 보정하여야 한다.

그 대표적이며 타당성있는 대안이 **Van der Waals의 실제기체상태방정식**이다.

$$\left(P + \frac{n^2 a}{V^2}\right)(V - nb) = nRT$$

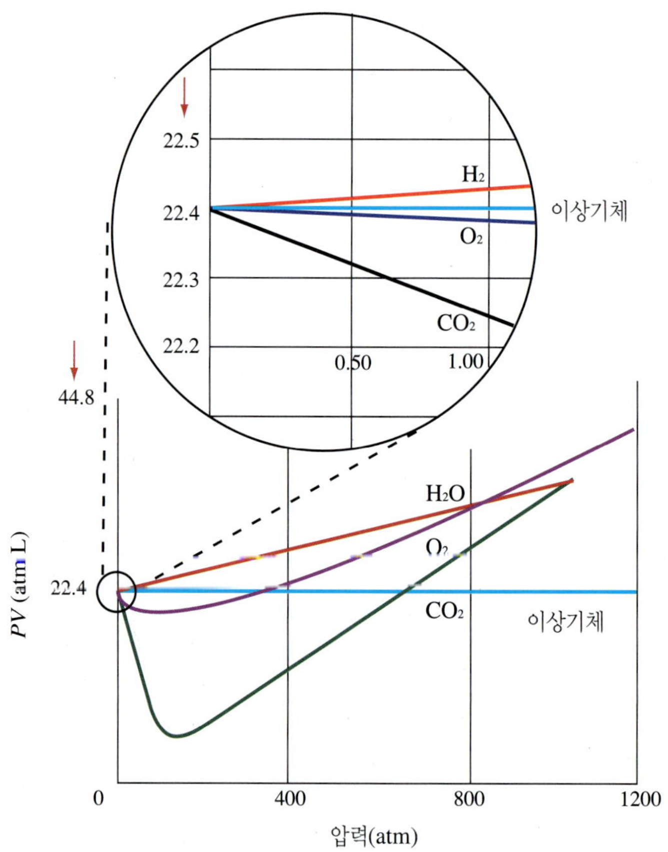

그림 8-12 0°C의 각각 다른 압력에서 여러 가지 기체 1 mol에 대한 압력과 부피의 곱을 나타낸 그림

표 8-5 몇가지 기체의 Van der Waals 상수

가 스	$a(L^2 \cdot atm/mol^2)$	b(L/mol)
Carbon dioxide, CO_2	3.592	0.04267
Ethane, C_2H_6	5.489	0.06380
Ethanol, C_2H_5OH	12.02	0.08407
Helium, He	0.03412	0.02370
Hydrogen, H_2	0.2444	0.02661
Oxygen, O_2	1.360	0.03183
Sulfur dioxide, SO_2	6.714	0.05636
Water, H_2O	5.464	0.03049

여기서 a, b는 각 기체의 종류에 따라 결정되는 상수이며 표 8-5에 몇몇 기체의 **Van der Waals 상수**를 나타내었다. $n^2\ a/V^2$이라는 항은 분자간 인력의 효과에 대하여 압력을 보정하는 항이며, nb라는 항은 분자들 자신의 부피에 대한 보정항이다.

특히 n/V는 밀도를 나타내는 것이며, 밀도가 작을수록 $n^2\ a/V^2$의 항은 0에 가까워지므로 결국 이 상태방정식은 이상기체의 상태방정식 $PV = nRT$의 형태로 접근해 갈 것이다.

예제 8.14 Van der Waals방정식을 사용하여 47°C에서 2.00 L의 용기에 들어있는 이산화탄소 10.0 mol이 미치는 압력을 계산하라. 또 이 계산을 이상기체의 상태방정식을 사용하여 계산하라. 이 결과들을 실제 실험적으로 관측된 압력인 82 atm과 비교하라.

풀이: 주어진 조건을 정리하면

$P = ?$

$V = 2.00$ L

$n = 10.0$mol

$R = 0.082$ L atm/mol K

$T = (47 + 273.15)$ K $= 320.15$ K

$a = 3.59$

$b = 0.0427$

Van der Waals 방정식으로부터

$$\left(P + \frac{n^2 a}{V^2}\right)(V - nb) = nRT$$

$$\left(P + \frac{10^2 \times 3.59}{2^2}\right)[2.00 - 10.0(0.0427)] = 10.0(0.082)(320.15)$$

$P = 77.14$ atm

이상기체 상태방정식으로부터

$$PV = nRT$$

$$P = \frac{(10.0\ \text{mol})(0.082\ \text{L atm/mol K})(320.15\text{K})}{2.00\ \text{L}}$$

$$= 131.26\ \text{atm}$$

결국 전체압력이 매우 높기 때문에 그 기체가 이상기체와 비슷한 성질을 갖는다고 기대하기 어려우며, 이상기체 상태방정식에서 보다 Van der Waals 방정식에서 얻은 값이 실험값(82 atm)에 훨씬 더 가까운 것을 알 수 있다.

연습문제

PROBLEMS

01. 380 mmHg에 해당하는 압력을

(a) torr로 (b) atm으로 나타내어라.

02. 압력이 700 torr일 때 30 L의 부피를 차지하는 기체의 압력을 표준압력으로 바꾸면 그 부피는 얼마나 되는가?

03. 다음 온도를 Kelvin 단위로 나타내어라.

(a) 0°C (b) 100°C (c) 273°C

(d) 125°C (e) −45°C (f) −273°C

04. 처음에 0°C, 1.00 atm인 기체가 팽창하여 100°C, 900 torr에서 2.20 L로 되었다. 원래의 부피는 얼마인가?

05. 0.200몰의 CO가 27°C에서 2.00 L 용기 안에 들어 있다. 이 기체가 나타내는 압력을 계산하여라.

06. 27°C, 800 torr에서 탄산나트륨 20.0 g에 과량의 HCl을 가하여 이산화탄소와 염화나트륨이 물과 함께 생겼다.

(a) 이 반응식을 완결시켜라.

(b) 실험에 사용된 탄산나트륨의 몰수를 계산하라.

(c) 생성된 이산화나트륨의 몰수를 계산하여라.

(d) 주어진 조건하에서 이산화탄소의 부피는 얼마인가?

07. 50.0 mL의 2.00 M HCl에 과량의 $NaHCO_3$를 가할 때 생성된 CO_2의 부피는 30°C, 750 torr에서 얼마인가?

08. 우라늄의 두 가지 동위원소 ^{235}U와 ^{238}U을 기체인 UF_6로 변화시키면 그 상대적인 확산속도의 비는 얼마인가? 단, F = 19.0이다.

09. 수은 대신 물을 채워 만든 압력계를 사용하였는데, 20°C에서 어떤 기체를 2.8 ft 높이까지 높여 주었다. 이 기체의 압력을 각각 atm, torr, g/cm, lb/in^2 단위로 나타내어라.

10. 1 mol의 CO_2 기체가 50°C에서 2 L의 그릇에 담겨 있다. 이 기체의 압력을 이상기체의 방정식과 Van der Waals 방정식을 써서 각각 계산하여라.

11. 20°C, 1 atm일 때 부탄(C_4H_{10}) 기체의 밀도는 얼마인가?

12. 1.00 L 플라스크에 2.69 g의 PCl_5가 들어있다. 이것을 250°C에서 완전히 증발시켰다. 이 온도에서 그 용기 안의 압력을 1.00기압이라 하고 PCl_5의 일부분은 다음 방정식에 따라 분해될 가능성이 있다는 조건하에서 PCl_5 PCl_3 Cl_2의 분압을 구하라.

$$PCl_5(g) = PCl_3(g) + Cl_2(g)$$

13. 원소의 조성이 P_2O_3인 삼산화 인의 밀도가 1기압, 800°C에서 2.35 g임을 알았다. 이 증기의 옳은 화학식은 무엇인가?

14. 물위에서 모은 기체의 체적은 32°C, 720 mmHg하에서 1350 mL이었다. 표준조건에서 건조시켜 측정하면 기체의 체적은 얼마나 되는가?
(32°C: 수증기압 35.7 mmHg)

15. 미지의 기체의 밀도가 표준 조건에서 2.50 g/L이다. 이 기체는 85.17%의 탄소와 14.83%의 수소를 포함한다. 이 기체의 분자량과 분자식을 구하여라.

16. 두 종류의 기체 SO_2와 H_2S를 길이가 100 cm인 유리관의 두 끝에 놓고 밀폐하여 기체 분자를 확산시켰다. 이 두 기체의 확산속도의 비는 얼마나 되겠는가?

17. 500°C, 100 mmHg에서의 He의 밀도는 얼마인가? 또 STP에서는 얼마인가?
(He = 4 g/mol)

18. 어떤 미지 기체의 밀도는 STP에서 2.50 g/L이고, 그 조성은 탄소 85.17%, 수소 14.83%이다. 이 물질의 분자식을 구하여라.

19. 2.00 g의 기체시료가 1.00 atm, 27°C에서 1.00 L을 차지한다. 이 기체의 분자량을 계산하라.

20. 27°C에서 4.00 L 용기 안에 0.0300 mol의 H_2, 33.0 g의 CO_2, 4.00 g의 N_2가 들어있다. 각 기체의 부분압력을 계산하고 전체압력을 구하라.

21. 85.7%의 탄소와 14.3%의 수소를 포함하는 화합물 4.20 g이 1.00 atm, 0°C에서 차지하는 부피가 3.36 L이다. 이 기체화합물의 분자식을 쓰라.

22. $KClO_3$를 가열하면 산소가 KCl과 함께 생성된다. 27°C, 800 torr에서 O_2 기체 1.10 L를 얻기에 필요한 $KClO_3$의 질량을 계산하라.

23. 25°C, 3.00 atm인 6.00 L 산소탱크에 구멍이 생겼다. 구멍을 발견하고 수선하기까지 66.0 g의 O_2가 새어나갔다. 25°C에서 탱크속의 압력은 얼마인가?

24. 환산인자를 써서 R값을
(a) erg/mol · deg
(b) cal/mol · deg 단위로 구하여라.

25. 30.0 atm, 27°C에서 기체실린더에 산소기체 480 mL가 들어있다. 이 실린더를 100°C로 가열한 후 밸브를 열어서 온도는 100°C로 유지하면서 기체가 1 mol이 될 때까지 새어나가도록 하였다. 새어나간 산소의 질량은 얼마인가?

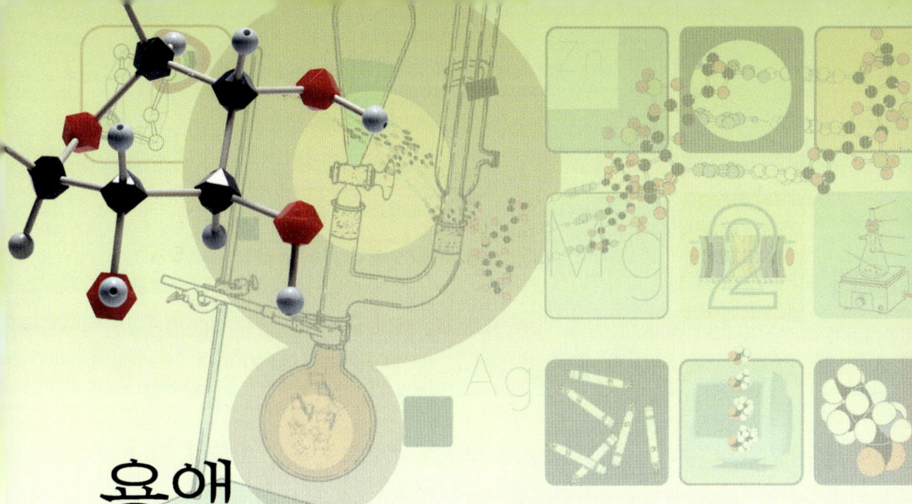

CHAPTER

09 용액

이 장에서는 대부분의 화학반응이 일어나는 용액에 대하여 자세히 알아보고, 용매 100 g에 녹는 용질의 무게로 정의되는 용해도와 이를 결정하는 요인에 대해 알아보고자 한다.

마지막 부분에서는 용액의 총괄성에 대해 알아보고 또한 콜로이드 용액에 대해서도 개략적으로 쉽게 이해할 수 있는 범위 내에서 개념을 파악해 보기로 한다.

미리보기

9.1 용액의 형태

용액(solution)은 기체, 액체, 고체의 세 가지 형태로 존재하며 몇 가지 예를 표 9-1에 나타내었다.

일반적으로 반응성이 없는 기체나 증기는 모든 비율로 섞이며 기체혼합물을 만든다. 두 유체가 서로 혼합되거나 녹는 것을 "섞인다(miscible)"라고 한다. 기체는 모든 비율로 완전히 섞이는데, 질소, 산소 및 다른 소량의 기체들의 혼합물인 공기는 기체용액의 한 예이다.

대부분의 액체용액(liquid solution)은 한 액체 속에 기체나 액체, 고체를 녹여서 만든다. 예로서 소다수는 물에 이산화탄소 기체를 녹여서 만든 용액이다. 물에 에탄올(C_2H_5OH)을 녹인 것은 액체-액체 용액의 한 예이다.

소금물은 물 속에 고체인 NaCl이 녹아 있는 것이다. 또한 두 고체를 함께 혼합시켜 용액을 만들 수도 있는데, 즉 칼륨-나트륨 합금이 이것의 한 예이다.

기체나 고체가 액체에 녹아 있을 때 기체나 고체는 **용질**(solute), 액체는 **용매**(solvent)라 부른다. 염화나트륨은 용질이고 물은 용매이다. 액체-액체 용액의 경우에는 가장 많은 양의 액체가 용매, 그 외에는 모두 용질이라 부른다. 예를 들면 다음과 같다.

$$\text{용액} = \text{용질} + \text{용매}$$
$$\text{소금물} = \text{소금} + \text{물}$$

고체용액(solid solution)도 있을 수 있다. 치과용 합금인 아말감은 은과 소량의 다른 금속에 수은(액체)을 용해시킨 고체용액이다. 기체도 고체에 녹을 수 있는데, 수소가 백금 속에 용해된 용액이 그 예이다.

한편, 용액은 용질을 녹이는 능력에 따라 분류하는데 일정한 온도에서 어떤 용질이 최대로 녹아있는 용액을 **포화용액**(saturated solution)이라 한다. 역시 일정한 온도에서 포화용액보다 더 적은 양의 용질이 녹아있으면 그 용액을 **불포화용액**(unsaturated solution)이라 하고, 어떤 용질이 포화용액보다 더 많은 양이 녹아있는 용액을 **과포화용액**(supersaturated solution)이라고 한다. 높은 온도에서 포화용액이 되도록 용질을 녹이고 그 온도보다 낮은 온도로 식히면 과

표 9-1 용액의 형태

성분 1	성분 2	두 성분의 혼합물	예
기체	기체	기체	공기
기체	액체	액체	소다수(CO_2가 들어있는 물)
기체	고체	고체	팔라듐 속에 들어있는 수소
액체	액체	액체	물속의 에탄올
고체	액체	액체	바닷물
고체	고체	고체	황동(Cu/Zn)

포화용액이 되는데 이 용액은 매우 불안정하여 흔들어 주거나 같은 용질 알갱이를 넣어 주면 곧 더 많이 녹은 양만큼 침전하게 된다.

9.2 용해과정

물질의 **용해도**(solubility)란 "주어진 일정한 온도에서 용매에 용해될 수 있는 용질의 최대한의 양"을 말한다. 또한 이러한 최대량의 물질이 들어있는 용액을 포화되어 있다고 한다. 예를 들면 0°C의 물 100 mL에 질산암모늄(NH_4NO_3)은 118 g이 용해한다. 이 포화용액에 질산암모늄을 더 가하면 용기 밑바닥에 용해되지 않고 남아있게 된다. 실제로 용해되지 않은 결정은 용액 속에서 이온과 동적 평형을 이루고 있다.

$$NH_4NO_3(s) \rightleftharpoons NH_4^+(aq) + NO_3^-(aq)$$

몇몇의 이온들은 용액 속으로 용해되지만, 다른 이온들은 고체에 부착되어 용기의 밑바닥에 결정으로 침전된다. 즉 이온이 결정의 표면을 떠나는 속도와 다시 이온이 결정으로 되돌아오는 속도가 같게 되어 동적 평형을 이루고 있으므로 전체적인 양은 변화가 없다.

한 물질(용질)이 다른 물질(용매)에 용해되는 한 가지 요인은 무질서하게 되려는 경향이고, 두번째 요인은 화학종간의 인력의 세기이다. 어떤 분자성 물질이 다른 물질에 용해되는 과정이 단순히 분자들의 혼합이라면 물질의 용해도에 대한 제한을 생각할 필요가 없다. 즉 소금과 모래의 낱알을 혼합하면 두 물질은 완전히 섞일 수 있다. 그러나 대부분의 물질은 분자간 인력이 존재하고, 이 때문에 제한된 용해도를 갖는다.

기체의 경우 분자간 인력이 작기 때문에 기체분자들은 자유롭게 혼합된다. 그러므로 기체는 완전히 섞일 수 있다. 분자간 인력이 존재할 때에도 완전히 섞일 수 있는 경우가 있다. 비슷한 두 액체탄화수소인 헵탄(C_7H_{16})과 옥탄(C_8H_{18})의 용액을 생각해 보자. 두 물질의 분자간 인력은 London힘에 기인하며 헵탄과 옥탄 분자 사이의 인력은 옥탄과 옥탄 분자나 헵탄과 헵탄 분자 사이의 인력과 거의 같다. 서로 다른 분자간 인력이 거의 같으므로 이 두 탄화수소에는 더 우세한 인력이 없다. 그러므로 두 물질을 혼합하면 완전히 섞일 수 있다. 이와는 반대의 예로서 옥탄과 물을 혼합한다고 생각하자. 물 분자 사이에는 쌍극자-쌍극자 인력과 센 수소 결합력이 작용하고 있다. 옥탄과 물이 혼합되기 위해서는 물분자 사이의 인력이 깨어지고 물과 옥탄 사이에 존재하는 훨씬 약한 London힘으로 대치되어야 한다. 따라서 이 경우 옥탄과 물은 혼합되지 않고 그대로 남아 있게 된다. 즉 옥탄과 물은 거의 섞이지 않는다(그림 9-1 참조).

"비슷한 것끼리 녹는다"라는 설명은 이 관찰을 간결하게 표현한 말이다. 즉 비슷한 분자간 인력을 갖는 물질은 서로 잘 녹인다. 그러므로 비슷한 두 비극성 탄화수소인 헵탄과 옥탄은 완전히 섞이지만 옥탄과 물은 섞이지 않는다. 표 9-2에 나타낸 알콜 계열에서 물에 대한 알콜의

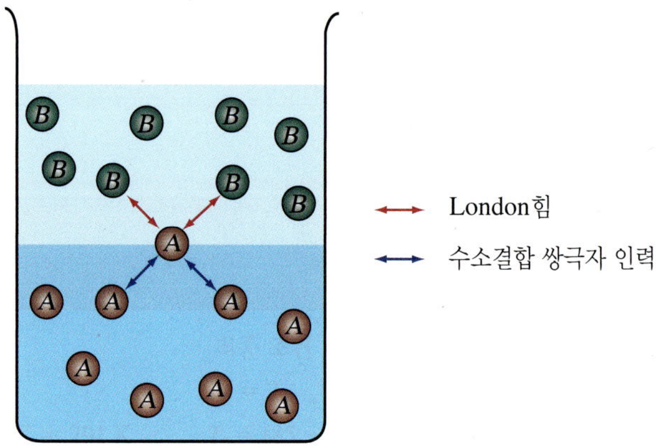

그림 9-1 두 액체가 섞이지 않는 것을 보여주는 그림(A: 물, B: 옥탄)

표 9-2 물에 대한 알코올의 용해도

이름	식	물에 대한 용해도(g/100 g H_2O, 20°C)
메탄올	CH_3OH	완전히 섞임
에탄올	CH_3CH_2OH	완전히 섞임
1-프로판올	$CH_3CH_2CH_2OH$	완전히 섞임
1-부탄올	$CH_3CH_2CH_2CH_2OH$	7.9
1-펜탄올	$CH_3CH_2CH_2CH_2CH_2OH$	2.7
1-헥산올	$CH_3CH_2CH_2CH_2CH_2CH_2OH$	0.6

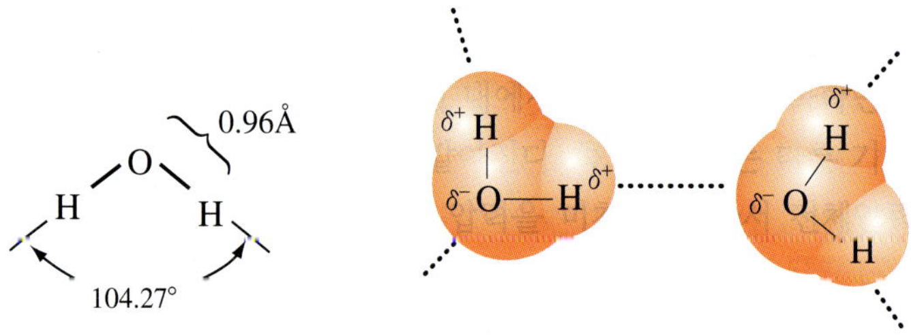

그림 9-2 물분자의 극성 구조

용해도는 아래로 갈수록 감소한다. 그 이유는 알콜의 말단 알킬기가 길어져서 분자의 대부분을 차지하게 되면 극성인 하이드록시기(−OH)는 분자 중 작은 일부가 되고 분자는 결국 탄화수소의 성질에 가깝게 되어 용해도가 감소되기 때문이다.

이온성 물질의 물에 대한 용해도는 물질에 따라 현저하게 다르다. 예를 들면 염화나트륨(NaCl)의 용해도는 실온에서 물 100 mL 당 36 g인 반면에 인산칼슘($Ca_3(PO_4)_2$)은 물 100 mL 당 0.002 g의 용해도를 갖는다. 대부분의 경우에 이러한 용해도의 차이는 결정 속의 이온들 사이의 인력과 이온과 물 사이의 인력이 서로 다르기 때문이다.

물은 극성물질로서 그림 9-2와 같이 104.27°의 각도로 휘어져 있어 분자내에서 두 쌍극자를 유발한다. 그러므로 이온과 물분자 사이의 인력 에너지는 이온-쌍극자 힘에 기인한다. 물분자는 극성이므로 인접한 이온쪽으로 배향하려고 한다.

또 다른 이온성 물질인 LiF 결정이 물에 용해되는 것은 Li^+ 이온이나 F^- 이온과 물분자의

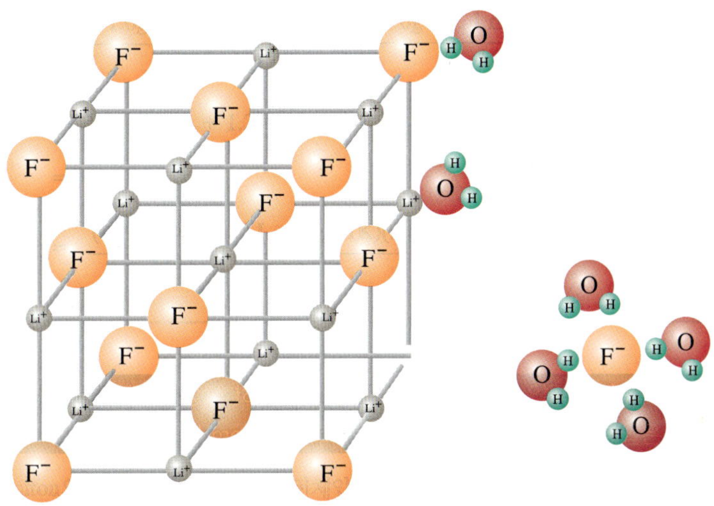

그림 9-3 물에서의 LiF 용해

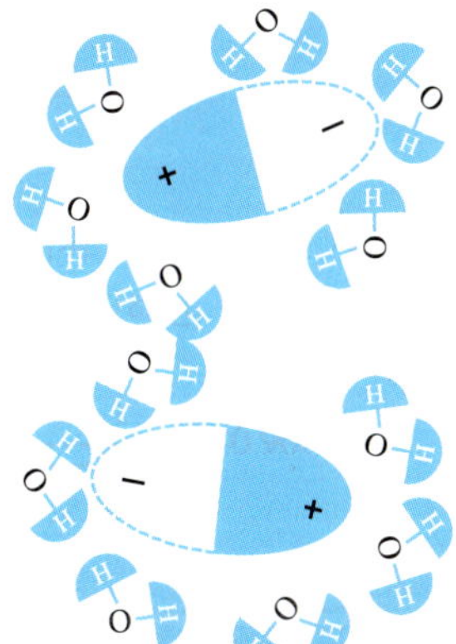

그림 9-4 이온성물질의 물분자와의 수소결합

쌍극자 중 반대되는 극이 서로 잡아당겨 그 이온 주위에 물분자가 집합하여 이루어지며, 이와 같이 물분자가 이온주위에 배향하는 것을 **수화**(hydration)라고 부른다(그림 9-3).

이온의 수화로 이온성 고체는 물에 잘 용해된다. 즉 무극성 물질은 무극성 용매에 잘 녹고 극성 또는 이온성 물질은 극성용매에 잘 녹는다(그림 9-4 참조).

9.3 용액의 농도

어떤 성분이 용액 내에 어느정도 존재하는가를 정량적으로 기술하려면 각 성분량을 알아야 한다. 보통 용액의 성질은 존재하는 물질의 절대량에 의존하지 않기 때문에 성분의 상대적 양만을 명시한다. 물질의 상대적 양은 **농도**(concentration)라고 알려져 있고 보통 다음과 같은 것들이 사용된다.

(1) 질량 백분율(weight percentage)

용액의 단위 질량 속에 함유된 용질의 질량으로 정의한다. 예를 들면 소금 10% 수용액은 물 90g당 소금 10g, 즉 용액 100g속에 소금 10g이 용해되어 있는 것을 표시한다.

$$\text{질량 백분율(w/w \%)} = \frac{\text{용질의 질량}}{\text{용액의 질량}} \times 100$$

예제 9.1 물 100g 속에 염화나트륨 NaCl 15 g을 포함하는 용액이 있다. 이 용액에서 NaCl의 질량 백분율은 얼마인가?

풀이: 용액의 전체 질량은

15 g NaCl + 100g H_2O = 115 g 용액

이때 NaCl의 백분율은

$$\frac{15\text{ g NaCl}}{115\text{ g 용액}} \times 100\% - 13\%\text{ NaCl}$$

이 용액은 15% NaCl이 아님을 주의하라. 15% NaCl은 85 g의 물 속에 15 g의 NaCl이 녹아 있는 것을 뜻한다.

예제 9.2 식초는 5%의 아세트산(CH_3COOH)과 95%의 물로 이루어져 있다. 아세트산 80 g을 얻으려면 얼마나 많은 식초를 필요로 하는가?

풀이:

$$80\text{ g 아세트산} \times \frac{100\text{ g 식초}}{5\text{ g 아세트산}} = 1600\text{ g 식초}$$

(2) 부피 백분율(volume percentage)

용액의 단위 부피당 함유된 용질의 부피로 정의한다.

$$\text{부피 백분율(v/v\%)} = \frac{\text{용질의 부피}}{\text{용액의 부피}} \times 100$$

예제 9.3 메탄올(CH_3OH) 2.0 L를 다이에틸에테르($(C_2H_5)_2O$) 3.0 L와 섞어서 만든 용액에서 메탄올의 부피 백분율은 얼마인가? 혼합시 각 액체의 부피변화는 없다.

풀이:

$$\text{메탄올 v/v\%} = \frac{CH_3OH\text{의 부피}}{\text{용액의 부피}} \times 100$$

$$= \frac{2.0\text{ L}}{(2.0 + 3.0)\text{ L}} \times 100 = 40.0\text{ Vol\%}$$

(3) 무게 대 부피 백분율(weight per volume percentage)

용액의 단위부피당 함유된 용질의 무게로 정의한다.

$$\text{무게 대 부피 백분율(w/v\%)} = \frac{\text{용질의 무게}}{\text{용액의 부피}} \times 100$$

예제 9.4 용액 100 mL속에 NH_4Cl이 10 g 포함되어 있다. 이 용액에서 염화암모늄의 무게 대 부피백분율은 얼마인가?

풀이:

$$\text{염화암모늄의 무게 대 부피 백분율} = \frac{NH_4Cl\text{ 무게}}{\text{용액의 부피}} \times 100$$

$$= \frac{10\text{ g}}{100\text{ mL}} \times 100 = 10\text{ w/v\%}$$

(4) 몰농도(molarity)

가장 많이 쓰이는 농도의 표시 방법이다. 용액의 **몰농도**는 1 L 용액 속에 있는 용질의 몰수(분자량)이고, 기호 M으로 표시한다. 0.2 M $BaCl_2$용액은 1 L의 용액 속에 0.2몰의 염화바륨염을 포함한다. 바륨이온의 농도 역시 0.2 M이다. 그러나 염소이온의 농도는 0.4 M이며, 이것은 염화바륨 1몰에 대해서 2몰의 염소이온이 들어있기 때문이다. 몰농도는 실험실 작업에서 대단히 편리한 농도표시 방법이며, 정해진 몰농도의 수용액을 만드는 것은 보정된 용기에서 용액의 부피를 재고, 소량의 용질을 평량함으로써 쉽게 준비될 수 있기 때문이다. 그렇지만 용액의 부피가 온도에 의존하기 때문에 몰농도로 표시된 농도는 온도에 의존한다. 이것이 몰분율이나 몰랄농도에 비해 불리한 점이다.

$$\text{몰농도(M)} = \frac{\text{용질의 몰수}}{\text{용액의 리터수}}$$

(5) 몰분율(mole fraction)

성분 1의 **몰분율**은 용액의 모든 성분의 전체 몰수로 나누어 준 성분 1의 몰수이다. 두 성분 1과 2로 만들어진 용액의 몰분율을 다음과 같이 표시한다.

$$x_1 = \frac{\text{물질 1의 몰수}}{\text{용액전체의 몰수}} = \frac{n_1}{n_1 + n_2}$$

$$x_2 = \frac{\text{물질 2의 몰수}}{\text{용액전체의 몰수}} = \frac{n_2}{n_1 + n_2}$$

n_1, n_2는 용액에서 성분 1과 2의 몰수이다. 일반적으로 부호 x는 몰분율 단위로 표시한 성분을 나타낸다. 임의의 수(i)의 성분에 대해서 다음과 같이 쓸 수 있다.

$$x_1 = \frac{n_1}{n_1 + n_2 + \cdots\ n_i}$$

$$x_2 = \frac{n_2}{n_1 + n_2 + \cdots\ n_i}$$

결국 몰분율은 확률의 개념이며, 모든 몰분율의 합은 언제나 1이다.

$$x_1 + x_2 + \cdots = 1$$

몰분율 단위는 용액의 몇 가지 농도에 의존하는 성질과 용매와 용질분자의 상대적인 수 사이의 관계를 강조함이 필요할 때 유용하다.

예제 9.5 물 1 kg에 0.12 mol의 글루코오스($C_6H_{12}O_6$)를 녹여서 용액을 만들었다. 이 용액에 들어 있는 각 성분의 몰분율은 얼마인가?

풀이: 1 kg의 물의 몰수는

$$1 \times 10^3\ \text{g H}_2\text{O} \times \frac{1\ \text{mol H}_2\text{O}}{18.0\text{g H}_2\text{O}} = 55.6\ \text{mol}$$

$$\text{그러므로, 글루코오스의 몰분율} = \frac{0.12\ \text{mol}}{(0.12 + 55.6)\ \text{mol}} = 0.002$$

$$\text{물의 몰분율} = \frac{55.6\ \text{mol}}{(0.12 + 55.6)\ \text{mol}} = 0.998$$

---

(6) 몰랄농도(molality)

용액의 **몰랄농도**는 용매 1000 g 중에 들어 있는 용질의 몰수로 정의한다. 몰랄농도는 보통 소문자 m으로 표시한다. 1 m NaCl 수용액은 1000 g의 물 속에 Cl^- 1 mol과 Na^+ 1 mol을 포함한다. 몰랄농도는 용액의 끓는점이나 어는점을 다루는 계산을 처리하는데 유용한 농도표시 방법이다. 그러나 액체용매를 평량하는 어려움이 있으므로 일반적으로 실험실에서 사용하기에는 불편하다.

$$\text{몰랄농도(m)} = \frac{\text{용질의 몰수}}{\text{용매의 kg수}}$$

예제 9.6 글루코오스 ($C_6H_{12}O_6$)는 당으로 혈액 속에서 발견되기 때문에 혈당이라고 하며 인체의 주요 에너지원이다. 물 25.2 g에 4.57 g의 글루코오스가 녹아 있는 용액의 몰랄농도는 얼마인가?

풀이: 4.57 g의 글루코오스의 몰수는 다음과 같이 구한다.

$$4.57\ \text{g C}_6\text{H}_{12}\text{O}_6 \times \frac{1\ \text{mol C}_6\text{H}_{12}\text{O}_6}{180.2\ \text{g C}_6\text{H}_{12}\text{O}_6} = 0.0254\ \text{mol C}_6\text{H}_{12}\text{O}_6$$

용질(글루코오스)의 몰수를 kg단위의 용매(물)의 질량으로 나누면 몰랄농도를 구할 수 있다. 물의 질량 25.2 g은 다시 말하자면 25.2×10^{-3} kg이다.

$$\text{몰랄농도} = \frac{0.0254\ \text{mol C}_6\text{H}_{12}\text{O}_6}{25.2 \times 10^{-3}\ \text{kg의 용매}} = 1.01\ \text{m C}_6\text{H}_{12}\text{O}_6$$

---

(7) 노르말농도(normality, 규정농도)

노르말농도는 용액 1 L 속에 있는 용질의 그램당량수이다. 예를 들면 아연이온의 당량은 65.38/2.000이며, 이것은 금속아연 1 mol(65.38 g)이 수소이온 2 mol과 반응하여 2.016 g의 수소가스를 생성할 수 있기 때문이다. 1노르말 아연이온($1N-Zn^{2+}$)용액은 1 L 용액 속에 Zn^{2+} 32.6 g을 포함한다. 노르말농도는 정량분석 계산에 편리한 단위로 N으로 표시한다. 몇가지 산과 염기의 당량을 표 9-3에 나타내었다.

$$\text{노르말농도(N)} = \frac{\text{용질의 당량수}}{\text{용액의 리터수}}$$

다음에 당량에 대한 일반적인 관계를 적어 둔다.

- 원소의 당량 = 원자량/원자가
- 원자단의 당량 = 원자단 속의 모든 원자의 원자량의 합/원자단의 원자가
- 산의 당량 = 산의 분자량/산의 염기도
- 염기의 당량 = 염기의 분자량/염기의 산도
- 염의 당량 = 염의 분자량/염 1몰이 생기는 데에 필요한 산 또는 염기의 당량수
- 산화제 및 환원제의 당량 = 산화제 및 환원제의 분자량/산화제 또는 환원제 1분자가 산화 환원할 때에 이동되는 전자의 총 수

표 9-3 몇가지 산과 염기의 당량

화합물	몰질량(g/mol)	g-당량(g/equiv.)
HCl	36.5	$\frac{36.5}{1} = 36.5$
H_2SO_4	98.0	$\frac{98.0}{2} = 49.0$
H_3PO_4	98.0	$\frac{98.0}{3} = 32.7$
NaOH	40.0	$\frac{40.0}{1} = 40.0$
$Ca(OH)_2$	74.0	$\frac{74.0}{2} = 37.0$
$Al(OH)_3$	78.0	$\frac{78.0}{3} = 26.0$

예제 9.7 0.112 N H_2SO_4 용액은 몇 몰 농도인가?

풀이: 1 mol H_2SO_4 = 2당량 H_2SO_4

$$H_2SO_4\text{의 몰 농도} = 0.112\text{당량 } H_2SO_4\left(\frac{1\text{ mol } H_2SO_4}{2\text{당량 } H_2SO_4}\right) = 0.056\text{ M}$$

9.4 용해도

물질의 **용해도(solubility)**는 일정한 온도와 압력하에서 일정량의 용매에 용질을 포화시키는데 요하는 용질의 양이다. 어떤 온도에서 포화용액이 결정과 접하여 있으면 일종의 동적평형이 된다.

그림 9-5에서 나타낸 바와 같이 용질은 꾸준히 녹아나고 용액 중의 용질은 결정과 충돌하고 결정화한다. 이와 같은 평형관계는 고체가 액체에 녹는 평형 이외에도 모든 용액에 적용할 수 있다(기체 용액은 제외).

고체 용질이 그의 포화용액과 접하고 있는 것은 **동적평형**으로서 평형에 어떤 교란(disturbance)을 줄 때 평형점의 이동은 **Le Chatelier의 원리**에 따라 이행한다.

그림 9-6과 9-7은 온도에 따른 이온성 화합물의 물에 대한 용해도를 나타낸 것이다. 일반적으로 고체는 온도가 올라감에 따라 용해도도 증가하지만 모두 그런 것은 아니다. 그림 9-7에서 보는 것처럼 KNO_3는 온도가 증가함에 따라 용해도는 급격히 커지지만 Na_2SO_4는 온도가 증가하면 오히려 용해도가 감소한다(그림 9-6). Na_2SO_4는 물에 녹을 때 발열반응이며, KNO_3는 흡열반응이기 때문이다.

한편, NaCl은 온도에 따라 용해도의 변화는 크지 않다. KNO_3와 NaCl의 용해도가 온도에

그림 9-5 결정의 용해

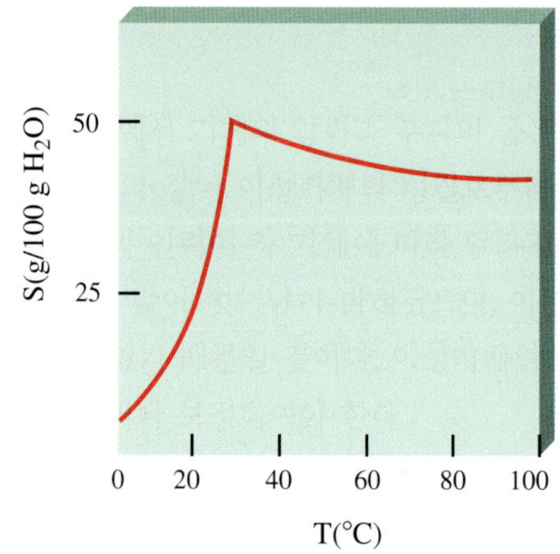

그림 9-6 온도에 따른 Na_2SO_4의 용해도 곡선

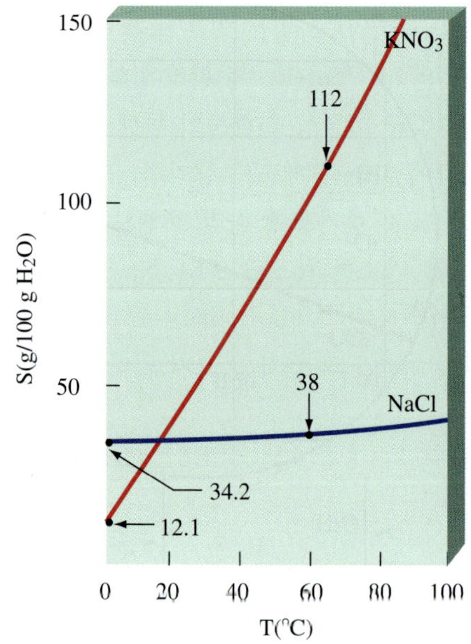

그림 9-7 온도에 따른 KNO_3와 NaCl의 용해도

따라 용해도의 차이가 커지는 것을 이용하여 두 물질이 섞여있을 때 용해도 차이를 이용하여 서로 분리할 수 있다. 즉 성질이 비슷한 성분들이 혼합되어 있을 때 용해도 차이를 이용하여 부분적 석출과 용해를 반복하여 각각의 성분으로 분리하는 법을 **분별결정**(fractional crystallization)이라고 한다.

예를 들어 90 g의 KNO_3에 10 g의 NaCl이 섞여있다고 가정하자. 순수한 KNO_3를 얻기 위해서는 먼저 시료를 60°C의 물 100 g에 녹이고 천천히 0°C까지 냉각한다. 0°C에서 KNO_3와 NaCl의 용해도는 각각 12.1 g/100 g H_2O, 34.2 g/100 g H_2O이므로 KNO_3는 90 g − 12 g = 78 g이 석출하게 되고 이를 여과하여 순수한 KNO_3를 얻는다(그림 9-7). 이때 KNO_3는 약 90%가 순수하게 회수되고 NaCl은 전부 물속에 녹아있다.

액체에 기체가 녹아 있는 용액은 이와 반대로 온도가 상승하면 용해도는 감소한다. 기체가 액체에 녹을 때에는 거의 모든 경우 발열반응이다. 기체는 이미 분자가 분리하여 있고 액체 속에서 용매화만이 일어나므로 발열반응이며 온도를 올리면 흡열반응이 일어나야 하므로 녹아있던 기체가 달아난다. 예로서 물을 끓이면 끓기 시작 전에 작은 기포가 기벽에 생기는 것을 볼 수 있고 이것은 녹아 있던 기체가 발생하는 것이다.

액체용액에서 용해도에 미치는 압력의 영향은 대단히 작다. 기체의 용해도는 압력이 증가하면 항상 커진다. 탄산계 청량음료수는 압력을 높여서 CO_2의 농도를 크게 하여 둔 것이다. 한 번 병마개를 열면 탄산을 잃어버려 청량제의 작용을 하지 못한다.

기체의 용해도에 미치는 압력의 영향은 르샤틀리에의 원리를 이용하면 잘 설명할 수 있다. 액체가 기체로 포화되어 있고 그 용액이 어떤 압력하의 기체와 접하고 있다고 생각하자. 다시 동적평형을 생각하면 녹아 있는 용질 일부가 용액을 떠나고 있으며 기체분자의 일부는 용액 속으로 들어간다(그림 9-8 참조).

기체 분자가 용액에 들어가는 수는 기체의 충돌수에 비례하고 용액에서 기상으로 나오는 분자수는 용액의 농도에 비례한다. 만약 기체의 압력을 갑자기 높이면 기체의 충돌수는 증가하고 기체에서 용액으로 들어가는 분자수가 증가한다. 그래서 용액의 농도가 증가하고 용액을 떠나는 분자수도 증가한다. 이들 양쪽의 속도가 같아지면 다시 새로운 평형상태가 된다.

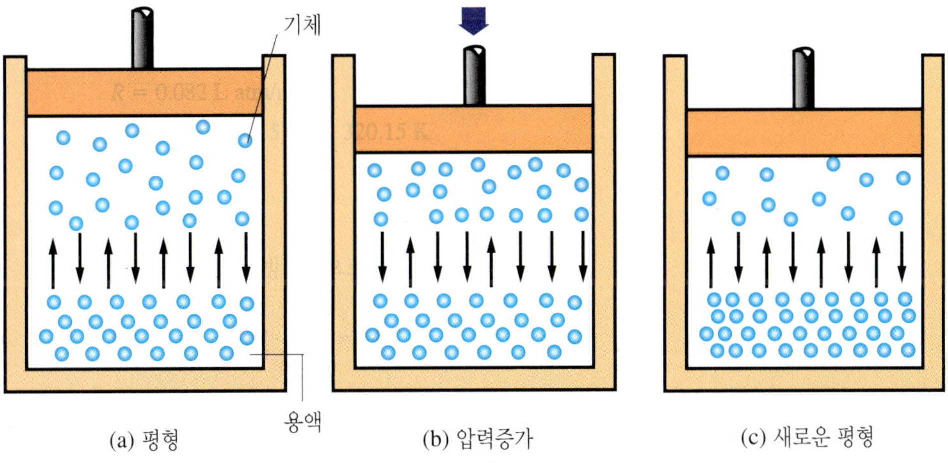

그림 9-8 기체의 용해도에 미치는 압력의 영향

이때 평형은,

$$\text{용질(g)} + \text{용매}(l) \rightleftharpoons \text{용액}(l)$$

로 나타낼 수 있고 르샤틀리에의 원리에 따라 평형은 이동한다. 압력을 높이면 평형은 오른쪽으로 이동하고, 낮추면 왼쪽으로 이동한다.

"기체의 용해도에 미치는 압력의 영향"은 Henry의 법칙으로 나타낼 수 있다. 용액의 농도 C_g는 기체의 분압 P_g에 비례한다.

$$C_g = K_g \cdot P_g$$

여기서 K_g는 헨리법칙의 상수이다. 이와 같은 관계식은 어떤 압력하에서 용해도를 알고 있으면 다른 압력하에서의 용해도도 쉽게 알 수 있게 한다. 이 식은 기체의 분압이 낮을 때 잘 성립한다.

예제 9.8 25°C에서 산소를 물 위에 모으면 압력이 1기압일 때 0.0393 g/L의 산소가 녹는다. 산소의 분압을 800 torr로 하면 산소의 용해도는 얼마나 될까?

풀이: 용액과 접하고 있고 산소의 분압을 알면 헨리법칙의 상수를 계산할 수 있다. 전체압력은 산소와 수증기의 분압의 합이다.

$$P_{\text{total}} = P_{\text{steam}} + P_{\text{oxygen}}$$

이므로, Henry법칙의 상수는,

$$K_{O_2} = \frac{C_{O_2}}{P_{O_2}} = \frac{0.0393 \text{ g/L}}{736 \text{ torr}} = 5.34 \times 10^{-5} \frac{\text{g}}{\text{L} \cdot \text{torr}}$$

800 torr에서 용해도는

$$C_{O_2} = \left(5.34 \times 10^{-5} \frac{\text{g}}{\text{L} \cdot \text{torr}}\right) \times (800 \text{ torr}) = 0.0427 \text{ g/L}$$

9.5 용액의 증기압

일단 용액이 만들어지면 그의 물리적인 성질은 용매나 용질의 성질과는 다르며 용액의 농도에 따라 다르다.

비회합성이고 비휘발성인 용질을 녹인 용액의 증기압은 **Raoult의 법칙**에 따른다. 즉 "용액의 증기압은 용매의 몰분율과 순수 증기압의 곱과 같다.,"

$$P_{\text{solution}} = x_{\text{solvent}} P^{\circ}_{\text{solvent}}$$

예로서 몰분율 $x = 0.05$로 비휘발성 용질인 설탕이 물에 녹아 있는 용액의 증기압은 순수 용매인 물의 증기압의 0.95배가 된다. 물의 증기압은 용질을 첨가하면 증기압의 감소가 일어난다. 그러면 라울의 법칙이 성립하는 것을 생각하여 보자. 순수한 용매가 그의 증기와 평형 상태를 이룰 때, 증기압은 운동에너지가 충분히 큰 분자가 표면에서 액체를 벗어나는 비율에 따라 정해진다. 용액이 비휘발성 용질을 포함하면 표면에 있는 용매분자는 용질에 의해서 치환되고 액체를 벗어나려는 용매분자는 감소한다. 따라서 순수용매의 증기압은 용액의 증기압보다 항상 크다.

순수용매에서는 모든 표면분자가 액체를 벗어나려는 경향이 있으나 용액에서는 용매분자만이 벗어날 수 있고 그의 비율은 바로 표면의 분자수의 비율과 같다. 분자수의 비율은 몰비와 같고 몰분율이 된다. 95몰%의 용매를 가진 용액이면 표면의 분자수는 순수 용매에서 보다 0.95비로 감소한다. 이와 같은 결과가 바로 **Raoult의 법칙**이다.

용질의 첨가에 의한 용매의 **증기압 강하**는 모든 온도에서 일어나며 ΔP로 나타낸다. 온도에 따른 증기압 강하를 그림 9-9에 나타냈으며, 증기압과 몰분율 사이에 Raoult의 법칙에 따른 관계가 성립함을 보인다.

대부분의 용액은 용매나 용질, 모두가 증발하려는 경향이 있다. 이 때는 용매나 용질의 성분이 모두 증기로 된다. 그래서 증기의 전체 압력은 두 성분의 분압의 합과 같다. 각 성분에 대해서 위에서 설명한 증발기구가 적용된다면 Raoult의 법칙이 적용된다. 따라서 성분 A의 증기압 P_A는

$$P_A = x_A P_A^\circ$$

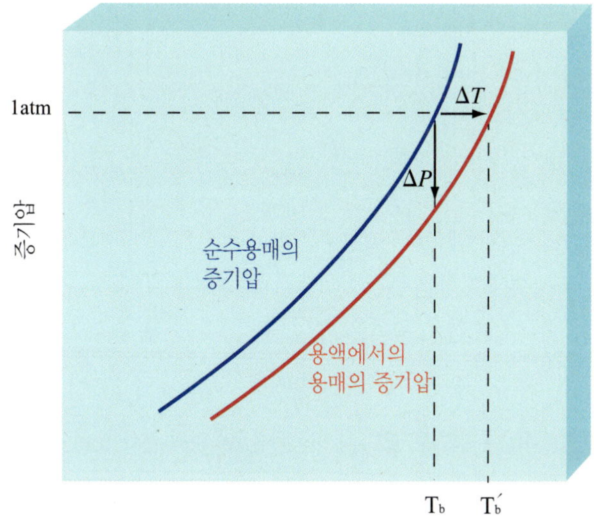

그림 9-9 용질의 첨가에 따른 증기압 강하

관계가 성립하고 x_A는 A성분의 몰분율이고 P°_A는 순수한 A물질의 증기압이다. B성분에 대해서도 같은 원리가 적용된다.

$$P_B = x_B P^\circ_B$$

따라서 두 성분으로 된 혼합용액의 전체증기압, P_T는 Dalton의 분압법칙에 따라

$$P_T = P_A + P_B$$

와 같이 된다. 위의 세 식을 정리하면,

$$P_T = x_A P^\circ_A + x_B P^\circ_B$$

그림 9-10은 성분 A와 B의 농도에 따른 증기압과 전체압력을 나타낸 것이다.

"실제용액이 넓은 농도 범위에서 Raoult의 법칙에 벗어나는 용액"을 **비이상용액**이라 한다. 증기압이 Raoult의 법칙에서 예기되는 값보다 더 크면 **양의 편차**가 있다고 하고, 더욱 낮은 증기압을 가질 때 **음의 편차**가 있다고 한다.

비이상성인 벗어남은 용질과 용매분자간의 상호작용에 의해서 생긴다. 용질분자 상호간이나 용매분자간의 인력이 약하면 용액에서 분자가 달아나려는 경향은 커지고 증기압이 증가하며 양의 편차가 생긴다. 양의 편차는 용질과 용매간의 인력이 용질분자간이나 용매분자간의 인력보다 작을 때이고, 이 때 용해열은 흡열이 일어나며 음의 벗어남이 있는 용액은 용질과 용매간의 인력이 용질분자간 인력보다 크며 용해열은 발열일 때이다.

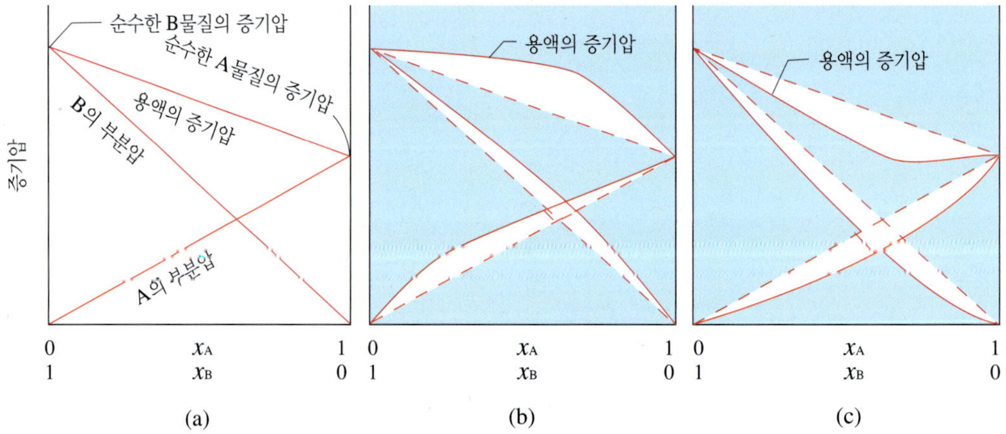

그림 9-10 이성분계의 증기압. (a) 이상용액, (b) 양의 편차, (c) 음의 편차

9.6 어는점 내림과 끓는점 오름

액체의 **정상 끓는점**(normal boiling-point)은 "액체의 증기압이 대기압(1atm)과 같아지는 온도"를 의미한다. 액체에 비휘발성 용질을 가하면 용액의 증기압이 낮아지므로 액체의 증기압이 대기압과 같아지려면 용액의 온도가 정상 끓는점보다 높아져야 한다. 그림 9-11에 증기압의 곡선을 나타냈다.

용액의 증기압 곡선은 아래쪽에 위치하고 있으며 순수한 용매의 증기압 곡선과 평행하다. 끓는점 오름을 그림 9-11의 우측에서 살펴볼 수 있다.

끓는점 오름 ΔT_b은 용액의 몰랄농도에 정비례한다.

$$\Delta T_b = K_b \text{ m}$$

비례상수 K_b는 용매에만 의존한다. 표 9-4에 몇가지 용매에 대한 값을 나타냈다.

용액에서 보통 어는 것은 순수한 용매이다. 예를 들면, 바다얼음은 거의 순수한 물이다. 이러한 이유 때문에 고체상의 증기압력 곡선은 순수한 용매나 용액에 대하여 모두 같다. 그러나 어는점은 순수한 용매에서 용액으로 갈수록 더 낮은 온도로 이동한다. 이러한 어는점의 이동을 어는점 내림이라 한다. 끓는점 오름과 같이 **어는점 내림** ΔT_f는 용액의 몰랄농도 m에 정비례한다.

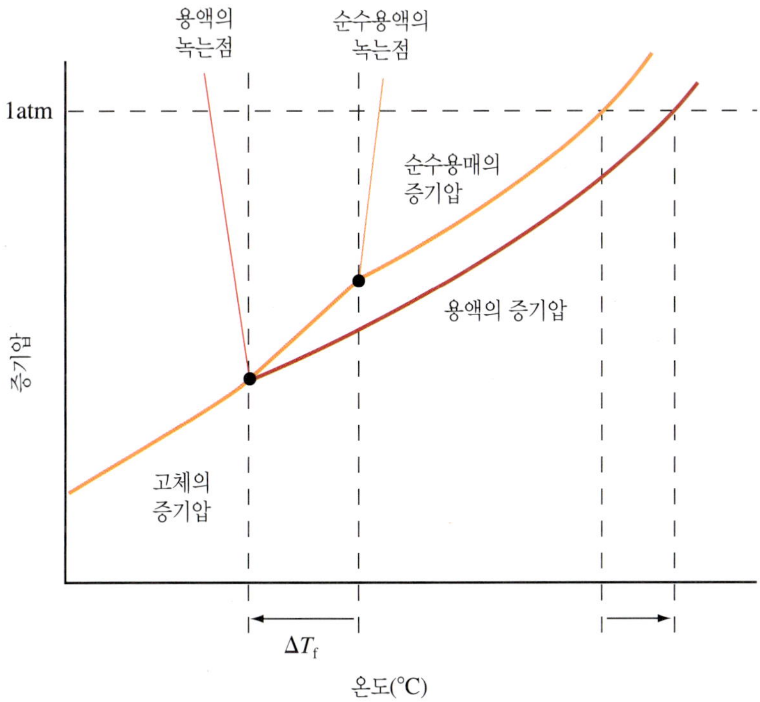

그림 9-11 순수한 용매와 용액의 증기압력 곡선

표 9-4 끓는점 오름과 어는점 내림의 상수

용액	분자식	녹는점(°C)	끓는점(°C)	K_f(°C/m)	K_b(°C/m)
아세트산	$HC_2H_3O_2$	16.60	118.5	3.59	3.08
벤젠	C_6H_6	5.455	80.2	5.065	2.61
장뇌	$C_{10}H_{16}O$	179.5	–	40	–
이황화탄소	CS_2	–	46.3	–	2.40
에탄올	C_2H_5OH	–	78.3	–	1.07
물	H_2O	0.000	100.000	1.858	0.521

$$\Delta T_f = K_f \, \mathrm{m}$$

여기서 K_f는 용매에만 의존하는 어는점 내림 상수이다(표 9-4).

예제 9.9 글루코오스 수용액의 농도가 0.222 m이다. 이 용액의 끓는점과 어는점은 얼마인가?

풀이: 표 9-4에서 물에 대한 K_b와 K_f는 각각 0.521°C/m과 1.858°C/m이다. 그러므로

$$\Delta T_b = K_b \, \mathrm{m} = 0.521°\mathrm{C/m} \times 0.222\mathrm{m} = 0.116°\mathrm{C}$$
$$\Delta T_f = K_f \, \mathrm{m} = 1.858°\mathrm{C/m} \times 0.222\mathrm{m} = 0.412°\mathrm{C}$$

따라서 용액의 끓는점은 100.000°C + 0.116°C = 100.116°C이며
어는점은 0.000°C − 0.412°C = −0.412°C이다.
ΔT_b는 더해주고 ΔT_f는 빼준 것에 유의하여라.

9.7 분자량 결정

비휘발성, 비전해질 물질의 분자량은 실험적으로 어는점 내림, 끓는점 오름을 측정함으로써 쉽게 분자량을 결정할 수 있다. 무게를 알고 있는 용질에 의한 용매의 어는점 내림은 실험으로 구할 수 있으며 용액의 몰랄농도는 ΔT_b나 ΔT_f로부터 구할 수 있다. 용질의 분자량은 용액의 계산된 몰랄농도와 알고 있는 용질의 질량으로부터 구한다.

즉, 물 w g에 용질 a g이 녹았을 때, 어는점 내림을 ΔT_f라 하면 그 용질의 몰랄농도 m은 다음과 같이 구한다. 우선 물 1000g에 녹은 용질의 양 n g을 산출하면

$$w : a = 1000 : n$$

$$n = \frac{a}{w} \times 1000$$

따라서 이 용액의 몰랄농도 m은 분자량 M으로 나눈 값이므로

$$m = \frac{a}{w} \times \frac{1000}{M}$$

따라서 정리하면 다음과 같이 된다.

$$\Delta T_f = \frac{a}{w} \times \frac{1000}{M} \times K_f$$

증기압, 어는점 그리고 끓는점에 있어서 어는 정도와 끓는 정도의 변화를 나타내기 위해서는 큰 질량의 물질이 용해되어야 하기 때문에 보통 1000 이상의 분자량은 측정하기 어렵다. 분자량이 큰 물질은 삼투압의 측정을 이용하면 더 효과적이다.

예제 9.10 물 100 g에 어떤 물질 9 g이 녹은 용액의 끓는점이 100.26°C였다. 이 물질의 분자량을 구하라(물의 끓는점 오름은 0.52°C/m).

풀이: 용매 100 g에 9 g의 용질이 녹은 용액은 용매 1000 g에 대해서

100 : 1000 = 9 : x

x = 90 g

따라서 물 1000 g에 용질 90 g이 녹아있는 것과 같다.
이 물질의 분자량을 M이라 하면

이 용액의 몰랄농도 $m = \frac{90}{M}$

$$\begin{aligned}\Delta T_b &= \text{용액의 끓는점} - \text{용매의 끓는점} \\ &= 100.26 - 100 \\ &= 0.26\end{aligned}$$

$$\Delta T_b = \frac{90}{M} \times K_b$$

$$0.26 = \frac{90}{M} \times 0.52$$

$\therefore$ M = 180 g/mol

9.8 삼투압

액체는 셀로판, PVC, 양피지막을 통해 확산할 수 있는 것과 같이 피부와 다른 생물막을 통해 확산할 수 있으나, 대부분의 용해된 입자 즉, 용질 분자들의 확산을 허용하지 않는 막, 즉 반투막(semipermeable membrane)을 쉽게 통과하지 못한다(그림 9-12 참조).

"용매분자가 묽은 용액으로부터 더 진한 용액으로 반투막을 통하여 이동하는 것"을 **삼투**(osmosis)라고 한다. 만약 용기를 반투막으로 두 지역으로 나누고 동일한 농도의 액체를 용기 양쪽에 넣으면 액체의 분자들은 두 방향으로 같은 속도를 가지고 확산하여 뚜렷한 높이 변화는 없을 것이다. 그러나 만약 막의 한쪽은 농도가 짙은 용액이고 다른 한쪽은 농도가 묽은 용액인 경우 확산 속도는 서로 같지 않게 되어 막 양쪽의 용액 높이는 다르게 된다.

확산속도는 용액의 농도가 같아질 때까지 묽은 용액으로부터 진한 용액으로 많은 용매 분자가 이동한다.

삼투압(osmosis pressure)은 "삼투에 대항하여 그것을 중지시킬 수 있는 충분한 외부 압력"으로 정의된다. 즉 삼투압은 진한용액을 가진 막 쪽에서 차이나는 용액의 높이를 일정하게 하기 위해 발생되는 압력이다. 삼투압은 묽은 용액에서는 용질입자의 농도에 비례하고 이들 입자의 성질에는 무관하다. 삼투는 삼투압보다 높은 압력을 사용하여 역행시킬 수 있고 이 원리를 이용하여 바닷물을 탈염한다(**역삼투**).

묽은 용액에서 삼투압 π에 대한 수학적 표현은 다음과 같고 이상기체 상태방정식과 유사한 형태를 취한다.

$$\pi = \frac{n_B RT}{V} = M_B RT$$

π : 삼투압
n_B : 용질의 몰수

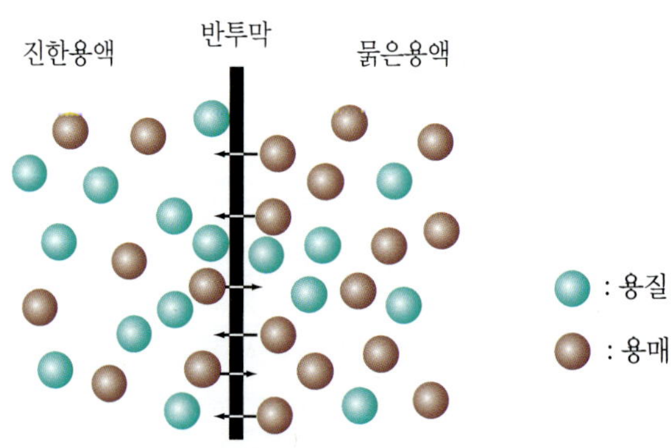

그림 9-12 반투막을 통한 용매의 삼투 흐름

V : 용액의 부피(L)
R : 이상기체 상수(0.082 L atm/mol K)
M_B : 용액의 몰농도

예제 9.11 분자량이 작은 녹말의 화학식은 $(C_6H_{10}O_5)_n$으로서 n은 평균적으로 2.00×10^2의 값을 가진다. 3.19 g의 녹말을 100 mL의 물에 녹였을 때 25°C에서 용액의 삼투압은 얼마인가?

풀이: $(C_6H_{10}O_5)_{200}$의 분자량은 32,400이다.
그러므로 3.19 g의 녹말의 몰수는

$$3.19\text{ g 녹말} \times \frac{1\text{ mol 녹말}}{32{,}400\text{ g}} = 9.85 \times 10^{-5}\text{ mol 녹말}$$

용액의 몰농도는

$$\frac{9.85 \times 10^{-5}\text{ mol 녹말}}{0.100\text{ L}} = 9.85 \times 10^{-4}\text{ mol/L 용액}$$

25°C에서 삼투압은 다음과 같다.

$$\pi = \frac{n_B RT}{V} = M_B RT$$

$$= (9.85 \times 10^{-4}\text{ mol/L})(0.082\text{ L atm/K mol})(298\text{ K})$$
$$= 2.41 \times 10^{-2}\text{ atm}$$
$$= 18.3\text{ mmHg}$$

9.9 콜로이드

콜로이드란 말은 희랍어의 아교(kolla)에서 유래되었다. 이에 대한 연구로는 1841년 Selmi가 황, 카제인 등의 수용액에 대해서 조사한 결과 이것들은 여과지를 통과하고 투명하나 여러 점에서 참용액과 다르다는 보고가 있은 후부터 시작되었다.

콜로이드 용액에서 균일하게 보이는 용액을 **졸**(sol)이라 하며, 졸은 물질에 따라 다르다. 예를 들면 젤라틴졸이나 한천졸과 같은 것은 전체가 고화한다. 이와 같이 고화한 반고체를 **겔**(gel)이라 한다.

콜로이드 입자는 보통 여과지는 통과하지만 보통분자보다는 큰 것으로서 대개 1nm에서 100 nm 정도의 크기로 되어 있다. 각종 입자의 크기에 대해 표 9-5에 나타내었다.

0.1 μm 이상의 입자는 콜로이드 입자라기보다 **분산질**(dispersoid)이라고 하며, 그 집합체를 분산계라 한다. 분산질을 함유하고 있는 물질을 **분산매**(dispersion medium)라 하며 이것도

표 9-5 각종 입자의 크기

조대분산질	0.1 μm 이상	콜로이드황	50~500 nm	콜로이드입자
콜로이드입자	1 nm~0.1 μm	인플루엔자 바이러스	120 nm	콜로이드입자
저분자분산질	0.1~1 nm	콜로이드금	1~100 nm	콜로이드입자
		헤모글로빈 분자의 크기	2.8 nm	콜로이드입자
모래의 입자	5.0~200 μm	산소분자의 지름	0.16 nm	
적혈구의 반지름	7.5 μm			
대장균의 길이	1.5 μm			

콜로이드 화학의 연구 대상이 된다.

분산질, 분산매가 기체, 액체, 고체의 어느 것에 속하는 가에 따라 각종 분산계가 생길 수 있다. 콜로이드를 구성하고 있는 물질이 무기물인가 유기물인가에 따라 무기 콜로이드, 유기 콜로이드로 분류되며, 분산매가 기체일 때에는 **에어로졸**(aerosol), 물일 때에는 **하이드로졸**(hydrosol), 유기물일 때에는 **오르가노졸**(organosol), 알코올일 때에는 **알코올졸**(alcoholsol)이라 한다.

콜로이드 상태는 분산입자의 형에 따라 그 특성이 대단히 다르다. 입자가 구형 또는 구형에 가까울 때에는 그 졸의 점도는 분산매와 큰 차가 없고, 입자가 긴 선상일 때에는 그 점도는 분산매보다 대단히 크다. 구상 콜로이드의 예로서 글리코겐, 헤모글로빈 등이 있고, 선상인 것으로는 셀룰로오스, 녹말, 콜라겐 등이 있다.

그러나 단백질이나 전분 등의 콜로이드입자는 거대분자이며 그것은 액체 또는 고체라 할 수 없다. 이와 같은 콜로이드를 분자 콜로이드라 하며, 또 비누의 진한 용액은 미셀 콜로이드라 한다. 일반적인 콜로이드 용액의 분류법은 표 9-6과 같다.

콜로이드 용액 중에는 입자가 액체에서 잘 분리되는 것과 안되는 것이 있다. 전자를 **소액 콜로이드**, 후자를 **친액 콜로이드**라 한다. 이때 분산매가 물인 경우에는 그것을 각각 **소수성콜로이드**(hydrophobe colloid)와 **친수성콜로이드**(hydrophile colloid)라 한다.

또, 저분자의 분산 콜로이드 중 콜로이드 입자가 양전기를 띤 것을 **양성 콜로이드**(positive colloid)라 하고, 음전기를 띤 것을 **음성 콜로이드**(negative colloid)라 한다. 이와 같이 콜로이드의 성질도 그 상태에 대응하여 상이하게 나타난다.

표 9-6 콜로이드 용액의 종류

소액콜로이드 : 분산콜로이드	양성콜로이드(Al_2O_3)
	음성콜로이드(As_2S_3)
친액콜로이드	분자콜로이드 : 고분자콜로이드(단백질)
	회합콜로이드 : 미셀콜로이드(비누)

연습문제

PROBLEMS

01. 물 속에 있는 HCl 기체는 Henry의 법칙을 따르지 않을 것이라 예측하는 이유를 설명하라.

02. 다음의 각 용액을 만들려면 물 100 g에 질산암모늄을 얼마나 녹여야 하는가?

(a) 2.0 M 용액

(b) 물의 몰분율이 0.80인 용액

(c) 물의 질량이 40%인 용액

03. 어떤 황산용액이 33.33%의 H_2SO_4를 포함하고 있으면, 그 밀도는 1.25 g/mL이다. 이 용액의 몰분율, 몰농도, 노르말농도 및 몰랄농도를 구하여라.

04. 다음 수용액을 만들기 위하여 각각 몇 g의 용질이 필요한가?

(a) 0.5 M 요소 $CO(NH_2)_2$ 용액 1 L

(b) 1.5 M H_3PO_4 용액 500 mL

(c) 2 M $CaBr_2$ 용액 2 L

(d) 800 g의 물로 만들어진 2 m의 포도당 수용액

05. 다음 용액에는 몇 몰의 용질이 포함되어 있는가?

(a) 2 M H_2SO_4 1 L

(b) 0.1 M NaOH 100 mL

(c) 0.2 N H_3PO_4 50 mL

(d) 0.4 N $BaCl_2$ 250 mL

06. 다음 물질의 노르말농도는 얼마인가?

(a) 3 M H_3PO_4

(b) 12 g KOH를 포함한 500 mL 용액

(c) 0.02 g H_2SO_4를 포함한 25 mL 용액

(d) 18 M H_2SO_4 용액 1 L를 11 L로 희석시킨 용액

07. 30°C에서 벤젠의 증기압은 118 torr이고 톨루엔의 증기압은 30 torr이다. 30°C에서 벤젠의 몰분율이 0.4인 벤젠-톨루엔 용액의 증기압은 얼마인가?

08. 메탄올-에탄올 용액에 Raoult의 법칙을 적용하여 50°C에서 100 g의 메탄올과 100 g의 에탄올을 가지고 용액의 증기조성, 용액의 몰분율 및 증기압을 구하여라. 50°C에서 사용한 두 알코올의 증기압은 각각 406 torr, 222 torr이다.

09. 물에 녹아 있는 25%(w/w)의 메탄올 용액의 어는점을 구하여라.

10. 보리껍질로부터 얻어진 1.5 g의 함수탄소는 물 5 g의 녹는점을 3.72℃ 강하시켰다. 이 함수탄소의 분자량을 구하여라.

11. 1 L 중에 100 g의 설탕(분자량: 342)을 포함한 용액의 37℃에서의 삼투압이 얼마나 되겠는가?

12. 장뇌는 178.4℃에서 얼고, 그 몰랄 어는점내림 상수는 37.7℃/m이다. 만일, 용매로서 장뇌 10 g에 1 g의 나프탈렌($C_{10}H_8$)을 섞어주면 장뇌의 어는점은 얼마인가?

13. 수도물 1 L에 철분이 2 ppm있다면 그 양(g)은 얼마나 되는가?

14. 설탕 3.42 g을 물 100 g에 녹인 액은 몇 도에서 끓겠는가?

15. 어떤 비전해질 12 g을 물 60.0 g에 녹였다. 이 용액이 −1.88℃의 어는점내림을 보였을 때 이 물질의 분자량을 구하여라.

16. 1.0몰의 A, 3.0몰의 B 및 6.0몰의 C를 함유한 용액에서 각 순물질의 몰분율을 계산하라. 몰분율의 합이 1이 됨을 보여라.

17. 어느 기체가 1기압의 압력에서 어느 용매에 용해하여 평형상태에서 0.050 mol/L의 농도를 갖게 된다. 0.20기압의 기체와 평형을 이루고 있는 용해된 기체의 농도를 계산하라.

18. 25℃에서 순수한 벤젠의 증기압력은 100 torr이고 순수한 에틸알코올의 증기압력은 44 torr이다. 25℃에서 9.20 g의 에틸알코올(C_2H_5OH)과 7.80g의 벤젠(C_6H_6)을 함유하는 용액의 증기압력을 계산하라. 이상적인 행동을 한다고 가정하라.

19. CH_2O란 실험식을 가진 용질 36.0 g을 400 g의 물에 녹인 용액은 −0.93℃에서 언다. 이 용질의 분자식은 무엇인가?

20. 25℃에서 메틸알코올(CH_3OH)의 증기압은 96.0 torr이다. 25℃에서 메틸알코올의 증기(부분)압력이 23.0 torr인 어떤 용액에서의 CH_3OH의 몰분율은 얼마인가?

21. 10.0g의 KCl이 물 100 g에 녹아 있는 용액의 관측된 어는점은 −4.5℃이다. 이 용액에 대한 van't Hoff 인자 i를 계산하라.

22. 물 50.0g에 4.00 g의 용질 X를 녹인 용액의 부피는 52.5 mL이고 어는점은 −0.86℃이다. X의 몰랄농도, 몰분율 및 몰농도를 계산하라.

23. 50 mL의 에틸 알코올(밀도 = 0.789 g/mL)과 50 mL의 물(밀도 = 1.00g/mL)을 섞어서 95 mL의 전체 부피를 가지는 용액을 얻었을 때 이 용액에서의 에틸 알코올의 몰랄농도, 몰농도 및 몰분율을 계산하라. 그리고, 알코올 중에 있는 물의 몰분율을 계산하라.

24. 300 K에서 200 mL 중에 48.0 g의 자당($C_{12}H_{22}O_{11}$)을 함유한 수용액이 반투과성막을 경계로 하여 순수한 물과 접해 있다. 삼투현상이 일어나지 않도록 하기 위해서 용액 위에 가해야 할 최소의 압력은 얼마인가?

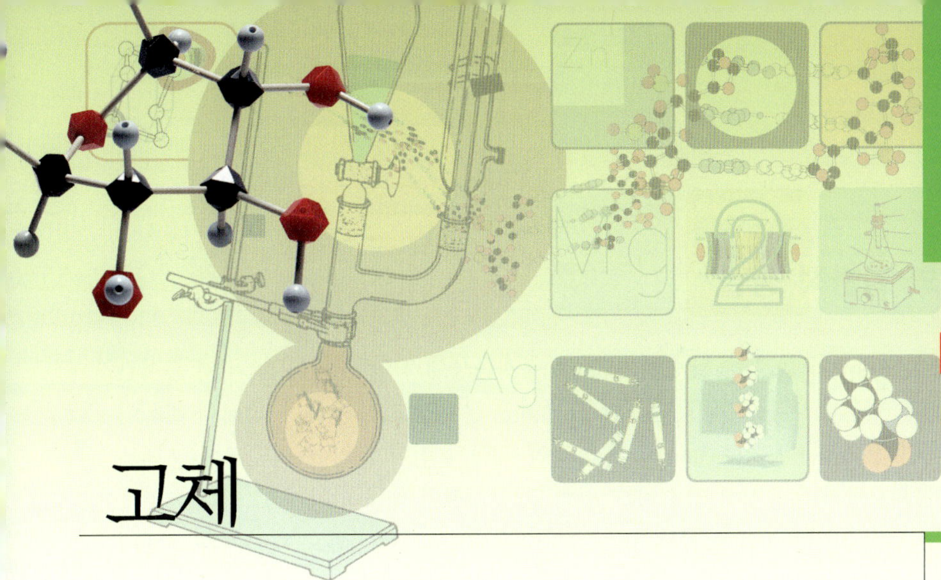

CHAPTER 10

고체

고체는 한 용기에서 다른 용기로 옮길 때 형태와 부피가 그대로 유지되고, 실제로 거의 압축할 수 없고, 확산 속도가 매우 느린 성질을 가지고 있다. 또 원자, 분자 또는 이온 사이에 비교적 센 인력이 존재한다.

고체에는 **비결정성**(amorphous)과 **결정성**(crystalline)의 두 가지 형태가 있다. 결정성 고체는 고체가 형성되는 온도까지 천천히 낮추어 규칙적으로 배열할 수 있도록 함으로써 얻을 수 있다. 이와 달리 온도를 갑자기 낮추어 입자들이 무질서한 상태로 동결되어 버리면, 이때 얻어지는 고체는 비결정성이다. 이 장에서는 고체의 구조와 성질에 대한 설명을 하고자 한다.

미리보기

10.1 고체의 일반적 성질

액체상태에 있는 물질의 온도를 계속 낮추어 주면 그 분자운동에너지가 점점 감소되어 분자간의 거리가 단축된다. 마침내 어떤 일정한 온도에 도달하면 분자간 거리가 액체 상태에 비하여 다소 단축된 상태인 **고체 상태**(solid state)로 물리적인 상태의 전이가 일어난다. 고체는 액체 상태에 있는 분자와는 달리 유동성이 없으며, 단단하고, 압축성이 대단히 작다. 그러나 분자들은 진동을 하고 있으며 정지한 상태에 있는 것은 아니다. 이것은 기체 상태의 타분자가 고체내부로 확산되어 들어가 상호반응하거나, 고체가 일정한 온도에서 일정한 증기압을 가지는 현상 등을 보면 알 수 있다. 이론적으로 완전한 고체 상태는 이러한 분자의 운동이 완전히 정지되어 있는 상태라고 생각할 수 있는데, 이것은 온도를 절대영도(−273.15℃)까지 낮추어 주면 가능할 것으로 생각된다. 그러나 여기에서도 고체는 영점 에너지를 가진다는 것이 알려져 있다.

대부분의 고체는 구성 요소들이 대단히 규칙적으로 배열되어 있는 **결정성고체**(crystalline solid)이다. 금, 은, 동 등과 같은 많은 금속과 소금, 백반 등과 같은 결정성화합물은 이러한 좋은 예들이다. 이와 달리 유리, 아교, 벽돌 등과 같은 것은 그 물질을 이루는 구성요소들이 규칙적으로 배열되어 있는 것이 아니라 혼합되어진 채로 과냉각(supercooling)된 것으로 물리적인 상태만이 고체일 뿐이다. 화학에서 말하는 고체는 일반적으로 결정성 고체를 말하는 것이다.

10.2 결정성 고체

X−선 회절법(X-ray diffraction method)에 의하여 판명된 바에 의하면 결정성 고체에는 다음의 세 가지 유형이 있다. 첫째로 **원자결정**(atomic crystal)인데 금속상태의 구리는 구리원자가 규칙적으로 배열되어 이루어진 것이다. 둘째로 **이온결정**(ionic crystal)인데 이것은 식염에서와 같이 Na^+ 이온과 Cl^- 이온이 규칙적으로 배열되어 이루어진다. 셋째는 분자가 입체적으로 규칙적인 배열을 하여 이루어진 **분자결정**(molecular crystal)으로 방해석의 결정이나 고체 탄산가스 등이 이러한 예에 속한다.

결정성 고체는 그것이 어느 유형에 속하여 있든간에 그 결정의 고유한 모양을 유지하는 특성을 가지고 있다.

예를 들면, 식염의 입방체형의 결정을 물리적인 방법으로 아무리 잘게 부수더라도 육안으로는 그 결정형이 달라진 것처럼 보이지만 배율이 큰 확대경으로 보면 역시 입방체형의 결정형을 가진 닮은꼴의 많은 작은 결정으로 갈라져 있을 뿐이다. 몇 가지 결정형을 그림 10-1에 나타내었다.

이러한 결정형의 특성은 결정을 이루는 면 및 면간의 교각이 일정하기 때문에 나타나는 것이다. 그러므로 결정형을 이루는 각 면은 각각 고유한 특성을 가지는 방향성을 가지고 있어서

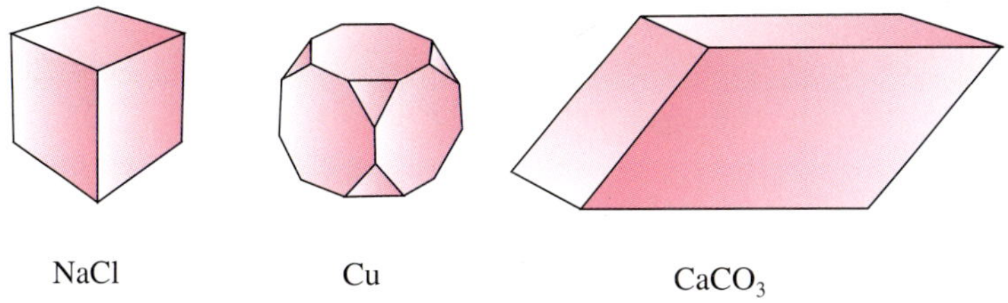

그림 10-1 소금, 금속구리, 대리석의 단결정

결정형을 잘게 나누더라도 이 성질을 잃지 않는다. 결정 내부에 공간적으로 규칙성 있게 배열된 점, 즉 **격자점**(lattice point)을 가상할 수 있다. 이 격자점의 정열을 **공간격자**(space lattice)라 한다. 공간격자점이 화학단위(원자, 분자, 이온 등)로 점유된 것을 **결정격자**(crystal lattice)라 한다.

결정격자는 방향성을 가지고 있으므로 결정을 기술하자면 최소한 a, b, c의 세 방향의 벡터와 각 벡터간의 교각 α, β, γ를 생각하여야 한다(그림 10-2). 우리 주위에서 흔히 볼 수 있는 14가지의 결정격자를 그림 10-3에 실었다. 결정격자를 이루는 가장 간단한 단위체를 **단위결정**(unit cell)이라고 한다. 그림 10-3에 표시된 결정격자 중 비교적 간단한 격자인 **입방격자**의 단위결정을 그림 10-4에 나타내었다.

입방결정격자들은 그림 10-4에서 볼 수 있는 바와 같은 단위결정들이 중복되어 이루어져 있는 것이다. 그러므로 완전한 결정격자를 기술할 수 있다. 또한 그림 10-3에 나타낸 14가지 결정형은 표 10-1에서와 같은 7가지 단위결정이 적당한 방법으로 변형되어 있음을 알 수 있다.

각 단위결정은 위에 표시한 바와 같이 a, b, c의 세 능면의 길이와 a, b, c간의 교각을 알면 기술된다. 지금 한 능면의 길이를 1로 잡고 단위결정 속에 포함되는 화학단위의 위치를 능선의 길이에 대한 분수로 표시하면 대단히 편리하게 단위결정을 표현할 수 있다.

한 예를 들면 그림 10-4에 표시된 체심입방격자의 단위결정은 구석에 한 개와 단위결정의

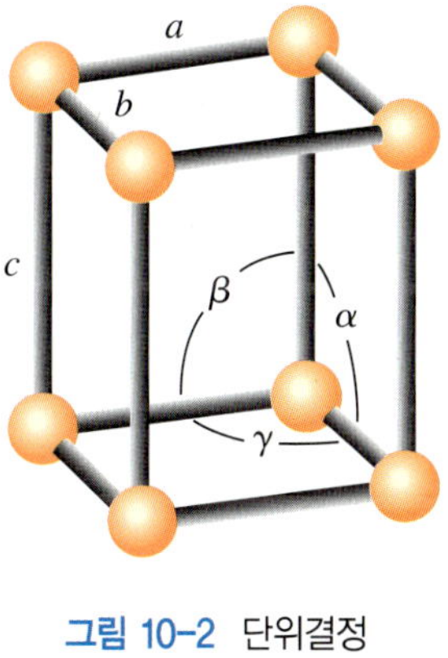

그림 10-2 단위결정

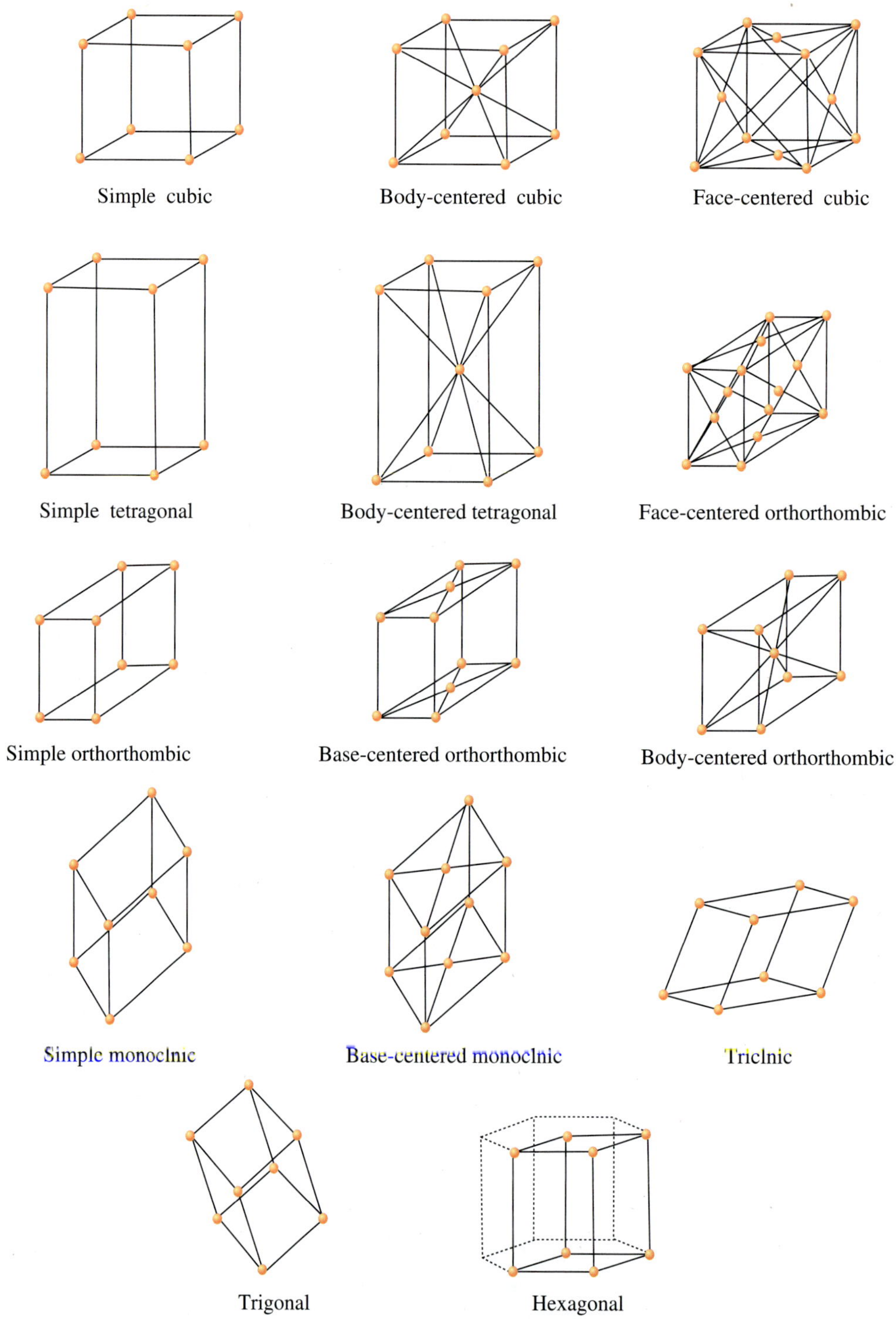

그림 10-3 가능한 14가지 결정격자

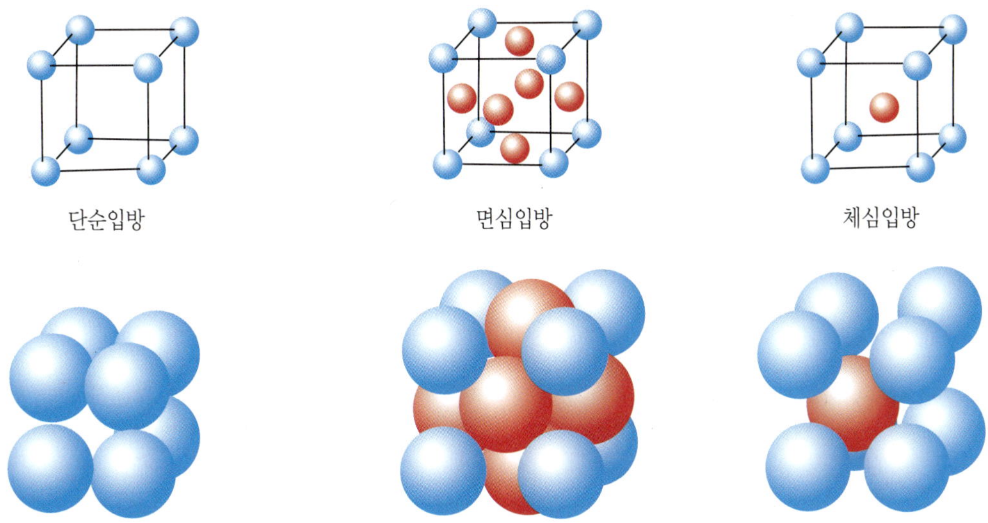

그림 10-4 단순입방 · 면심입방 · 체심입방격자에 있어서 최밀충진을 나타낸 단위결정

표 10-1 결정계

결정체	격자치수	각	보기
① 입방체형(cubic)	$a = b = c$	$\alpha = \beta = \gamma = 90°$	NaCl
② 정방체형(tetragonal)	$a = b \neq c$	$\alpha = \beta = \gamma = 90°$	백색석
③ 직방형(orthorhombic)	$a \neq b \neq c$	$\alpha = \beta = \gamma = 90°$	HgCl
④ 단사형(monoclinic)	$a \neq b \neq c$	$\alpha = \gamma = 90°, \beta \neq 90°$	$KCrO_3$
⑤ 삼사형(triclinic)	$a \neq b \neq c$	$\alpha \neq \beta \neq \gamma \neq 90°$	$K_2Cr_2O_7$
⑥ 육방체형(hexagonal)	$a = b \neq c$	$\alpha = \gamma = 90°, \beta = 120°$	SiO_2
⑦ 능면체형(trigonal)	$a = b = c$	$\alpha = \beta = \gamma \neq 90°$	$CaCO_3$

중앙에 한 개의 화학 단위만을 포함하는데, 구석에 있는 원자의 위치를 원점으로 잡고 위의 규약을 따른다면 구석에 있는 원자의 좌표는 (0, 0, 0), 중앙에 있는 원자의 위치의 좌표는 ($\frac{1}{2}$, $\frac{1}{2}$, $\frac{1}{2}$)와 같이 기술되는 것이다. 뿐만 아니라 원자와 주위 원자 간의 거리도 한 능선간의 거리의 비로 쉽게 계산할 수 있으며, 간단한 입방체의 경우 한 원자와 접촉하고 있는 주위의 원자수를 살펴보면 표 10-2와 같은 결과를 얻는다.

한 개의 단위결정 속에 포함되는 화학단위수는 다른 단위결정과의 중복되는 부분은 제외되어야 하므로 다음과 같은 규칙을 따르면 쉽게 알아낼 수 있다.

표 10-2 각 입방격자에서의 단위결정

	단순입방격자 (simple cubic)	체심입방격자 (body centered)	면심입방격자 (face centered)
단위결정의 체적	a^3	a^3	a^3
단위결정 중의 원자수	1	2	4
최근접 원자간의 거리	a	$\sqrt{\frac{3}{2}}a$	$\sqrt{2a}$
최근접 원자수	6	8	12

1. 완전히 단위결정 속에 포함되는 화학단위는 한 단위결정에만 속한다.
2. 단위결정의 한 면에 있는 화학단위는 인접되어 있는 단위결정의 면에도 속하므로 각각의 단위결정에는 한 원자의 $\frac{1}{2}$부분만이 속한다.
3. 모서리(edge)에 있는 화학단위는 네 개의 동일한 다른 결정과 중복되므로 각 단위결정에는 한 화학단위의 $\frac{1}{4}$부분만이 속한다.
4. 구석(corner)에 있는 화학단위는 8개의 동일한 다른 단위결정이 인접하게 되므로 단위결정에는 한 화학단위의 $\frac{1}{8}$부분만이 속한다.

이제 어떤 물질의 결정형을 알고 있으면 그 단위 결정을 알 수 있고 또 그 단위결정의 체적과 그 속에 포함되어 있는 화학 단위수를 알 수 있으므로 화학 단위 한 개의 무게를 알면 그 물질의 밀도를 쉽게 계산할 수 있다. 또한 밀도를 알면 화학단위 한 개의 무게를 계산할 수 있으므로 여기에 Avogadro의 수를 곱하여 주어 원자량이나 분자량을 계산하여 볼 수도 있다.

지금 X선 회절법으로 어떤 물질이 체심입방격자의 결정형을 가지고 있고 한 능선의 길이가 a인 것을 알아내었다면 그 단위결정의 체적은 a^3이고 그 속에는 완전한 원자 1개와 $\frac{1}{8}$부분의 원자가 8개 포함되게 되므로 결국 두 개의 원자가 포함된 셈이 된다. 그러므로 그 밀도는 $d = 2w/a^3$으로 계산된다. 여기의 w는 원자 한 개의 질량이다. 원자량이나 분자량을 Avogadro의 수로 나누어준 값이 곧 w의 값이 된다. $d = 2w/a^3$에서 $d \cdot a^3$ 값을 알면 거꾸로 w의 값을 알 수 있으므로 이 값으로부터 원자량이나 분자량을 계산할 수 있다.

10.3 X-선 회절과 구조결정

많은 결정성 고체의 결정구조는 **X-선 회절법**을 적용함으로써 확실하게 연구되어진다. 만일 X-선 발생관에 구리 표적을 사용하였다면 이때 발생되는 기본 X-선의 파장은 1.541Å이다.

전자파의 일종인 X-선을 결정성 고체에 투사하면 결정을 통과하여 나오는 X-선은 일정한 각도로 산란된다. X-선 회절법은 상의 내부 또는 외부에 있는 두 회전면 사이에서 일어나는 회절 X-선의 간섭과 보강현상의 결과적인 효과를 종합 해석하는데 그 기초를 두고 있다. 그림 10-5는 이 원리를 알기 쉽게 나타낸 것이다.

단일 X-선을 거리가 d 만큼 떨어진 결정격자에 투과시키면 그 일부는 산란되고 다른 일부는 결정격자를 통과하여 나간다. 산란되어 나오는 X-선은 그림에서 보는 바와 같이 두 가지가 있는데 하나는 보강간섭이고 다른 하나는 파괴간섭이다.

나오는 산란선 중 산란각이 α인 산란선은 서로 파괴간섭되어 A점에서 산란 X-선은 검출되지 않는다. 그러나 각 β에 나타나는 파동은 서로 보강되어 이때의 산란선은 B점에서 검출될 수 있다. 계속해서 각도를 증대시켜주면 회절의 차수(order of diffraction)가 높아지면서 이러한 간섭보강점이 반복되어 나타난다.

X-선이 회절하여 보강되기 위하여 해결되어야 할 가장 중요한 문제의 하나는 X-선의 광로차이다. 그림 10-6에는 결정에서의 상이한 두 입사선과 반사선의 경로 차이를 나타내었다.

경로길이 BPB′는 거리 b + b′, 즉 2b가 해당하는 경로만큼 AOA′보다 더 길다. 그런데 b = $d \sin \theta$이므로 경로차는 $2d \sin \theta$가 되는데 면간의 거리가 d인 두 면에서 산란되어 나오는 X-선이 보강되어 지려면 이 때의 경로차는 파장의 정배수가 되어야 한다. 이 내용을 식으로 표시한 것이 **Bragg식**이다.

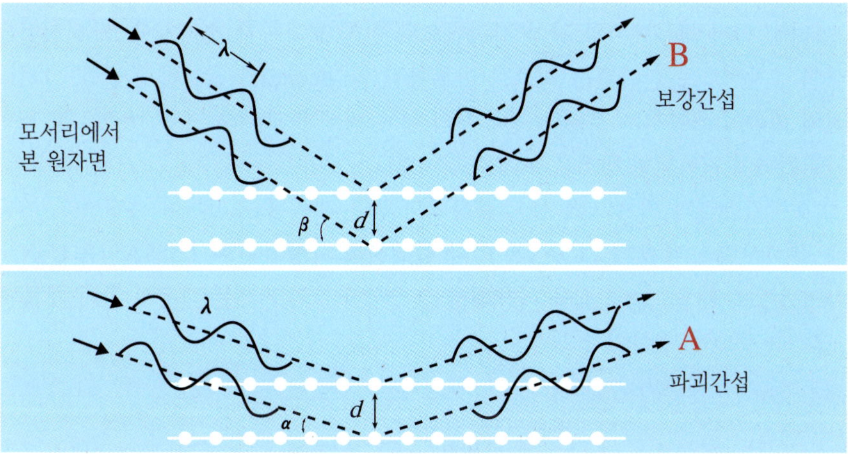

그림 10-5 X-선의 회절 설명도

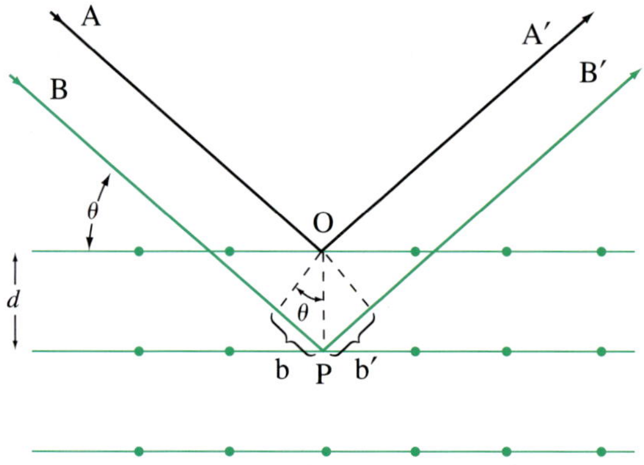

그림 10-6 Bragg 방정식의 유도설명

$$n\lambda = 2d \sin\theta$$

여기서 θ는 회절이 일어나는 각도이고, λ는 X-선의 파장이며 n은 회절의 차수를 나타내는 정수(n = 1, 2, 3, ⋯)이다. 보통 1차 회절선의 강도는 이보다 높은 차수의 회절선의 강도에 비하여 월등하게 강하기 때문에 높은 차수의 회절선은 보통 고려하지 않는다.

X-선 회절현상의 측정은 단결정이나 분말시료를 사용한다. 그리고 회절되어 나오는 X-선은 Geiger관이나 scintillometer 등의 계측기구를 쓰거나 사진 건판에 의하여 검출하여 낸다. 결정에 X-선을 회절시켰을 때의 회절선의 모양(diffraction pattern)은 여러 개의 점이 찍힌 규칙성 있는 무늬로 나타나는데(그림 10-7), 결정내부에 존재하는 가능한 모든 면에서 회절되어 나온 산란선이 보강되어진 점들의 집합체라 할 수 있다.

그리고 분말시료를 썼을 때에는 분말 속의 크고 작은 입자가 뒤섞여 있어서, 이로 인한 효과 뿐만 아니라 먼저 경우에서와 같이 결정면으로 인한 효과까지 겹쳐져서 그 회절선은 대단히 복잡하여 총체적으로 산란된 X-선으로 이루어진 원추(cone)가 생겨나게 된다. 그러나 사실상 회절선의 해석에 쓰여지는 것은 이 원추체의 한 단면에 불과하다. 그림 10-7은 X-선의 회절결과가 사진건판에 기록되는 방식을 보여준 것이다.

회절각 θ는 카메라의 위치와 X-선 검출장치의 놓는 자리를 조절하여 측정한다. 어떤 결정에 X-선을 투사시켰을 때 $\theta = 22.5°$에서 일차 회절선의 파장이 $\lambda = 1.539$Å임을 CuX-선관으로 측정하여 알았다면 Bragg의 식을 이용해서 그 결정면간의 거리는 다음과 같이 계산된다.

$n\lambda = 2d \sin\theta$에서 n은 1이다.

따라서,
$$d = \frac{\lambda}{2 \sin\theta}$$

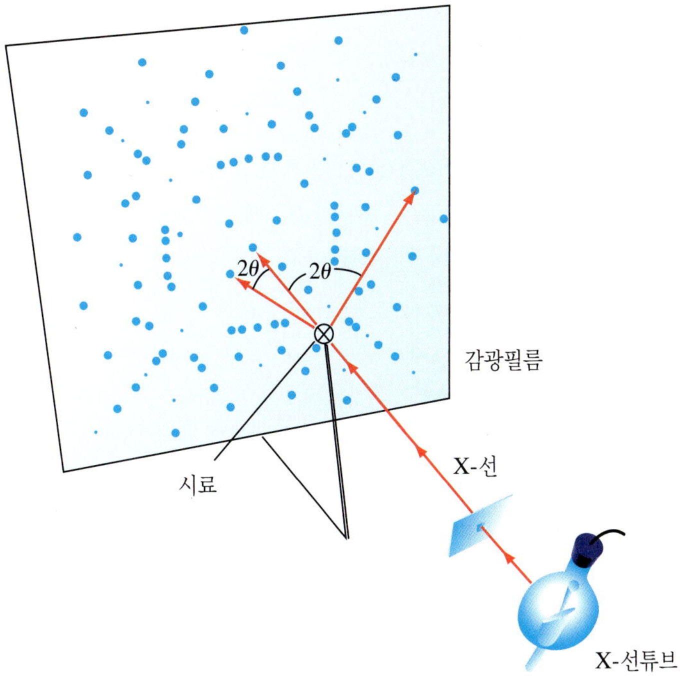

그림 10-7 분말시료에서의 X-선회절

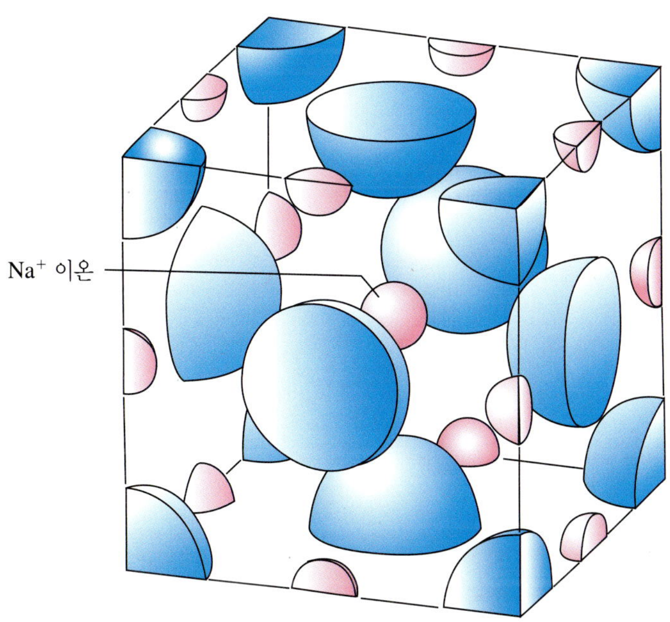

그림 10-8 중심에 Na^+ 이온을 나타내는 NaCl의 확장된 구조

그러므로,

$$d = \frac{1.541Å}{2 \times \sin 22.5°} = \frac{1.541Å}{2 \times 0.383} = 1.98Å$$

대단히 흔한 물질의 하나인 소금(NaCl)은 그림 10-8과 같은 입방구조를 가지고 있다. 그림에서 알 수 있는 바와 같이 Na^+이온으로 이루어진 면심입방격자의 빈 곳을 Cl^- 이온의 면심입방 격자가 뚫고 들어와 채워진 것과 같은 구조를 가지고 있다.

10.4 이질동형 및 동질다형

소금의 결정은 Na^+ 이온과 Cl^- 이온을 그 구성요소로 하고 있다. NaF, KCl, RbBr, MgO 등의 물질은 그 결정의 구성요소가 소금과는 다름에도 불구하고 소금의 것과 동일한 입방결정형을 가지고 있다. 이렇게 "다른 물질로 되어 있으면서 그 결정형이 동일"할 때 이 물질들은 **이질동형**(isomorphism)의 관계에 있다고 말한다. CaF_2는 $SrCl_2$, CdF_2, PbF_2, ZrO_2 등과 이질동형이다(그림 10-9).

이와는 달리 탄산칼슘($CaCO_3$)은 저온에서는 능면체형의 결정형으로 결정화되지만 고온에서는 사방형으로 결정화된다.

이렇게 "동일한 물질이 서로 상이한 결정형을 가질 때" 이 물질을 **동질이형**(polymorphism)의 관계에 있다고 말한다. 이것은 결정화될 때의 조건에 따라 각면의 결정성장속도가 달라지기 때문에 야기되는 결과이다.

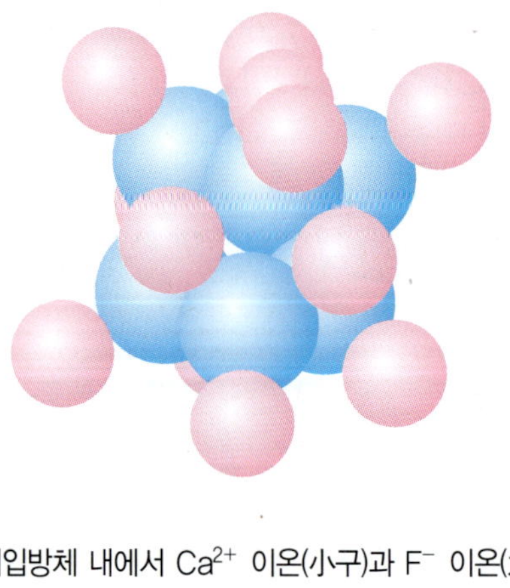

그림 10-9 단위입방체 내에서 Ca^{2+} 이온(小구)과 F^- 이온(大구)의 분포도

10.5 결함성 고체

완전한 결정은 실제 거의 찾아보기 힘들다. 대부분의 고체는 다소간의 결함을 가지고 있다. 이것은 결정격자의 정상적인 격자점으로부터 양이온이나 음이온이 없다든지, 이온이 불순물과 대치되든지, 혹은 결정 격자점에 이온이 들어가지 않고 다른 빈칸에 잘못 들어감으로써 생겨나게 된다. 즉 규칙적인 격자에 불순물을 소량 첨가하든지, 결정의 조성성분 중 어느 하나를 약간 더 많게 하든가, 또는 결정 격자점에 있는 이온을 몰아내면 **결함성 결정**이 만들어진다. 불순물의 존재나, 과량의 성분, 빈격자점(vacancy) 등에 의하여 생긴 고체에는 입자간의 결합에 쓰이는 가전자가 부족되거나 또는 남게 되므로 새로운 성질을 가지게 된다.

예를 들면, 규소결정에서 규소 원자 하나를 알루미늄 한 원자로 치환시키면, 알루미늄은 단지 세 개의 가전자를 가진 반면 규소는 네 개를 가졌기 때문에 전자의 결핍이 일어난다. 정상적인 공유결합을 형성하는데 소요되는 가전자수 보다 적은 전자수를 가진 원자로 치환하면, 전자의 부족 때문에 빈격자점이 생긴다. 이 빈격자점은 전장을 결정에 걸어주면 이동해 가는데, 그 결과로 약간의 전기전도성을 띠게 되므로 이러한 결함성 고체를 **반도체**(semiconductor)라 말한다. 만일 치환된 원자가 과량의 전자를 가질 때는 여분의 전자는 공유결합에 한정되어 있지 않고 걸어준 전장에서 자유로이 움직임으로써 전류의 운반체 역할을 한다. 이러한 형의 반도체를 **n-type**라 부르며 반대로 전자의 결핍으로 인하여 생긴 반도체를 **p-type**라 부른다. 이러한 결함성 고체는 모두 전체적으로는 전하를 띠지 않도록 완전히 전기적으로 중화되어 있다.

n-type과 p-type반도체를 n-p-n이나 p-n-p 등으로 결합하면 빈 격자점이나 전자의 이동 현상은 두 면 사이에서 일어난다. 이러한 성질을 가진 재질은 소위 트랜지스터(transistor)로 알려져 있는 전자제품의 부품으로서 전류를 정류하거나 전파를 증폭하는데 이용한다.

또 다른 결함성 고체는 그 조성 중 한 성분이 과량으로 존재하는 것인데 여기서도 가전자가 남거나 모자라게 된다. 예를 들면, 금속나트륨을 소량 포함하는 용융 NaCl로부터 염화나트륨을 결정화시키면, 결정격자 중에 있는 Na^{+} 이온 대신 Na가 격자점을 차지하고 있는 결정형이 흔히 생겨난다.

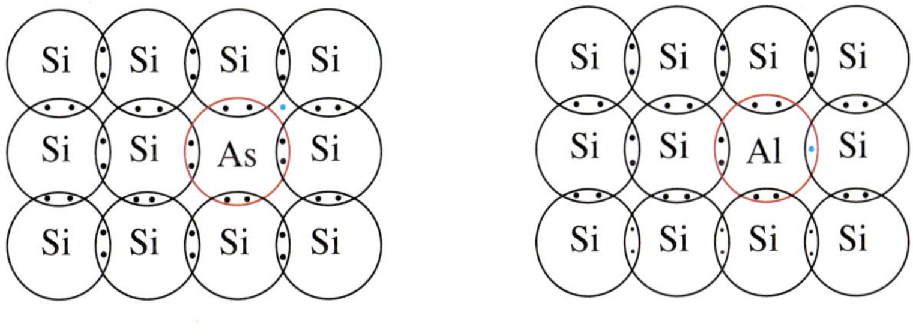

그림 10-10 n-type과 p-type 반도체

이렇게 되면 격자는 필요한 원자가전자보다 전자 1개를 과량으로 갖게 된다. 따라서 결정은 전기적인 성질을 띨 뿐 아니라 순수한 결정과는 달리 대단히 심하게 착색된다.

또한 불순물이 없이도 구조적인 변형으로 생겨나는 결함성 고체가 있는데 격자점이 있는 이온이나 원자가 제자리에서 약간 벗어나 있는 경우이다. 이런 고체는 높은 에너지의 방사선(자외선 또는 적외선)을 흡수할 수 있으며 또한 결정에 따라 특수파장을 가진 가시광선만을 방출하여 낸다. 이러한 현상을 형광이라 부르는데 이 현상은 불순물이나 과량의 성분을 포함하는 결함성 고체에서도 나타난다. 형광등이나 텔레비젼의 브라운관은 이러한 결함성 고체를 이용한 것이다.

연습문제

PROBLEMS

01. 결정의 격자에너지(lattice energy)란 무엇인가?

02. 밀도가 2.163 g/cm^3인 NaCl의 결정구조는 한 능선의 길이가 5.64Å인 입방결정이고, 그 단위체에는 4개의 Na^+과 4개의 Cl^-을 포함하고 있다. 이로부터 Avogadro수를 계산하여라.

03. 결정성 고체의 결합을 실례로 구분하여라.

04. MgO의 밀도는 3.65 g/mL로서 이것은 NaCl 구조와 같이 결정화된다. 결정에서 Mg와 O원자 사이의 거리는 얼마인가?

05. 단순입방체, 면심입방체 및 체심입방체에서 한 원자 주위에 가장 가깝게 인접되어 있는 입자수는 얼마인가?

06. 2원자를 포함하는 텅스텐의 단위입방격자의 한 변은 3.160×10^{-8} cm임을 X-선으로부터 알았다. 밀도의 실험값은 19.35이다. Avogadro의 수 6.024×10^{23}으로서 텅스텐의 원자량을 이 값으로부터 계산하여라.

07. D-fructose의 사방정계에서는 a = 8.06Å, b = 9.12Å, c = 10.06Å이다.
이것의 부피를 $Å^3$, m^3 단위로 구하여라.

08. 다이아몬드는 8개의 탄소 원자를 갖는 단위세포를 가지고 있으며, 부피는 45.385$Å^3$이다.
(a) 다이아몬드의 각 탄소 원자당 부피를 계산하여라($Å^3$).
(b) 다이아몬드 1 cm^3 당의 탄소 원자 함유량을 계산하여라.

09. 일반적인 무기석영은 SiO_2 구조식을 갖는 결정체이다. 여기서 두 개의 석영 형태가 존재하는데, 하나는 α-석영(삼방정계 결정)이고 다른 하나는 β-석영(육방정계 결정)이다. 각각은 세 개의 SiO_2 단위세포를 포함하고 있다. α-석영의 단위세포는 113.01 Å의 부피를 차지하고, β-석영이 이보다 큰 118.15$Å^3$의 부피를 지닌다. α-석영의 밀도가 2.648 g/cm^3일 때, β-석영의 밀도를 계산하여라.

10. 황산나트륨(Na_2SO_4)결정은 사방정계구조를 갖고, a = 5.863Å, b = 12.304Å, c = 9.821Å이다. 이 결정의 밀도가 2.663 g/cm^3일 때 단위세포에 존재하는 Na_2SO_4 단위수는 몇 개인가?

11. NaCl의 어떤 결정은 입방정계로서 가장자리 길이는 1.00×10^{-3} m이다. 결정체 NaCl의 미시적 단위세포는 입방체로 모서리 길이는 5.6402Å = 5.6402×10^{-10} m이다.
(a) NaCl의 단위세포 부피는?
(b) 단위세포 수는?
(c) 결정 표면에 존재하는 단위세포 수와 %는?

12. 결정내의 원자가 공간상에 동일하게 놓여있을 때, 이들 사이의 거리는 4.950Å이다. λ = 1.936Å의 복사선이 평행면에서 회절될 때 4번째 Bragg반사가 관찰되는 각도 2θ를 구하여라.

13. 콜로이드 결정내의 콜로이드 입자의 두 면이 500 nm의 거리로 떨어져 있다. 이 면에서 $2\theta = 85°$로 1차 Bragg회절을 하는 가시광선의 파장과 색을 결정하여라.

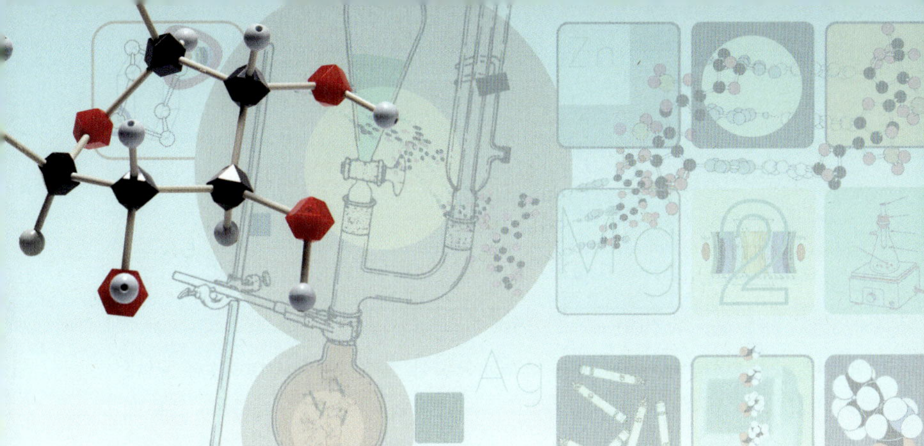

CHAPTER 11

화학 열역학

열역학(thermodynamics)은 화학적 또는 물리적 과정에서 생성되는 에너지변화에 대한 상관관계를 연구하는 학문이다. 화학 열역학은 어떤 화학반응이 주어진 조건하에서 자발적으로 진행할 수 있는가를 예측할 수 있도록 한다. 즉, 평형의 위치를 결정할 수 있으며 반응의 평형상태에 의하여 반응혼합물의 조성을 알 수 있다. 그러나 열역학에서 자발적 반응의 속도나 메카니즘에 관한 예측은 불가능하다. 이 장에서 화학반응과 열뿐만 아니라, 일, 에너지, 엔탈피 및 엔트로피 등의 기초적인 관계와 열역학의 기본개념을 설명하고자 한다.

미리보기

11.1 에너지

일반적으로 에너지(energy)는 '일(work)을 하는 능력'으로 정의하며, 일은 '힘(force) × 거리(distance)'를 말한다. 화학에서 일은 어떤 과정에서 생기는 에너지의 변화로 정의한다. 사물의 움직임에 의해서 생기는 운동에너지(kinetic energy)는 화학에서 특별히 관심을 끄는 에너지의 한 형태이다. 다른 형태의 에너지는 복사에너지, 열에너지, 화학에너지, 위치에너지 등이 있다.

복사에너지(radiant energy)는 태양으로부터 오며, 지구의 일차적인 에너지로서 태양에너지(solar energy)이다. 태양에너지는 지표면과 대기를 덥히고 동시에 광합성이라는 일련의 과정을 통해 식물을 자라게 하며, 지구의 기후에 영향을 미친다.

열에너지(thermal energy)는 원자 또는 분자의 운동에 관련된 에너지이다. 일반적으로 열에너지는 온도를 측정함으로써 계산할 수 있는데 시료 중의 원자나 분자의 운동이 격렬해질수록 그 시료의 온도는 높아지고 열에너지는 커진다. 그러나 열에너지와 온도는 엄격히 구별하여야 한다. 예를 들어 70℃의 차 한 잔과 40℃의 욕조 물을 비교하면 열에너지는 욕조의 물이 훨씬 더 크다. 왜냐하면 찻잔 속의 물분자 수보다 욕조 속의 물분자 수가 훨씬 더 많기 때문이다.

화학에너지(chemical energy)는 어떤 화학물질의 구조 속에 저장되어 있는 에너지이며, 그 양은 그 물질 속에 포함된 원자의 형태나 배열상태에 따라 결정된다. 화학반응이 일어날 때 화학에너지는 방출되기도 하고, 저장되기도 하며, 다른 형태의 에너지로 전환되기도 한다.

위치에너지(potential energy)는 사물의 위치에 따라서 결정되는데, 예를 들어 높은데 있는 바위가 물속으로 떨어지면 낮은 곳에 위치하는 바위보다 더 많은 물을 튀긴다. 화학에너지는 어떤 물질을 구성하는 원자의 상대적 거리와 배열상태에 관련되므로 위치에너지로 간주할 수 있다.

모든 형태의 에너지는 서로 바뀔 수 있다. 우리가 햇볕에 서 있으면 피부에서 복사에너지가 열에너지로 변하므로 따뜻하다고 느끼게 된다. 우리가 운동을 하면 우리 몸속에 저장되어 있던 화학에너지가 운동에너지로 변하게 된다. 또한 높은 곳에 있던 바위가 언덕 아래로 굴러가면 위치에너지가 운동에너지로 변하게 된다. 이와 같이 모든 에너지는 상호 변환이 가능하며, 없어지지도 않고 새로 생기지도 않는다. 이를 **에너지보존의 법칙**(law of conservation of energy)이라고 한다.

11.2 엔탈피

대부분의 화학반응은 열(heat)의 형태로 에너지를 흡수하거나 방출한다. **열**은 온도가 다른 두 물체가 접촉하고 있을 때 그 두 물체 사이의 열에너지(thermal energy)의 이동이다. 어떤 반응이 일어나는 동안 에너지의 변화를 설명할 때 열 그 자체는 에너지의 변화인데 종종 우리는 열

그림 11-1 계(system)의 종류

을 흡수하거나 방출한다고 한다. 이와 같이 화학반응에서 열의 변화를 연구하는 분야를 **열화학**(thermochemistry)이라고 한다.

화학반응에 관련된 에너지 변화를 분석하기 위하여 **계**(system)을 정의하여야 하는데, 계는 우리와 관련이 있는 우주의 특정한 부분을 의미하지만 화학적 변화나 물리적 변화에 수반되는 물질을 포함하기도 한다. 어떤 계를 제외한 나머지 부분은 **주위**(surroundings)라고 한다.

계는 일반적으로 세 가지로 나눈다. 먼저 **열린계**(open system)는 주위의 질량과 에너지를 상호 교환할 수 있는 계를 말한다. 예를 들어 그림 11-1의 (a)와 같이 마개를 하지 않은 물병이 열린계이다. 그림 11-1의 (b)와 같이 마개를 하였을 때는 주위와 열교환만 일어나고 질량의 변화는 일어나지 않는 것으로서 닫힌계(closed system)라고 한다. 그림 11-1의 (c)와 같이 물병 주위를 단열재로 둘러 싸면 에너지나 질량의 변화가 일어나지 않으므로 이를 **고립계**(isolated system)라고 한다.

수소의 연소는 다음과 같이 에너지를 방출하는 일종의 화학반응이다(그림 11-2의 (a)).

$$2H_2(g) + O_2(g) \rightarrow 2H_2O(l) + \text{energy}$$

이 경우 수소, 산소, 물분자의 혼합물이 계이며, 나머지 우주를 모두 주위라고 한다. 에너지는 만들어지지도 않고 없어지지도 않으므로 이 반응에서의 에너지는 우주에 흡수되는 것이다. 따라서 이 반응에서 생긴 열은 그 계로부터 주위로 전이되는데 이와 같이 열을 방출하는 것을 **발열반응**(exothermic reaction)이라고 한다.

다른 반응, 산화제2수은(HgO)이 다음과 같이 높은 온도에서 분해하는 반응을 예로 들어보자(그림 11-2의 (b)).

$$\text{energy} + 2HgO(s) \rightarrow 2Hg(l) + O_2(g)$$

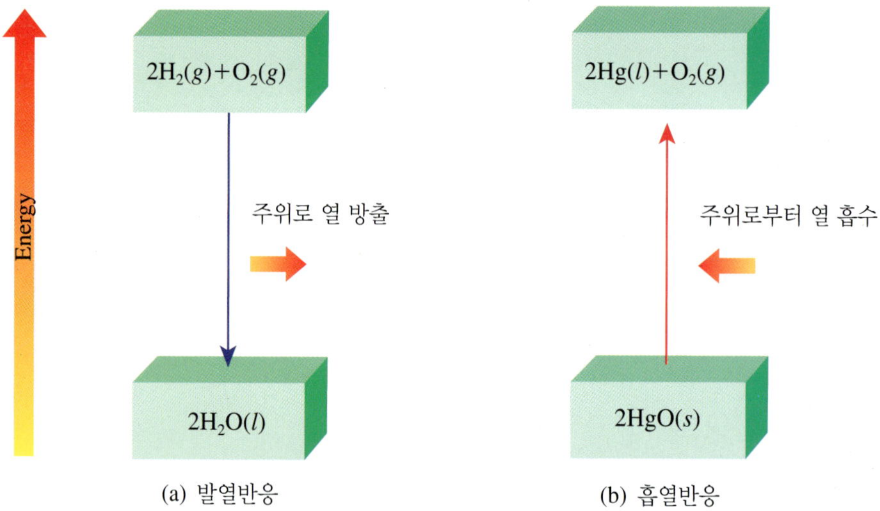

그림 11-2 발열반응과 흡열반응

이 경우는 주위로부터 열을 흡수하여 일어나는 반응이므로 **흡열반응**(endothermic reaction)이라고 한다.

대부분의 물리적 변화나 화학적 변화는 일정한 압력하에서 일어난다. 일정한 압력하에서 어떤 계(system)는 열을 흡수하기도 하고 방출하기도 하는데 그 계에서 흡수 또는 방출하는 열의 양을 계산하기 위하여 **엔탈피**(enthalpy), H라는 개념을 사용한다. 반응의 엔탈피는 반응물질의 엔탈피와 생성물질의 엔탈피의 차이, ΔH를 말한다.

$$\Delta H = H(\text{반응물질}) - H(\text{생성물질})$$

다른 말로 표현하면 ΔH는 흡수하거나 방출하는 열과 같은 의미이다. 엔탈피의 값은 그 반응과정에 따라 양(+)이나 음(−)의 값을 가진다. 흡열반응의 경우에는 양(+)의 값(>0)을 가지며, 반대로 발열반응의 경우는 음(−)의 값(<0)을 갖는다. 먼저 물리적 변화를 수반하고 다음에 화학적 변화가 일어나는 두 가지 과정에 엔탈피의 개념을 생각하여 보자.

0°C, 1기압에서 얼음은 녹아서 물이 되는데 이 때 얼음은 주위로부터 6.01 kJ의 열을 흡수한다. ΔH가 양의 값을 가지므로 이 반응은 흡열반응이다(그림 11-3). 이 변화를 반응식으로 나타내면 다음과 같다.

$$H_2O(s) \rightarrow H_2O(l) \qquad \Delta H = 6.01 \text{ kJ}$$

다른 예로서 메탄이 다음과 같이 연소하는 반응을 생각하여 보자

$$CH_4(g) + 2O_2(g) \rightarrow CO_2(g) + 2H_2O(l) \quad \Delta H = -890.4 \text{ kJ}$$

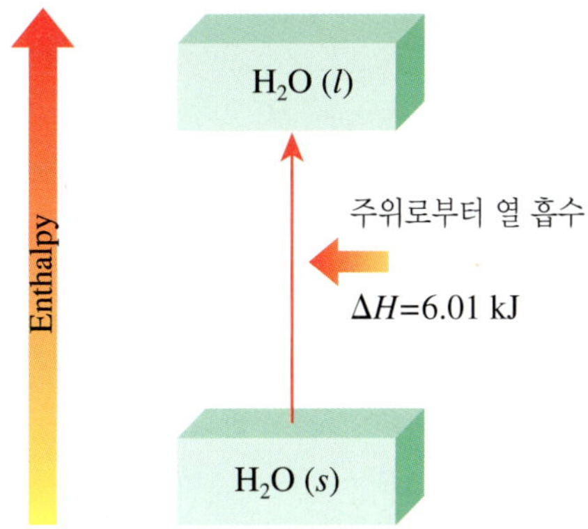

그림 11-3 H_2O의 융해

이 반응에서 발생한 열은 주위로 전이되므로 발열반응이며, ΔH의 값은 음(−)의 값을 갖는다.

11.3 엔탈피와 반응열

화학반응에서 일이란 압력과 부피의 결과로 생긴다. 계가 반응하는 동안에 팽창하면 대기압에 대한 일을 하게 되는데, 이 관계를 압력과 부피의 곱형태로 정의한다.

$$\begin{aligned} PV &= (\mathrm{N/m^2})(\mathrm{m^3}) \\ &= \mathrm{N \cdot m} \\ &= \mathrm{J} \end{aligned}$$

압력이 일정하고 V_A로부터 V_B로 팽창할 때 이루어지는 일은

$$w = P(V_B - V_A) = P\Delta V$$

이다. 일정한 부피($\Delta V = 0$)에서 행해지는 일은 $P\Delta V = 0$이므로 일정압력과 일정부피에서 이루어지는 일(w)은 0이다. 그러므로 일정부피에서는

$$\Delta E = q_v - w$$
$$\Delta E = q_v$$

q_v : 일정부피에서 계가 흡수한 열

일정한 압력에서 윗 식은 다음과 같이 된다.

$$\Delta E = q_p - P\Delta V$$

$$q_p = \Delta E + P\Delta V$$

q_p : 일정압력에서 계가 흡수한 열

열역학적 함수 엔탈피(enthalpy), H는 다음과 같다.

$$H = E + PV$$

일정한 압력에서 엔탈피 변화 ΔH는

$$\Delta H = \Delta E + P\Delta V$$
$$\Delta E = q_p - P\Delta V$$

이므로 위 식에 대입하면

$$\Delta H = (q_p - P\Delta V) + P\Delta V$$

따라서

$$\Delta H = q_p$$

즉 일정한 압력 하에서 일어나는 반응에 의해 흡수되는 q_p는 엔탈피 변화 ΔH와 같다. 내부에너지와 마찬가지로 엔탈피도 상태함수이고 ΔH값은 처음과 마지막 상태의 엔탈피 값에 의해서만 양이 결정된다.

$$\Delta H = H_f - H_i$$

실제반응에서 ΔH와 ΔE값의 차이는 대단히 작다. 특히 반응이 액체나 고체로 된 반응이라면 $P\Delta V$값은 대단히 작다. 그러나 기체가 생성되거나 소비될 때는 비교적 큰 값이 된다. 그러나 ΔH나 ΔE 자체가 크기 때문에 ΔV의 기여는 그렇게 크지는 않다. 열량측정을 위하여 봄베열량계를 사용할 때 열효과는 일정부피에서 측정된다. 보통 반응은 일정압력에서 진행된다.

엔탈피 변화와 내부에너지 변화 사이의 관계는 일정부피에서의 반응($\Delta E = q_v$)을 일정 압력 하에서 반응열($\Delta H = q_p$)로 전환시키는데 사용된다. 이 전환은 계의 부피 V의 변화, 즉 생성물의 전체 부피에서 반응물의 전 부피를 뺀 것을 고려함으로써 이루어진다. 액체와 고체는 부피의 변화가 중요하다. V_A를 기체 반응물의 총부피라 하고 V_B를 기체 생성물의 총부피, n_A를 기체 반응물의 몰수, n_B를 기체 생성물의 몰수라 하고 압력과 온도는 일정하다면,

$$PV_A = n_ART$$
$$PV_B = n_BRT$$

따라서

$$\begin{aligned} P\Delta V &= PV_B - PV_A \\ &= n_BRT - n_ART \\ &= (n_B - n_A)RT \\ &= (\Delta n)RT \end{aligned}$$

그런데

$$\Delta H = \Delta E + P\Delta V$$
$$\Delta H = \Delta E + (\Delta n)RT$$

위 식에서 Δn은 기체 생성물의 몰수에서 기체 반응물의 몰수를 뺀 것이다. 이 식을 이용한 문제를 풀기 위하여 알맞은 단위의 R의 값을 표시해야 한다.

L atm이 에너지의 단위였으므로 R = (0.082 L atm/K mol)의 값을 J/K · mol로 전환할 수 있다. 그러므로 R = 8.314 J/K · mol이다.

예제 11.1 2 mol의 수소와 1 mol의 산소가 1기압 100°C에서 반응하여 2 mol의 수증기가 생성될 때 전체 484.5 kJ의 열이 발생한다. $H_2O(g)$ 1 mol당의 ΔH, ΔE 값은 얼마이냐?

풀이: $2H_2(g) + O_2(g) \rightarrow 2H_2O(g)$

일정압력 (1 atm)하에서 일어나므로

$$q = \Delta H = \frac{484.5 \text{ kJ}}{2 \text{ mol } H_2O} = 242.3 \text{ kJ/mol}$$

기체가 이상기체와 같이 행동하고 n_i를 처음 상태의 몰수라고 하면,

$$PV_i = n_iRT$$

가 성립하고 생성물에 대해서도

$$PV_f = n_fRT$$

관계가 성립한다. 반응과정에서 압력이 일정하므로

$$PV_f - PV_i = P(V_f - V_i) = P\Delta V$$
$$P\Delta V = n_fRT - n_iRT$$
$$P\Delta V = (n_f - n_i)RT = (\Delta n)RT$$

Δn은 마지막과 처음상태에서 기체의 몰수의 차이에 해당하고

$$\Delta n = 2.0 \text{ mol} - 3.0 \text{ mol} = -1.0 \text{ mol}$$

이다. R = 8.31 J/mol · K이므로

$$P\Delta V = (-0.1 \text{ mol})(8.31 \text{ J/mol K})(373 \text{ K}) = -3100 \text{ J}$$
$$= -3.10 \text{ kJ}$$

따라서 내부에너지 변화는 다음과 같다.

$$\Delta E = \Delta H - P\Delta V$$
$$\Delta E = -242.3 \text{ kJ/mol} - (-3.10 \text{ kJ/mol})$$
$$= -239.2 \text{ kJ/mol}$$

11.4 열역학 제1법칙

열역학은 일과 열사이의 관계를 연구하는데서 비롯되었으며 여기서 결론지어진 몇 가지 사실은 다음과 같다.

1) 일과 열은 에너지라고 하는 큰 분류에 속하는 두가지 형태다.
2) 한 형태의 에너지는 다른 형태의 에너지로 전환될 수 있다.
3) 에너지는 창조 또는 소멸되지 않는다.

열역학 제1법칙(the first law of thermodynamics)은 에너지 보존의 법칙이며 열, 빛, 역학적 에너지, 전기에너지 및 화학적에너지와 같은 여러 형태의 에너지로 서로 전환은 되지만 생성되거나 소멸되지 않기 때문에 어떤 경우에도 에너지의 총량은 변하지 않으므로 우주의 총에너지는 일정하다.

열역학 제1법칙에 따르면 고립된 계 내부의 에너지는 일정하며, 어느 계의 내부에너지, E의 실제 값은 알 수도 계산할 수도 없다. 그러나 열역학은 내부에너지의 변화에만 관계되고 있으므로 이 변화는 측정 가능하다. 계의 내부에너지가 E_A인 한 상태로부터 E_B인 다른 상태로 변할 때 어떤 양의 에너지가 방출되거나 흡수될 때 내부에너지 변화량 ΔE는 다음 식으로 표시되며 상태 A와 상태 B 사이에 취해진 경로와는 무관하다.

$$\Delta E = E_B - E_A$$

처음 상태에서 내부에너지 E_i를 생각하자. 이 계가 주위로부터 열 q를 흡수하면 계의 내부에너지는 다음과 같다.

$$E_i + q$$

만일 계가 주위에 대하여 일 w를 하기 위하여 내부에너지의 일부를 사용한다면 나중 상태에서 계의 내부에너지 E_f는 다음과 같이 된다.

$$E_f = E_i + q - w$$
$$E_f - E_i = q - w$$
$$\Delta E = q - w$$

여기서 열 q와 일 w의 에너지 관계는 다음과 같다.

1) 계에 열을 가하면 계의 에너지는 증가한다.
2) 계에 열을 제거하면 계의 에너지는 감소한다.
3) 계에 대해 일을 하면 계의 에너지는 증가한다.
4) 계가 일을 하면 계의 에너지는 감소한다.

계를 처음 상태로부터 나중 상태로 변화시키는데 사용된 q와 w의 값은 그 변화가 이루어진 경로에 따라 달라진다. 그러나 $q - w$의 값은 항상 일정하고, ΔE의 크기와 부호는 처음과 마지막의 E값에 의해 결정된다.

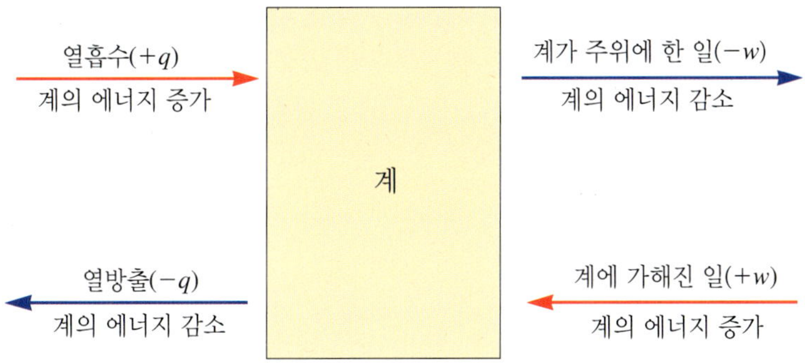

11.5 엔트로피

계의 **무질서도**(degree of randomness)를 나타내는 열역학적 양을 **엔트로피**(entropy)라 하며 S로 나타낸다. 무질서도가 높아지면 엔트로피의 값이 커지고, 또한 엔트로피는 엔탈피와 같이 상태함수(state function)이며 단위는 J/K, cal/K로 나타낸다.

예로서, 0°C, 얼음 1 mol의 엔트로피는 41 J/K이며 같은 조건하에서 물 1 mol의 엔트로피는 63 J/K이다. 반응식으로 표현하면 다음과 같다.

$$H_2O(s) \rightarrow H_2O(l)$$

S값 : 41 J/K → 63 J/K

$$\Delta S = (63 - 41)\ \text{J/K} = 22\ \text{J/K}$$

얼음이 물로 변할 때는 엔트로피가 22 J/K만큼 증가하므로, 즉 물이 얼음보다 무질서도가 높아진다는 것을 알 수 있다. 그러므로 엔트로피 변화는 열량에 비례한다.

$$\Delta S \propto q$$

또 ΔS는 온도에 반비례한다. 즉 낮은 온도에서 열을 가하면 무질서도는 많이 변하지만 높은 온도에서는 열을 가해도 무질서도는 많이 변하지 않는다. 따라서 ΔS는

$$\Delta S = q/T$$

T : 절대온도(K)

11.6 열역학 제2법칙

열역학 제1법칙은 에너지 보존의 법칙으로 화학적, 물리적 변화에 대해서 에너지가 보존된다는 것을 나타낼 뿐이다. 이 열역학 제1법칙에서는 제안된 변화가 자발적인지 아닌지의 여부를 판단할 수 없다. 그러나 **열역학 제2법칙**은 엔트로피의 값에 따라 이 여부를 예측할 수 있다. 열역학 제2법칙은 에너지와 엔트로피 변화의 상관관계를 나타낸 것이다. 열은 자발적으로 찬 것에서 뜨거운 것으로 흐르지 않고, 엔트로피는 항상 증가하는 방향으로 진행된다는 것을 나타낸 법칙이다.

무질서도가 높은 계는 엔트로피 값이 높고, 무질서도가 낮은 계는 엔트로피 값이 작다. 모든 자발적 과정은 무질서한 방향으로 진행되고 자발적 변화는 총 엔트로피가 증가한다고 할 수 있다. 기체의 자발적인 혼합도 엔탈피의 변화는 없지만 엔트로피의 값은 증가된다(그림 11-4 참조).

한 조각의 얼음이 열을 흡수하면 보다 무질서한 물로 된다는 사실을 앞에서 설명했다. 이 자발적 변화에는 엔트로피가 증가하므로 다음과 같이 쓸 수 있다.

$$\Delta S > 0 \text{ (자발적 과정)}$$
$$\Delta S = 0 \text{ (평형 과정)}$$

엔트로피의 전체변화는 계의 엔트로피 변화와 주위의 엔트로피 변화의 합이다.

$$\Delta S(\text{전체}) = \Delta S(\text{계}) + \Delta S(\text{주위})$$

일정한 압력하에서 반응열 q는 엔탈피 변화 ΔH와 같다.

$$-q(\text{주위}) = \Delta H(\text{계})$$

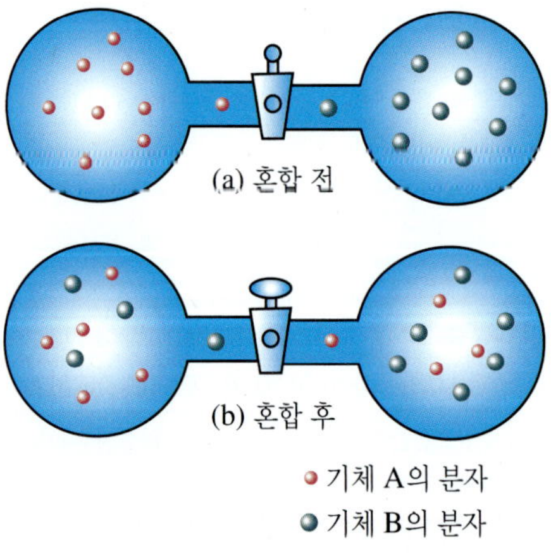

그림 11-4 기체의 자발적 혼합

엔트로피 변화는 계에 가해진 열량을 온도로 나눈 값과 같다.

$$\Delta S(\text{주위}) = \frac{-\Delta H(\text{계})}{T}$$

$$\Delta S(\text{전체}) = \Delta S(\text{계}) - \frac{\Delta H(\text{계})}{T}$$

$$\Delta S(\text{전체}) = \frac{T\Delta S(\text{계}) - \Delta H(\text{계})}{T}$$

$$T\Delta S(\text{전체}) = T\Delta S(\text{계}) - \Delta H(\text{계})$$

$$T\Delta S(\text{전체}) = -(\Delta H(\text{계}) - T\Delta S(\text{계}))$$

ΔS(전체)가 양의 값을 가지려면 $-[\Delta H(\text{계}) - T\Delta S(\text{계})]$가 양의 값을 가져야 한다. 계가 자발적 반응을 일으키려면 $\Delta H(\text{계}) - T\Delta S(\text{계})$는 음의 값을 가져야 한다. 이 관계를 자유에너지(free energy) G로 나타내면

$$G = H - TS$$

로 정의된다. 일정한 P, T에서는

$$\Delta G = \Delta H - T\Delta S$$

이다. ΔG는 자발적 반응에서는 음의 값이며 반응은 결과적으로 왼쪽에서 오른쪽으로 진행한다.

예제 11.2 25°C에서 사염화탄소 CCl_4의 증발열, ΔH_{vap}가 43 kJ/mol이다.

$$CCl_4(l) \rightarrow CCl_4(g) : \Delta H_{vap} = 43 \text{ kJ/mol}$$

25°C에서 액체 사염화탄소 1 mol의 엔트로피 값이 214 J/K이라면 이 온도에서 액체와 평형 상태에 있는 1 mol의 증기엔트로피는 얼마인가?

풀이: 액체가 증발할 때, 25°C 또는 298K에서 흡수열 ΔH_{vap} = 43 kJ/mol (43×10^3 J/mol)이다. 엔트로피 변화, ΔS는 다음과 같다.

$$\Delta S = \frac{\Delta H}{T} = \frac{43\times10^3 \text{ J/mol}}{298\text{K}} = 144 \text{ J/mol} \cdot \text{K}$$

다시 말하면 사염화탄소 1 mol이 증발할 때 144 J/K의 엔트로피가 증가한다. 증기 1 mol의 엔트로피는 액체 1 mol의 엔트로피(214 J/K)에 144 J/K를 더한 것과 같다.

$$\text{증기의 엔트로피} = (214 + 144) \text{ J/mol} \cdot \text{K} = 358 \text{ J/mol} \cdot \text{K}$$

11.7 열용량과 비열

물질의 **열용량**(heat capacity) C는 물질의 온도를 1°C(또는 1K) 올리는데 필요한 열량으로 단위는 J/°C이다. 즉 처음온도(t_i)에서 나중온도(t_f)까지 변한 열량은 다음과 같은 식으로 표현할 수 있다.

$$q = C(t_i - t_f) = C\Delta t$$

물질 1 mol을 1°C 올리는데 필요한 열용량을 **몰열용량**(molar heat capacity)이라고 한다. 물질의 평균 몰열용량은 표 11-1과 같다.

비열(specific heat)은 어떤 물질 1g의 온도를 1°C 올리는데 필요한 열량이며, 일반적으로 **Dulong-Petit 법칙**에 의하면 25°C에서 고체의 원자량에 비열을 곱하면 약 6.4 cal/mol · deg 또는 25 J/K · mol · deg가 된다.

$$\text{비열} \times \text{원자량} = 6.4\ \text{cal/mol} \cdot \text{deg}$$
$$\text{열량} = \text{질량} \times \text{비열} \times \Delta t$$
$$\text{열량} = \text{몰수} \times \text{몰열용량} \times \Delta t$$

물의 비열은 4.184 J/g°C이고, 철의 비열은 0.447 J/g°C, 알루미늄의 비열은 0.903 J/g°C이다.

예제 11.3 쇠조각을 1°C 올리는데 6.70 J이 필요하다. 이 쇠조각의 열용량은 6.70 J/°C이다. 이 쇠조각을 25°C에서 35°C로 올리는데 필요한 열량은 얼마인가?

풀이: C(열용량) : 6.70 J/°C

$$\Delta t = 35.0°\text{C} - 25.0°\text{C} = 10.0°\text{C}$$
$$q = C\Delta t = 6.70\ \text{J/°C} \times 10.0°\text{C}$$
$$= 67.0\ \text{J}$$

표 11-1 물질의 몰열용량 (단위: cal/mol · deg)

기체		화합물		고체원소		고체원소	
H_2	6.90	C_2H_6	12.71	C	2.04	Au	6.07
O_2	7.05	NH_3	8.63	Al	5.8	Fe	5.9
N_2	6.94	$H_2O(g)$	5.92	Bi	6.1	Pb	6.4
CO	6.97	HBr	6.58	Cd	6.2	Ag	6.1
CO_2	8.96	SnO_2	13.53	Cr	5.6	Zn	6.06
CH_4	8.60	Al_2O_3	18.96	Cu	5.85	Sn	6.4
		Fe_2O_3	24.91				

11.8 열역학 방정식

만일 기체를 생성하는 반응이 밀폐 용기 내에서 일어나면 용기의 압력은 증가할 것이다. 그러나 대부분의 반응은 대기에 열려진 용기 내에서 이루어진다. 이러한 반응에 있어서는 기체가 생성되든 되지 않든 압력은 일정하다.

일정한 압력하에서 수행되는 반응의 열효과를 엔탈피(enthalpy)라고 하는 H기호로 표시하는 성질과 관련될 수 있다. 모든 순수한 물질은 엔탈피(열함량, heat content라고도 한다)를 갖고 있다. 그러므로 주어진 반응물은 일정한 총 엔탈피, $H_{반응물}$을 갖는다. 또한 마찬가지로 생성물도 일정한 총 엔탈피 $H_{생성물}$를 갖는다. 반응열은 이 엔탈피들 사이의 차이이고 ΔH라는 기호로 표시한다. 그리이스어인 delta, Δ는 차이를 나타내는데 사용한다.

$$\Delta H = H_{생성물} - H_{반응물}$$

열을 방출하는 반응을 발열반응(exothermic reaction)이라고 부른다. 이러한 형의 반응에 대해서 생성물은 반응물보다 더 낮은 엔탈피를 갖는다. 즉 ΔH는 음의 값이다. 반응이 일어날 때는 계의 생성물은 반응물을 치환한다. 반응계의 엔탈피는 감소하고(ΔH는 음이 된다) 그 차이가 열로서 방출된다(그림 11-5 참조).

열을 흡수하는 반응을 흡열반응(endothermic reaction)이라 한다. 이러한 반응에 있어서 생성물의 엔탈피는 반응물의 엔탈피보다 크다. 그리고 ΔH는 양의 값이다. 반응이 일어날 때에는 열이 계의 엔탈피를 증가시키기 위하여 공급되어야 한다(그림 11-6 참조).

화학물질의 엔탈피는 온도와 압력에 따라 결정된다. 규약에 따라 ΔH값은 보통 25°C, 표준 대기압에서 이루어지는 반응에 대해서 나타낸다. 만일 어떤 다른 조건이 사용된다면 명시하여야 한다. 열화학적인 데이타는 고려되는 반응의 화학방정식을 쓰고, 그 옆에 반응에 대한 적당

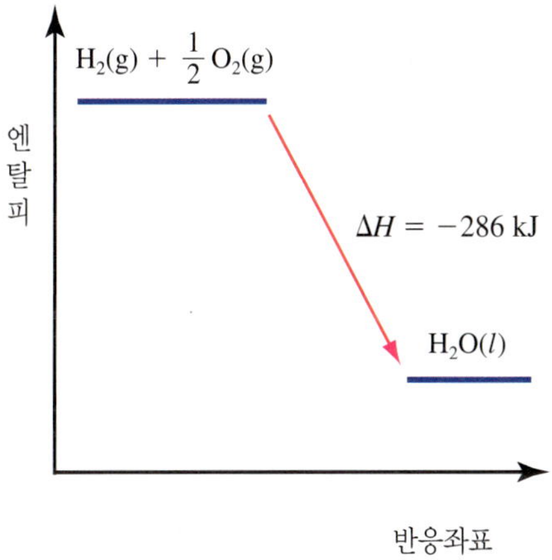

그림 11-5 발열반응의 엔탈피 도표

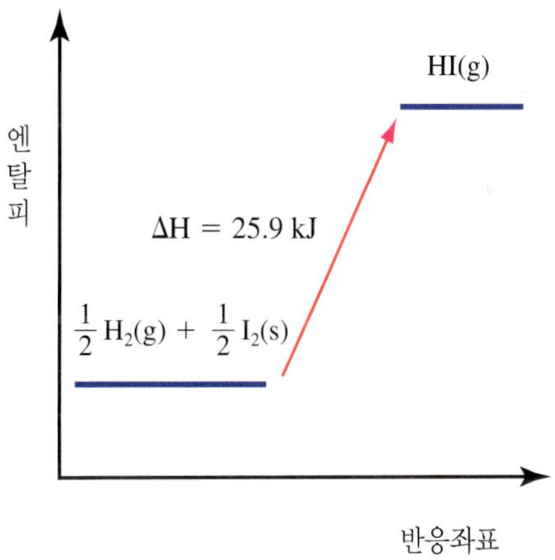

그림 11-6 흡열반응의 엔탈피 도표

한 엔탈피 값은 몰량이다.

보통과는 다르게 화학방정식을 맞추는데 분수계수를 사용하는 수가 있다. 분수계수는 단순히 물질의 몰에 대한 분수를 나타낸다. 예를 들어 다음의 반응은

$$H_2(g) + \frac{1}{2}O_2(g) \rightarrow H_2O(l) \quad \Delta H = -286\ \text{kJ}$$

1 mol의 수소와 $\frac{1}{2}$ mol의 산소가 반응하여 1 mol의 액체상 물을 생성하고 286 kJ의 열을 발생한다고 풀이된다. 반응에 있어서 각 물질의 상태가 식에 표시되어야 한다. 기체는 (g)로 고체는 (s)로 액체는 (l)로 "수용액"에서는 (aq)와 같은 표시를 각 식의 다음에 붙인다. 이러한 규약의 필요성은 다음 식을 앞의 것과 비교함으로써 알 수 있다.

$$H_2(g) + \frac{1}{2}O_2(g) \rightarrow H_2O(g) \quad \Delta H = -242\ \text{kJ}$$

첫 번째 반응보다 두 번째 반응에서 방출되는 열이 44 kJ 적다는 것을 유의하라. 이 열량은 1 mol의 $H_2O(l)$를 1 mol의 $H_2O(g)$로 변화시키는데 사용된다. 반응식을 거꾸로 쓰면 ΔH 부호가 변화된다. 한 방향에서 흡열반응은 반대 방향에서는 발열반응이 된다.

$$\frac{1}{2}H_2(g) + \frac{1}{2}I_2(s) \rightarrow HI(g) \quad \Delta H = +25.9\ \text{kJ}$$

$$HI(g) \rightarrow \frac{1}{2}H_2(g) + \frac{1}{2}I_2(s) \quad \Delta H = -25.9\ \text{kJ}$$

만일 화학방정식에서 물질의 계수가 어떠한 인자로 곱해지면 H 값도 같은 인자로 곱해져야 된다. 예를 들면 마지막 식을 2배 하면 ΔH 값도 2배 하여야 된다.

$$2HI(g) \rightarrow H_2(g) + I_2(s) \qquad \Delta H = 2(-25.9\ \text{kJ}) = -51.8\ \text{kJ}$$

마찬가지로 방정식의 계수와 ΔH 값도 같은 방법으로 나눌 수 있다.

열역학 방정식의 표현에 필요한 규약들은 다음과 같이 요약할 수 있다.

1. 발열반응(반응계는 열을 잃는다)에서는 ΔH는 음이다. 흡열반응(반응계는 열을 얻는다)에서는 ΔH는 양이다.
2. 달리 명시되지 않는 한 ΔH 값은 25℃, 표준압력에서 일어나는 반응으로 간주한다.
3. (g), (s), (l), (aq)와 같은 표시는 각 물질에 관여되는 각 물질의 상태를 가르킨다. 그리고 ΔH 값은 이 물질의 양에 대응하여 주어진 값이다.
4. 만일 화학방정식의 계수가 어느 인자로 곱해지거나 나누어지면 ΔH도 같은 인자로 곱하거나 나누어야 한다.
5. 화학방정식을 거꾸로 쓰면 부호는 바뀌나 ΔH 값의 크기는 바뀌지 않는다.

11.9 Hess의 법칙

반응열은 흡수 또는 방출되는 열을 직접 관찰에 의해 결정할 수 있지만, 실제로 모든 화학반응을 이 방법으로 연구하기란 불가능하다. 반응이 매우 느리게 진행되기도 하고 또 완결되지 않는 반응도 많이 있기 때문이다. 예를 들어 다음과 같은 탄소와 산소의 반응을 고려해보자.

$$\text{C(흑연)} + O_2(g) \rightarrow CO_2(g) \quad \Delta H = -393.509 \text{ kJ} \qquad (11\text{-}1)$$

이 반응은 두 단계로 일어날 수 있다. 즉 첫 단계는 흑연과 산소가 반응하여 CO를 형성하고, 두 번째 단계는 CO가 O_2와 반응하여 CO_2을 형성한다. 이 단계 반응을 더하면 식 (11-1)과 동일한 반응식이 된다.

$$\text{C(흑연)} + \frac{1}{2}O_2(g) \rightarrow CO(g) \quad \Delta H = -110.524 \text{ kJ} \qquad (11\text{-}2)$$

$$+\ CO(g) + \frac{1}{2}O_2(g) \rightarrow CO_2(g) \quad \Delta H = -282.985 \text{ kJ} \qquad (11\text{-}3)$$

$$\text{C(흑연)} + O_2(g) \rightarrow CO_2(g) \quad \Delta H = -393.509 \text{ kJ} \qquad (11\text{-}4)$$

즉 반응이 한 단계로 일어난 ΔH 값이나 두 단계로 일어난 ΔH가 동일하다는 것을 알 수 있다.

이것이 **Hess의 총열량 법칙**(Hess's law of heat summation)으로 "어떠한 화학반응의 반응열 변화는 그 반응이 한 단계로 일어나든 여러 단계로 일어나든 일정하다."이다. 반응열(ΔH 또는 ΔE)은 주어진 반응물에서 주어진 생성물로 가는 경로의 단계와는 무관하므로 Hess의 법칙

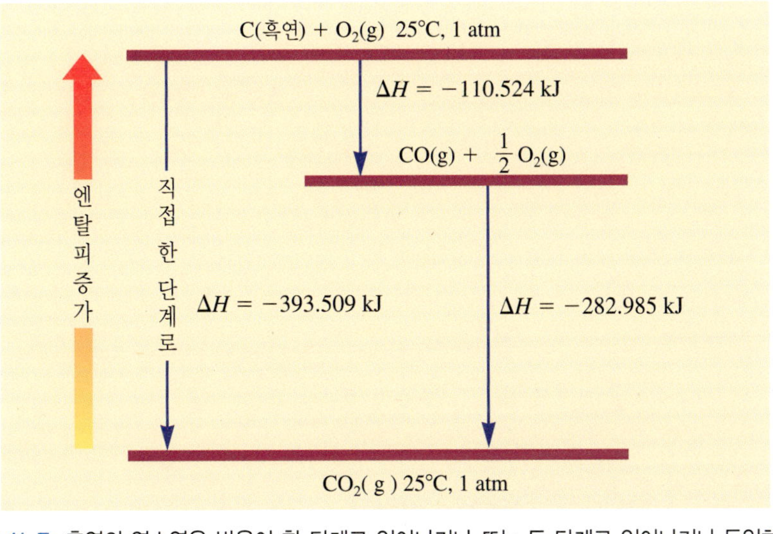

그림 11-7 흑연의 연소열은 반응이 한 단계로 일어나거나 또는 두 단계로 일어나거나 동일하다.

을 사용하면 실험적으로 측정하기 어려운 반응열을 예측할 수 있다. 즉 다른 반응에서 얻은 실험 측정치로부터 반응열을 유도할 수 있다.

예를 들면 다음과 같은 각각 화학반응식이 주어졌다고 가정하자.

$$\text{C(흑연)} + O_2(g) \rightarrow CO_2(g) \qquad \Delta H = -393.5\ \text{kJ} \qquad (11\text{-}5)$$

$$H_2(g) + \frac{1}{2}O_2(g) \rightarrow H_2O(l) \qquad \Delta H = -285.9\ \text{kJ} \qquad (11\text{-}6)$$

$$CH_4(g) + 2O_2(g) \rightarrow CO_2(g) + 2H_2O(l) \qquad \Delta H = -890.4\ \text{kJ} \qquad (11\text{-}7)$$

이 반응식을 이용하여, 탄소와 수소가 반응하여 생성된 CH_4의 ΔH를 구할 수 있다.

$$\text{C(흑연)} + 2H_2(g) \rightarrow CH_4(g) \quad \Delta H = ? \qquad (11\text{-}8)$$

CH_4 제조반응에 대한 ΔH를 직접적으로 측정하는 것은 불가능하다. CH_4 생성반응이 단계적 반응으로 진행된다고 가정하며, 먼저 1 mol의 C(흑연)와 2 mol의 H_2가 각각 산소와 반응한 반응식과 주어진 ΔH를 사용하면 다음과 같다.

$$\text{C(흑연)} + O_2(g) \rightarrow CO_2(g) \quad \Delta H = -393.5\ \text{kJ} \qquad (11\text{-}9)$$

$$2H_2(g) + O_2(g) \rightarrow 2H_2O(l) \quad \Delta H = -571.8\ \text{kJ} \qquad (11\text{-}10)$$

식 (11-7)의 $CH_4(g)$항을 오른쪽항으로 이동하고 정리하면 다음과 같다.

$$CO_2(g) + 2H_2O(l) \rightarrow CH_4(g) + 2O_2(g) \quad \Delta H = +890.4\ \text{kJ} \qquad (11\text{-}11)$$

식 (9), (10), (11)을 더하면

$$\begin{array}{lll} \text{C(흑연)} + O_2(g) & \rightarrow CO_2(g) & \Delta H = -393.5\ \text{kJ} \\ 2H_2(g) + O_2(g) & \rightarrow 2H_2O(l) & \Delta H = -571.8\ \text{kJ} \\ +\ CO_2(g) + 2H_2O(l) & \rightarrow CH_4(g) + 2O_2(g) & \Delta H = +890.4\ \text{kJ} \\ \hline \text{C(흑연)} + 2H_2(g) & \rightarrow CH_4(g) & \Delta H = -74.9\ \text{kJ} \end{array}$$

탄소와 수소가 반응하여 CH_4를 제조하는 반응에 대한 ΔH는 -74.9 kJ이다.

예제 11.4 화학반응식이 다음과 같이 주어져 있다.

$$4NH_3(g) + 3O_2(g) \rightarrow 2N_2(g) + 6H_2O(l) \qquad \Delta H = -153\ \text{kJ}$$

$$N_2O(g) + H_2(g) \rightarrow N_2(g) + H_2O(l) \qquad \Delta H = -367.4\ \text{kJ}$$

$$H_2(g) + \frac{1}{2}O_2(g) \rightarrow H_2O(l) \qquad \Delta H = -286.9\ \text{kJ}$$

다음 반응의 ΔH 값을 구하여라.

$$2NH_3(g) + 3N_2O(g) \rightarrow 4N_2(g) + 3H_2O(l)$$

풀이: 원하는 방정식의 왼편항에 2 mol의 NH_3가 있으므로 NH_3의 방정식과 ΔH 값을 2로 나누고 또 N_2O 방정식과 ΔH 값에 3을 곱한다. 역시 H_2 반응식과 ΔH에 3을 곱하고 식을 목적에 맞게 정리하면 다음과 같다.

$$2NH_3(g) + \frac{3}{2}O_2(g) \rightarrow N_2(g) + 3H_2O(l) \qquad \Delta H = -76.5\ \text{kJ}$$

$$3N_2O(g) + 3H_2(g) \rightarrow 3N_2(g) + 3H_2O(l) \qquad \Delta H = -1102.2\ \text{kJ}$$

$$3H_2O(l) \rightarrow 3H_2(g) + \frac{3}{2}O_2(g) \qquad \Delta H = +857.7\ \text{kJ}$$

$$2NH_3(g) + 3N_2O(g) \rightarrow 4N_2(g) + 3H_2O(l) \qquad \Delta H = -321\ \text{kJ}$$

11.10 생성엔탈피

원소나 화합물의 엔탈피는 온도와 압력에 의존한다. ΔH 값을 비교하려면 그 값의 측정된 조건들이 같아야 한다. 한 물질의 표준상태는 1기압, 25°C인 상태이다. ΔH° 기호는 표준상태에서 물질의 반응에 적용되는 표준엔탈피 변화를 지시하는데 사용된다.

화합물의 **표준생성엔탈피**(standard enthalpy of formation), ΔH_f°는 표준대기압, 25°C에서 가장 안정한 형태의 원소로부터 1 mol의 화합물이 생성되는 반응에서의 엔탈피 변화이다. 그러므로 생성엔탈피는 특수한 형태의 엔탈피변화이다. 그림 11-5와 11-6에서 보인 반응에 대한 ΔH 값은 각각 $H_2O(l)$와 HI(g)의 ΔH_f 값이다.

$$H_2(g) + \frac{1}{2}O_2(g) \rightarrow H_2O(l) \qquad \Delta H^\circ = -285.9\ \text{kJ}$$

$$\frac{1}{2}H_2(g) + \frac{1}{2}I_2(s) \rightarrow HI(g) \qquad \Delta H^\circ = +25.9\ \text{kJ}$$

생성엔탈피는 직접 측정되거나 Hess의 법칙을 이용하여 다른 열화학 데이터로부터 계산된다. 앞절에서 보여준 이러한 형태의 계산결과, 즉

$$C(\text{흑연}) + 2H_2(g) \rightarrow CH_4(g) \qquad \Delta H^\circ = -74.9\ \text{kJ}$$

은 $CH_4(g)$의 생성엔탈피이다. 일부 생성엔탈피가 표 11-2에 수록되어 있다. 반응의 엔탈피 변화는 그 반응에 관여하는 화합물의 생성엔탈피로부터 계산될 수 있다.

예를 들면 다음 반응에서,

$$C_2H_4(g) + H_2(g) \rightarrow C_2H_6(g) \qquad \Delta H^\circ = ?$$

$$2C(\text{흑연}) + 2H_2(g) \rightarrow C_2H_4(g) \qquad \Delta H_f^\circ = +52.30\ \text{kJ} \qquad (11\text{-}12)$$

$$2C(\text{흑연}) + 3H_2(g) \rightarrow C_2H_6(g) \qquad \Delta H_f^\circ = -84.68\ \text{kJ} \qquad (11\text{-}13)$$

표 11-2 25℃ 1 atm에서 생성엔탈피

화합물	ΔH_f°(kJ/mol)	화합물	ΔH_f°(kJ/mol)
Ag(s)	0	$H_2O_2(l)$	−187.6
AgCl(s)	−127.04	Hg(l)	0
Al(s)	0	$I_2(s)$	0
Al_2O_3	−1669.8	HI(g)	25.94
$Br_2(l)$	0	Mg(s)	0
HBr(g)	−36.2	MgO(s)	−601.8
C(graphite)	0	$MgCO_3(s)$	−1112.9
C(diamond)	1.90	$N_2(g)$	0
CO(g)	−110.5	$NH_3(g)$	−46.2
$CO_2(g)$	−393.5	NO(g)	90.4
Ca(s)	0	$NO_2(g)$	33.85
CaO(s)	−635.6	$N_2O_4(g)$	9.66
$CaCO_3$	−1206.9	$N_2O(g)$	81.56
Cl_2	0	O(g)	249.4
HCl(g)	−92.3	$O_2(g)$	0
Cu(s)	0	$O_3(g)$	142.2
CuO(s)	−155.2	S(rhombic)	0
$F_2(g)$	0	S(monoclinic)	0.30
HF(g)	−268.61	$SO_2(g)$	−296.1
$H_2(g)$	218.2	$SO_3(g)$	−395.2
$H_2O(g)$	−241.8	$H_2S(g)$	−20.15
$H_2O(l)$	−285.8		

식 (11-12)의 역반응은 $C_2H_4(g)$가 그들의 원소로 분해되는 것을 나타낸다. 역반응의 대략적 엔탈피 변화값은 $-\Delta H_f^\circ(C_2H_4) = -52.30$ kJ이다. C_2H_4의 분해로부터 원소에 1 mol의 $H_2(g)$를 추가하여 $C_2H_6(g)$가 생성된다고 상상할 수 있다. 그렇게 되면 식 (11-13)을 쓸 수 있다. 이 두 식이 더해졌을 때 원하는 열화학식이 얻어진다.

$$C_2H_4(g) \rightarrow 2C(\text{흑연}) + 2H_2(g) \qquad \Delta H_f^\circ = -\Delta H^\circ = -52.30\ \text{kJ}$$
$$2C(\text{흑연}) + 3H_2(g) \rightarrow C_2H_6(g) \qquad \Delta H_f^\circ = -84.68\ \text{kJ}$$
$$C_2H_4(g) + H_2(g) \rightarrow C_2H_6(g) \qquad \Delta H_f^\circ = -136.98\ \text{kJ}$$

그러므로 반응의 ΔH°는 $-\Delta H_f(C_2H_6) = -136.98$ kJ이다.

일반적으로 반응의 $\Delta H°$ 값은 생성물의 생성엔탈피에서 반응물의 생성엔탈피의 합을 뺌으로써 얻을 수 있다.

$$\Delta H° = \Sigma\, \Delta H_f°(\text{생성물}) - \Sigma\, \Delta H_f°(\text{반응물})$$

그리이스문자 Σ는 합을 말한다. $\Sigma\, \Delta H_f°$(반응물)의 기호는 반응물이 원소로 분해되는 과정을 가르킨다. 이 원소로부터 생성물의 형성은 $\Sigma\Delta H_f°$(생성물)의 항으로 표시하였다.

가끔 두 인자가 이런 식의 $\Delta H°$값 계산에 문제를 일으킨다.

1. 생성물은 몰당 kJ로 나타낸다. 표 11-2의 값에 해당하는 화학방정식은 단지 화합물 1 mol의 생성에 대한 것이다. 만일 1 mol 이상(또는 1 mol 이하)이 관여되면 관여된 몰수를 곱해야 한다.
2. 원소의 생성열은 0이다. 원소의 항은 $\Sigma\, \Delta H_f°$(생성물)와 $\Sigma\, \Delta H_f°$(반응물)의 합계에 더해지지 않는다.

다음 반응을 고려해 보자.

$$2NH_3(g) + 3Cl_2(g) \rightarrow N_2(g) + 6HCl(g) \quad \Delta H° = ?$$

반응의 엔탈피 변화는 다음과 같이 계산될 수 있다.

$$\begin{aligned}\Delta H° &= \Sigma\, \Delta H_f°(\text{생성물}) - \Sigma\, \Delta H_f°(\text{반응물}) \\ &= 6\,\Delta H_f°(HCl) - 2\,\Delta H_f°(NH_3) \\ &= 6(-92.3\text{ kJ}) - 2(-46.2\text{ kJ}) \\ &= -553.8\text{ kJ} + 92.4\text{ kJ} = 461.4\text{ kJ}\end{aligned}$$

이 계산은 적당한 열화학식을 더해서 검토할 수 있다. 6 mol의 HCl(g)이 제조되었으므로 HCl(g)의 생성에 대한 식에 6을 곱하고 HCl(g)의 생성엔탈피를 6배 한다. 2 mol의 $NH_3(g)$가 소모되었으므로 $NH_3(g)$의 생성에 관한 식에 2를 곱하고 거꾸로 쓴다. ΔH_f 값에도 2를 곱하고 부호를 변화시킨다. 이 두 열화학식을 더한다. 이 반응에 관여되는 원소(Cl와 N)에 대해서는 따로 식을 포함시키지 않는다.

$$\begin{array}{ll} 3H_2(g) + 3Cl_2(g) \rightarrow 6HCl(g) & \Delta H = 6\,\Delta H_f = -553.8\text{ kJ} \\ 2NH_3(g) \rightarrow N_2(g) + 3H_2(g) & \Delta H = -2\,\Delta H_f = +92.4\text{ kJ} \\ \hline 2NH_3(g) + 3Cl_2(g) \rightarrow N_2(g) + 6HCl(g) & \Delta H = -461.4\text{ kJ} \end{array}$$

"$3H_2(g)$"항은 덧셈에서 지워진다. "$3Cl_2(g)$"와 "$N_2(g)$"는 식에 도입하기 위하여 특별한 조치를 취하지 않아도 최종적인 식에 나타난다는 사실을 유의하여야 한다.

예제 11.5 다음 반응의 ΔH를 계산하기 위하여 생성엔탈피를 표 11-2를 사용하여 구하여라.

$Fe_2O_3(s) + 3CO(g) \rightarrow 2Fe(s) + 3CO_2(g)$

풀이: 표 11-2에서 필요한 값은

$$\begin{aligned}\Delta H &= \Sigma\,\Delta H_f(\text{생성물}) - \Sigma\,\Delta H_f(\text{반응물})\\ &= 3\Delta H_f(CO_2) - [\Delta H_f(Fe_2O_3) + 3\Delta H_f(CO)]\\ &= 3(-393.5\text{ kJ}) - [(-822.2\text{ kJ}) + 3(-110.5\text{ kJ})]\\ &= -1180.5\text{ kJ} + 1153.7\text{ kJ} = -26.8\text{ kJ}\end{aligned}$$

예제 11.6 다음 식을 이용하여

$$CH_4(g) + 2O_2(g) \rightarrow CO_2(g) + 2H_2O(l) \qquad \Delta H = -890.4\text{ kJ}$$

$CO_2(g)$의 생성엔탈피는 −393.5 kJ, $H_2O(l)$의 생성엔탈피는 −285.9 kJ이다. $CH_4(g)$의 생성엔탈피를 구하여라.

풀이: 이 경우에 있어서 반응의 ΔH 값이 알려지고 있고 반응물 중의 하나하나의 ΔH 값을 구한다.

$$\begin{aligned}\Delta H &= \Sigma\,\Delta H_f(\text{생성물}) - \Sigma\,\Delta H_f(\text{반응물})\\ \Delta H &= \Delta H_f(CO_2) + 2\Delta H_f(H_2O) - \Delta H_f(CH_4)\\ -890.4\text{ kJ} &= (-393.5\text{ kJ}) + 2(-285.9\text{ kJ}) - \Delta H_f(CH_4)\\ -890.4\text{ kJ} &= -965.3\text{ kJ} - \Delta H_f(CH_4)\\ \Delta H_f(CH_4) &= -74.9\text{ kJ}\end{aligned}$$

11.11 결합에너지

원자들은 매우 강한 힘으로 결합되어 있으며 한 분자에 있는 1개의 결합을 깨뜨리는데 필요한 에너지의 양을 **결합해리에너지**(bond dissociation energy)라고 하며 보통 **결합에너지**(bond energy)라고 한다. 기체상의 원자가 하나의 결합을 형성할 때에는 에너지를 방출한다. 결합형성은 발열과정이며, 결합해리는 흡열과정이다. 결합에너지가 클수록 결합 안정성이 증가한다. 따라서 H—H(436 kJ/mol)는 F—F(158 kJ/mol)보다 더 안정한 결합이다. 즉 H—H 결합을 파괴하는데 더 많은 에너지가 필요하다. 또 C—C, C=C, C≡C 결합은 346 kJ, 602 kJ 및 836 kJ의 결합에너지를 가지므로 2중결합이 단일결합보다 강하고 3중결합이 2중결합보다 강함을 의미한다. 각 결합에 대한 평균결합에너지 값을 표 11-3에 나타내었다. 이 값은 분자가 구성 원자로 해리되는데 필요한 에너지를 예측하는데 사용할 수 있다.

결합에너지를 이용하여 ΔH 값을 구할 수 있다. 다음 반응의 ΔH 값과 결합에너지를 이용해

표 11-3 결합에너지 (kJ/mol)

단일결합	H	C	N	O	S	F	Cl	Br	I
H	432								
C	411	346							
N	386	305	167						
O	459	358	201	142					
S	363	272	–	–	226				
F	565	485	283	190	284	155			
Cl	428	327	313	218	255	249	240		
Br	362	285	–	201	217	249	216	190	
I	295	213	–	201	–	278	208	175	149

서 구한 값과 비교하면,

$$H_2(g) + Cl_2(g) \rightarrow 2HCl(g) \qquad \Delta H = -184.6\text{ kJ}$$

위 반응식에서 2 mol의 HCl(g)의 생성을 나타내므로 이 반응의 ΔH는 HCl(g) 생성엔탈피의 두 배가 된다. 결합에너지로부터 엔탈피변화는 1 mol의 H—H 결합과 1 mol의 Cl—Cl 결합을 파괴하는데 필요한 에너지이므로 ΔH 값은 양의 값이고, 2 mol의 H—Cl 결합은 형성되므로 에너지가 방출되어 ΔH 값은 음의 값을 가진다. 이들 값의 합이 ΔH 값이다.

$$\text{H—H}(g) \rightarrow 2H(g) \qquad \Delta H = +432\text{ kJ}$$
$$\text{Cl—Cl}(g) \rightarrow 2Cl(g) \qquad \Delta H = +240\text{ kJ}$$
$$2H(g) + 2Cl(g) \rightarrow 2\text{H—Cl}(g) \qquad \Delta H = 2(-428)\text{ kJ} = -856\text{ kJ}$$

위 식의 합은 (432 kJ) + (240 kJ) + (−856 kJ) = −184 kJ이 된다.

$$\text{H—H}(g) + \text{Cl—Cl}(g) \rightarrow 2\text{H—Cl}(g) \qquad \Delta H = -184\text{ kJ}$$

예제 11.7 다음 반응의 ΔH 값을 계산하는데 결합에너지를 사용하여라.

$$2\text{H—}\underset{}{\overset{\text{H}\atop|}{\text{N}}}\text{—H}(g) + 3\text{Cl—Cl}(g) \rightarrow \text{N}\equiv\text{N}(g) + 6\text{H—Cl}(g)$$

풀이: 에너지는 결합이 끊어질 때 흡수되고, 결합이 형성될 때 방출된다.

6개의 N—H 결합이 끊어진다.

$$2\text{H—}\overset{\text{H}\atop|}{\text{N}}\text{—H}(g) \rightarrow 2N(g) + 6H(g) \qquad \Delta H = 6(+386)\text{ kJ} = +2316\text{ kJ}$$

3개의 Cl—Cl 결합이 끊어진다.

3Cl—Cl(g) → 6Cl(g) $\Delta H = 3(+240)\ \text{kJ} = +720\ \text{kJ}$

1개의 N≡N 결합이 형성된다.

2N(g) → N≡N(g) $\Delta H = -942\ \text{kJ}$

6개의 H—Cl 결합이 형성된다.

6H(g) + 6Cl(g) → 6H—Cl(g) $\Delta H = 6(-428\ \text{kJ}) = -2568\ \text{kJ}$

이 단계의 합은

$2NH_3(g) + 3Cl_2(g) \rightarrow N_2(g) + 6HCl(g)$ $\Delta H = -474\ \text{kJ}$

11.12 표준자유에너지

표준자유에너지(standard free energy) $\Delta G°$의 변화는 어떤 물질이 25°C 1기압의 표준상태에 있는 생성물로 전환하는 과정에 대한 자유에너지 변화이다. 한 반응에 대한 $\Delta G°$의 값은 $\Delta G°$의 값을 표준 생성엔탈피로부터 계산하는 것과 같은 방법으로 표준 생성 자유에너지로부터 구하며 화합물의 표준자유에너지의 변화로 정의된다(그림 11-8 참조).

이 정의에 따르면 어떤 원소로부터 생성물들의 표준 생성 자유에너지의 합으로부터 반응물들의 표준 생성 자유에너지의 합을 뺀 것과 같다. 몇 가지 표준 생성 자유에너지를 표 11-4에 나타냈다.

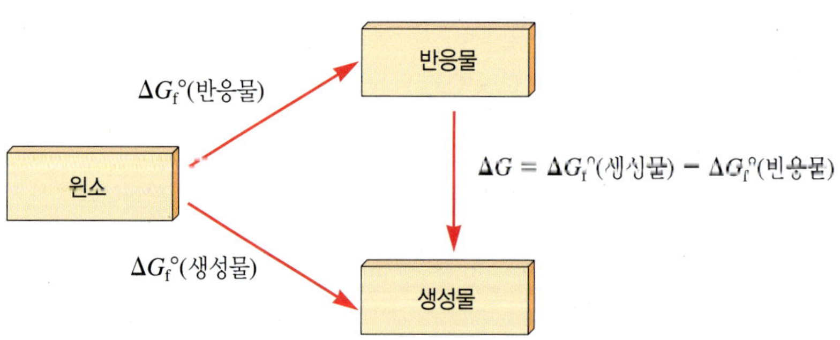

그림 11-8 반응의 $\Delta G°$와 반응물 및 생성물의 $\Delta G°$와의 관계

표 11-4 표준생성 자유에너지

화합물	$\Delta G°$(kcal/mol)	화합물	$\Delta G°$(kcal/mol)	화합물	$\Delta G°$(kcal/mol)
AgBr(s)	−22.9	CrO_3(s)	−250.2	$MgSO_4$(s)	−280.5
AgCl(s)	−26.2	CuO(s)	−30.4	MnO(s)	−86.8
AgI(s)	−15.9	Cu_2O(s)	−35.0	MnO_2(s)	−111.4
Ag_2O(s)	−2.6	CuS(s)	−11.7	NaCl(s)	−91.8
Ag_2S(s)	−9.6	$CuSO_4$(s)	−158.2	NaF(s)	−129.8
Al_2O_3(s)	−376.8	Fe_2O_3(s)	−177.1	NH_3(g)	−4.0
$BaCl_2$(s)	−193.8	Fe_3O_4(s)	−242.4	NH_4Cl(s)	−48.7
$BaCO_3$(s)	−272.2	HBr(g)	−12.7	NO(g)	+20.7
BaO(s)	−126.3	HCl(g)	−22.8	NO_2(g)	+12.4
$BaSO_4$(s)	−323.4	HF(g)	−64.7	NiO(s)	−51.7
$CaCl_2$(s)	−179.3	HI(g)	+0.3	$PbBr_2$(s)	−62.1
$CaCO_3$(s)	−269.8	HNO_3(*l*)	−19.1	$PbCl_2$(s)	−75.0
CaO(s)	−144.4	H_2O(g)	−54.6	PbO(s)	−45.1
$Ca(OH)_2$(s)	−214.3	H_2O(*l*)	−56.7	PbO_2(s)	−52.3
$CaSO_4$(s)	−315.6	H_2S(s)	−7.9	Pb_2O_3(s)	−147.6
CCl_4(*l*)	−16.4	HgO(s)	−14.0	PCl_3(g)	−68.4
CH_4(g)	−12.1	HgS(s)	−11.7	PCl_5(g)	−77.6
$CHCl_3$(*l*)	−17.1	KBr(s)	−90.6	SiO_2(s)	−192.4
CH_3OH(*l*)	−39.7	KCl(s)	−97.6	$SnCl_4$(*l*)	−113.3
CO(g)	−32.8	$KClO_3$(s)	−69.3	SnO(s)	−61.5
CO_2(g)	−94.3	KF(s)	−127.4	SnO_2(s)	−124.2
C_2H_2(g)	+50.0	$MgCl_2$(s)	−141.6	SO_2(g)	−71.8
C_2H_4(g)	+16.3	$MgCO_3$(s)	−246	SO_3(g)	−88.5
C_4H_6(g)	−7.9	MgO(s)	−136.1	ZnO(s)	−76.1
C_3H_8(g)	−5.6	$Mg(OH)_2$(s)	199.3	ZnS(s)	−47.4
CoO(s)	−51.0				

예제 11.8 표 11-4로부터의 $\Delta G_f°$ 값을 사용하여 다음 변환에 대한 $\Delta G°$ 값을 계산하여라.

$$2NO(g) + O_2(g) \rightarrow 2NO_2(g)$$

풀이:

$$\begin{aligned}\Delta G° &= 2\Delta G_f°(NO_2) - 2\Delta G_f°(NO)\\ &= 2(+12.4\ \text{kcal}) - 2(+20.7\ \text{kcal})\\ &= 24.8\ \text{kcal} - 41.4\ \text{kcal}\\ &= -16.6\ \text{kcal}\end{aligned}$$

연습문제

PROBLEMS

01. 25°C에서 1.00 kg의 코크스(순수한 탄소라고 가정함)가 연소할 때 생성되는 에너지를 계산하라.

02. 화학식량이 40.0 aum인 물질 50.0 g이 3단계 과정으로 변화하였다. 첫째 단계의 ΔH는 -20.0 kcal/mol, 둘째 단계의 ΔH는 $+300$ cal/g, 전과정에 대한 ΔH는 30,000 cal이다. 셋째 단계의 ΔH를 계산하라.

03. 녹는점 658°C에서 용융된 알루미늄 1.50 mol을 25°C로 냉각시킬 때에 방출되는 열을 계산하라. 알루미늄의 용융열은 76.8 cal/g이며, 고체의 비열은 0.215 cal/g · deg이다.

04. 다음의 자료가 주어졌을 때

A + B → C + D $\Delta H° = -10.0$ kcal

C + D → E $\Delta H° = -5.0$ kcal

아래의 반응들의 $\Delta H°$를 계산하라.

(a) C + D → A + B

(b) 2C + 2D → 2A + 2B

(c) A + B → E

05. 몰이라는 낱말이 몰열용량이란 말에 쓰일 때와 몰농도란 말에 쓰일 때의 뜻을 비교하라.

06. 25°C에서 다음 반응에 대한 엔탈피를 계산하라.

$$SO_2(g) + \frac{1}{2}O_2(g) \rightarrow SO_3(g)$$

07. 25°C에서 다음 각 반응에 대한 엔탈피를 계산하라.

(a) $Ba^{2+}(aq) + SO_4^{2-}(aq) \rightarrow BaSO_4(s)$

(b) $Ag^{+}(aq) + Cl^{-}(aq) \rightarrow AgCl(s)$

08. 계가 수위의 대기압력을 이기고 팽창함으로써 700 cal에 상당하는 일을 하는 동안 열 1000 cal를 계에다 가하였다. 계의 ΔE는 얼마인가?

09. 다음 반응의 엔탈피를 부르는데 알맞은 이름을 아래에서 찾아라.

$$SO_2 + \frac{1}{2}O_2 \rightarrow SO_3$$

(a) SO_2의 연소엔탈피

(b) SO_3의 생성엔탈피

(c) SO_2와 O_2의 반응엔탈피

10. 다음 반응의 엔탈피를 부르는 데 알맞은 이름을 아래에서 찾아라.

$S + O_2 \rightarrow SO_2$

(a) S의 연소엔탈피

(b) SO_2의 생성엔탈피

(c) S와 O_2의 반응엔탈피

11. (a) 25℃, 일정한 압력하에서 탄소 12.0 g을 산소 32.0 g을 써서 연소시킬 때 생성되는 열을 계산하라.

(b) 용기와 내용물 전체의 마지막 온도를 계산하라. 단 용기의 질량은 200 g이고 비열은 0.105 cal/g · deg이다.

12. 다음 각각에 알맞은 양과 단위를 짝지어라.

(a) 비열	cal/g
(b) 몰열용량	cal/g · deg
(c) 녹음열	cal/mol
	cal/mol · deg

13. 25℃, 일정한 압력하에서 벤젠 2.00 kg을 연소하여 얻을 수 있는 에너지를 계산하라.

14. 다음 반응에 대한 엔탈피 변화를 써서 NO가 NO_2로 되는 반응엔탈피를 계산하라.

$N_2(g) + 2O_2(g) \rightarrow 2NO_2(g) \qquad \Delta H_{298} = 16.18\ \text{kcal}$

$NO_2(g) + 2O_2(g) \rightarrow N_2O_4(g) \qquad \Delta H_{298} = 2.31\ \text{kcal}$

15. (a) 수용액에서 일어나는 다음 반응의 엔탈피변화 ΔH_{298}를 계산하라.

$HS^- \rightarrow H^+ + S^{2-}$

$OH^- + HS^- \rightarrow S^{2-} + H_2O$

(b) 이 두 결과를 종합하여 아래 반응의 엔탈피변화를 구하라.

$H^+ + OH^- \rightarrow H_2O$

(c) 이 결과를 표 11-3의 데이터를 써서 직접 얻은 것과 비교해 보라.

16. 벤젠 C_6H_6 1 mol의 연소열과 3 mol의 아세틸렌 C_2H_2의 연소열을 비교하라.

17. (a) 다음 반응의 엔탈피변화를 계산하라.

$SiO_2(s) + 4HF(g) \rightarrow SiF_4(g) + 2H_2O(g)$

$SiO_2(s) + 4HCl(g) \rightarrow SiCl_4(g) + 2H_2O(g)$

(b) 플루오르화수소산은 유리를 부식시키나 염화수소산은 부식시키지 않는 이유를 생각해보라.

18. 다음 데이터로부터 NH에서 N—H 결합에너지를 구하라(주어진 모든 물질은 기체이다).

(a) $2NH_3 + 1\frac{1}{2}O_2 \rightarrow N_2 + 3H_2O \qquad \Delta H^\circ = -182.8\ \text{kcal}$

(b) $3H_2O \rightarrow 1\frac{1}{2}O_2 + 3H_2$ $\Delta H^\circ = 204.9$ kcal

(c) $N_2 \rightarrow 2N$ $\Delta H^\circ = 942$ kJ

(d) $3H_2 \rightarrow 6H$ $\Delta H^\circ = 309$ kcal

19. 다음 식으로부터 HC≡CH의 C≡C 결합에너지를 결정하여라.

(a) $H_2(g) + 2C(s) \rightarrow C_2H_2(g)$ $\Delta H^\circ = 54.2$ kcal

(b) $C(s) \rightarrow C(g)$ $\Delta H^\circ = 171.7$ kcal

(c) $H_2(g) \rightarrow 2H(g)$ $\Delta H^\circ = 104.2$ kcal

(d) $C(g) + 4H(g) \rightarrow CH_4(g)$ $\Delta H^\circ = -398.0$ kcal

20. NO(g)와 $NO_2(g)$의 표준생성엔탈피 값은 각각 21.6 kcal/mol, 8.09 kcal/mol이다. 다음 반응의 반응엔탈피 값을 구하라.

$$NO(g) + \frac{1}{2}O_2(g) \rightarrow NO_2(g)$$

21. 다음 반응에서 ΔH°를 계산하라.

$$4NH_3(g) + 3O_2(g) \rightarrow 2N_2(g) + 6H_2O(l)$$

22. 다음 반응에서 총 엔탈피의 변화를 구하라.

(a) $K(s) \rightarrow K(g)$

(b) $\frac{1}{2}Cl_2(g) \rightarrow Cl(g)$

(c) $K(g) + Cl(g) \rightarrow KCl(s)$

(d) $K(s) + \frac{1}{2}Cl_2(g) \rightarrow KCl(s)$

23. 벤젠(C_6H_6)의 표준 비등점 80.1°C에서의 그 증발열은 94.3 cal/g이다. 90°C, 1 atm에서 벤젠 1 mol을 기체로 변화시켜 줄 때의 q, w, ΔE 값을 구하라. 벤젠의 밀도는 0.88 g/mol이다.

24. 표 11-2의 생성엔탈피 값으로부터 C_2H_6과 C_6H_6의 표준 생성엔탈피 값을 구하라. 지적하지 않는 상태는 모두 기체 상태이다.

(a) $C_2H_6 + 3\frac{1}{2}O_2 \rightarrow 2CO_2 + 3H_2O(l)$ $\Delta H^\circ = -368.4$ kcal

(b) $C_6H_6 + 7\frac{1}{2}O_2 \rightarrow 6CO_2 + 3H_2O(l)$ $\Delta H^\circ = -782.3$ kcal

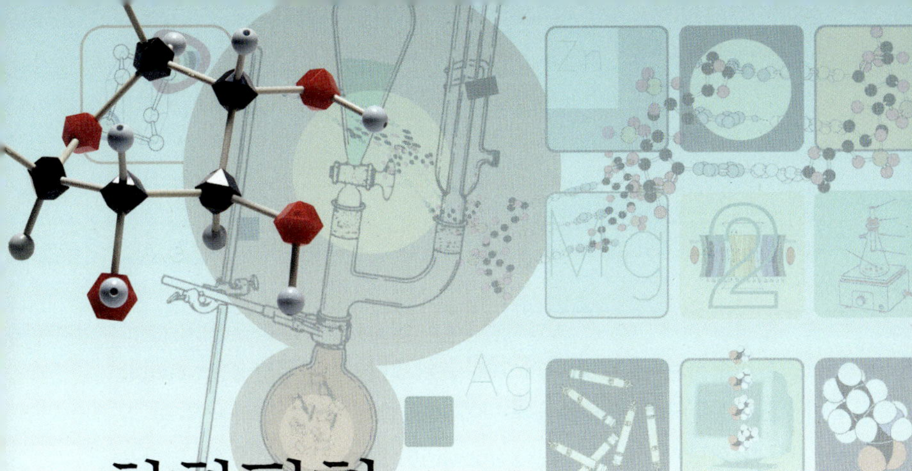

CHAPTER

12 화학평형

화학반응이 일어날 수 있는 두 기체혼합물이 어떤 방향으로 반응이 일어날 것인가? 이를 확인하기 위해서는 반응 진행 정도, 평형에서 각 기체의 부분압력, 반응계의 부피 변화 또는 물질을 첨가할 때 평형상태의 조성에 어떤 영향을 미칠 것인가를 알아야 할 것이다. 이 장에서는 평형상태에 대한 양적 관계를 다루고자 한다.

미리보기

12.1 화학평형

화학반응은 어느 한 방향으로만 진행하는 것이 아니라 대부분의 반응은 가역반응(reversible reaction)이다. 즉 반응물질이 서로 반응하여 생성물질을 만들고(정반응) 다시 생성물질 중 일부가 반응하여 반응물질을 만든다(역반응). 이때 정반응(forward reaction)의 속도와 역반응(reverse reaction)의 속도가 같아서 더 이상 시간에 따라 반응물질과 생성물질의 농도변화가 없을 때 **화학평형**(chemical equilibrium)에 도달하였다고 한다.

평형에서는 반응물질과 생성물질 모두 존재한다. 같은 물질인 경우 두 상(phase) 사이의 평형을 **물리적평형**(physical equilibrium)이라고 한다. 다음과 같이 물은 수증기로 변하는 물리적 변화를 예로 들 수 있다.

$$H_2O(l) \rightleftharpoons H_2O(g)$$

즉, 물을 밀폐된 용기 속에 두게 되면 그 온도에서 수증기가 발생하고 그 수증기는 다시 물 속으로 들어가는데 이때 수증기의 발생속도와 수증기가 다시 물속으로 들어가는 속도가 같을 때 평형이라고 한다. 그러나 화학에서는 이와 같은 물리적평형보다는 다음과 같은 화학적평형을 고려하여야 한다. N_2O_4와 NO_2 사이의 가역반응을 생각하여 보자.

$$N_2O_4(g) \rightleftharpoons 2NO_2(g)$$

N_2O_4의 색깔은 무색이며, NO_2의 색깔은 암갈색이므로 쉽게 측정이 가능하다. 농도를 알고 있는 N_2O_4를 빈 플라스크에 주입하면 즉시 갈색의 NO_2이 생성된다. N_2O_4이 분해되는 양에 따라 갈색은 더욱 진하게 나타나며, 이 반응이 평형에 도달할 때까지는 계속된다. 평형에 도달하였을 때는 더 이상 색깔의 변화가 나타나지 않게 된다. 이 반응을 세 가지 상황에서 살펴보자.

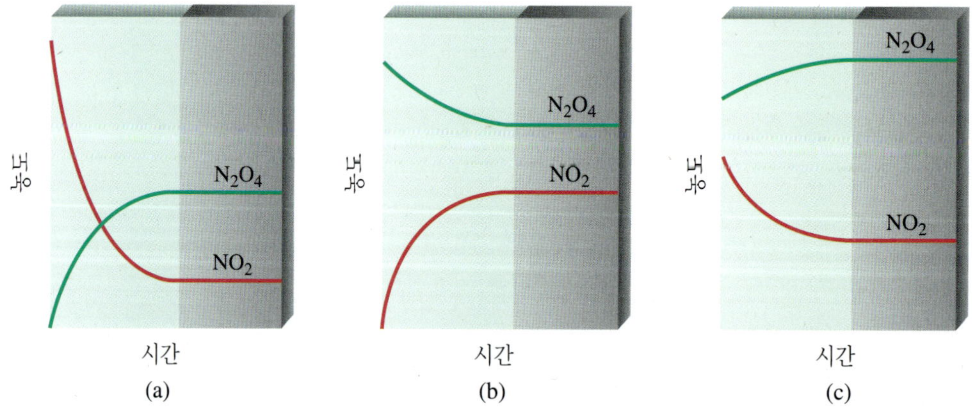

그림 12-1 시간에 따른 NO_2와 N_2O_4의 농도변화. (a) 초기에 NO_2만 존재, (b) 초기에 N_2O_4만 존재, (c) 초기에 NO_2와 N_2O_4 혼합물

표 12-1 NO_2–N_2O_4의 반응(at 25°C)

초기농도(M)		평형농도(M)		평형에서 농도비	
$[NO_2]$	$[N_2O_4]$	$[NO_2]$	$[N_2O_4]$	$\frac{[NO_2]}{[N_2O_4]}$	$\frac{[NO_2]^2}{[N_2O_4]}$
0.000	0.670	0.0547	0.643	0.0851	4.65×10^{-3}
0.0500	0.446	0.0457	0.448	0.102	4.66×10^{-3}
0.0300	0.500	0.0475	0.491	0.0967	4.60×10^{-3}
0.0400	0.600	0.0523	0.594	0.0880	4.60×10^{-3}
0.200	0.000	0.0204	0.0898	0.227	4.63×10^{-3}

첫째는 NO_2만 존재하였을 때의 반응, 둘째는 N_2O_4만 존재할 때의 반응, 셋째 NO_2와 N_2O_4을 혼합하여 반응시킬 때를 생각해 보자. 각각의 경우에 NO_2의 색깔변화를 볼 수 있는데 색깔이 진해지면 NO_2이 생성되는 것이고, 색깔이 엷어지면 NO_2이 점차 줄어드는 것을 뜻한다. 최종적으로 색깔의 변화가 없을 때 평형에 도달하였다는 것이다. 이것을 알기 쉽게 그림 12-1에 나타내었다.

표 12-1에서 보는 바와 같이 25°C의 반응에서 NO_2와 N_2O_4의 농도에 따라 평형에서의 농도를 구하여 $[NO_2]/[N_2O_4]$의 비를 구하면 그 값은 불규칙적으로 변한다. 그러나 $[NO_2]^2/[N_2O_4]$의 값은 약 4.6×10^{-3}으로 거의 일정하다. 이것을 다음과 같이 표현하고 K를 **평형상수**(equilibrium constant)라고 부른다.

$$K = \frac{[NO_2]^2}{[N_2O_4]} = 4.6 \times 10^{-3}$$

평형상수의 일반식을 표현하기 위하여 다음과 같은 반응이 있다고 하자.

$$aA + bB \rightleftharpoons cC + dD$$

여기서 a, b, c, d는 화학양론적 계수 즉, 몰농도이며, A, B, C, D는 반응에 관여하는 화학종이다. 이 반응의 평형상수는 특정 온도에서 다음과 같이 쓸 수 있다.

$$K = \frac{[C]^c[D]^d}{[A]^a[B]^b}$$

이 식은 1864년 노르웨이의 C.M. Guldberg(1836~1902)와 P. Waage(1833~1900)이 처음으로 제안한 **질량작용의 법칙**(law of mass action)의 수학적 표현이다. 질량작용의 법칙은 반응물질과 생성물질의 농도에 관련되어 있으며, 이것이 평형상수(equilibrium constant)이다.

12.2 평형상수

평형상수(equilibrium constant: K)는 실험값에서 계산할 수 있는 양이다. 열역학적으로 표준 생성 자유에너지에서 계산하는 방법도 있고 또 평형농도를 측정하여 질량작용 표현식에 대입하면 K 값을 얻을 수 있다. K의 크기를 알면 반응이 어느 방향으로 얼마만큼 진행하는지를 알 수 있다. 예로서 간단한 반응인

$$aA + bB \underset{k_2}{\overset{k_1}{\rightleftharpoons}} cC + dD$$

A, B의 반응물질이 반응하여 C, D의 생성물질이 되는 속도는 반응물질 A, B의 농도에 비례한다. 또 C, D가 A, B로 변하는 속도는 C, D의 농도에 비례한다. 즉

$$\text{정반응 속도} = k_1[A]^a[B]^b$$

$$\text{역반응 속도} = k_2[C]^c[D]^d$$

속도 상수이며 평형상태에서는 정반응 속도와 역반응의 속도가 같은 때이다. 그러므로

$$\text{정반응 속도} = \text{역반응 속도}$$

$$k_1[A]^a[B]^b = k_2[C]^c[D]^d$$

$$\frac{[C]^c[D]^d}{[A]^a[B]^b} = \frac{k_1}{k_2} = K_C$$

여기서 [ ]에 쓴 양은 몰농도를 (mol/L) 나타내고 양의 상수이며 평형농도라 부른다. 만약 $K_C = 10$이면 평형에서

$$K_C = \frac{[C]^c[D]^d}{[A]^a[B]^b} = 10 = \frac{10}{1}$$

$[C]^c[D]^d$의 값은 $[A]^a[B]^b$의 값보다 10배나 큰 상태로 평형농도를 유지한다. 예로

$$H_2(g) + Cl_2(g) \rightleftharpoons 2HCl(g)$$

반응의 $K_C = 4.4 \times 10^{32}$(25°C)이다. K_C가 대단히 크므로 반응은 거의 오른쪽으로 완전히 진행되며, 처음 수소와 염소를 각각 1 mol씩 넣어 반응시키면 거의 2 mol의 HCl이 생성한다. 이와 대조적으로 K_C가 아주 작은 수증기의 분해반응은 다음과 같으며 여기서

$$2H_2O(g) \rightleftharpoons 2H_2(g) + O_2(g)$$

반응의 $K_C = 1.1 \times 10^{-81}$(25°C)으로 K_C 값은 매우 작다. 그러므로 수증기는 이 온도에서 분해

반응이 극히 미비하여 생성물의 양도 매우 작을 것이다.

예제 12.1 (a) 촉매 메탄화반응에 대한 평형상수 K_C를 써라.

$$CO(g) + 3H_2(g) \rightleftharpoons CH_4(g) + H_2O(g)$$

(b) (a)의 역반응에 대한 평형상수 K_C를 써라.

$$CH_4(g) + H_2O(g) \rightleftharpoons CO(g) + 3H_2(g)$$

(c) 암모니아합성에 대한 평형상수 K_C를 써라.

$$N_2(g) + 3H_2(g) \rightleftharpoons 2NH_3(g)$$

(d) (c)에 대한 반응의 반응식이 아래와 같을 때 평형상수 K_C를 써라.

$$\frac{1}{2}N_2(g) + \frac{3}{2}H_2(g) \rightleftharpoons NH_3(g)$$

풀이: (a) 평형상수에 대한 표현은 $K_C = \frac{[CH_4][H_2O]}{[CO][H_2]^3}$ 이다.

생성물의 농도는 분자에, 반응물의 농도는 분모에 쓴다는 사실에 주의한다. 또한 각 농도항에 화학반응식의 계수와 같은 그 수로 지수를 쓴다.

(b) 식이 역으로 쓰여졌을 때 K는 뒤집힌다.

$$K_C = \frac{[CO][H_2]^3}{[CH_4][H_2O]}$$

(c) $N_2 + 3H_2 \rightleftharpoons 2NH_3$에 대한 평형상수는 다음과 같다.

$$K_C = \frac{[NH_3]^2}{[N_2][H_2]^3}$$

(d) (c)의 반응식에 $\frac{1}{2}$을 곱한 것으로 이 경우 평행상수는 다음과 같다.

$$K_C = \frac{[NH_3]}{[N_2]^{1/2}[H_2]^{3/2}} \neq \frac{[NH_3]^2}{[N_2][H_2]^3}$$

또 기체반응에 대한 평형상수를 부분압력(단위는 기압)으로 나타낸 것을 K_P로 표시하고 질량작용 표현으로 몰 농도를 사용하여 나타낸 평형상수는 K_C로 표시한다. 기체의 농도는 일정한 온도에서 기체의 부분압력에 비례함을 이상기체법칙, $PV = nRT$로부터 알 수 있다(그림 12-2 참조).

기체의 몰 농도 n/V에 대해 정리하면 $n/V = P/RT$가 된다. 다시 말하면 몰 농도는 부분압력을 일정한 온도에서 일정한 값인 RT로 나눈 것과 같다.

일반적으로 기체를 포함하는 반응에서 K_C와 K_P를 비교하면 다음과 같다.

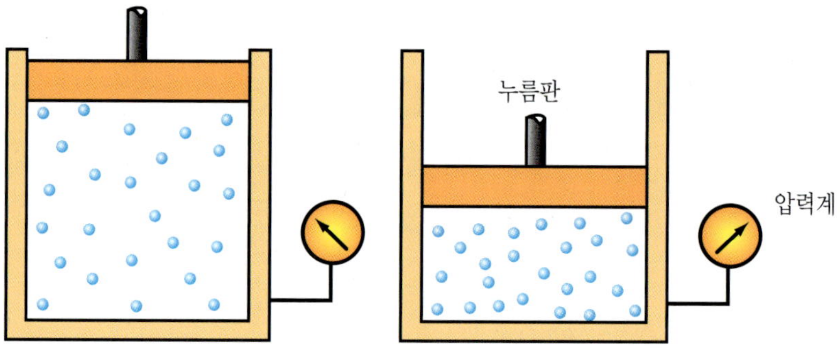

그림 12-2 주어진 기체의 농도는 압력에 비례한다

일반식을 이용하면,

$$aA + bB \rightleftharpoons cC + dD$$

$$K_P = \frac{P_C{}^c P_D{}^d}{P_A{}^a P_B{}^b}$$

$$K_C = \frac{[C]^c[D]^d}{[A]^a[B]^b}$$

이다. 농도단위는 보통 mol/L 단위를 사용하므로 n/V이다. 기체가 이상 기체와 같이 작용하면

$$PV = nRT$$

$$\text{농도} = \frac{n}{V} = \frac{P}{RT}$$

$$P = (\text{농도})RT$$

이므로

$$K_P = \frac{P_C{}^c P_D{}^d}{P_A{}^a P_B{}^b} = \frac{[C]^c(RT)^c[D]^d(RT)^d}{[A]^a(RT)^a[B]^b(RT)^b} = \frac{[C]^c[D]^d}{[A]^a[B]^b}(RT)^{[(c+d)-(a+b)]}$$

$\frac{[C]^c[D]^d}{[A]^a[B]^b} = K_C$이므로

$$K_P = K_C(RT)^{\Delta n}$$

$$\Delta n = (c + d) - (a + b)$$

으로 나타낼 수 있고, Δn는 기체물질인 생성물과 반응물의 몰수변화이다.

예제 12.2 25°C에서 다음 반응의 평형상수가 $K_P = 2.5 \times 10^{24}\ \text{atm}^{-1}$, $\Delta n = -1$일 때 K_C 값을 계산하여라.

$$2SO_2(g) + O_2(g) \rightleftharpoons 2SO_3(g)$$

풀이: $K_C = \dfrac{K_P}{(RT)^{\Delta n}} = K_P(RT)^1$

기체상수를 $R = 0.082(\text{L} \cdot \text{atm/mol} \cdot \text{K})$

$$K_C = (2.5\times10^{24}\ \text{atm}^{-1})[(0.082\ \text{L} \cdot \text{atm/mol} \cdot \text{K})(298\ \text{K})]$$
$$= 6.1\times10^{25}\ \text{L/mol}$$

12.3 열역학과 화학평형

자유에너지 변화가 화학평형에 적용되었을 때 생성물의 전체 자유에너지는 반응물의 전체 자유에너지와 정확하게 같다.

평형상태를 정량적으로 설명할 수 있는 원리를 생각해보자. 일반적인 반응식을 표시하면

$$aA + bB \rightarrow cC + dD \tag{12-1}$$

의 반응이 진행할수록 A와 B는 소모되고, C와 D는 생성되어 마침내 평형상태에 도달한다. 이와 같은 관계를 자유에너지를 이용하여 수식화하면

$$G_X = G_X^\circ + RT \ln a_X$$

$$\text{또는} \quad G_X = G_X^\circ + 2.303\ RT \log a_X \tag{12-2}$$

여기서 G_X°는 X의 표준상태에서의 자유에너지이며 R와 T는 기체상수와 절대온도이고 $\ln a_X$는 X의 활동도의 자연대수이다. 같은 조건에서 n몰의 X에 대한 전체 자유에너지는 다음과 같다.

$$nG_X = nG_X^\circ + nRT \ln a_X$$

$$nG_X = nG_X^\circ + RT \ln a_X^n \tag{12-3}$$

식 (12-1)을 식 (12-3) 형태로 나타내면

$$aG_A = aG_A^\circ + RT \ln a_A^a \tag{12-4}$$

$$bG_B = bG_B^\circ + RT \ln a_B^b \tag{12-5}$$

$$cG_C = cG_C^\circ + RT \ln a_C^c \tag{12-6}$$

$$dG_D = dG_D^\circ + RT \ln a_D^d \tag{12-7}$$

총 자유에너지 변화는 생성물의 전체 자유에너지로부터 반응물의 전체 자유에너지를 뺀 것과 같다.

$$\Delta G = cG_C + dG_D - aG_A - bG_B \tag{12-8}$$

표준 자유에너지항은 다음과 같다.

$$\Delta G^\circ = cG_C{}^\circ + dG_D{}^\circ - aG_A{}^\circ - bG_B{}^\circ \tag{12-9}$$

대수항은 다음과 같다.

$$RT \ln a_C{}^c + RT \ln a_D{}^d - RT \ln a_A{}^a - RT \ln a_B{}^b$$

다시 정리하면

$$RT \ln \left[\frac{a_C{}^c a_D{}^d}{a_A{}^a a_B{}^b} \right] \tag{12-10}$$

식 (12-10)에 의한 전체 에너지변화는 다음과 같다.

$$\Delta G = \Delta G^\circ + RT \ln \left[\frac{a_C{}^c a_D{}^d}{a_A{}^a a_B{}^b} \right] \tag{12-11}$$

식 (12-11)은 생성물과 반응물과의 자유에너지 차가 온도와 각 성분의 유효농도에 따라 어떻게 변하는가를 나타낸다.

평형상태에서 $\Delta G = 0$이므로 식 (12-11)은

$$0 = \Delta G^\circ + RT \ln \left[\frac{a_C{}^c a_D{}^d}{a_A{}^a a_B{}^b} \right]$$

$$\Delta G^\circ = -RT \ln \left[\frac{a_C{}^c a_D{}^d}{a_A{}^a a_B{}^b} \right] \tag{12-12}$$

ΔG°는 표준 자유에너지 변화이고 반응의 주어진 온도 T에서 반응물과 생성물의 자유에너지 차에 의해서만 결정되는 고정값이다. 그러므로 일정한 온도에서의 평형상수이다.

평형상수는 다음과 같다.

$$\frac{a_C{}^c a_D{}^d}{a_A{}^a a_B{}^b} = K \tag{12-13}$$

식 (12-12)는 식 (12-13)에 의해 다음과 같이 나타내어진다.

$$\Delta G^\circ = -RT \ln K \tag{12-14}$$

$$\Delta G^\circ = -2.303\, RT \log K \tag{12-15}$$

간단한 예로서 반응

$$2NO_2(g) \rightarrow N_2O_4(g)$$

$$\frac{P_{N_2O_4}}{P^2_{NO_2}} = K$$

에서 식 (12-15)를 적용하면

$$\Delta G = \Delta G^\circ + 2.303\ RT \log \left[\frac{P_{N_2O_4}}{P^2_{NO_2}}\right]$$

이 되고 평형상태에서 $\Delta G = 0$이다.

$$0 = \Delta G^\circ + 2.303\ RT \log \left[\frac{P_{N_2O_4}}{P^2_{NO_2}}\right]$$

$$\Delta G^\circ = -2.303\ RT \log \left[\frac{P_{N_2O_4}}{P^2_{NO_2}}\right]$$

$$= -2.303\ RT \log K_P$$

여기에서는 특별한 반응에 대해서 유도했으나 모든 반응에 성립하는 식이며, 용액의 몰농도로도 표시할 수 있다.

$$\Delta G^\circ = -2.303RT \log K_C$$

표준 자유에너지 값에서 유도한 평형상수를 **열역학적 평형상수**라 한다.

예제 12.3 25°C에서 다음 반응의 열역학적 평형상수를 계산하여라.

$$2SO_2(g) + O_2(g) \rightleftharpoons 2SO_3(g)$$

단, SO_2와 SO_3의 표준생성 자유에너지는

$\Delta G_f^\circ(SO_3) = -88.5$ kcal/mol

$\Delta G_f^\circ(SO_2) = -71.8$ kcal/mol이다.

풀이: $\Delta G^\circ = 2\ \text{mol} \times (-88.5\ \text{kcal/mol}) - 2\ \text{mol} \times (-71.8\ \text{kcal/mol}) = -33.4\ \text{kcal}$

따라서

$$\log K_P = \frac{-(-33{,}400)}{2.303(1.99)(298)} = 24.46$$

$$K_P = 2.5 \times 10^{24}$$

과 같이 계산된다.

이와 같이 열역학적 데이터를 사용하면 25°C가 아닌 온도에서의 값도 계산할 수 있다.

12.4 불균일 평형

한 가지 상, 즉 기체 혼합물 또는 액체용액에서 평형이 이루어질 경우 이를 **균일 평형**(homogeneous equilibrium)이라고 한다. 두 가지 이상의 상을 포함하는 평형, 즉 예를 들면 기체와 고체, 또는 액체와 고체는 **불균일 평형**(heterogeneous equilibrium)이라고 한다. 평형에서 용질이 포화된 용액은 불균일 평형의 쉬운 예이다. 기체와 고체에 대한 반응예는 다음과 같다. 실온에서 고체인 I_2와 기체인 H_2가 반응하여 HI가 생성한다.

$$H_2(g) + I_2(s) \rightarrow 2HI(g)$$

실온에서 평형을 이룰 때 H_2와 HI의 평형혼합물의 조성은 고체인 I_2의 양에 무관하다. 반응의 평형조건은

$$\frac{[HI]^2}{[H_2]} = K_C \text{ 또는 } \frac{P^2_{HI}}{P_{H_2}} = K_P$$

단지 기체인 H_2와 HI만 나타난다. 즉 고체 $I_2(s)$는 반응비에서 생략되어 있다. 그 이유는 25°C에서 $I_2(s)$와 평형에 있는 $I_2(g)$의 부분압력은 I_2의 증기압력과 같다. 이것은 용기의 부피와 고체의 양에 관계없이 각 온도에서 일정한 값이다. $I_2(g)$의 농도는 $I_2(s)$의 증기압력에 따라 정해진다. 25°C에서

$$[I_2(g)] = \frac{P_{I_2}}{RT} = 1.65 \times 10^{-5} \text{ mol/L}$$

이다. 기체만 포함되는 반응

$$H_2(g) + I_2(g) \rightleftharpoons 2HI(g)$$

의 평형조건은

$$\frac{[HI]^2}{[H_2][I_2]} = K'_C \text{ 또는 } \frac{P^2_{HI}}{P_{H_2}P_{I_2}} = K'_P$$

$I_2(s)$가 존재할 때 $I_2(g)$의 농도와 압력은 일정하므로

$$\frac{[HI]^2}{[H_2]} = [I_2]K'_C \text{ 또는 } \frac{P^2_{HI}}{P_{H_2}} = P_{I_2}K'_P$$

그러므로 $I_2(s)$가 평형혼합물 속에 존재하는 한 K'_C와 K'_P는 상수이다. 마찬가지 이유로 순수한 액체도 평형조건에서 생략된다.

액체상태의 Hg(l)반응에서는 다음과 같은 결과를 얻는다.

$$2Hg(l) + O_2(g) \rightleftharpoons 2HgO(s)$$

의 25°C에서의 평형조건은

$$\frac{1}{[O_2]} = K_C = 7.9 \times 10^{21} \text{ 또는 } \frac{1}{P_{O_2}} = K_P = 3.2 \times 10^{20}$$

이와 같이 순수한 고체나 액체는 평형조건에서 생략된다.

Le Chatelier의 원리는 불균일 평형에도 적용되지만, 몇 가지는 균일 반응과 다른 점이 있다.

1. 순수한 고체나 액체의 양을 변화시키는 것은 그 평형증기 압력에 아무런 영향을 미치지 않는다. 그러므로 고체나 액체를 계에서 완전히 제거하지 않는 한 첨가하거나 빼 주어도 아무런 영향이 없다.
2. 기체의 압력이나 농도를 변화시키면 그 변화의 영향을 없애려는 방향으로 평형이 이동한다.
3. 용기의 부피를 변화시킬 때의 영향을 알고자 할 때는 기체의 몰수만 고려하면 된다.

$$\underset{\text{1 mol 기체}}{H_2(g) + I_2(s)} \rightleftharpoons \underset{\text{2 mol 기체}}{2HI(g)}$$

용기의 부피가 감소하면 왼쪽으로 이동하고, 용기의 부피가 증가하면 오른쪽으로 이동한다. 다음은 용기의 부피가 감소해도 평형은 부피변화의 영향을 받지 않는다.

$$\underset{\text{3 mol 기체}}{3H_2O(g)} + 2Fe(s) \rightleftharpoons \underset{\text{3 mol 기체}}{3H_2(g)} + Fe_2O_3(s)$$

12.5 Le Chatelier의 원리

평형상태에 있는 화학계에 반응물이나 생성물을 첨가하면, 첨가된 물질을 소비하는 방향으로 반응하게 되고, 또 계의 압력을 증가시키면 압력을 감소시키려는 방향으로 반응한다. 이것이 **Le Chatelier의 원리**이다. 평형상태에 있는 계에 교란(disturbance)이 가해지면 그 교란의 영향을 부분적으로 제거하는 방향으로 평형이 이동한다.

평형상태에 있는 혼합물의 평형조성을 변화시키고 생성물의 수득률을 증가시키는 방법으로는

① 반응물 또는 생성물의 양의 변화
② 온도의 변화
③ 압력의 변화

등으로 가능하며 반응 수득률에 영향을 미치는 또 다른 것은 촉매를 첨가하는 것이다. 촉매는 평형조성을 변화시킬 수는 없지만 생성물이 형성되는 속도를 변화시킬 수 있다.

(1) 반응물과 생성물 양의 변화

생성물의 수득률을 증가시키는 방법은 반응 혼합물에 물질을 첨가하거나 제거하는 것이다. 메탄화반응을 생각해보자.

생성물의 수득률을 증가시키는 방법은 반응 혼합물에 물질을 첨가하거나 제거하는 것이다. 메탄화반응을 생각해보자.

$$CO(g) + 3H_2(g) \rightarrow CH_4(g) + H_2O(g)$$

10 L 용기에 CO 1.00 mol이 있다고 하면 1200 K에서 평형 조성은 CO 0.613 mol, H_2 1.839 mol, CH_4 0.387 mol, H_2O 0.387 mol이 된다. 물질을 제거하거나 첨가하여 이 조성을 변화시키면 메탄의 수득률을 증가시킬 수 있다.

Le Chatelier의 원리에 의하면 화학평형에 있는 어떤 계는 어떠한 조건의 변화를 감소시키는 방향으로 평형 조성이 이동한다. 평형혼합물에 한 물질을 첨가하거나 제거하여 물질의 농도를 변화시킨다고 하자. 그러면 화학 반응은 첨가되거나 제거된 물질의 초기 농도를 부분적으로 되찾으려는 방향으로 일어난다. 예를 들어 메탄화반응의 평형혼합물을 포함하는 반응용기에서 수증기를 제거하면 Le Chatelier의 원리에 따라 알짜 화학변화는 수증기의 원래농도를 부분적으로 회복하려는 방향으로 일어난다. 이는 메탄화 반응이 다시 평형이 이루어질 때까지 순간적으로 정방향으로 진행됨을 의미한다.

$$CO(g) + 3H_2(g) \rightarrow CH_4(g) + H_2O(g)$$

정방향으로 감에 따라 수증기와 메탄의 농도는 증가한다. 이 반응에서 수증기를 제거하는 실제적인 방법은 반응 혼합물을 냉각시켜 물로 응결시키는 것이다. 그러면 메탄의 농도가 증가함에 따라 수증기의 농도 역시 증가한다. 물을 제거하고 기체가 다시 평형에 도달할 때까지 가열한다.

표 12-2에 이 과정의 각 단계에서 각 물질의 양을 나타내었다. 메탄의 양이 어떻게 증가되었는가? 반응을 생성물쪽으로 하기 위해서는 값싼 반응물을 과량첨가하면 가능하다.

우선 질소, 수소, 암모니아 혼합물이 평형에 있다고 하자. 수소를 암모니아로 전환시키려면 질소의 농도를 증가시키시 평형을 이동시킨다. Le Chatelier이 원리에 따라 반응은 가해진 질소를 소비하는 방향으로 진행된다.

표 12-2 메탄화 반응 혼합물에서 수증기 제거에 대한 효과

반응 단계	CO의 mol	H_2의 mol	CH_4의 mol	H_2O의 mol
초기의 반응 혼합물	0.613	1.839	0.378	0.378
물을 제거한 후	0.613	1.839	0.378	0.000
재 평형이 되었을 때	0.491	1.473	0.509	0.122

$$N_2(g) + 3H_2(g) \rightarrow 2NH_3(g)$$

암모니아 혼합물의 반응비와 메탄화 반응비를 농도항으로 표시하면 각각 다음과 같다.

$$Q = \frac{[NH_3]^2}{[N_2][H_2]}$$

$$Q = \frac{[CH_4][H_2O]}{[CO][H_2]^3}$$

반응물이 평형을 이룬다면 $Q = K$이다. 메탄화 반응의 평형혼합물에서 약간의 H_2O를 제거하면 $Q < K$가 되며 반응은 평형을 이루기 위해서 정방향으로 반응이 일어날 것이다. 그러므로 다음과 같은 결론을 요약할 수 있다. 평형혼합물에서 더 많은 반응물을 가하거나 약간의 생성물을 제거하면 알짜반응은 새로운 평형을 이루기 위하여 정방향으로 일어나서 더 많은 생성물을 생성한다. 반대로 생성물을 첨가하면 알짜반응은 새로운 평형에 도달하기 위하여 역방향으로 더 많은 반응물이 생성된다.

예제 12.4 다음과 같이 평형이 이루어진 혼합물에서 H_2를 제거한다면 반응의 방향은 어떻게 되는가?

$$H_2(g) + I_2(g) \rightleftharpoons 2HI(g)$$

풀이: 반응혼합물에서 H_2를 제거했을 때 제거된 H_2를 부분적으로 회복하기 위해 반응은 역방향(더 많은 HI가 H_2와 I_2로 분해)으로 일어난다.

$$H_2(g) + I_2(g) \leftarrow 2HI(g)$$

(2) 온도의 영향

온도는 대부분의 반응에서 큰 영향을 미친다. 어떤 온도, 압력에서 평형이 성립할 때 온도가 상승하면 온도 상승을 억제하는 방향, 즉 열을 흡수하는 방향으로 변화가 일어나서 새로운 평형상태에 도달한다.

이때 열을 흡수하는 변화는 액체가 증발하는 변화이므로 얼마만큼 증발한 후 새로운 평형상태에 도달한다. 따라서 온도가 높을수록 증기압이 커진다. 질소(N_2) 1 mol과 수소(H_2) 3 mol의 비율의 혼합기체를 적당한 촉매와 접촉시켜 일정한 온도와 압력을 유지하면 암모니아(NH_3)가 얼마만큼 생성한 후 평형상태에 도달한다.

$$N_2(g) + 3H_2(g) \rightleftharpoons 2NH_3(g)$$

이 반응에서 처음에는 N_2나 H_2의 농도가 크므로 NH_3의 생성속도가 커지나 반응이 진행됨에 따라 N_2나 H_2의 농도가 감소하므로 결과적으로 생성속도는 느려진다. 그리고 처음에는 암모니아(NH_3)의 분해속도가 느리나 NH_3의 농도가 증가함에 따라 분해속도도 커진다. 평형상태에서의 NH_3의 퍼센트는 온도와 압력이 일정하면 일정하고, 온도가 높아지면 NH_3의 퍼센트가 감소하나, 낮아지면 증가한다. 따라서 이 반응은 좌에서 우로 진행할 때 열을 방출하는 발열반응이다.

$$N_2(g) + 3H_2(g) \rightarrow 2NH_3(g) \quad \Delta H = -91.8 \text{ kJ}$$

Le Chatelier의 평형이동의 법칙에 의하면 일반적으로 평형이 성립할 때 온도를 상승시키면 반응은 열을 흡수하는 방향으로 어느정도 변화가 일어나서 새로운 평형상태에 도달하고 또 온도를 낮추면, 반응은 열을 방출하는 방향으로 어느 정도 변화가 일어나서 새로운 평형상태에 도달한다.

즉 흡열반응에서는 온도가 증가하면 생성물의 양이 증가한다. 발열반응에서는 온도가 감소하면 생성물의 양이 증가한다.

예제 12.5 이산화탄소가 고체탄소(흑연)와 반응할 때 일산화탄소가 형성된다. 여기서 높은 온도와 낮은 온도 중 일산화탄소 생성에 더 유리한 것은?

$$CO_2(g) + C(\text{흑연}) \rightarrow 2CO(g) \quad \Delta H = 172.5 \text{ kJ}$$

풀이: 정방향으로 반응이 일어날 때 열을 흡수한다.

$$\text{Heat} + CO_2(g) + C(\text{흑연}) \rightarrow 2CO(g)$$

온도가 증가함에 따라 반응은 열을 흡수하여 온도를 낮추려고 하므로 정방향으로 일어난다. 그러므로 높은 온도가 일산화탄소 생성에 더 유리하다. 이는 탄소와 유기물질의 연소로 인해 많은 양의 일산화탄소가 생성되는 이유가 된다.

---

(3) 압력의 영향

기체의 총몰수가 변하는 기체반응에서는 부피를 변화시킴으로써 압력을 변화시키면 반응 진행 방향의 변화가 일어난다.

암모니아 합성반응의 평형은 압력을 증가하면 암모니아(NH_3)의 퍼센트가 증가하고, 압력을 작게 하면 NH_3의 퍼센트가 감소한다.

Le Chatelier의 법칙에 의하면 일반적으로 평형이 성립할 때 압력을 증가시키면 압력이 감소하는 방향, 즉 기체의 분자수가 감소하는 방향으로 평형이 이동하고 압력을 작게 하면 압력이 증가하는 방향, 즉 기체의 분자수가 증가하는 방향으로 이동한다.

이 사실은 질량작용의 법칙으로 증명할 수 있다.

일정한 온도에서

$$N_2(g) + 3H_2(g) \rightleftharpoons 2NH_3(g)$$

의 평형이 성립될 때 다음 관계가 성립한다.

$$K_P = \frac{P_{NH_3}^2}{P_{N_2} P_{H_2}^3}$$

압력을 n배 해 주면, 각 성분의 분압도 원래의 분압의 n배가 된다. 즉,

$$K_P' = \frac{(nP_{NH_3})^2}{nP_{N_2}(nP_{H_2})^3} = \frac{1}{n^2} \frac{P_{NH_3}^2}{P_{N_2} P_{H_2}^3}$$

만일 $n > 1$이라면(즉 압력이 증가하면) $K_P > K_P'$가 되므로 K_P'가 K_P와 동등하게 될 때까지 NH_3가 증가하는 방향으로 반응이 진행된다.

$$N_2 + 3H_2 \rightarrow 2NH_3$$

즉 압력을 증가시키면 기체의 분자수가 감소하는 방향으로 평형이동된다.

예제 12.6 다음 반응식을 보고 부피를 감소시켜 압력이 증가할 때 생성물의 양이 증가, 감소 또는 영향을 받지 않는지를 결정하여라.

(a) $CO(g) + Cl_2(g) \rightarrow COCl_2(g)$

(b) $2H_2S(g) \rightarrow 2H_2(g) + S_2(g)$

(c) C(흑연) $+ S_2(g) \rightarrow CS_2(g)$

풀이: (a) 반응은 기체의 몰수를 2 mol에서 1 mol로 감소시키므로, Le Chatelier의 원리에 따라 압력이 증가하면 생성물의 양은 증가된다.

(b) 반응은 기체의 몰수를 2 mol에서 3 mol로 증가시키므로 생성물의 양은 감소된다.

(c) 반응은 기체의 몰수를 변화시키지 않는다. 즉, 고체는 부피변화에 영향을 주지 않으므로 부피변화를 무시한다. 압력변화도 아무런 영향을 미치지 않는다.

연습문제

PROBLEMS

01. $2SO_2(g) + O_2(g) \rightleftharpoons 2SO_3(g)$의 평형상수를 반응물과 생성물의 농도로 나타내고 K의 단위를 나타내어라.

02. 암모니아 합성반응에서 평형상태에 도달했을 때, 그 단위부피당 0.3 mol의 N_2, 0.9 mol의 H_2, 1.4 mol의 NH_3가 남아 있게 된다. 이런 값으로 $K = 9$가 됨을 증명하여라.

03. 다음 불균일반응의 평형상수를 단위를 넣어 표시하여라.

(a) $P_4(s) + 3O_2(g) \rightleftharpoons P_4O_6(g)$

(b) $2Mg(s) + O_2(g) \rightleftharpoons 2MgO(s)$

(c) $NH_3(g) + H_2O(l) \rightleftharpoons NH_4^+(aq) + OH^-(aq)$

04. 수증기는 2000°C에서 1% 정도의 산소와 수소로 분해한다. 수증기의 농도가 1mol/L일 때 평형상수 K를 구하여라.

05. 어떤 온도에서 다음 반응의 평형상수 $K = 4$이다.

$$CO(g) + H_2(g) \rightleftharpoons H_2O(g) + C(s)$$

초기농도가 [CO] = 2 mol/L, $[H_2O]$ = 2 mol/L일 때 평형에서 H_2 농도를 구하여라.

06. 1 L의 용기 속에 2 mol NO_2를 가열할 때의 $K = 7.15$이다. 같은 온도에서 평형에 있는 NO_2의 농도를 계산하여라.

07. 열 + $2SO_2(g) + O_2(g) \rightleftharpoons 2SO_3(g)$ 반응에서 이 반응이 평형에 도달한 후 다음과 같은 조건이 가해졌을 때 SO_3의 농도(평형)는 증가, 감소 또는 영향을 받지 않는 것 중 해당사항을 골라라.

(a) 온도가 상승했을 때

(b) 촉매를 넣었을 때

(c) O_2를 가했을 때

(d) SO_3를 가했을 때

(e) 부피를 줄였을 때

08. 다음 반응에서 온도를 높이면 반응에 어떤 영향을 주는가?

(a) $2SO_2(g) + O_2(g) \rightleftharpoons 2SO_3(g)$

(b) $H_2(g) + I_2(s) \rightleftharpoons 2HI(g)$

(c) $2PbS(s) + 3O_2(g) \rightleftharpoons 2PbO(s) + 2SO_2(g)$

(d) $3O_2(g) \rightleftharpoons 2O_3(g)$

(e) $HCl(g) + H_2O(l) \rightleftharpoons H_3O^+(aq) + Cl^-(aq)$

09. 다음 평형 반응에서 온도를 높이면 반응에 어떤 영향을 주는가?

(a) $H_2(g) + Br_2(g) \rightleftharpoons 2HBr(s) + 16800$ cal

(b) C(다이아몬드) $\rightleftharpoons$ C(흑연) + 900 cal

(c) $CO_2(g) + 2SO_3(g) \rightleftharpoons CS_2(g) + 4O_2(g) - 265000$ cal

(d) $C(s) + 2S(s) \rightleftharpoons CS_2(g) + 30600$ cal

10. $SO_2(g) + NO_2(g) \rightleftharpoons SO_3(g) + NO(g)$와 같은 반응이 평형에 있을 때 반응물과 생성물의 농도는 각각 SO_2 = 0.6 mol/L, NO_2 = 0.2 mol/L, SO_3 = 0.8 mol/L, NO = 0.3 mol/L이다. 지금의 NO의 농도는 0.5 mol/L로 하려면 NO_2의 농도를 얼마로 하면 되겠는가?

11. $H_2(g) + I_2(s) \rightleftharpoons 2HI(g)$가 평형에 있을 때 혼합물의 농도는 H_2 = 3 M, I_2 = 2 M, HI = 2 M이었다. 일정한 온도에서 I_2의 1/10이 반응하여 HI가 되려면 1 L 당 몇 mol의 I_2를 가해야 하는가?

12. 다음과 같은 반응은 발열반응이다.

$$3NO(g) \rightleftharpoons N_2O(g) + NO_2(g)$$

평형의 위치에서 다음과 같은 교란의 영향을 설명하라.

(a) 부피나 온도의 변화없이 평형혼합물에 첨가한다.

(b) 평형혼합물의 부피가 일정한 온도에서 감소한다.

(c) 평형혼합물의 온도가 감소한다.

(d) 전체기체의 압력과 온도를 일정하게 유지시키면서 기체 아르곤(반응하지 않는다)을 평형혼합물에 첨가한다.

13. 질량작용의 법칙을 사용하여 다음과 같은 반응의 평형표현을 써라.

(a) $8H_2(g) + S_8(s) \rightleftharpoons 8H_2S(g)$

(b) $C(s) + H_2O(l) + Cl_2(g) \rightleftharpoons COCl_2(g) + H_2(g)$

(c) $CaCO_3(s) \rightleftharpoons CaO(s) + CO_2(g)$

(d) $3C_2H_2(g) \rightleftharpoons C_6H_6(l)$

14. 질량작용의 법칙을 사용하여 다음 각 반응에 대한 평형표현을 써라.

(a) $En(s) + 2H^+(aq) \rightleftharpoons En^{2+}(aq) + H_2(g)$

(b) $VO_4^{3-}(aq) + H_2O(l) \rightleftharpoons VO_3(OH)^{2-}(aq) + OH^-(aq)$

(c) $2As(OH)_6^{3-}(aq) + 6CO_2(g) \rightleftharpoons As_2O_3(g) + 6HCO_3^-(aq) + 3H_2O(l)$

15. 벤조산(C_6H_5COOH)은 15°C 물에 2.00 g/L로 용해하고 같은 온도에서 다이에틸에테르(diethyl ether)에서는 6.6×10^2 g/L 용해한다.

(a) 다음 반응에 대하여 15°C에서 평형상수를 구하여라.

$C_6H_5COOH(s) \rightleftharpoons C_6H_5COOH(aq)$

$C_6H_5COOH(s) \rightleftharpoons C_6H_5COOH(ether)$

(b) (a)의 답으로부터 다음 반응에 대한 분배계수를 계산하여라.

$C_6H_5COOH \rightleftharpoons C_6H_5COOH(ether)$

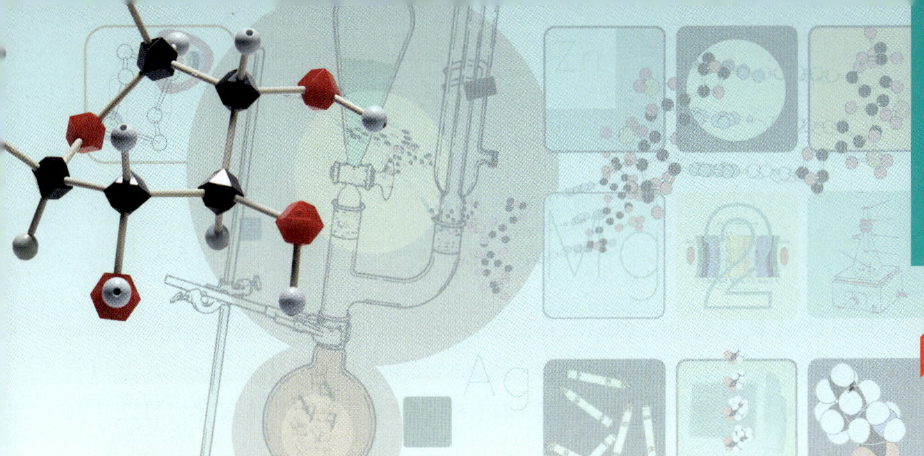

CHAPTER

13

화학반응속도

화학반응은 반응물들을 이루고 있는 분자들간의 상호작용에 의하여 일어난다. 또 반응물이 어떠한 경로 또는 메카니즘(mechanism)에 의해 생성물로 전환될 때 관여하는 인자의 영향을 검토해야 화학반응의 기초적 개념인 반응속도론(chemical kinetics)을 이해할 수 있다.

미리보기

13.1 반응속도

화학반응속도(chemical kinetic)는 시간에 따른 반응물질(reactant)과 생성물질(product)의 농도변화를 일컫는다. 즉 시간에 따라 반응물질의 농도는 감소하고 생성물질의 농도는 증가한다. 이를 그림으로 나타내면 그림 13-1과 같다.

다음과 같이 수용액에서 브롬 분자와 폼산(formic acid)이 반응할 때 반응속도를 측정하는 방법에 대하여 알아보자.

$$Br_2(aq) + HCOOH(aq) \rightarrow 2Br^- + 2H^+(aq) + CO_2(g)$$

브롬분자는 적갈색을 띠고 있다가 반응이 진행되면서 브롬의 농도가 낮아지면 그림 13-2와 같이 색깔이 엷어진다. 이 색깔의 변화를 분광계(spectrometer)를 이용하여 그 농도를 측정할 수 있다.

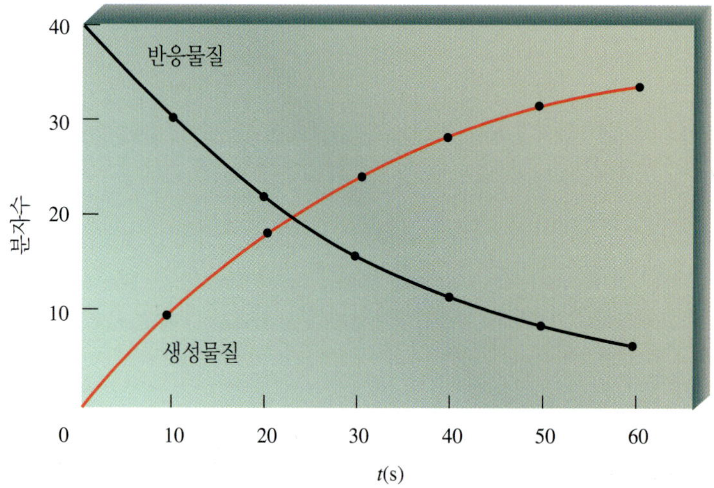

그림 13-1 시간에 따른 반응물질과 생성물질의 농도변화

그림 13-2 시간에 따른 Br_2의 농도 감소

표 13-1 브롬과 폼산이 반응할 때 브롬의 농도 변화(at 25°C)

시간 (s)	$[Br_2]$ (M)	평균반응속도 (M/s)
0.0	0.0120	
		3.80×10^{-5}
50.0	0.0101	
		3.28×10^{-5}
100.0	0.00846	
		2.72×10^{-5}
150.0	0.00710	
		2.28×10^{-5}
200.0	0.00596	
		1.92×10^{-5}
250.0	0.00500	
		1.60×10^{-5}
300.0	0.00420	
		1.34×10^{-5}
350.0	0.00353	
		1.14×10^{-5}
400.0	0.00296	

이 반응의 평균속도는 반응시간에 따른 브롬의 농도의 변화로 정의된다. 즉,

$$\text{평균반응속도} = -\frac{[Br_2]_{final} - [Br_2]_{initial}}{t_{final} - t_{initial}}$$

$$= -\frac{\Delta[Br_2]}{\Delta t}$$

이 식에서 부호 "−"는 반응시간에 따라 브롬의 농도가 줄어든다는 것을 의미한다. 시간에 따라 브롬의 농도 변화를 표 13-1에 나타내었다. 따라서 처음 50초 동안의 평균반응속도를 구하면 다음과 같다.

$$\text{평균반응속도} = -\frac{\Delta[Br_2]}{\Delta t}$$

$$= -\frac{(0.0101 - 0.0120)\text{M}}{50.0\text{s}}$$

$$= 3.80 \times 10^{-5}\ \text{M/s}$$

다음 50초 동안의 평균반응속도도 마찬가지 방법으로 구할 수 있다.

$$\text{평균반응속도} = -\frac{\Delta[Br_2]}{\Delta t}$$

$$= -\frac{(0.00846 - 0.0101)\text{M}}{50.0\text{s}}$$

$$= 3.28 \times 10^{-5}\ \text{M/s}$$

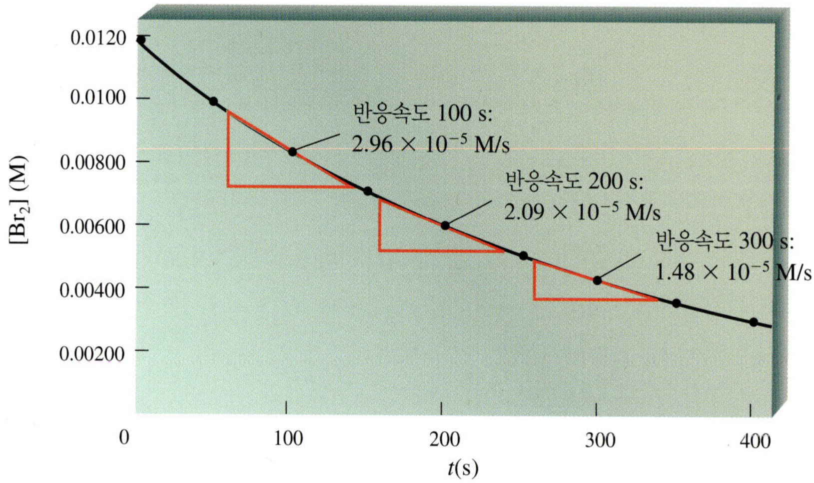

그림 13-3 브롬과 폼산이 반응할 때 브롬의 속도 변화

위의 예에서 보는 바와 같이 평균반응속도는 항상 일정한 것이 아니라 남아있는 반응물질의 농도에 따라 변한다. 처음에 브롬의 농도가 높을 때는 반응속도 또한 크며, 브롬의 농도가 낮아짐에 따라 반응속도도 감소하다가 브롬이 완전히 반응하고 나면 반응속도는 "0"이 된다.

한편, 이 반응은 폼산의 농도에 의해서도 결정된다. 그러나 만약 폼산의 농도를 아주 과량(excess) 사용하면 시간에 따라 폼산의 농도는 크게 달라지지 않으므로 폼산의 양은 반응속도에 영향을 미치지 않는다.

따라서 반응속도는 브롬의 농도에 따라서만 결정된다고 할 때 시간에 따른 브롬의 농도를 도시하면 그림 13-3과 같으며, $t = 0$일 때를 **초기반응속도**(initial rate)라고 한다.

이것을 다시 브롬의 농도에 따라 반응속도를 도시하면 그림 13-4와 같다. 그림에서 보는 바와 같이 반응속도는 브롬의 농도에 비례하므로 브롬의 농도가 클 때는 반응속도 또한 커지며, 브롬의 농도가 낮아지면 반응속도도 작아진다. 그러므로 반응속도는 브롬의 농도에 비례하므로 다음과 같이 나타낼 수 있다.

$$\text{반응속도} \propto [\mathrm{Br_2}]$$
$$= k[\mathrm{Br_2}]$$

여기서 비례상수 k를 **반응속도상수**(rate constant)라고 하며, 다음과 같이 고쳐 쓸 수 있다.

$$k = \frac{\text{rate}}{[\mathrm{Br_2}]}$$

반응속도는 브롬의 농도에 따라 변하지만 반응속도상수는 온도가 변하지 않는 한 브롬의 농도에 의하여 변하지 않는다는 사실이 중요하다. 이를 표 13-2에 나타내었다.

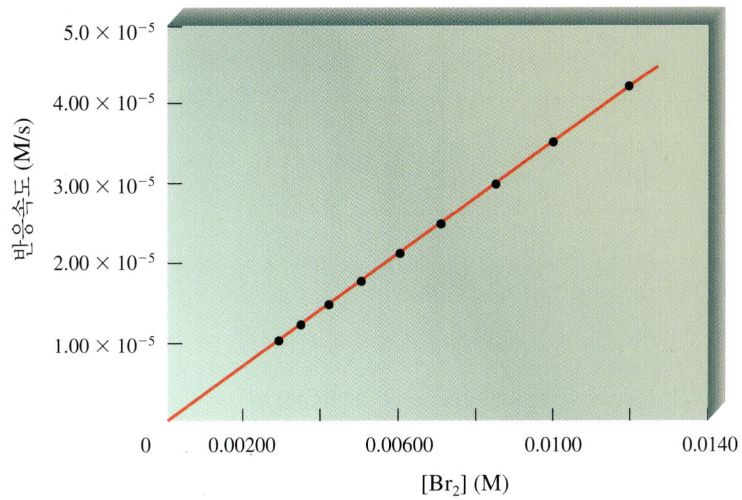

그림 13-4 브롬의 농도에 따른 반응속도

표 13-2 브롬의 농도에 따른 반응속도

시간 (s)	$[Br_2]$ (M)	반응속도 (M/s)	$k = \frac{\text{rate}}{[Br_2]}$ (s^{-1})
0.0	0.0120	4.20×10^{-5}	3.50×10^{-3}
50.0	0.0101	3.52×10^{-5}	3.49×10^{-3}
100.0	0.00846	2.96×10^{-5}	3.50×10^{-3}
150.0	0.00710	2.49×10^{-5}	3.51×10^{-3}
200.0	0.00596	2.09×10^{-5}	3.51×10^{-3}
250.0	0.00500	1.75×10^{-5}	350×10^{-3}
300.0	0.00420	1.48×10^{-5}	3.52×10^{-3}
350.0	0.00353	1.23×10^{-5}	3.48×10^{-3}
400.0	0.00296	1.04×10^{-5}	3.51×10^{-3}

13.2 반응속도법칙

F_2와 ClO_2가 반응하는 경우를 예를 들어보자.

$$F_2(g) + 2ClO_2(g) \rightarrow 2FClO_2(g)$$

이때 반응물질의 농도에 따른 반응속도를 표 13-3에 나타내었으며, F_2와 ClO_2의 반응에서 농도비가 1 : 1, 1 : 4, 2 : 1일 때 반응속도를 나타내었다.

F_2와 ClO_2의 농도비가 1 : 1일 때 비하여 1 : 4의 경우에는 반응속도가 2배 더 빠르다. F_2와

표 13-3 F_2와 ClO_2의 농도에 따른 반응 속도

	$[F_2]$ (M)	$[ClO_2]$ (M)	반응 속도 (M/s)
1.	0.10	0.010	1.2×10^{-3}
2.	0.10	0.040	4.8×10^{-3}
3.	0.20	0.010	2.4×10^{-3}

ClO_2의 비가 2 : 1일 때도 역시 1 : 1에 비하여 반응속도는 2배 빠르다. 즉 이 반응의 반응속도는 F_2와 ClO_2 두 반응물질의 농도에 비례하므로 반응속도식은 다음과 같다.

$$\text{반응속도} \propto [F_2][ClO_2]$$
$$= k\,[F_2][ClO_2]$$

여기서 k는 속도상수이며, 이와 같은 표현을 반응속도법칙(rate law)이라고 한다. 반응속도식의 일반식을 위하여 다음과 같은 반응식을 생각하여 보자.

$$a\text{A} + b\text{B} \rightarrow c\text{C} + d\text{D}$$

여기서 A, B는 반응물질, C와 D는 생성물질이며, a, b, c, d는 몰농도(molarity)를 나타낸다. 이 경우에 반응속도법칙에 관한 일반식은 다음과 같다.

$$\text{반응속도} = k\,[\text{A}]^x[\text{B}]^y$$

만약 k, x, y의 값을 알고 있다면 속도법칙에 따라 반응속도를 구할 수 있게 되는데, k, x, y의 값은 항상 실험적으로 구해야 한다. 이 속도식에서 보는 바와 같이 반응물질 농도의 지수의 합을 **반응차수**(rate order 또는 kinetic order)라고 한다. 즉 반응차수 $= x + y$이다. 예를 들어 F_2와 ClO_2의 반응에서는 1 + 1, 즉 2차 반응이다. 위의 일반식에서 $x = 1$이고 $y = 2$라면 전체반응의 반응차수는 $1 + 2 = 3$이 되며, 속도법칙은 다음과 같다.

$$\text{반응속도} = k\,[\text{A}][\text{B}]^2$$

만약 A와 B의 농도가 각각 1.0 M일 때와 A는 2.0 M이고 B가 1.0 M일 때의 반응속도는 다음과 같다.

$[\text{A}] = 1.0$ M일 때　　$\text{반응속도1} = k(1.0\text{ M})(1.0\text{ M})^2 = k(1.0\text{ M}^3)$

$[\text{A}] = 2.0$ M　　$\text{반응속도2} = k(2.0\text{ M})(1.0\text{ M})^2 = k(2.0\text{ M}^3)$

따라서 A가 2.0 M일 때는 1.0 M에 비하여 반응속도는 2배가 된다. 그러나 반대로 A와 B가 각각 1.0 M이고, A가 1.0 M이고 B가 2.0 M이라면 반응속도는 다음과 같다.

$$
\begin{aligned}
&[B] = 1.0\ M\text{일 때} \qquad && \text{반응속도1} = k(1.0\ M)(1.0\ M)^2 \\
& && \qquad\qquad = k(1.0\ M^3) \\
&[B] = 2.0\ M && \text{반응속도2} = k(1.0\ M)(2.0\ M)^2 \\
& && \qquad\qquad = k(4.0\ M^3)
\end{aligned}
$$

따라서 B가 1.0 M일 때에 비하여 B가 2.0 M일 때는 반응속도는 4배가 된다.

13.3 반응차수

반응속도는 반응물(또는 촉매)의 농도와 관계가 있다. 일반적으로 반응이 진행되어 반응물질이 소모되면 반응속도는 느려진다. 반응차수는 반응속도식에 나타낸 농도의 지수를 말한다. 예로서 일반적인 다음 반응속도식에서 알아보자.

$$xA \rightarrow B$$
$$\text{반응속도} \propto [A]^x$$

여기서 지수 x를 그 **반응의 차수**(order of reaction)라 한다. $x = 1$일 때는 일차반응이라고 하고 $x = 2$이면 2차 반응이고, $x = 3$이면 3차 반응이 되고, x가 분수일 수도 있다. 0차 반응은 반응속도가 일정하여 반응물질의 농도에는 관계가 없다. 조금 더 복잡한 반응에서는

$$xA + yB \rightarrow \text{생성물}$$

반응에서 반응속도가 A와 B 농도에 관계될 때

$$\text{반응속도} \propto [A]^x [B]^y$$

와 같이 되면 반응은 A에 대해서 x차 반응이고, B에 대해서는 y차 반응이다. 그래서 전체반응은 $x + y$차 반응이 된다. x나 y는 정수, 분수 또는 0이 될 수 있다. 이들 중에서 한 개가 0이면 그 물질에 대한 차수는 0이며 반응속도는 그 물질에 무관하게 된다. 예로서

$$NO_2(g) + CO(g) \rightarrow CO_2(g) + NO(g)$$

반응은 225°C 이하에서

$$\text{반응속도} \propto [NO_2]^2$$

와 같다. 즉 CO 농도에는 무관하고, NO_2 농도의 제곱에 비례한다. 다시 한번 반응계수와 반응차수는 무관한 것이고, 차수 x나 y는 실험적으로만 결정할 수 있는 값이라는 것을 알 수 있다. 비례상수인 속도상수 k값을 도입하면 다음과 같다.

$$\text{반응속도} = k[A]^x [B]^y$$

(1) 일차반응

가장 단순한 반응에 있어서 속도는 단일 물질의 농도에 의해 결정되며 그와 같은 반응은 일차 반응이다.

$$A \rightarrow \text{생성물}$$

속도 방정식은 다음과 같다.

$$\text{속도} = k[A]$$

실험적으로 속도는 주어진 시간동안에 A물질 농도의 감소량을 시간으로 나눈 값과 같고 다음과 같은 식으로 나타낼 수 있다. 여기에서 Δ는 변화량을 나타낸 것이다.

$$\text{속도} = -\frac{\Delta[A]}{\Delta t}$$

여기에서 $t = 0$일 때 A의 초기 농도를 $[A]_o$, t시간 후의 농도를 $[A]_t$라고 하면 다음과 같은 식이 된다.

$$k[A] = -\frac{\Delta[A]}{\Delta t}$$

$$\int \frac{1}{[A]}\,d[A] = -\int k\,dt$$

$$\log[A]_t - \log[A]_o = -\frac{kt}{2.303}$$

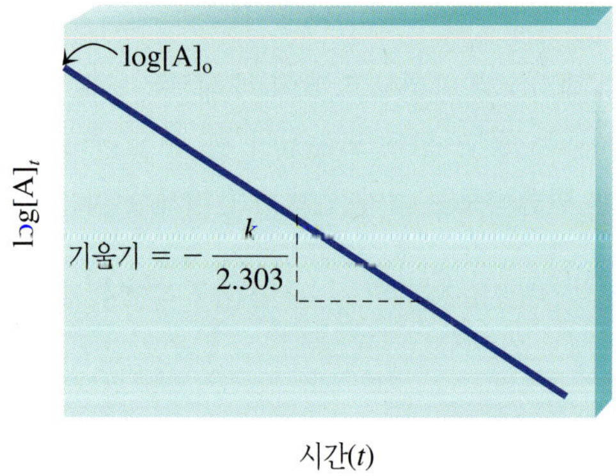

$$\log[A]_t = -\frac{kt}{2.303} + \log[A]_o \text{의 도시}$$

그림 13-5 일차반응에 대한 그래프

$$\log[A]_t = \left[-\frac{k}{2.303}\right]t + \log[A]_o$$

1차 방정식의 일반식인 $y = ax + b$와 같은 형태로 시간에 대한 $\log[A]_t$의 기울기가 $-\frac{k}{2.303}$이며 절편이 $\log[A]_0$가 된다.

일차반응에 대한 그래프는 다음 그림 13-5에 의해 설명할 수 있다.

(2) 반감기(half-life)

반응이 진행됨에 따라 반응물은 점차 줄어들게 되는데 초기농도의 절반으로 줄어들 때까지의 반응시간을 **반감기**(half-life), $t_{1/2}$라고 한다.

N_2O_5의 분해반응을 예로 들어 보자.

$$\log\frac{[N_2O_5]_o}{[N_2O_5]_t} = \frac{kt}{2.303}$$

위 식에서 반감기란 N_2O_5의 농도가 초기농도의 반이 될 때까지의 시간이므로

$$[N_2O_5]_t = \frac{1}{2}[N_2O_5]_o$$

$$\log\frac{[N_2O_5]_o}{1/2[N_2O_5]_o} = \frac{kt_{1/2}}{2.303}$$

$\log2 = 0.301$이므로

$$0.301 = \frac{kt_{1/2}}{2.303}$$

$$t_{1/2} = \frac{0.301 \times 2.303}{k} = \frac{0.693}{k}$$

N_2O_5 분해반응의 반응속도상수는 45°C에서 4.80×10^{-4}/sec이므로 반감기($t_{1/2}$)는 다음과 같이 얻어진다.

$$t_{1/2} = \frac{0.693}{4.80 \times 10^{-4}/\text{s}} = 1.44 \times 10^3\ \text{s}$$

위에서 구한 바와 같이 N_2O_5의 반감기는 1.44×10^3 sec이며 이것은 N_2O_5의 초기농도와는 아무 관계가 없다. 다시 말하자면 N_2O_5의 반감기는 초기농도 또는 어느 시간부터 측정하든 같은 값을 갖는다는 것이다(그림 13-6 참조). 일차반응에 있어서 반감기는 항상 초기농도와는 무관하며 반응속도 상수 k에 의해서만 결정된다.

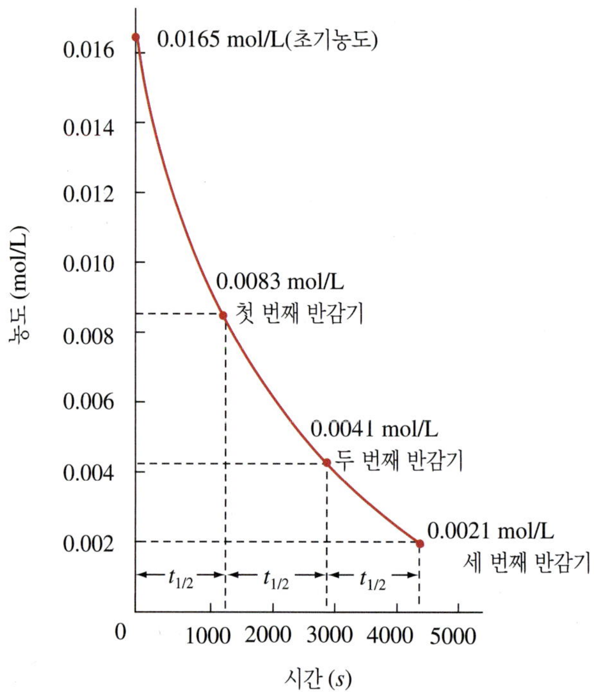

그림 13-6 일차반응에서 시간과 농도와의 관계

$$속도 = -\frac{\Delta[A]}{\Delta t} = k[A]$$

위에서 구했던 방법으로 반응속도 = $k[A]^2$으로 표현되는 2차 반응의 반감기를 구해보면 $1/(k[A_0])$가 된다. 이때 반감기는 초기농도에 의해서 좌우되며 농도의 감소에 따라 반감기도 길어지게 된다. 330℃에서의 NO_2의 반응을 예로 들어 보면 농도가 0.0030 mol/L에서 0.0015 mol/L로 줄어드는데 430 sec가 소요되며 다시 반으로 줄어드는 데는 860 sec가 소요된다. 반감기가 농도(또는 시간)에 따라 변하는 것은 일차반응이 아니라는 증거가 된다.

(3) 이차반응

2개의 분자가 반응하여 생성물을 만들면 다음과 같은 속도방정식으로 표시된다.

$$A + A \rightarrow 생성물$$
$$속도 = k[A]^2$$

여기서 $t = 0$일 때 A의 초기농도를 $[A]_o$, t 시간 경과하였을 때의 A농도를 $[A]_t$라고 하면 위 식의 적분형 식은 다음과 같다.

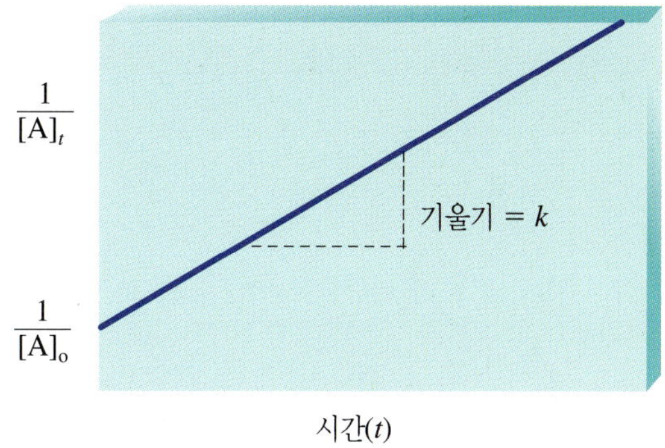

그림 13-7 이차반응에 대한 도시

$$\int \frac{1}{[A]^2} d[A] = -\int k\, dt$$

$$\frac{1}{[A]_t} = \frac{1}{[A]_o} + kt$$

시간에 대한 $1/[A]_t$의 그래프를 그리면 기울기가 k이고 절편이 $1/[A]_o$인 직선을 얻을 수 있다. 이차반응의 도식 방법은 그림 13-7과 같다.

13.4 반응메카니즘

반응속도로부터 반응이 처음상태에서 나중상태로 어떻게 진행되어 가는지 알 수 있다. 어떤 반응은 한 단계로 진행되나 대부분의 반응은 여러 단계로 일어난다. 반응이 일어나는 경로를 **반응메카니즘**(reaction mechanism)이라고 한다. 예를 들면 다음과 같다.

$$2NO_2(g) + F_2(g) \rightarrow 2NO_2F(g)$$

위 반응의 반응속도는 $NO_2(g)$와 $F_2(g)$의 소멸속도가 되며, 실험에 의하면 반응속도는 NO_2와 F_2의 농도에 비례한다.

$$\text{속도} = k[NO_2][F_2] \text{ (실험으로 얻어진 속도법칙)}$$

이 반응속도식은 실험으로부터 얻은 것이다. 전체반응이 하나의 소반응으로 이루어져 있다면

$$NO_2 + NO_2 + F_2 \rightarrow NO_2F + NO_2F \text{ (소반응)}$$

위의 제시된 메카니즘에 의하면 반응속도식은 다음과 같이 표현된다.

$$속도 = k[NO_2]^2[F_2] \text{ (예상된 속도식)}$$

이 식은 실험으로부터 얻은 반응속도식과 일치하지 않으므로 제시된 메카니즘은 맞지 않으며 전체반응은 둘 이상의 소반응으로 이루어진 것을 알 수 있다. NO_2와 F_2와의 반응은 다음과 같은 경로로 이루어지는 것으로 밝혀졌다.

$$NO_2 + F_2 \xrightarrow{k} NO_2F + F \text{ (느린 반응)}$$

$$F + NO_2 \rightarrow NO_2F \text{ (빠른 반응)}$$

두 번째의 과정은 첫 번째의 과정보다 매우 빠르므로 첫 번째에서 생성된 F 원자는 생기는 즉시 NO_2와 반응하여 NO_2F가 된다. 따라서 F의 소멸속도는 첫 번째 단계의 반응속도에 의해서 결정되며 이러한 단계를 **속도결정단계**(rate determining step)라 한다.

속도결정단계의 반응속도는 속도 $= k[NO_2][F_2]$로 표현되고 이것은 앞에서 실험에 의해 결정된 식과 일치하므로 여기서 제시된 두 단계의 메카니즘은 맞는 것임을 알 수 있다.

예제 13.1 염기성 용액에서 ClO^- 이온에 의한 I^- 이온의 산화반응은 다음과 같다.

$$I^-(aq) + ClO^-(aq) \xrightarrow{OH^-} IO^-(aq) + Cl^-(aq)$$

위의 반응은 다음과 같은 메카니즘으로 진행된다.

$$ClO^- + H_2O \xrightarrow{k_1} HClO + OH^- \text{ (빠른 반응)}$$

$$I^- + HClO \xrightarrow{k_2} HIO + Cl^- \text{ (느린 반응)}$$

$$OH^- + HIO \xrightarrow{k_3} H_2O + IO^- \text{ (빠른 반응)}$$

제시된 메카니즘이 실험적으로 구한 반응속도식 $= k\dfrac{[I^-][ClO^-]}{[OH^-]}$와 부합됨을 증명하여라.

풀이: 속도결정단계에 의하면 반응속도는 $= k_2[I^-][HClO]$로 표시된다. 그러나 HClO는 전체반응식에는 나타나지 않았으므로 첫 번째 단계의 반응을 고려해야 한다. 첫 단계 반응의 평형상수는

$$K_1' = \frac{[HClO][OH^-]}{[ClO^-][H_2O]}$$

이다. 그러나 물의 농도는 반응 전후를 비교할 때 별로 변하지 않으므로(물은 용매이므로) 다시 이 식은 다음과 같이 쓸 수 있다.

$$K_1 = K_1'[H_2O] = \frac{[HClO][OH^-]}{[ClO^-]}$$

$$[HClO] = \frac{K_1[ClO^-]}{[OH^-]}$$

[HClO]를 반응속도식에 대입하면 다음과 같은 결과를 얻는다.

$$속도 = k_2[I^-][HClO]$$
$$= k_2[I^-] \times K_1 \frac{[ClO^-]}{[OH^-]} = k_2 K_1 \frac{[I^-][ClO^-]}{[OH^-]} = k \frac{[I^-][ClO^-]}{[OH^-]}$$

13.5 충돌이론

화학반응이 일어나려면 반응하는 분자가 서로 충돌해야 하며, 이와 같은 생각은 화학반응의 **충돌이론**(collision theory)의 기초가 된다. 근본적으로 이 이론은 반응속도가 단위시간당 반응 분자간의 충돌수에 비례한다는 것에 기인한다.

$$속도 \propto 충돌수/초$$

이와 같이 생각하면 반응속도가 반응물질의 농도에 의존한다는 것을 알 수 있다. 유효한 충돌수는 물질의 성질과 온도에 의존한다는 것을 알 수 있을 것이다.

우선 여기에서는 충돌이론으로 어떻게 반응물질의 농도가 반응속도에 의존하는가를 살펴보도록 한다. 두 개 분자가 반응하는 것을 생각하자.

$$A + B \rightarrow 생성물질$$

A의 농도가 2배로 증가하면 충돌수도 2배가 되고 또 B농도도 증가하면 그에 비례해서 충돌수가 증가한다.

$$속도 = k[A][B]$$

그러면 반응이

$$2A \rightarrow 생성물질$$

로 일어나면 어떻게 될까? A농도를 증가시키면 한 분자가 이웃분자와 충돌하는 수도 증가한다. 다른 A분자도 역시 증가하여 2배가 되었을 때 A-A간의 충돌수는 2번에 걸쳐서 2배가 된다. 이때 동분자간의 두 분자반응의 속도법칙은

$$반응속도 = k[A]^2$$

와 같이 된다.

이와 같이 하여 충돌이론의 결과로 반응법칙은 반응물질의 반응계수 승수에 해당하는 것을 나타낸다.

13.6 반응속도에 영향을 미치는 인자

(1) 반응물과 생성물의 성질

철조각이 공기산화반응에 의해 녹슬어 없어지는 것은 수 년이 걸린다. 그러나 흰 인(백인)은 공기 중에서 몇 분 내에 산화된다. 그리고 일반적으로 용액 속에서 일어나는 이온반응은 반응속도가 매우 빠르다. 따라서 은이온의 용액을 염화이온, 브롬화이온 또는 요오드화이온과 혼합하여 은 할로겐화물을 침전하는 반응, 즉 이온들이 공유결합물을 만드는 반응은 그 속도가 매우 빠르다. 예를 들면 다음과 같다.

$$Ag^+(aq) + Cl^-(aq) \rightarrow AgCl\downarrow$$
$$H^+ + OH^- \rightarrow H_2O$$

반면에 마그네슘이온과 옥살산이온은 매우 느리게 반응한다.

$$Mg^{2+}(aq) + C_2O_4^{2-}(aq) \rightarrow MgC_2O_4$$

유기분자에 관여하는 공유결합반응 중 이온간의 반응은 속도가 매우 빠른 반면 공유결합분자간의 반응속도는 느리다.

(2) 반응물과 생성물의 농도

반응물이나 생성물, 양쪽의 농도 변화는 시료의 양에는 관계하지 않는다. 즉 시료의 크기가 100 mL이거나 1000 mL이거나 아무런 차이가 없다. 단지 몰수로 된 반응물질의 농도에 관계된다. 반응물의 농도를 첨가 또는 제거함으로써, 그리고 계의 용적을 변화시킴으로써 생성물의 농도를 변화시킬 수 있다. 후자의 방법에 있어서는 기체반응 혼합물을 팽창시키거나 액체계에 있어서는 용매의 양을 변화시킴으로써 이루어질 수 있다. 물론 농도변화의 특정한 효과는 실험에 의해 측정이 가능하다. 그러면 어느 반응에 있어서나 반응속도가 농도에 따라 어떻게 변하는가를 결정할 수가 있다. 일반적 형태의 전형적인 반응을 검토하여 보자.

$$A + B \rightarrow C$$

반응물 A로 표시되는 반응속도는 다음과 같이 표현될 수 있다.

$$\text{반응속도} = \frac{\text{A의 농도변화}}{\text{대응하는 시간의 변화}} = \Delta[A]$$

유사한 방법으로 반응속도를 B 또는 C로서 정의할 수 있다. 위 식에서 A가 점차적으로 C로 변하여 농도가 감소하므로 A에 대한 평균반응속도는 다음과 같이 표시된다.

$$\text{평균반응속도} = \Delta[A]$$

여기서 Δ[A]는 시간 Δt 사이의 농도 변화이다. 그러므로

$$- \quad \Delta[A] \quad = - \frac{[A_2] - [A_1]}{t_2 - t_1}$$

반응속도의 단위는 mol/L/시간으로 표시된다.

예제 13.2 초기반응물 A의 농도가 0.2 mol/L인 물질이 반응을 시작하여 8.4분 후의 농도가 0.166 mol/L이었다고 가정하면 A물질 분해에 대한 평균반응속도는 얼마인가?

풀이: $$-\frac{\Delta[A]}{\Delta t} = -\frac{[A_2] - [A_1]}{t_2 - t_1}$$

$$= -\frac{(0.166 - 0.200)\ \text{mol/L}}{(8.4 - 0.0)\ \text{min}} = 4 \times 10^{-3}\ \text{mol/L/min}$$

---

(3) 온도의 영향

일반적으로 온도가 높아지면 반응속도는 증가한다. 일반적으로 온도가 10℃ 상승하면 반응속도는 약 2배가 된다.

기체분자 운동론에 의하면 효과적인 충돌을 할 수 있는 최소의 에너지를 활성화 에너지(E_a)라 한다. 이 최소의 에너지(E_a) 이상의 운동에너지를 가진 분자가 충돌하면 반응이 일어날 수 있다. 이 관계를 나타낸 것이 그림 13-8로 E_a보다 큰 에너지를 가진 분율은 그림에서 색으로 표시된 부분에 해당한다.

T_1, T_2의 각 온도에서 이 값을 비교하면 높은 온도에서의 비율이 낮은 온도쪽보다 훨씬 크다는 것을 알 수 있다. 즉 온도가 상승하면 반응하는 분자수가 많아지고 속도가 커짐을 알 수 있다. 속도상수의 크기는 반응물질의 농도가 모두 단위농도일 때의 속도이고, 활성화 에너지와 온도에 관계된다. 예로서 활성화 에너지가 크거나 온도가 낮을 때 속도가 작다. 속도상수 k는

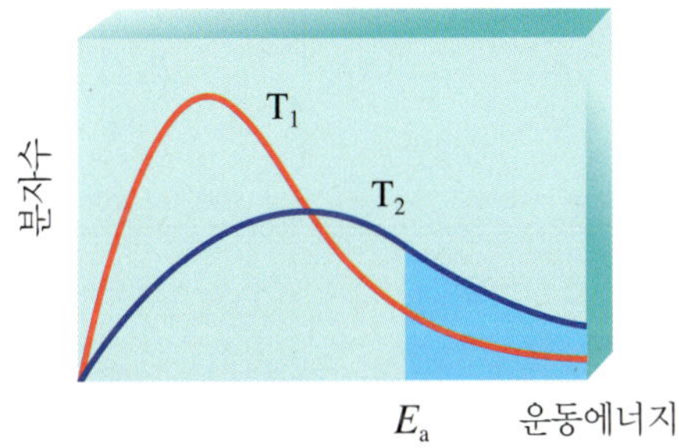

그림 13-8 E_a보다 큰 운동에너지를 가진 분자의 운동에 따른 관계 ($T_2 > T_1$)

E_a와 온도간에 다음 관계식이 성립한다.

$$k = Ae^{-E_a/RT}$$

여기서 A : 비례상수
R : 기체상수
e : 자연대수의 밑수를 나타낸다.

이 관계를 **Arrhenius관계식**이라 한다. 속도 상수의 크기는 E_a 값의 크기와 절대 온도에 따라 결정된다. 결국 k값은 활성화 에너지가 대단히 크고 반응 혼합물의 온도가 낮을 때는 작게 된다. E_a를 구하기 위하여 위 식을 상용로그로 취하면 다음과 같다.

$$\log k = \log A + \left[\frac{-E_a}{2.303R}\right]\left[\frac{1}{T}\right]$$

$y = b + ax$의 형태이므로 $1/T$에 대하여 $\log k$의 그래프를 그리면 직선이 된다. 직선의 기울기는 $-E_a/2.303R$, y축의 절편은 $\log A$이므로 E_a와 A를 구할 수 있다. 서로 다른 두 온도(T_1, T_2)에서 반응속도가(k_1, k_2)일 때 Arrhenius식을 이용하면 다음과 같다.

$$\log k_1 = \log A - \frac{E_a}{2.303RT_1}$$

$$\log k_2 = \log A - \frac{E_a}{2.303RT_2}$$

두 식에서 A를 소거하면

$$\log k_1 - \log k_2 = -\left[\frac{E_a}{2.303RT_1} - \frac{E_a}{2.303RT_2}\right]$$

또는

$$\log\frac{k_2}{k_1} = \frac{E_a}{2.303R}\left[\frac{1}{T_1} - \frac{1}{T_2}\right]$$

예제 13.3 다음과 같은 반응의 반응속도 상수는 600 K에서 2.7×10^{-4} L/mol · s, 650 K에서 3.5×10^{-4} L/mol · s이다. 활성화에너지 E_a와 700 K에서 반응속도상수를 구하여라.

$$H_2(g) + I_2(s) \rightarrow 2HI(g)$$

풀이: 본문의 주어진 식에 대입하면

$$\log \frac{3.5 \times 10^{-3}}{2.7 \times 10^{-4}} = \frac{E_a}{2.303 \times 8.31\ \text{J/mol} \cdot \text{K}} \left[\frac{1}{600} - \frac{1}{650} \right]$$

$$\log(1.3 \times 10^{1}) = \frac{E_a}{2.303 \times 8.31\ \text{J/mol} \cdot \text{K}} \times (1.28 \times 10^{-4})$$

따라서

$$E_a = \frac{1.11 \times 2.303 \times 8.31\ \text{J/mol}}{1.28 \times 10^{-4}} = 1.66 \times 10^{5}\ \text{J/mol}$$

이다. 700 K에서 반응속도 상수는

$$\log \frac{k_2}{k_1} = \frac{E_a}{2.303R} \left[\frac{1}{T_1} - \frac{1}{T_2} \right]$$

$E_a = 1.66 \times 10^5$ J/mol · s
$k_1 = 2.7 \times 10^{-4}$ L/mol · s ($T_1 = 600$ K)
k_2 = 구하려는 값 ($T_2 = 700$ K)

위 식에 대입하면

$$\log \frac{k_2}{2.7 \times 10^{-4}\,\text{L/mol} \cdot \text{s}} = \frac{1.66 \times 10^{5}\ \text{J/mol} \cdot \text{s}}{2.303 \times 8.31\ \text{J/mol} \cdot \text{K}} \times \left[\frac{1}{600} - \frac{1}{700} \right] = 2.07$$

log를 풀면

$$\frac{k_2}{2.7 \times 10^{-4}\,\text{L/mol} \cdot \text{s}} = 10^{2.07}$$

따라서

$$k_2 = (1.2 \times 10^{2}) \times (2.7 \times 10^{-4}\ \text{L/mol} \cdot \text{s}) = 3.2 \times 10^{-2}\ \text{L/mol} \cdot \text{s}$$

(4) 촉매의 영향

촉매(catalyst)는 반응에 관여하나 자신은 소모되지 않고, 낮은 에너지에서도 반응속도를 빠르게 하는 물질이다. 촉매는 반응이 종결된 후에 회수할 수 있다. 예로서 염소산칼륨($KClO_3$)을 분해시켜 산소를 만들 때 이산화망간(MnO_2)촉매를 사용하면 반응이 낮은 온도에서도 쉽게 분해된다. 반응 후에 이산화망간은 그대로 남아 있으며 반응은 다음과 같이 표시된다.

$$2KClO_3 \xrightarrow{MnO_2} 2KCl + 3O_2$$

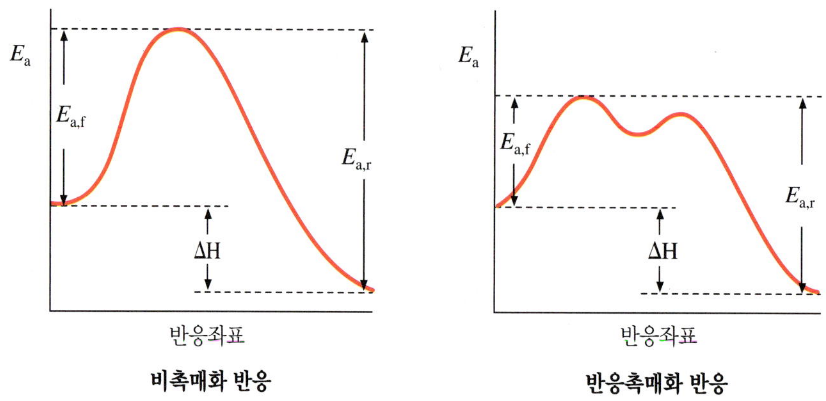

그림 13-9 촉매가 존재할 때와 않을 때의 반응의 퍼텐셜 에너지 도표

촉매는 반응의 전체 화학양론에 영향을 주지 않으므로 반응식의 화살표 위에 기록한다.

촉매는 반응이 진행하는 새로운 경로를 열어준다. 즉, 촉매가 존재하면 활성화 에너지를 작게 하기 때문에 반응속도가 빨라지는 경로로 반응이 진행된다. 그림 13-9는 촉매가 사용되면 반응할 수 있는 에너지를 가진 분자수를 증가함을 보인 것으로, 다음 두 가지 점을 유도할 수 있다.

1. 촉매가 존재하는 반응의 엔탈피 변화와 촉매가 없는 반응의 엔탈피 변화의 퍼텐셜 에너지 차이(ΔH)는 동일하다.
2. 가역반응의 경우 촉매는 정반응과 역반응에 동일한 영향을 준다. 역반응의 활성화에너지(E_a)를 낮춘 만큼 정반응의 활성화 에너지 E_a도 낮춘다.

촉매는 크게 두 가지로 분류할 수 있다. 즉 촉매반응이 **균일상**(homogeneous phase)에서 일어나는 **균일촉매반응**(homogeneous catalysis reaction)과 **불균일촉매반응**(heterogeneous catalysis reaction)으로 나눈다.

1) 균일촉매반응(homogeneous catalysis reaction)

반응물과 촉매가 동일한 상(phase)일 경우에서의 반응이다. 기체의 균일촉매의 예로는 산화이질소 기체의 분해반응에서 사용하는 염소기체를 들 수 있다. 산화이질소(N_2O)는 실온에서는 비교적 안정하다. 600°C 근처에서는 다음과 같이 분해한다.

$$2N_2O(g) \rightarrow 2N_2(g) + O_2(g)$$

촉매가 없는 반응은 다음과 같은 단계로 진행된다.

① N_2O 분자의 충돌에 의해 분해할 수 있는 에너지를 얻는다.

$$N_2O(g) \rightarrow N_2(g) + O(g)$$

② 산소원자는 반응성이 커서 쉽게 N_2O와 반응한다.

$O(g) + N_2O(g) \rightarrow N_2(g) + O_2(g)$

이 반응의 최종 생성물은 N_2와 O_2이고, 산소원자는 반응중간체(reaction intermediate)이다. 활성화 에너지는 240 kJ/mol이다.

염소 촉매가 존재하면 다음 반응경로로 반응이 진행된다.

① 분해온도(빛)에서 염소는 염소원자로 해리된다.

$Cl_2(g) \rightarrow 2Cl(g)$

② 염소원자는 쉽게 N_2O분자와 반응한다.

$N_2O(g) + Cl(g) \rightarrow N_2(g) + ClO(g)$

③ 불안정한 ClO분자의 분해는 다음과 같다.

$2ClO(g) \rightarrow Cl_2(g) + O_2(g)$

촉매(Cl_2)는 최종 단계에서 처음 상태로 돌아온다. 촉매가 존재하는 이 반응의 최종 생성물도 N_2와 O_2로 동일하며 Cl과 ClO는 생성되었다가 그 다음 단계에서 소모되는 반응중간체이다. 염소 촉매에 의한 반응의 활성화에너지는 약 140 kJ/mol로 촉매가 없는 반응의 활성화 에너지(240 kJ/mol)보다 작다.

2) 불균일촉매반응(heterogeneous catalysis reaction)

반응물의 상(phase)과 촉매의 상이 다른 경우이다. 이때 반응물의 분자는 촉매의 표면에 흡착(adsorption)되어 표면에서 반응이 일어난다. 흡착은 고체의 표면에 분자가 부착되는 현

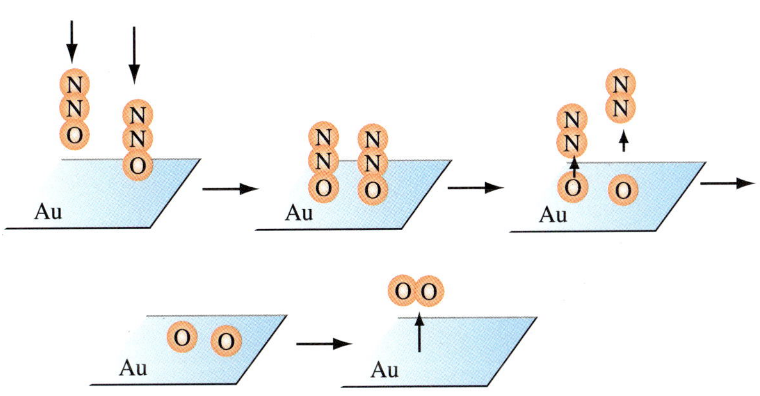

그림 13-10 Au 위에서의 N_2O의 분해에 대한 모델

상이다. 불균일촉매의 대부분은 표면과 흡착물 사이의 힘이 화학결합력에 의한 **화학적 흡착**(chemical adsorption)이다. 분자가 표면에 화학흡착이 되면 전자의 배치가 변하고 분자의 결합이 약해지거나 어떤 경우에는 깨어진다. 예로 수소분자는 백금, 니켈 및 그 밖의 금속표면에 원자 상태로 흡착된다.

금 촉매의 N_2O 분해반응의 메카니즘은 다음과 같다(그림 13-10).

① $N_2O(g)$ 분자는 금 표면에 화학흡착을 한다.

$N_2O(g) \rightarrow N_2O$(금표면 위에)

② O 원자와 금이 결합할 때 N_2O 분자의 O 원자와 N 원사 사이의 결합이 약화되어 결국 N−O 결합은 깨지고 N_2 분자로 남는다.

N_2O(Au 표면에) $\rightarrow N_2(g)$ + O(Au 표면에)

③ 금 표면에 두 O 원자는 O_2 분자로 결합하여 기체상으로 들어간다.

O(Au 표면에) + O(Au 표면에) $\rightarrow O_2(g)$

금촉매의 N_2O 분해반응의 활성화에너지는 약 120 kJ/mol로 무촉매반응의 E_a(240 kJ/mol) 및 염소촉매에 의한 반응의 E_a(140 kJ/mol)보다 작다.

연습문제

PROBLEMS

01. 여러 단계로 이루어지는 기본반응에서 A + 2B → C + D가 속도결정단계일 때 A의 농도를 2배, B의 농도를 2배로 증가시키면 반응속도에 더 영향을 주는 농도항은 어느 것인가를 속도식으로 설명하여라.

02. 다음은 CH_3CHO의 열분해 반응에 대한 값이다.

$$CH_3CHO \rightarrow CH_4 + CO$$

이 반응의 차수를 결정하여라.

분해량(%)	0	10	20	30	40	50
분해속도(mmHg/min)	8.56	6.74	5.14	4.31	3.11	2.29

03. Ra의 반감기는 1950년이다. 이 반응의 속도상수를 구하여라. 또 방사능이 80%로 되려면 몇 년이 걸리는가?

04. 어떤 물질 A를 과량의 B와 반응시켰더니 10분 후에는 A의 반이 분해하였다. 이 반응이 A에 대하여 (a) 1차, (b) 0차라면 20분 후에 반응하지 않고 남아 있는 A의 비율은 얼마인가?

05. 어떤 일차반응에서 반응물질의 반이 분해되는 데 1000초 걸렸다면 1/10이 남게 되려면 시간이 얼마나 걸리게 될까?

06. 다음 반응에서 $2NO + O_2 \rightarrow 2NO_2$ 반응속도는 실험적으로 속도 $= k[NO]^2[O_2]$임이 알려졌다. 500°C에서는 NO 및 O_2의 농도가 모두 0.50 mol/L일 때 NO_2의 생성속도는 0.010 mol/L · min이었다.

(a) 500°C에서 이 반응의 속도상수를 구하여라.

(b) NO의 농도가 0.10 mol/L이고 O_2의 농도가 0.30 mol/L일 때 500°C에서 NO_2의 생성속도를 구하여라.

07. HI의 분해반응은 150°C에서 0차반응임이 알려졌다.

$$2HI(g) \rightarrow H_2(g) + I_2(s)$$

150°C에서 HI의 분해속도는 7.20×10^{-3} mol/L · min이라 한다. HI의 초기농도가 0.500 mol/L라 할 때 30분후 HI의 농도를 구하여라.

08. $SO_2Cl_2(g) \rightarrow SO_2(g) + Cl_2(g)$의 반응에서의 속도방정식은 속도 $= k[SO_2Cl_2]$임이 알려졌다. 속도상수를 측정한 결과 0.32 min^{-1}이었다. SO_2Cl_2의 초기농도가 0.50 mol/L이라고 하면 3.0분 후 SO_2Cl_2의 농도는 얼마인가?

09. CCl_4 용액 중에서 N_2O_5가 분해되어 NO_2와 O_2로 될 때 N_2O_5의 처음농도가 2.33 M일 때의 속도는 1.5×10 mol/L · sec였다. 농도가 1.16 M일 때에는 분해속도가 7.5×10 mol/L · sec였다. 이 반응의 반응차수는 얼마인가?

10. 다음 반응에서 ($2NO + O_2 \rightarrow 2NO_2$) NO의 농도를 곱으로 늘리면 속도는 4배의 비율로 늘어난다. O_2의 농도를 곱으로 하면 속도는 2배의 비율로 늘어난다. 이 반응차수는 (a) NO에 관해서는 몇 차이고, (b) O_2에 관해서는 몇 차이고, (c) 전체적으로는 몇 차인가?

11. 다음 반응에서 (A + B → 생성물) 아래와 같은 데이터를 얻었다. 각 반응물에 관한 반응차수와 전체반응차수를 계산하여라. 이 반응에 대한 속도상수의 값을 구하여라.

처음농도(M)		
[A]	[B]	처음속도(mol/L · sec)
4.0	2.0	1.0×10^{-3}
2.0	2.0	5.0×10^{-4}
1.0	2.0	2.5×10^{-4}
1.0	1.0	6.1×10^{-5}
1.0	0.50	1.5×10^{-5}

12. 다음 반응에서 (A → 생성물) A의 처음농도를 3배로 하면 분해속도가 9배의 비율로 증가한다. 이 반응의 반응차수는 얼마인가?

13. 다음 방법 중의 어느 것이 어떤 주어진 반응에 대한 속도상수의 값을 변화시키리라고 생각되는가?

(a) 온도를 변화시킨다.

(b) 반응물들 중의 하나의 농도를 증가시킨다.

(c) 모든 반응물들의 농도를 증가시킨다.

(d) 생성물들 중의 하나의 농도를 증가시킨다.

(e) 촉매를 가한다.

(f) 기체가 관여하는 반응의 압력을 증가시킨다.

14. 어느 화학자가 두 순물질 A와 B를 혼합하여 반응속도를 측정한 다음, 전체적인 반응인 A + B → G의 메카니즘을 결정하려고 한다. 이 반응에서의 속도결정단계는 실제로 C + D → G란 과정이다.

(a) 이 화학자는 이 반응의 속도를 A와 B에 의하여 기술할 것인가 또는 C와 D에 의하여 기술할 것인가?

(b) 위의 두 쌍의 화학종 중 어느쪽의 농도를 실험적으로 결정할 수 있는가?

15. 2분자 단일과정은 2차 반응이어야 한다.

(a) 2분자 반응은 반드시 2차인가?

(b) 1단계에 일어나는 2분자반응은 꼭 2차인가?

(c) 가장 느린 과정이 2분자 단일과정인 반응은 반드시 2차인가?

16. 다음의 속도법칙방정식들 중 2차인 반응(전체)을 기술하고 있는 것은 어떤 것(들)인가?

(a) 속도 $= k[A][B]$

(b) 속도 $= k[A]^2[B]^2$

(c) 속도 $= k[A]^2$

(d) 속도 $= k[B]^2$

17. 다음과 같은 분해반응에 대하여 속도법칙에 맞는 메카니즘을 제안하여라.

$$COCl_2 \rightarrow CO + Cl_2 \quad \text{속도} = k[COCl_2][Cl_2]^{1/2}$$

18. 500°C 이상의 온도에서 $NO_2 + CO \rightarrow CO_2 + NO$의 반응은 다음과 같은 속도법칙을 따른다.

$$\text{속도} = k[NO_2][CO]$$

500°C 이하의 온도에서의 속도법칙은 다음과 같다.

$$\text{속도} = k'[NO_2]^2$$

이들 각 경우에 대한 메카니즘을 제안하여라.

19. 화학 반응속도에 영향을 미치는 4가지 인자는 무엇인가?

20. 반응속도, 반응차수, 반응법칙 및 반응속도 상수의 뜻을 설명하여라.

21. 반응물질의 농도를 두배로 하니 반응속도가 반으로 줄었다. 이 반응은 반응물질에 몇차 반응인가?

22. NO_2Cl의 분해반응은 다음 두 가지 단계로 일어난다고 생각된다.

$$NO_2Cl \rightarrow NO_2 + Cl$$
$$NO_2Cl + Cl \rightarrow NO_2 + Cl_2$$

만약 첫째 단계가 느리고, 둘째 단계는 빠르다고 하면 실험적인 반응차수는 얼마인가?

23. 45°C 사염화탄소 내에서 오산화이질소는 다음식에 의한 분해를 일으킨다.

$$2N_2O_5 \rightarrow 4NO_2 + O_2$$

그 농도가 0.40 M이었을 때 반응속도는 2.48×10^{-14} (M/s)로 측정되었다. 만일 반응이 1차이면 반응속도상수 k값은 얼마인가?

24. 반응속도가 M/s 단위로 측정되었다면, 다음 차수들에 대한 속도상수의 단위는 무엇인가?

1. 1차 반응속도
2. 2차 반응속도
3. 3차 반응속도

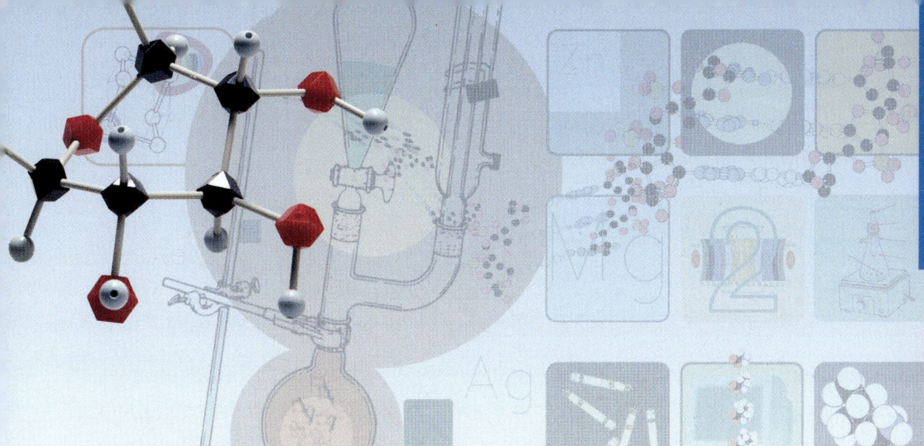

CHAPTER

14

산화와 환원

산화-환원반응(redox reaction)은 전자 이동의 결과로 일어나는 화학변화로 중요한 화학반응의 하나이다. 실제의 경우 에너지 생산을 목적으로 하는 모든 화학반응은 산화-환원반응의 일종이다. 연료의 연소, 전지를 이용한 전기의 발생, 음식물의 대사, 광석에서 금속을 유리시키는 과정 및 전기분해 반응들도 산화-환원반응으로 분류할 수 있다. 이 장에서는 산화-환원반응의 기초이론을 제시하고자 한다.

미리보기

14.1 산화-환원반응

산-염기반응(acid-base reaction)이 양성자의 이동에 의한 반응이라면 **산화-환원반응**(reduction-oxidation 또는 redox reaction)은 전자의 이동에 의한 반응이다. 산화-환원반응은 연료의 연소에서부터 가정에서 세탁할 때 표백까지 우리 일상생활에서도 늘 볼 수 있는 반응이다. 대부분의 금속이나 비금속들은 산화-환원반응에 의하여 그 광석으로부터 정제할 수 있다.

예를 들어 마그네슘과 산소로부터 산화마그네슘(MgO)을 얻는 반응을 생각해 보자

$$2Mg(s) + O_2 \rightarrow 2MgO(s)$$

MgO는 Mg^{2+}와 O^{2-}로 된 이온성 화합물이며, 두 원자의 마그네슘이 4개의 전자를 내어 놓으면 산소분자는 그 전자를 받는다. 편의상 이 반응의 Mg과 산소를 따로 생각하면 다음과 같이 나타낼 수 있다.

$$2Mg \rightarrow 2Mg^{2+} + 4e^-$$
$$O_2 + 4e^- \rightarrow 2O^{2-}$$

이 각각의 반응을 **반쪽반응**(half-reaction)라고 하며, 반응식에 전자가 포함된다. 두 반반응을 합하면 다음과 같다.

$$2Mg + O_2 + 4e^- \rightarrow 2Mg^{2+} + 2O^{2-} + 4e^-$$

이 반응식의 양변에 4개의 전자, 즉 4가 있으므로 서로 소거하면 다음과 같은 알짜반응식(overall reaction)을 얻는다.

$$2Mg + O_2 \rightarrow 2Mg^{2+} + 2O^{2-}$$

결과적으로 Mg^{2+}와 O^{2-}이 결합하여 MgO를 만든다.

Mg과 같이 전자를 잃는 반응을 **산화**(oxidation)라고 하고 산소와 같이 전자를 얻는 반응을 **환원**(reduction)이라고 한다. 전자를 잃는 물질이 있으면 그 전자를 얻는 물질이 반드시 있어야 하므로 산화-환원반응은 따로 일어날 수 없고 반드시 동시에 일어난다. 따라서 산화-환원반응을 redox라고 표현한다.

한편, 위의 반응에서 산소가 환원될 수 있도록 Mg은 전자를 내어 놓으므로 이 반응에서는 Mg을 **환원제**(reducing agent)라고 하고, 산소는 전자를 얻음으로써 Mg이 산화되도록 하므로 산소를 **산화제**(oxidizing agent)라고 한다.

예제 14.1 다음 반응의 반반응을 쓰고 산화제와 환원제를 구별하여라.

$$Ba + F_2 \rightarrow BaF_2$$

풀이: 산화반응의 반반응 : $Ba \rightarrow Ba^{2+} + 2e^-$

환원반응의 반반응 : $F_2 + 2e^- \rightarrow 2F^-$
산화제 : 전자 두 개를 얻고 다른 물질을 산화시킨 F_2
환원제 : 전자 두 개를 잃고 다른 물질을 환원시킨 Ba

예제 14.2 다음 반응에서 산화된 화학종, 환원된 화학종, 산화제 및 환원제를 찾아라.

$$Fe^{2+} + 2H^+ + NO_3^- \rightarrow Fe^{3+} + NO_2 + H_2O$$

풀이: 산화된 화학종은 Fe^{2+}가 Fe^{3+}로 산화되었고,
환원된 화학종은 N^{5+}가 N^{4+}로 환원되었다.
환원제는 Fe^{2+}이고 산화제는 NO_3^-이다.

14.2 산화수

14.1절에서 Mg과 O_2가 반응하였을 때 각각 그들의 산화상태(oxidation state)가 달라짐을 알 수 있었다. 이와 같이 어떤 원소의 산화상태를 그 원소의 **산화수**(oxidation number)라고 한다. 산화수를 정하는 규칙은 다음과 같다.

① 모든 비결합원자나 단일 원소분자에 있어서 모든 원자간의 산화수는 0이다.
$He = 0, Ne = 0, H_2 = 0, O_2 = 0, Cl_2 = 0$

② 일원자이온의 산화수는 그 이온의 전하와 같다.
$Na^+ = +1, Cl^- = -1, Ca^{2+} = +2, S^{2-} = -2$

③ 화합물에 있어서 알칼리금속(I A족) 원소는 항상 +1의 산화수를, 알칼리토금속(II A족) 원소는 +2의 산화수를 갖는다.

④ 수소화합물에서 수소의 산화수는 일반적으로 +1이지만 활성이 큰 금속과 수소와의 화합물인 이온성 수소화물일 경우는 −1의 산화수를 갖는다.

⑤ 산소를 가진 대부분의 화합물에 있어서 산소의 산화수는 −2이다. 예외로 H_2O_2나 Na_2O_2와 같은 과산화물에서는 −1, KO_2와 같은 초과산화물의 경우 −1/2의 산화수를 갖는다. 또, OF_2에서 산소의 산화상태는 +2이다.

⑥ 대단히 강한 전기음성도를 갖는 플루오르의 산화수는 −1이다.

⑦ 이원자 비금속화합물(분자 혹은 다원자 이온)에 있어서 전기음성도가 큰 원소의 산화수는 음의 값을 갖고 그 원소의 보통 단원자 이온의 전하와 같다.

⑧ 화합물에서 각 원자의 산화수의 합은 0이며 다원자 이온을 구성하고 있는 원자들의 산화수의 합은 그 이온의 전하와 같다.

위의 규칙을 적용함에 있어 분자 내의 결합에 관해서는 어떤 가정도 하지 않았다. 산화수를

모르는 원소가 화학식 중에 있을 때에는 규칙 ⑧에 적용시켜 산화수를 결정할 수 있다. 산화수는 +, 0, −의 어느 것도 될 수 있으므로 부호를 명확하게 표시하여야 한다. 산화수의 개념은 다음절에서 논의될 산화-환원반응을 기술하는데 매우 유용하다.

예제 14.3 다음의 각 경우에 있어서 황의 산화수를 계산하여라.

① S_8 ② S^{2-} ③ H_2SO_4 ④ $Na_2S_2O_3$
⑤ SO_3^{2-} ⑥ CS_2 ⑦ $Na_2S_4O_6$ ⑧ SO_2

풀이: ① 규칙 1에 의하여 산화수는 0이다.

② 규칙 2에 의하여 산화수는 −2이다.

③ 화합물의 산화수의 합은 0이므로 S의 산화수를 X라 하면

$$(+1) \times 2 + X + (-2) \times 4 = 0$$
$$\therefore X = +6$$

④ 산화수의 총합은 0이어야 하므로

$$(+1) \times 2 + 2X + (-2) \times 3 = 0$$
$$\therefore X = +2$$

⑤ 산화수의 합은 그 이온의 전하값이므로

$$X + (-2) \times 3 = -2$$
$$\therefore X = +4$$

⑥ 산화수의 합은 0이므로

$$(+4) + 2X = 0$$
$$\therefore X = -2$$

⑦ 산화수의 총합은 0이므로

$$(+1) \times 2 + 4X + (-2) \times 6 = 0$$
$$\therefore X = +2.5$$

⑧ 산화수의 총합은 0이고 산소는 대부분의 경우 −2의 산화수를 가지므로

$$X + (-2) \times 2 = 0$$
$$\therefore X = +4$$

원소의 산화상태는 원소의 주기족(periodic family)에 따라 다르다. 주기율표 상에 있는 원소의 위치를 고려하여 그 원소가 갖는 산화수 중 적어도 하나의 산화수는 예측할 수 있다.

비활성기체(noble gas)를 제외하고 원소의 가장 높은 산화상태는 원소의 족수와 일치하며 가장 낮은 산화상태는 원소의 족수에서 8을 뺀 산화상태이다. 염소(ⅦA족)는 $-1(Cl^-)$~+7

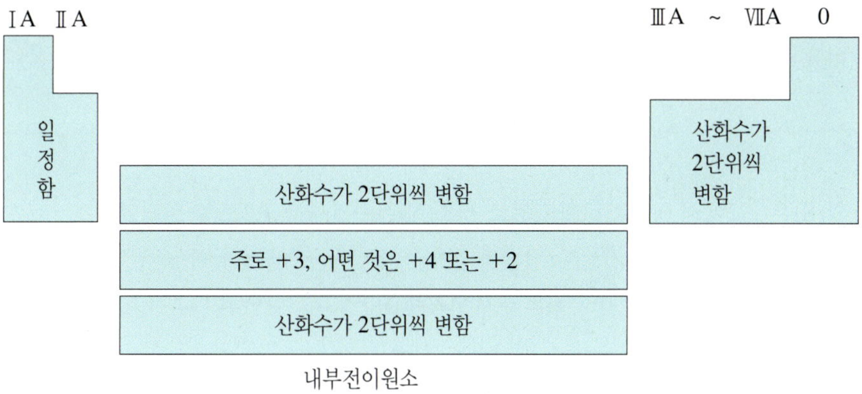

그림 14-1 산화수의 주기적 변화

(ClO_4^-) 범위의 산화상태를 가지며 황(ⅥA족)은 $-2(H_2S)$ ~ $+6(SO_4^{2-})$, 질소(ⅤA족)는 $-3(NH_3)$ ~ $+5(NO_3^-)$ 범위의 산화상태를 가진다. 그러나 원소가 반드시 이러한 극단의 산화상태를 나타내는 화합물을 가지는 것은 아니다. 예를 들면 불소는 양의 산화상태를 가지지 않으며 산소는 $-2(H_2O)$ ~ $+2(OF_2)$ 범위의 산화상태를 나타낸다. 금속은 음의 산화상태를 나타내지 않는다.

그림 14-1에서 산화수에 관한 가능한 정보를 얻을 수 있다. 주기율표에서 "일정함"이라 표시한 부분의 원소들은 모든 화합물 내에서 오직 한 가지 산화상태만을 갖고 있음을 나타낸다. 이 산화상태는 족수와 일치한다. 다른 부분에 있는 원소의 산화수는 변할 수 있다. "2단위씩 변함"이라 표시한 부분에서는 산화상태가 족수와 같은 높은 값에서 대체로 둘씩 낮은 값을 갖거나 음의 값으로 떨어진다. 그밖에 다른 부분에서는 산화수가 한 단위씩 변한다. 그림 14-1은 가능한 산화수를 예측할 수 있도록 주기율표를 몇 집단으로 구분한 것이다.

14.3 산화-환원반응식의 완결

산화-환원반응식을 완결시키는 방법은 일반적으로 분자반응식을 완결하는데 유용한 **산화수법**(oxidation number method)과 알짜 이온반응식을 완결하는 **이온-전자 반쪽 반응법**(ion-electron half reaction method)을 이용하는 것이다.

(1) 산화수법(oxidation number method)

산화수법은 산화되는 원자의 산화수 증가가 환원되는 원자의 산화수 감소의 절대값과 같아야 한다는 사실을 이용한다. 산화수법의 한 예로서 다음 반응식을 통해 단계적으로 설명하기로 한다.

$$HNO_3 + H_2S \rightarrow NO + S + H_2O$$

① 산화상태(oxidation states)를 결정하고 산화된 원소와 환원된 원소를 확인한다.

$$\overset{+5}{H N}O_3 + H_2\overset{-2}{S} \rightarrow \overset{+2}{N}O + \overset{0}{S} + H_2O$$

황(S)은 −2에서 0으로 산화되었고 질소(N)는 +5에서 +2로 환원되었다.

② 산화수의 증가와 감소가 같아지도록 계수를 정한다. ①에서 산화수 증가는 2이고 감소는 3이므로 최소공배수가 6이 되도록 HNO_3와 NO에 2를 곱하고 H_2S와 S에 3을 곱한다.

$$2HNO_3 + 3H_2S \rightarrow 2NO + 3S + H_2O$$

③ 반응식에서 다른 종류의 계수를 맞추고 전하와 물질의 균형을 맞춘다. 반응식에서 수소의 균형을 맞추면 반응식 왼쪽에 있는 8개의 수소는 오른쪽의 $4H_2O$로 된다.

$$2HNO_3 + 3H_2S \rightarrow 2NO + 3S + 4H_2O$$

예제 14.4 산화구리에 질산을 가하면 질산구리와 일산화질소의 가스가 생성된다. 이것의 반응식은 다음과 같다. 산화수법으로 이 반응식을 완결하여라.

$$HNO_3 + Cu_2O \rightarrow Cu(NO_3)_2 + NO + H_2O$$

풀이: ① 먼저 산화상태를 결정하고 산화된 원소와 환원된 원소를 확인한다.

$$H\overset{+5}{N}O_3 + \overset{+1}{Cu_2}O \rightarrow \overset{+2}{Cu}(NO_3)_2 + \overset{+2}{N}O + H_2O$$

구리는 +1에서 +2로 산화되었고 질소는 +5에서 +2로 환원되었다.

② 산화수의 증가와 감소가 같도록 계수를 정한다.
구리는 2증가, 질소는 3감소이므로 HNO_3와 NO에 2를 곱하고 Cu_2O와 $2Cu(NO_3)_2$에 3을 곱한다.

$$2HNO_3 + 3Cu_2O \rightarrow 6Cu(NO_3)_2 + 2NO + H_2O$$

③ 나머지 원자들을 검산법으로 완결시킨다
먼저 $6Cu(NO_3)_2$의 NO_3은 이온으로 존재한다. 그러므로 왼쪽에 $12HNO_3$을 더한다.

$$14HNO_3 + 3Cu_2O \rightarrow 3Cu(NO_3)_2 + 2NO + H_2O$$

두 번째로 왼쪽의 H원자의 수로 오른쪽 H_2O의 계수를 맞춘다.

$$14HNO_3 + 3Cu_2O \rightarrow 6Cu(NO_3)_2 + 2NO + 7H_2O\text{(완결)}$$

④ 완결된 모든 원자의 전하가 균형을 이루었는가를 확인하여 균형을 이루었으면 반응식은 완결된 것으로 만약 균형을 이루지 않았다면 처음 단계부터 재검토한다.

(2) 이온-전자 반쪽반응법(ion-electron half reaction method)

이온-전자 반쪽반응법은 산화-환원반응식을 산화가 일어나는 반쪽반응(half-reaction)과 환원이 일어나는 반쪽반응의 두 반쪽반응으로 나누어 각각 완결시킨 후 완결된 두 반쪽반응을 합하여 얻는 방법이다.

이 방법은 산성용액에서 일어나는 반응에 대한 것과 염기성용액에서 일어나는 반응에 대한 것 두 가지가 있는데 먼저 산성용액에서 일어나는 전형적인 반응인 다음 반응을 통해 단계적으로 설명하기로 한다.

$$H^+NO_3^- + Cu_2O \rightarrow Cu^{2+} + NO + H_2O$$

① 산화된 원소와 환원된 원소 그리고 산화생성물과 환원생성물을 찾아 산화-환원의 반쪽반응식을 세우고 화학식 위에 산화수를 기록한다.

$$\overset{+1}{Cu_2O} \rightarrow \overset{+2}{Cu^{+2}}$$

$$\overset{+5}{NO_3^-} \rightarrow \overset{+2}{NO}$$

② 산화-환원 원소의 원자수를 맞춘다.

$$Cu_2O \rightarrow 2Cu^{2+}$$
$$NO_3^- \rightarrow NO$$

③ 산성용액에서는 산소가 부족한 쪽에 충분한 H_2O 분자를 더하여 산소의 수를 맞춘다.

$$Cu_2O \rightarrow 2Cu^{2+} + H_2O$$
$$NO_3^- \rightarrow NO + 2H_2O$$

④ 수소원자의 수를 맞추기 위해서 충분한 수소이온(H^+)을 더한다.

$$2H^+ + Cu_2O \rightarrow 2Cu^{2+} + H_2O$$
$$4H^+ + NO_3^- \rightarrow NO + 2H_2O$$

⑤ 전기적 평형을 맞추기 위해서 양전하가 더 많은(또는 음전하가 적은) 쪽에 전자(e^-)를 더하여 전하를 맞춘다.

$$2H^+ + Cu_2O \rightarrow 2Cu^{2+} + 2e^- + H_2O$$
$$4H^+ + NO_3^- + 3e^- \rightarrow NO + 2H_2O$$

⑥ 산화-환원 반쪽반응식에 가급적 작은 정수를 곱하여 두 반쪽반응에서 얻고 잃는 전자수를 같게 만든다.

(산화-반쪽반응) × 3

$$6H^+ + 3Cu_2O \rightarrow 6Cu^{2+} + 3H_2O + 6e^-$$

(환원-반쪽반응) × 2

$8H + 2NO_3^- + 6e^- \rightarrow 2NO + 4H_2O$

⑦ 반쪽반응을 합하고 같은 화학종을 소거시켜 반응을 완결시킨다.

$14H^+ + 3Cu_2O + 2NO_3^- \rightarrow 6Cu^{2+} + 2NO + 7H_2O$

지금 설명한 반응은 산성용액에서 일어난 것이기 때문에 수소이온을 더하여 수소원자수를 맞추었다. 염기성용액에서 일어나는 산화-환원반응을 완결시키려면 단계 3과 4를 고쳐야 한다.

산소원자의 수를 맞추기 위해서는 ① 산소원자가 부족한 쪽에 필요한 각 산소원자마다 2개의 OH^- 이온을 더하고 ② 다른쪽에 충분한 H_2O 분자를 더하여 산소원자의 수를 맞춘다.

수소원자의 수를 맞추려면 ① 필요한 모든 수소원자마다 수소가 부족한 끝에 H_2O 한 분자를 더하고 ② 다른쪽에 충분한 OH^- 이온을 더하여 수소원자의 수를 맞춘다.

예제 14.5 염기성 용액에서 과망간산 이온은 다음 반응식에서와 같이 아황산을 산화시킨다.

$$MnO_4^-(aq) + SO_3^{2-}(aq) \rightarrow MnO_2(s) + SO_4^{2-}(aq)$$

반쪽반응식을 이용하여 이 반응식을 완결하여라.

풀이: 이 반응은 염기성용액에서 일어나며 과망간산이온이 MnO_2으로 침전된다.

① 반쪽반응식을 세우고 산화, 환원된 원소를 찾아 화학식 위에 산화수를 기록한다.

$\overset{+7}{Mn}O_4^- \rightarrow \overset{+4}{Mn}O_2$

$\overset{+4}{S}O_3^{2-} \rightarrow \overset{+6}{S}O_4^{2-}$

② 산화-환원 원소의 원자수를 맞춘다(Mn과 S는 이미 완결되어 있음).

③ 산소를 완결시키기 위하여 산소가 부족한 끝에 OH^-를 더하고 수소수를 맞추기 위해 반대편에 H_2O를 더한다.

$MnO_4^- + 2H_2O \rightarrow MnO_2 + 4OH^-$

$SO_3^{2-} + 2OH^- \rightarrow SO_4^{2-} + H_2O$

④ 전자를 더하여 전하를 맞춘다.

$MnO_4^- + 2H_2O + 3e^- \rightarrow MnO_2 + 4OH^-$

$SO_3^{2-} + 2OH^- \rightarrow SO_4^{2-} + H_2O + 2e^-$

⑤ 두 반쪽반응식의 산화-환원 전자수를 갖게 만든다.

(환원반쪽반응) × 2

$2MnO_4^- + 4H_2O + 6e^- \rightarrow 2MnO_2 + 8OH^-$

(산화반쪽반응) × 3

$3SO_3^{2-} + 6OH^- \rightarrow 3SO_4^{2-} + 3H_2O + 6e^-$

⑥ 두 반쪽반응식을 합하고 같은 화학종을 소거시켜 반응식을 완결시킨다.

$$2MnO_4^- + 3SO_3^{2-} + H_2O \rightarrow 2MnO_2 + 3SO_4^{2-} + 2OH^-$$

산화-환원반응식을 완결시키는데 쓰이는 이온-전자 반쪽반응법은 가상적인 화학종보다 실제적으로 반응에 관여하는 화학종을 다루며, 전기화학 전지를 설계하는데 매우 유용하다.

14.4 산화-환원반응의 형태

(1) 결합반응

결합반응(combination reaction)의 일반식은 다음과 같다.

$$A + B \rightarrow C$$

만약 A나 B가 원소상태라면 자연에서 이 반응은 산화-환원반응이다. 모든 연소는 여기에 속하며, 예를 들면 다음과 같다(그림 14-2)

$$S(s) + O_2(g) \rightarrow SO_2(g)$$
$$3Mg(s) + N_2(g) \rightarrow Mg_3N_2(s)$$

이 반응에서 S(s)와 O_2의 산화수는 0이며, SO_2에서 S와 O의 산화수는 각각 (4+)와 (2−)이다. 그러므로 S는 산화되었으며, O는 환원되었다. 한편, Mg(s)과 $N_2(g)$의 산화수는 0이며, Mg_3N_2에서 Mg은 (2+), N는 (3−)이므로 Mg은 산화, N는 환원되었다.

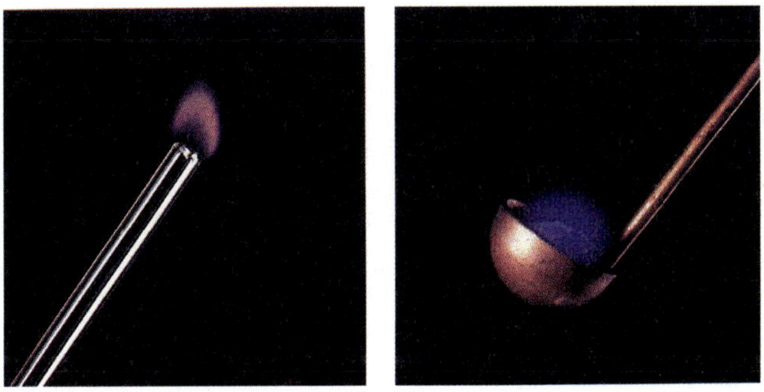

(a) (b)

그림 14-2 간단한 산화-환원반응의 예. (a) 공기 중에서 수소의 연소(물 생성), (b) 공기 중에서 황의 연소(SO_2 생성)

(2) 분해반응

분해반응(decomposition reaction)은 결합반응의 반대로서 일반식은 다음과 같다.

$$C \rightarrow A + B$$

분해반응의 예는 다음과 같다.

$$2HgO(s) \rightarrow 2Hg(l) + O_2(g)$$
$$2KClO_3(s) \rightarrow 2KCl(s) + 3O_2(g)$$

여기서 HgO(s)의 Hg와 O의 산화수는 각각 (2+)와 (2−)이며, Hg(l)와 O_2(g)의 산화수는 0이다. 그러므로 Hg는 환원되었으며, O는 산화되었다. $KClO_3$(s)에서 Cl과 O의 산화수는 각각 (5+)와 (2−)이고 KCl(s)에서 Cl은 (1−), O_2(g)는 0이므로 Cl은 환원, O는 산화되었다.

(3) 치환반응

치환반응(displacement reaction)은 어떤 화합물에서 한 이온이 다른 이온으로 치환되는 반응이며, 일반식은 다음과 같다.

$$A + BC \rightarrow AC + B$$

치환반응의 예로서는 수소치환, 금속치환, 할로겐 원소의 치환반응이 있으며, 예를 들면 다음과 같다.

$$2Na(s) + 2H_2O(l) \rightarrow 2NaOH(aq) + H_2$$
$$Zn(s) + CuSO_4(aq) \rightarrow ZnSO_4(aq) + Cu(s)$$
$$Cl_2(g) + 2KBr(aq) \rightarrow 2KCl(aq) + Br_2(l)$$

이들 반응도 역시 같은 방법으로 산화수를 계산하면 산화-환원반응이라는 것을 알 수 있다.

(4) 불균등화반응

중간 산화상태에 있는 원소를 포함하고 있는 시약은 어떤 조건하에서는 반응하여 그 원소가 더 높은 산화상태와 더 낮은 산화상태에 있는 생성물을 만든다. 이러한 반응을 **불균등화반응**(disproportionation) 또는 **자동산화**(autooxidation)라 부른다. 예를 들면 산화구리(I)를 산에 넣으면 구리금속과 구리(II)이온이 생긴다. 이 반응에서 구리(I)의 화학종은 산화제와 환원제 양쪽으로 작용하고 있다. 그 반쪽반응은 다음과 같다.

$$2H^+ + Cu_2O + 2e^- \rightarrow 2Cu + H_2O$$
$$2H^+ + Cu_2O \rightarrow 2Cu^{2+} + H_2O + 2e^-$$

전체반응은 다음과 같다.

$$2H^+ + Cu_2O \rightarrow Cu + Cu^{2+} + H_2O$$

산화상태가 0인 대부분의 비금속 원소를 센 염기로 처리하면 자동산화가 일어난다. 그러므로 염소, 브롬, 요오드, 황, 셀렌, 인, 비소, 안티몬 및 그 밖의 비금속들은 센 염기로 처리될 때 자동산화가 일어난다. 예를 들면, 염소는 온도와 염기의 농도에 따라 두 가지의 자동산화를 일으킨다.

$$Cl_2 + 2OH^- \rightarrow ClO^- + Cl^- + H_2O$$
$$3Cl_2 + 6OH^- \rightarrow ClO_3^- + 5Cl^- + 3H_2O$$

위에 열거한 0의 산화상태에 있는 원소들이 산성용액에서는 자동산화에 대하여 안정하다는 것에 유의하여야 한다. 양과 음의 두 화합물을 중성 또는 산성용액 속에서 혼합시키면 서로 반응하여 원소를 유리시킨다.

$$2H^+ + Cl^- + ClO^- \rightarrow Cl_2 + H_2O$$

14.5 산화-환원의 상대적 경향

산화-환원 반쪽반응은 다음과 같은 형태로 나타낼 수 있다.

$$\underset{\text{(산화된 형)}}{\text{산화제}} + ne^- \rightarrow \underset{\text{(환원된 형)}}{\text{환원제}}$$

산화제와 환원제가 위와 같은 관계에 있을 때 이들을 **산화-환원짝**(redoxcouple)이라고 한다. 적당한 산화제를 쓰면 환원제는 산화되어 산화제로 된다. 반대로 적당한 환원제를 쓰면 산화제는 환원되어 환원제가 된다. 어떤 두가지 산화-환원짝을 적당히 조합시키면 산화-환원반응이 일어난다. 이 산화-환원짝을 알고 있으면 그 산화-환원반응의 생성물을 예측할 수 있다. 그러나 다음과 같은 세 가지 제한이 있다.

① 완결된 반응식을 만들 수 있다고 해서 그 반응이 실제로 일어난다는 것을 의미하는 것은 아니다.

② 주어진 시약이 두 쌍 이상의 산환-환원짝에 속할 수 있다. 예를 들면, 철(II)이온은 Fe−Fe^{2+} 및 Fe^{2+}−Fe^{3+} 쌍 어느 것에도 속한다. 따라서 Fe가 반응시약일 때에는 이것이 산화제나 환원제 어느 것으로도 사용될 수 있다.

③ 반응이 너무 느리기 때문에 적절한 시간 내에 생성물을 얻을 수 없다.

어떤 산화-환원짝에서 산화제가 세면 셀수록 환원생성물은 환원제로 작용하는 힘이 더욱 약해진다. 산화상태가 0인 원소들을 포함하고 있는 몇 가지 산화-환원짝의 상대적인 산화-환원 경향을 표 14-1에 나타내었다.

표 14-1 원소 및 그 이온의 상대적인 산화–환원경향

	산화제	환원제	
강 ↑	F_2	F^-	약 ↓
	Cl_2	Cl^-	
	Br_2	Br^-	
	Ag^+	Ag	
	I_2	I^-	
	Cu^{2+}	Cu	
	H^+	H_2	
	Fe^{2+}	Fe	
	Zn^{2+}	Zn	
	Al^{3+}	Al	
약	Na^+	Na	강

표 14-1을 보면 원소의 형태로 있는 비금속들은 좋은 산화제이고, 알카리금속은 매우 좋은 환원제라고 말할 수 있다. 이러한 경향은 주기율표와 다소 연관성이 있다. 실제로 주기율표의 오른편 윗쪽 구석에 위치하고 있는 플루오르는 매우 강한 산화제이다. 플루오르화이온은 상대적으로 환원력이 매우 약하므로 플루오르화이온을 산화하여 플루오르(F_2)로 만드는 시약은 알려져 있지 않다. 플루오르는 전기분해에 의해서만 만들 수 있다.

주기율표의 왼편 아래 구석에 위치한 원소들은 아주 강한 환원제이다. 따라서 그들의 양이온은 매우 약한 산화제로 쓰인다. 전이금속 이온들의 산화력은 중간 정도이지만, 이 족 안에서는 산화력의 주기적 경향은 나타나지 않는다. 비교적 높은 산화상태에 있는 ⅥB족 및 ⅦB족 전이원소의 화합물은 보통 센 산화제이어서 보다 낮은 산화상태를 갖는 단순한 양이온으로 환원된다. 따라서 과망간산이온과 중크롬산이온은 산성용액에서 매우 좋은 산화제로 작용한다. 마찬가지로 비교적 높은 산화상태에 있는 비금속들은 일반적으로 좋은 산화제이다. 그렇지만 그 산화력은 수소이온 농도에 따라 크게 좌우된다. 따라서 그들의 작용을 간단히 예측하기는 쉽지 않다. 예를 들면, 황산이온과 요오드화이온 사이의 반응이 진한 황산용액 속에서는 쉽게 일어나지만, 묽은 산 또는 중성용액 속에서는 반응이 역으로 진행된다.

$$SO_4^{2-} + 2I^- + 4H^+ \underset{\text{묽은 산 또는 중성}}{\overset{\text{진한 산}}{\rightleftharpoons}} SO_2 + I_2 + 2H_2O$$

연습문제

PROBLEMS

01. 다음 화합물에서 금속의 산화수는 얼마인가?

(a) Na_2O_2 (b) MnO_4^- (c) Cu_2O (d) FeO (e) Fe_3O_4 (f) HNO_3

(g) K_2CrO_4 (h) $PbSO_4$ (i) $Na_2B_4O_7 \cdot 10H_2O$

02. 다음 각 화합물 속에 있는 산소의 산화상태는 얼마인가?

(a) O^{2-} (b) O_2^{2-} (c) H_2O_2 (d) CO (e) CO_2 (f) O_2^-

(g) BaO_2 (h) PbO_2 (i) OF_2 (j) Na_2O (k) O_3 (l) KO_2

03. 다음 반응 중에서 산화-환원반응을 나타내는 것은 어느 것인가?

(a) $2H_2O_2 \rightarrow 2H_2O + O_2$

(b) $CaCO_3 \rightarrow CaO + CO_2$

(c) $2CrO_4^{2-} + 2H^+ \rightarrow Cr_2O_7^{2-} + H_2O$

(d) $2Fe(CN)_6^{4-} + I_2 \rightarrow 2Fe(CN)_6^{3-} + 2I^-$

(e) $CO_2 + 2NaOH \rightarrow Na_2CO_3 + H_2O$

(f) $2O_3 \rightarrow 3O_2$

(g) $Cu + CuCl_2 \rightarrow 2CuCl$

(h) $V_2O_5 + 2KOH \rightarrow 2KVO_3 + H_2O$

(i) $C_3O_2 + 2O_2 \rightarrow 3CO_2$

(j) $Al(OH)_4^- + H^+ \rightarrow Al(OH)_3 + H_2O$

(k) $2NaHCO_3 \rightarrow Na_2CO_3 + CO_2 + H_2O$

04. (a) H_2O (b) CH_4 (c) NaH 중에 있는 수소의 산화수는 얼마인가?

05. 다음 각 반응에서 첫 번째 반응물의 1몰당의 당량은 얼마인가?

(a) $H_2SO_4 + 2NaOH \rightarrow Na_2SO_4 + 2H_2O$

(b) $MnO_4^- + 5e^- + 8H^+ \rightarrow Mn^{2+} + 4H_2O$

(c) $H_3PO_4 + NaOH \rightarrow NaH_2PO_4 + H_2O$

(d) $H_3PO_4 + 3NaOH \rightarrow Na_3PO_4 + 3H_2O$

06. 산성용액에서 일어나는 다음 반응들에 대하여 완결된 반응식을 쓰라.

(a) $Fe + Ag^+ \rightarrow Ag + Fe^{3+}$

(b) $H^+ + NO_3^- + Fe^{2+} \rightarrow Fe^{3+} + NO_2 + H_2O$

(c) $Cu^{2+} + I^- \rightarrow CuI + I_2$

(d) $H_2O_2 + Cr_2O_7^{2-} + H^+ \rightarrow Cr^{3+} + O_2 + H_2O$

07. 염기성 용액에서 일어나는 다음 반응들에 대하여 완결된 반응을 써라.

(a) $MnO_2(s) + H_2O_2 \rightarrow MnO_4^- + OH^-$

(b) $Fe(OH)_2 + CrO_4^{2-} \rightarrow Cr(OH)_3 + Fe(OH)_3$

(c) $Fe_3O_4 + MnO_4^- \rightarrow MnO_2 + Fe_2O_3$

(d) $Br_2 + IO_3^- \rightarrow Br^- + IO_4^-$

08. 다음 반응식을 완결하고 각 반응식에서 빠진 생성물에 대하여 괄호속에 지적된 원소의 산화상태를 말하여라.

(a) $H^+ + H_2O_2 + Fe^{2+} \rightarrow Fe^{3+}$ + (산소)

(b) $Ca(OH)_2 + CO_2 \rightarrow H_2O$ + (탄소)

(c) $S_8 + OH^- \rightarrow SO_3^{3-} + H_2O$ + (황)

(d) $H_2O + N_2O_5 \rightarrow$ (질소)

09. 50.00 mL의 1.0 M Fe^{2+}을 적정하여 Fe^{3+}으로 변화시키는 데 1.0 M MnO_4^- 용액이 10.00 mL 필요하다. 환원생성물에서 망간의 산화상태는 얼마인가?

10. (a) 다음 방정식을 완결하여라.

$H_2C_2O_4 + Ce^{4+} \rightarrow CO_2 + Ce^{3+} + H_2O$

(b) 1.2 atm, 80°C에서 과량의 옥산살으로부터 이산화탄소 13.000 L를 만드는 데 드는 $Ce(SO_4)_2 \cdot 4H_2O$의 질량은 얼마인가?

11. 다음 방정식을 완성하고, 또 이온식으로 표시하여라.

(a) $Cu + HNO_3 \rightarrow Cu(NO_3)_2 + NO + H_2O$

(b) $K_2CrO_4 + H_2S + H_2SO_4 \rightarrow K_2SO_4 + Cr_2(SO_4)_3 + S + H_2O$

(c) $K_2Cr_2O_7 + KBr + H_2SO_4 \rightarrow K_2SO_4 + Cr_2(SO_4)_3 + Br_2 + H_2O$

(d) $Mn(NO_3)_2 + PbO_2 + HNO_3 \rightarrow HMnO_4 + Pb(NO_3)_2 + H_2O$

(e) $KIO_3 + KI + H_2SO_4 \rightarrow K_2SO_4 + I_2 + H_2O$

(f) $KClO + HCl \rightarrow Cl_2 + KCl + H_2O$

12. 다음 화학변화의 반쪽반응식을 쓰고 산화-환원반응이 완결되도록 두 반쪽반응을 결합시켜라.

(a) 묽은 HNO_3에 의한 구리의 산화

(b) 산성과망간산염에 의해 S^{2-}을 S로 산화유리시킬 때

(c) 과산화수소로 I^-를 I_2로 산화시킬 때

(d) 산성 MnO_4^-을 $MnSO_4$로 환원시킬 때

13. 다음의 화합물에서 탄소원자의 산화수를 밝혀라.

(a) CH_4　(b) HCHO　(c) H_2CO_3　(d) CCl_4

(e) CO　(f) $C_2O_3^{2-}$　(g) CO_3^{2-}　(h) HCO_3^-

14. 다음에서 황, 구리 및 바나듐의 산화수는 얼마인가?

(a) SO_4^{2-}　(b) $CuSO_4$　(c) $VOSO_4$

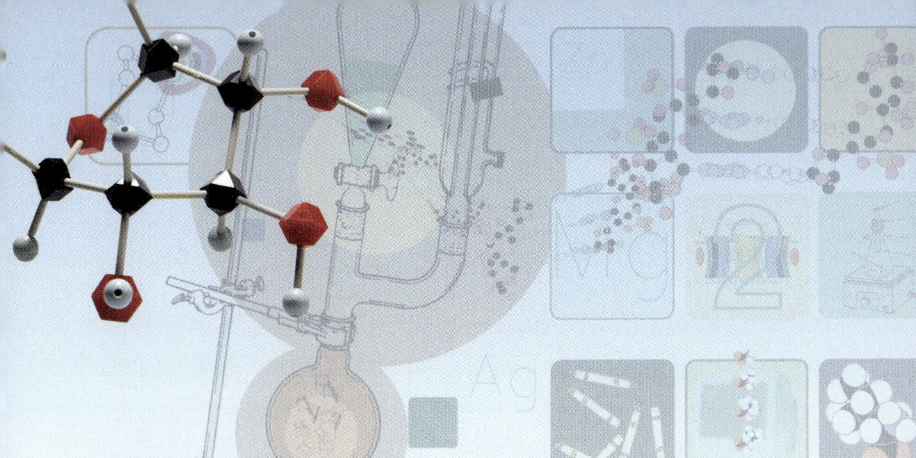

CHAPTER

15 전기화학

전기화학이란 화학에너지를 전기에너지로 변환시키는 갈바니전지와, 전기에너지를 화학에너지로 변환시키는 전해전지에 관한 모든 것을 취급하는 분야를 말한다. 그 외에 전기화학과정을 연구함으로써 전지 밖에서 일어나는 산화-환원 반응을 이해하고 체계화할 수 있다. 이 장에서도 이들 모든 전기화학적인 현상에 대해 다루고자 한다.

미리보기

15.1 전기화학전지

금속구리를 질산은($AgNO_3$) 용액 속에 담그면 구리는 녹아서 그 용액이 푸른색을 띠며, 반대로 금속 은을 질산구리용액에 담그면 아무런 변화가 없다. 이것은 산화-환원반응(redox)의 좋은 예이다. 산화-환원반응은 실험적으로 산화반응과 환원반응을 전기화학전지(electrochemical cell)를 통해서 확인할 수 있는데, 예를 들어 금속 구리와 질산은($AgNO_3$) 사이의 반응은 다음과 같다.

$$Cu(s) + 2Ag^{+}(aq) \rightarrow Cu^{2+}(aq) + 2Ag(s)$$

위 반응에서 질산이온(NO_3^-)은 전자 전달과는 무관하므로 생략하고 전자를 주고 받는 물질들만으로 알짜반응식을 나타내었다. 이때 구리의 두 개 전자는 은이온으로 옮겨가서 구리는 구리이온(Cu^{2+})으로 은이온(Ag^+)은 금속은으로 전환된다. 그러므로 구리는 산화(oxidation)되고, 은은 환원(reduction)된 것이다. 이것을 각각의 반응식으로 나타내면 다음과 같다.

$$Cu(s) \rightarrow Cu^{2+}(aq) + 2e^- \qquad \text{산화}$$
$$2Ag^{+}(aq) + 2e^- \rightarrow 2Ag(s) \qquad \text{환원}$$

이 각각의 반응을 **반쪽반응**(half reaction)이라고 하고 이와 같은 성질을 이용하여 그림 15-1과 같이 전지를 구성하였을 때 각각의 비이커를 **반쪽전지**(half-cell)라고 하고 각 비이커 속에 담근 구리와 은을 **전극**(electrode)이라고 한다. 그림에서 보는 바와 같이 같거나 다른 두 전해질용액 속에 같거나 다른 두 금속 전극을 담그고 두 전해질 용액을 다공질막으로 분리하여 놓

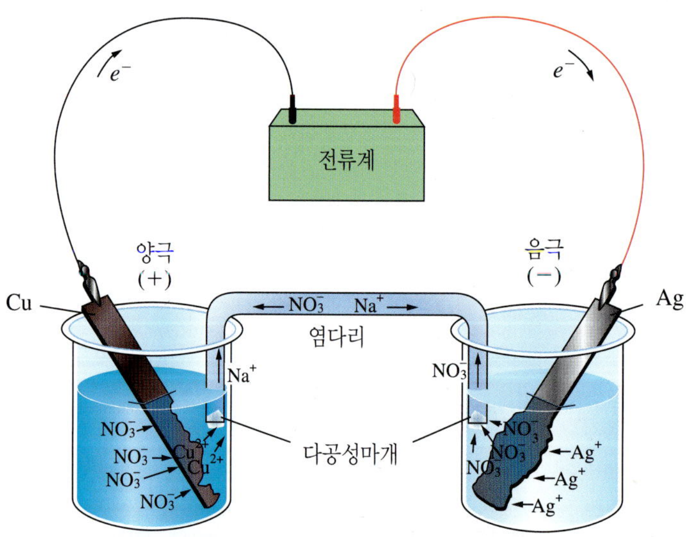

그림 15-1 전기화학전지

은 것을 **전기화학전지**(electrochemical cell)라고 한다. 이때 두 용액이 같은 용기 속에 담겨져 있을 때는 다공질막으로 분리하지만 그림에서처럼 각각의 반쪽전지를 비이커와 같이 다른 용기를 사용할 때는 이온의 이동이 가능하도록 한 **염다리**(salt bridge)를 사용하여 두 용액을 연결한다. 염다리는 U자 모양의 유리관에 $NaNO_3$ 또는 KCl 등을 포화시킨 우뭇가사리를 부어 만들거나 U자 모양의 유리관 양쪽 끝에 $NaNO_3$ 또는 KNO_3 등의 포화용액이 흘러나오지 않도록 다공질막으로 막아 놓은 것이다.

전기화학전지는 두 종류가 있는데 전지 자체가 위와 같은 산화-환원반응이 자발적으로 일어나서 전기에너지를 생산하는 것을 **갈바니전지**(Galvanic cell) 또는 **볼타전지**(Votaic cell)라고 하고, 위와 같은 반응을 일으키기 위하여 전기에너지를 소모하는 전지를 **전해전지**(electrolytic cell)이라고 한다.

15.2 전기분해

전류에 의해 화학반응이 일어나는 것을 **전기분해**(electrolysis)라 한다.

염화구리의 전기분해 실험에 대한 장치를 그림 15-2에 나타내었다. 그림과 같이 전해용기

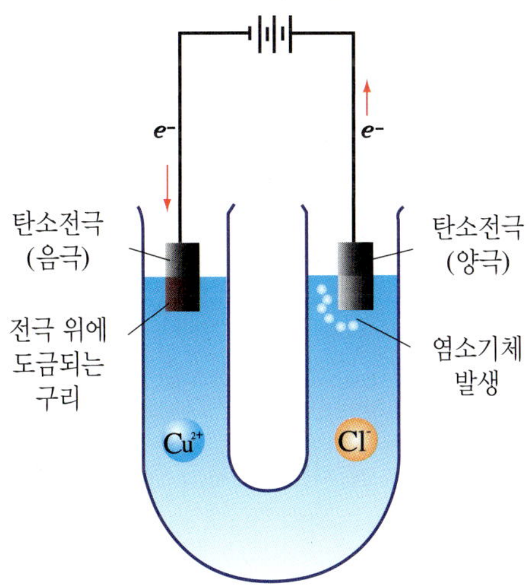

양극 : $2Cl^- \rightarrow Cl_2 + 2e^-$
음극 : $Cu^{2+} + 2e^- \rightarrow Cu$
전지 : $Cu^{2+} + 2Cl^- \rightarrow Cu + Cl_2$

그림 15-2 염화구리의 전기분해 장치

(electrolytic cell)는 전해질과 그 속에 담겨 있는 2개의 전극(electrode)으로 구성되어 있다. 이 전극들은 전지와 같은 직류전원의 양쪽에 연결되어 완전히 전기회로를 이룬다. 전류는 전자에 의하여 전지로부터 도선을 통하여 운반된다(금속전도). 전해용기 속에서는 전해질의 양이온과 음이온에 의하여 전류가 운반된다(전해질 전도). 전극도 금속전도에서 전해질전도로 또는 그와 반대로 변하게 되는 부분이 된다.

각 전극에서 전도형식이 바뀔 때에는 화학반응이 수반되는 데, 한쪽 전극의 물질이 전자를 받아들이고 이와 동시에 또 한쪽 전극에서는 다른 물질이 전자를 내놓음으로써 전자들은 도선을 통하여 전지로 되돌아간다. 양쪽 전극에서 일어나는 반응에서는 화학종이 전자를 받아 들이거나 잃고 있으므로 산화-환원 반응임을 알 수 있다. 예를 들면 적당한 농도의 염화구리(II) 용액에 2개의 탄소 전극이 담겨 있는 전해전지를 생각해 보자.

전지에서 나오는 전자들이 한 쪽 전극에 축적되어 음전하를 띠게 된다. 용액 속에 있는 양전하를 띤 구리(II)이온은 이 전극으로 이동하며, 여기서 전자를 받아들여서 다음과 같은 반쪽 반응이 일어난다.

$$Cu^{2+} + 2e^- \rightarrow Cu$$

이와 동시에 음전하를 띤 염소이온은 다른쪽 전극으로 이동하며, 여기서 반응을 일으켜 전자들을 바깥 회로로 내보낸다.

$$2Cl^- \rightarrow Cl_2 + 2e^-$$

환원이 일어나는 전극을 **음극**(cathode)이라 하고, 산화가 일어나는 전극을 **양극**(anode)이라 한다. 또, 전기분해반응에서 음극(cathode)으로 이동하는 이온들은 양이온(cation)이라 부르고, 양극(anode)으로 이동하는 이온들을 음이온(anion)이라 한다. 어떤 전기분해 실험에서 전극에서 일어나는 실제 변화는 관여하고 있는 물질들의 상대적인 산화-환원 경향에 따라 다르다. 탄소는 전기분해시 산화에 대하여 비교적 안정하기 때문에 위에서 설명한 전해용기 속에서는 탄소전극은 산화반응에 관여하지 아니한다. 전해용기의 양극이 구리금속일 경우에는 다음과 같은 산화반응이 일어난다.

$$Cu \rightarrow Cu^{2+} + 2e^-$$

구리금속은 염소이온보다 산화되기 쉽다. 그럼에도 불구하고 용액 속의 염화이온은 계속 양극쪽으로 이동하며, 이 경우는 구리전극에서 용액 속으로 들어오고 있는 구리(II)이온들의 전하와 균형을 맞추는 일을 한다.

전기분해는 물이나 염화나트륨(NaCl)으로부터 유용한 물질을 얻기 위해 사용하는 방법 중의 하나이다. 먼저 용융 NaCl(m.p = 801°C)을 전기 분해하여 금속 나트륨(Na)과 염소(Cl_2)를 얻는 과정을 생각해 보자. 그림 15-3의 (a)에 나타낸 바와 같이 양극(anode)에서는 염소이온(Cl^-)이 산화되어 염소 기체(Cl_2)가 생성되며, 음극(cathode)에서는 나트륨이온(Na^+)이 환원되어 금속 나트륨(Na)으로 석출한다. 이 반응의 반응식을 정리하면 다음과 같다.

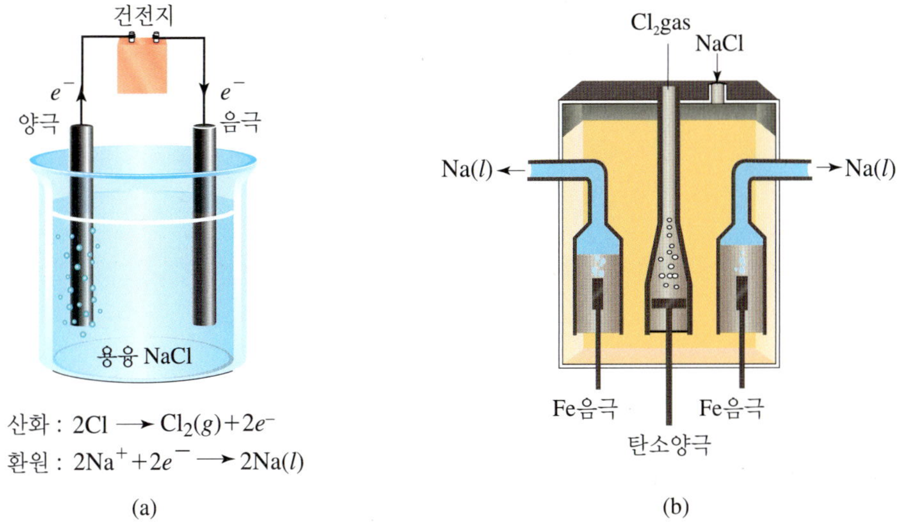

그림 15-3 **용융 NaCl의 전해전지.** (a) 용융 NaCl을 전기분해해 금속 Na과 Cl_2 기체를 얻는 전지 구성 (b) 용융 NaCl을 전기분해하는 실 예(Downcell)

$$\begin{array}{ll} \text{양극(산화)} & 2Cl^-(g) \rightarrow Cl_2(g) + 2e^- \\ \text{음극(환원)} & 2Na^+ + 2e^- \rightarrow 2Na(l) \\ \hline \text{알짜반응} & 2Na^+ + 2Cl^- \rightarrow 2Na(l) + Cl_2(g) \end{array}$$

대량으로 Na과 Cl_2를 얻기 위한 전기분해는 Downs전지를 이용하는데 그림 15-3의 (b)와 같이 양극으로 탄소(carbon)를, 음극으로 철을 이용하여 전류를 흐르게 하면 철 음극에서는 Na이, 탄소 양극에서는 염소가스가 발생한다. 음극에 모인 Na은 액체상태이며, 용융 NaCl보다 가볍기 때문에 용융 NaCl 표면으로 떠오르게 되어 쉽게 분리할 수 있다.

물은 대기압 상태(1 atm, 25°C)에서는 수소와 산소기체로 자발적으로 분해될 수 없지만 전기분해의 경우는 다음과 같은 반응이 일어나게 된다.

$$2H_2O(l) \rightarrow 2H_2(g) + O_2(g)$$

그림 15-4에 물의 전기분해에 대한 모식도를 나타내었다. 이 전해전지는 화학적으로 반응성이 없는 백금을 전극으로 사용한다. 순수한 물에서는 이온이 너무 적어 전류가 흐를 수 없어 전기분해가 일어날 수 없으나 여기에 묽은 황산(0.1M H_2SO_4)을 가하면 용액 중에 이온의 수가 많아 전류가 흐르게 된다. 이때 즉각적으로 양쪽 전극에서 기체가 발생하게 된다. 결론적으로 물의 전기분해에서의 반응은 다음과 같다.

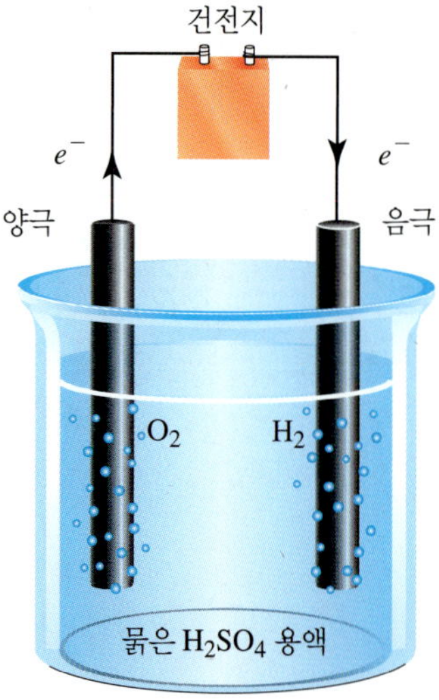

산화 : $2H_2O(l) \longrightarrow O_2(g) + 4H^+(aq) + 4e^-$

환원 : $4H^+(aq) + 4e^- \longrightarrow 2H_2(g)$

그림 15-4 물의 전기분해

$$\begin{array}{ll} \text{양극(산화)} & 2H_2O(l) \rightarrow O_2(g) + 4H^+(aq) + 4e^- \\ \text{음극(환원)} & 4\,[H^+ + e^- \rightarrow \frac{1}{2}H_2(g)] \\ \hline \text{알짜반응} & 2H_2O(l) \rightarrow 2H_2(g) + O_2(g) \end{array}$$

한편, NaCl 수용액의 전기분해는 위에서 언급한 용융 NaCl의 전기분해와는 달리 다음과 같은 반응이 일어나게 된다.

$$\begin{array}{ll} \text{양극(산화)} & 2Cl^-(aq) \rightarrow Cl_2(g) + 2e^- \\ \text{음극(환원)} & 2H_2O + 2e^- \rightarrow 2H_2(g) + 2OH^-(g) \\ \hline \text{알짜반응} & 2H_2O(l) + 2Cl^-(aq) \rightarrow H_2(g) + Cl_2(g) + 2OH^-(aq) \end{array}$$

즉, 용융 NaCl의 전기분해에서는 기체상태의 염소와 고체상태의 나트륨이 생기지만 NaCl 수용액은 기체상태의 수소(H_2)와 염소(Cl_2)를 발생한다.

또한 구리를 정제하는데 전기분해를 이용하면 매우 효과적이다. 구리를 원광으로부터 분리하면 순도 99%짜리를 얻을 수 있으며 주로 철, 아연, 은, 금, 백금 등의 불순물이 포함되어 있다. 정제동은 $CuSO_4$ 전해질 용액의 양극으로 사용하여 전기분해하며, 매우 순도 높은 구리를 음극으로 사용한다(그림 15-5). 전기분해할 때 구리보다 더 반응성이 큰 철 또는 아연 같은 금속은 양극에서 용해될 수 있도록 전압을 알맞게 조절해야 한다. 은, 금, 백금과 같은 금속은 용해되지 않고 전해질 용액의 바닥에 침전된다. 음극에서는 단지 가장 쉽게 환원되는 Cu^{2+}이 전

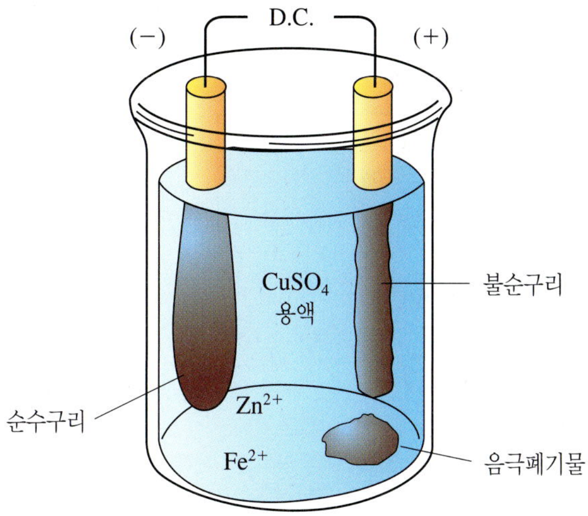

그림 15-5 전기분해에 의한 구리의 정제

자를 받아들여 석출된다.

이 전해전지에 있어서 구리는 양극에서 음극으로 이동하는 반면에 Fe이나 Zn과 같은 불순물은 Fe^{2+}, Zn^{2+}의 형태로 용액 속에 남아있게 된다. 은이나 금 또는 백금 찌꺼기는 전기분해하는데 들어간 전기료 이상의 가치가 있다. 그러므로 구리를 정제하는데는 거의 비용이 들지 않지만, 생산가격은 원광의 채광 및 정제동 제조과정이 포함되므로 상당히 비싼 편이다.

15.3 Faraday의 법칙

1834년 Michael Faraday(1791~1867)는 전해용기 내에서 일어나는 화학반응의 양은 전해용기에 통해준 전기량에 좌우된다는 사실을 알았다. 일정한 전기량을 종류가 다른 전해질에 통해줄 때에는 똑같은 당량의 물질이 생성된다. 예를 들면 그림 15-6에서와 같이 종류가 다른 전해질 수용액이 들어있는 몇 개의 전해용기를 직렬로 연결하고 여기에 96,487C의 전기량을 통해주면 각 용기에서 동시에 화학반응이 일어난다.

H_2SO_4이 들어있는 전해용기에서는 양극과 음극에서 각각 O_2 7.997 g과 H_2 1.008 g이 생성될 것이다. 그 밖의 전해용기에서는 각 음극에서 Ag 107.9 g과 Cu 31.773 g 및 In 38.27 g이 생길 것인데 이 생성물들의 질량은 각 원소의 당량무게와 같다.

따라서 96,485C의 전기량은 전자 1 mol이 지니는 전기량과 동등하다고 결론지을 수 있다. 이러한 실험의 결과를 일반화한 것이 **Faraday의 법칙**이다.

요약하면 다음과 같다.

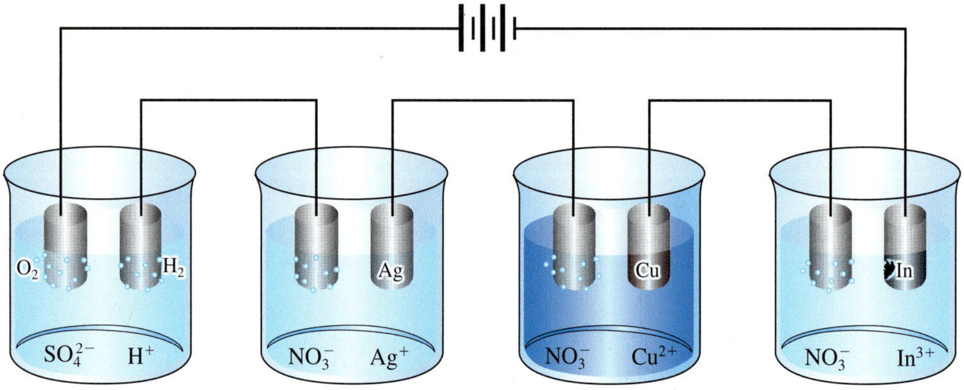

그림 15-6 수용액의 전기분해

① Faraday 제1법칙 : 전기분해 실험에서 얻어지는 생성물들의 질량(g)은 전해용기를 통하여 흐른 전기량에 비례한다.

$$g \propto I \cdot t \ (A \cdot sec = coulomb)$$

② Faraday 제2법칙 : 일정한 전기량으로부터 얻어지는 생성물들의 상대적 질량(m)은 각각의 당량에 비례한다.

$$m \propto zg$$

여기서 z는 **전기화학당량**을 의미하며 1 coulomb의 전기량에 의하여 석출 또는 용해하는 물질의 양으로 정의한다. 전기화학당량은 화학당량에 비례하므로 다음과 같이 전기화학당량을 표시할 수 있다.

$$z \propto \frac{M}{n}$$

$$z = \lambda \frac{M}{n}$$

$$\lambda = \frac{1}{96485C}$$

따라서 석출 또는 용해하는 물질의 양은 다음과 같이 나타낼 수 있게 된다.

$$m = \lambda \frac{M}{n} I \cdot t$$

96,485C이라는 전기량을 1 Faraday(F)라 하며, 1 F는 1 g당량의 화학변화를 일으킨다. 그러므로 어떤 전기분해 실험에서 생성되는 순물질의 질량은 그 당량과 전해용기를 통해서 흐른 전하의 Faraday수에 의하여 정할 수 있다. 반대로 전기량은 일정한 시간 동안에 생성된 물질의 당량수로부터 계산할 수 있다.

예제 15.1 구리전극을 사용하여 10.0 A의 전류를 정확히 1시간 동안 $CuSO_4$ 용액에 통해주었다. 이때 전극반응을 쓰고 용액에서 일어나는 변화를 설명하여라.

풀이: 전극반응은 다음과 같다.

양극 $Cu \rightarrow Cu^{2+} + 2e^-$

음극 $Cu^{2+} + 2e^- \rightarrow Cu$

$$\text{전자의 mol수} = \frac{(10.0\text{A})(3600\text{sec})}{96{,}485\ \text{C/mol}} = 0.373\ \text{mol}$$

Cu^{2+} 또는 금속 Cu의 1 mol과 반응하기 위해서는 2 mol의 전자가 필요하므로 용해되거나 석출되는 Cu의 몰수는

$$(0.373\ \text{mol}\ e^-) \times \frac{(1\ \text{mol Cu})}{(2\ \text{mol}\ e^-)} = 0.186\ \text{mol Cu}$$

그러므로 Cu 0.186 mol이 양극에서 용해되고 Cu 0.186 mol이 음극에서 석출되어 용액속의 Cu(II)이온의 농도는 일정하다.

예제 15.2 금전극을 사용하여 $AuCl_4^-$ 용액에 일정한 전류를 통하였더니 10분 후에 음극의 무게가 1.314 g 증가되었다. 이때 통과한 전기량과 전류의 세기 I는 얼마인가?

풀이: 음극에서 금(III)이 환원되어 금속의 금이 된다.

$AuCl_4^- + 3e^- \rightarrow Au + 4Cl^-$

$$\text{Au의 mol수} = 1.314\text{g Au} \times \frac{1\ \text{mol Au}}{197\text{g Au}} = 6.67 \times 10^{-3}\ \text{mol Au}$$

$$q = (6.67 \times 10^{-3}\ \text{mol Au}) \times \frac{3\ \text{mol}\ e^-}{1\ \text{mol Au}} = 2.00 \times 10^{-2}\ \text{F}$$

$$t = 10.00\ \text{min}\left[\frac{60.0\ \text{sec}}{\text{min}}\right] = 600\ \text{sec}$$

$$I = \frac{q}{t} = \frac{(2.00 \times 10^{-2}\ \text{F})(96{,}485\text{C/F})}{600\ \text{sec}} = 3.22\text{A}$$

15.4 갈바니전지

1780년에 Luigi Galvani(1737~1798)는 개구리 근육에 미치는 전기의 효과를 실험하고 있었다. 전원은 그 당시에 일반적으로 사용되던 마찰전기발생기였다. 그가 실험하는 동안 기대하지 않던 현상을 발견하게 되었다. 즉 그는 구리나 철과 같은 다른 두 금속으로 개구리다리를 접촉시

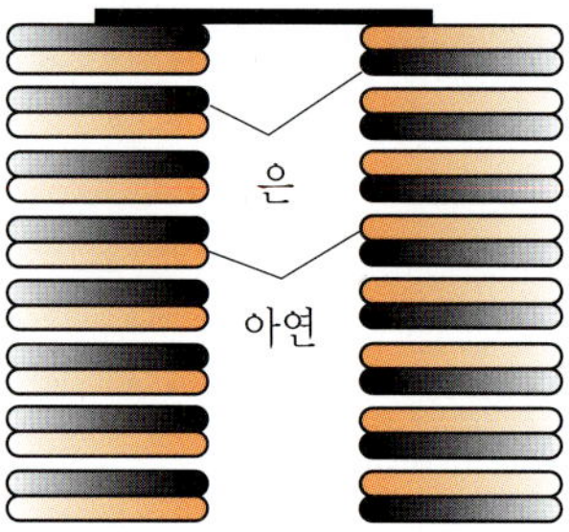

그림 15-7 볼타전지

켰더니 씰룩거렸다. 그는 동물전기를 발견했다고 생각하였으나 물리학자인 Volta(1745~1827)는 회의적이었다. 1800년에 Volta는 유명한 볼타전지를 만들었는데 그것은 소금물에 적신 헝겊 조각이나 마분지를 서로 다른 두 금속판 사이에 끼워 만든 것이었다(그림 15-7).

이것이 최초의 연속전류의 발생장치였으며, 이로 인하여 19세기 초의 중요한 전기화학적 발견이 가능하게 되었다. 오늘날 전기화학전지나 축전지는 대부분 발전기로 대체되었으나, 전지는 아직도 소규모의 휴대용 전원으로 사용되고 있다. 전지가 화학을 이해하는데 왜 중요한가 하는 또 다른 이유가 있다. 즉 화학적인 반응으로부터 얻을 수 있는 전기적인 일은 반응에 있어서의 자유에너지변화, 반응의 평형상수와 밀접한 관계가 있다.

전류를 생산할 수 있는 유일한 반응은 전자가 이동하는 반응, 즉 산화-환원반응이다. 한 가지 잘 알려진 예로서, 아연과 가용성 구리염 사이의 반응을 들 수 있다.

$$\mathrm{Zn(s)} + \mathrm{Cu^{2+}}(aq) \rightarrow \mathrm{Cu(s)} + \mathrm{Zn^{2+}}(aq)$$

이 반응에서 아연은 산화되고(전자를 잃는다) Cu^{2+}는 환원된다(전자를 얻는다). 이 반응은 발열반응이다($\Delta H = -217$ kJ). $CuSO_4$ 용액에 아연조각을 넣으면 발열하나 전기적인 일은 얻을 수 없다. 어떻게 이 반응으로부터 전기적인 일을 얻을 수 있겠는가? 이것을 알기 위하여 반응을 산화와 환원이라는 두 반반응으로 분리해 본다.

$$\mathrm{Zn(s)} \rightarrow \mathrm{Zn^{2+}}(aq) + 2e^- \qquad (\text{산화})$$
$$\mathrm{Cu^{2+}}(aq) + 2e^- \rightarrow \mathrm{Cu(s)} \qquad (\text{환원})$$

이러한 반반응이 물리적으로 격리된 두 장소에서 일어나도록 배열하면 전자는 도선을 통하여 산화가 일어나는 곳(양극)에서 환원이 일어나는 곳(음극)으로 흐를 것이다. 이 전자의 흐름이 일을 하는데 사용될 수 있는 전류이다.

화학에너지가 전기에너지로 전환되는 장치를 **갈바니전지**(Galvanic cell)라고 한다. 갈바니전지는 전해전지와는 다르다. 전해전지는 전류를 흐르게 하고 반응을 일으키기 위하여 외부동

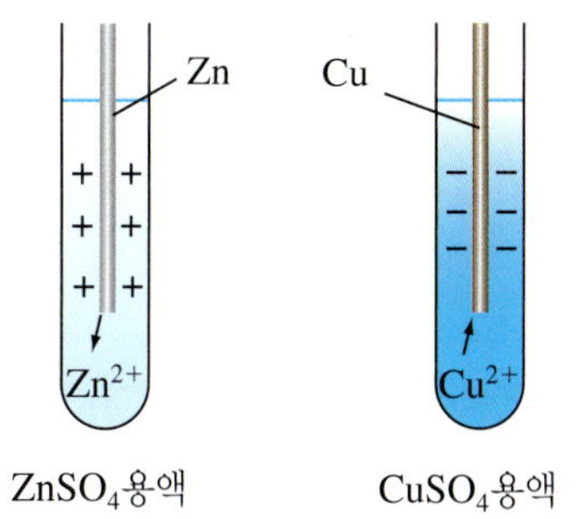

그림 15-8 작동하지 않는 갈바니전극

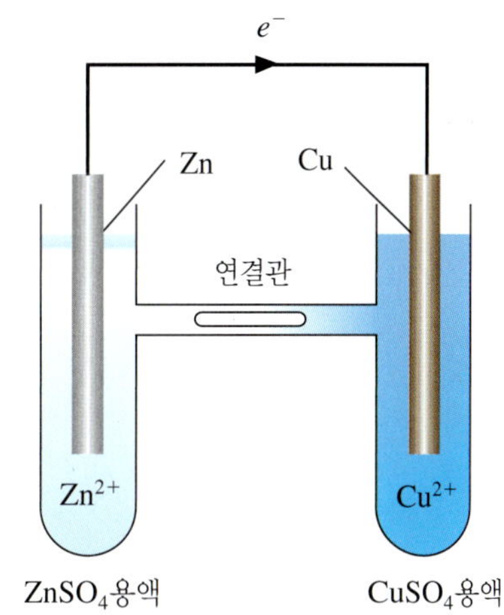

그림 15-9 작동하는 갈바니전지

력원이 필요하다. 갈바니전지는 그 자체가 동력원이며 열역학적으로 가능한 반응을 이용한다. 그것은 자유에너지의 감소에 해당한다. 반면에 전해전지에서는 계에 전기적인 일을 하여 불가능한 반응을 일어나게 한다. 그림 15-8의 장치는 작동하지 않는 갈바니전지이다. 그 이유를 알기 위하여 $Zn(s) \rightarrow Zn^{2+}(aq) + 2e^-$을 생각해 보자. Zn^{2+} 이온은 용액속으로 들어가고 여분의 양이온은 음이온과 균형을 이루지 못하므로 용액은 양전하를 띤다. 용액은 금속이 아니므로 전자들은 용액안으로 들어갈 수 없고 아연에 머물러 있게 되어 음전하를 띠게 한다. 그러므로 Zn이 Zn^{2+}로 되는 산화반응은 검출할 수 있을 만큼의 Zn이 반응하기 전에 멈춘다. 마찬가지로 $Cu^{2+}(aq) + 2e \rightarrow Cu(s)$는 용액 속의 Cu^{2+}가 Cu로 석출되면서 SO_4^{2-}가 과잉으로 남게 되어 용액이 음전하를 띤다.

그러므로 이 과정 역시 측정할 수 있는 Cu^{2+}의 양이 환원되기 전에 멈춰버린다. 그러면 어떻게 이 전지에서 전류를 발생시킬 수 있을까? 어떤 전기적인 장치에서와 같이 완성된 회로가 필요하다. 이 회로를 완성하기 위해서는 다음과 같은 두 가지 일을 해야 한다.

① Zn과 Cu전극을 도선으로 연결한다. Zn양극에 남아있는 전자는 도선을 따라 음극쪽으로 흐르고 Cu^{2+}는 Cu로 환원된다. 그러나 전류는 여전히 흐르지 않는다.

② 그림 15-9는 작동하는 전지를 나타낸 것이다. 여기서 도선은 전자를 흐르게 하지만, 한 용액 속에는 Zn^{2+}가 형성되고, 다른 용액 속에서는 Cu^{2+}가 소모되어 SO_4^{2-}만 남아 전하 균형이 깨진다. 이러한 전하불균형은 이 두 용액을 혼합시키지 않고 접촉시키면 균형을 이루게 할 수 있다. 즉, 생성된 Zn^{2+}의 양전하를 중화시키기 위해 $ZnSO_4$ 용액 안으로 SO_4^{2-}가 흘러 나올 수 있게 하고, 과잉의 음전하를 감소시키기 위하여 $CuSO_4$으로부터 SO_4^{2-}가 흘러 나갈 수 있게 한다. 양이온 역시 이동하여 용액을 전기적으로 중성상태로

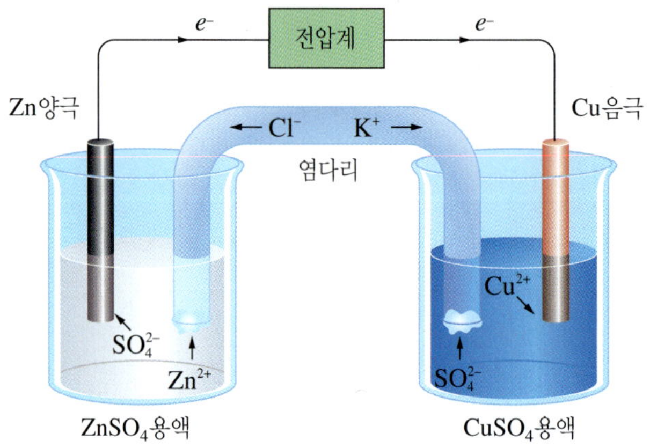

그림 15-10 전형적인 갈바니전지

유지하는데 기여할 수 있다. 이러한 역할을 하는 것이 염다리(salt bridge)이다.

이제 완전한 회로를 만들었다. 즉 일부는 금속, 일부는 용액인 회로를 만든 셈이다. Zn^{2+}에 의한 양극용액의 과잉의 양전하와 Cu^{2+}가 제거되어 음극용액에 만들어진 음전하(SO_4^{2-})는 한 용액으로부터 다른 용액으로 이온들이 이동함으로써 중화된다. 그림 15-10에 전형적인 갈바니 전지를 나타내었다.

15.5 전극전위

그림 15-10에서 Cu 금속판은 음극으로, Zn 금속판은 양극으로 작용한다. 그때 양이온(Cu^{2+}, Zn^{2+}, K^+)은 음극(cathode) 쪽으로 이동하고 음이온은 양극(anode) 쪽으로 이동한다. 이 전지에서 구리가 환원되고 아연이 산화될 때 각각 환원과 산화되는 정도가 다르므로 두 전극 사이에는 전압의 차이가 생긴다. 이 전압의 차이를 **기전력**(emf: electromotive force)이라고 한다.

전지반응을 두 반쪽반응의 합으로 간주할 수 있는 것과 같이 전지의 기전력은 반쪽전지전위의 합으로 생각할 수 있다. 그러나 단일 반쪽전지전위의 절대값을 측정하는 것은 불가능하다. 따라서 표준이 되는 기준반쪽전지의 전압을 영으로 정하고 다른 모든 반쪽전지전위를 이 기준전극에 비교하여 표시한 비교척도가 정하여졌다.

이 기준이 되는 반쪽전지를 표준전지(standard cell)라고 하는데, 가장 일반적인 것이 **표준수소전극**(standard hydrogen electrode)으로 단위 활동도의 $H^+(aq)$를 포함한 산용액에 백금전극(표면을 증가시키기 위하여 미립자의 백금으로 도금시킨)을 꼽고 그 표면에 1 atm의 수소가스 기포를 통과시키도록 되어 있다.

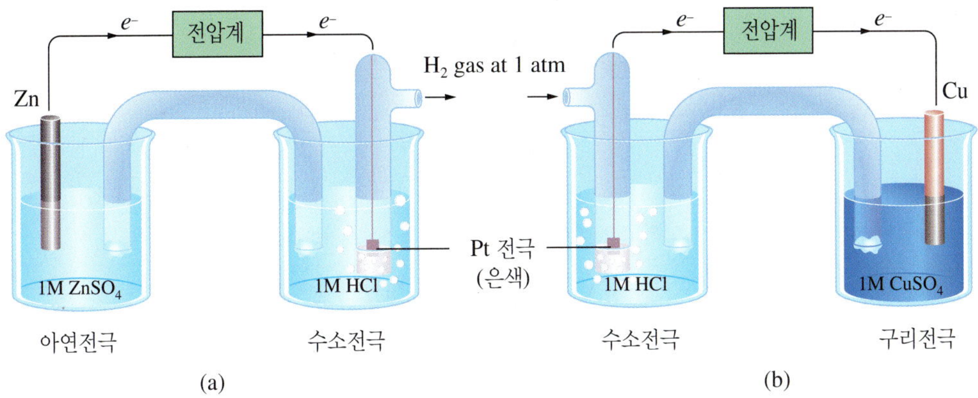

그림 15-11 표준수소전극과 (a) Zn/Zn^{2+}, (b) Cu^{2+}/Cu

그림 15-11은 표준수소전극과 표준 Cu^{2+}/Cu전극에 의한 전지모형이다. 염다리는 염(보통 KCl)의 용액으로 채워진 관으로 반쪽전지 사이에 이온은 확산시키나 반쪽전지용액 내에 혼합을 막는다. 그림 15-11의 전지는 다음과 같이 표시된다.

$$Pt \mid H_2 \mid H^+ \parallel Cu^{2+} \mid Cu$$

이중선은(‖) 염다리를 표시한 것으로, 염다리의 왼쪽은 산화반응, 오른쪽은 환원반응이다. 단일선(|)은 물질의 상태가 다름을 나타낸다. 수소전극은 양극이고 구리전극은 음극이며 이 전지의 기전력은 0.34 V이다. 전지의 기전력은 산화반쪽반응의 반쪽전지 전위와 환원반쪽반응의 반쪽전지전위의 합이다. 이 때 이온의 농도가 1M이고, 기체의 압력이 1기압이면, 측정된 전압은 그 물질의 표준전극전위($E°$)로 사용된다.

그림 15-11의 전지에 대한 양극, 음극은 아래와 같고, 수소전극의 전위를 임의로 0으로 정하였으므로 전체전지의 기전력은 표준 Cu^{2+}/Cu전극에 의해 결정된다. +0.34 V값은 Cu^{2+}/Cu 전극의 **표준전극전위**(standard electrode potential)이다. 전극전위는 환원 반쪽반응에 대한 것임을 명심하여라.

$$\text{양극}\ H_2 \rightarrow 2H^+ + 2e^- \qquad E° = 0.00\ V$$
$$\text{음극}\ Cu^{2+} + 2e^- \rightarrow Cu \qquad E° = +0.34\ V$$

만일 전지가 표준수소전극과 표준 Zn^{2+}/Zn전극으로 이루어져 있다면 아연의 표준환원전위는 −0.76 V로 자발적으로 환원되기 어렵다. 따라서 아연전극은 양극이 되고 전지의 기전력은 0.76 V이다. 양극과 음극은 다음과 같으며 여기서 나타난 +0.76 V의 값은 **산화전위**(oxidation potential)라 불리는데 이것이 산화반쪽반응에 해당되기 때문이다.

$$\text{양극}\ Zn \rightarrow Zn^{2+} + 2e^- \qquad E° = +0.76\ V$$
$$\text{음극}\ 2H^+ + 2e^- \rightarrow H_2 \qquad E° = 0.00\ V$$

$$Zn^{2+} + 2e^- \rightarrow Zn \qquad E° = -0.76\ V$$

표준전극전위를 얻기 위하여 표준수소전극을 포함한 전지만을 사용할 필요는 없다. 예를 들면 Ni^{2+}/Ni전극의 표준전위는 다음 전지로부터 측정할 수 있다.

$$Ni\ |\ Ni^{2+}\ \|\ Cu^{2+}\ |\ Cu$$

이 전지의 기전력은 0.59 V이고 니켈전극은 양극으로 작용한다.

$$Ni + Cu^{2+} \rightarrow Ni^{2+} + Cu \qquad E°_{cell} = +0.59\ V$$

Cu^{2+}/Cu 전극의 표준전극전위는 이미 측정되었다.

$$Cu^{2+} + 2e^- \rightarrow Cu \qquad E°_{Cu^{2+}/Cu} = +0.34\ V$$

따라서 전지의 기전력은 두 전극의 기전력의 합이므로 Ni전극의 기전력은 다음과 같이 구할 수 있다

$$E°_{cell} = E°_{Ni/Ni^{2+}} + E°_{Cu^{2+}/Cu}$$

$$E°_{Ni/Ni^{2+}} = 0.59\ V - 0.34\ V = 0.25\ V$$

$$\therefore E°_{Ni^{2+}/Ni} = -0.25\ V$$

표준전극전위는 표 15-1에 수록되어 있다. 이 표에는 가장 큰 표준환원전위(환원경향이 가장 큰 것)가 아래쪽에 실려 있다. 따라서 한쌍의 전극을 결합시켜 볼타전지를 만들려면 전지의 환원반쪽반응(음극)은 표의 아래쪽에 있는 전극을 사용하고 산화반쪽반응(양극)은 표의 위쪽에 있는 전극을 사용한다.

표 15-1에서 우리는 몇 가지 사실을 알 수 있다. $E°$ 값은 표준환원전위로 불리기도 하는데, 이는 반응이 왼쪽에서 오른쪽으로 환원반응이 일어나는 경우의 값이기 때문이다. 그리고 $E°$ 값은 양(+)의 값이 클수록 잘 환원되며, 음(−)의 값이 클수록 산화가 잘 일어남을 뜻한다. 예를 들어

$$F_2(g, 1\ atm) + 2e^- \rightarrow 2F^-(aq, 1\ M) \qquad E° = 2.87\ V$$

의 반응에서는 플루오르는 잘 환원되므로 센산화제(strong oxidizing agent)로 사용할 수 있다. Li의 반응에서는

$$Li^+(aq, 1\ M) + e^- \rightarrow Li(s) \qquad E° = -3.05\ V$$

이므로 Li은 잘 산화되므로 센환원제(strong reducing agent)로 작용한다. 반대로 생각하면 플루오르는 아주 약한 환원제가 되며, 리튬은 아주 약한 산화제가 된다.

예로서 표준 Ni^{2+}/Ni과 Ag^+/Ag전극으로 만들어진 전지를 생각하자. 이들 전극에 대하여 표에 기록된 것을 보면

$$Ni^{2+} + 2e^- \rightarrow Ni \qquad E° = -0.250\ V$$

$$Ag^+ + e^- \rightarrow Ag \qquad E° = +0.799\ V$$

표 15-1 25°C에서의 표준전극전위

반쪽반응	$E°$(V)
$Li^+ + e^- \rightarrow Li$	−3.045
$K^+ + e^- \rightarrow K$	−2.925
$Ba^{2+} + 2e^- \rightarrow Ba$	−2.906
$Ca^{2+} + 2e^- \rightarrow Ca$	−2.866
$Na^+ + e^- \rightarrow Na$	−2.714
$Mg^{2+} + 2e^- \rightarrow Mg$	−2.363
$Al^{3+} + 3e^- \rightarrow Al$	−1.662
$2H_2O + 2e^- \rightarrow H_2 + 2OH^-$	−0.82806
$Zn^{2+} + 2e^- \rightarrow Zn$	−0.7628
$Cr^{3+} + 3e^- \rightarrow Cr$	−0.774
$Fe^{2+} + 2e^- \rightarrow Fe$	−0.4402
$Cd^{2+} + 2e^- \rightarrow Cd$	−0.4029
$Ni^{2+} + 2e^- \rightarrow Ni$	−0.250
$Sn^{2+} + 2e^- \rightarrow Sn$	−0.136
$Pb^{2+} + 2e^- \rightarrow Pb$	−0.126
$2H^+ + 2e^- \rightarrow H_2$	0
$Cu^{2+} + 2e^- \rightarrow Cu$	+0.337
$Cu^+ + e^- \rightarrow Cu$	+0.521
$I_2 + 2e^- \rightarrow 2I^-$	+0.5355
$Fe^{3+} + e^- \rightarrow Fe^{2+}$	+0.771
$Ag^+ + e^- \rightarrow Ag$	+0.7991
$Br_2 + 2e^- \rightarrow 2Br^-$	+1.0652
$O_2 + 4H^+ + 4e^- \rightarrow 2H_2O$	+1.229
$Cr_2O_7^{2-} + 14H^+ + 6e^- \rightarrow 2Cr^{3+} + 7H_2O$	+1.33
$Cl_2 + 2e^- \rightarrow 2Cl^-$	+1.3595
$MnO_4^- + H^+ + 5e^- \rightarrow Mn^{2+} + 4H_2O$	+1.51
$F_2 + 2e^- \rightarrow 2F^-$	+2.87

이 두 이온 중에서 Ag^+ 이온이 보다 큰 환원 경향을 보인다. 따라서 Ag^+/Ag전극이 음극이 되고, Ni^{2+}/Ni전극이 양극이 된다.

양극에서 일어나는 반쪽반응이 산화이고 이 반쪽전지전위가 산화전위이다.

$$\text{양극}\quad Ni \rightarrow Ni^{2+} + 2e^- \qquad E^\circ_{Ni/Ni^{2+}} = +0.250\ \text{V}$$

$$\text{음극}\quad 2Ag^+ + 2e^- \rightarrow 2Ag \qquad E^\circ_{Ag^+/Ag} = +0.799\ \text{V}$$

이 전지반응과 전지 기전력은 합으로부터 얻을 수 있다.

$$Ni + 2Ag^+ \rightarrow Ni^{2+} + 2Ag$$

$$E^\circ_{cell} = E^\circ_{Ni/Ni^{2+}} + E^\circ_{Ag^+/Ag}$$
$$= 0.250\ V + 0.799\ V = 1.049\ V$$

Ag^+의 환원반쪽반응에 2를 곱하여 산화반응식과의 전자균형을 맞췄다. 하지만 전극전위는 세기성질(intensive property)로 2를 곱하지 않는다.

예제 15.3 모든 물질이 단위활동도일 때 다음 제시된 반응이 자발적인지를 전극전위를 사용하여 결정하여라.

(a) $Cl_2(g) + 2I^-(aq) \rightarrow 2Cl^-(aq) + I_2(s)$

(b) $2Ag(s) + 2H^+(aq) \rightarrow 2Ag^+(aq) + H_2(g)$

풀이: (a) 제시된 반응에서 Cl_2는 Cl^-로 환원된다. 그리고 I^-는 I_2로 산화된다.

$2e^- + Cl_2(g) \rightarrow 2Cl^-(aq)$	$E^\circ = +1.360\ V$
$2I^-(aq) \rightarrow I_2(s) + 2e^-$	$E^\circ = -0.536\ V$
$Cl_2(g) + 2I^-(aq) \rightarrow 2Cl^-(aq) + I_2(s)$	emf $= +0.824\ V$

전체 기전력이 +이므로 이 반응은 자발적이다.

(b) 이 반응에서, Ag는 산화되고 H^+는 환원된다.

$2Ag(s) \rightarrow 2Ag^+(aq) + 2e^-$	$E^\circ = -0.799\ V$
$2H^+(aq) + 2e^- \rightarrow H_2(g)$	$E^\circ = 0.000\ V$
$2Ag(s) + 2H^+(aq) \rightarrow 2Ag^+(aq) + H_2(g)$	emf $= -0.799\ V$

반응은 자발적이 아니다. 역반응(Ag^+와 H_2 사이의)은 자발적이다(emf $= +0.799\ V$).

15.6 전극전위의 측정

원리상으로 볼 때 어떤 산화-환원 짝의 표준 전극전위는 표준수소전극과 주어진 산화-환원짝으로 구성된 모든 물질들이 단위활동도를 가질 때의 전지 전위차를 측정하여 얻는다(그림 15-11). 그러나 전지반응이 진행됨에 따라 반응물질과 생성물질들의 농도가 변하기 때문에 측정된 전위차는 표준전극전위차와 같은 상태로 오래 유지되지는 않는다. 그러므로 전지전위차는 저항을 크게 한 **전위차계**(potentiometer)라는 장치를 이용하여 많은 전류를 흐르지 않게 하고서 측정한다.

표준수소전극에서는 기체를 다루어야 하기 때문에 이것을 기준전극으로 사용하기에는 다소 불편한 점이 있다. 수소전극 대신 전위가 이미 알려져 있고 일정한 **기준전극**(reference electrode)을 사용하면 된다. 이와 같은 목적에 자주 쓰이는 전극 중 하나는 **포화칼로멜전극**

(saturated calomel electrode; SCE)인데 표준 수소전극에 대해서 칼로멜 전극의 전위는 $E^\circ_{cal} = +0.244$ V이다.

$$Hg_2Cl_2(s) + 2e^- \rightarrow 2Hg(l) + 2Cl^-$$

예제 15.4 은-염화은전극의 전위는 포화칼로멜전극에 대해서 측정한 결과 −0.022 V였다. 이 은-염화은전극에 대한 표준환원 전위의 값은 얼마인가?

풀이:

$$E^\circ_{cell} = E^\circ_{Ag/AgCl} - E^\circ_{cal}$$

$$E^\circ_{Ag/AgCl} = E^\circ_{cell} + E^\circ_{cal} = -0.022\ V + 0.244\ V = +0.222\ V$$

15.7 Nernst 식

앞 장에서 다룬 갈바니전지에서 알 수 있듯이 전지의 기전력은 농도와 압력에 의존하는데 언제나 1 mol/L 및 1 atm일 필요는 없다. 기전력이 농도와 압력에 어떻게 의존하는가를 설명한다.

전지의 기전력은 전지반응 추진력의 척도이다. 그림 15-8의 전지반응은 다음과 같다.

$$Zn(s) + Cu^{2+} \rightarrow Cu(s) + Zn^{2+}$$

이 반응이 평형상태가 되었다고 하자. Le Chatelier의 원리에 따르면 Cu^{2+}의 농도를 증가시킬 때 평형이 오른쪽으로 이동되므로 왼쪽에서 오른쪽으로(정방향)의 반응의 추진력을 증가시킬 것이다.

반응물(반응식의 왼쪽)의 농도가 커질수록 반응의 추진력은 증가하고, 생성물(오른쪽)의 농도가 커질수록 반응의 추진력은 감소한다.

반응이 평형상태가 아닐 때에도 위의 사실은 성립하며, 전지에 전류가 흐르는 동안은 평형상태에 도달하지 못한다. 따라서 Cu^{2+}(반응물)이 농도가 증가함에 따라 전지의 기전력은 증가하며, Cu^{2+}의 농도가 감소함에 따라 기전력은 감소된다. Zn^{2+}(생성물)의 농도가 증가함에 따라 오른쪽에서 왼쪽으로의 반응의 추진력이 증가한다. 그러므로 전지의 기전력은 감소한다. 하지만 기전력은 고체 Cu나 Zn이 얼마나 많이 있는가에는 무관하다.

실험실에서 이러한 효과를 볼 수 있는 간단한 방법은 Cu^{2+}나 Zn^{2+}와 반응하여 그 농도를 감소시키는 물질을 첨가하여 보는 것이다. H_2S는 매우 불용성인염 CuS나 ZnS를 형성하여 농도를 감소시킨다. H_2S가 전지의 $Cu \mid Cu^{2+}$ 쪽에 첨가되면 반응이 급격히 떨어진다. 그 이유는 Cu^{2+}의 농도를 1 mol/L에서 10^{-36} mol/L로 급격히 감소시키기 때문이다.

$$Cu^{2+}(aq) + H_2S \rightarrow CuS(s) + 2H^+$$

한편 H_2S를 전지의 Zn | Zn^{2+} 쪽에 첨가하면 기전력이 증가하는데 그것은 $[Zn^{2+}]$가 1 mol/L에서 10^{-16} mol/L까지 감소되기 때문이다.

기전력과 농도 사이의 정량적인 관계는 다음과 같다.

$$E = E° - \frac{RT}{n\mathrm{F}} \ln [Zn^{2+}]$$

$$= E° - \frac{2.303RT}{n\mathrm{F}} \log [Zn^{2+}]$$

E은 전지의 기전력(Volt)이고, $E°$는 전지의 표준기전력이다. R은 기체상수로서 8.314 J/(mol · K)이다. T는 절대온도(K)이고 F는 **Faraday상수**로서 9.65×10^4 C/f이다. n은 쓰여진 대로의 전지 반응이 일어날 때 외부회로를 통하여 이동된 전자의 몰수이다.

$Zn(s) + Cu^{2+} \rightarrow Cu(s) + Zn^{2+}$의 각 부분방정식에 $2e^-$로 나타나므로 $n = 2$이다. 위의 관계를 Nerst 식이라고 하며, 일반적인 형태는 다음과 같다.

$$E = E° - \frac{RT}{n\mathrm{F}} \ln Q$$

$$= E° - \frac{2.303RT}{n\mathrm{F}} \log Q$$

Q는 이 반응의 반응비(reaction quotient)이다. Zn−Cu전지에 대한 반응비는 다음과 같다(고체는 생략한다).

$$Q = [Zn^{2+}]$$

Zn−Ag/AgCl전지의 반응은 다음과 같다.

$$Zn(s) + 2AgCl(s) \rightarrow 2Ag(s) + Zn^{2+} + 2Cl^-$$

변할 수 있는 농도는 $[Zn^{2+}]$ 및 $[Cl^-]$ 뿐이므로 Nernst 식은 다음과 같은 형태로 주어진다.

$$E = E° - \frac{2.303RT}{2\mathrm{F}} \log([Zn^{2+}][Cl^-]^2)$$

기체가 전지반응에 포함될 때에는 그 농도는 쓰지 않고 기체의 부분압력을 쓴다. 다음과 같은 반응에서 그 반응비는 다음과 같다.

$$Zn(s) + 2H^+ \rightarrow Zn^{2+} + H_2(g)$$

$$Q = [Zn^{2+}]\, P_{H_2}$$

따라서 $T = 298.15$ K (25°C)일 때

$$\frac{2.303RT}{F} = \frac{2.303 \times 8.314 \text{ J/mol K} \times 298.15 \text{ K}}{9.65 \times 10^4 \text{ C/F}}$$

$$= 0.0592(\text{J F/C mol})$$

$$= 0.0592(\text{V F/mol})$$

25°C에서 Nernst의 식은 다음과 같다.

$$E = E° - \frac{0.0592}{n} \log Q$$

예제 15.5 25°C에서 Zn | $ZnCl_2$(*aq*, 0.100 M) ‖ $Cu(NO_3)_2$(*aq*, 0.200 M) | Cu 전지의 $E°$ = 1.1030 V이다. E을 계산하여라.

풀이: 전지표시에서 $[Zn^{2+}] = 0.100$ mol/L이고 $[Cu^{2+}] = 0.200$ mol/L이다.

$$E = E° - \frac{0.0592}{n} \log \frac{[Zn^{2+}]}{[Cu^{2+}]}$$

$$= 1.1030 - \frac{0.0592}{2} \log \frac{0.100}{0.200}\Big]$$

$$= 1.1030 - \frac{0.0592}{2} \log(0.500)$$

$$= 1.1030 - \frac{0.0592}{2} (-0.301)$$

$$= 1.1030 + 0.00891$$

$$= 1.1119 \text{ V}$$

예제 15.6 앞의 보기에서 전지의 기전력을 계산하여라. 이때 $[Zn^{2+}] = 0.100$ mol/L이고
(a) $[Cu^{2+}] = 1.0 \times 10^{-36}$ mol/L,
(b) $[Cu^{2+}] = 1.0 \times 10^{-42}$ mol/L이다.

풀이: (a) $E = E° - \dfrac{0.0592}{n} \log \dfrac{[Zn^{2+}]}{[Cu^{2+}]}$

$$= 1.1030 - \frac{0.0592}{2} \log \left[\frac{0.100}{1.0 \times 10^{-36}}\right]$$

$$= 1.030 - \frac{0.0592}{2} \log(1.0 \times 10^{35})$$

$$= 1.1030 - \frac{0.0592}{2} \times 35.00$$

$$= 1.1030 - 1.036$$

$$= 0.07 \text{ V}$$

(b) $$E = E° - \frac{0.0592}{n} \log \frac{[Zn^{2+}]}{[Cu^{2+}]}$$

$$= 1.1030 - \frac{0.0592}{2} \log \left[\frac{0.100}{1.0 \times 10^{-42}} \right]$$

$$= 1.1030 - \frac{0.0592}{2} \log(1.0 \times 10^{41})$$

$$= 1.1030 - \frac{0.0592}{2} \times 41.00$$

$$= 1.1030 - 1.036$$

$$= -0.11 \text{ V}$$

이 경우 E는 음이다. 기전력이 음이면 반응방향에 대한 가정이 옳지 않다는 것을 말해준다. Le Chatelier의 원리로부터 예측할 수 있는 바와 같이 Cu^{2+}의 농도가 너무 적어 반응이 반대방향으로 진행한다.

$$Cu + Zn^{2+} \rightarrow Cu^{2+} + Zn$$

Cu는 양극이고 Zn은 음극이 된다.

15.8 농도차전지

전지의 전위차는 전지반응에 포함된 화학종들의 활동도에 의존하므로 화학종은 같으나 활동도(또는 농도)가 다른 두 반쪽전지로부터 전지를 만들 수 있다. 어떤 전지의 전위차가 농도의 차이에 의해서만 생기는 전지를 **농도차전지**(concentration cell)라고 한다. 예를 들어 다음과 같은 전지를 생각해 보자.

$$Zn \mid Zn^{2+}(0.0100M) \parallel Zn^{2+}(0.500M) \mid Zn$$

전지반응과 전위차는 다음과 같이 구한다.

$$\begin{array}{l} Zn^{2+}(0.500M) + 2e^- \rightarrow Zn \\ Zn \rightarrow Zn^{2+}(0.0100M) + 2e^- \\ \hline Zn^{2+}(0.500M) \rightarrow Zn^{2+}(0.0100M) \end{array}$$

$$\begin{aligned} E &= E° - \frac{0.0592}{n} \log \frac{[Zn]_{ox}}{[Zn]_{red}} \\ &= -\frac{0.0592}{2} \log \frac{0.0100}{0.500} \\ &= 0.0296(-1.70) = +0.0503V \end{aligned}$$

전지전위차가 양의 값을 가졌기 때문에 위의 반응식은 정방향으로 자발적으로 진행된다. 농도가 진한쪽의 용액은 자발적으로 묽은 용액이 되려 하고, 묽은 용액은 양쪽 농도가 같아질 때까지 점점 진해진다.

농도차전지는 실용적으로 많이 응용되고 있는데 특히 분석화학에서 유용하다. 어떤 형태의 전극은 농도변화에 특히 예민하다. 한 가지 예로서 **유리전극**(glass electrode)이 있는데 이것은 수소이온 활동도를 측정하는데 쓰인다.

15.9 연료전지

갈바니전지의 산화-환원계에 화석연료와 산소를 사용하자는 생각은 바람직한 일이다. 현재는 석탄, 석유 및 천연가스와 같은 화석연료를 써서 간접적으로 공업용 전기를 일으키고 있다. 화석연료를 태울 때 나오는 열로 증기를 발생시키면 이것을 이용하여 터빈발전기를 돌리게 된다.

이러한 방법에 의해서 발전소에서는 화학에너지를 전기에너지로 변환시키지만 최대효율은 약 40%이다. 반면에 갈바니전지에서 연료를 산화하여 직접 전기를 얻는다면 75% 이상의 효율을 얻을 수 있다.

이상적인 연료전지반응에서는 산소(공기 중)와 값싼 화석연료를 사용한다. 이 전지에서는 비활성 전극을 쓰며, 전지에서 에너지가 방출된 만큼의 반응 물질을 계속 보충해 주어야 한다. 불행하게도 보통의 연료는 높은 온도가 아니면 전혀 반응이 일어나지 않는다. 낮은 온도에서 전지를 작동시킬 수 있는 연료로는 수소와 하이드라진(N_2H_4) 두 가지가 있는데 이들은 대규모로 사용하기에는 값이 너무 비싸다. 수소-산소 전지는 염기성 용액에서 작동한다. 이 전지의 반응이 진행될 때는 물이 직접 생기지 않고 과산화수소수의 음이온(HO_2^-)이 생긴다. 이 이온이 계속 분해되어 산소기체(O_2)와 수산화이온(OH^-)이 된다. 이때 진행되는 반응들을 종합하면 다음과 같으며, 수소-산소 연료전지의 개요도는 그림 15-12와 같다.

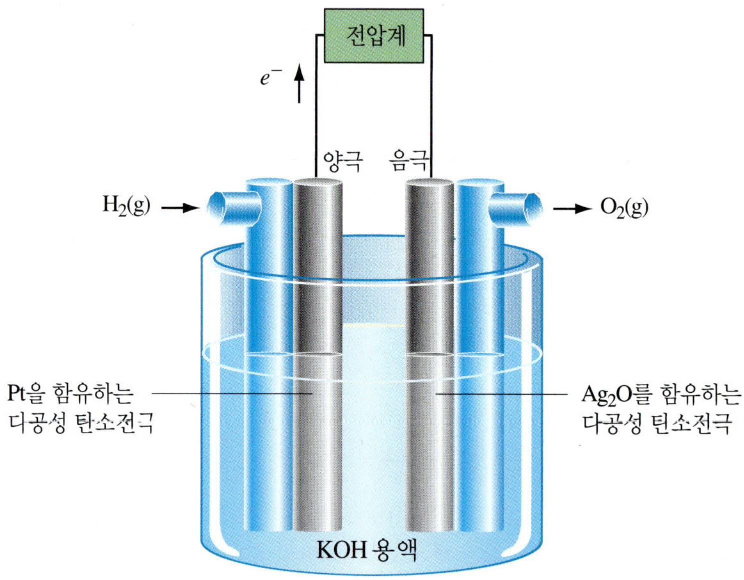

양극 $H_2(g) + 2OH^-(aq) \rightarrow 2H_2O(l) + 2e^-$
음극 $O_2(g) + H_2O(l) + 2e^- \rightarrow HO_2^-(aq) + OH^-(aq)$
$HO_2^-(aq) \rightarrow 1/2O_2(g) + OH^-(aq)$

그림 15-12 수소-산소 연료전지

양극	$H_2(g) + 2OH^-(aq) \rightarrow 2H_2O(l) + 2e^-$
음극	$O_2(g) + H_2O(l) + 2e^- \rightarrow HO_2^-(aq) + OH^-(aq)$
전지	$O_2(g) + H_2(g) + OH^-(aq) \rightarrow HO_2^-(aq) + H_2O(l)$
분해	$HO_2^-(aq) \rightarrow 1/2O_2(g) + OH^-(aq)$
알짜반응	$1/2O_2(g) + H_2(g) \rightarrow H_2O(l)$

전극은 다공성의 압축탄소로 된 속이 빈 관을 사용한다. 양극에는 곱게 분해한 백금이나 팔라듐을 혼합하였고, 음극에는 산화은(I)이나 산화코발트(II)를 혼합했다 이들 물질은 전극반응을 촉진시키는 촉매의 역할을 한다.

천연가스를 연료로 쓰는 전지는 500°C 이상에서 작동하여 용융된 KOH 속에서 다음과 같이 반응한다. 이때 진행되는 반응들은 다음과 같으며, 고온전지의 한 예를 그림 15-13에 나타내었다.

양극	$CH_4(g) + 10OH^-(aq) \rightarrow CO_3^{2-} + 7H_2O(g) + 8e^-$
음극	$O_2(g) + 2H_2O(g) + 4e^- \rightarrow 4OH^-(aq)$
전지	$CH_4(g) + 2O_2(g) + 2OH^-(aq) \rightarrow CO_3^{2-}(aq) + 3H_2O(g)$

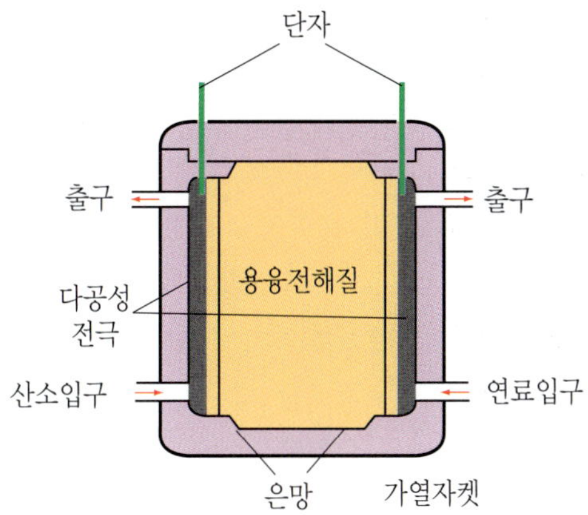

그림 15-13 고온 연료전지

이러한 전지를 작동시킬 때는 몇 가지 문제점이 있다. 즉 고온에서는 부식반응이 가속되고, 전극과 촉매에 달갑지 않는 변화가 일어나며, 구멍이 생겨서 가스가 새어나와 연료와 산소가 직접 반응하게 된다. 이러한 문제점들을 해결하려는 적당한 구성물질을 찾으려는 연구가 계속되고 있다.

15.10 실용전지

갈바니전지는 에너지를 화학에너지로 저장하고 나중에 이것을 다른 형태의 에너지로 바꾸기 위한 편리하고도 효과적인 장치이다. 그런 이유로 새로운 형태의 전지를 개발하려는 많은 연구와 고안이 진행되고 있다. 원리상으로 볼 때 어떤 산화-환원 반응도 전지를 만드는데 적용할 수 있지만, 실용적인 전지를 설계하기 위해서는 몇 가지 중요한 요소가 있다. 즉, 전지반응은 적당한 속도로 빨라야 하며, 전지는 상당히 높은 전위차를 가지는 것이 이상적이고, 전지의 수명이 다할 때까지 비교적 일정한 전위차를 유지해야 한다. 가능하면 그 수명이 길어야 하고 또한 다루기 편할 만큼 작은 것이 좋다. 또, 전지는 튼튼하고 휴대할 수 있어야 하며 재충전할 수 있으면 더욱 좋다. 그러면서도 위의 조건외에 전지값이 싸야 한다.

상품화된 전지는 이러한 특성을 절충해서 만들었다. 높은 전위차를 얻으려면 몇 개의 전지를 직렬로 연결하면 된다. 그와 같이 배열한 장치를 일반적으로 **축전지**(battery)라 부른다. 고체끼리 또는 고체와 포화용액의 형식으로 이루어진 산화-환원짝들을 쓰면 일정한 전압을 얻는다. 크기가 작고 수명이 긴 전지를 얻으려면 화학식량이 작은 반응환원제를 사용하면 되는데, 이러한 목적으로서는 알루미늄, 마그네슘 또는 탄소가 적합하다. 몇 가지 실용전지를 그림 15-14, 15, 16에 나타내었다.

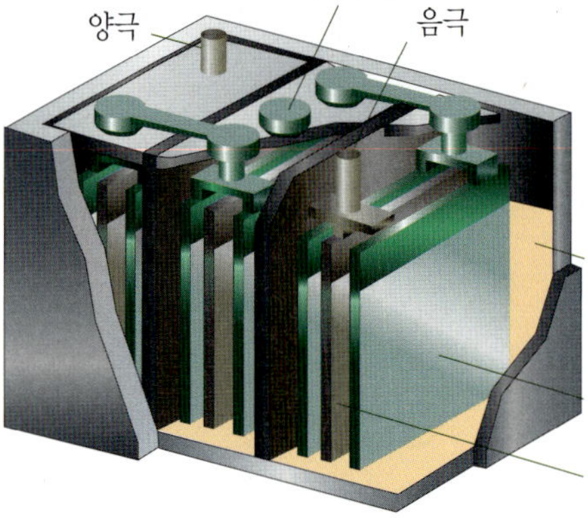

그림 15-14 납축전지

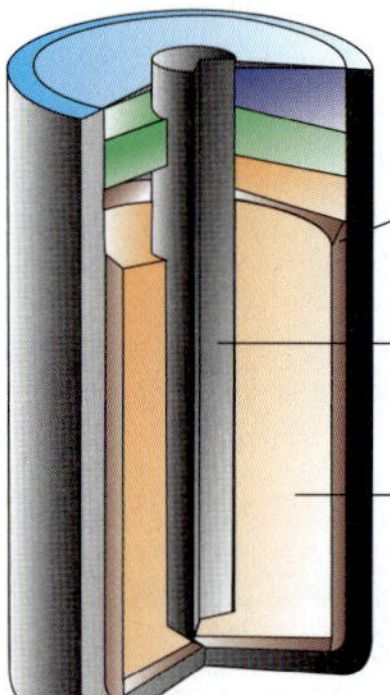

그림 15-15 건전지

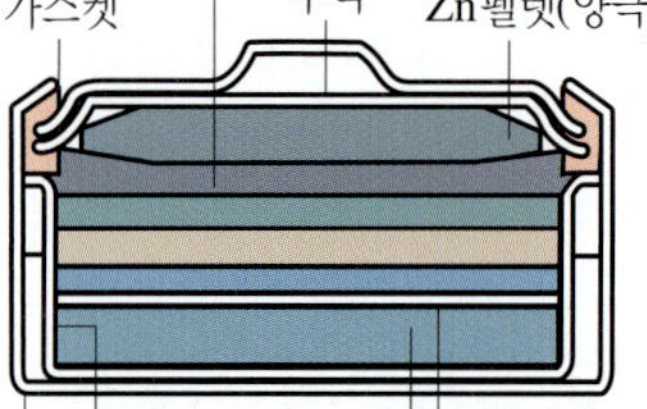

그림 15-16 수은전지의 단면도

납축전지는 진한 황산수용액에 담근 납(Pb)과 이산화납(PbO_2)의 전극으로 구성되어 있다. 전지반응은 다음과 같다.

양극 $Pb(s) + HSO_4^- \rightarrow PbSO_4(s) + H^+ + 2e^-$

음극 $PbO_2(s) + HSO_4^- + 3H^+ + 2e^- \rightarrow PbSO_4(s) + 2H_2O$

전지 $Pb(s) + PbO_2(s) + 2HSO_4^- + 2H^+ \rightarrow 2PbSO_4(s) + 2H_2O$

두 전극반응에서 불용성인 $PbSO_4$가 생성되어 전극에 달라붙는다. 전지가 방전되면 황산이 소모되면서 물이 생긴다. 물의 비중(sp.gr)은 황산용액의 약 70%이기 때문에 전지의 충전상태는 전해액의 농도를 측정하여 알 수 있다. 전지를 재충전할 때는 전극반응은 역반응이 된다.

건전지는 경제적일 뿐만 아니라 휴대하기가 편리하다. 이것은 회중전등, 휴대용 라디오, 자동카메라 등에 이용된다. 양극은 $ZnCl_2$와 NH_4Cl의 축축한 반죽과 접촉된 아연통으로 이루어져 있다. 음극은 탄소막대(흑연)가 된다. 전지반응은 방전 속도에 따라 변하는 것 같이 보이나 전력이 낮을 때는 일반적으로 다음과 같은 반응이 일어난다.

양극 $Zn(s) \rightarrow Zn^{2+} + 2e^-$

음극 $2MnO_2(s) + Zn^{2+} + 2e^- \rightarrow ZnMn_2O_4(s)$

전지 $Zn(s) + 2MnO_2(s) \rightarrow ZnMn_2O_4(s)$

수은전지는 소형이고 일정한 전압을 가지므로 보청기나 카메라 따위에 쓰인다. 이 전지는 염기성 매질 속에서 다음과 같은 반응이 일어난다.

양극 $Zn + 2OH^- \rightarrow ZnO + H_2O + 2e^-$

음극 $HgO + H_2O + 2e^- \rightarrow Hg + 2OH^-$

전지 $Zn + HgO \rightarrow ZnO + Hg$

연습문제

PROBLEMS

01. 다음과 같은 반응을 수행하는 갈바니전지가 만들어졌다.

$$Pb^{2+}(aq) + 2Cr^{2+}(aq) \rightarrow Pb(s) + 2Cr^{3+}(aq)$$

$Cr^{3+}(aq)$이 0.0030 M이라고 하면 25°C에서 전지가 생성시킨 초기 전지전압을 계산하여라.

02. $[Cr^{3+}]$가 0.15 M이고 $[Cr^{2+}]$가 0.0019 M인 Pt/Cr^{3+}, Cr^{2+} 반쪽전지의 환원 전위를 계산하여라.

03. 2번의 반쪽전지가 표준 Cd^{2+}(1.00 M)/Cd 반쪽전지에 연결되어 갈바니전지를 만든다면, 양극으로 이용하는 것은 어느 반쪽전지인가?

04. $I_2(s)/I^-$(1.00 M) 반쪽 전지가 수소이온농도가 미지수인 H^+/H_2(1기압) 반쪽전지에 연결되어 있다. 측정된 전지전압은 0.841 V이고 $I_2(s)/I^-$ 반쪽 전지는 음극이다. H^+/H_2 반쪽전지의 pH는 얼마인가?

05. 다음과 같은 반응이 전기화학전지 내에서 일어나고 있다.

$$3HClO_2(aq) + 2Cr^{3+}(aq) + 4H_2O(l) \rightarrow 3HClO(aq) + Cr_2O_7^{2-}(aq) + 8H^+(aq)$$

(a) 이 전지의 $E°$를 계산하여라.

(b) $[Cr_2O_7^{2-}]$ = 0.8 M, $[HClO_2]$ = 0.15 M, $[HClO]$ = 0.15 M이고, pH = 0에서 전지 전압은 0.15 V이다. 전지 내에서 $Cr^{3+}(aq)$의 농도를 계산하여라.

06. 0.10 M $AgNO_3$ 용액이 담겨있고 니켈전극에 연결되어 있는 갈바니전지가 있다.

(a) 양극과 음극에서 일어나는 반쪽반응의 화학반응식을 쓰고, 전체 전지반응의 화학반응식도 써라.

(b) 초기 전지전압을 계산하여라.

(c) (a)에서 구한 전체반응의 평형상수를 계산하여라.

07. 아래의 각 항은 몇 mol의 전자(Faraday)와 관련이 있는가?

(a) 10^7개의 전자

(b) Fe^{3+} 1 mol을 Fe^{2+}로 환원시킬 때

(c) 1C

(d) Ag^+을 1 mol의 Cu와 반응시켜 Cu^{2+}과 Ag을 얻는 반응

(e) 물 1 mol의 전기분해

08. 전자의 몰수와 화학식의 몰수는 완결된 반쪽반응식과 관계가 있다. 다음의 경우에 몇 mol의 전자가 필요한가?

(a) 2.30 mol의 Al^{3+} 이온을 환원하여 금속으로 만들 때

(b) 1.23 mol의 $CuSO_4$를 환원하여 구리로 만들 때

(c) 1.40 mol의 $AuCl_4^-$를 환원하여 금을 만들 때

(d) 3.30 mol의 Fe^{3+}을 Fe^{2+}으로 환원할 때

(e) 1.50 mol의 H_2O를 환원하여 수소를 만들 때

(f) 1.50 mol의 H_2O를 산화하여 산소로 만들 때

09. 다음 반응을 살펴보고 물음에 답하여라.

$$Ga \rightarrow Ga^{3+} + 3e^- \qquad E° = +0.560\ V$$

(a) 이 반응은 어떤 다른 시약이 없어도 일어날 수 있는가?

(b) 바깥 전원에서 큰 전위차를 걸어준다면 다른 시약이 없어도 이 반응은 일어날 수 있을까?

(c) 1 M의 H^+ 이온 존재하에서 이 반응이 일어날 수 있을까?

(d) H_2(g, 1 atm) 존재하에서는 어떤가?

10. 반응 $A + 2e^- \rightarrow A^{2-}$의 표준환원전위는 1.25 volt이다. 다음 각 반쪽반응의 전위는 얼마인가?

(a) $2A + 4e^- \rightarrow 2A^{2-}$ (b) $A^{2-} \rightarrow A + 2e^-$

11. 다음 각 전지반응에 대한 개요도를 그려라. 이 도표에 양극, 음극, 음이온과 양이온이 전지와 염다리를 통하여 이동하는 방향 및 전자가 외부회로를 통하여 이동하는 방향을 표시하여라. 각 경우의 $E°$를 계산하여라.

(a) $Cu + 2Ag^+ \rightarrow 2Ag + Cu^{2+}$

(b) $Co + OCl^- + H_2O \rightarrow Co^{2+} + Cl^- + 2OH^-$

(c) $H_2 + I_2 \rightarrow 2H^+ + 2I^-$

12. 다음 각 전체반응에 대한 전위차를 계산하고 반응이 자발적으로 일어날 것인가 어떤가를 설명하여라.

(a) $Fe(s) + Zn^{2+}(2.0\ M) \rightarrow Zn(s) + Fe^{2+}(0.4\ M)$

(b) $Fe(s) + 2Ag^+(2.0\ M) \rightarrow 2Ag^+(s) + Fe^{2+}(0.4\ M)$

(c) $Fe^{2+}(0.10\ M) + Sn^{2+}(0.010\ M) \rightarrow Fe(s) + Sn^{4+}(0.20\ M)$

(d) $5Fe^{2+} + 8H^+ + MnO_4^- \rightarrow 5Fe^{3+} + Mn^{2+} + 4H_2O$

(e) $Hg_2Cl_2 \rightarrow 2Hg + Cl_2$

13. 1.000 M NaCl 50.000 mL에 0.194 A의 전류가 600초 동안 흘렀다. 양극에서는 염소가스만 생기고, 음극에서는 물이 수소가스로 환원된다면 전기분해 후 용액 중의 수산이온의 농도는 얼마이겠는가?

14. 다음 각 반응에 대한 표준전위를 계산하고, 아래에 적은 대로 자발적으로 진행하는 반응을 지적하여라.

(a) $Fe + Zn^{2+} \rightarrow Zn + Fe^{2+}$

(b) $Fe + 2Fe^{3+} \rightarrow 3Fe^{2+}$

(c) $Zn + 2CuI \rightarrow Zn^{2+} + 2Cu + 2I$

(d) $Ag + Cu^{2+} + 2Cl^- \rightarrow AgCl + CuCl$

15. 2.00 A의 전류를 500 mL의 0.300 M $CuSO_4$ 용액에 통하여 9560초 동안에 6.35 g의 구리가 석출되었다면, 같은 시간에 같은 용액에 4.00 A로는 몇 g의 구리가 석출될까?

16. 다음 농도차전지에서

$$Zn \mid Zn^{2+}(1.00\ M) \parallel Zn^{2+}(0.50\ M) \mid Zn$$

(a) 각 반쪽반응에 대한 반응식을 쓰고,

(b) E를 계산하여라.

(c) 전지가 발생하면 두 용액의 농도차가 감소하겠는가 증가하겠는가?

17. 1.00 atm의 압력하에서 순수한 물의 가역환원전위는 −0.414 V이다. 이 환원반응이 $2H^+ + 2e \rightarrow H_2$라고 생각한다면 순수한 물의 농도는 얼마나 되는지 계산하여라.

18. 전기분해에 의하여 금속이온들의 혼합물을 분석하려면 먼저 석출될 금속이온의 농도와 두번째로 석출될 금속이온의 농도의 비가 10이 될 때까지는 두번째 금속은 석출되지 않아야 한다. 이러한 분석이 가능하게 되려면 2가의 양이온을 형성하는 두 금속의 표준전위의 최소차가 얼마라야 하는가?

19. 표준전지에서 조건이 있는 Mg−Cu전지를 전지 표시법에 따라 표기하고 그 전압을 계산하여라. 단, $E^\circ_{Mg^{2+}/Mg}$: −2.37 V, $E^\circ_{Cu^{2+}/Cu}$: +0.34 V

20. 아보가드로수와 F의 값으로부터 전자 한 개의 전하량을 구하여라.

21. $Zn \mid Zn^{2+}(1.0\ M) \parallel Zn^{2+}(0.1\ M) \mid Zn$에서 emf를 계산하여라.

22. 다음에 대하여 전자의 흐르는 방향과 전자식을 써라.

(a) $Cu + 2Ag^+ \rightarrow Cu^{2+} + 2Ag$

(b) $Pb + Cu^{2+} \rightarrow Pb^{2+} + Cu$

(c) $H_2 + I_2 \rightarrow 2HI$

23. 1시간 동안에 용융 $MgCl_2$로부터 1 ton의 Mg을 석출시키기 위해서는 몇 A의 전류가 필요한가?

24. 어떤 전류를 15시간 통하여 Ag 2,400 g을 석출시켰다. 평균전류는 얼마인가?

25. 0.100 mA의 전류가 흐르는 도체의 단면적을 0.001초 동안에 통과하는 전자의 수는 얼마인가?

26. 건전지에서 1/2 A의 전류가 30분 동안 흘렀을 때의 소비된 아연의 양은?

27. 은도금과 금도금의 원리를 식으로 표현하여라.

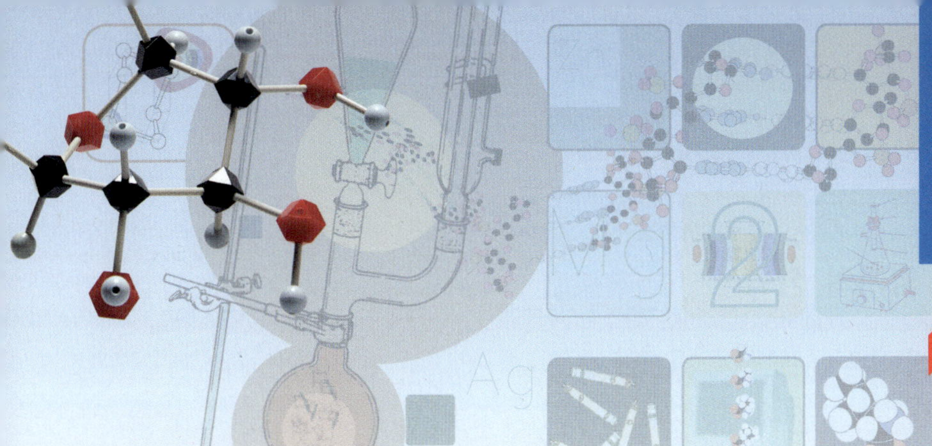

CHAPTER

16

산과 염기

산과 염기는 간단히 맛으로 구별할 수 있다. 황산(H_2SO_4), 염산(HCl), 질산(HNO_3), 아세트산(CH_3COOH) 등의 산(acid)은 신맛을 내며 수산화나트륨(NaOH), 수산화칼슘($Ca(OH)_2$) 등의 염기는 쓴맛을 낸다. 또한 산은 푸른색 리트머스를 붉은색으로, 페놀프탈레인을 붉은색에서 무색으로 변화시킨다. 염기는 붉은색 리트머스를 푸른색으로, 페놀프탈레인을 무색에서 붉은색으로 변화시킨다.

이 장에서는 산과 염기에 관한 Arrhenius 개념, Brønsted-Lowry 개념, Lewis 개념을 비교 설명하고 또 산과 염기의 중화 과정에서 생성되는 염이라고 하는 이온화합물에 대한 구체적인 이론을 제시하고자 한다.

미리보기

16.1 산과 염기의 정의

(1) Arrhenius의 이론

1884년 Arrhenius(1857~1927)에 의해 산과 염기에 대한 현대적인 개념이 성립되었는데 산은 물에 녹았을 때 수소이온(H^+)농도를 증가시키는 물질이며, 염기는 물에 녹아 수산이온(OH^-)의 농도를 증가시키는 물질로 정의하였다. 즉, 산의 수용액이 나타내는 반응을 산성반응(acidic reaction)이라 한다. 산의 수용액이 산성반응을 일으키는 이유는 산이 물에 녹아서 수소 이온을 내놓기 때문이다.

화합물 HCl이 물에 녹으면 다음과 같이 이온화된다.

$$HCl \rightarrow H^+ + Cl^-$$

이때 생긴 수소이온(H^+)은 수용액에서 수화되므로 사실상 H_3O^+(hydronium ion)로 되고, 염화수소의 이온화는 다음과 같이 반응한다.

$$HCl + H_2O \rightarrow H_3O^+ + Cl^-$$

H_3O^+의 농도가 커짐에 따라 산의 특성이 강하게 나타나면 센산이 되고, H_3O^+의 농도가 작으면 약한산이 된다.

수산화나트륨(NaOH)이나 수산화칼륨(KOH)은 금속과 수산기의 이온화합물이며, 이들의 수용액은 염기성반응을 일으킨다. 이들은 물에 녹아 수산이온(OH^-)을 만든다.

$$NaOH \rightarrow Na^+ + OH^-$$
$$KOH \rightarrow K^+ + OH^-$$
$$NH_3 + H_2O \rightarrow NH_4^+ + OH^-$$

염기도 산과 같이 염기를 만드는 수산이온의 농도에 따라 센염기와 약한염기로 구분된다. 또한 산과 염기를 반응시키면 반드시 중화반응이 일어나 염을 생성한다. 그 예는 다음과 같다.

$$\underset{(산)}{HCl(aq)} + \underset{(염기)}{NaOH(aq)} \rightarrow \underset{(염)}{NaCl(aq)} + H_2O(l)$$

$$\underset{(산)}{HCl(aq)} + \underset{(염기)}{NH_3(aq)} \rightarrow \underset{(염)}{NH_4Cl(aq)}$$

(2) Brønsted-Lowry의 이론

1923년 덴마크의 화학자 Brønsted(1879~1947)와 영국의 화학자 Lowry(1874~1936)는 Arrhenius의 산염기 반응을 양성자(H^+) 전달반응으로 볼 수 있다고 하였다.

Brønsted-Lowry에 의하면, 다른 물질에 양성자를 줄 수 있는 물질을 산, 다른 물질에서 양성자를 받을 수 있는 물질을 염기라고 정의하였다.

예를 들면 다음과 같다.

$$NH_3 + HCl \rightarrow NH_4^+ + Cl^-$$
(염기) (산) (산) (염기)

$$H_2O + HCl \rightarrow H_3O^+ + Cl^-$$
(염기) (산) (산) (염기)

$$NH_3 + H_2O \rightarrow NH_4^+ + OH^-$$
(염기) (산) (산) (염기)

첫 번째 반응은 염기인 NH_3와 산인 HCl이 반응하여 새로운 산-염기쌍을 만드는 반응이다.

두 번째 반응에서 HCl은 물에 양성자를 주는 산이며, 물은 염기로서 작용한다. 이 반응에서 생성물인 하이드로늄이온(H_3O^+: hydronium ion)은 산, 염소이온(Cl^-)은 염기이다.

세 번째는 정반응의 경우 H_2O로부터 양성자가 NH_3에 전달되므로 NH_3는 염기로, H_2O는 산으로 작용한다. 역반응에서 NH_4^+는 양성자를 OH^-에게 전달하므로 각각 산과 염기로 작용한다. NH_3가 양성자 하나를 얻으면 NH_4^+가 되고, NH_4^+는 양성자 하나를 잃어버려 NH_3가 되므로, NH_4^+와 NH_3쌍을 **짝산-짝염기쌍**(conjugated acid-base pair)이라고 부른다. 이와 같은 산-염기쌍에서 산은 염기의 **짝산**(conjugated acid)이라 하고, 염기는 산에 대하여 **짝염기**(conjugated base)라 한다. 즉 NH_4^+는 NH_3의 짝산이며, NH_3는 NH_4^+의 짝염기이다.

예제 16.1 다음 반응들에서 Brønsted-Lowry 개념에 따른 산, 염기를 표시하고 짝산-짝염기쌍을 말하여라.

(a) $HCO_3^-(aq) + HF(aq) \rightarrow H_2CO_3(aq) + F^-(aq)$

(b) $HCO_3^-(aq) + OH^-(aq) \rightarrow CO_3^{2-}(aq) + H_2O(l)$

풀이: (a) $HCO_3^-(aq) + HF(aq) \rightarrow H_2CO_3(aq) + F^-(aq)$에서
염기 산 산 염기

$H_2CO_3-HCO_3^-$, $HF-F^-$이다.

(b) $HCO_3^-(aq) + OH^-(aq) \rightarrow CO_3^{2-}(aq) + H_2O(l)$에서
염기 산 산 염기

$HCO_3^- - CO_3^{2-}$, H_2O-OH^-이다.

(3) Lewis의 이론

분명히 산-염기의 특성들을 가지고 있으면서도, Brønsted-Lowry의 정의로 설명할 수 없는 경우가 있다. 예를 들면, BF_3와 NH_3가 반응하여 F_3BNH_3가 생성되는 경우는 Brønsted-Lowry 개념으로 설명할 수 없다.

이런 점을 설명하기 위하여 1923년 G. N. Lewis(1875~1946)는 보다 더 일반적인 산-염기에 관한 이론을 제창하였다. 이 정의에 의하면 원자, 분자 혹은 이온과 공유결합을 할 수 있는 비공유 전자쌍을 가진 물질은 염기이고, 염기로부터 전자쌍을 받음으로써 공유결합을 형성할 수 있는 물질은 산이다. Lewis는 산-염기이론의 강조점을 양성자로부터 전자쌍으로 바꾸었다. 앞의 두 산-염기이론에서 설명할 수 없는 산-염기반응을 들면 다음과 같다.

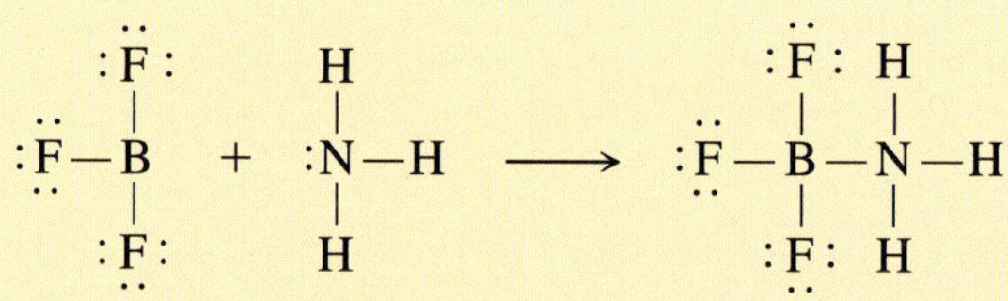

산 염기

Brønsted계의 염기는 Lewis계에서도 역시 염기이다. 단지 Lewis산의 정의는 산의 개념을 더욱 넓힌 것이다. Lewis산은 전자쌍을 받아 들일 수 있는 빈 궤도함수를 가진다. 양성자는 Lewis산의 한 예에 불과하다. 또한 불완전한 옥테트를 가진 분자나 원자도 Lewis산이 된다.

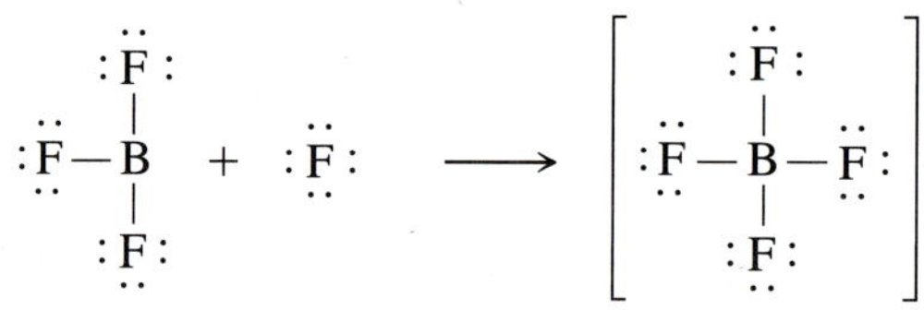

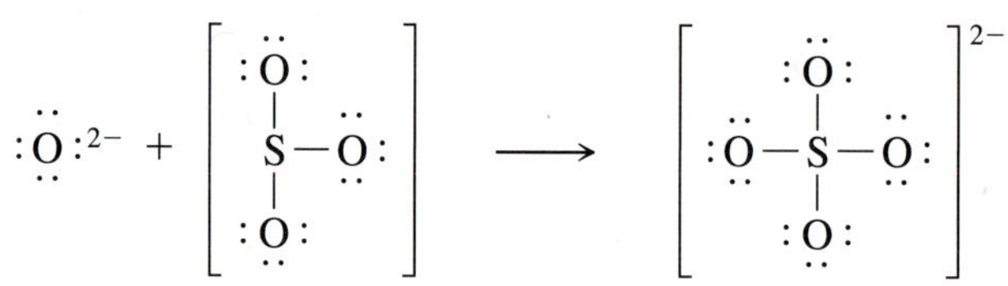

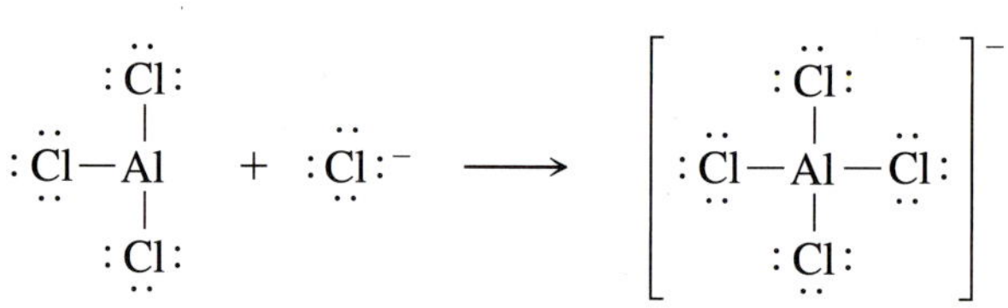

염화알루미늄은 비록 $AlCl_3$로 표시하나 실제로는 2합체(dimer)로 존재한다. 단위체(monomer)로부터 2합체가 되는 것은 Lewis 산-염기 반응이다. 즉 $AlCl_3$ 단위의 염소 원자는 다른 $AlCl_3$ 단위의 Al 원자에 전자쌍을 제공하여 두 알루미늄 원자의 옥테트를 만족시킨다.

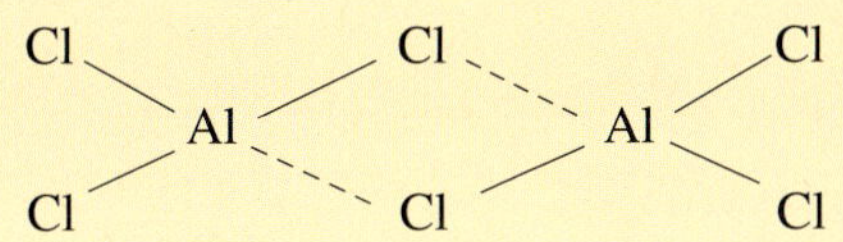

예제 16.2 다음 반응들에서 Lewis의 산과 염기를 확인하여라.

(a) $Ag^+ + 2NH_3 \rightarrow Ag(NH_3)_2^+$

(b) $B(OH)_3 + H_2O \rightarrow B(OH)_4^- + H^+$

풀이: (a) $Ag^+ + 2:NH_3 \rightarrow Ag(:NH_3)_2^+$

산 염기

(b)

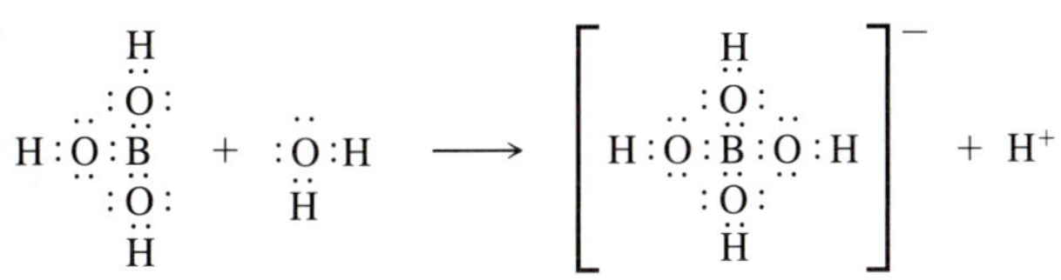

산 염기

16.2 산과 염기의 세기

Brønsted-Lowry 산-염기 평형개념은 양성자에 대한 경쟁이란 관점에서 우리는 산과 염기를 그들의 상대적 세기 순서로 나열할 수 있다. 센산이란 다른 산보다 쉽게 양성자를 잃어버릴 수 있다. 마찬가지로 센염기란 다른 염기에 비하여 양성자를 보다 강하게 붙잡고 있는 것이라 정의할 수 있다.

만일 어떤 산이 물속에서 완전하게 이온화하면 그 산은 센산이라고 Arrhenius이론에서 정의했다. 한 예로 물과 염화수소의 반응을 살펴볼 때 물은 HCl로부터 양성자를 받아 들이는 염기로 작용함을 알 수 있다.

$$HCl + H_2O \rightarrow Cl^- + H_3O^+$$

산 염기 염기 산

역반응은 거의 일어나지 않는데 그 이유는 반응이 오른쪽으로만 진행되기 때문이다. 역반응에서는 Cl^-이 H_3O^+로부터 양성자를 받을 수 있는 염기로 작용한다.

이 평형 반응에서 두 개의 산 HCl과 H_3O^+의 상대적 세기를 알아보자. HCl은 Arrhenius의 센산이기 때문에 H_3O^+보다 양성자를 쉽게 잃어버릴 것이다. 우리는 H_3O^+보다 HCl이 센산이라고 말한다.

표 16-1 산과 짝염기의 상대적 세기

	산	염기	
	$HClO_4$	ClO_4^-	
강산	H_2SO_4	HSO_4^-	약염기
	HI	I^-	
	HBr	Br^-	
	HCl	Cl^-	
	HNO_3	NO_3^-	
	H_3O^+	H_2O	
	HSO_4^-	SO_4^{2-}	
	H_2SO_3	HSO_3^-	
	H_3PO_4	$H_2PO_4^-$	
	HNO_2	NO_2^-	
	HF	F^-	
	$HC_2H_3O_2$	$C_2H_3O_2^-$	
	$Al(H_2O)_6^{3+}$	$[Al(H_2O)_5OH]^{2+}$	
	H_2CO_3	HCO_3^-	
	H_2S	HS^-	
	$HClO$	ClO^-	
	$HBrO$	BrO^-	
	NH_4^+	NH_3	
	HCN	CN^-	
	HCO_3^-	CO_3^{2-}	
	H_2O_2	HO_2^-	
	HS^-	S^{2-}	
	H_2O	OH^-	
약산	NH_3	NH_2^-	강염기
	OH^-	O^{2-}	

$$\underset{\text{센산}}{HCl(aq)} + H_2O(l) \rightarrow Cl^-(aq) + \underset{\text{약한산}}{H_3O^+(aq)}$$

모든 센산들은 물 속에서 H_3O^+를 내면서 완전하게 이온화한다. Brønsted-Lowry의 이론에 의하면 H_3O^+도 상당히 센산이지만 HCl보다는 약한산이다. 산의 상대적 세기를 알아본 것과 같이 염기의 상대적 세기도 여러 다른 염기들 사이의 평형을 비교해 봄으로써 알아볼 수 있다. 산과 염기의 세기 사이에는 일정한 관계가 있는데 만일 산이 양성자를 쉽게 잃어버린다면 그

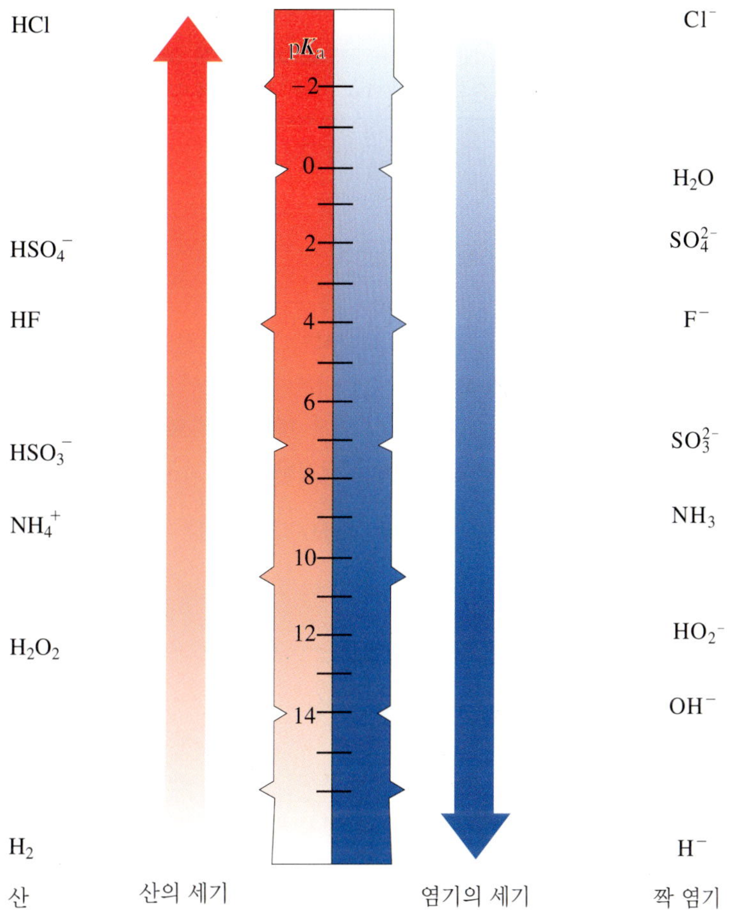

그림 16-1 여러 가지 산과 염기의 상대적 세기

짝염기는 양성자를 강하게 받아들이지 않는다는 것이다. 그러므로 센산은 약한 짝염기를 가지며, 센염기는 약한 짝산을 갖는다. 표 16-1과 그림 16-1에 표시된 산들에 대한 그 짝염기들은 그 염기의 세기가 증가하는 순서로 배열된 것이다. 이 표는 반응의 진행방향을 예측하는데도 사용할 수 있다. 즉 산-염기 반응에서 평형은 항상 약한산-약한염기가 생성되는 방향으로 진행된다.

예제 16.3 산과 염기의 상대적 세기 자료를 이용하여 다음 반응에서 평형이 어느 쪽으로 진행되겠는가를 결정하여라.

$$SO_4^{2-}(aq) + HCN(aq) \rightarrow HSO_4^-(aq) + CN^-(aq)$$

풀이: 두 개의 산 HCN과 HSO_4^-에서 HCN의 상대적 세기는 약하다. 두 개의 염기 SO_4^{2-}와 CN^-

중에서 SO_4^{2-}가 약한염기이다. 그러므로 반응은 다음과 같이 진행된다.

$$\underset{\text{약한염기}}{SO_4^{2-}(aq)} + \underset{\text{약한산}}{HCN(aq)} \leftarrow \underset{\text{센산}}{HSO_4^-(aq)} + \underset{\text{센염기}}{CN^-(aq)}$$

16.3 물의 이온화, pH

물은 매우 약한 전기 전도성을 갖고 있는 것으로 보아 물 속에서 이온상태로 있다고 볼 수 있을 것이다. 이 물의 이온화를 Brønsted-Lowry의 이론에 의한 산-염기반응으로 설명하면 물이 산으로 작용할 땐 H^+을 내고, 물분자가 H^+을 받을 때는 염기로 작용한다. 물은 이온화되어 H_3O^+(hydronium ion)와 OH^-(hydroxide ion)을 생성한다. 그 과정은 다음과 같다.

$$H_2O + H_2O \rightleftharpoons H_3O^+ + OH^-$$

또 Arrhenius의 이론에 의하면, 물분자는 다음과 같이 이온화하여 H^+와 OH^-가 생긴다.

$$H_2O \rightleftharpoons H^+ + OH^-$$

이때 평형이 성립되므로 다음과 같이 평형식을 쓸 수 있다.

$$K = \frac{[H^+]\,[OH^-]}{[H_2O]}$$

[ ]는 물질의 몰농도를 표시한 것이고, 분모에 있는 물의 농도는 거의 일정하므로 $[H_2O]$ 항은 상수 K에 포함시킬 수 있다.

$$K\,[H_2O] = [H^+]\,[OH^-]$$

왼편 항인 $K\,[H_2O]$는 상수가 되고 이를 K_w라는 상수항으로 표시한다. K_w를 물의 **이온화상수**(ionization constant), 또는 **해리상수**(dissociation constant)라고 하고 온도에 따른 K_w 값을 표 16-2에 나타내었다. 25°C에서 순수한 물속의 H^+와 OH^-의 농도를 측정한 결과 $[H^+] = [OH^-] = 1.0 \times 10^{-7}$ M이었다. 즉 순수한 물속에서의 $[H^+]$와 $[OH^-]$의 농도는 같다. K_w값은 온도에 따라 변하며, 25°C에서는 1.0×10^{-14}, 60°C에서는 9.6×10^{-14}이다.

그러므로 평형조건은 다음과 같다.

$$K_w = [H^+]\,[OH^-] = 1.0 \times 10^{-14}$$

순수한 물에서 $[H^+]$와 $[OH^-]$가 같을 때 그 용액은 중성용액이고, $[H^+]$가 크면 산, $[OH^-]$가 크면 염기가 된다. $[H^+]$와 $[OH^-]$ 농도는 수용액 중에서 대단히 넓은 범위의 값을 가진다. 0.005 M HCl에서 H^+ 이온의 농도는 센산이므로 0.005 M이고, 0.0020 M $Ba(OH)_2$에

표 16-2 온도에 따른 K_w값

온도(°C)	K_w
0	0.114×10^{-14}
10	0.292×10^{-14}
20	0.681×10^{-14}
25	1.01×10^{-14}
30	1.47×10^{-14}
40	2.92×10^{-14}
50	5.47×10^{-14}
60	9.61×10^{-14}

서 H^+이온의 농도를 소수로 표시하면 5×10^{-12} M이다. 이렇게 복잡한 농도 표시를 간단히 나타내기 위하여 덴마크의 생화학자 S.P.L. Sorensen(1868~1939)은 1909년에 H^+이온농도를 로그값으로 표시하여 매우 간단히 할 수 있는 pH표시법을 다음과 같이 제안하였다.

$$[H^+] = 10^{-x}$$
$$pH = x$$

용액의 수소이온 농도를 pH라 하면

$$pH = \log \frac{1}{[H^+]} = -\log [H^+]$$

수소이온 농도가 10^{-3}M인 경우

$$pH = -\log [10^{-3}] = 3$$

수산화이온 농도에 대해서도 같은 방법으로

$$pOH = -\log [OH^-]$$

물의 이온화평형식의 양변에 −log를 곱하면

$$-\log K_w = (-\log [H^+]) + (-\log [OH^-])$$

$K_w = 1.0 \times 10^{-14}$이므로 $pK_w = 14.0$
따라서 $pK_w = pH + pOH = 14.0$이다.

중성용액에서는 $[H^+] = [OH^-] = 10^{-7}$ M이므로 pH = pOH = 7.0이다. 산성용액에서 수소이온 농도는 10^{-7} M보다 크므로 pH는 7이하가 되고, 염기성 용액에서는 pH가 7보다 크게 된다. 몇 가지 물질들의 pH값을 수록한 그림은 16-2와 같다.

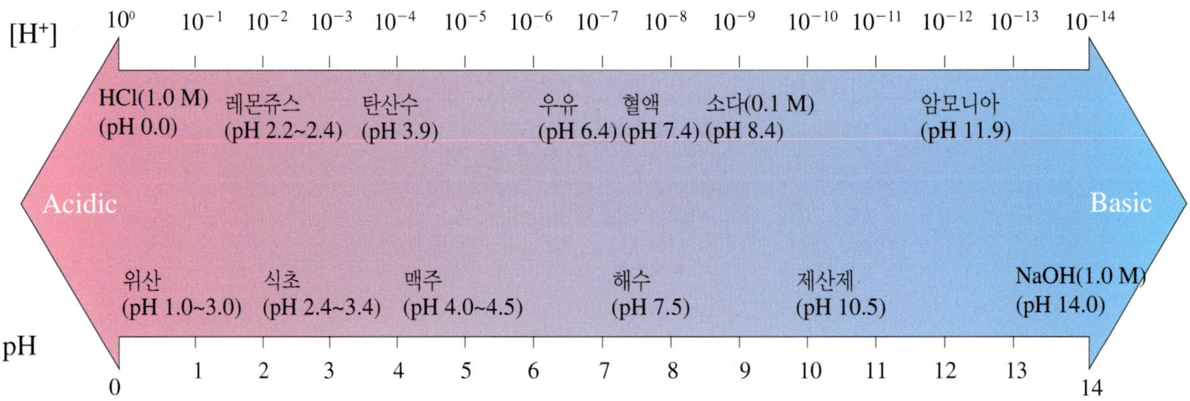

그림 16-2 여러 물질들의 pH 값

예제 16.4 0.0020M HCl 용액의 pH는 얼마인가?

풀이: HCl은 센산이므로

$[H^+] = 0.0020M = 2 \times 10^{-3}M$

$pH = -\log[H^+]$ 이므로

$pH = -\log(2.0 \times 10^{-3}) = -(\log 2.0 + \log 10^{-3})$

$= -[0.3 + (-3)] = 2.7$

예제 16.5 5.0×10^{-4} M NaOH 용액의 pH는 얼마인가?

풀이: 이 문제는 $[OH^-]$의 농도를 알고 있을 때 pH는 두 가지 방법으로 풀 수 있다.

1. $K_w = [H^+][OH^-]$ 이므로

$$[H^+] = \frac{1.0 \times 10^{-14}}{5.0 \times 10^{-4}} = 0.2 \times 10^{-10} \text{ 또는 } 2.0 \times 10^{-11}$$

따라서 $pH = -\log(2.0 \times 10^{-11}) = 10.7$

2. $pOH - -\log[OH]$ 이므로

$pOH = -\log(5 \times 10^{-4}) = 3.3$

따라서 $pH = pK_w - pOH = 14 - 3.3 = 10.7$

예제 16.6 $Mg(OH)_2$ 포화 용액의 pH를 구하여라.

풀이: $Mg(OH)_2 \rightleftharpoons Mg^{2+}(aq) + 2OH^-$ 반응의 25°C에서의 $K_{sp} = 2 \times 10^{-11}$이고 용액 중의 OH^- 이온은 모두 $Mg(OH)_2$의 용해 반응에 의하여 생성된다고 할 수 있으므로 $[OH^-]$을 구할 수 있다. $Mg(OH)_2$의 용해도를 S라 하면 $[Mg^{2+}] = S$이고 $[OH^-] = 2S$가 된다.

$$[Mg^{2+}][OH^-]^2 = (S)(2S)^2 = 4S^3 = 2 \times 10^{-11}$$
$$S^3 = 5 \times 10^{-12} \qquad S \fallingdotseq 2 \times 10^{-4}$$
$$[OH^-] = 2S = 2 \times 2 \times 10^{-4} = 4 \times 10^{-4}M$$
$$pOH = -\log(4 \times 10^{-4}) = -(\log 4 + \log 10^{-4})$$
$$pOH = -(0.6 - 4) = 3.4$$
$$\therefore pH = 14.0 - pOH = 14.0 - 3.4 = 10.6$$

16.4 약한산과 약한염기의 이온화

(1) 약한산의 이온화

약한산과 약한염기가 물에 녹을 때의 반응은 가역반응이므로 다른 평형반응과 똑같이 유도할 수 있다. 아세트산이 물속에서 이온화되는 평형은 다음과 같이 쓸 수 있다.

$$CH_3COOH \rightleftharpoons H^+ + CH_3COO^-$$

이 반응의 평형상수식은 다음과 같다.

$$\frac{[H^+][CH_3COO^-]}{[CH_3COOH]} = K = 1.75 \times 10^{-5}$$

일반적으로 약한산을 HA라고 할 때 이 약한산의 수용액에서 산의 이온화반응은 다음과 같다.

$$HA \rightleftharpoons H^+ + A^-$$

약한산의 이온화반응에 대한 평형상수를 **산의 이온화상수**(K_a: acid ionization constant)라 부르고 다음과 같이 표시한다.

$$K_a = \frac{[H^+][A^-]}{[HA]}$$

[HA]는 이온화되지 않은 산의 농도이며, 각종 약한산의 K_a는 표 16-3과 같다.

실험적으로 K_a를 구하는 방법은 산용액의 전기전도도 측정법과 pH측정법의 두 가지가 있다. 여기서는 초기 농도가 C_a 몰인 순수한 약한산 HA에 물을 가하여 1 L로 한 용액의 K_a 값을 pH측정법으로 구하고자 한다.

H^+와 A^-는 HA의 이온화반응으로부터 생성된 것이다. 따라서 화학양론적으로 다음과 같다.

$$[H^+] = [A^-]$$

표 16-3 25°C에서의 산의 이온화상수

물질	화학식	K_a
아세트산	$HC_2H_3O_2$	1.7×10^{-5}
안식향산	$HC_7H_5O_2$	6.3×10^{-5}
붕산	H_3BO_3	5.9×10^{-10}
탄산*	H_2CO_3	4.3×10^{-7}
	HCO_3^-	4.8×10^{-11}
시안산	$HCNO$	3.5×10^{-4}
개미산	$HCHO_2$	1.7×10^{-4}
시안화수소산	HCN	4.9×10^{-10}
플루오르화수소산	HF	6.8×10^{-4}
황산수소이온	HSO_4^-	1.1×10^{-2}
황화수소*	H_2S	8.9×10^{-8}
	HS^-	1.2×10^{-13}
차아염소산	$HClO$	3.5×10^{-8}
아질산	HNO_2	4.5×10^{-4}
옥살산*	$H_2C_2O_4$	5.6×10^{-2}
	$HC_2O_4^-$	5.1×10^{-5}
인산*	H_3PO_4	6.7×10^{-3}
	$H_2PO_4^-$	6.2×10^{-8}
	HPO_4^{2-}	4.8×10^{-13}
아인산*	H_3PO_3	1.6×10^{-2}
	$H_2PO_3^-$	7×10^{-7}
프로피온산	$HC_3H_5O_2$	1.3×10^{-5}
피루브산	$HC_3H_3O_4$	1.4×10^{-4}
아황산*	H_2SO_3	1.3×10^{-2}
	HSO_3^-	6.3×10^{-8}

* 다염기산 이온화상수는 연속적, 단계적 이온화에 대한 값이다.
예를 들어 H_3PO_4에 대한 평형은, $H_3PO_4 \rightleftharpoons H^+ + H_2PO_4^-$, $H_2PO_4^-$에 대하여는 $H_2PO_4^- \rightleftharpoons H^+ + HPO_4^{2-}$

이때 물의 이온화에 의해서 생성된 산의 이온농도는 무시할 수 있다. 그러므로 이온화되지 않고 남아있는 산의 농도 HA는 다음과 같다.

$$[HA] = C_a - [H^+]$$

이 관계를 이온화상수식에 대입하면

$$K_a = \frac{[H^+][H^+]}{C_a - [H^+]}$$

이 식에서 C_a는 이미 알고 있으므로, $[H^+]$값만 알면 K_a는 계산할 수 있다. $[H^+]$는 산의 pH를 정확히 측정하여 구할 수 있다. 또 K_a값을 알고 있는 약한산의 수용액의 pH를 구하는 방법은 다음과 같다.

$$[H^+]^2 + K_a[H^+] - K_aC_a = 0$$

$$[H^+] = \frac{-K_a + \sqrt{K_a^2 + 4K_aC_a}}{2}$$

또는, 약한산의 $[H^+]$가 초기농도 C_a보다 매우 작으므로 $C_a - [H^+] \fallingdotseq C_a$라 할 수 있다. 따라서

$$K_a = \frac{[H^+]\,[H^+]}{C_a - [H^+]} \fallingdotseq \frac{[H^+]^2}{C_a}$$

즉 $[H^+]^2 = K_aC_a$, $[H^+] = \sqrt{K_aC_a}$ 이므로 양변에 log를 취해 지수로 나타내면

$$-\log[H^+] = -\frac{1}{2}\log K_a - \frac{1}{2}\log C_a$$

$$pH = \frac{1}{2}pK_a - \frac{1}{2}\log C_a$$

가 된다.

예제 16.7 25°C에서 0.1 M의 아세트산 용액의 pH를 구하여라. 이 온도에서 아세트산의 $K_a = 1.75 \times 10^{-5}$이다.

풀이: $CH_3COOH \rightleftharpoons H^+ + CH_3COO^-$

$$K_a = 1.75 \times 10^{-5} = \frac{[H^+]\,[CH_3COO^-]}{[CH_3COOH]}$$

여기서 물의 이온화를 무시하면 다음 관계가 성립된다.

$[H^+] = [CH_3COO^-]$

그러므로 $[CH_3COOH] = 0.10 - [H^+]$

$$K_a = 1.75 \times 10^{-5} = \frac{[H^+]^2}{0.10 - [H^+]}$$

위의 식을 정리하여 이차방정식을 풀면 $[H^+]$를 구할 수 있다.

$[H^+] = 1.32 \times 10^{-3}$ M 또는 pH = 2.88

한편, 용액 중의 $[H^+]$는 아세트산의 초기농도 0.10 M에 비해 매우 작으므로 무시할 수 있다고 가정하면

$$[CH_3COOH] = 0.10 - [H^+] \fallingdotseq 0.10\ M$$
$$[H^+] = \sqrt{K_aC_a}$$
$$= \sqrt{1.75 \times 10^{-5} \times 0.10}$$
$$= 1.32 \times 10^{-3}$$
$$pH = 2.88$$

---

(2) 약한염기의 이온화

약한염기를 포함하는 평형은 약한산의 경우와 비슷하게 취급된다. 예를 들면, 암모니아는 물속에서 다음과 같이 이온화된다.

$$NH_3 + H_2O \rightleftharpoons NH_4^+ + OH^-$$

NH_3가 물에 녹으면 모두 NH_4OH로 된다고 생각할 수 있으나 용액 중에서 대부분은 NH_3 상태로 있으며 그중 일부분만 이온화하고, 이 반응에 대한 평형상수식은 다음과 같다.

$$\frac{[NH_4^+]\ [OH^-]}{[NH_3]} = 1.8 \times 10^{-5} = K_b$$

약한염기의 이온화반응에 대한 평형상수를 **염기의 이온화상수**(K_b: base ionization constant)라 한다. 주요한 약한염기들의 이온화상수는 표 16-4와 같다.

염기는 일반적으로 다음과 같은 이온화평형을 이루며 염기이온화상수 K_b는

표 16-4 25°C에서 약염기의 이온화상수

물질	식	K_b
암모니아	NH_3	1.7×10^{-5}
아닐린	$C_6H_5NH_2$	4.2×10^{-10}
다이메틸아민	$(CH_3)_2NH$	5.1×10^{-4}
에틸아민	$C_2H_5NH_2$	4.7×10^{-4}
하이드라진	N_2H_4	1.7×10^{-6}
하이드록실아민	NH_2OH	1.4×10^{-8}
메틸아민	CH_3NH_2	4.4×10^{-4}
피리딘	C_5H_5N	1.4×10^{-9}
요소	NH_2CONH_2	1.5×10^{-14}

$$B + H_2O \rightleftharpoons HB^+ + OH^-$$

$$K_b = \frac{[HB^+]\,[OH^-]}{[B]}$$

로 표시된다.

염기의 초기농도를 C_b라 하고 $[OH^-] = [HB^+]$를 이용하면 염기이온화상수는 $[OH^-]$에 관한 이차방정식으로부터 얻을 수 있다.

$$K_b = \frac{[OH^-]^2}{C_b - [OH^-]}$$

$$[OH^-] = \frac{K_a^2}{2} + \sqrt{\frac{K_a^2}{4} + K_a C_a}$$

또 $[OH^-] \fallingdotseq \sqrt{K_b C_b}$로 나타낼 수 있고, $K_w = [H^+]\,[OH^-] = 10^{-14}$이므로

$$[H^+] = \frac{K_w}{[OH^-]} = \frac{10^{-14}}{\sqrt{K_b C_b}}$$

$$pH = 14 - \frac{1}{2}pK_b + \frac{1}{2}\log C_b$$

또는 $[H^+]\,[OH^-] = 10^{-14}$는 $pK_a + pK_b = 14$로 나타낼 수 있으므로

$$pH = 7 + \frac{1}{2}pK_a + \frac{1}{2}\log C_b$$

로 쓸 수 있다.

예제 16.8 0.1 N-NH_3 용액의 pH를 계산하여라(NH_3의 $pK_b = 4.74$).

풀이:

$$pH = 14 - \frac{1}{2}pK_b + \frac{1}{2}\log C_b$$

$$= 14 - \frac{1}{2} \times 4.74 + \frac{1}{2}\log 0.1$$

$$= 11.13$$

16.5 염의 가수분해

약한산과 센염기에 의하여 생성된 염의 음이온은 물과 반응하여 OH^-을, 약한염기와 센산에 의하여 생성된 염의 양이온은 물과 작용하여 H^+을 생성하게 되며 이를 염의 **가수분해**(hydrolysis)라고 한다. 즉 염에서 생긴 이온과 물과의 반응이다.

(1) 약한산과 센염기로 된 염의 가수분해

약한산과 센염기의 중화에 의해서 생긴 염은 KCN, Na_2S, Na_2CO_3, $NaAc(CH_3COONa)$ 등으로 물과 반응하여 OH^-가 생성되어 수용액은 염기성을 나타낸다. 아세트산나트륨(CH_3COONa)은 강전해질이며 수용액에서는 기의 완전히 CH_3COO^-와 Na^+로 이온화된다.

$$CH_3COONa \longrightarrow CH_3COO^- + Na^+ \tag{16-1}$$

Na^+는 물과 반응하지 않지만, CH_3COO^-는 다음과 같이 가수분해되어 OH^-을 만든다.

$$CH_3COO^- + H_2O \rightleftharpoons CH_3COOH + OH^- \tag{16-2}$$

가수분해에 대한 평형상수는 다음과 같다.

$$K_h = \frac{[CH_3COOH]\ [OH^-]}{[CH_3COO^-]} \tag{16-3}$$

이 K_h를 **가수분해상수**(hydrolysis constant)라고 한다.

CH_3COOH는 또한 다음과 같이 평형을 이루고 있으므로

$$CH_3COOH \rightleftharpoons CH_3COO^- + H^+ \tag{16-4}$$

$$K_a = \frac{[CH_3COO^-]\ [H^+]}{[CH_3COOH]} \tag{16-5}$$

$$\frac{1}{K_a} = \frac{[CH_3COOH]}{[CH_3COO^-]\ [H^+]} \tag{16-6}$$

분모, 분자에 $[OH^-]$을 곱하면

$$\frac{1}{K_a} = \frac{[CH_3COOH]\ [OH^-]}{[CH_3COO^-]\ [H^+]\ [OH^-]} \tag{16-7}$$

또한 물의 이온화상수값을 이용하면

$$[H^+]\ [OH^-] = K_w \tag{16-8}$$

$$\frac{1}{K_a} = \frac{[CH_3COOH][OH^-]}{K_w[CH_3COO^-]} \tag{16-9}$$

K_w를 양변에 곱하면,

$$\frac{K_w}{K_a} = \frac{[CH_3COOH][OH^-]}{[CH_3COO^-]} \tag{16-10}$$

따라서 식 (16-3)으로부터

$$K_h = \frac{K_w}{K_a} \tag{16-11}$$

여기서 염의 초기농도를 C라 하고, **가수분해도**(degree of hydrolysis)를 x라 하면 식 (16-2)에서

$$[OH^-] = [CH_3COOH] = Cx \tag{16-12}$$

$$[CH_3COO^-] = C(1-x)$$

$$K_h = \frac{[CH_3COOH][OH^-]}{[CH_3COO^-]} = \frac{(Cx)^2}{C(1-x)} \tag{16-13}$$

식 (16-13)을 식 (16-11)에 대입하면

$$\frac{K_w}{K_a} = \frac{(Cx)^2}{C(1-x)} \tag{16-14}$$

여기서, 이온화도는 매우 작으므로 $1 - x \fallingdotseq 1$이라 하면

$$Cx^2 = \frac{K_w}{K_a}$$

가수분해도는

$$x = \sqrt{\frac{K_w}{K_a C}} \tag{16-15}$$

식 (16-12)로부터 $[OH^-] = Cx$을 $K_w = [H^+][OH^-]$에 대입하면

$$[H^+] = \frac{K_w}{Cx} \tag{16-16}$$

식 (16-15)를 식 (16-16)에 대입하면 가수분해시 생성되는 $[H^+]$을 구할 수 있다.

$$[H^+] = \sqrt{\frac{K_a K_w}{C}} \quad (16\text{-}17)$$

$$-\log[H^+] = -\frac{1}{2}\log K_w - \frac{1}{2}\log K_a + \frac{1}{2}\log C$$

$-\log K_a$를 pK_a라 하면

$$pH = 7 + \frac{1}{2}pK_a + \frac{1}{2}\log C \quad (16\text{-}18)$$

예제 16.9 0.1 M의 아세트산나트륨에 물을 가하여 1 L로 한 용액의 pH를 계산하라(아세트산의 K_a 값은 1.75×10^{-5}).

풀이:

$$[H^+] = \sqrt{\frac{K_a K_w}{C}}$$

$$= \sqrt{\frac{1.75 \times 10^{-5} \times 10^{-14}}{0.1}} = 1.32 \times 10^{-9}\ M$$

$pH = 8.88$

---

(2) 약한염기와 센산으로 된 염의 가수분해

약한염기와 센산의 중화에 의해서 생긴 염은 NH_4Cl, $AlCl_3$, $ZnSO_4$, $CuSO_4$ 등으로 물과 반응하여 H^+가 생성되므로 수용액은 산성이다. NH_4Cl은 수용액에서는 거의 완전히 NH_4^+와 Cl^-로 이온화된다.

$$NH_4Cl \rightleftharpoons NH_4^+ + Cl^- \quad (16\text{-}19)$$

Cl^-는 물과 반응하지 않지만, NH_4^+는 가수분해되어 H^+를 만든다.

$$NH_4^+ + H_2O \rightleftharpoons NH_4OH + H^+ \quad (16\text{-}20)$$

또는

$$NH_4^+ + H_2O \rightleftharpoons NH_3 + H_3O^+$$

가수분해에 대한 평형상수는 다음과 같다.

$$K_h = \frac{[NH_4OH][H^+]}{[NH_4^+]} \quad (16\text{-}21)$$

NH_4OH는 다음과 같이 평형이 되어 있으므로

$$NH_4OH \rightleftharpoons NH_4^+ + OH^- \quad (16\text{-}22)$$

$$K_b = \frac{[NH_4^+]\,[OH^-]}{[NH_4OH]} \tag{16-23}$$

식 (16-5)~(16-10)의 과정을 식 (16-23)에 적용하면,

$$\text{가수분해상수 } K_h = \frac{K_w}{K_b} \tag{16-24}$$

여기서 염의 초기농도를 C, 가수분해도(degree of hydrolysis)를 x라 하면 식 (16-20)에서

$$[H^+] = [NH_4OH] = Cx \tag{16-25}$$

$$[NH_4^+] = C(1-x)$$

$$K_h = \frac{[NH_4OH]\,[H^+]}{[NH_4{}^+]} = \frac{(Cx)^2}{C(1-x)} \tag{16-26}$$

여기서, 이온화도는 매우 작으므로 $1 - x ≒ 1$이라 하면

$$x = \sqrt{\frac{K_w}{K_bC}} \tag{16-27}$$

식 (16-25)로부터

$$[H^+] = Cx$$

가수분해시 생성되는 $[H^+]$는

$$[H^+] = C\sqrt{\frac{K_w}{K_bC}}$$

$$= \sqrt{\frac{K_wC}{K_b}} \tag{16-28}$$

양변에 $-\log$를 취하면,

$$-\log[H^+] = -\frac{1}{2}\log K_w + \frac{1}{2}\log K_b - \frac{1}{2}\log C$$

$-\log K_b$는 $\mathrm{p}K_b$이므로

$$\mathrm{pH} = 7 - \frac{1}{2}\mathrm{p}K_b - \frac{1}{2}\log C \tag{16-29}$$

예제 16.10 0.10 M 염화암모늄 용액의 pH를 계산하여라. NH_3의 $K_b = 1.76 \times 10^{-5}$이다.

풀이:

$$[H^+] = \sqrt{\frac{K_w \cdot C}{K_b}}$$

$$= \sqrt{\frac{1 \times 10^{-14} \times 0.10}{1.76 \times 10^{-5}}} = 7.53 \times 10^{-6}\ M$$

$$pH = 5.12$$

16.6 완충용액

약한산과 그의 짝염기, 약한염기와 그 짝산을 포함하는 용액은 묽게 하거나 또는 소량의 산이나 염기를 가해 주어도 그 pH가 변하지 않고 거의 일정하게 유지되는데 이러한 용액을 **완충용액**(buffer solution)이라 한다. 즉, 혈액이나 생리적 용액은 완충화되어 있어 산 또는 염기를 다소 가하여도 pH의 변화는 없다. pH가 7보다 작은 완충용액은 약한산인 아세트산과 그 염인 아세트산나트륨을 혼합하여 제조하고 pH가 7보다 큰 완충용액은 약한염기인 암모니아와 이의 염인 염화암모늄을 혼합하여 제조한다.

정량적으로 완충용액이 어떠한 작용을 하는지 알려면 산 또는 염기를 가하기 전과 가한 후의 pH를 보면 된다. 약한산 HA와 그 짝염기 A^-로 되어 있는 완충용액의 이온화과정은 다음과 같다.

$$HA \rightleftharpoons H^+ + A^-$$
$$A^- + H_2O \rightleftharpoons HA + OH^-$$

산의 이온화상수는 다음과 같다.

$$K_a = \frac{[H^+][A^-]}{[HA]}$$

완충용액 중에 들어있는 약한산 HA와 짝염기 A^-의 원래농도를 C_{HA}와 C_{A^-}라 할 때 이들 산과 염기가 용액 속에서 위와 같은 이온화반응을 하여 평형에 도달하면 다음 관계가 성립한다.

$$[HA] = C_{HA} - [H^+] + [OH^-]$$
$$[A^-] = C_{A^-} + [H^+] - [OH^-]$$

일반적으로 C_{HA}와 C_{A^-} 값은 ($[H^+] - [OH^-]$)값에 비해 훨씬 크기 때문에 다음과 같다.

$$[HA] = C_{HA} \qquad [A^-] = C_{A^-}$$

$$K_a = \frac{[H^+][A^-]}{[HA]}$$ 이므로

$$[H^+] = K_a \frac{[HA]}{[A^-]} = K_a \frac{C_{HA}}{C_{A^-}}$$

일반적인 형태는 다음과 같다.

$$pH = pK_a + \log \frac{[\text{짝염기}]}{[\text{산}]}$$

이 식을 **Henderson-Hasselbach방정식**이라고 하며, 완충용액의 pH를 계산하는데 많이 이용한다.

예제 16.11 아세트산 0.100 M과 아세트산나트륨 0.100 M을 1 L의 물에 녹인 용액의 pH를 계산하라.

풀이: 수용액에서 아세트산은 일부만 이온화하고 아세트산나트륨은 완전히 이온화하며 아세트산의 이온화 평형은 다음과 같다.

$$CH_3COOH \rightleftharpoons CH_3COO^- + H^+$$

여기서 물의 이온화 반응은 아세트산 때문에 무시하고 또 아세트산 이온의 이온화 반응도 무시한다.

$$K_a = 1.75 \times 10^{-5} = \frac{[H^+][CH_3COO^-]}{[CH_3COOH]}$$

$$[H^+] = K_a \frac{[CH_3COOH]}{[CH_3COO^-]} = 1.75 \times 10^{-5} \times \frac{0.100}{0.100}$$

$$[H^+] = 1.75 \times 10^{-5}$$
$$pH = 4.76$$

Henderson-Hasselbach방정식에 의하여 계산하면

$$pH = pK_a + \log \frac{[\text{짝염기}]}{[\text{산}]}$$

$$pH = -\log 1.75 \times 10^{-5} + \log \frac{0.10}{0.10}$$

$$= 5 - \log 1.75 = 4.76$$

16.7 산-염기의 중화 및 당량

산과 염기는 서로 반대적인 성질을 가지고 있다. 산과 염기를 적당한 양으로 반응시키면 염(salt)과 물이 생긴다. 이것을 반응식으로 표시하면 다음과 같다.

산	HCl	→	$H^+ + Cl^-$
+ 염기	NaOH	→	$Na^+ + OH^-$
HCl + NaOH		→	$NaCl + H_2O$

이와 같은 반응을 **중화반응**(neutralization reaction)이라 하며 중화는 수용액중에서 H^+와 OH^-가 반응하여 물이 생성되는 반응을 말한다. 중화반응에 요하는 산과 염기의 양을 서로 **당량**(equivalent weight)이라 한다. 보통 산과 염기의 질량을 표시하는데 **그람당량**(gram-equivalent weight) 단위로 표시하는 수가 많다. 산 1그람당량이란 수소이온 1.008 g(6.023×10^{23}개의 H^+)을 낼 수 있는 산의 양을 말하며, 염기 1그람당량은 수산이온(OH^-) 17.008g을 낼 수 있는 염기의 양을 말한다.

한 용액의 노르말농도(normality)는 용액 1 L 속에 들어 있는 용질의 그람당량수로 표시한다. 1노르말농도(1 N)는 용액 1 L 속에 용질 1그람당량을 포함하는 용액이다. 중화반응에서는 노르말농도를 사용한다.

어떤 용액속에 들어 있는 염기의 양을 알기 위해서는 노르말농도를 정확하게 알고 있는 산으로 중화시킴으로써 측정할 수 있다. 이와 같은 방법을 **적정**(titration)이라 하고 그림 16-3에 산을 염기로 적정하는 예를 나타내었다. 적정법을 이용하면 산, 염기의 정량분석을 할 수 있다.

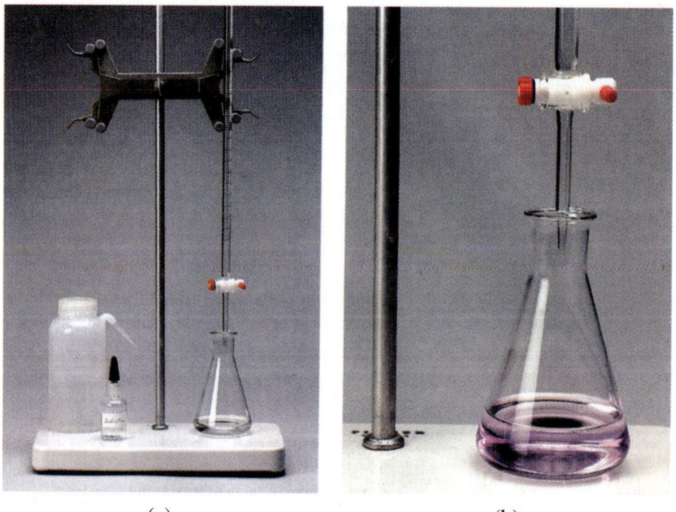

(a) (b)

그림 16-3 산과 염기로 적정하는 예. (a) 산-염기 적정 장치, (b) 당량점에서의 색깔변화

16.8 산-염기의 적정

같은 당량수의 산과 염기가 반응하면 당량점이 얻어진다. 산-염기의 적정시 일어나는 pH의 변화는 다음과 같다.

(1) 센산-센염기

이 적정의 전형적인 예로는 0.1 M HCl 25 mL를 0.1 M NaOH로 적정하는 경우를 들 수 있다. NaOH가 HCl에 가해질 때마다 플라스크에 존재하는 H^+ 농도를 계산하여 전반적인 pH를 수학적으로 계산할 수가 있다.

먼저 25 mL의 0.1 M HCl 용액속에 들어있는 H^+의 양은

$$0.1 \text{ mol}/1000 \text{ mL} \times 25 \text{ mL} = 2.5 \times 10^{-3} \text{ mol}$$

0.1 M NaOH를 10 mL 첨가하면 OH^-의 양은

$$0.1 \text{ mol}/1000 \text{ mL} \times 10 \text{ mL} = 1.0 \times 10^{-3} \text{ mol}$$

중화반응 후에 남아있는 H^+의 양은

$$(2.5 \times 10^{-3}) - (1.0 \times 10^{-3}) = 1.5 \times 10^{-3} \text{ mol}$$

H^+의 몰농도는

$$[H^+] = \frac{1.5 \times 10^{-3} \text{ mol}}{0.035 \text{ L}} = 4.3 \times 10^{-2} \text{ M}$$

따라서 pH는 1.4가 된다.

이와 같은 방법으로 NaOH를 첨가한 후에 남아 있는 H^+의 농도를 계산하여 pH를 구하면, pH는 처음엔 서서히 증가하다가 당량점 부근에서 급격히 증가하고 당량점 이후에는 서서히 수평에 가까워진다. 이런 관계를 그래프로 나타내면 그림 16-4와 같다. 적정의 당량점은 H^+와 OH^-의 농도가 정확히 같아지는 점으로서 pH가 7일 때이다.

예제 16.12 10.0 mL의 0.100 M NaOH가 25.0 mL의 0.100 M HCl에 적정되었을 때 이 용액의 pH를 계산하여라.

풀이: 반응이 센전해질이므로 화학양론적이다. 반응은

$$H^+(aq) + OH^-(aq) \rightarrow H_2O(l)$$

이고, 몰농도에 각 용액의 부피(L)를 곱하면 반응물의 mol을 구할 수 있다.

$$H^+\text{의 몰 수} = 0.0250 \text{ L} \times 0.100 \text{ mol/L}$$
$$= 0.0025 \text{ mol}$$

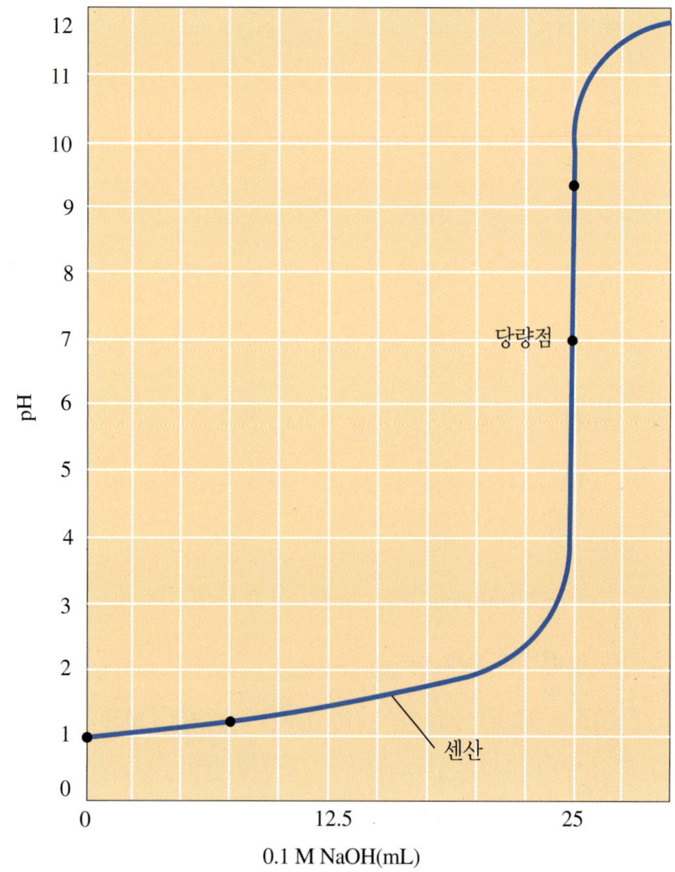

그림 16-4 0.1 M NaOH를 이용한 0.1 M HCl 25 mL의 적정

$$\begin{aligned} OH^- \text{의 몰 수} &= 0.0100\ \text{L} \times 0.100\ \text{mol/L} \\ &= 0.00100\ \text{mol} \end{aligned}$$

모든 OH^-는 과량의 H^+를 남기면서 반응할 것이다.

$$\text{과량의 } H^+ - (0.00250 - 0.00100)\ \text{mol} - 0.00150\ \text{mol II}^+$$

H^+의 농도는 H^+의 양을 용액의 전체부피로 나누어서 구할 수 있다(0.0250 L + 0.0100 L = 0.0350 L)

$$[H^+] = \frac{0.00150\ \text{mol}}{0.0350\ \text{L}} = 0.0429\ \text{M}$$

$$pH = -\log[H^+] = -\log(0.0429) = 1.368$$

(2) 약한산-센염기

약한산과 센염기에 대한 적정의 예는 0.1 M CH_3COOH 25 mL를 0.1 M NaOH로 적정하는 경우를 들 수 있다. 처음 아세트산만 들어 있을 때의 $[H^+]$는 K_a로부터 계산해 낼 수 있으며 pH는 2.9가 된다. 이 용액에 센염기인 NaOH를 가하기 시작하면 완충용액의 경우와 같이 취급할 수 있으며 또 pH값을 계산할 수 있다.

그림 16-5는 CH_3COOH-NaOH 적정에서 당량점 부근의 pH변화를 나타낸 것이다. 0.1M CH_3COOH 25 mL (2.5×10^{-3} mol)에 0.1 M NaOH 10 mL (1×10^{-3} mol)를 가하면 아세트산과 마찬가지로 NaOH는 모두 중화된다. 따라서 35 mL 용액속에는 아세트산음이온 1.0×10^{-3} mol과 미반응의 아세트산 1.5×10^{-3} mol이 들어 있다.
그러므로,

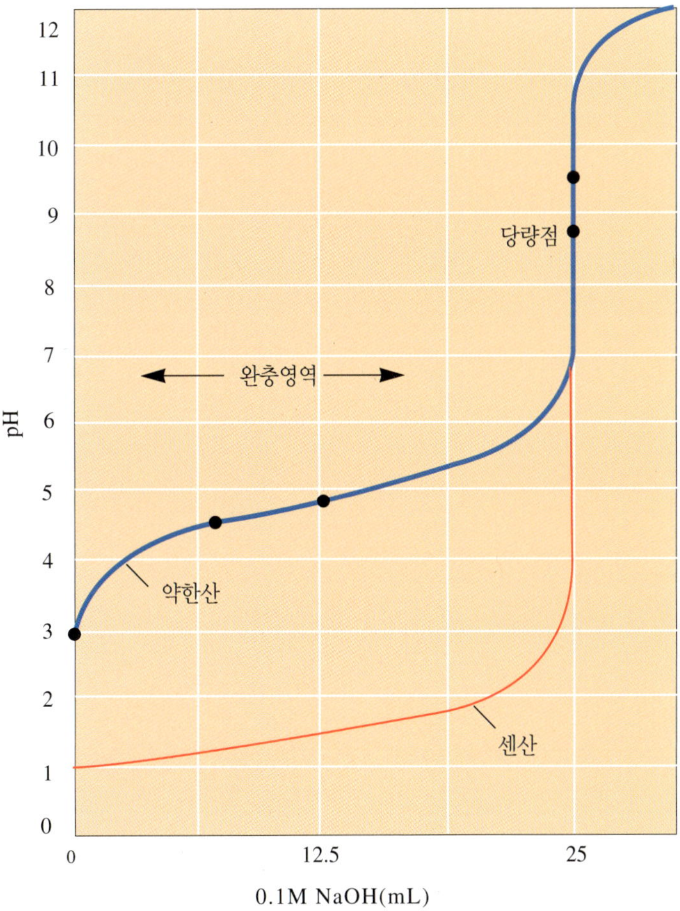

그림 16-5 0.1 M NaOH에 의한 0.1 M CH_3COOH 25 mL의 적정

$$[CH_3COOH] = \frac{1.5 \times 10^{-3}\ \text{mol}}{0.035\ \text{L}} = 4.3 \times 10^{-2}\ \text{M}$$

$$[CH_3COO^-] = \frac{1.0 \times 10^{-3}\ \text{mol}}{0.035\ \text{L}} = 2.9 \times 10^{-2}\ \text{M}$$

이 값들을 완충용액에서 언급한 $[H^+]$에 대입하면

$$[H^+] = K_a \frac{[CH_3COOH]}{[CH_3COO^-]} = 1.8 \times 10^{-5}\ \frac{4.2 \times 10^{-2}}{2.9 \times 10^{-2}}$$

$$[H^+] = 2.6 \times 10^{-5}\ \text{M}$$

$$\text{pH} = 4.58$$

처음 염기를 첨가할 때부터 당량점에 이를 때까지 용액의 pH는 동일한 방법으로 구한다.

25 mL의 NaOH를 첨가하면 아세트산은 모두 중화되어 2.5×10^{-3} mol의 CH_3COONa가 생성되고, 이것은 가수분해를 일으킨다. 이 염은 음이온만이 가수분해 되므로,

$$CH_3COO^- + H_2O \rightleftharpoons CH_3COOH + OH^-$$

$$K_h = \frac{[CH_3COOH]\ [OH^-]}{[CH_3COO^-]} = \frac{K_w}{K_a} = 5.6 \times 10^{-10}$$

$$[CH_3COOH] = [OH^-] = \alpha$$

$$[CH_3COO^-] = (2.5 \times 10^{-3} - \alpha)\text{mol}/0.05\ \text{L} \fallingdotseq 0.05\text{M}$$

이 양을 윗 식에 대입하면

$$K_h = \frac{\alpha^2}{5 \times 10^{-2}} = 5.6 \times 10^{-10}$$

$$\alpha = 5.3 \times 10^{-6}\ \text{M}$$

$$\text{pOH} = 5.28$$

$$\text{pH} = 8.72$$

그러므로 당량점에서의 pH는 7보다 크다.

(3) 약한염기-센산

약한염기를 센산으로 적정하면 적정곡선의 형태는 약한산과 센염기 사이의 반응시와 거의 비슷해진다. 처음 용액에 산을 가할 때 용액 속에는 미반응의 약한염기와 염이 들어 있으므로 완충용액이 된다. 당량점에서의 용액에는 약한염기의 염이 들어있으며, 혼합액의 pH는 양이온의

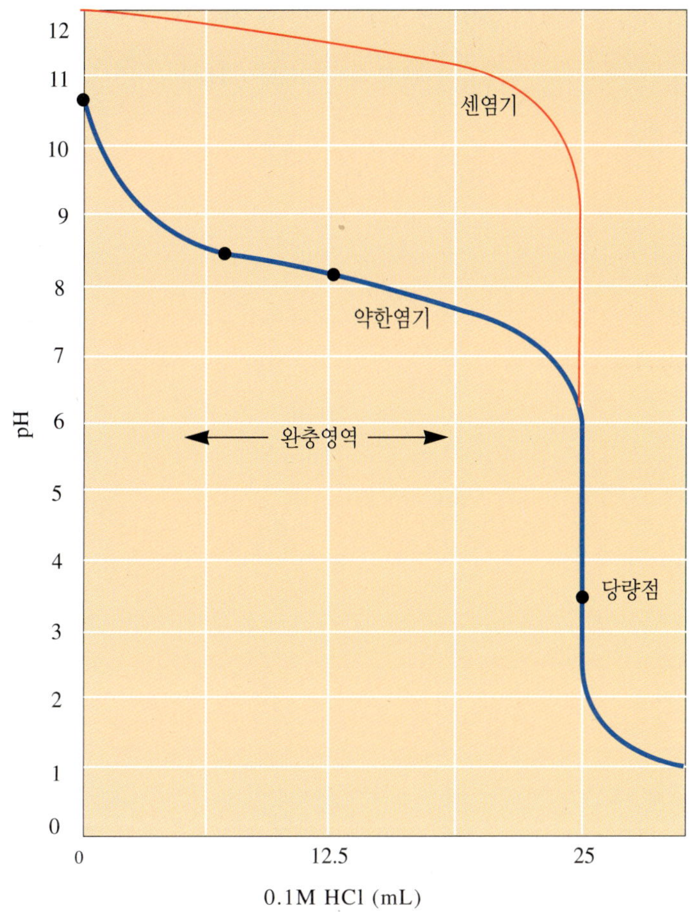

그림 16-6 0.1 M HCl에 의한 0.1 M NH_3 25 mL의 적정

가수분해 정도에 따라 달라진다. 그림 16-6은 0.1 M NH_3 25 mL을 0.1M HCl로 적정할 때의 pH 변화를 나타낸 것이다. 당량점의 pH가 7보다 적은 것은 반응동안 생성된 NH_4Cl의 가수분해로서 설명할 수 있다. 앞 절에서 NH_4^+의 K_h는 다음과 같다.

$$K_h = \frac{[H_3O^+]\ [NH_3]}{[NH_4^+]} = \frac{K_w}{K_b} = 5.6 \times 10^{-10}$$

NH_3는 정확히 HCl을 25 mL(2.5×10^{-3} mol) 첨가하였을 때 완전히 중화된다. 이 점에서의 NH_4^+ 농도는

$$[NH_4^+] = \frac{2.5 \times 10^{-3}\ \text{mol}}{0.05\ \text{L}} = 5.0 \times 10^{-2}\ \text{M}$$

가수분해를 일으키는 NH_4^+의 mol수를 α라고 두면 평형에서의 농도는

$$NH_4^+ + H_2O \rightleftharpoons NH_3 + H_3O^+$$

$[H_3O^+] = [NH_3] = \alpha$

$[NH_4^+] = 5.0 \times 10^{-2} - \alpha \fallingdotseq 5.0 \times 10^{-2}$ M

이들 값을 K_h에 대입하면

$$K_h = \frac{(\alpha)(\alpha)}{5.0 \times 10^{-2}} = 5.6 \times 10^{-10}$$

$$\alpha^2 = 28.0 \times 10^{-12}$$
$$[H_3O^+] = 5.3 \times 10^{-6}\ \text{M}$$
$$\text{pH} = 5.28$$

여기에서 pH는 7보다 작은데, 이것은 약한염기-센산의 적정시에 나타나는 전형적인 현상이다.

16.9 지시약

지시약(indicator)은 산 혹은 염기성 매체 중에서 pH에 따라 변색하는 유기물질이다. 페놀프탈레인, 메틸오렌지, 리트머스 시험지 등의 약한산과 약한염기가 그 좋은 예인데, 이들 산-염기의 분자는 다른 물질의 이온상태보다 특이한 색깔을 가지고 있다. 만일 약한산인 지시약을 HIn으로 표시하면, 용액에서의 평형식은 다음과 같다.

$$\text{HIn} \rightleftharpoons H^+ + In^-$$

산성용액에서 이 평형은 HIn의 색이 나타나는 왼쪽으로 진행되고 염기를 가해주면 평형은 In^-의 색이 나타나는 오른쪽으로 이동된다.

이러한 지시약의 평형상수를 다음과 같이 표시하면 이 원리를 정량적으로 설명할 수 있다.

$$K_{In} = \frac{[H^+]\,[In^-]}{[HIn]} = [H^+] \times \frac{[In^-]}{[HIn]}$$

몇 가지 지시약의 변색되는 pH범위를 그림 16-7에 나타내었다.

용액의 pH는 지시약에 의해서 보다 pH meter에 의하여 더욱 편리하고 정확하게 측정된다.

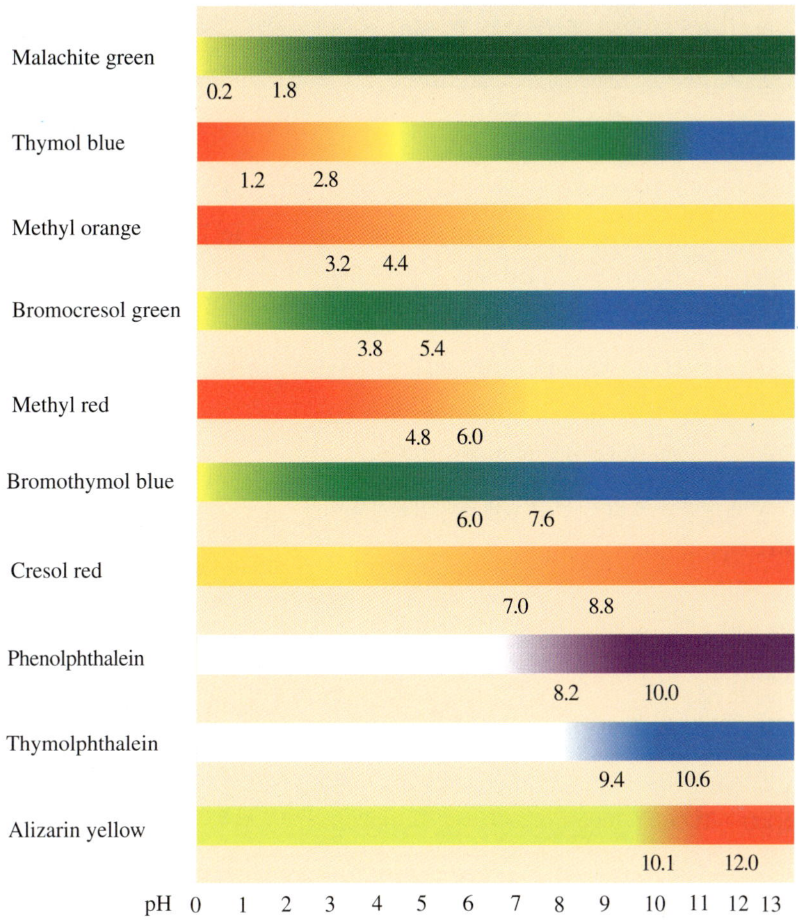

그림 16-7 여러 가지 지시약의 변색범위

연습문제

PROBLEMS

01. 다음을 산성 산화물과 염기성 산화물로 구분하고 각각 물과의 반응식을 써라.

(a) P_2O_5 (b) Fe_2O_3 (c) Na_2O (d) MnO_2 (e) BaO (f) Cl_2O
(g) B_2O_3 (h) Al_2O_3 (i) MnO_2 (j) SO_2 (k) CO_2 (l) I_2O_5
(m) TeO, (n) SO_3 (o) N_2O_5

02. 다음 물질들이 산, 염기반응에서 용매로 작용할 때 Brønsted-Lowry 개념에 따라 이온화 반응식을 써라.

(a) H_3PO_4 (b) HCOOH (c) $H_2NC_2H_4NH_2$

03. 다음 염이 생성될 수 있는 산, 염기의 중화반응식을 써라.

(a) $KHSO_4$
(b) $Zn_2(OH)_2CrO_4$
(c) $Pb_2(OH)_2CO_3$
(d) $CaHPO_3$

04. $Zn(OH)_2$, $Pb(OH)_2$, $Sn(OH)_2$의 양쪽성을 화학방정식으로 표시하여라.

05. 다음 반응을 완성하고 생성물을 센산, 센염기, 약한산, 약한염기로 표시하여라.

(a) $Na_2O + H_2O$
(b) $MgO + H_2O$
(c) $Al_2O_3 + H_2O$
(d) $SiO_2 + H_2O$
(e) $P_4O_6 + H_2O$
(f) $SO_3 + H_2O$

06. $AlCl_3$의 수용액이 산성이 되는 이유를 말하여라.

07. 산의 분자구조와 산의 세기와는 어떤 관계가 있는가?

08. 몇 가지 용액의 하이드로늄이온 농도가 다음과 같을 때 각각의 pH를 계산하여라.

(a) 1.0×10^{-4} (b) 2.0×10^{-12} (c) 4.7×10^{-9}
(d) 0.20 (e) 1.73×10^{-3} (f) 1.0
(g) 1.22×10^{-14} (h) 2.0

09. 어떤 산 0.1 M 용액의 pH가 4.00이라면 이 산의 K_a는 얼마인가?

10. 1 mol의 OH^- 이온과 1 mol의 H_3O^+ 이온이 들어 있는 순수한 물의 부피를 계산하여라.

11. 다음 각 용액의 pH를 계산하여라.

(a) 0.1 M 아세트산용액

(b) (a)용액 50.0 mL를 물 5.0 mL로 묽혔을 때 얻어지는 용액

(c) 0.10 M NH_3 용액

(d) 0.10 M $NH_4C_2H_3O_2$ 용액

12. pH가 5.70인 완충용액을 제조하려면 아세트산과 아세트산나트륨의 농도비를 얼마로 하면 되겠는가? 이온화과정 다음과 같다.

$$HC_2H_3O_2 \rightarrow H^+ + C_2H_3O_2^-$$

$$K_a = \frac{[H^+]\,[C_2H_3O_2^-]}{[HC_2H_3O_2]}$$

13. 산, 염기, 중화반응을 간단히 설명하여라.

(a) Arrhenius 개념

(b) Brønsted-Lowry 개념

(c) Lewis 개념

14. Lewis이론으로 다음 반응을 설명하여라.

(a) $S{=}C{=}S + SH^- \rightarrow S_2CSH^-$

(b) $Fe(CO)_5 + H^+ \rightarrow FeH(CO)_5^+$

(c) $Ag^+ + 2NH_3 \rightarrow Ag(NH_3)_2^+$

(d) $Mn(CO)_5^- + H^+ \rightarrow HMn(CO)_5$

15. 다음 반응의 각각에 대하여 어느 것이 서로 짝산, 짝염기인지 표시하여라.

(a) $HF + NH_3 \rightleftharpoons NH_4^+ + F^-$

(b) $Zn(OH)_2 + 2OH^- \rightleftharpoons ZnO_2^- + 2H_2O$

(c) $Al(H_2O)_6^{3+} + OH^- \rightleftharpoons [Al(H_2O)_5OH]^{2+} + H_2O$

(d) $N_2H_4 + H_2O \rightleftharpoons N_2H_5^+ + OH^-$

(e) $NH_2OH + HCl \rightleftharpoons NH_3^+OH + Cl^-$

(f) $O^{2-} + H_2O \rightleftharpoons 2OH^-$

(g) $H^- + H_2O \rightleftharpoons H_2 + OH^-$

(h) $NH_2^- + N_2H_4 \rightleftharpoons NH_3 + N_2H_3^-$

16. 다음 화합물 각각에 대하여 Lewis산인지, Lewis염기인지 구별하여라.

(a) $AlCl_3$	(b)OH^-	(c) Br^-	(d) H_2O	(e) NO^+
(f) CO_2	(g) NH_3	(h) Fe^{3+}	(i) $(CH_3)_2S$	(j) SbF_5

17. 산과 염기의 상대적 세기 자료를 이용하여 다음 반응에서 평형이 어느쪽으로 진행되겠는가를 결정하여라.

$$SO_4^{2-}(aq) + HCN(aq) \rightleftharpoons HSO_4^-(aq) + CN^-(aq)$$

18. 완충용액이란?

19. 산염기의 적정에서 일어나는 pH변화를 예를 들어 설명하여라.

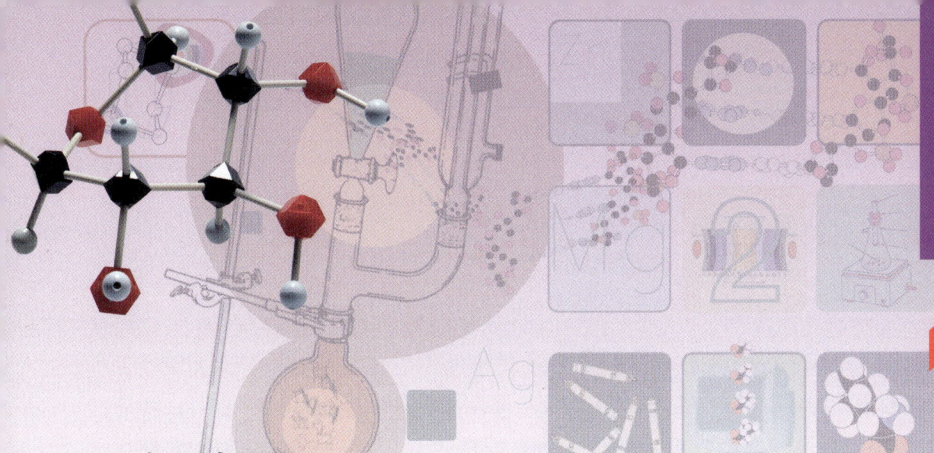

CHAPTER

17

착화물

이 장에서는 착화물에 대한 정의, 명명법, 기하구조 그리고 착화물에 있어서의 결합에 관한 이론을 설명하고, 이들 착화물의 성질과 응용에 대해 살펴본다.

미리보기

17.1 정의

고체 황산구리(copper sulfate)는 구리를 뜨거운 황산과 반응시켜 얻는데 황산구리를 서양에서는 "*oil of vitriol*(황산염 기름)" 또는 "*blue vitriol*(푸른 황산염)"이라고 한다(그림 17-1). 황산구리는 보통 물을 포함하고 있을 때 푸른색을 나타내며, 높은 온도로 가열하면 백록색의 무수 황산구리를 얻을 수 있다. 구리 이온(Cu^{2+})이 Lewis의 산으로 작용하고 물분자에 포함된 산소 원자의 비공유전자쌍은 Lewis의 염기로 작용하여 배위결합이 일어나 $Cu(H_2O)_4^{2+}$ 이온을 생성한다. 이와 같은 이온을 **착이온**(complex ion)이라고 하고 착이온을 갖는 화합물을 **배위화합물**(coordination compound) 또는 **착화합물**(complex compound)이라 한다. 이 때 구리는 **중심원자**(central atom) 또는 **중심금속**(central metal)이며, 구리에 비공유전자쌍을 제공하는 물분자를 **리간드**(ligand)라고 하며, 물분자가 구리 원자에 배위되어 있다고 표현한다.

리간드에서 중심원자에 직접 결합되어 있는 원자, 즉 $Cu(H_2O)_4^{2+}$에서 산소 원자를 **주게 원자**(donor atom)라고 하고, 중심원자에 결합되어 있는 비공유전자쌍의 수를 **배위수**(coordination number)라고 한다. 즉, $Cu(H_2O)_4^{2+}$는 구리 원자에 각각의 산소가 제공하는 비공유전자쌍이 4개이므로 구리 이온은 배위수가 4이다. 가장 흔한 배위수는 2, 4, 6인데 예를 들면, $Ag(NH_3)_2^+$에서는 배위수가 2, $Ni(CN)_4^{2-}$에서 Ni의 배위수는 4, $Co(NH_3)_6^{3+}$에서는 Co의 배위수가 6이다.

한편, 위와 같은 착이온을 표시할 때는 일반적으로 착이온을 구성하는 원자들을 아래와 같이 [ ]로 묶어서 표시하는데 [ ]로 표시되는 리간드나 중심원자 주위영역을 **배위권**(coordination sphere)이라고 한다.

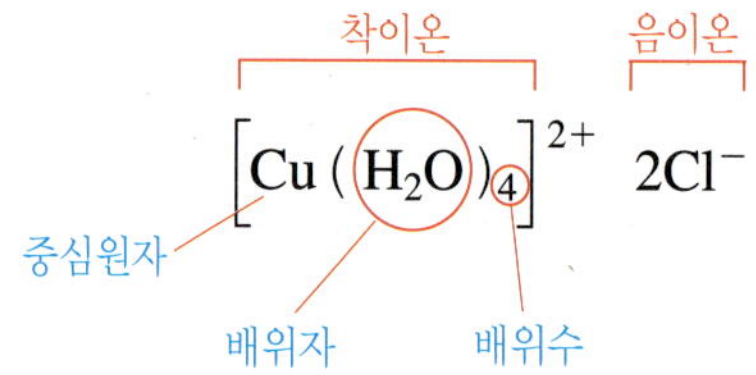

그림 17-1 황산구리-가열할수록 물이 탈리하여 백록색으로 변함

17.2 명명법

착화물의 명명에 필요한 몇 가지 규칙은 다음과 같다.

1) 단순한 이온성 화합물에서처럼 착화물에서도 음이온을 먼저 명명하고 그 다음에 양이온을 명명한다. 영어로 쓸 때는 두 이온의 명명순서가 반대이다.
   예) $K^+[Pt(NH_3)Cl_5]^-$; 오클로로아민백금(IV)산 칼륨
   potassium pentachloroamine platinate(IV)
2) 배위자를 먼저 명명하고 그 다음에 중심 금속이온을 명명한다.
3) 배위자가 음이온일 때 끝에 "o"를 붙인다. 특별히 "ide"는 "o"로, "ate"는 "ato" 그리고 "ite"는 "ito"로 바꾼다. 배위자가 양이온이면 이름의 끝에 "ium"을 쓴다. 만약 배위자가 중성분자일 때는 일반적으로 분자의 이름을 그대로 쓴다. 단 H_2O, NH_3는 예외이며 각각 아쿠오(aquo), 아민(amine)이라 부른다. 몇가지 리간드의 명명법을 표 17-1에 나타내었다.
   예) Cl^-; chloro, CH_3COO^-; acetato, $NH_2NH_3^+$; hydrazinium
4) 접두사 mono, di, tri, tetra, penta 및 hexa(일, 이, 삼, 사, 오, 육을 나타낸다)는 배위자의 수를 나타내는데 사용된다. 한 개의 배위자가 2개 이상의 주게원자를 가지고 있을 때 bis(2), tris(3), tetrakis(4) 등의 용어를 쓴다.
   예) $[Co(en)_2Cl_2]SO_4$; 이클로로비스(에틸렌다이아민) 코발트(III) 황산이온
   dichlorobis(ethylendiamine) cobalt(III) sulfate
5) 중심금속 이온의 산화상태는 괄호속에 로마숫자로 나타내고 그 다음에 이온이라 쓴다.

표 17-1 몇 가지 리간드의 명명법

리간드	화학식	이름
Fluoride ion	F^-	Fluoro
Chloride ion	Cl^-	Chloro
Nitrite ion	NO_2^-	Nitro
	ONO^-	Nitrito
Carbonate ion	OCO_2^{2-}	Carbonato
Cyanide ion	CN^-	Cyano
Thiocyanate ion	SCN^-	thiocyanato
	NCS^-	Isothiocyanato
Hydride ion	H^-	Hydrido
Oxide ion	O^{2-}	Oxido
Hydroxide ion	OH^-	Hydroxo
Water	OH_2	Aqua
Ammonia	NH_3	Ammine
Carbon monoxide	CO	Carbonyl
Nitrogen monoxide	NO	Nitrosyl

표 17-2 착이온이 음이온일 때 중심금속의 명명법

금속	음이온 착화합물 명명
Aluminum	Aluminate
Chromium	Chromate
Cobalt	Cobaltate
Copper	Cuprate
Gold	Aurate
Iron	Ferrate
Lead	Plumbate
Manganese	Manganate
Molybdenum	Molybdate
Nickel	Nickelate
Silver	Argentate
Tin	Stannate
Tungsten	Tungstate
Zinc	Zincate

금속 이름은 배위자 이름과 붙여 쓴다.

예) $[Cu(NH_3)_4]^{2+}$; 사아민구리(II)이온,

tetraamine copper(II) ion

6) 배위자가 한 가지 종류 이상 존재하면 음이온, 중성 및 양이온 배위자의 순서로 명명하고, 같은 성질의 배위자에서는 다원자로 된 배위자를 단원자 배위자보다 앞서 명명한다.

예) $[Co(NH_3)_4(NO_2)Br]$; 나이트로브로모사아민코발트(III) 이온

nitrobromotetraamine cobalt(III) ion

7) 착이온이 음이온이면 중심금속이온의 이름 끝에 −ate를 붙인다(가끔 금속은 라틴어로 쓰기도 한다). 양이온 그리고 중성착화물은 금속의 이름을 그대로 사용한다.

예) $[CuCl_4]^{2-}$; 사클로로로구리(II)산 이온, tetrachlorocuprate(II) ion

$[Ni(CO)_4]$; 사카르보닐니켈(0), tetracarbonylnickel(0) ion

8) 배위자가 두 개의 배위중심을 다리로 연결할 때 그리이스 문자 μ를 그 앞에 붙인다. 각각 다른 배위자로 연결될 때는 되풀이 해서 사용한다. 표 17-2에 착이온이 음이온일 때 중심금속의 명명법을 나타내었다.

예)

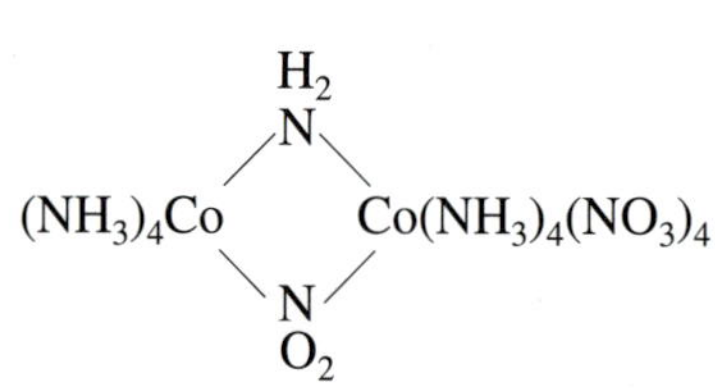

; 옥타아민-뮤-아마이드-뮤-나이트로이코발트(III) 질산
octaamine-μ-amido-μ-nitrodicobalt(III) nitrate

예제 17.1 염화클로로 펜타아쿠오크롬(Ⅲ), chloropentaaquochromium(Ⅲ) chloride의 분자식을 쓰고, (b) $K_3[Fe(CN)_6]$ 화합물의 이름을 써라.

풀이: (a) $[Cr(H_2O)_5Cl]Cl_2$
(b) 육시아노철(III)산 칼륨, potassium hexacyanoferrate(III)

17.3 리간드

표 17-1에 나타낸 리간드는 중심원자에 비공유전자쌍을 한 쌍만 제공하는 것이다. 이와 같이 비공유전자쌍을 한 쌍 제공하는 리간드를 **한자리 리간드**(monodentate ligand)라고 하는데 라틴어 이(tooth)를 나타내는 "*dens*"에서 따온 것이다. 만약에 중심원자에 두 쌍 또는 세 쌍의 비공유전자쌍을 제공하는 리간드를 각각 **두자리 리간드**(bidentate ligand) 또는 **세자리 리간드**(tridentate ligand)라고 하고, 비공유전자쌍을 세 쌍 이상을 제공하는 리간드를 **여러 자리 리간드**(polydentate ligand)라고 한다.

예를 들어 ethylenediamine($NH_2CH_2CH_2NH_2$; en)은 분자식에서 양쪽에 있는 아민($-NH_2$)의 질소 원자가 비공유전자쌍을 중심원자에 제공하므로 두 쌍의 전자쌍을 제공하여 배위결합을 하게 된다. 이 경우 ethylenediamine은 두자리 리간드가 되는 것이다. 따라서 ethylenediamine이 Co^{3+}이온에 배위될 때 Co^{3+}는 배위수가 6이므로 ethylenediamine은 세분자가 결합하여 $Co(en)_3^{3+}$착이온을 형성하게 된다. 두자리 리간드의 예를 그림 17-2에 나타내었다.

한편, EDTA(ethylenediamine tetraacetic acid)는 여섯자리 리간드(hexadentate ligand)로 작용하는데 배위수 6인 Ca^{2+} 이온과는 1 : 1 몰비로 결합하여 그림 17-3과 같이 정팔면체 착이온(octahedral complex ion)을 형성한다.

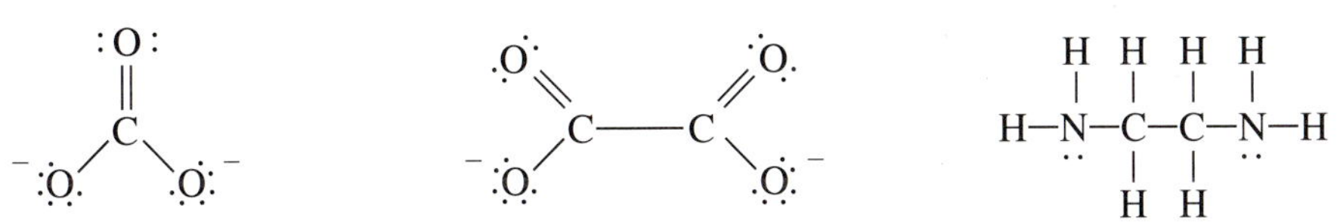

Carbonate ion CO_3^{2-} Oxalate ion $C_2O_4^{2-}$ Enthylenediamine $NH_2CH_2CH_2NH_2$

그림 17-2 두자리 리간드의 예

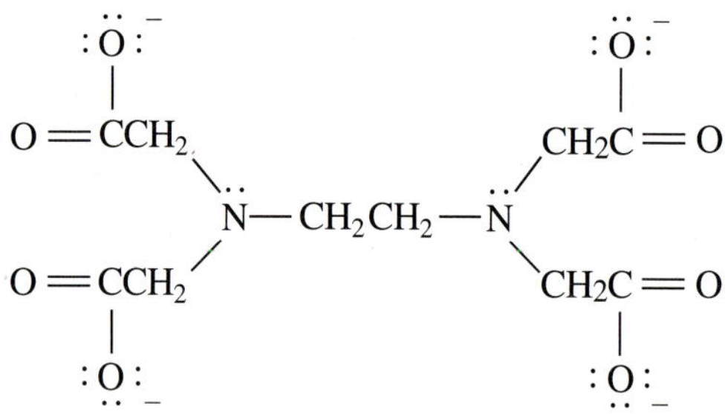

EDTA 음이온

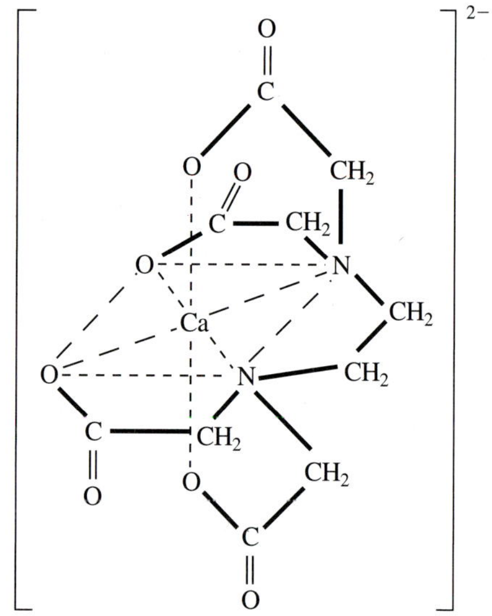

그림 17-3 EDTA(ethylenediamine tetracetic acid) anion과 Ca-EDTA 착화합물

17.4 킬레이트

착이온의 기하학적인 구조에서 중심 금속 이온에 두 개 이상의 전자쌍을 줄 수 있는 배위자가 있다. 이러한 배위자를 여러 자리 배위자(polydentate ligand)라고 한다. 에틸렌다이아민 $(NH_2CH_2CH_2NH_2)$분자는 각 N원자로부터 한 개씩의 전자쌍을 줄 수 있기 때문에 2개의 전자쌍을 제공하는 두자리 배위자(bidentate ligand)이다.

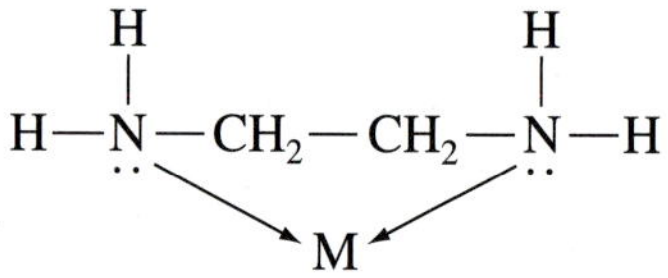

몇 가지의 배위자들을 표 17-3에 나타내었다. 따라서 다음과 같이 에틸렌다이아민은 배위수가 4인 구리와 반응하여 두 개의 고리를 만들며, 옥살산도 역시 두자리 리간드이므로 구리와 반응하여 두 개의 고리를 형성한다.

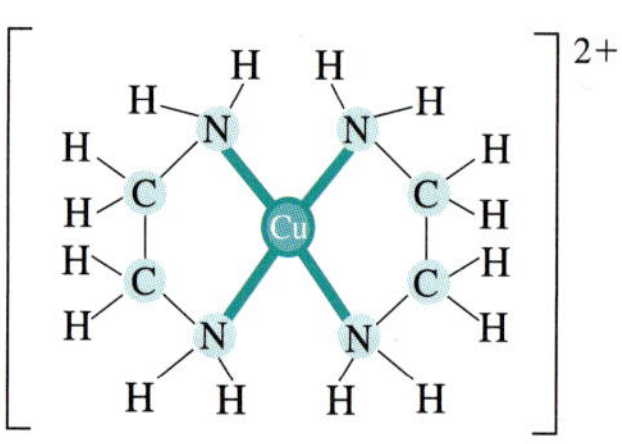

$Cu(en)_2^{2+}$

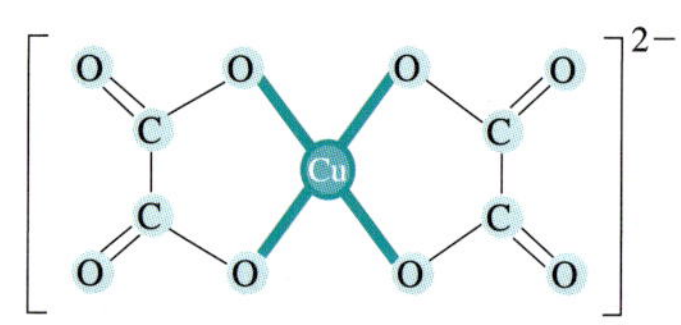

$Cu(C_2O_4)_2^{2-}$

표 17-3 몇 가지 혼합 킬레이트제

화학식	약칭	제공하는 전자쌍
에틸렌다이아민	en	2
$NH_2CH_2\overset{O}{\overset{\|}{C}}O^-$ 글라이신산이온	gly	2
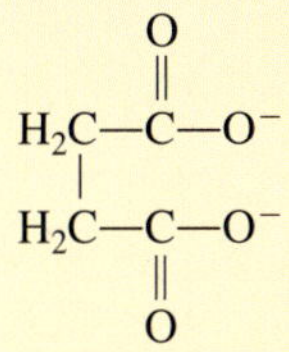 옥살산이온	ox	2
$NH_2CH_2CH_2NHCH_2CH_2NH_2$ 다이에틸렌트라이아민	dien	3
$NH_2CH_2CH_2CH_2NH_2$ 트라이메틸렌다이아민	tm	2
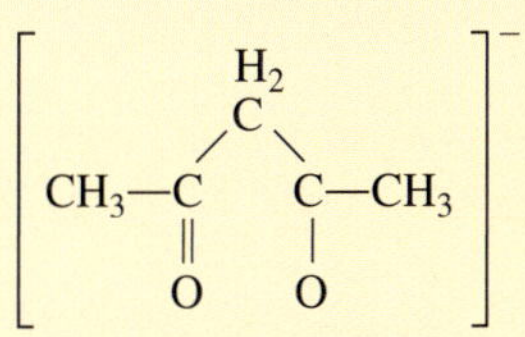 아세틸아세토네이토이온	acac	2

착화물에서 어떤 배위자에 의해 형성되는 고리를 **킬레이트고리**(chelate ring)라 하고 그 반응을 그리스어의 “게의 집게발”이란 뜻의 “chela”에 어원을 두는 **킬레이트화**(chelation)라고 하며 킬레이트(chelate)를 생성하는 데 이용된 여러 자리 배위자를 **킬레이트제**(chelating agent)라고 부른다.

17.5 착화물의 기하구조와 이성질현상

착화물을 형성하는 금속이온과 배위자는 공간적인 관계를 가지며 일반적으로 배위자끼리 최대 거리를 유지한다. 착화물의 기하학적 구조는 배위수에 의존하며 배위수 2, 4, 5, 6에 따른 가장 흔한 구조들은 그림 17-4와 같다.

착화물은 구조와 성질이 다르나 같은 조성을 가진 여러 가지 이성질체(isomer)가 가능하다. 이성질현상은 크게 두 가지, 구조이성질현상(structural isomerism)과 입체이성질현상(stereo

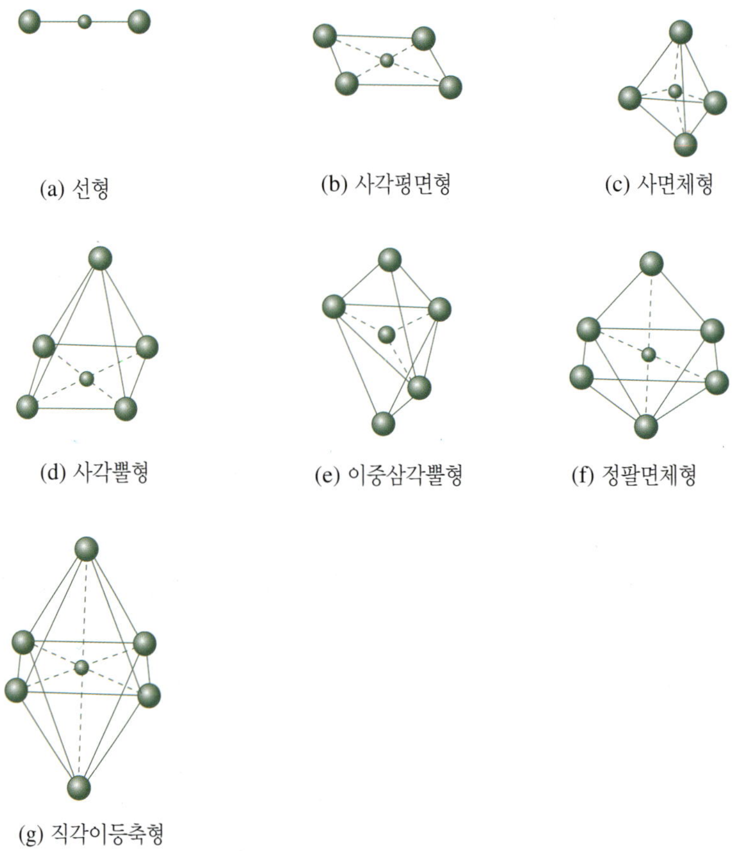

그림 17-4 흔히 볼 수 있는 금속 화합물의 배위모양

isomerism)으로 분류되며 이들을 세분하면 다음과 같다.

(1) 구조이성질현상

1) 배위이성질현상(coordination isomerism)

배위된 배위자가 중심금속이온에 대해 서로 역으로 결합되어 있는 이성질체를 말한다.

예) $[Co(NH_3)_6][Cr(CN)_6]$와 $[Cr(NH_3)_6][Co(CN)_6]$

2) 수화이성질현상(hydrated isomerism)

어떤 착화물에서 물은 화학적으로 한 가지 이상의 형태로 배위될 수 있다. 예로 $CrCl_3 \cdot 6H_2O$에서 6개의 물 분자들은 모두가 중성이온에 직접적으로 배위될 수 있는 반면 그 중 일부가 어떤 특정 이온에 배위됨이 없이 배위권 밖에서 발견될 수 있다. 이들은 화학적으로 다른 3가지 형태가 가능하고 서로 이성질체이다.

$[Cr(H_2O)_6]Cl_3$ 보라색
$[Cr(H_2O)_5\ Cl]Cl_2 \cdot H_2O$ 푸른색
$[Cr(H_2O)_4Cl_2]Cl \cdot 2H_2O$ 초록색

3) 이온화이성질현상(ionization isomerism)

이는 수화이성질현상과 유사해서 용액에서 서로 다른 이온을 내는 이성질체를 말한다.

예) $[Co(NH_3)_5Br]^{2+}SO_4^{2-}$와 $[Co(NH_3)_5SO_4]^+Br^-$

이들은 각각 용액에서 착이온의 2가 양이온과 SO_4^{2-}, 그리고 +1가의 착이온과 Br^-를 내놓는다.

4) 결합이성질현상(linkage isomerism)

한 배위자가 두 개 이상의 주게원자를 포함하고 있을 때 중심원자에 배위되는 방법은 마찬가지로 두 가지 이상이 된다.

예) 나이트로기는 질소($-NO_2$)와 산소($-ONO$)원자를 통해 각각 배위가 가능하여 두 가지의 이성질체를 얻을 수 있다.

$[(H_3N)_5Co(NO_2)]Cl_2$, 나이트로아민코발트(II)염소(노란-갈색, 산에 안정)
$[(H_3N)_5Co(ONO)]Cl_2$, 나이트리토아민코발트(II)염소(빨강색, 산에 불안정)

(2) 입체이성질현상

1) 위치이성질현상(position isomerism)

기하이성질현상(geometrical isomerism)이라고 하며 이는 같은 분자식과 같은 종류의 화학결합을 가지면서 원자들의 공간적 배치가 다르다. 중심이온에 배위된 같은 종의 배위자들이 서로 인접해 있는 시스(cis)형과 서로 반대편에 존재하는 트랜스(trans)형의 두 가지 다른 화합물이 존재한다.

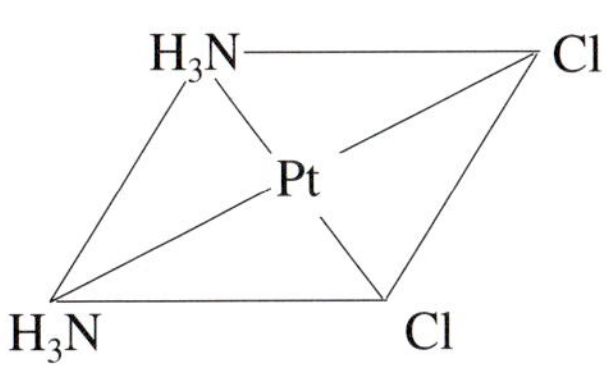

시스-이클로로이아민백금(II)

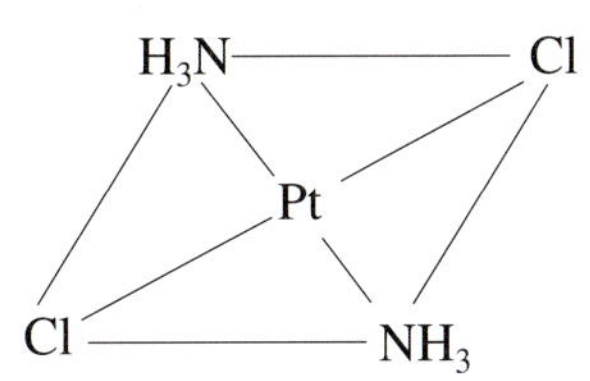

트랜스-이클로로이아민백금(II)

2) 광학이성질현상(optical isomerism)

편광(polarized light)면을 오른쪽 혹은 왼쪽으로 회전시키는 성질을 가진 광학활성의 이성질체를 광학이성질체(optical isomer)라 하며, 편광면을 오른쪽으로 돌리는 것을 우선성

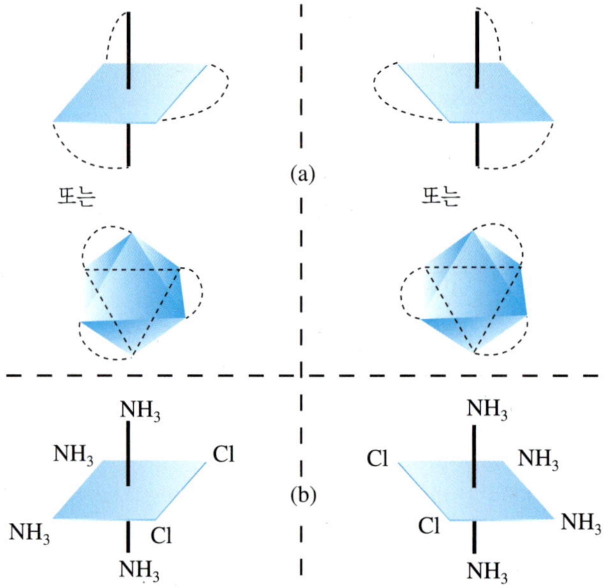

그림 17-5 (a) $Co(en)_3^{2+}$ 대칭점 또는 대칭면이 없어서 광학이성질현상을 나타낸다.
(b) 그림과 같이 대칭면을 가진 착화물은 광학이성질현상을 나타내지 않는다.

(dextrorotatory), 왼쪽으로 돌리는 것을 좌선성(levorotatory)이라 하여 d+와 l−로 표시한다. 분자나 이온이 광학활성(optical active)이 되려면 우선 대칭중심이나 대칭면을 가지고 있어서는 안된다. 또한 자체 분자와의 거울상(mirror image) 관계를 비교하여 그 구조가 다르면 광학활성을 나타낸다.

예) 코발트(III)의 삼에틸렌다이아민 착화물, $[Co(en)_3]^{2+}$은 그림 17-5(a)에서와 같이 나타낼 수 있는데 여기서 두자리 리간드는 두 배위자리를 잇는 점선으로 표시되어 있다. 그림에서 $Co(en)_3^{2+}$는 대칭점 또는 대칭면이 없어서 광학이성질현상을 나타낸다. 반면에 (b) 그림과 같이 대칭면을 가진 착화물은 광학이성질현상을 나타내지 않는다.

17.6 착화합물의 결합이론

(1) 원자가 결합이론

금속이온의 궤도함수가 배위자에서 제공되는 전자쌍을 받아들여 결합이 형성된다고 보는 이론을 원자가결합이론이라 한다. 이러한 결합은 원자궤도함수들간의 중첩에 의해 일어나므로 혼성개념으로 설명된다. 원자가결합이론은 착화물의 기하학적 구조를 설명하는데 아주 유용하게 이용된다.

착이온, $[Co(NH_3)_6]^{3+}$은 팔면체 구조로 되어 있으며 이는 d^2sp^3 혼성에 기인함을 알 수 있다. Co원자와 Co^{3+}의 전자배열은 다음과 같다.

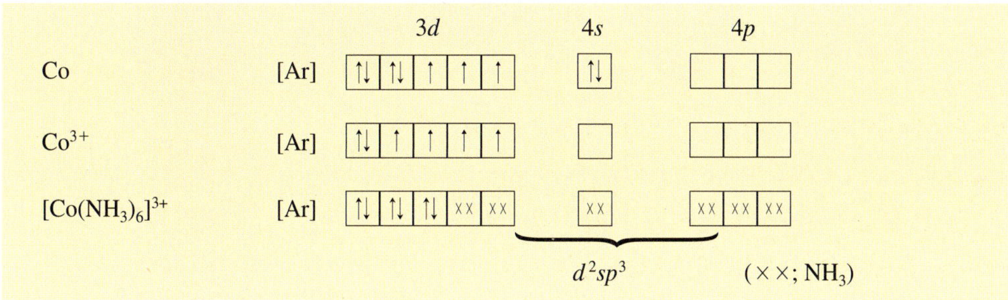

여기서 Co^{3+} 착화물은 두 개의 d궤도와 한 개의 $4s$궤도 및 세 개의 $4p$궤도가 혼성되어 만들어진 6개의 궤도함수에 NH_3에서 제공되는 12개의 전자가 채워진다. 각각의 s, p, d궤도함수는 공간에서 특정한 배열을 가지므로 d^2sp^3 혼성궤도 함수는 팔면체 배열을 가진다. 착이온 $[Cu(NH_3)_4]^{2+}$에 대한 혼성은 다음과 같다.

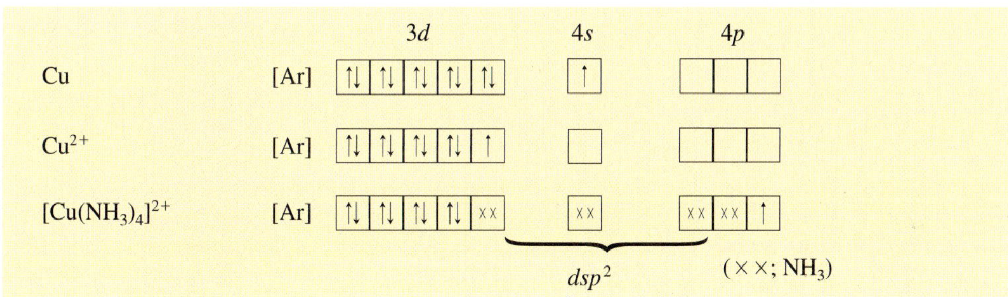

여기서 $[Cu(NH_3)_4]^{2+}$ 착이온은 dsp^2 혼성으로 사각평면(square planar)구조로 되어 있어 자성체임을 알 수 있다. 이 경우 dsp^2 범주에 맞추기 위해서 전자가 $4p$ 궤도로 뛰어 오른다는 가정이 필요하다. $(n-1)d$ 궤도함수가 부분적으로 채워져 있고 배위자의 전자들이 n 혹은 제일 바깥 껍질의 궤도함수에 들어가 있는 착화물을 **바깥궤도착화물**(outer orbital complex)이라고 하고, 배위자의 전자들이 $(n-1)d$ 궤도함수와 n껍질 궤도함수의 일부분을 채우는 착화물을 **내부궤도착화물**(inner orbital complex)이라고 한다. 앞의 $[Co(NH_3)_6]^{3+}$에서 d^2sp^3 혼성에 이용된 d 궤도함수는 반자성으로 내부궤도착화물에 속한다. 한편 $[CoF_6]^{3-}$ 착이온은 같은 팔면체 구조를 하지만 상자성이며 외부궤도착화물이다.

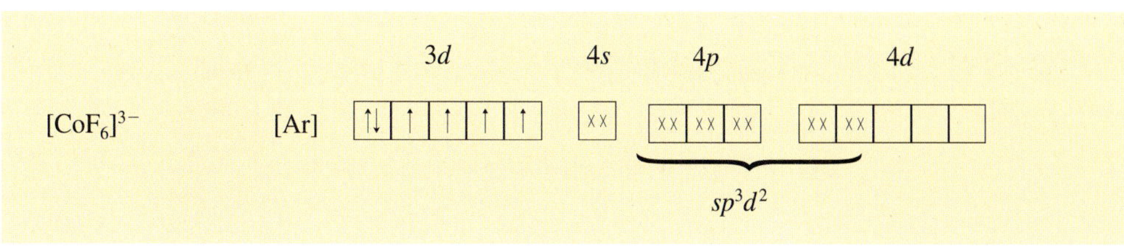

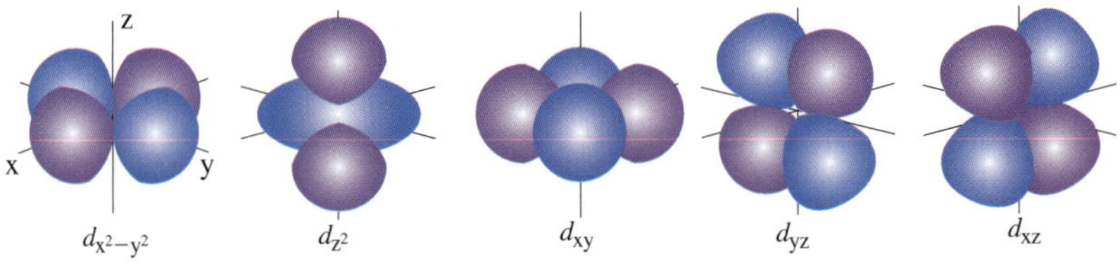

그림 17-6 *d*궤도의 구조

(2) 결정장이론

원자가결합이론은 착화물의 고유색깔에 대한 해석과 $[Co(NH_3)_6]^{3+}$는 내부궤도착화물인데 반해 $[CoF_6]^{3-}$는 왜 외부궤도착화물이 되는지를 설명하지 못한다. 이러한 문제점은 결정장이론을 도입함으로써 설명이 가능해진다.

착이온의 결합은 중심금속이온의 핵이 갖는 양의 하전과 배위자가 가지고 있는 전자간의 정전기적 인력에 의한 것으로 설명되며 중심금속이온에 배위자가 결합하기 위해 접근해 올 때 결정장이론은 착화물에서 금속이온과 배위자의 공간적 관계와 정전기적 인력 및 반발력에 대한 상호작용을 근거로 하기 때문에 금속이온 *d*궤도들의 공간적 배열을 명확히 이해하고 있어야 한다. 그림 17-6에 *d*궤도의 구조를 나타내었다.

팔면체 착화물의 형성에 대해 결정장이론을 적용해 보면 6개의 배위자가 그림 17-7에서 처럼 *x*, *y*, *z*축 방향으로 접근하여 팔면체장을 형성한다. 자유금속(free metal)에서 여섯 개의 *d*궤도함수들은 동일한 에너지를 가지고 있지만 전자쌍을 가진 리간드들이 접근함에 따라 접근하

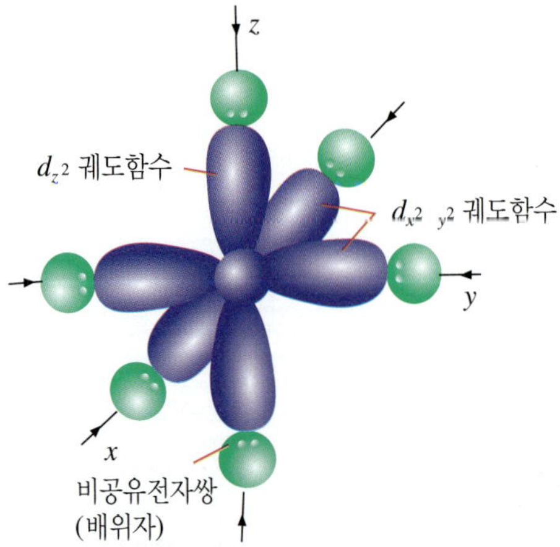

그림 17-7 팔면체 착화물을 이루는 여섯 개의 배위자

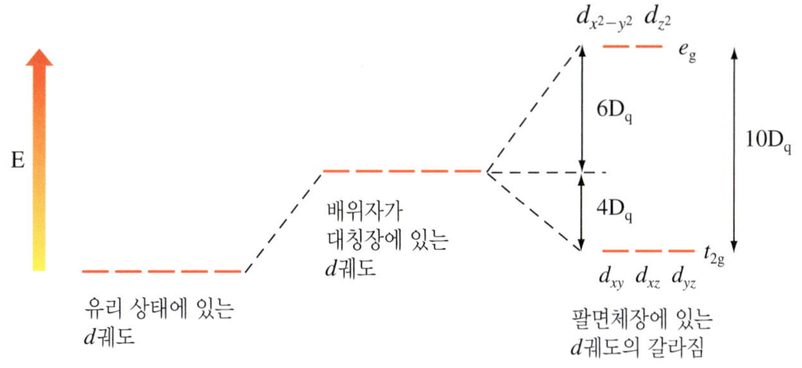

그림 17-8 팔면체장에서 d궤도의 갈라짐

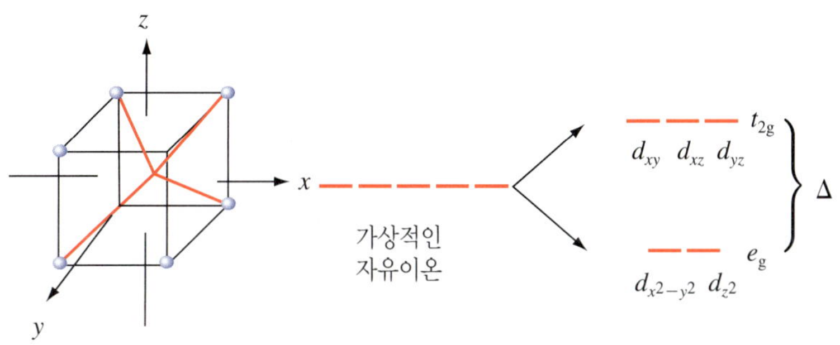

그림 17-9 사면체 착화물에 있어서 결정장의 갈라짐

는 배위자의 전자와 금속의 d전자들 사이에 반발력이 생기므로 d궤도함수들의 에너지준위는 들뜨게 된다. 이와 같이 금속주위의 배위자들과 전이금속 d궤도들의 상호작용으로부터 자유금속에서의 에너준위와는 다른 에너지준위를 갖는 결정장(crystal field)이 생성된다. 만일 접근하는 배위자 전자들이 금속이온의 d궤도함수에 완전히 대칭적으로 영향을 미친다면 모든 d궤도함수들은 똑같은 에너지만큼 들뜨게 될 것이다. 그러나 그림 17-7에서 보듯이 배위자가 x, y, z축으로 접근하면 축 방향의 배열을 갖고 있는 d_{z^2} 궤도와 $d_{x^2-y^2}$ 궤도는 반발로 인해 대칭적으로 형성된 장에서보다 더욱 들뜨게 되고 축사의 방향에 위치한 세 개의 d_{xy}, d_{xz}, d_{yz}궤도함수는 리간드와 더 멀리 떨어져 있으므로 대칭장에서보다 낮은 에너지를 갖는다.

그림 17-8에서처럼 낮은 에너지를 갖는 d_{xy}, d_{yz}, d_{xz} 궤도함수를 t_{2g}라 하며 높은 에너지의 두 궤도함수 d_{z^2}, $d_{x^2-y^2}$를 e_g궤도함수라 한다. 한편 사면체 착화물에 대한 에너지준위의 분리도(그림 17-9)는 팔면체 착화물의 에너지 준위와는 서로 반대가 된다. 이것은 사면체 착화물에서 리간드의 접근 방향이 x, y, z축상이 아니라 이들 축 사이 방향이어서 금속이온의 d전자와의 반발이 팔면체 착화물에서의 것과는 반대로 되기 때문이다.

t_{2g}와 e_g궤도함수의 에너지차를 결정장갈라짐(crystal field splitting)이라 하여 $10D_q$(혹은 Δ)로 나타내는데 팔면체에서 결정장갈라짐은 사면체보다 크다($\Delta_t = 4/9\Delta$). d궤도함수가 두 개의 준위로 갈라짐으로 해서 생기는 안정화 정도는 $10D_q$를 이용해 결정할 수 있고 이것을 결정장안정화에너지(crystal field stabilization energy, CFSE)라 하며 t_{2g} 준위 하나당 $-4D_q$와 e_g준위 하나당 $+6D_q$의 대수적 합으로 나타낸다(사면체 착화물에서는 t_{2g} 준위 하나당 $+4D_q$와 e_g 준위 하나당 $-6D_q$의 합). $10D_q$의 값은 스펙트럼으로부터 측정되며 이 값은 팔면체장의 경우 t_{2g} 준위의 전자가 들뜨게 될 때 흡수된 빛의 파장과 같다. 그러므로 착화물의 주된 흡수파의 위치는 금속과 리간드 사이의 결합강도를 나타내는 척도가 된다.

$[Ti(H_2O)_6]^{3+}$에서 $10D_q$는 57.2 kcal/mol, 즉 D_q는 5.72 kcal/mol이며 t_{2g} 준위에 전자 하나가 들어 있으므로 이 착화물의 CFSE는

$$\begin{aligned} \text{CFSE} &= -4(5.72\ \text{kcal/mol}) \\ &= -22.9\ \text{kcal/mol} \end{aligned}$$
이다.

여기서 계는 결정장갈라짐으로 인해 22.9 kcal/mol의 에너지를 방출하고 착화물이 형성됨으로써 안정성이 증가된다.

또한 결정장갈라짐의 정도는 금속이온과 리간드의 성질에 의존하며 CN^-이온이나 NH_3와 같은 강한 Lewis염기는 강한장(strong field) 혹은 작은스핀(low spin)을 형성하는데 d전자와 아주 강하게 반발하는 H_2O나 F^-와 같은 약염기가 형성한 약한장(weak field)보다 Δ값이 훨씬 크다.

$[Co(NH_3)_6]^{3+}$는 반자성으로 전자가 짝을 이루는 반면에 $[CoF_6]^{3-}$는 상자성이 되는 것은 다음과 같이 설명된다: Co^{3+}는 6개의 d전자를 가지고 있는데 그림 17-10에서 처럼 배위자 NH_3 분자가 F^- 보다 강한장을 형성함으로 t_{2g} 궤도에서 전자가 짝을 이룰 때 필요한 에너지보다 t_{2g}와 e_g궤도간의 에너지차가 더 커서 t_{2g}궤도에 짝을 이루게 되고, $[CoF_6]^{3-}$는 F^-가 약한장을 형성하기 때문에 t_{2g}와 e_g궤도에 각각 한 개의 전자가 채워진 후 나머지 한 개의 전자가 t_{2g}궤도에 짝을 이루게 된다. 그래서 $[Co(NH_3)_6]^{3+}$는 반자성인데 반해 $[CoF_6]^{3-}$는 상자성이 된다.

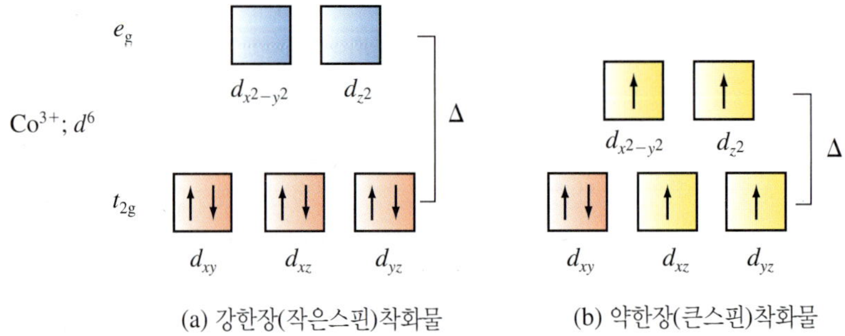

그림 17-10 (a) $[Co(NH_3)_6]^{3+}$, (b) $[CoF_6^{3-}]$ 착이온의 결정장

이와 같이 배위자의 종류에 따른 결정장갈라짐의 정도를 분광화학적계열(spectrochemical series)이라 하며 결정장의 세기는 다음과 같다.

강한장 ← → 약한장

$CN^- > NO_2^- > en > Pyridine\sim NH_3 > SCN^- > H_2O > OH^- > F^- > Cl^- > Br^- > I^-$

(3) 분자궤도함수이론

6장에서 기술된 바 있는 분자궤도함수이론을 금속착화물에 적용해 보자. 금속착화물은 배위자에서 이용가능한 전자쌍을 갖는 궤도함수와 금속 궤도함수가 결합하여 분자궤도함수(molecular orbital)를 형성한다.

$[Co(NH_3)_6]^{3+}$과 $[CoF_6]^{3-}$에서 보면(그림 17-11) Co^{3+}의 $3d$, $4s$, $4p$ 원자궤도함수들이 왼쪽에 위치해 있고 여섯 개의 배위자 궤도함수들이 비슷한 에너지준위에 놓여있다. 배위자의 궤도함수들은 일반적으로 금속의 궤도함수보다 에너지준위가 낮다. 이것은 금속과 배위자간의 결합이 약간의 이온성을 가지고 있으며 배위자가 전자주게로서 작용하기 때문이다.

따라서 결합분자궤도는 금속궤도보다 배위자 궤도와 더 유사하다. 두 개의 d궤도(e_g궤도: $d_{x^2-y^2}$, d_{z^2}), $4s$ 그리고 세 개의 $4p$궤도들은 배위자가 위치해 있는 x, y, z축을 따라 배향되어 있다. 그래서 배위자와 금속궤도간의 포개짐이 가능하여 여섯 개의 결합성분자궤도함수(bonding molecular orbital)와 여섯 개의 반결합성분자궤도함수(antibonding molecular orbital)가 생성된다.; $\sigma_s(1)$, $\sigma_p(3)$, $\sigma_d(3)(2)$, $e_g^*(2)$, $\sigma_s^*(1)$, $\sigma_p^*(3)$, 한편, $t_{2g}(d_{xy}, d_{xz}, d_{yz})$궤도들은 배위자 궤도와 배향이 다르기 때문에 결합에 관여하지 않는 비결합 분자궤도함수이다(그림 17-11 참조).

코발트 이온과 암모니아 분자 총 궤도함수의 수는 열 다섯 개이므로 열 다섯 개의 분자궤도함수가 있어야 한다. 코발트 이온과 배위자의 전체 전자수는 18개이며 이들 전자중 배위자에서 나온 12개의 전자는 여섯 개의 결합분자궤도함수에 채워지고(여섯 개의 금속-배위자 결합에 해당) 나머지 전자들은 비결합성분자궤도함수(nonbonding molecular orbital) t_{2g}와 반결합성분자궤도함수에 차례로 들어간다. 금속궤도($d_{x^2-y^2}$, d_{z^2})와 배위자궤도들의 상호작용에 기인한 e_g^*은 금속 궤도의 에너지 준위에 더 한층 가깝기 때문에 금속 궤도와 크게 다르지 않다. 그래서 t_{2g}와 e_g^*분자궤도함수사이에 에너지 차이(Δ)가 적으면 Hund의 법칙을 따른다. $[CoF_6]^{3-}$에서 d전자들은 $t_{2g}{}^4\ e_g^{*2}$로 배분되어 들어간다.

e_g^*궤도에 있는 2개의 전자는 σ_d 궤도에 있는 2개의 전자 기여를 상쇄하여 Co–F결합을 약화시킨다. $[Co(NH_3)_6]^{3+}$에서처럼 Δ가 클 때 모든 전자는 t_{2g} 궤도에 들어간다. t_{2g}과 e_g^*궤도들 간의 에너지 분리정도에 대한 설명은 분자궤도함수 이론과 결정장 이론에서 아주 다르다. CFT에서 결정장 분리는 배위자들에 의한 d전자들의 정전기적 반발에 기인하는 반면 MOT는 공유결합성에 기인된다. 즉 배위자 궤도들과 e_g금속 궤도들의 겹침이 크면 클수록 e_g^*궤도는 더 큰 에너지를 가진다.

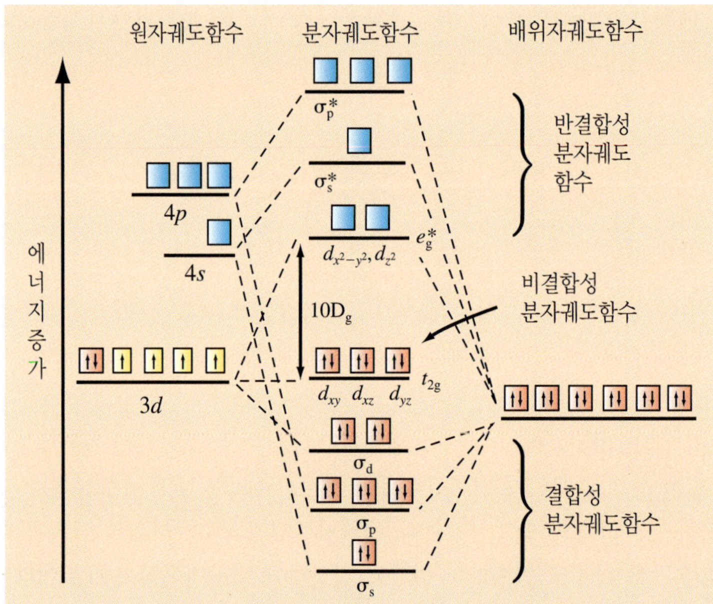

(a) $[Co(NH_3)_6]^{3+}$ 작은 스핀 착화물

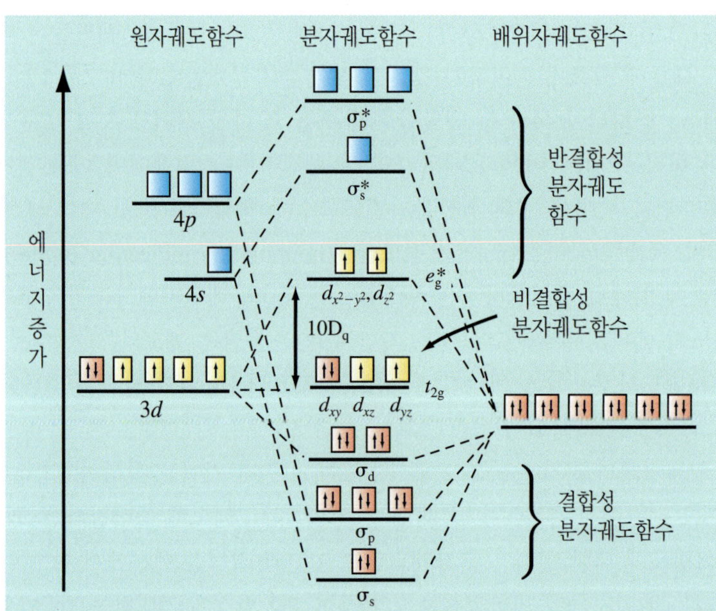

(b) $[CoF_6]^{3-}$ 큰 스핀 착화물

그림 7-11 (a) 작은 스핀과 (b) 큰 스핀의 Co^{3+} 팔면체착화물에 대한 분자궤도함수의 에너지준위

17.7 착화물의 성질

모든 전이금속이온은 착화물을 형성할 수 있으며 특히 작은 반지름과 높은 전하를 가지면서 빈 d궤도를 가진 전이금속이온은 매우 쉽게 착화물을 형성한다.

이러한 착화물은 용액에서 부분적으로 이온화가 일어날 수 있지만 그 동질성을 그대로 유지한다. 또한 착화물은 금속의 d궤도함수가 결정장분리에 의해 에너지 차이가 생김으로 인해 여러 가지의 선명한 색깔을 띠게 된다. 즉, t_{2g}와 e_g^* 사이의 에너지 차이는 배위자의 종류에 따라 결정되며 이러한 Δ의 크기는 어떤 파장에서 전자전이가 일어나는가를 결정한다. 예를 들면, $[Ti(H_2O)_6]^{3+}$는 490 nm 근처에서 광을 흡수하고 붉은색과 자주색의 빛은 전혀 흡수하지 않으므로 붉은 자주색을 띠게 된다. 그림 17-12에 여러 가지 금속이온들의 아쿠아 착이온(aqua complex ion)의 색깔을 나타내었다.

$CoCl_2$의 용액은 핑크색으로 매우 묽은 용액에서는 색깔이 없지만 이 용액을 가열하면 푸른색으로 나타난다. 이는 다음 반응과 같이 다른 $Co[CoCl_4]$착화물이 얻어지기 때문이다.

$$2[Co(H_2O)_6]Cl_2 \rightleftharpoons Co[CoCl_4] + 12H_2O$$

착화합물은 어떤 금속의 분리와 미지 이온의 확인 등의 정성분석에 이용되기도 한다. 가장 보편적으로 사용하는 것이 EDTA이며, dimethylglyoxime은 특정 금속이온과 선택적으로 반응한다.

Dimethylglyoxime은 니켈과 그림 17-13에서 보는 바와 같이 반응하여 물에 녹지 않는 붉은색의 침전을 만들며, Pd^{2+}와 반응해서는 연한 노란색의 침전을 만든다. 그러므로 dimethylglyoxime은 정성분석뿐만 아니라 무게분석(gravimetry)에서도 침전제로 사용된다.

착화물은 어떤 금속이온의 분리와 미지이온의 확인 등의 정성분석에 이용되기도 한다. 예로서 용액에 존재하는 은이온의 확인은 염소 이온을 가하여 흰색 침전(AgCl)이 생기는 것으로 확인이 된다. 이때 생성된 염화은(AgCl)은 과량의 암모니아 수에 녹으며 이 용액에 과량의 질

그림 17-12 여러 가지 금속이온들의 아쿠아 착이온(좌로부터 Mn^{2+}, Fe^{3+}, Co^{2+}, Ni^{2+}, Cu^{2+}, Zn^{2+})

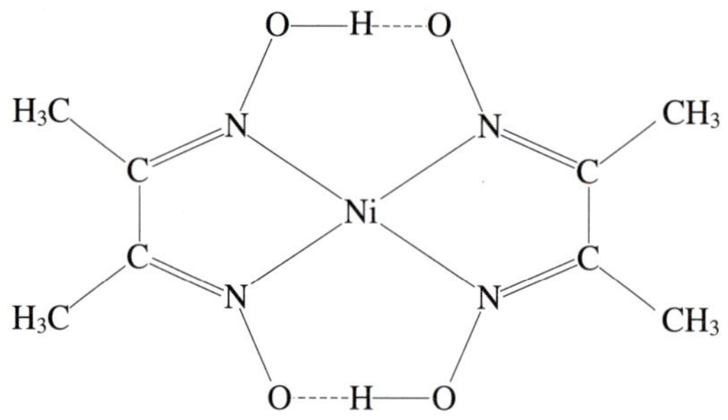

(a) 구조식

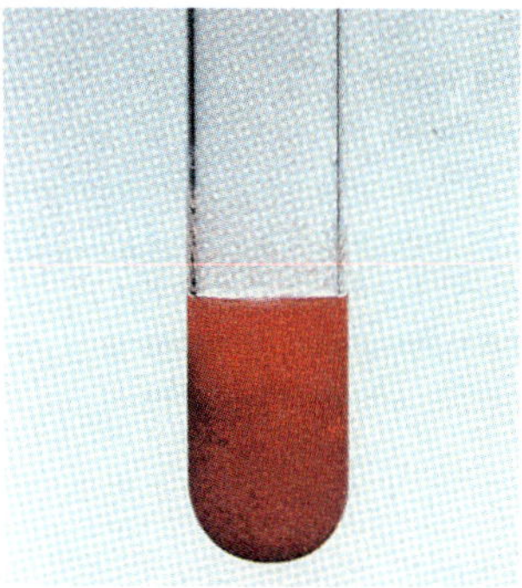

(b) 침전물

그림 17-13 Ni-dimethylglyoxime

산을 넣으면 다시 흰색 침전(AgCl)이 생긴다. 이러한 성질은 다음 평형에 기인한다.

$$Ag^{+} + Cl^{-} \rightleftharpoons AgCl$$
$$AgCl + 2NH_3 \rightleftharpoons [Ag(NH_3)_2]^{+} + Cl^{-}$$

EDTA는 납의 독성을 처리하는데 사용되기도 하며, 특히 백금(Pt) 착화합물은 항암제로 사용된다. 그림 17-14에서 보는 바와 같이 *cis*- 형태는 항암제로 사용하지만 *trans*- 형태는 암세포에 대한 활성을 갖지 않는다.

한편, 식물들은 건강하게 자라기 위해서는 철, 아연, 구리, 망간, 몰리브덴 등과 같은 미량 금속이 필요하다. 예를 들어 철은 토양 중에서 $Fe(OH)_3$의 형태로 존재하기 때문에 식물이 직접 이용할 수 없다. 만약 나무에 철 결핍이 있을 때는 백화현상(iron chlorosis)이 일어나 나뭇잎이 누렇게 변하게 되는데 Fe(III)-EDTA 착화합물을 공급하여 이를 치료하기도 한다.

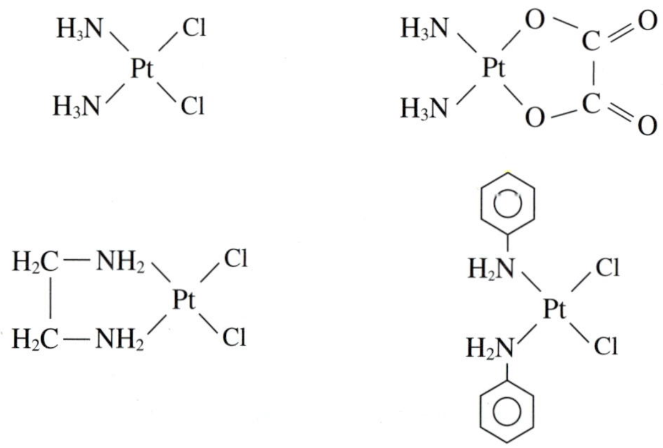

그림 17-14 항암제로 쓰이는 백금착화합물

연습문제

PROBLEMS

01. 구리(II)의 배위권에 암모니아 분자 4개가 배위되는데 반해서 에틸렌다이아민 분자는 2개만으로 완전히 채워지는 이유는 무엇인가? 코발트(III)이온의 배위권에 에틸렌다이아민 분자 몇 개가 오면 완전히 채워지게 되는가?

02. 팔면체에는 면이 몇 개 있는가? 꼭지점은 몇 개 있는가? 팔면체 배위권을 가진 중심이온의 배위수는 얼마인가?

03. 다음 각 착이온에 있는 중심 금속이온의 산화상태를 말하여라.

(a) $[Cu(NH_3)_4]^{2+}$ (b) $[CuCl_4]^{2-}$ (c) $[CuCl_2]^{-}$

(d) $[Co(NH_3)_4CO_3]^{+}$ (e) $[PtCl_6]^{2-}$ (f) $[Co(NO_2)_6]^{5-}$

(g) $Ni(CO)_4$ (h) $[Zn(NH_3)_4]^{2+}$

04. 다음 각 화합물 또는 이온의 이름을 써라.

(a) $[Pt(NH_3)_4Cl_2]^{2+}$ (b) $W(CO)_6$ (c) $[Co(en)Cl(H_2O)_2]^{+}$

(d) $[ZnCl_4]^{2-}$ (e) $[Co(NH_3)_5SO_4][CuCl_2]$

05. 다음 화합물이나 이온의 화학식을 써라.

(a) tetraaminedichloroplatinum(IV) sulfate

(b) diaminesilver(I) tetrachloroplatinate(II)

(c) hexacyanoferrate(III) ion

(d) dichlorobis-(ethylenediamine) nickel(II)

(e) trans-tetraaminediaquocobalt(II) hexafluoro-silicate(IV)

06. 다음 각 화합물의 화학식을 써라.

(a) 하이드록소아연(II) 나트륨

(b) 질산이클로로비스에틸렌다이아민코발트(II)

(c) 염화삼아쿠아브로모백금(II)

(d) 브롬화사아민이나이트로백금(IV)

07. 다음의 상세한 전자배치를 나타내고 쌍을 이루지 않은 전자의 수를 말하여라.

(a) S (b) Co^{3+} (c) Pd^{2+}

(d) Cr^{3+} (e) V^{3+}

08. 다음의 원자가결합법에 따른 전자배치를 써라.

(a) $[PdCl_4]^{2-}$(평면사각형) (b) $W(CO)_6$

(c) $[Rh(NH_3)_6]^{2+}$ (d) $[Pt(en)_3]^{3+}$

09. $[FeF_6]^{3-}$(상자성)와 $[Fe(CN)_6]^{3-}$(반자성)의 구조를 원자가결합법으로 나타내어라.

10. 원자가결합법을 써서 다음 착이온의 (a) 전자배치, (b) 기하학적 모양을 나타내어라.

$$[Ag(CN)_2]^-, [Au(CN)_4]^{2-}, [Zn(CN)_4]^{2-}, [Fe(CN)_6]^{3-}$$

11. 질량분석법으로는 광학이성질체나 기하이성질체를 구분할 수 없다. 그 이유를 설명하라.

12. 착이온의 자기모멘트로부터 그 착이온의 화학결합을 알 수 있는가?

13. $[Fe(H_2O)_6]^{3+}$와 $[Fe(CN)_6]^{3-}$의 전자배치상태를 결정장이론을 고려하여 그려보아라.

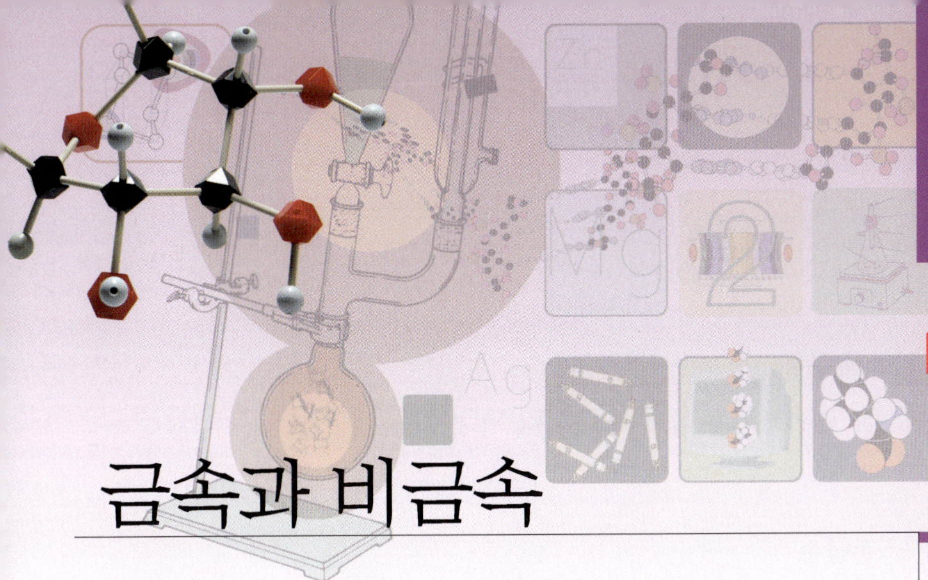

CHAPTER 18

금속과 비금속

금속은 물리적 · 화학적 성질에 따라서 크게 나누어지고 원소를 분류하는데도 금속의 모든 성질을 이용한다. 금속의 물리적인 특성은 전기 전도도와 열전도를 가지고 있고, 응력에 의해 쪼개지거나 변형되는 능력이 있다는 점이다. 금속의 화학적인 특성은 전자를 잃고 양이온이 되려는 경향과 염기성을 형성하려는 경향 등이다.

비금속은 일반적으로 금속과 반대되는 특성을 지니고 있고, 금속과 비금속물은 같은 족일 경우 물리적 성질과 화학적 성질이 비슷하다. 그러므로 주기율표중 한 족이 나타내는 성질이나 한 주기가 나타내는 성질의 경향을 파악하는 것은 매우 중요하다. 그래서 이 장에서는 주요한 금속과 비금속 원소의 성질과 용도 등을 알아보기로 한다.

미리보기

18.1 분류

(1) 주기율표의 일반적 분류

주기율표의 원소는 크게 세 가지 부류, 즉 금속과 비금속 및 준금속으로 분류되며, 이들은 각각 중요한 물리적 · 화학적 성질을 가진다.

(2) 금속 비금속 및 준금속

① 금속 : 주기율표 상에서 ⅧA, ⅦA, ⅥA족을 제외한 약 80가지의 원소가 있으며 **금속**(metal)은 주기율표에서 왼쪽과 중심에 위치한다. 비금속과의 화학반응에서 금속원자는 전자를 내주고 양이온이 되며, 전기음성도는 낮아서 대부분이 2.0보다 작다.

② 비금속 : **비금속**(nonmetal)은 수소를 제외한 주기율표의 오른쪽에 위치하며 영족기체와 몇 가지 흔하지만 중요한 원소를 포함하여 약 12개로 이루어진다. 비금속원자는 금속과의 화학반응에서 전자를 받아들여 음이온이 된다. 비금속은 서로 쉽게 반응하여 공유결합을 하며, 대부분의 전기음성도가 2.4 이상이다.

③ 준금속 : **준금속**(metalloid), 즉 경계상의 원소들은 금속과 비금속의 성질을 어느 정도씩 다 갖고 있어서 비금속과는 전자주게(electron donor)로, 금속과는 전자받게(electron acceptor)로 작용한다. 이 원소들은 주기율표에서 지그재그로 선상에 놓여 있다(그림 18-1). 준금속은 대부분의 전기음성도가 1.8과 2.1 사이이다.

(3) 전이원소와 내부전이원소

주기율표는 수직방향으로 8개의 족과 수평방향으로 7개의 주기로 나누어지며 8개의 족은 다시 A와 B로 나누어진다. A족원소는 주족원소라 하고, B족원소는 전이원소와 내부전이원소라 하며 이에 속하는 58개의 원소는 모두 금속이다.

ⅢA	ⅣA	ⅤA	ⅥA
B 2.0	C 2.5	N 3.0	O 3.5
Al 1.5	Si 1.8	P 2.1	S 2.5
Ga 1.6	Ge 1.8	As 2.0	Se 2.4
In 1.7	Sn 1.8	Sb 1.9	Te 2.1
Tl 1.8	Pb 1.8	Bi 1.9	Po 2.0

그림 18-1 준금속의 전기음성도

1) 전이원소

각각 18개의 원소를 갖는 4~6주기에서는 주기의 세 번째 원소부터 *d*궤도함수에 전자가 채워지며, 이는 끝에서 8번째 원소(즉 IB족)까지 계속 채워지게 된다. 스칸듐이나 이트륨에서 시작한 *d* 궤도함수 계열은 최대로 전자 10개가 될 때까지 채워진다. 6주기에서는 *d* 궤도함수계열은 란탄에서 시작하여 바로 하프늄으로 넘어간다. 4~7주기에 있는 B족 원소들을 **전이원소**(transition element)라 한다.

2) 내부전이원소

6주기와 7주기의 세 번째 원소[란탄(La)과 악티늄(Ac)]의 외부전자 배열은 스칸듐이나 이트륨과 비슷하다. 그러나 4번째 원소부터 세륨(Ce)으로 시작하는 계열에서는 4*f* 궤도함수에, 그리고 토륨(Th)으로 시작하는 7주기에서는 5*f* 궤도함수에 전자가 채워지게 되는데, 이 두 계열중 6주기에 있는 것을 란탄족계열(lanthanide series)이라 하고, 7주기에 있는 것을 악티늄족계열(actinide series)이라 하는데, 이 둘을 합쳐 **내부전이원소**(inner transition element)라 한다.

가장 일반적인 분류법에 따르면 악티늄족 계열은 103번 원소로 끝이 나는데 이 원소는 악티늄의 구조에서 14개의 5*f* 전자를 더 갖고 있다. 104번 원소는 원자번호 72인 하프늄의 바로 아래에 위치하는 전이원소일 것이다. 이 전이원소계열은 8개의 원소를 더하여 원자번호 112번까지 되어야 완성이 될 것이다.

(4) 전이금속과 내부전이금속의 구분

스칸듐족 : 스칸듐(Sc), 이트륨(Y), 란탄(La과 란탄족계열), 악티늄(Ac과 악티늄족계열)
티탄족 : 티탄(Ti), 지르코늄(Zr), 하프늄(Hf)
바나듐족 : 바나듐(V), 니오븀(Nb), 탄탈륨(Ta)
크롬족 : 크롬(Cr), 몰리브덴(Mo), 텅스텐(W)
망간족 : 망간(Mn), 테그네튬(Tc), 레늄(Re)
철족 : 철(Fe), 코발트(Co), 니켈(Ni)
백금족 : 루테늄(Ru), 로듐(Rh), 팔라듐(Pd), 오스뮴(Os), 이리듐(Ir), 백금(Pt)
구리족 : 구리(Cu), 은(Ag), 금(Au)
아연족 : 아연(Zn), 카드뮴(Cd), 수은(Hg)

(5) 전이금속의 이웃들

알루미늄족 : 알루미늄(Al), 갈륨(Ga), 인듐(In), 탈륨(Tl)
게르마늄족 : 게르마늄(Ge), 주석(Sn), 납(Pb)

안티몬(Sb)과 비스무트(Bi)는 성질상으로는 금속이나 질소족에 포함되며, 폴로늄(Po)은 황족으로 분류된다.

(6) 금속-산 원소

티타늄, 바나듐, 크롬, 망간족 원소들은 몇 가지 일반적 성질을 가지는데 그 중의 하나가 산성인 금속성 산화물을 만드는 것이다. 금속-산 원소(metallo-acid element)라는 것은 산을 형성하는 성질을 근거로 한 것으로 이 네가지 계통 중의 12개 금속이 이에 해당된다. 예를 들면

$$CrO_3 + H_2O \rightarrow \underset{\text{크롬산}}{H_2CrO_4}$$

$$2CrO_3 + H_2O \rightarrow \underset{\text{중크롬산}}{H_2Cr_2O_7}$$

이런 산의 염은 산 자신보다 화학반응에서 더 자주 볼 수 있다. 예로 크롬산칼륨(K_2CrO_4)과 중크롬산나트륨($Na_2Cr_2O_7$)은 산화제로 사용된다.

18.2 금속과 금속결합

금속의 내부구조 모형으로 그들의 실제 성질을 설명할 수 있어야 한다. 따라서 이러한 사실을 염두에 두고 원자론적 견지에서 금속의 성질을 조사해 보기로 한다. 금속원자 사이에 결합의 성질은 녹는점, 전성, 연성, 전기전도도, 열전도도, 색깔, 광전효과, 열전도 효과와 같은 성질로 나타난다.

일반적으로 부드럽고 전성이 있고 비교적 칼로 쉽게 자를 수 있는 알칼리금속의 원자간의 결합력은 약하다. 금이나 은의 연성을 살펴보면 결합력이 약하다는 것을 알 수 있다. 무르고 연한 금속은 대부분이 최밀충전입방결정 구조를 가지고 있는데, 약한 원자간 결합으로 금속들의 연성(ductility)과 전성(malleability)을 설명할 수 있다.

모든 금속들은 전기 및 열전도성이 우수하다. 전류가 금속을 통하여 흘러도 (전자의 이동은 제외함) 물질의 이동은 일어나지 않으므로 금속구조는 보통 두 가지로 이루어진 격자라고 가정할 수 있다. 하나는 고정되어 있는 양이온 격자이고, 다른 하나는 자유로이 움직이는 전자를 가지는 격자이다. 두 가지 모두 금속의 가전자가 허술하게 결합되어 있어 쉽게 움직일 수 있다는 것에 기인한다. 쉽게 움직일 수 있는 전자들은 전기전도도를 설명할 수 있으며, 전기를 잘 통할 수 있는 금속은 또한 좋은 열전도체이다.

금속의 가전자가 금속격자에 허술하게 결합되어 있다는 것은 광전자효과와 열전자 방출로 증명할 수 있다. 광전자효과에서 금속표면에 충돌한 복사에너지는 금속으로부터 전자를 방출케 한다. 이 복사에너지는 최소한 이온화 퍼텐셜보다 커야 한다. 알칼리금속은 보통 가시광선만으로 충분하다. 보통 사진술에 사용되는 광도계는 이 원리를 이용한 것이다. 열전자 방출에서는 에너지가 열의 형태로 제공된다. 진공관의 히터-음극(heater-cathode)은 이 현상을 기초로 한 것이다.

금과 구리를 제외한 금속은 광택과 흰색 또는 엷은 회색의 색깔을 가지고 있는데, 이는 여러 가지의 다른 진동수의 복사선을 방출 또는 흡수하는데 광선의 선택성이 결여되어 있기 때문이다. 그 대신 금속에 허술하게 결합되어 있는 전자는 진동수가 넓은 범위에서 에너지를 흡수하였다가 방출한다. 더욱이 이와 같이 약하게 결합된 전자는 거의 연속적인 에너지준위를 가지는데 이것은 금속의 상자성이 온도에 무관하다는 실험적 사실을 설명해준다.

금속의 물리적 성질은 금속결합(metallic bond)으로 설명되고 금속의 화학적 성질은 금속의 가전자로서 설명된다. Pauling은 무기화합물의 형태에서 금속이 갖는 일반적 원자가와 금속결합에서 갖는 원자가를 비교하였다. Na, Mg, Al의 금속 원자가는 각각 1, 2, 3가이다. 원자가가 좀더 큰 Cr, Mn, Fe, Co, Ni의 원자가는 최대 6까지 증가한다. 금속의 성질을 가진 원소의 원자가가 감소하면(Cu = 5.56, Zn = 4.56, Ga = 3.56 등) 비금속적 경향을 가진다.

금속궤도함수는 분자결합의 분자궤도함수와 비슷하다. 예로 증기상태의 리튬은 공유결합으로 이원자분자를 형성하고 있다. 고체 리튬은 체심입방체의 구조를 가지며 이원자분자를 형성하는데, 체심입방체의 구조를 가지고 있으므로 최근접 원자 8개를 갖는다. 그림 18-2는 리튬의 금속궤도함수에 제공하는 안정화에너지를 설명하기 위해서 공명구조를 표시한 것이다. 그림 18-2(a)에는 고체상태의 리튬이 가지는 2개의 공유결합을 표시하였는데, 공명의 원리에서 기여도가 같은 2개(또는 2개 이상)의 구조를 생각할 수 있다. 마찬가지로 그림 18-2(b)에서 두 증기분자는 2개의 가스상태의 분자가 상호인력의 결과로 공명구조를 갖는 것을 표시했다. 이와 같은 구조는 리튬원자의 움직이기 쉬운 s전자에 국한된 것이다.

좀더 복잡한 원자가를 가진 금속에 대해서는 금속결합이 좀 다르다. 예를 들어 전이원소의 금속결합 가운데에는 5개의 d궤도함수와 1개의 s궤도함수, 3개의 p궤도함수로부터 형성하는 것도 있다. 철에서 $3d$, $4s$, $4p$ 궤도함수가 사용되는데 원자궤도함수에서의 전자는 다음과 같다.

	$3d$	$4s$	$4p$
Fe 원자	↑↓ ↑ ↑ ↑ ↑	↑↓	— — —

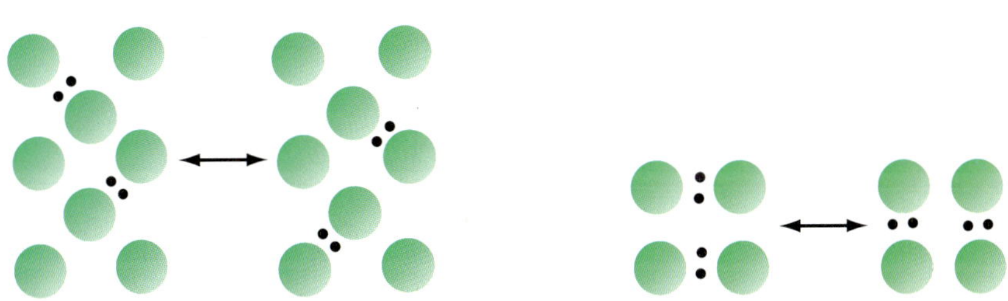

(a) 고체상태 (b) 기체상태

그림 18-2 Li의 금속결합 중의 공명

철의 금속원자가는 6이므로 주위의 철 원자로부터 6개의 전자를 받을 수 있다. 따라서 금속 궤도함수는 다음과 같이 배치된다.

	3*d*	4*s*	4*p*
Fe 금속	↑↓ ↑↓ ↑↓ ↑↓ ↑↓	↑↓	↑ ↑ _

이와 같은 배치는 2개의 쌍을 이루지 않은 전자를 가지게 하는데 이것은 금속의 자기성에 기여한다. 이 자기성은 실험적으로 측정한 것과 같다. 다른 전이금속들도 금속결합에 쌍을 이루지 않은 전자를 가지므로 그 수에 의해서 크고 작은 자기능력을 갖게 된다.

이미 설명한 바와 같이 금속의 격자구조는 밀접하게 집합되어 있는 것이 대부분이다. 대부분 금속은 다음 세 가지 형으로, 면심입방체, 체심입방체, 최조밀팔면체이며, 어떤 금속은 다이아몬드 구조 혹은 위의 형이 비틀어진 형을 갖는다.

18.3 합금

둘 또는 그 이상의 금속이 합하여 형성된 물질을 **합금**(alloy)이라 한다. 순수한 상태의 금속으로 유용한 성질을 가진 금속은 약 40종밖에 안되나 그것으로 합금을 만들면 성질이 각양 각색인 것을 얻어 유용하게 쓸 수 있다. 비금속인 탄소, 실리콘, 붕소를 소량 순수한 금속에 넣어 그 금속의 성질에 좋은 효과를 낼 수도 있다. 예를 들어 무르고 전성이 있는 구리에 1%의 베릴륨을 섞어 구부러지기 쉽고 탄력성이 있는 합금을 만든다.

합금의 형성은 둘 또는 그 이상의 금속이 상호 작용하는 성질에 기인한다. 금속의 많은 조합은 용융상태에서 다시 고체상태로 냉각시키면 많은 상의 계를 형성하는데 어떤 것은 용융상태로도 남아 있다. 이 상태를 **고용체**(solid solution)라 한다. 이렇게 고용체 합금을 만드는 금속은 서로 전기음성도, 원자반지름, 화학적 성질이 아주 비슷하다. 예로 합금의 연속계열로 두 금속이 모든 비율로 섞일 수 있는 금속의 쌍은 Na–K, Cu–Ag, Ag–Au, Ni–Pd, Sb–Bi 등이다.

고용체 합금의 구조는 두개의 극단적인 질서와 무질서 사이에 있다. 용융상태에서는 굉장한 무질서 상태로 존재한다. 고체화되면 이러한 무질서가 그대로 있든지 격자구조에서 좀더 안정한 위치를 만들기 위하여 질서도가 변한다. 그림 18-3은 두 종류 원자의 무질서와 질서상태를 비교한 것이다. 질서상태를 **superlattice**라 하는데, 즉 A의 격자에 B의 격자가 이중으로 얼켜 있다.

AB비 이외에 A_3B비도(Cu–Au, Ni–Fe, Fe–Al) 면심입방체 구조로 superlattice를 형성한다. 이러한 구조에서는 A원자 하나에 B원자 1/4이 결합된 것으로 규칙적인 배열을 갖는다.

이상과 같이 두 가지의 같은 수의 원자들로 이루어진 용액합금에서는 superlattice구조의 형성율이 높다. 그러나 금속의 비에 따라 여러 가지 가능한 격자배열을 가질 수 있다.

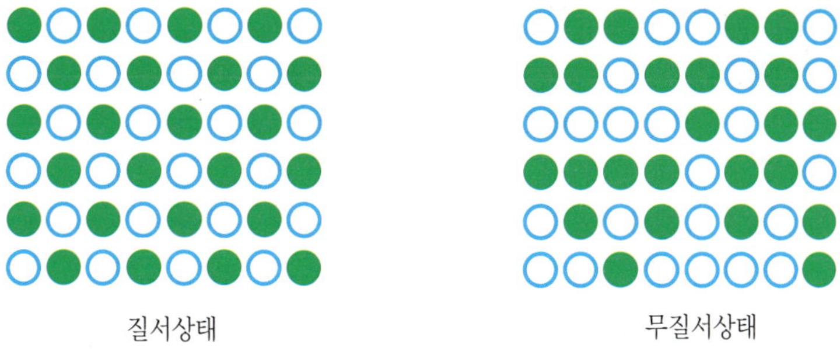

그림 18-3 고용체 합금의 질서상태와 무질서상태

이와 같은 금속간 화합물은 가전자의 수와 원자수 사이에 정수비를 가진다. 예를 들면 다음 합금의 한 그룹에서 Cu 1가와의 비는 모두 3/2이다.

$$\text{CuBe}:\ \frac{1+2}{2} = \frac{3}{2}$$

$$\text{CuZn}:\ \frac{1+2}{2} = \frac{3}{2}$$

$$\text{Cu}_3\text{Al}:\ \frac{3+3}{4} = \frac{3}{2}$$

$$\text{Ag}_3\text{Al}:\ \frac{3+3}{4} = \frac{3}{2}$$

다른 그룹의 합금은 전자/원자의 비가 21/13이다. 이와 같은 비는 금속원자들이 순수한 금속에서와 비슷한 금속결합을 함을 반영한다.

이와 같이 합금과 금속의 연구는 복잡하다. X-선 회절로 원자의 크기 범위를 알 수 있는데, 원자간 거리와 격자에서 인접된 원자간의 거리는 2×10^{-8} cm에서 10×10^{-8} cm의 범위이다. 하지만 보통의 현미경으로는 10^{-4} cm 이상만 볼 수 있으며 금속과 합금의 기계적인 성질을 설명하기 위한 구조상의 불연속과 불안정성은 관찰할 수 있다. 결과적으로 합금과 금속의 기본성질은 아주 복잡한 과제이며 자세한 성질은 이 책에서 다룰 범위 밖에 있다.

18.4 합금의 상태도

그림 18-4에 전형적인 두 가지 금속의 합금상태가 표시되어 있다. CED선은 고체-액체의 곡선이다. 이 선상의 각 점은 주어진 온도에서 결정화가 시작되는 조성을 표시한다. 점 C와 D는 순수한 A와 B의 녹는점을 각각 표시하고 있다. B가 순수한 A에 부가되면 어떠한 용액에서든 녹는점은 내려간다. 마찬가지로 A가 순수한 B에 부가되면 녹는점은 내려간다. 그러므로 불가피하게 합금의 최저 녹는점이 존재하는데(E점), 이 점을 **공융점**(eutetic point)이라 한다. 이 그림에 나타낸 합금의 경우는 430°C의 공융온도와 B물질의 농도가 60 mol%인 공융조성을 나타내고 있다.

그림 18-4를 보면 고체합금의 성질은 조성이 다른 용융물질이 냉각되어 형성된다. E점의 공융조성을 가진 용융물은 정확하게 430°C에서 조성이 균일한 고체용액으로 고화된다. G점에서 시작하면 공융점보다 높은 대략 650°C에서 결정화되기 시작한다. A의 아주 작은 결정이 이 온도에서 형성되며 그 결과 용액의 나머지 조성은 B가 더 많아지게 된다.

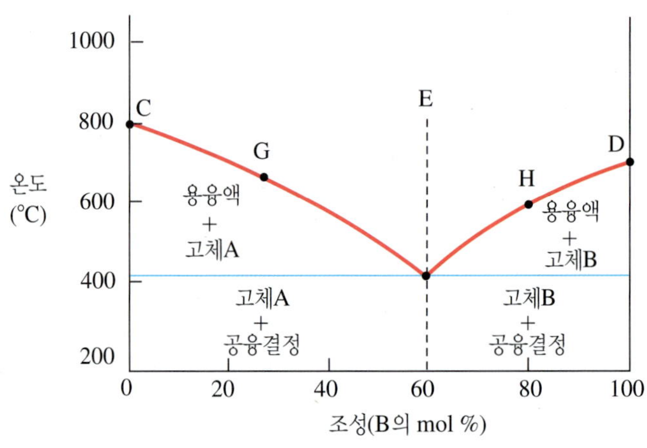

그림 18-4 고용체 합금의 냉각곡선

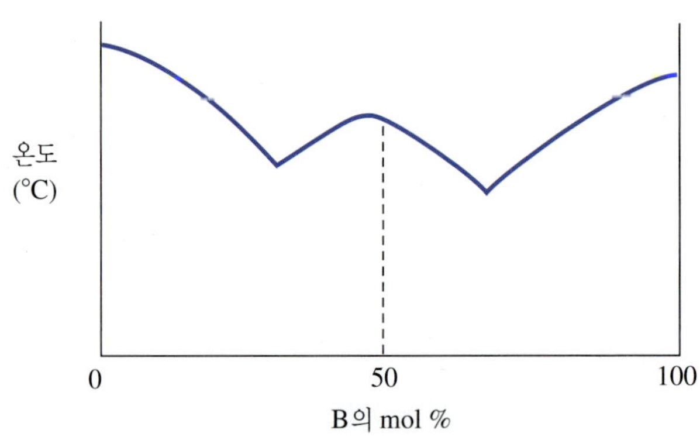

그림 18-5 복잡한 고용체 합금의 상태도

냉각곡선의 결정화 온도와 용융물질의 조성은 A가 점차로 결정화됨에 따라 고체-액체곡선을 따라 변하다가 마침내 공융점에 이르러 잔여 용융물질이 결정화된다. 결과적으로 공융합금은 A의 마이크로결정이 퍼져 있는 고용체이다. H점에서 시작하면 공융조성의 고용체에 B의 마이크로 결정이 퍼져있는 합금으로 생성된다. 이와 같이 여러 가지 조성의 변화는 합금의 전성, 연성 및 다른 물리적 성질의 변화를 가져오게 한다.

만일 A와 B가 금속간 화합물을 형성하면 AB는 더욱더 복잡한 상태도를 가지게 된다. 왜냐하면 AB–A, AB–B의 고용체가 형성되기 때문이다. 이 때는 그림 18-5에 보인 바와 같이 2개의 공융점이 존재한다. 고체-액체 곡선의 중간 극대점은 금속간 화합물의 조성과 일치한다. 합금의 성질이 광범위하게 변하는 것은 계의 조성이 변화할 때 관찰된다.

18.5 틈새형 화합물

틈새형 화합물은 구조상태에 있어 많이 차이가 있기는 하지만 보통 합금과 다소 관계가 있다. **틈새형**(interstitial)이란 뜻은 구조가 이미 확립된 물질의 틈(hole)에 입자가 들어가는 것을 말한다. 예를 들어 4개의 입자가 정사면체로 배치되어 있다면 아주 작은 구가 존재할 수 있는 틈이 있다. 기하학적인 계산으로 이 틈에 들어갈 수 있는 구의 최대반지름은 주위에 있는 4개 구

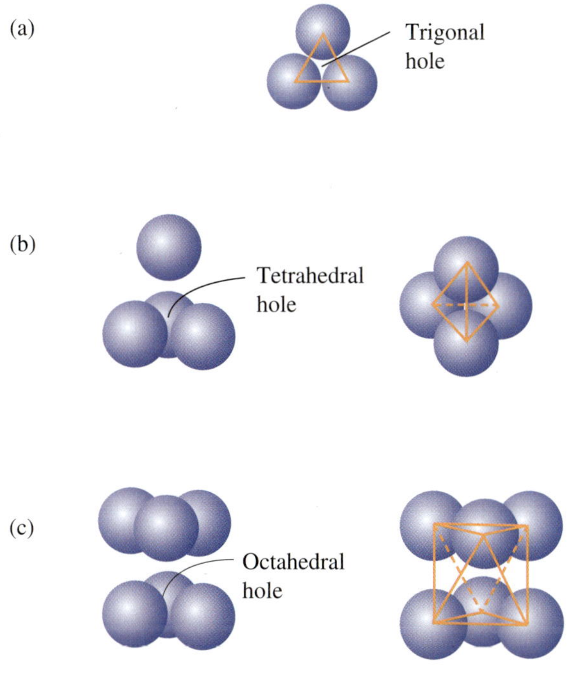

그림 18-6 틈(hole)을 가지고 있는 구조들

표 18-1 틈새형 구조

점유된 틈	사면체 틈	팔면체 틈
전부	TiH_2	TiC, TiN, UC, TaC, ZrU, ZrC
1/2	ZrH, TiH	W_2N, Mo_2N
1/4	Pd_2H	Mn_2N, Fe_4N

의 반지름의 단지 0.225 밖에 되지 않지만 원자는 딱딱한 구가 아니고 약한 결합을 형성함으로 큰 원자들이라도 이 공간에 수용할 수 있다(그림 18-6). 실제 결정구조에서 틈새형 원자의 반지름이 0.59만큼 크다는 것이 발견되었다.

이와 같은 틈(구멍)은 팔면체에서도 가끔 생겨난다. 이 틈의 원자는 6개의 인접원자로 둘러싸여진다. 이 두 가지 형의 틈을 그림 18-6에서 볼 수 있다. 팔면체 틈은 사면체 틈보다 다소 크며, 더 큰 원자를 수용한다. 사면체 계에서는 각 원자에 대한 틈이 둘이므로 구멍과 원자의 비는 2/1이고, 팔면체 계에서는 1/1이다. 따라서 모든 틈이 채워질 때에는 사면체 틈새형 화합물의 일반적 조성은 AB_2이고, 팔면체에서는 모든 틈이 채워질 때 그 조성은 AB이다. 1개의 틈만 사용하였다면 여러 가지 변화가 생긴다. 표 18-1에 틈새형 구조를 일괄해 놓았다.

틈새형 화합물의 성질은 모체 금속의 성질과 아주 대조적일 때가 있다. 티탄과 같은 금속은 carbide 또는 nitride(TiC, TiN)로 변화하면 강도가 굉장히 증가한다. 이 증가하는 강도는 틈의 원자가 결합을 형성하며 최밀충전 금속구조의 slip 평면을 구성하므로 전성의 경향을 감소시키기 때문이다. 반대로 전기전도도는 틈새 원자의 존재로 크게 변하지 않는다. 이것은 틈새 원자는 단지 금속원자와 약한 결합을 한다는 것을 표시한다.

Pd_2H와 같은 틈새형 수소화물은 수소원자가 쉽게 이동할 만큼 허술하게 결합되어 있다. 따라서 수소는 팔라듐 실린더에 저장할 수 없다. 왜냐하면 금속을 통하여 점차로 새어나가기 때문이다. 다른 TiH와 같은 수소화물은 약간 안정하다. 어떤 경우는 틈새 원자가 존재하기 때문에 결정구조가 체심입방체에서 면심입방체로 변하게 된다.

철과 탄소 강철에 관한 화학은 틈새형 화합물 형성과 깊은 관계가 있다. 그러나 철의 두 가지 다형체(체심입방과 면심입방체 구조)와 탄화철(Fe_3C)의 존재는 대단히 복잡하므로 이 문제는 더 이상 다루지 않겠다.

틈새형 화합물에 주어진 화학식은 틈새면이 주어져 있어야 한다고 제안되어 있다. 틈새형 화합물은 화학량론을 따르지 않는다. 그 조성은 여러 가지 인자, 즉 온도와 압력 및 서로 반응하는 반응물의 비에 따라 달라진다.

18.6 비금속원소

비금속은 대체로 금속과 반대의 성질을 나타낸다. 즉 열이나 전기의 부도체(흑연은 제외)이며, 때때로 진한 색깔을 띠며 특히 녹는점과 끓는점의 범위가 넓다. 그들의 분자구조는 단순한 이원자분자(H_2, Cl_2, I_2, N_2)에서부터 거대분자, 다이아몬드, 규소, 붕소에 이르기까지 대부분 공유결합을 하고 있다. 상온에서 기체상태로 존재하는 비금속은 분자간 인력이 작고 작은 분자량을 가진 이원자분자이다. 분자량이 증가함에 따라 액체(Br_2), 고체(I_2)로 상태가 변한다. 이러한 물질은 큰 증기압을 가지는데 이것은 분자간의 인력이 작다는 것을 표시해 준다. 비금속원소의 성질을 표 18-2에 나타내었다.

고체 비금속은 여러 가지 분자구조를 가지고 있다. 황은 2개의 쌍을 이루지 않은 S전자가 서로 90°의 각을 이루며 공유결합을 형성한다. 고온에서는 S_2 또는 S_4, S_6 분자로 존재하나 끓는점인 444°C 이하에서는 황분자는 거의 서로가 90°를 이루는 황원자의 지그재그 사슬로 존재한다. 160°C 이상에서는 이 고리가 깨진 끝에 다른 깨어진 고리의 끝이 연결되어 불규칙하게 코일(coil)모양으로 되어 큰 점성을 가진 혼합물을 형성한다. 온도가 더 높아지면 이 코일이 끊어져 점성이 감소한다. 만일 뜨거운 황액체를 곧 상온으로 냉각하면 짧은 시간 안에 불규칙하게 코일형의 분자가 생성되는데 이것을 무정형 황 또는 황의 플라스틱형이라 한다.

800°C 이하에서 인은 사원자분자 P_4로 이루어져 있다. 이것의 분자구조(그림 18-7)는 쌍을 이루지 않은 *p*전자에 의해 3개의 공유결합을 할 수 있으며, 각 원자는 다른 3개의 원자와 결합한다. 3개의 결합이 서로 90°를 이루는 정방형 대신에 60°의 결합각을 이룬다. 이와 같이 비틀어진 구조는 4개 원자의 상호인력에 의해서 안정화된다. 그러나 이러한 형은 화학적으로 그 활성이 대단히 크다. 이러한 형의 흰인은 공기 중에서 자발적으로 연소한다. 260°C에서 가열하면 구조가 확실치 않은 붉은 인으로 변한다. 붉은 인은 공기 중에서 안정하나 인의 다른 형과 마찬가지로 취급에 주의해야 하는데, 왜냐하면 이것이 인체에 들어가면 뼈로 이동되어 일련의 생리적인 장애를 일으키기 때문이다.

표 18-2 비금속의 분자량과 녹는점

이원자 분자	분자량	녹는점(°C)	색깔
H_2	2	−259	무색
N_2	28	−210	무색
F_2	38	−223	엷은황색
O_2	32	−218	무색
Cl_2	71	−102	황록색
Br_2	160	−7.2	적갈색
I_2	254	113	흑갈색

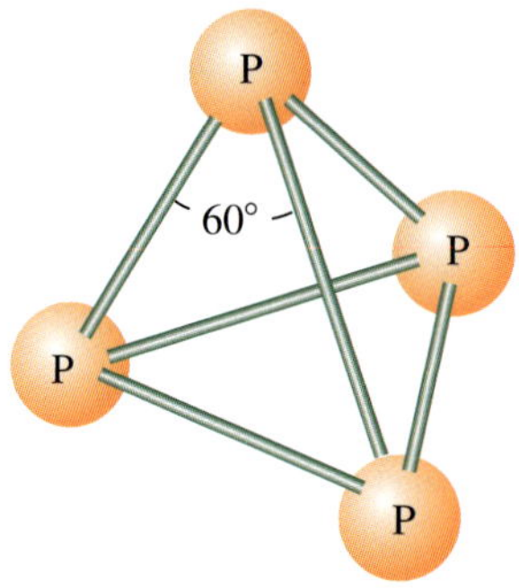

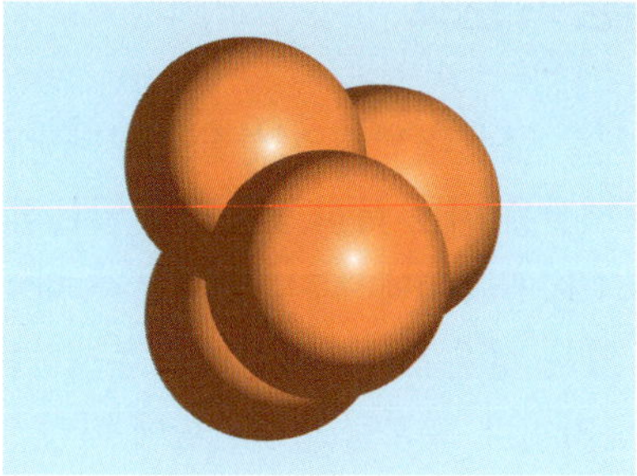

그림 18-7 P분자의 구조

탄소는 두 가지 결정구조를 가졌다. 즉 다이아몬드와 흑연의 구조이다. 다이아몬드 구조는 Ⅳ족 원소에서 볼 수 있는 sp^3 혼성궤도함수의 정사면체 결합을 하고 있다. 결합의 길이가 길어질수록 다이아몬드형 결정의 강도는 감소한다. 탄소, 실리콘, 게르마늄 및 주석원소는 정사면체 구조를 가지지만 원자간 거리는 탄소에서는 1.54Å, 회색 주석에서는 2.8Å으로 증가한다. Ⅳ족원소간 결합의 세기는 아주 강한 것으로부터 아주 약한 것까지 있다. 회색 주석은 매우 부드럽기 때문에 마이크로 결정이나 또는 분말로 존재한다. 전형적인 다이아몬드 결정형을 가지는 Ⅳ족 원소들은 비전도체이고 비금속 성질을 나타낸다.

탄소의 결정형인 다이아몬드형은 흑연형 탄소와 다르다. 흑연에서는 탄소원자는 평면에 놓여 있다. 평면에서 탄소와 탄소의 거리는 1.42Å이고 평면간의 거리는 3.35Å이다(그림 18-8).

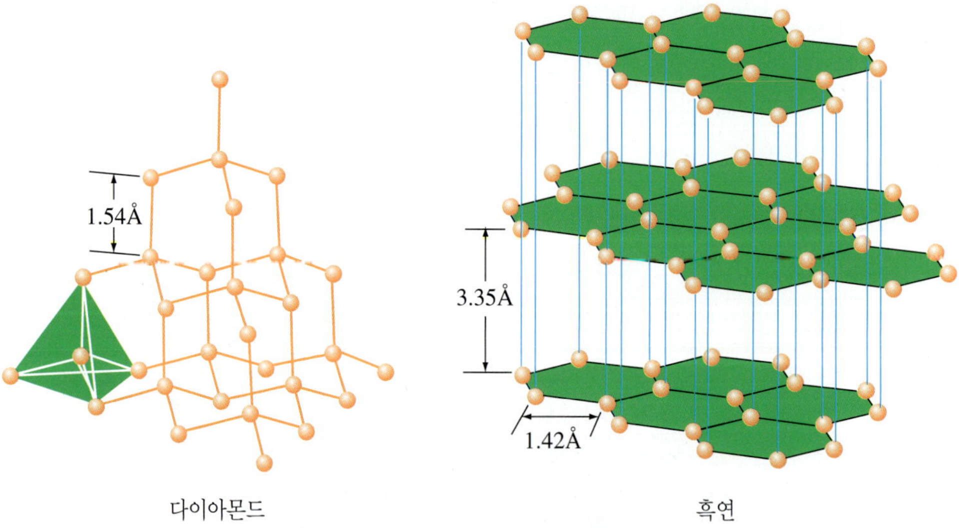

그림 18-8 다이아몬드와 흑연구조의 비교

탄소는 인접원자들과 sp^2 혼성궤도함수로 3개의 공유결합을 형성하는데, 평면구조와 결합각이 120°라는 것을 설명하여 준다. 그리고 π전자라고 부르는 네 번째 전자는 면의 위에서 **비편재화**(delocalization)하는데, 이 층의 평면이 전기전도성을 나타내는 사실을 설명하여 준다. 단, 결정의 얇은 층과 수직인 방향에서는 부도체이다. 딱딱하고 부드러운 흑연이 충돌하면 쉽게 서로 미끄러져 나갈 수 있음을 이용하여 윤활제로도 개발되었다.

주석은 다소 다른 성질을 가지고 있는 원소이다. 2개의 동소체(allotropy)인 회색 주석과 백색 주석 (또는 보통 금속형)이라고 부르는 두 가지이다. 이 두 형의 전이온도는 18℃이다. 보통 금속주석은 18℃ 이하에서는 6개의 인접원자를 가진 결정형으로부터 4개의 인접원자를 가진 형으로 천천히 변한다. 주기율표에 금속과 비금속원소의 경계에 있는 주석은 금속과 비금속 성질을 다 가지고 있다. 주석의 경우와 같이 비금속이 금속으로 또는 부도체가 도체로 전환되는 것은 자연에서는 드문데, 고온에서는 부도체가 도체로 변하는 것이 가능하다. 이것은 결합과 결정구조의 변화에 의해 수반된 상의 변화에 기인한다. 예로 다이아몬드는 600,000기압, 1000℃에서 4개의 인접원자를 가진 다이아몬드 결정에서 금속성질을 가진 6개의 인접원자를 가진 결정으로 변한다. 실리콘, 게르마늄과 GaSb, InP, ZnS, CuI와 같은 화합물도 고압에서 비슷한 상의 변화가 일어난다.

금속 주석 또는 백색 주석이 비금속 주석으로 변하는 것은 공업적으로나 역사적으로 흥미가 있다. 한때 이 변화를 생리적인 성질로 믿었으며 **주석병**(tin disease)이라 불렀다. 러시아에서는 주석을 오르간 파이프나 군복의 단추로 사용하였으나 오래되거나 추운 겨울이면 가루로 부서진다.

분자나 결정구조로서 생각해 볼 마지막 비금속인 붕소는 특이한 결정구조를 가진 진회색 물질이다. 붕소는 6개의 인접원자를 가지면서 5개의 붕소 원자는 1.80Å으로 결합되어 있고, 하나는 1.65Å로 다소 가깝게 결합되어 있다. 5개의 원자는 오각형의 각 귀퉁이에 있고 여섯 번째 원자는 그림 18-9에 표시되어 있는 것 같이 공유결합으로 되어 있다. 이 오각추는 그림 18-9

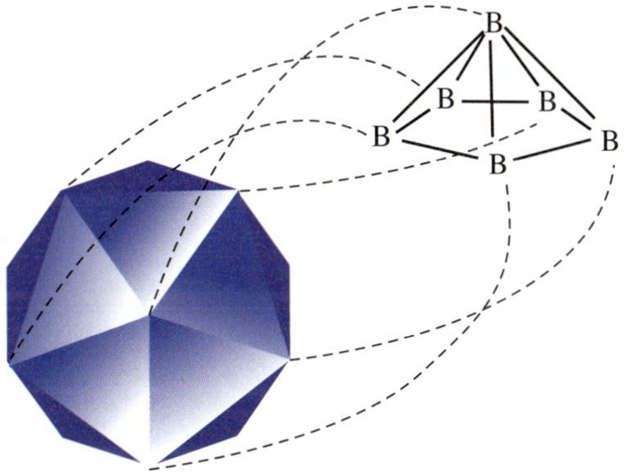

그림 18-9 붕소의 구조

에서 보는 바와 같이 거대한 기하학적 격자, 즉 이십면체인데 이것은 12개의 모퉁이와 20개의 면을 가진 기하학적 격자이다. 붕소의 단위는 12개의 원자가 각각 2개의 외부 붕소원자를 가지고 4개의 집단을 가진다. 이들 결합의 상대적인 공유성은 대단히 복잡하지만, 붕소그룹을 포함한 $B_{12}C_3$와 AlB_{12}가 이십면체의 안정한 구조를 나타냄을 볼 수 있다. 붕소는 전형적인 금속의 성질도 나타내지 않는다. 즉 이 중간적인 성질은 전형적인 금속결합이나 공유결합을 이루지 않는 것을 알려준다.

연습문제

PROBLEMS

01. 이원자 리튬분자는 (a) 리튬원자로의 해리 (b) 고체리튬금속으로의 응축이 어려울 정도로 안정한가?

02. 듀랄루민 합금의 시료가 질량으로 4.2%의 구리를 포함한다. 이 합금에는 화합물 $CuAl_2$가 몇 % 포함되어 있는가?

03. 금속들의 성질 중에서 합금으로서 보다 순수한 금속으로서의 성질이 더 유용한 것 하나를 예로 들어라.

04. 다음 각 쌍으로부터 어떤 꼴의 합금이 만들어지기가 가장 유용한가? 선택한 각 쌍에 대한 보기를 하나씩 들어라. 선택하기가 분명치 않을 경우가 있으면 그 까닭을 논의하여라.

(a) 원자의 크기가 비슷하고 원자가전자의 수가 같으며 순수한 금속으로서는 서로 같은 격자형을 갖는 금속 쌍

(b) 원자크기가 아주 다르고 전기음성도가 크게 차이나는 금속 쌍

(c) 원자크기가 아주 다르고 전기음성도가 비슷한 금속 쌍

(d) 쌍 중의 한 원소는 작은 비금속원소일 경우

05. 알칼리금속의 황화물의 진한 용액에 황을 가할 때 녹는 까닭을 말하여라.

06. 금속의 정제과정을 설명하여라.

07. 알칼리금속의 산화물에는 어떠한 것이 있는가?

08. 산화철을 탄소로 환원시키면 선철이 생긴다. 과량의 탄소는 강철제조과정의 한 부분에서 산화된다. 그 다음에 강철을 만들기 위해서 다시 탄소를 넣는다. 중간 단계가 왜 필요한가를 설명하여라. 중간 단계를 첫째 및 셋째 단계와 결합시킬 수 없는 이유는 무엇인가?

09. 강철제조과정에서 basic라는 말은 다음 중 어느 것을 뜻하는가?

(a) fundamental (b) alkaline (c) unalloyed (d) essential

10. 다음 말을 각각 정의하여라.

(a) 카랏트 (b) 합금 (c) 광석 (d) 모암

(e) 슬랙 (f) 강철 (g) 공융점

11. 합금 Cu_3Au에 대한 superlattice의 격자모양을 삼차원으로 표시하여라.

12. Cu_5Zn_8, Cu_9Al_4 및 Fe_5Zn_{21}의 합금은 전자/원자의 비가 같음을 나타내어라(Fe원자가 = 0).

13. TiC의 틈새형 화합물에서 금속과 비금속 사이에 존재하는 원자가결합을 전자기호와 원자궤도함수로 나타내어라.

14. 팔면체 계에서 틈새형 원자의 최대상태의 크기를 계산하여라. 딱딱한 구라고 가정하고 원자간 결합에 의한 중첩이 없다고 가정하여라.

15. 다이아몬드와 흑연 사이의 전기전도도의 차이를 이 두 결정형에 대한 전자점식으로 설명하여라.

16. 다음 말에 대하여 아는 바를 써라.

① 주석병(Tin disease) ② 인의 발견 ③ 인의 동소체
④ 성냥 중의 인 ⑤ 황의 동소체 ⑥ 붕소의 결정구조

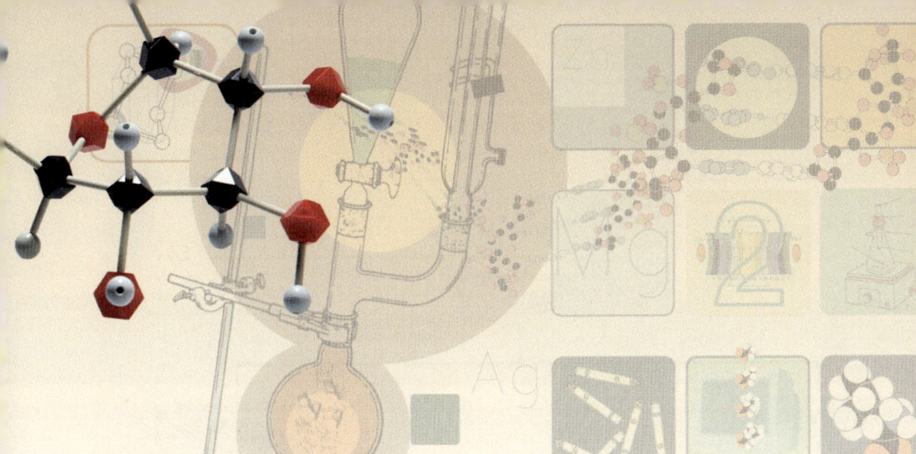

CHAPTER 19

유기화학

미리보기

1850년 경에 유기화학은 **생명체가 생성한 화합물을 다루는 화학**으로 정의되었다. 이 정의는 1900년 경까지 널리 받아들여졌지만 그 당시 이미 여러 화학자들이 실험실에서 생명체와는 전혀 관련없는 새로운 유기화합물들을 합성하고 있었다. 오늘날 유기화학을 **탄소화합물의 화학**으로 정의하고 있다. 그러나 몇몇 탄소화합물 즉 이산화탄소, 탄산나트륨 및 시안화칼륨 등은 무기화합물에 속하므로 이 정의 역시 완전하지 않다. 그러나 모든 유기화합물은 탄소를 반드시 포함하고 있기 때문에 우리들은 이 정의를 그대로 받아들이고 있다.

예를 들어, 19세기 초까지 사람들은 유기 물질은 어떤 생명력을 가지고 있기 때문에 오직 생명체에서만 합성될 수 있다고 믿었었다. 그러나 1828년 독일 화학자 Friendrich Wohler(1800~1882)가 무기염인 사이안산납(lead cyanate)과 암모니아로부터 요소(urea)를 합성함으로써 이 생각은 틀린 것이 되었다.

$$Pb(OCN)_2 + 2NH_3 + 2H_2O \rightarrow 2(NH_2)_2CO + Pb(OH)_2$$

lead cyanate

가장 간단한 유기화합물은 **탄화수소**(hydrocarbon)로서 탄소와 수소로만 구성된 화합물이며, 그림 19-1에서와 같이 크게 방향족탄화수소와 지방족탄화수소로 나눌 수 있다. **방향족탄화수소**(aromatic hydrocarbon)는 벤젠고리와 유사한 구조적 특징을 갖고 있는 탄화수소를 가리키고 **지방족탄화수소**(aliphatic hydrocarbon)는 벤젠고리를 갖고 있지 않는 탄화수소 화합물이다.

유기화합물은 생명체를 구성하는 물질로서 중요한 역할을 할 뿐만 아니라 우리의 일상생활에 필요한 연료, 합성섬유, 합성수지, 고무, 종이, 의약품 등을 제공하고 있다. 본 장에서는 이러한 유기화합물의 기초가 되는 탄화수소와 이의 유도체를 분류하고 각각에 대한 구조 및 성질을 중점으로 소개한다.

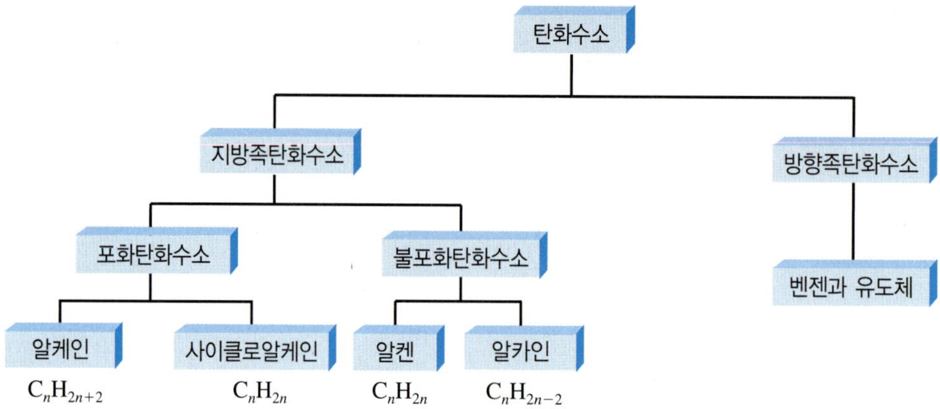

그림 19-1 탄화수소의 분류

19.1 알케인(alkane)

알케인(alkane)의 일반식은 C_nH_{2n+2}이며, 여기서 n은 정수이다. 알케인 분자는 탄소가 탄소 또는 수소 등과 단일결합으로만 구성되어 있어 **포화탄화수소**(saturated hydrocarbon)라 불린다.

가장 간단한 알케인은 수중에서 호기성 미생물에 의하여 식물이 분해될 때 발생하는 메탄(methane), 즉 CH_4이다. 메탄은 늪(marsh)에서 처음으로 포집되었으므로 marsh gas로 알려져 있었으나 상업적으로 사용하는 메탄은 천연가스에서 얻는다.

이 분자는 네 개의 동등한 C–H결합으로 된 사면체 구조를 가지고 있는데 이는 탄소가 sp^3

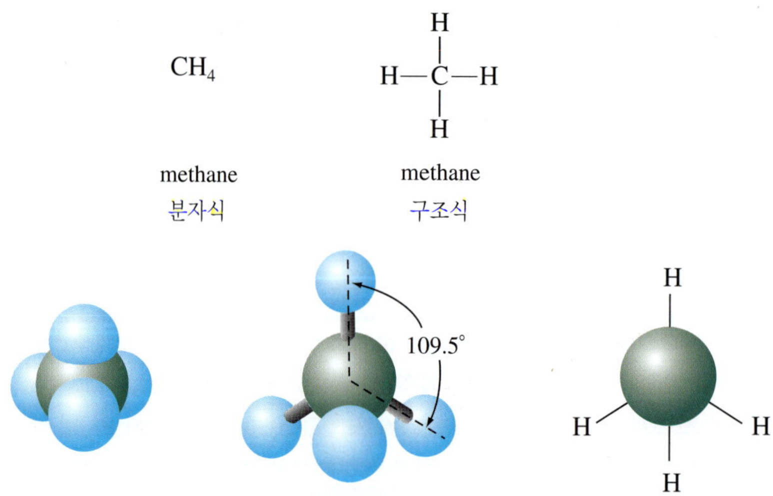

그림 19-2 메탄의 구조식과 3차원 모델

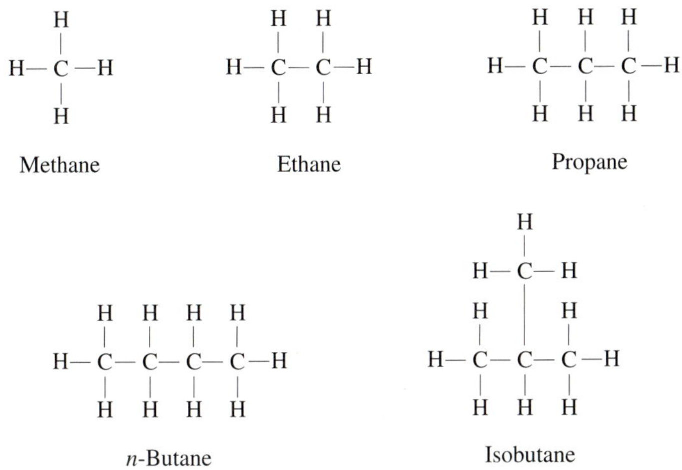

그림 19-3 간단한 알케인의 구조

혼성궤도를 이루고 있기 때문이라고 생각된다. 메탄의 구조는 분자식(molecular fomula)이나 구조식(structural formula)을 써서 나타낼 수가 있다. 그러나 구조식은 원자의 3차원적인 배열을 나타내지 않기 때문에 3차원 구조식(three-dimensional formula)이나 분자모델을 만들어 보아야 3차원 배열을 나타낼 수 있다(그림 19-2).

그림 19-3에 1~4개의 탄소를 가지는 알케인을 나타내었으며, 천연가스는 메탄(methane)과 에탄(ethane)으로 주로 구성되어 있으며, 여기에 소량의 프로판(propane)을 함유한다.

모든 알케인의 구조는 sp^3 혼성궤도로 이루어져 있으며, 에탄과 프로판은 탄소 한 원자에 다른 탄소 한 원자만 결합하지만 그림 19-3에서 보는 것처럼 부탄(butane)은 두 가지 구조가 가능하다. 즉, 노르말부탄(*n*-butane)과 아이소부탄(isobutane)이다. 부탄처럼 분자식은 같으나 구조식이 서로 다른 화합물을 **구조이성질체**(structural isomer)라고 한다. 알케인에서 탄소의 수가 증가함에 따라 구조이성질체의 수는 급격히 증가한다. 예를 들어 부탄은 구조이성질체의 수가 2개이지만 데케인(decane), $C_{10}H_{22}$은 75개의 구조이성질체가 존재하고, $C_{30}H_{62}$은 4억개의 구조이성질체가 가능하다. 하지만 천연에서 이와 같은 모든 이성질체가 존재하는 것은 아니며 인공적으로도 합성할 수 없다.

표 19-1에 여러 가지 알케인을 나타내었으며, 각 화합물은 그 다음의 것과 $-CH_2-$ 만큼 차이가 있음을 보여준다. 이러한 계열의 화합물을 **동족계열**(homologous series)이라 한다. 따라서 동족계열 화합물은 유사한 화학적 성질을 나타내며, 물리적 성질은 동족계열 내에서 규칙적으로 변화한다.

표 19-1 알케인의 물리적 성질

이름	분자식	분자량	m.p.	b.p.	이성질체수
Methane	CH_4	16	−183	−162	1
Ethane	C_2H_6	30	−183	−89	1
Propane	C_3H_8	44	−187	−42	1
Butane	C_4H_{10}	58	−138	0	2
Pentane	C_5H_{12}	72	−130	36	3
Hexane	C_6H_{14}	86	−95	68	5
Heptane	C_7H_{16}	100	−91	98	9
Octane	C_8H_{18}	114	−57	126	18
Nonane	C_9H_{20}	128	−54	151	35
Decane	$C_{10}H_{22}$	142	−30	174	75

(1) 알케인의 명명법

유기화학의 발전으로 구조가 복잡하고, 종류가 다양한 새로운 유기화합물들이 인공적으로 다량 만들어짐에 따라 초창기의 단순한 명명법을 가지고는 이들 복잡한 화합물들의 명명이 점차 곤란해지게 되어 계통적이고 체계적인 새로운 명명법이 필요하게 되었다. 이 필요성에 의해 국제기구인 국제 순수 및 응용화학 연합회(International Union of Pure and Applied Chemistry, 첫머리 글자를 따서 약자로 IUPAC)에서 유기화합물의 명명법을 만들었는데, 이것이 IUPAC명명법이다. 현재는 유기화합물의 이름을 명명하는데 이 방법이 흔히 사용되고 있다. 우리말의 경우 1998년 대한화학회에서는 자주 사용하는 methane에서부터 octane까지는 "−ane"를 "−안"으로 발음하는 것을 당분간 허용하나 원칙적으로는 "−에인"으로 발음하도록 규정하고 있다.

포화 및 불포화 탄화수소의 명명법은 다음 규칙에 따라 정해진다.

① 어떤 종류의 탄화수소 또는 그 유도체 어느 것이든 분자에서 가장 긴 사슬이 모체가 되어 명명된다(알켄의 경우 가장 긴 사슬은 이중결합을, 알카인의 경우 삼중결합을 포함해야 한다). 예를 들면 아래와 같은 화합물의 경우 5개의 탄소사슬을 갖는 pentane의 유도체로 명명될 수 있다.

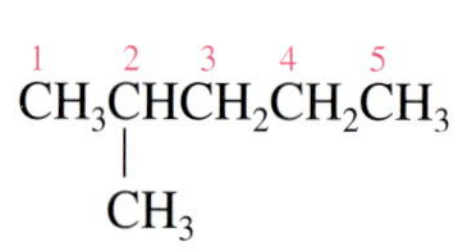

2-methylpentane

② 탄소 원자가 가장 길게 연속된 사슬을 주축으로 하여 명명한다.

③ 곁가지가 알케인 분자에 붙어 있으면 가장 긴 사슬의 탄소 원자에다 한 쪽 끝에서부터 번호를 붙이는데, 이때 곁가지를 가지는 탄소 원자의 번호가 작아지도록 번호를 붙인다.

표 19-2 중요한 알킬기

알케인	구조	알킬기	명명
Methane	CH_4	$CH_3—$	Methyl
Ethane	CH_3CH_3	$CH_3CH_2—$	Ethyl
Propane	$CH_3CH_2CH_3$	$CH_3CH_2CH_2—$	Propyl
Propane	$CH_3CH_2CH_3$	$(CH_3)_2CH—$	Isopropyl
Butane	$CH_3CH_2CH_2CH_3$	$CH_3CH_2CH_2CH_2—$	Butyl
Isobutane	CH_3CHCH_3 | CH_3	CH_3CCH_3 | CH_3	Tertiary-butyl(*t*-butyl)

아래 보기에서 가장 긴 사슬은 탄소 원자가 7개인데, 구부러져 있어서 알아보기 힘들다. 그렇지만 단일 결합은 자유 회전이 가능하므로 여러 가지 다른 모양으로 나타낼 수 있으며, 3차원으로 보면 여러 가지 많은 모양을 가지는 것을 알 수 있다.

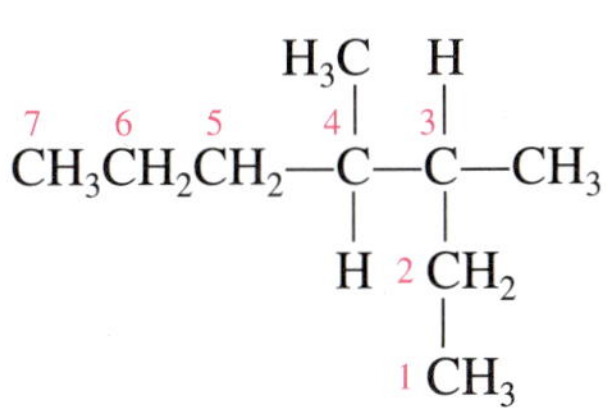

3,4-dimethylheptane

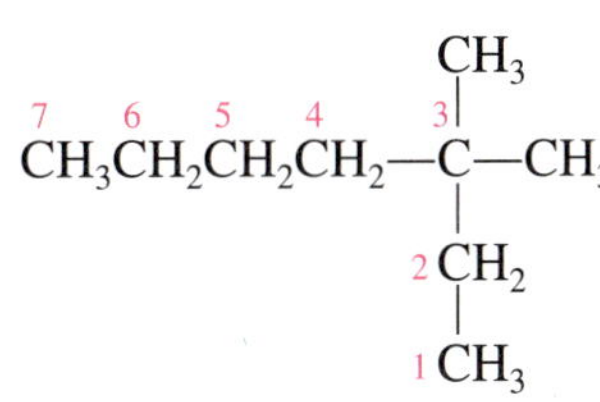

3,3-dimethylheptane

④ 어미 사슬에 붙어 있는 작용기가 여러 개 있을 때는 어미 사슬의 이름 앞에다 알파벳 순으로(영어명) 적는다. 그리고, 같은 곁가지 사슬이 두 개 이상 있을 때는 접두사 "다이–"(di–), "트라이–"(tri–), "테트라–"(tetra–), "펜타–"(penta–) 등으로 표시한다. 곁가지가 어미 사슬에 붙어 있는 위치는 규칙 ③에서 나온 숫자를 앞에 붙여 나타낸다.

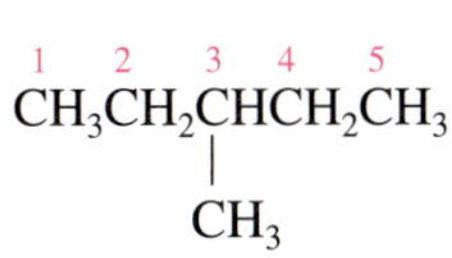

3-methylpentane

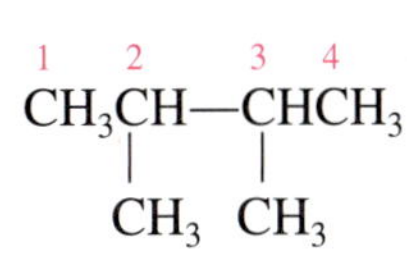

2,3-dimethylbutane

⑤ 곁가지 사슬(치환체)은 같은 탄소수를 가진 포화 탄화수소 이름의 어미 –에인(–ane) 대신에 –일(–yl)로 바꾸어 명명한다. 그리고 이것을 **알킬기**(alkyl group)라 한다(표 19-2 참조).

예제 19.1 다음 화합물을 IUPAC법으로 명명하여라.

(a) 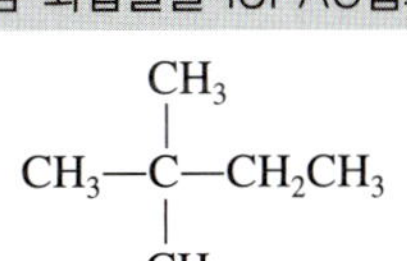

(b) 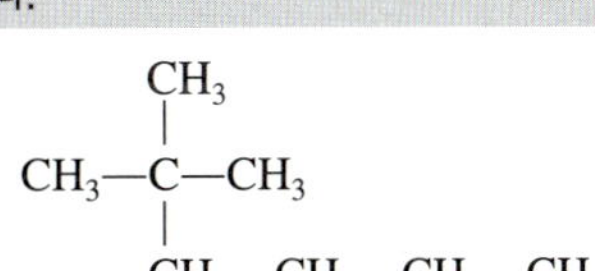

풀이: (a) 가장 긴 연속 탄소원자에 번호를 붙이되 아래에서 보는 바와 같이 곁가지가 붙은 탄소가 낮은 번호가 되게 번호를 붙인다.

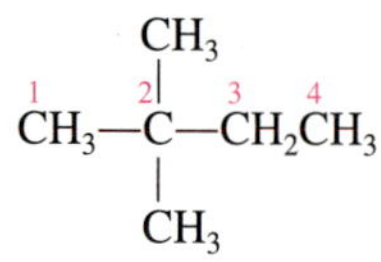

가장 긴 연속탄소 사슬은 4인 부탄으로부터 유도된 화합물로 2,2-dimethybutane이다.

(b) 가장 길게 연결된 사슬에 번호를 붙이면

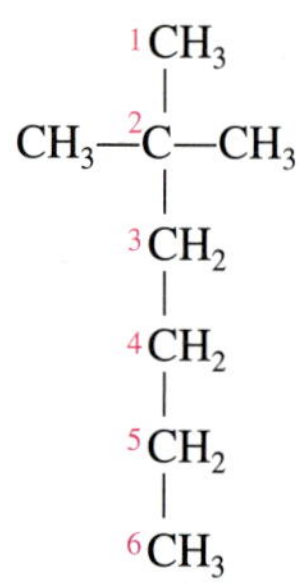

세 개의 메틸기 중 하나를 1번으로 하면, 다른 메틸기들은 2번 탄소원자의 가지가 된다. 따라서 이름은 2,2-dimethylhexane이다.

예제 19.2 다음 화합물의 구조식을 써라.

(a) 2-methylbutane

(b) 2,2-dimethylpentane

(c) 3-ethyl-2-methylhexane

풀이:

(a) 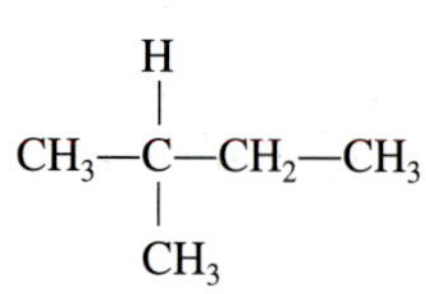

(b) 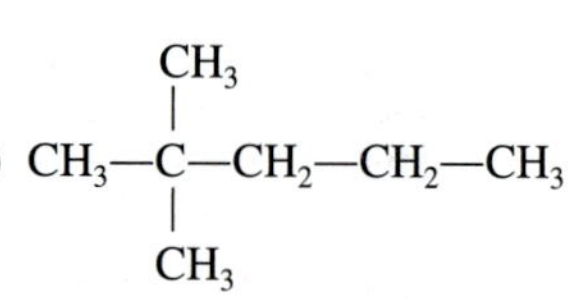

(c) 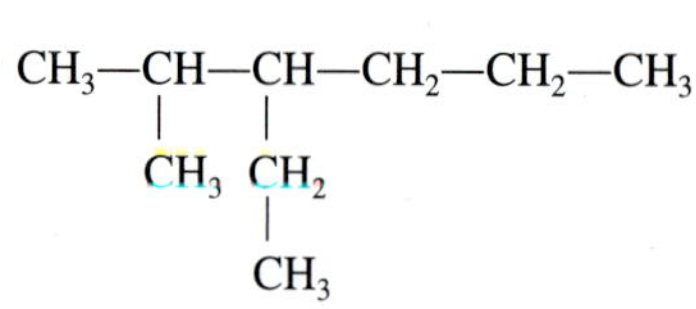

---

(2) 알케인의 반응과 성질

알케인은 일반적으로 반응성이 그리 높지 않는 화합물이지만 연소와 같이 높은 온도에서는 반응성이 높아진다. 예를 들어 과량의 산소가 존재할 때 알케인은 연소하여 이산화탄소와 물을 만들고 이때 무엇보다 중요한 열이 발생한다.

$$CH_4(g) + 2O_2(g) \longrightarrow CO_2(g) + 2H_2O \quad \Delta H^\circ = -890.4\ kJ$$
$$2C_2H_6 + 7O_2(g) \longrightarrow 4CO_2(g) + 6H_2O \quad \Delta H^\circ = -3119\ kJ$$

위의 반응에서 ΔH° 값이 큰 것을 보면 탄화수소가 왜 연료로 사용되는가를 알 수 있다.

알케인에서 하나 혹은 그 이상의 수소가 할로겐 원소로 치환되는 반응을 **할로겐화반응**(halogenation)이라고 한다. 예를 들어 메탄과 염소(chlorine)를 혼합하여 100℃ 이상으로 가열하거나 적당한 파장의 빛을 쪼여주면 다음과 같이 methyl chloride(CH_3Cl)가 생성된다.

$$CH_4(g) + Cl_2(g) \longrightarrow CH_3Cl(g) + HCl(g)$$

이 반응에서 만약 염소가 과량 존재한다면 다음과 같이 계속적으로 반응이 일어난다.

$$CH_3Cl(g) + Cl_2(g) \longrightarrow \underset{\text{methylene chloride}}{CH_2Cl_2(l)} + HCl(g)$$

$$CH_2Cl_2(l) + Cl_2(g) \longrightarrow \underset{\text{chloroform}}{CHCl_3(l)} + HCl(g)$$

$$CHCl_3(l) + Cl_2(g) \longrightarrow \underset{\text{carbon tetrachloride}}{CCl_4(l)} + HCl(g)$$

할로겐화반응은 첫째 단계에서는 열이나 빛에 의해 염소분자의 공유결합이 아래와 같이 분해되어 두 원자의 염소가 생성된다.

$$Cl_2 + \text{energy} \longrightarrow Cl\cdot + Cl\cdot$$

염소원자는 홀전자(unpaired electron) 상태인 자유라디칼(free radical)로서 다음과 같이 메탄 분자를 공격하여 메틸 라디칼(methyl radical)을 만든다.

$$CH_4 + Cl\cdot \longrightarrow \cdot CH_3 + HCl$$

메틸 라디칼은 반응성이 크기 때문에 분자 상태의 염소를 공격하는데, 이 때 methyl chloride와 염소 라디칼이 생성되고 계속하여 반응이 일어난다.

$$\cdot CH_3 + Cl_2 \longrightarrow CH_3Cl + Cl\cdot$$

실제 반응에서는 다음과 같은 부반응(side reaction)이 수반된다.

$$Cl\cdot + Cl\cdot \longrightarrow Cl_2$$
$$\cdot CH_3 + \cdot CH_3 \longrightarrow C_2H_6$$

알케인에서 하나 혹은 그 이상의 수소가 할로겐 원소와 치환되었을 때 alkyl halide라고 하며, 그 중에서 클로로폼(chloroform), 사염화탄소(carbon tetrachloride), 염화메틸렌(methylene chloride), 염화플루오르화 탄화수소(chlorofluorohydrocarbon) 등이 가장 많이 알려져 있다.

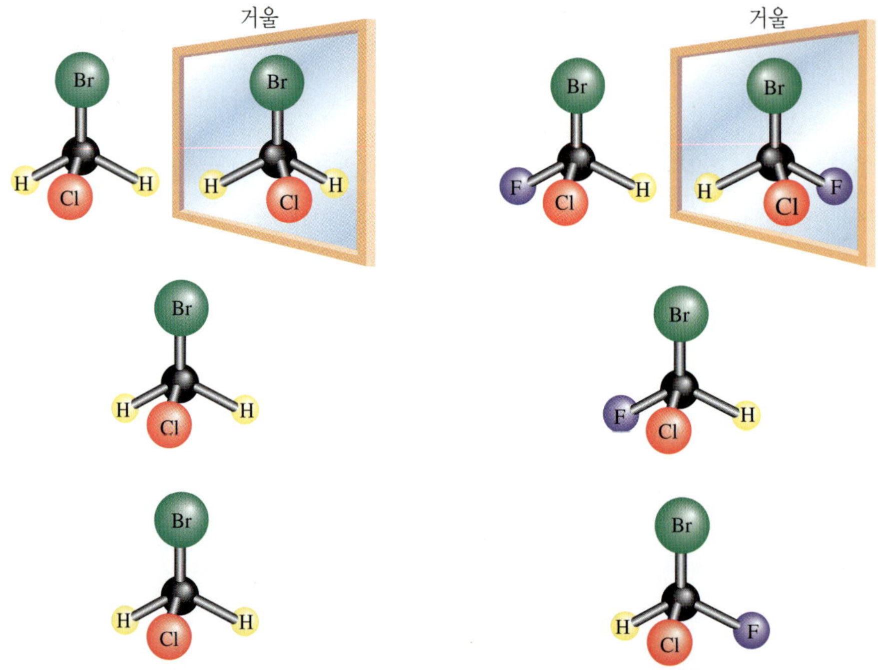

(a) CH_2ClBr (b) CHFClBr

그림 19-4 CH_2ClBr과 CHFClBr의 거울상이성질 현상의 비교
거울상이성질체를 갖지 않는 분자(a)와 거울상이성질체를 갖는 분자(b)

(3) 알케인의 광학이성질체

광학이성질체(optical isomer)는 분자식과 구조가 같지만 서로 포갤 수 없는 화합물을 말하며 **거울상이성질체**(enantiomer)라고도 한다. 예를 들어 그림 19-4와 같이 CH_2ClBr과 CHFClBr을 비교하여 보자. 그림 19-4(a)는 거울 앞에 놓여 있는 분자와 거울에 비친 분자는 서로 겹칠 수 있으나 그림 19-4(b)는 서로 겹칠 수 없다. 따라서 그림 19-4(b)와 같이 서로 겹칠 수 없는 분자를 **키랄**(chiral)이라고 한다. 키랄은 탄소를 중심으로 서로 다른 4개의 원자나 원자단이 결합한 것으로 거울상이성질체가 존재하기 위한 필요하고도 충분한 조건이다.

(4) 사이클로알케인

사이클로알케인(cycloalkane)은 탄소-탄소간 결합이 단일결합만으로 되어 있는 고리구조를 하고 있으며 일반식은 C_nH_{2n}이다. 치환된 사이클로알케인은 열린사슬 알케인에 사용했던 것과 비슷한 규칙에 따라 명명하되, 대부분의 화합물에 고리의 탄소수를 세어 해당 알케인 이름에 사이클로(cyclo)라는 접두사를 붙여서 명명한다.

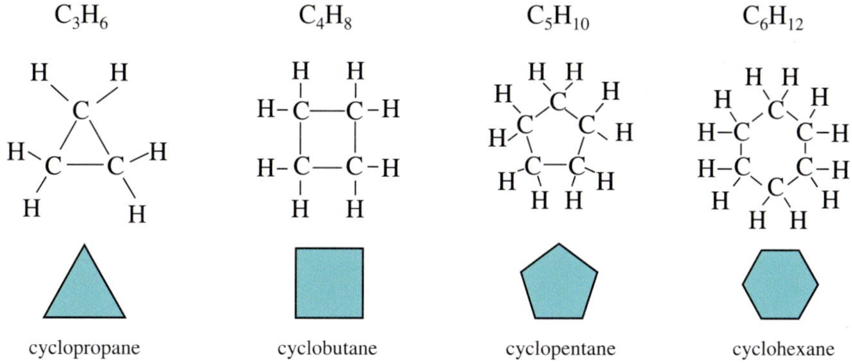

사이클로알케인은 여러 가지 점에서 열린사슬 알케인과 비슷한데, 둘 다 비교적 비극성이며 대부분의 시약과 반응하지 않는다. 그러나 사이클로알케인은 열린사슬에 비해 형태가 쉽게 변할 수 없다. 열린사슬 알케인에서는 탄소-탄소 단일결합을 축으로 하여 자유롭게 회전하지만, 사이클로알케인은 이 회전이 자유롭지 못하여 기하구조상 한계점을 가진다. 예를 들어 그림 19-5에서와 같이 사이클로프로판(C_3H_6)의 탄소원자는 60°의 결합각을 가지는 정삼각형을 이루기 때문에 일반 알케인에서처럼 sp^3 혼성궤도함수가 정상적으로 겹치지 못한다. 그 결과 약하고 스트레인이 큰 결합이 형성되어 사이클로프로판은 직선사슬 프로판에 비해 훨씬 반응성이 크다.

고리 구조로 인하여 사이클로알케인은 "윗면"과 "밑면"의 두 가지 면을 가지므로 치환기를 가진 사이클로알케인에서는 이성질 현상(isomerism)이 가능하다. 1,2-Dimethylcyclopropane을 예로 들면 두 개의 이성질체가 있는데, 그 하나는 두 개의 메틸기(methyl group)를 고리의 같은 쪽에 가지고 있는 것이며, 또 하나는 반대 쪽에 하나씩 가지고 있는 것이다. 이 두 이성질체는 모두 안정된 화합물로 화학결합을 깨지 않고서는 상호전환이 불가능하다.

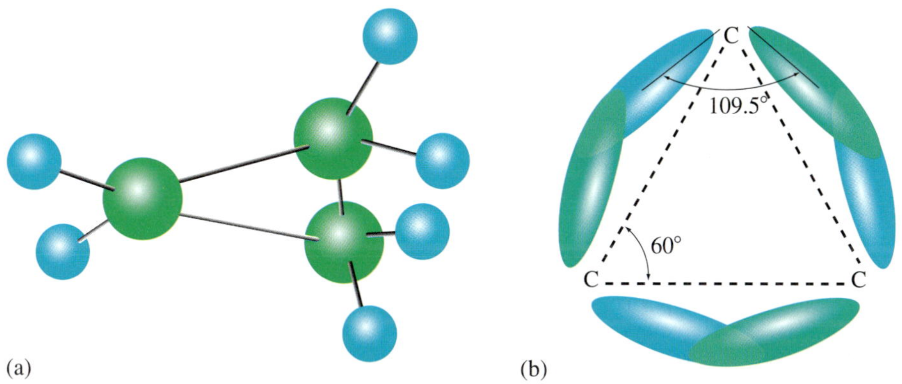

그림 19-5 (a) 사이클로프로판(C_3H_6)의 분자 구조, (b) 사이클로프로판에서 C–C 결합을 형성하기 위한 sp^3 혼성궤도함수의 겹침

원자의 결합 순서가 달라 구조 이성체인 부탄(butane)과 아이소부탄(isobutane)의 경우와는 달리 이 두 1, 2-dimethylcyclopropane의 경우는 그 결합 순서가 같다. 다만, 공간에서의 배향(위치)이 다를 뿐이다. 이처럼 결합 순서는 같으나 3차원적 공간 배향이 틀린 화합물을 **입체 이성질체**(stereoisomer)라 한다. 두 개의 1,2-dimethylcyclopropane도 일종의 입체 이성질체로 이들을 **시스-트랜스 이성질체**(cis-trans isomer)라 하는데, 접두사 cis(라틴어로 같은쪽)와 trans(라틴어로 건너)를 사용하여 이들을 구분하고 있다.

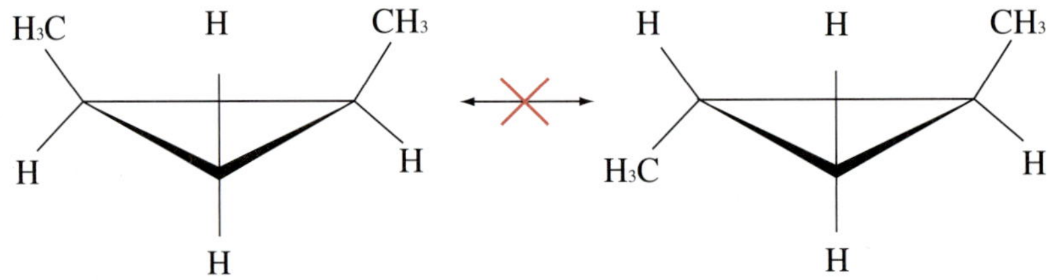

cis-1,2-dimethyl cyclopropane
메틸기가 고리의 같은 쪽에 있다.

trans-1,2-dimethyl cyclopropane
메틸기가 고리의 반대 쪽에 있다.

예제 19.3 다음 화합물을 명명하여라.

(a) 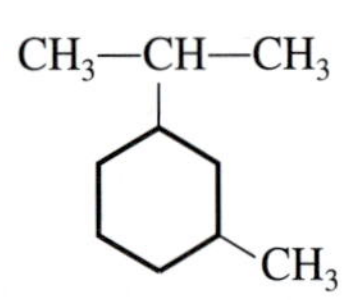

(b) 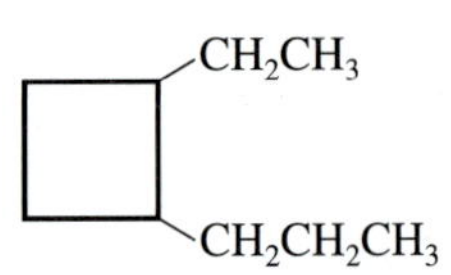

풀이: (a) 여섯 개의 탄소를 가진 cyclohexane은 다음처럼 번호를 붙인다.

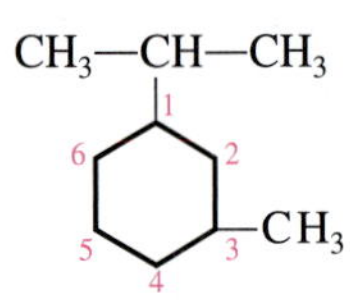

1번 탄소에는 isopropyl기가 있고 3번 탄소에는 methyl기가 있다. 알킬기는 알파벳 순서로 이름을 나열하여야 하므로 1-isopropyl-3-methyl cyclohexane이 된다.

(b) Cyclobutane은 아래와 같이 번호를 붙일 수 있다.

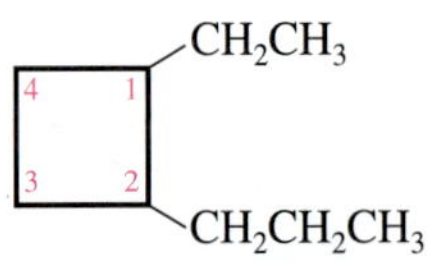

이름은 1-ethyl-2-propyl cyclobutane이다.

19.2 알켄(alkene)

알켄(alkene)은 분자구조 중 한 곳에 탄소-탄소 이중결합을 가지고 있는 지방족탄화수소로서 **올레핀**(olefin)이라고도 한다. 알켄의 일반식은 C_nH_{2n}이다. 가장 간단한 알켄은 에텐(ethene), $CH_2{=}CH_2$이며, 관용명으로는 에틸렌(ehtylene)이다.

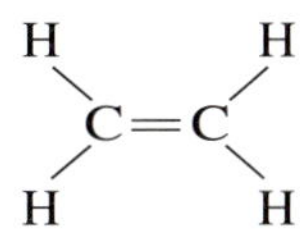

Ethene

에텐의 두 탄소원자는 각각 sp^2 혼성궤도를 써서 세 개의 σ 결합을 형성하고 있으며 이들 중 하나는 다른 탄소와, 다른 두 개는 수소와 결합되어 있다. 여섯 개의 원자들은 모두 동일 평면상에 있고 그 결합각은 약 120°이다. 또한 각각의 탄소원자는 sp^2 혼성궤도에 쓰이지 않은 나머지 한 개의 p 궤도에 전자를 하나씩 가지고 있다. 이 두 p 궤도는 분자평면에 대해 수직인 평면 위에 있고 서로 중첩되어서 π 결합을 이룬다(그림 19-6).

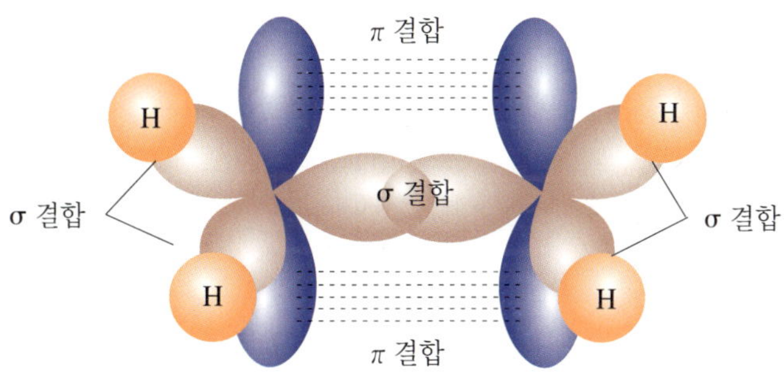

그림 19-6 에틸렌($CH_2{=}CH_2$)의 결합

(1) 알켄의 명명법

알켄에 IUPAC 이름을 붙이기 위해서는 우선 이중결합을 포함하면서 가장 길게 연결된 사슬을 찾아야 한다. 알켄의 경우와 마찬가지로, 가장 길게 연결된 사슬에 근거하여 어간이름이 주어진다. 그러나 이때, 접미사인 –ane 대신 –ene로 대치한다. 가장 길게 연결된 사슬에 있는 탄소원자는 탄소-탄소 이중 결합에서 가장 가까운 말단으로부터 번호를 붙이며, 이중결합의 위치는 결합의 첫 번째 탄소의 번호로 나타낸다. 이 번호는 알킨의 어간이름 앞에 쓴다.

예를 들어 부텐(butene)의 경우는 다음과 같이 명명할 수 있다.

$CH_2{=}CH{-}CH_2{-}CH_3$
1-butene

$H_3C{-}CH{=}CH{-}CH_3$
2-butene

(2) 알켄의 성질과 반응

에틸렌(ethylene)은 유기고분자(organic polymer)나 유기화합물을 만드는 데 대량으로 사용되는 아주 중요한 화합물이다. 에틸렌은 분자량이 큰 탄화수소를 보다 작은 분자로 만드는 **열분해**(craking)에 의해 제조된다. 즉 에탄을 약 800℃로 가열하면 다음과 같이 에틸렌을 얻을 수 있다.

$$C_2H_6 \xrightarrow{\text{Pt 촉매}} CH_2{=}CH_2(g) + H_2(g)$$

다른 알켄도 보다 큰 분자의 알케인을 열분해하여 얻을 수 있다.

알켄의 수소분자나 할로겐 또는 할로겐화수소를 가하면 **첨가반응**(addition reaction)이 일어나는데 일반식은 다음과 같다.

1. 수소의 첨가반응

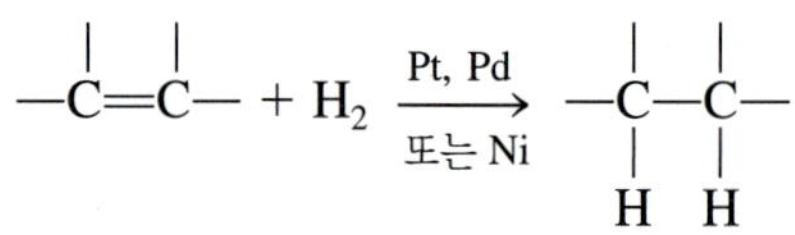

$$\underset{\text{Propene(Propylene)}}{CH_3CH{=}CH_2} \xrightarrow[\text{Ni}]{H_2} \underset{\text{Propane}}{CH_3CH_2CH_3}$$

2. 할로겐의 첨가반응

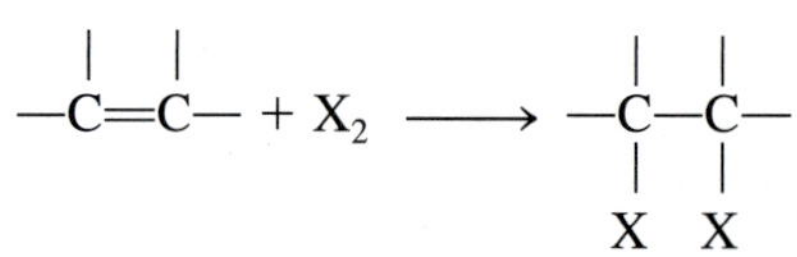

$X_2 = Cl_2, Br_2$

$$\underset{\text{Propene(Propylene)}}{CH_3CH{=}CH_2} \xrightarrow[\text{CCl}_4\text{ 용액}]{Br_2} \underset{\text{1,2-Dibromoparopane(Propylene bromide)}}{CH_3CHBrCH_2Br}$$

3. 할로겐화수소의 첨가반응

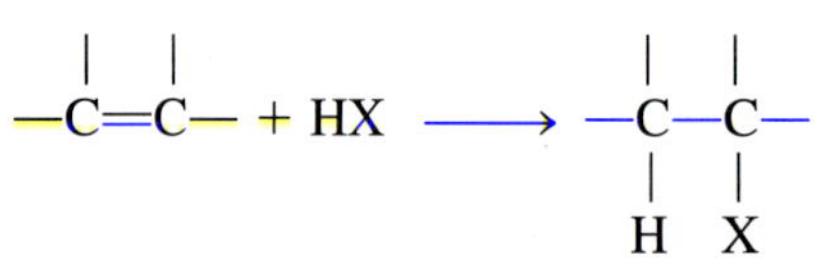

$HX = HCl, HBr, HI$

$$\underset{\text{Propene(Propylene)}}{CH_3CH{=}CH_2} \xrightarrow{HI} \underset{\text{2-Iodopropane(Isopropyl iodide)}}{CH_3CHICH_3}$$

(3) 기하이성질체

p 궤도들은 그들이 동일평면상에 존재할 때에 한해서 서로 겹쳐 π 결합을 형성할 수 있기 때문

표 19-3 부텐의 이성질체와 성질

Name	끓는점 (℃)	녹는점 (℃)	쌍극자 모멘트(D)	ΔH_f° (gas) (kJ/mol)
1-butene	−6.26 ℃	−185.4 ℃	—	−20.5
2-methylpropene	−6.95 ℃	−140.4 ℃	0.503	−37.5
cis-2-butene	3.71 ℃	−138.9 ℃	0.253	−29.7
trans-2-butene	0.88 ℃	−105.5 ℃	0	−33.0

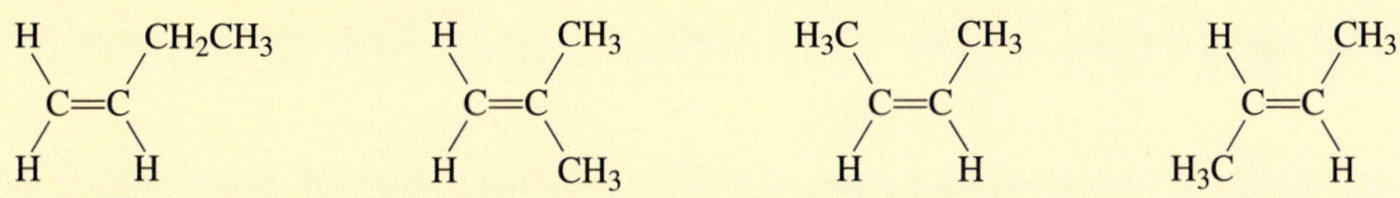

1-butene　　2-methylpropene　　*cis*-2-butene　　*trans*-2-butene

에 π 결합이 깨어지지 않는 한 탄소-탄소 이중결합을 축으로 하는 회전은 일어나지 않는다.

따라서 알켄은 **시스-트랜스 이성질화 현상**을 나타낸다. 예를 들면, 2-부텐에는 두 개의 입체 이성질체가 존재한다. 이중결합의 같은 쪽에 같은 치환기를 가질 경우 *cis*라고 하며 반대의 경우는 *trans*라 부르고 이러한 이성질체를 **기하이성질체**(geometric isomer)라 한다(표 19-3).

이 이성질체는 각기 독특한 물리적 성질을 갖고 있는 별개의 화합물이다. 이중결합을 가지고 있는 탄소원자가 각각 다른 치환체로 치환되면 기하이성질체는 존재한다.

19.3 알카인(alkyne)

알카인(alkyne)은 탄소-탄소 삼중결합을 가진 탄화수소를 가리킨다. 일반식은 C_nH_{2n-2}가 되며 가장 간단한 알카인은 에타인(=아세틸렌)이다.

$$\mathrm{H{-}C{\equiv}C{-}H}$$

Ethyne

아세틸렌은 선형분자이다. 이것은 매우 반응성이 높은 기체로서 다른 화합물이나 플라스틱을 만드는 데 쓰인다.

(1) 알카인의 명명법

알카인의 명명법은 알켄과 같이 가장 긴 사슬의 알케인명에서 어미의 −ane 대신 −yne을 쓰고 삼중결합의 위치번호는 적은 것을 사용한다(IUPAC 명명법).

$HC{\equiv}CH$
ethyne(acetylene)

$Cl{-}CH_2C{\equiv}CH$
3-chloropropyne

$CH_3C{\equiv}CH$
propyne

$HC{\equiv}C{-}CH_2{-}C{\equiv}C{-}CH{=}CH{-}CH{=}CH_2$
6,8-nonadien-1,4-diyne

관용명에서는 유도체로 명명하기도 한다.

$CH_3C{\equiv}CH$
methyl acetylene

$CH_2{=}CHC{\equiv}CH$
vinyl acetylene

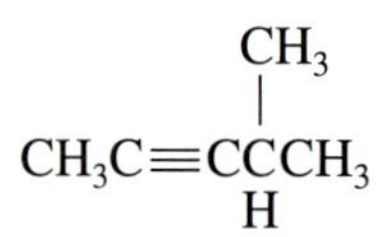
methyl isopropyl acetylene

$HC{\equiv}C{-}C{\equiv}CH$
diacetylene

삼중결합을 포함하는 치환기는 −yne 대신 −ynyl을 붙인다.

$CH_3C{\equiv}C{-}CH_2Cl$
2-butynyl chloride

$CH_3C{\equiv}C{-}CH_2CH_2Br$
3-pentynyl bromide

예제 19.4 다음 분자들을 명명하여라.

(a)
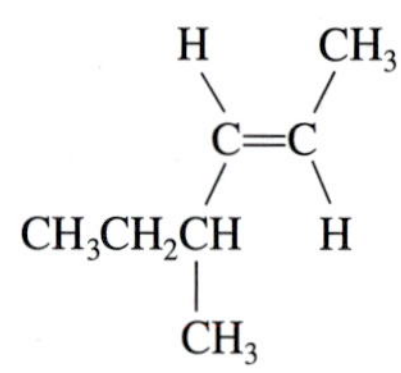

(b)
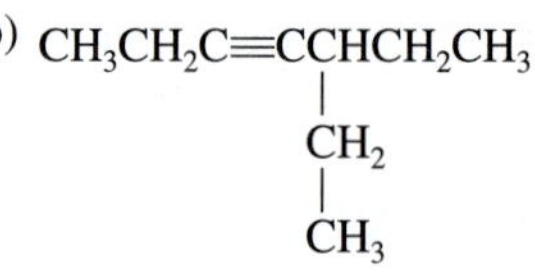

풀이: (a) 가장 긴 사슬은 여섯 개의 탄소를 가지며 이는 아래와 같이 번호를 붙인다.

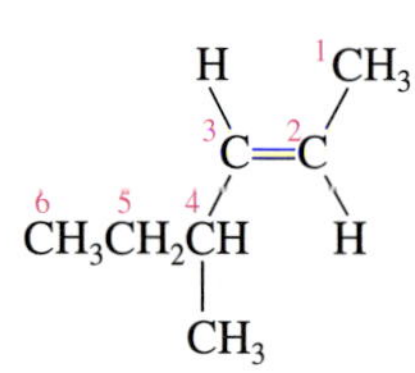

이 화합물은 2-헥센의 유도체이다. 그리고 수소 원자가 이중결합의 서로 반대 쪽에 존재하므로 이것은 *trans*-이성질체이다. 이 화합물의 이름은 *trans*-4-methyl-2-hexene이다.

(b) 가장 긴 사슬은 일곱 개의 탄소를 가지며 아래처럼 번호를 붙인다(삼중결합의 번호가 최소가 되도록).

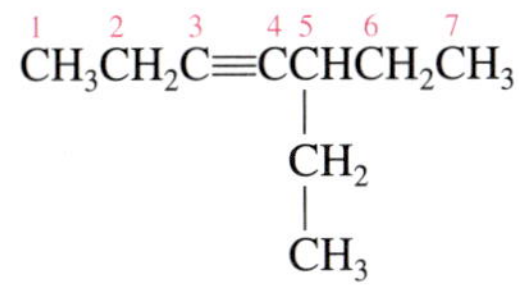

기본명은 3-heptyne이며 완전한 이름은 5-ethyl-3-heptyne이다.

(2) 알카인의 성질과 반응

옥시아세틸렌 토오치(oxyacetylene torch)로 아세틸렌을 산소와 같이 태우면 매우 뜨거운 불꽃이 만들어진다. 아세틸렌은 공업적으로 메탄으로부터 만든다.

$$2CH_4 \xrightarrow{1600°C} CH{\equiv}CH + 3H_2$$

아세틸렌은 calcium carbide로부터도 만들 수 있다. calcium carbide는 전기로에서 산화칼슘(calcium oxide)과 코오크(coke, 탄소)를 가열하면 얻어진다.

$$CaO(s) + 3C(s) \xrightarrow{2000°C} CaC_2(l) + CO(g)$$

생성된 calcium carbide를 식히면 고체로 된다. carbide이온(C_2^{2-})은 매우 강한 염기성이며 물과 반응하여 아세틸렌을 생성한다.

$$CaC_2(s) + 2H_2O(l) \longrightarrow Ca(OH)_2(aq) + C_2H_2(g)$$

아세틸렌의 결합은 각 탄소원자의 두 개의 *sp* 혼성궤도함수로부터 형성된다. 한 개의 *sp* 궤도함수는 C—C σ 결합을, 또 한 개는 C—H σ 결합을 이룬다. 남은 두 개의 2*p* 궤도함수는 두 개의 π 결합을 형성한다.

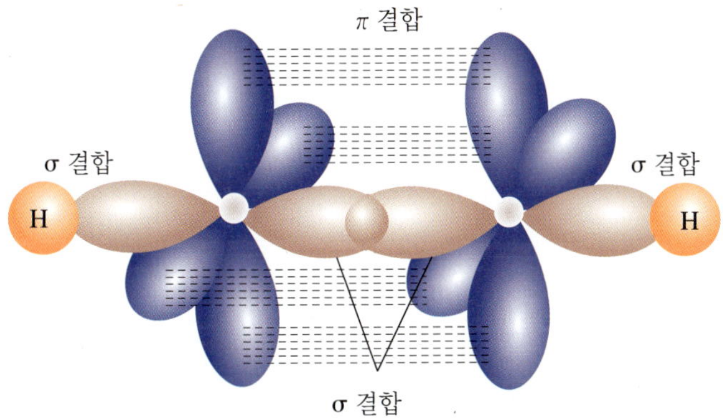

그림 19-7 아세틸렌(CH≡CH)의 결합

19.4 방향족탄화수소

방향족 탄화수소는 고리에 있는 하나 이상의 이중결합이 모든 탄소-탄소 결합에 고루 퍼져있는 고리 탄화수소라고 정의한다. 이런 탄화수소는 불포화되어 있으며, 알켄이나 알카인과는 다른 화학적 성질 및 반응성을 나타낸다.

짝지은 이중결합을 가지고 있는 고리 화합물이 π 전자를 $4n + 2(n = 0, 1, 2, 3, \cdots)$개 가지고 있을 경우 이들 화합물은 벤젠과 비슷한 성질을 나타내게 된다. 이 성질을 **방향족성**(aromaticity)이라 하며 이러한 규칙을 **Huckel 규칙**이라 한다. 또한 이러한 화합물의 유도체는 대부분 향기로운 냄새가 나기 때문에 **방향족 화합물**(aromatic compound)이라 한다.

(1) 벤젠의 구조

벤젠의 구조는 위의 어느 하나도 아니며 두 구조의 중간상태에 있다. 벤젠의 이러한 구조를 **공명혼성**(resonance hybrid)되어 있다고 하며, 이 때문에 벤젠의 가상적 구조의 하나인 cyclohexatriene에 비하여 몰당 36 kcal 만큼 안정화되어 있다. 이 에너지 차이를 **공명에너지**(resonance energy) 또는 **안정화에너지**(stabilization energy)라 한다.

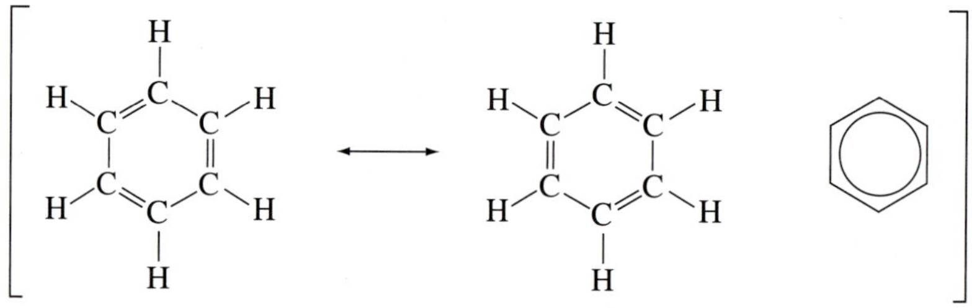

벤젠의 모든 결합각은 120°로서 각 탄소 원자가 꼭지점에 위치하여 있는 평면정육각형 구조이다. 각 탄소는 sp^2 혼성궤도함수로 인접한 탄소와 2개의 시그마 결합을 이루고 있으며 나머지 1개는 수소와 시그마 결합을 이루는데 사용된다.

또한 시그마 결합면에 수직인 6개의 p 궤도함수의 전자들은 서로 중첩하여 벤젠고리 상하로 도넛 형태를 이루면서 비편재화되어 있다. 이러한 비편재화로 인해 전자간 반발이 극소화하여 그 구조는 안정화되고 방향족화합물의 전형적인 여러 성질을 나타낸다.

(2) 방향족탄화수소의 명명법

한 개의 치환기를 가진 벤젠 유도체의 이름은 치환기의 이름을 접두어로 사용하여 부른다. 예를 들면, 염소, 브롬 등의 할로겐 원자가 치환되어 있으면 클로로벤젠, 브로모벤젠, 알킬기가 치환되어 있으면 알킬벤젠(예: 에틸벤젠, 프로필벤젠), 나이트로기가 치환되어 있으면 나이트로벤젠으로 부른다. 그러나 아래 예와 같이 치환기가 메틸기, 아미노기, 하이드록시(hydroxy)기,

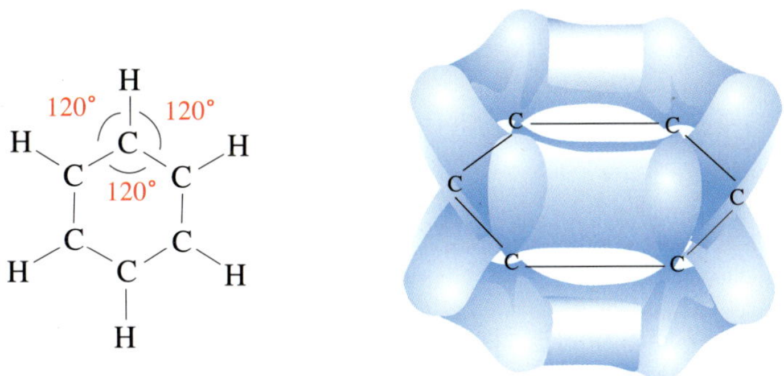

그림 19-8 벤젠의 π결합 형태

비닐(vinyl)기 등인 경우, 톨루엔(toluene), 아닐린(aniline), 페놀(phenol), 스타이렌(styrene) 등의 관용명이 더 많이 사용되는 것도 있다.

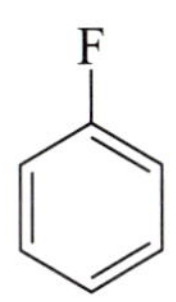

fluoro benzene

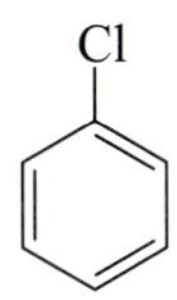

chloro benzene

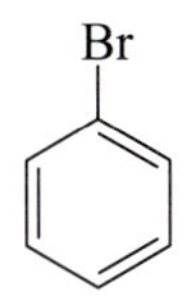

bromo benzene

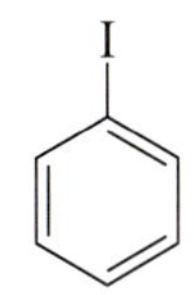

iodo benzene

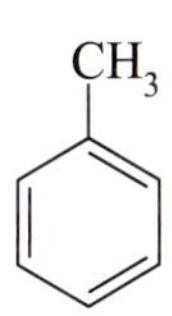

toluene

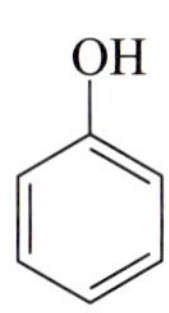

phenol

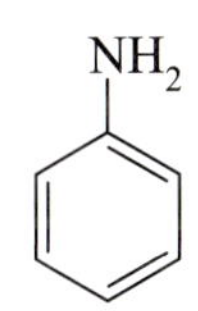

alilnine

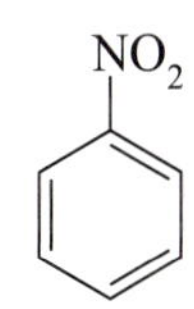

nitro benzene

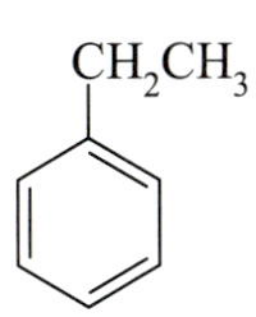

ethyl benzene

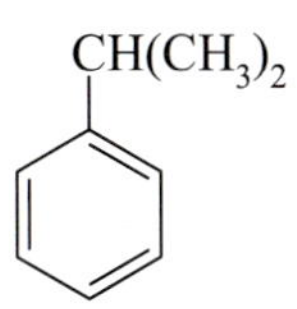

isopropyl benzene
(관용명: cumene)

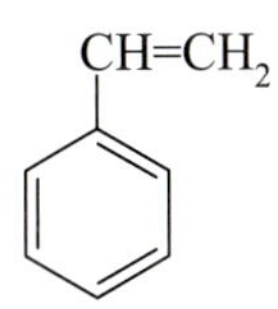

styrene

같은 종류의 치환기를 두 개 갖고 있는 벤젠 유도체의 경우, 치환기가 붙어 있는 위치에 따라 1,2-, 2,3-, 1,4-의 번호를 붙이고, 두 개란 의미의 "다이(di-)"를 치환기 이름 앞에 쓴다. 1,2-, 1,3- 및 1,4-의 위치를 각각 **오쏘**(ortho 또는 *o*-), **메타**(meta 또는 *m*-), **파라**(para 또는 *p*-)라는 접두사를 써서 사용하기도 한다.

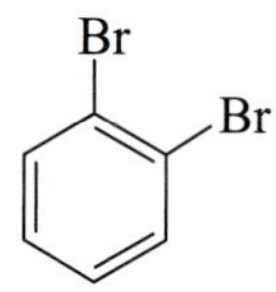

1,2-dibromobenzene
(*o*-dibromobenzene)

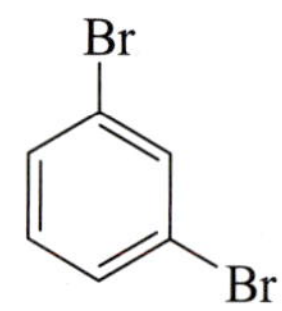

1,3-dibromobenzene
(*m*-dibromobezene)

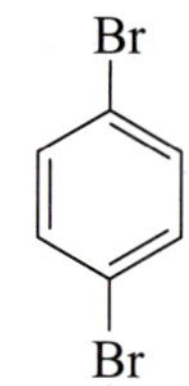

1,4-dibromobenzene
(*p*-dibromobenzene)

두 개의 치환기의 종류가 서로 다르거나, 두 개 이상의 치환기가 붙어 있는 경우는 치환기가 붙어 있는 탄소번호가 가장 낮은 번호가 되도록 번호를 붙인 후 치환기의 이름을 알파벳 순으로 나열한다.

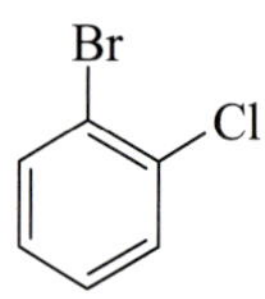

1-bromo-2-chlorobenzene
(*o*-bromochlorobenzene)

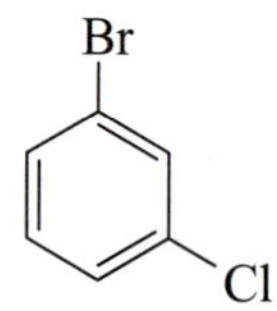

1-bromo-3-chlorobenzene
(*m*-bromochlorobenzene)

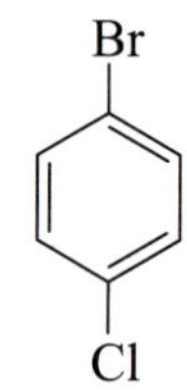

1-bromo-4-chlorobenzene
(*p*-bromochlorobenzene)

톨루엔, 페놀 등과 같이 이미 관용명이 그 화합물의 고유이름이 된 경우는 이들의 치환체를 벤젠의 치환체로 취급하지 않고, 다음 예와 같이 톨루엔, 페놀의 치환체로 취급하여 이름을 붙인다.

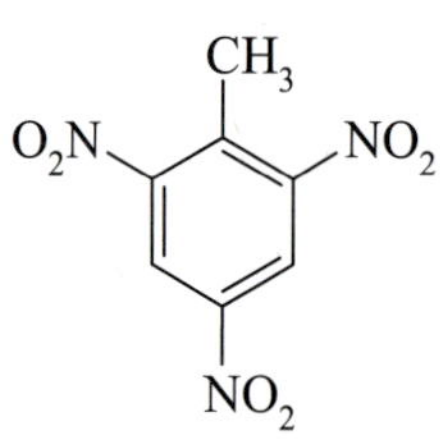

2,4,6-trinitrotoluene(TNT)

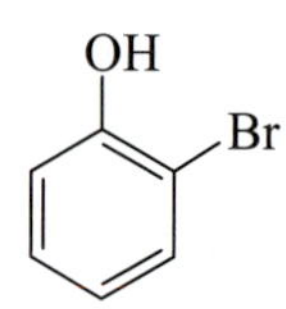

o-bromophenol

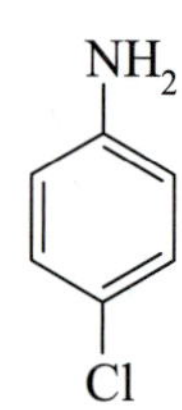

p-chloroaniline

방향족 화합물의 일반명은 "아렌(arene)"이며, 이를 치환기로 사용할 경우의 일반명은 **아릴기**(aryl)이고, 그 약자를 "Ar"로 쓴다. 벤젠을 치환기로 사용할 경우의 이름은 **페닐기**(phenyl)이며, 약자를 "C_6H_5 또는 Ph"라고 쓴다. 알킬벤젠을 치환기로 사용하여 부를 때에는 **아랄킬기**(aralkyl)라고 하며, **벤질기**($C_6H_5CH_2$—)는 아랄킬기의 한 예이다. 그 밖에도 자주 사용되는 아릴 및 아랄킬기의 관용명은 다음과 같다.

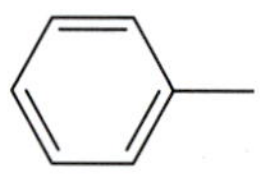

phenyl기

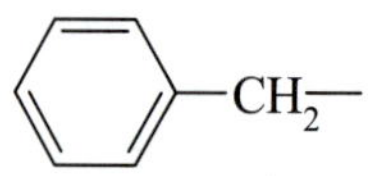

benzyl기

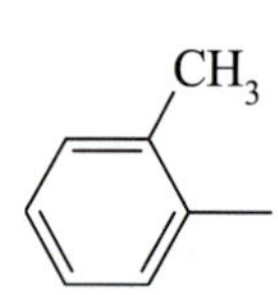

o-tolyl기

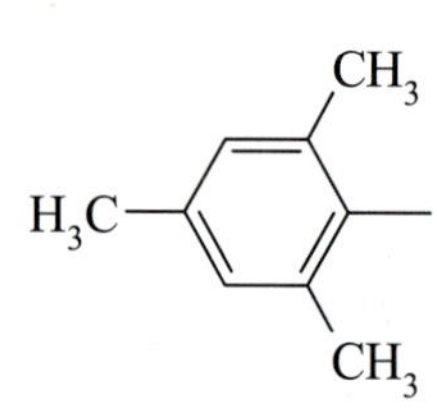

mesityl기

예제 19.5 다음 화합물의 구조를 그려라.

(a) *o*-chloroaniline (b) 2,6-dichlorophenol (c) *p*-nitroaniline

(d) *m*-bromotoluene (e) phenylacetylene

풀이: (a)

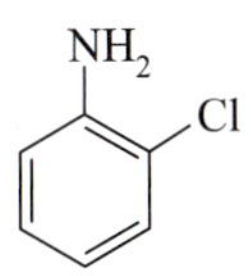

(b)

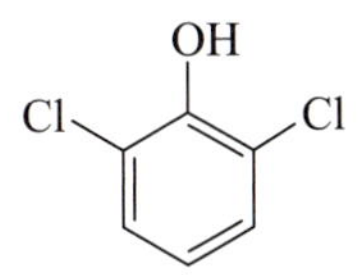

(c)

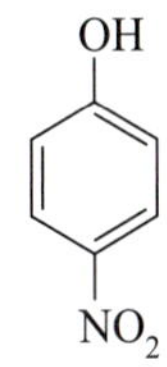

(d)

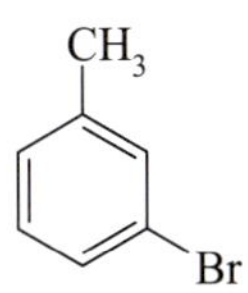

(e)

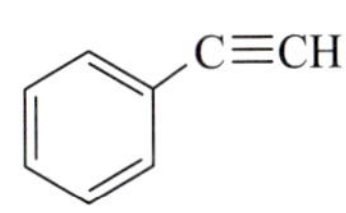

예제 19.6 다음 화합물의 이름을 명명하여라.

(a)

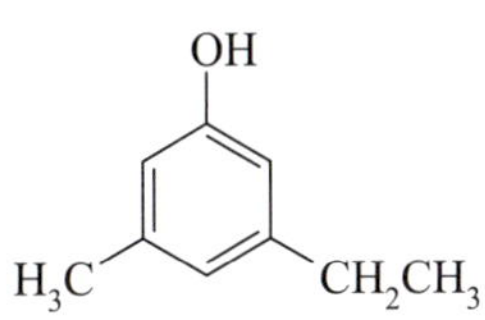

(b)

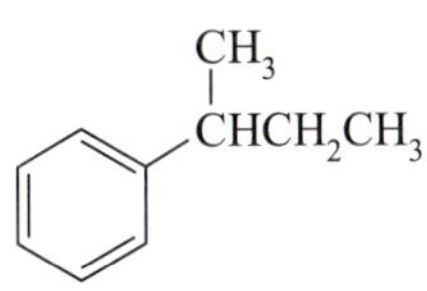

풀이: (a)

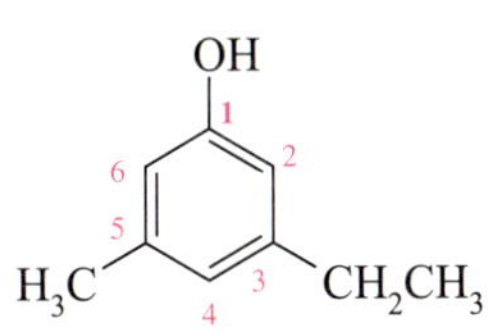

3-ethyl-5-methylphenol
(어미핵이름: phenol; 치환기 이름: 알파벳순)

(b)

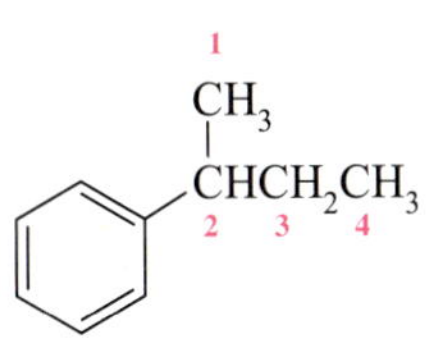

2-phenylbutane
(페닐기를 치환기로 보고 알케인 유도체로 명명함)

(3) 방향족탄화수소의 성질과 반응

벤젠은 무색이며, 인화성 액체로서 주로 석유로부터 얻지만 석탄으로부터도 소량 얻는다. 벤젠의 가장 주목할만한 성질은 다른 탄화수소에 비하여 상대적으로 낮은 반응성이다. 이것은 아세틸렌과 같이 탄소와 수소가 1:1로 결합하지만 공명구조로 안정하기 때문에 에틸렌이나 아세틸렌보다 반응성이 훨씬 낮다. 벤젠은 다음과 같이 높은 온도와 압력 하에서 수소를 첨가하면 사이클로헥산이 생성되어 포화탄화수소가 된다.

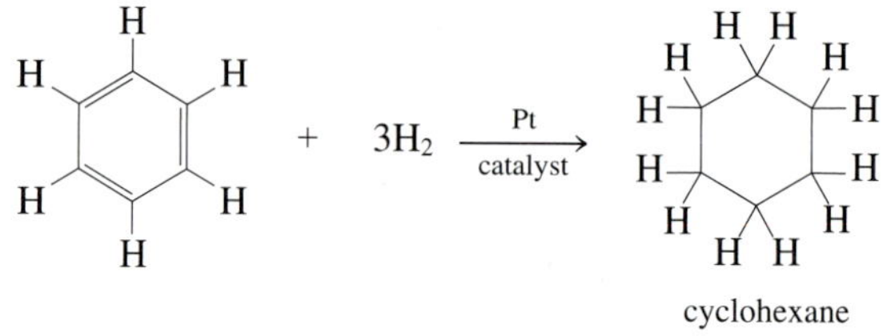

알켄에서는 할로겐 원자와 반응할 때 첨가반응(addition raction)이 일어나지만 벤젠은 할로겐과 반응할 때는 치환반응(substitution reaction)이 일어난다.

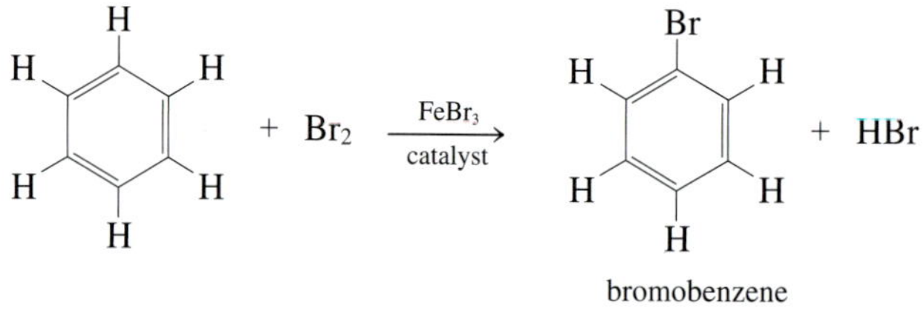

만약에 첨가반응이 일어난다면 이중결합이 깨어져 다음과 같은 화합물이 생성되어 방향족성(aromaticity)이 사라질 것이다.

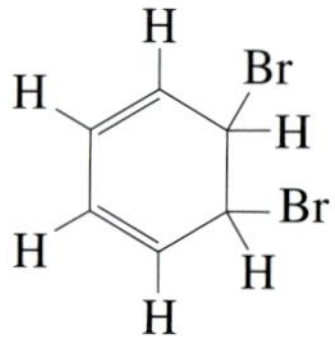

대표적인 치환반응의 예는 다음과 같다.

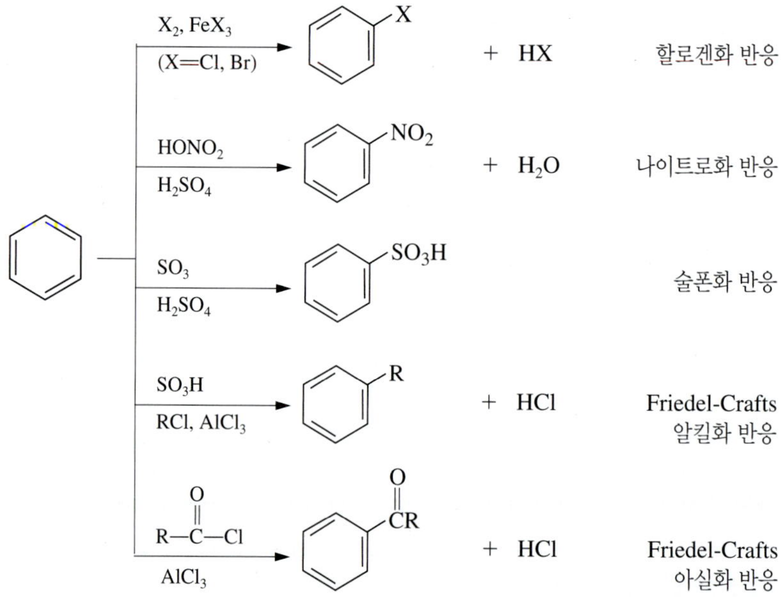

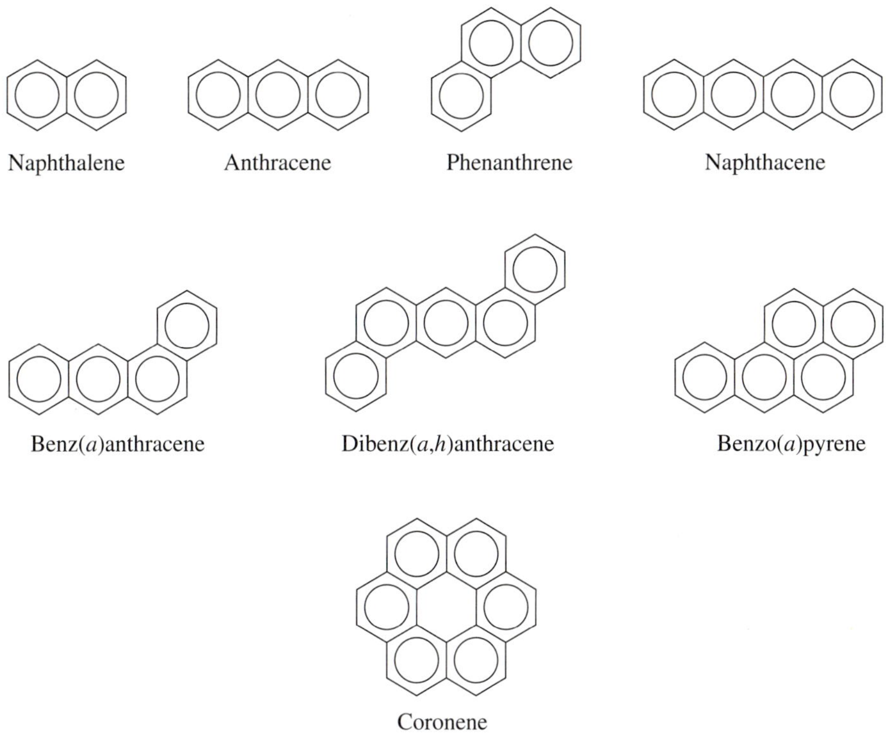

그림 19-9 여러 고리 방향족탄화수소

2개 이상의 벤젠이 결합하여 있는 화합물을 **아릴기**(aryl group)라 한다. 아릴기의 가장 간단한 형태가 페닐기(phenyl group)이며, 그 다음이 나프탈렌(naphthalene, $C_{10}H_8$)이다.

벤젠 고리를 포함하는 많은 화합물들 중 여러고리 화합물(polycyclic compound)을 그림 19-9에 나타내었다. 이 중에서 가장 많이 알려진 것은 나프탈렌이며, 고리가 많을수록 강력한 발암성을 나타낸다.

19.5 탄화수소의 유도체

대부분의 유기화합물은 탄소와 수소 이외에도 다른 원소를 포함하고 있다. 그러나 이런 화합물은 기본적으로는 탄화수소이지만 몇 개의 다른 원자나 그룹(작용기)를 갖고 있다. 이들 중에서 널리 알려진 작용기를 표 19-4에 실었다. 각 작용기는 각각의 특성을 갖고 있으므로 이를 나누어 설명하기로 한다.

표 19-4 유기화합물의 대표적인 작용기

작용기	화합물 유형	예
—F, —Cl, —Br, —I	Alkyl or aryl halide	CH_3CH_2Br (bromoethane)
—OH	Alcohol	CH_3CH_2OH (ethanol)
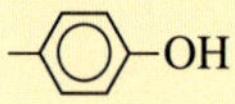	Phenol	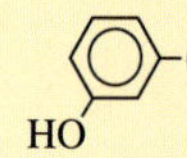 (1,3-dihydroxybenzene or resorcinol)
—O—	Ether	$CH_3—O—CH_3$ (dimethyl ether)
$-\overset{O}{\overset{\|}{C}}-H$	Aldehyde	$CH_3CH_2CH_2-\overset{O}{\overset{\|}{C}}-H$ (butyraldehyde or butanal)
$-\overset{O}{\overset{\|}{C}}-$	Ketone	$CH_3-\overset{O}{\overset{\|}{C}}-CH_3$ (propanone or acetone)
$-\overset{O}{\overset{\|}{C}}-OH$	Carboxylic acid	CH_3COOH (acetic acid or ethanoic acid)
$-\overset{O}{\overset{\|}{C}}-O-$	Ester	$CH_3-\overset{O}{\overset{\|}{C}}-O-CH_3$ (methyl acetate)
$—NH_2$	Amine	CH_3NH_2 (methylamine)
$-\overset{O}{\overset{\|}{C}}-N-$	Amide	$CH_3-\overset{O}{\overset{\|}{C}}-NH_2$ (acetamide)

(1) 알코올, 페놀 및 에테르

알코올(alcohol)은 sp^3로 혼성화된 포화 탄소 원자에 수산화기(hydroxyl group)가 결합된 화합물들이다. **페놀**(phenol)은 방향족 고리에 수산기가 붙은 것이며, **에테르**(ether)는 두 탄소 그룹 사이에 산소를 가지고 있다. 이 세 가지 화합물 모두 물 구조 (H—O—H)에서 수소 중 하나 또는 두 개가 유기 치환기로 대체된 물의 유도체라고 생각할 수 있다(R—O—H, Ar—O—H 및 R—O—R′로 됨).

CH_3CH_2OH

ethanol

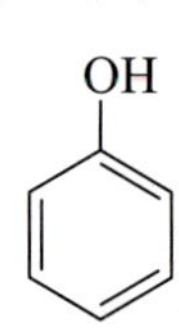

phenol

CH_3OCH_3

dimethyl ether

알코올, 페놀 및 에테르 등은 자연 중에 널리 존재하며 공업적 또는 약학적으로 다양하게 이용된다. 예를 들면, 에탄올은 연료 첨가제, 용매 및 음료로 사용되며, 박하유에서 나오는 멘톨(menthol)은 향신료로, BHT(butylated hydroxy toluene)는 식품의 저장 기간을 연장시키고 산화를 방지하는 식품 첨가물로서 이용된다. 의약에서 "에테르"로 잘 알려진 diethylether는 한 동안은 마취제로 사용되었으나 현재는 주로 용매로서만 이용되며, 고리형 에테르인 THF(tetrahydrofuran)은 용매로서 광범위하게 쓰이고 있다.

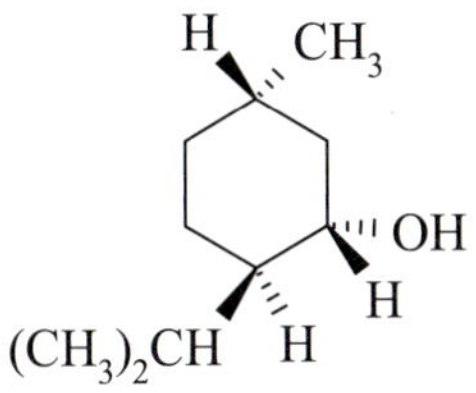

Menthol

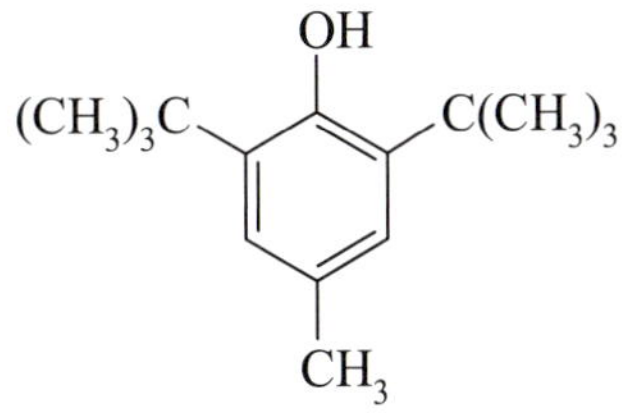

BHT

$CH_3CH_2OCH_2CH_3$

diethyl ether

알코올은 에탄올과 같은 지방족 알코올과 페놀과 같은 방향족 알코올로 크게 나눌 수 있으며, 지방족 알코올은 —OH기가 붙어 있는 탄소의 종류에 따라 일차(primary, 1°), 이차(secondary, 2°), 삼차(tertiary, 3°) 알코올로 분류된다. 지방족 알코올은 단순히 알코올로 불리기도 한다.

$CH_3CH_2CH_2OH$

1° alcohol

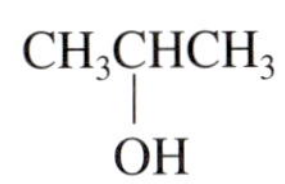

2° alcohol

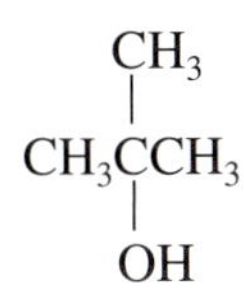

3° alcohol

먼저 —OH기가 붙어 있는 탄소를 포함하는 가장 긴 탄소사슬을 찾아내고, 이 사슬의 alkane 이름의 "e" 대신 "—ol"이란 이름을 붙인다. 따라서, 알코올의 일반명은 **알칸올**(alkanol)이 된다. 이때 —OH기의 위치표시는 —OH기가 붙어 있는 탄소가 최소의 번호가 되도록 번호를 붙여 나타낸다.

CH_3OH

methanol
(methyl alcohol)

CH_3CH_2OH

ethanol
(ethyl alcohol)

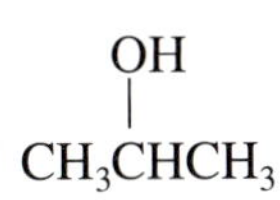

2-propanol
(isopropyl alcohol)

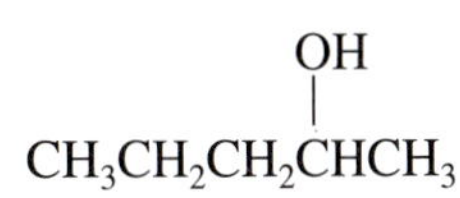

2-pentanol

페놀(phenol)이란 말은 하나의 특정 물질(hydroxybenzene)의 이름으로, 또는 수산기로 치환된 방향족 계통 화합물들을 지칭하는 데 사용된다. 페놀은 벤젠고리에 —OH기가 하나가 있고 다른 치환기가 있는 경우 페놀 유도체로 취급하여 명명된다. 그러나 유의할 점은 —benzene이 아니고 —phenol이 모체로서 사용된다는 점이다.

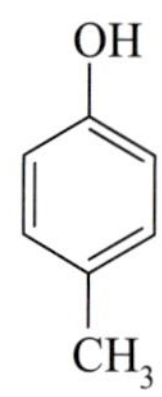

p-methylphenol

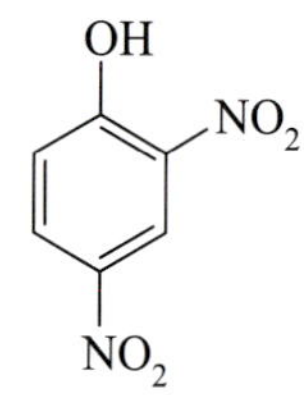

2,4-dinitrophenol

에테르는 관용적으로 알칼기나 아릴기의 이름을 알파벳 순으로 쓰고 "에테르"란 단어를 붙여 주면 된다. 예를 들면 다음과 같다.

$CH_3OCH_2CH_3$

ethyl methyl ether

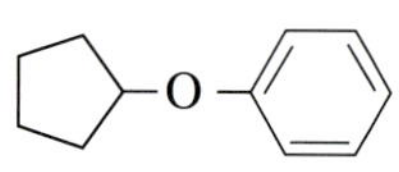

cyclopentyl phenyl ether

$CH_3CH_2OCH_2CH_3$

diethyl ether

분자 내에 둘 이상의 에테르 결합이 있거나 다른 작용기가 있는 복잡한 구조인 경우에는 —OR기를 알콕시기(alkoxy group)로 간주하는 계통적인 명명법을 따른다.

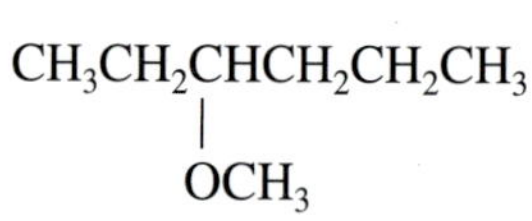

3-methoxyhexane

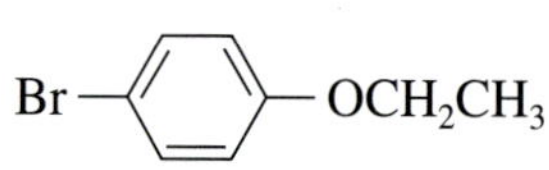

p-bromophenoxyethane

$CH_3O—CH_2CH_2—OCH_3$

dimethoxyethane

(glyme 또는 DME라 부르는 용매임)

예제 19.7 다음 알코올의 이름을 관용명과 IUPAC명으로 명명하여라.

(a) $CH_2═CHCH_2OH$

(b) 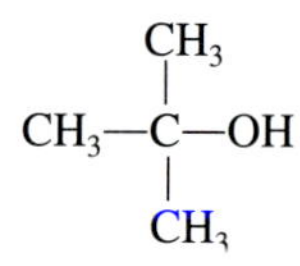

(c) 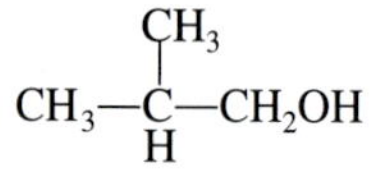

(d) 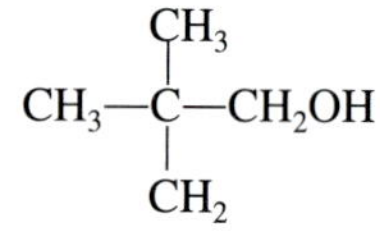

(e) 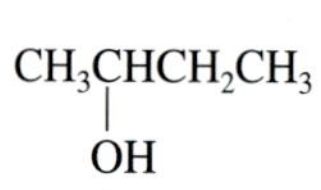

풀이:

(a) 관용명: allyl alcohol IUPAC명: 2-propen-1-ol

(b) 관용명: *tert*-butyl alcohol IUPAC명: 2-methyl-2-propanol

(c) 관용명: isobutyl alcohol　IUPAC명: 2-methyl-1-propanol
(d) 관용명: neopentyl alcohol　IUPAC명: 2,2-dimethyl-1-propanol
(e) 관용명: *sec*-butyl alcohol　IUPAC명: 2-butanol

예제 19.8 다음 화합물을 명명하여라.

(a) $CH_3CH_2—O—CH{=}CH_2$

(b) 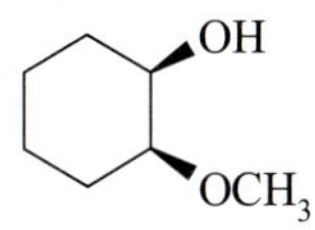

풀이: (a) ethyl vinyl ether
(b) *cis*-2-methoxycyclohexanol

메탄올과 에탄올은 가장 중요한 공업 화학물질 중의 하나로 대량 제조되어 여러 가지 목적에 이용되고 있다. 현대적인 화학공업이 발달되기 전에는 공기를 차단한 채 나무를 가열하여 제조하였기 때문에, **목정**(木精, wood alcohol)이라고도 하였다. 그러나 현재는 미국에서만 매년 12억 갤론의 메탄올을 일산화탄소 촉매 존재하에 수소 가스로 환원시켜 만들고 있다.

$$CO + 2H_2 \xrightarrow[\text{산화아연/크롬}]{400°C} CH_3OH$$

메탄올(methanol)은 인체에 해로운데 소량일 경우 눈을 멀게 하고 다량일 경우는 생명을 잃게 한다. 공업적으로는 용매로 사용되거나 폼알데하이드(HCHO) 및 아세트산(CH_3COOH)의 제조 원료가 된다.

에탄올(ethanol)은 가장 오래전부터 알려진 유기화합물 중의 하나로 곡류나 당류를 발효시켜 제조하였는데, 이 방법은 적어도 옛 그리스 시대까지 거슬러 올라간다. 발효는 당 수용액에 효모를 첨가시켜 하는데, 효소가 탄수화물을 에탄올과 CO_2로 분해시킨다.

$$C_6H_{12}O_6 \xrightarrow[\text{탄수화물}]{\text{효모}} 2CH_3CH_2OH + 2CO_2$$

미국에서는 매년 3억 갤론의 에탄올이 생산되어 용매나 원료로 사용된다. 현재로선 이 중 5%만이 발효에 의해 만들어질 뿐, 대부분은 에틸렌을 높은 온도에서 산촉매하에서 수화(hydration)시킴으로써 얻어진다.

$$H_2C{=}CH_2 + H_2O \xrightarrow[\text{촉매}]{\text{산}} CH_3CH_2OH$$

페놀 및 이의 몇몇 치환체는 공업적으로 이용되고 있다. 역사적으로 1차 세계대전 발발이 페놀의 대량생산에 자극제가 되었는데, 페놀이 폭발물인 피크르산(picric acid; 2,4,6-trinitrophenol)의 합성 원료이기 때문이다. 오늘날엔 백오십만톤의 페놀이 제조되어, 베이크라이트 수지나 합판의 접착제 제조에 이용되고 있다.

그 외에 염소화된 페놀 및 식품 방부제인 BHT(butylated hydroxy toluene)의 합성 원료로 사용된다. 따라서 pentachlorophenol(Penta)은 널리 사용되고 있는 목재 방부제로서 페놀을 과량의 염소와 반응시켜 제조된다. 이와 비슷하게 2,4-dichlorophenol은 제초제인 2,4-dichlorophenoxyacetic acid(2,4-D) 합성에 쓰이며, 2,4,5-trichlorophenol은 방부제 hexachlorophene 합성에 이용된다.

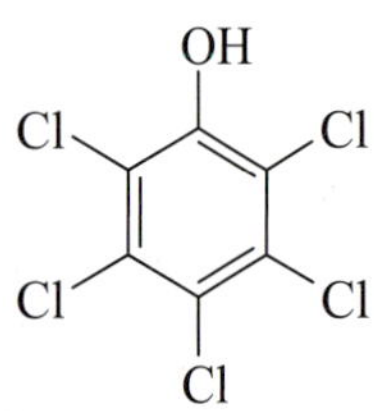

pentachlorophenol
(목재 방부제)

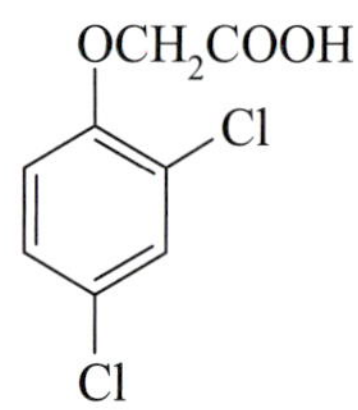

2,4-dichlorophenoxyacetic acid
(2,4,-D, 제초제)

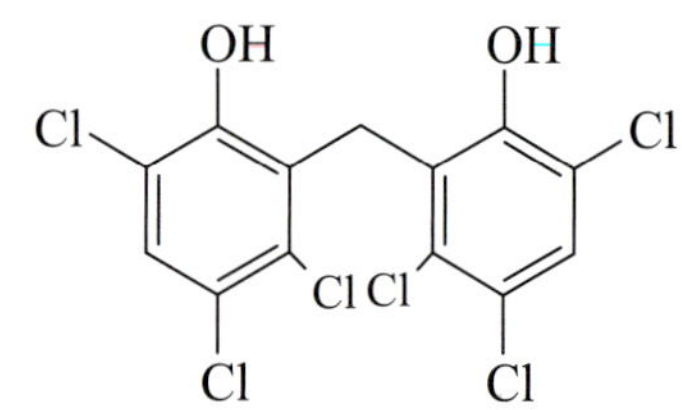

hexachlorophene
(방부제)

(2) 알데하이드와 케톤

알데하이드와 케톤은 **카보닐기**(carbonyl group)를 가지고 있는 화합물이다. 카보닐기가 있는 화합물에는 이 밖에도 카복실산 및 그 유도체 등이 있다.

$$(H)R-\overset{\overset{\displaystyle O}{\|}}{C}-H \qquad H-\overset{\overset{\displaystyle O}{\|}}{C}-H \qquad CH_3-\overset{\overset{\displaystyle O}{\|}}{C}-H$$

an aldehyde　　methanal (formaldehyde)　　ethanal (acetaldehyde)

카보닐기에 두 개의 수소가 결합되어 있거나 알킬기(또는 아릴기)와 수소가 하나씩 결합되어 있는 화합물을 알데하이드(aldehyde)라 한다.

$$R-\overset{\overset{\displaystyle O}{\|}}{C}-R' \qquad CH_3-\overset{\overset{\displaystyle O}{\|}}{C}-CH_3 \qquad CH_3-\overset{\overset{\displaystyle O}{\|}}{C}-CH_2CH_3$$

a ketone　　propanone (acetone)　　2-butanone (methyl ethyl ketone)

카보닐기에 두 탄소원자단이 결합되어 있는 화합물을 케톤(ketone)이라 한다. 이때 탄소원자단은 알킬기 또는 아릴기이다.

카보닐기는 유기화학에서 가장 중요한 작용기의 하나로서 C=O 이중결합에 첨가반응이 일

표 19-5 간단한 알데하이드의 일반명

구조식	관용명	계통명
HCHO	Formaldehyde	Methanal
CH_3CHO	Acetaldehyde	Ethanal
CH_3CH_2CHO	Propionaldehyde	Propanal
$CH_3CH_2CH_2CHO$	Butyraldehyde	Butanal
$CH_3CH_2CH_2CH_2CHO$	Valeraldehyde	Pentanal
$H_2C{=}CHCHO$	Acrolein	2-Propenal
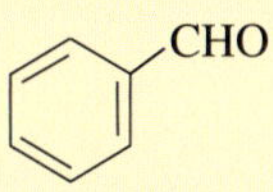	Benzaldehyde	Benzenecarbaldehyde

어난다. 알데하이드나 케톤은 독특한 냄새를 지니고 있다. 예컨대, *trans*-cinnamaldehyde는 시나몬유의 주성분이고, carbon의 거울상이성질체는 스페아민트유와 카라웨이씨유의 주성분이다.

알데하이드의 계통적 이름은 해당하는 알칸명의 마지막 —e를 —al로 바꾸어서 얻는다. 명명의 토대가 될 가장 긴 탄소사슬은 반드시 —CHO기를 포함하도록 하며 이 탄소가 1번이 된다. 예를 들면 다음과 같다.

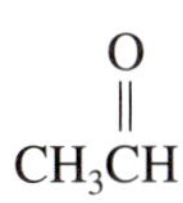

ethanal
(acetaldehyde)

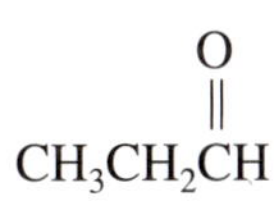

propanal
(propionaldehyde)

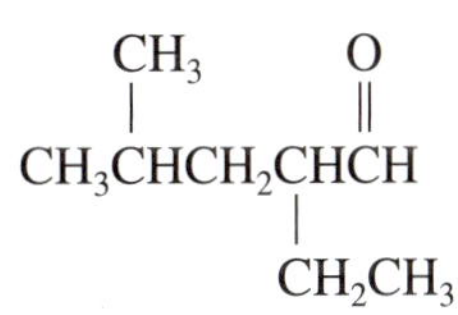

2-ethyl-4-methyl
pentanal

이때 2-ethyl-4-methylpentanal에서 가장 긴 사슬은 hexane이지만 이 사슬에는 —CHO기가 없으므로 명명의 토대가 되지 않음을 주의하라.

고리에 —CHO기가 붙은 복잡한 알데하이드에는 접미어 —carbaldehyde를 쓴다.

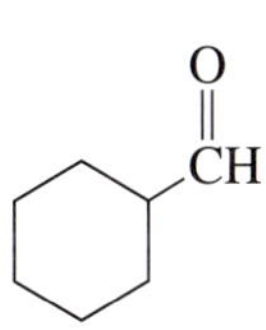

cyclohexanecarbaldehyde

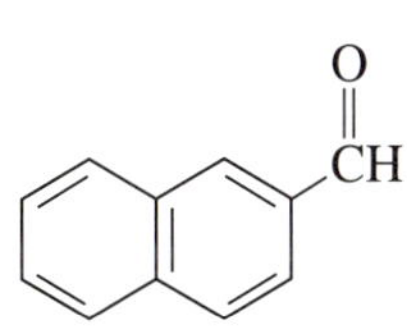

2-naphthalenecarbaldehyde

간단한 보편적인 알데하이드에 적용되는 관용명은 IUPAC에서도 허용하고 있다. 표 19-5에 이들을 보였다.

케톤은 해당하는 알칸명에서 —e 대신에 —one를 붙여 명명한다. 명명의 토대가 될 가장 긴 탄소사슬은 케톤기를 포함하도록 하며, 번호는 카보닐기에 가까운 말단에서부터 시작되어야 한다. 예를 들면 다음과 같다.

$$H_3C-\overset{\overset{\displaystyle O}{\|}}{C}-CH_3 \qquad CH_3CH_2\overset{\overset{\displaystyle O}{\|}}{C}CH_2CH_2CH_3 \qquad CH_3CH{=}CHCH_2\overset{\overset{\displaystyle O}{\|}}{C}CH_3$$

propanone (acetone) 3-hexanone 4-hexen-2-one

몇몇 케톤들은 관용명을 사용함이 보통이다.

$$CH_3\overset{\overset{\displaystyle O}{\|}}{C}CH_3$$

acetone

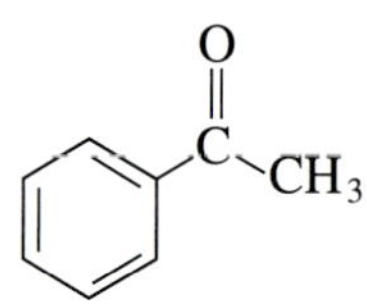

acetophenone

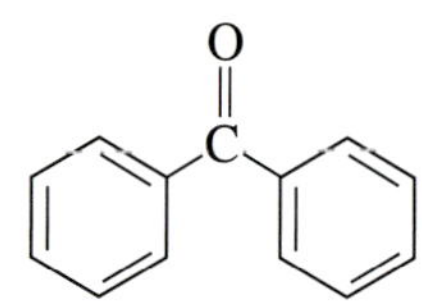

benzophenone

때로 $-\overset{\overset{\displaystyle O}{\|}}{C}R$ 기를 치환제로 취급하고자 할 때는 **아실**(acyl)이라고 부른다. 이와 같이 —CHO는 **포밀**(formyl), $COCH_3$는 **아세틸**(acetyl)기, 그리고 —COAr은 **아로일**(aroyl)기라 한다.

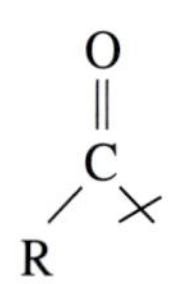

아실기

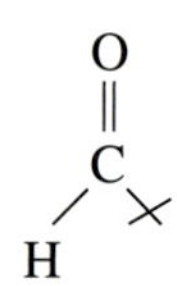

포밀기

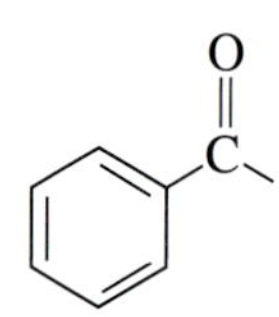

아로일기

만약 다른 관능기가 있어 카보닐 산소를 치환기로 취급되어야 할 때는 옥소(oxo—)의 접두어를 사용한다. 예를 들면 다음과 같다.

$$CH_3CH_2CH_2\overset{\overset{\displaystyle O}{\|}}{C}CH_2\overset{\overset{\displaystyle O}{\|}}{C}OCH_3$$

methyl-3-oxohexanoate

예제 19.9 다음 이름을 가진 카보닐 화합물의 구조를 그려라.

(a) 3-buten-2-one
(b) 1,4-cyclohexadione
(c) α-hydroxybenzaldehyde
(d) β-bromobutyraldehyde

풀이:

(a) 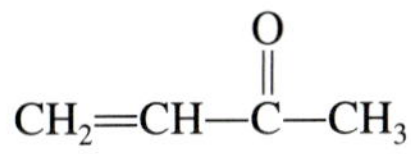

(b) 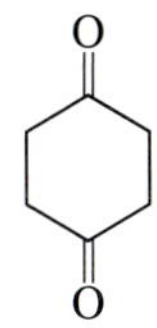

(c) 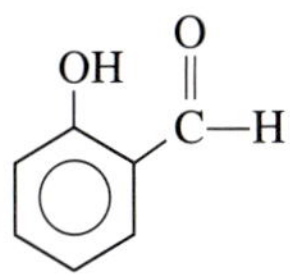

(d) 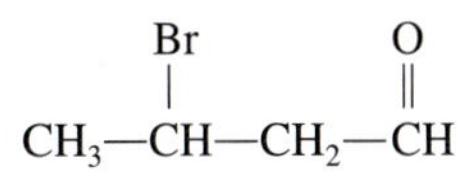

예제 19.10 다음 화합물을 IUPAC명 및 관용명으로 명명하여라.

(a) 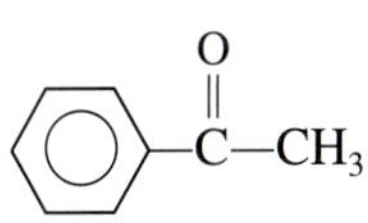

(b) 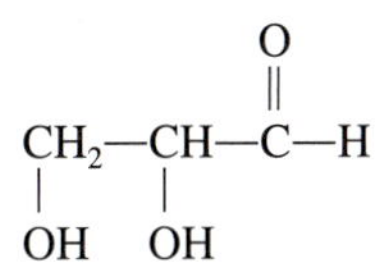

(c) 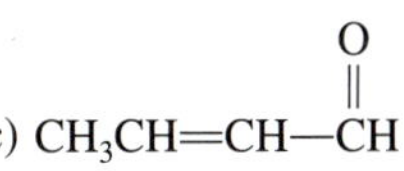

	IUPAC	관용명
풀이:	(a) methyl phenyl ketone,	acetophenone, acetylbenzene
	(b) 2,3-dihydroxypropanal,	glyceraldehyde
	(c) 2-butenal,	crotonaldehyde

---

(3) 카복실산과 에스터

카복실기(—COOH)를 가지고 있는 화합물을 **카복실산**(carboxylic acid)이라고 한다. 카복실산은 대부분 천연자원 특히 지방에서 처음 분리하였다. 따라서 카복실산은 흔히 지방산이라고 불린다. 지방족 카복실산은 RCOOH(또는 RCO_2H), 방향족은 Ar—COOH(또는 Ar—CO_2H)로 표시한다. 카복실산은 수용액 중에서 산성을 나타내며 리트머스시험지를 붉게 변화시키고 강염기를 중화시켜 물과 염을 생성한다.

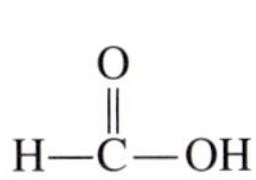

Formic acid

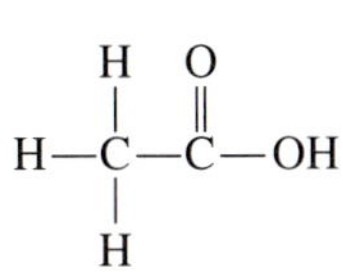

Acetic acid

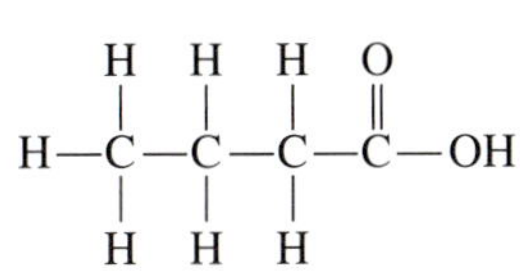

Butyric acid

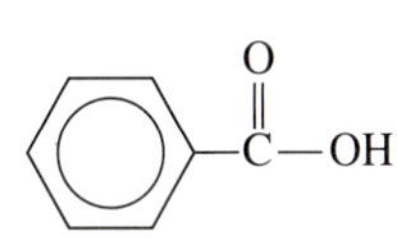

Benzoic acid

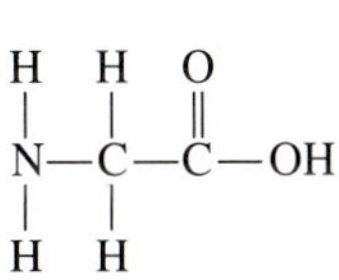

Glycine

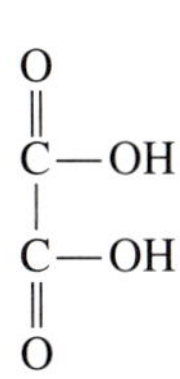

Oxalic acid

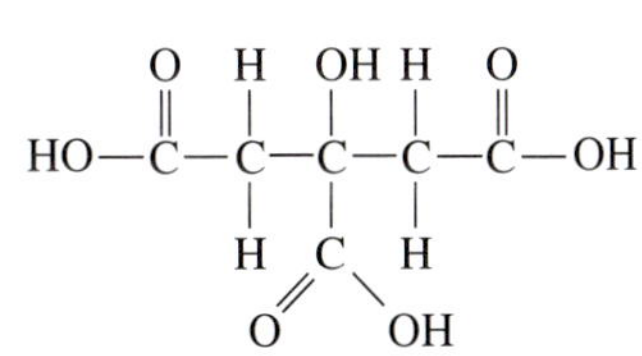

Citric acid

카복실산은 자연계에 많이 존재하며 중요한 공업원료가 된다. 개미에서 추출하는 **폼산**(HCOOH), 신맛을 내는 **아세트산**(CH_3COOH), 식품의 방부제로 사용되는 **벤조산**(C_6H_5COOH) 등이 그 예이다. 카복실기는 카보닐기 1개와 하이드록시기 1개가 결합된 형태이며 카복실기의 수에 따라 **1염기산**(monocarboxylic acid), **2염기산**(dicarboxylic acid)으로 구분하기도 한다.

카복실산은 자연계에서나 실험실내에서 모두 유기분자를 합성하는 가장 중요한 재료이다. 카복실산의 두드러진 특징은 **산성도**에 있다. 카복실산은 HCl과 같은 무기산보다는 약산이나 알코올보다 훨씬 쉽게 해리된다. 이러한 차이는 카복실산 음이온이 안정하기 때문인데, 이는 동등한 두 구조의 **공명** 때문이다.

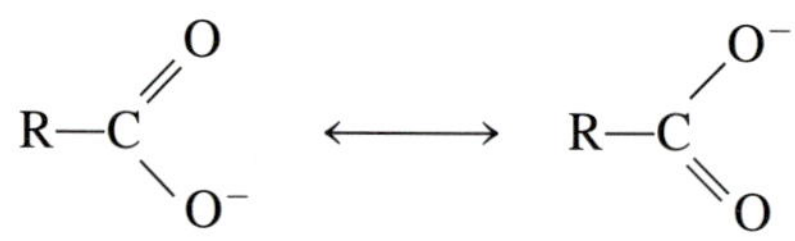

대부분의 카복실산의 pK_a는 5 근처이나 정확한 값은 구조에 따라 달라진다. R이 전자끌개(electron withdrawing group)로 치환된 카복실산은 카복실산 음이온을 더욱 안정화시키는 능력이 있기 때문에 쉽게 해리될 수 있다.

카복실산은 산의 —OH기가 다른 치환체로 대치됨으로써 다양한 **아실 유도체**로 변환된다. 산 염화물, 산 무수물, 에스터, 아마이드 등이 가장 중요한 유도체이다. 이러한 여러 아실 유도체의 화학은 매우 유사하여 **친핵성 아실 치환반응**이라는 단일한 반응형식을 갖는다. 이러한 치환반응은 산 유도체가 극성 카보닐기에 첨가되고 뒤이어 이탈기가 축출됨으로써 일어난다.

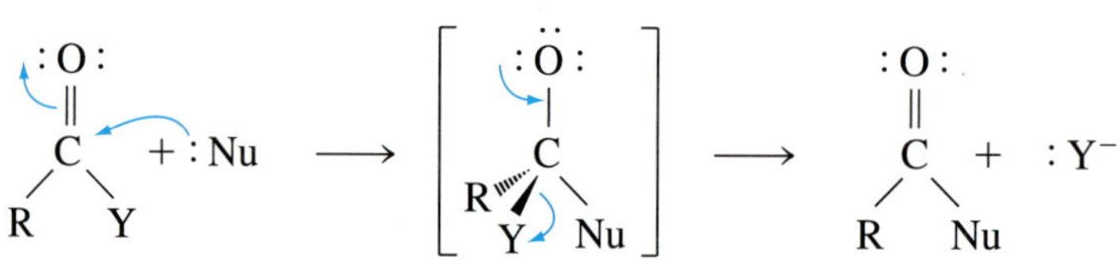

카복실산 유도체는 여러 종류의 친핵체(Nu:)와 반응할 수 있다. 치환반응 중 가장 중요한 것은 물, 알코올, 아민, 수소음이온 및 Grignard 시약과의 반응이다.

카복실산의 체계적인 명명법으로 두 종류의 규칙이 허용되어 있다. 단순한 열린사슬 형태의 카복실산은 알칸 이름의 —e를 —oic acid로 치환하여 얻을 수 있다.

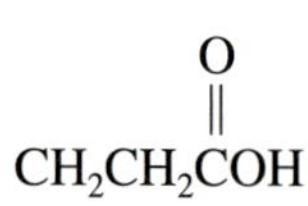

propanoic acid

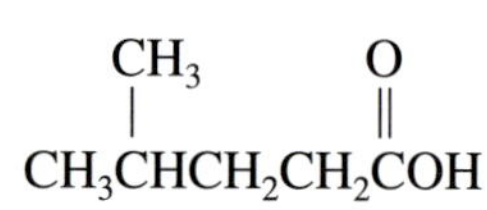

4-methylpentanoic acid

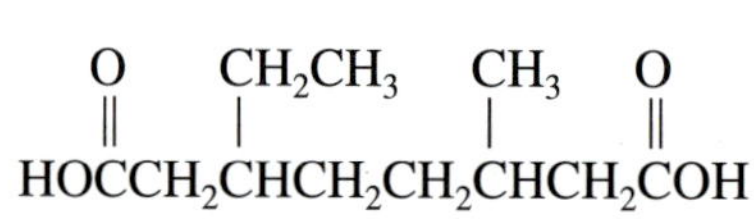

3-ethyl-6-methyloctanedioic acid

표 19-6 카복실산

탄소 원자수	분자식	화합물원	관용명	IUPAC 명
1	HCOOH	Ants(Latin, formica)	Formic acid	Methanoic acid
2	CH_3COOH	Vinegar(Latin, acetum)	Acetic acid	Ethanoic acid
3	CH_3CH_2COOH	Milk(Greek, protos pion, "first fat")	Propionic acid	Propanoic acid
4	$CH_3(CH_2)_2COOH$	Butter(Latin, butyrum)	Butyric acid	Butanoic acid
5	$CH_3(CH_2)_3COOH$	Valerian root(Latin, valere, "to be strong")	Valeric acid	Pentanoic acid
6	$CH_3(CH_2)_4COOH$	Goats(Latin, caper)	Caproic acid	Hexanoic acid
7	$CH_3(CH_2)_5COOH$	Vine blossom(Greek, oenanthe)	Enanthic acid	Heptanoic acid
8	$CH_3(CH_2)_6COOH$	Goats(Latin, caper)	Caprylic acid	Octanoic acid
9	$CH_3(CH_2)_7COOH$	Pelargonium(an herb with storkshaped capsules; Greek, pelargos, "stork")	Pelargonic acid	Nonanoic acid
10	$CH_3(CH_2)_8COOH$	Goats(Latin, caper)	Capric acid	Decanoic acid

이와는 달리 고리에 —COOH기가 결합된 화합물은 —carboxylic acid라는 어미를 붙인다. 이 방법에 의하면 카복실기의 탄소가 붙은 탄소가 C_1이고, 카복실기 자체는 번호를 부여 받지 않는다.

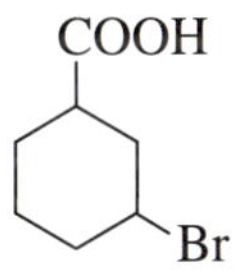

3-bromocyclohexanecarboxylic acid

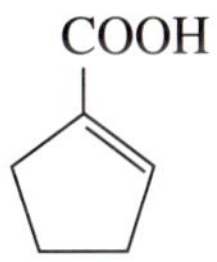

1-cyclopentenecarboxylic acid

카복실산은 유기화학의 역사 초기에 분리 정제되어 알려졌기 때문에 다수의 통상명이 존재한다(표 19-6 참조). 이 책에서는 계통명을 사용하기로 하나 폼산(HCOOH, 개미산, formic acid; methanoic acid)과 아세트산(CH_3COOH, acetic acid; ethanoic acid)은 예외로 하겠다. 이 명칭은 너무나 널리 쓰이고 있어 계통명의 사용이 무의미하다고 판단된다.

한편 치환된 산의 명명법에서는 IUPAC법이나 관용법 두 가지를 사용한다. 즉, IUPAC 명명법에서는 카복실산 탄소로부터 번호를 붙여 치환체의 위치를 나타내고, 관용법에서는 카복실기로부터 떨어진 위치를 그리스 문자로 표시한다.

$CH_3—CH_2—CH_2—CO_2H$

butyric acid

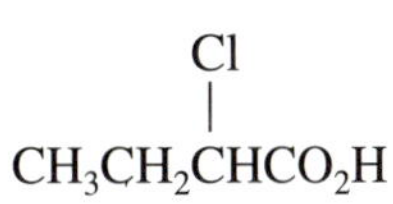

α-chlorobutyric acid(관용명)
2-chlorobutanoic acid(IUPAC명)

예제 19.11 다음 산의 구조를 적어라.

(a) 4-methylhexanoic aicd (b) γ-bromovaleric acid

풀이: (a) 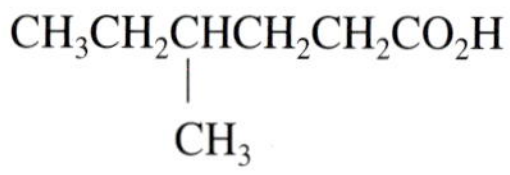 (b) 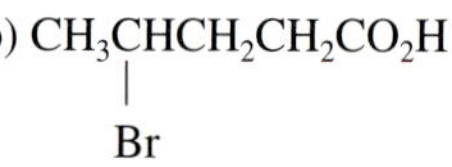

예제 19.12 아래 구조에 대하여 명명하여라.

(a) 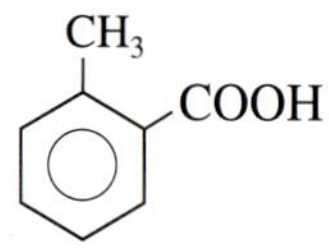 (b) 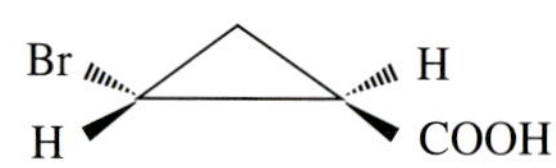

풀이: (a) α-methylbenzenecarboxylic acid 또는 *o*-toluic acid

(b) *trans*-2-bromocyclopropanecarboxylic acid

에스터(ester)는 카복실산 RCOOH와 알코올 R′OH로부터 이루어진 화합물이며, 일반식은 다음과 같다.

$$R-\overset{\displaystyle O}{\overset{\|}{C}}-O-R'$$

에스터는 자연계에 존재하는 유기물 중 매우 중요하며 널리 분포되어 있다. 저분자량의 간단한 에스터는 좋은 냄새를 풍기는 액체로서 과일과 꽃의 향기를 풍긴다. 예를 들어 methyl butanoate은 파인애플유에서 분리되고, isopentyl acetate는 바나나유에서 발견된다. 에스터 결합은 또한 동물 지방과 기타 생물학적으로 중요한 분자에 존재한다.

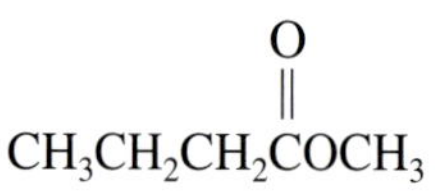
methyl butanoate
(파인애플에서)

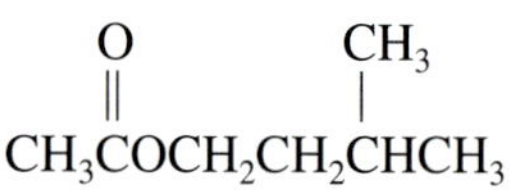
isopentyl acetate
(바나나에서)

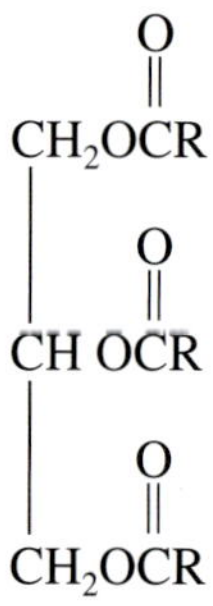
지질
($R=C_{12-18}$)

에스터의 이름은 두 단어로 구성되어 있다. 첫번째 단어는 산소에 결합되어 있는 알킬기의 이름이며, 두번째 단어는 카복실산 이름의 "—ic acid"를 "—ate"로 바꾼 것이다. 즉, 카복실산의 —OH기가 —OR기로 치환된 유도체로 카복실산염의 이름과 비슷하게 명명한다.

	$CH_3C(=O)O—H$	$CH_3C(=O)O^-Na^+$	$CH_3C(=O)O—CH_2CH_3$
	카복실산	카복실산염	에스터
IUPAC명	ethanoic acid	sodium ethanoate	ethyl ethanoate
관용명	acetic acid	sodium acetate	ethyl acetate

에스터를 합성하는 데 가장 널리 쓰이는 방법은 카복실산과 알코올을 산촉매 존재하에서 가열하는 과정으로서, **에스터화 반응**(esterification reaction)이라 한다. 이 반응은 가역과정이다.

$$\underset{\text{카복실산}}{RC(=O)OH} + \underset{\text{알코올}}{R'OH} \rightleftharpoons \underset{\text{에스터}}{RC(=O)OR'} + H_2O$$

(4) 아민

아민(amine)은 암모니아의 유기 유도체인데 이는 알코올과 에테르가 물의 유도체로 간주되는 것과 같은 관계이다. 아민은 질소에 결합된 유기 치환체의 수효에 따라서 일차(primary, RNH_2), 이차(secondary, R_2NH) 또는 삼차(tertiary, R_3N)로 분류한다. 예를 들면 methylamine(CH_3NH_2)은 일차 아민이며, trimethylamine [$(CH_3)_3N$]은 삼차 아민이다. 이때 일차, 이차, 삼차라는 용어는 전에 다른 화합물에 적용하였을 때와는 달리 적용됨을 주목하라. 삼차 알코올 또는 할로겐화 알킬에서는 알킬 탄소원자의 치환정도를 의미하지만, 삼차 아민이라 말할 때는 질소원자의 치환정도를 의미한다.

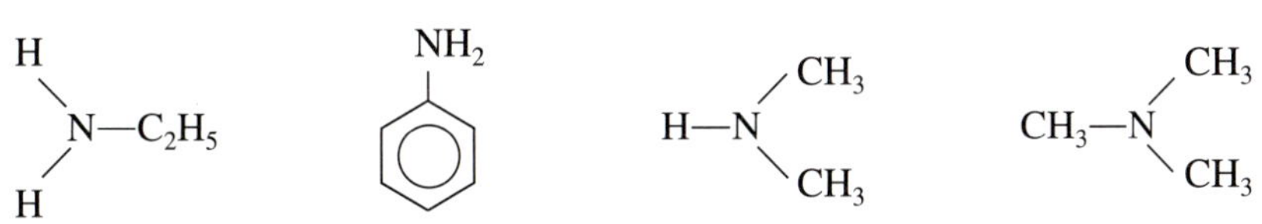

ethylamine aniline dimethylamine trimethylamine

질소에 네개의 원자단이 결합된 화합물도 존재한다. 이때 질소에는 일가의 양전하가 나타나게 된다. 이러한 화합물은 **사차 암모늄 염**(quaternary ammonium)이라 한다.

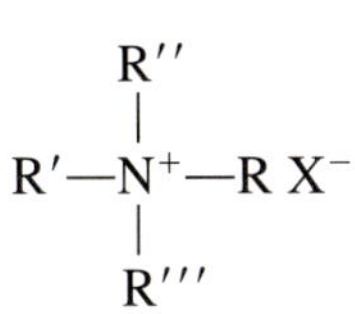

사차 암모늄 염

간단한 아민은 알킬기나 아릴기를 먼저 부르고 끝에 "—amine"을 붙이면 된다.

$CH_3CH_2CH_2NH_2$

propylamine

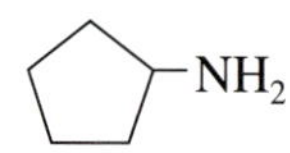

cyclopentylamine

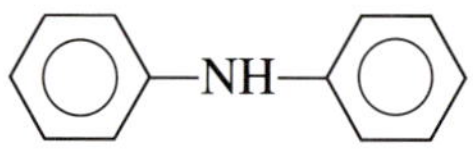

diphenylamine

만일, 두 종류 이상의 알킬기가 질소에 결합되어 있을 때는 가장 큰 알킬기를 모체로 하고 나머지 알킬기는 **N-알킬** 접두사로 나타낸다.

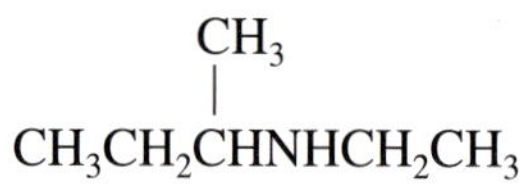

N-ethyl-2-butylamine

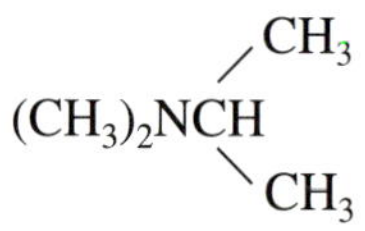

N,N-dimethyl-2-propylamine

벤젠고리에 아미노기가 결합된 화합물은 aniline의 유도체 또는 벤젠고리계의 유도체로 명명한다.

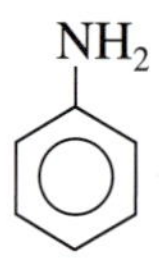

aniline

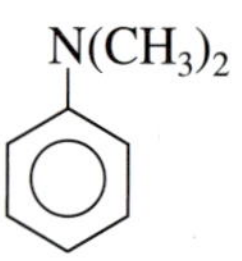

N,N-dimethylaniline

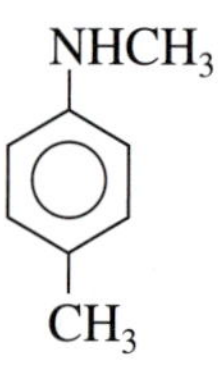

p-methyl-N-methylaniline

비방향족 헤테로고리 아민의 관용명은 다음과 같다.

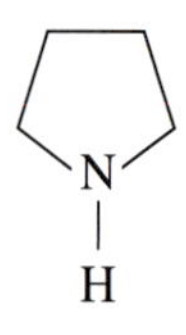

pyrrolidine

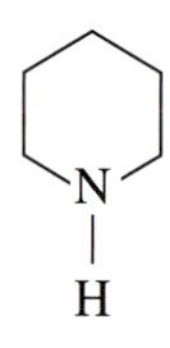

piperidine

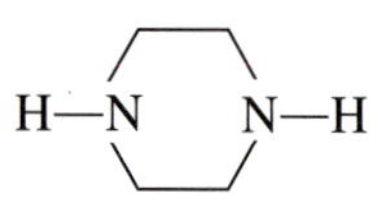

piperazine

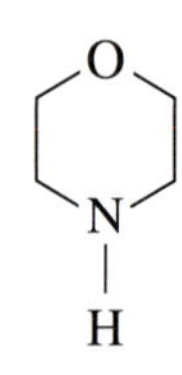

morpholine

예제 19.13 다음 화합물을 명명하여라.

(a) 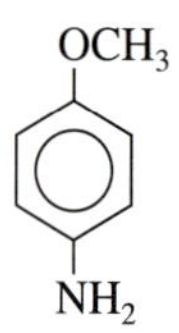

(b) 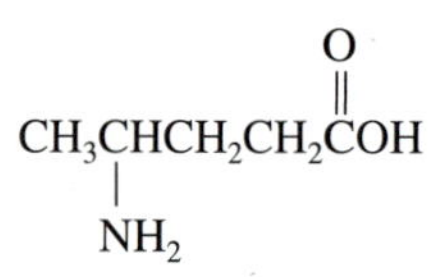

(c) 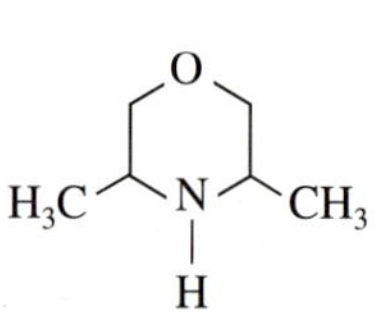

(d) $H_2NCH_2CH_2OH$ (e) $H_2NCH_2CH_2CH_2NH_2$

(f) 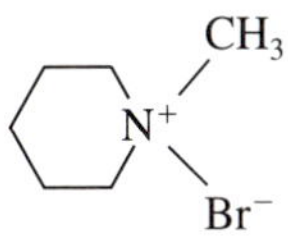 (g) 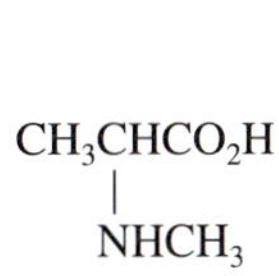

풀이: (a) *p*-methoxy aniline

(b) 4-aminopentanoic acid 또는 γ-amino valeric acid

(c) 3,5-dimethylmorpholine

(d) 2-amino-1-ethanol

(e) 1,3-propanediamine

(f) N-methylpiperidinium bromide

(g) 2-(N-methylamino)propanoic acid

19.6 석유정제

많은 알케인류가 자연계에 존재한다. 예로 양배추잎 표면의 왁스층은 nonacosane($C_{29}H_{60}$)을, Sierra Nevada산맥의 Jeffrey 소나무 樹脂는 헵탄(C_7H_{16})을 함유하고 있다. 그러나 알케인의 주 원천은 천연가스(natural gas)와 석유(petroleum)이다. 이러한 천연자원은 주로 바다에서 유래된 유기물이 아주 오래전부터 분해 축적되어 생성된 것이다.

천연가스는 주로 메탄으로 되어 있으나 에탄, 프로판 및 부탄도 존재한다. 석유는 매우 복잡한 탄화수소 혼합물로 사용전에 정제되어야 한다. 정제는 원유를 세 가지로 분별증류하는 것에서 시작된다. 즉 저옥탄 가솔린(straight-run gasoline, bp 30~200°C), 등유(kerosene, bp 175~300°C) 및 가스유(gas oil, bp 275~400°C)의 세 가지이다. 마지막으로 감압증류하면 윤활유(lubricating oil)와 왁스가 나오고, 증류가 불가능한 타르 형태의 아스팔트가 남게 된다.

저옥탄 가솔린은 엔진의 녹킹 현상 때문에 연료로 부적합하다. 석유의 단순한 분별 증류는 자동차 연료를 만드는 일차적인 과정에 불과하다. 자동차 엔진에서는 피스톤이 연료와 공기의 혼합물을 실린더 속으로 밀어 넣어 압축시킨 다음 점화선(spark-plug)에 의해 점화되면서 연소가 일어난다. 하지만 모든 연료가 잘 연소되는 것은 아니다. 나쁜 연료를 사용하면, 연료가 점화 되기 전에 실린더의 뜨거운 표면에서 연소가 불규칙하게 일어날 수 있다. 이것을 녹킹 현상이라 하는데, 크랭크축에 불규칙한 힘을 가하게 되어 엔진을 손상시킬 수 있다.

옥탄가(octane number)는 연료의 안티녹킹 성질을 측정하는 기준으로, 가지 없는 알케인은 곁가지 있는 알케인보다 훨씬 더 녹킹을 일으킨다는 것은 오래전부터 알려져 왔다. 아주 불량한 연료인 헵탄을 옥탄가 0으로, 2,2,4-trimethylpentane(일반명: isooctane)을 100으로 한다.

$CH_3CH_2CH_2CH_2CH_2CH_2CH_3$

heptane
옥탄가 = 0

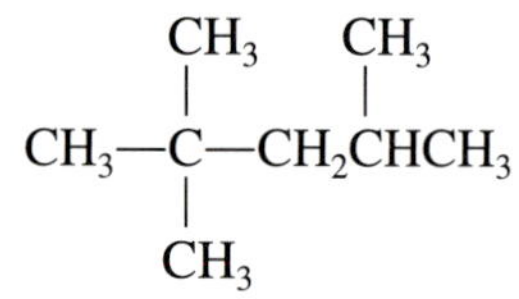

2,2,4-trimethylpentane(isooctane)
옥탄가 = 100

저옥탄 가솔린은 주로 가지 없는 알케인으로 되어 있어 연료로서는 좋지 않다. 따라서 화학자들은 보다 양호한 연료를 생산하는 기발한 방법을 고안해 냈는데, 그중 하나가 촉매 열분해(catalytic cracking)로 등유(kerosene, C_{11}~C_{14})에 속하는 부분을 규소-알루미늄 촉매하에 고온으로 분해시켜 주로 C_3~C_5에 해당하는 작은 분자의 탄화수소로 만든다. 이들을 촉매적으로 재결합시키면 C_7~C_{10}의 가지달린 사슬 화합물을 얻게 되는데, 이것들은 높은 옥탄가를 가진 연료로 사용하기에 아주 적절하다.

19.7 고분자

고분자(macromolecule)는 우리 생활과 밀접한 관계가 있으며, 반복되는 작은 단위로 이루어진 중합체(polymer)이다. 이때, 반복되는 작은 단위를 만들어 주는 작은 분자를 **단량체**(monomer)라 하고, 단량체를 중합체로 만들어 내는 과정을 **중합**(polymerization)이라 한다. 포도당 분자의 중합체인 녹말, 셀룰로오스, 여러 가지 아미노산이 축합하여 생긴 단백질, 아이소프렌이 중합한 천연고무 등은 천연 고분자들이다. 이들을 화학적으로 처리하여 변형시킨 것들도 있는데, 인조견사, 나이트로셀룰로오스와 셀룰로이드 등이 그것이다. 반면, 합성고분자 화합물들은 섬유, 유리, 금속, 도자기, 피혁, 종이 등의 대용으로 쓰일 수 있고, 또 도료, 접착제, 절연체, 전기전도체로서도 쓰이고 있으며, 미래의 재료공학의 주요한 소재가 될 수도 있다.

합성 고분자는 단량체를 인공적으로 중합한 고분자 화합물을 말한다. 이들을 중합하는 방법은 두 가지가 있다. 하나는 단량체들을 서로 첨가하는 방법의 **첨가중합**(addition polymerization)인데, 이는 탄소사슬의 중합체를 제조하는 데 쓰인다. 다른 방법은 폴리아미이드나 폴리에스터를 중합하는 데 쓰이는 **축합중합**(condensation polymerization)이다.

(1) 첨가중합

1) 양이온성 중합

H_2SO_4, HF, $AlCl_3$와 같은 센 산을 알킨에 가하면 양성자 첨가후 생긴 카르보 양이온이 반복하여 알켄에 첨가하여 중합이 일어나는 방법이다. 폴리아이소부틸렌을 만들 수 있다.

$$A^{+} + H_2C{=}CH_2 \longrightarrow A{-}CH_2{-}\overset{+}{C}H_2 \xrightarrow{CH_2=CH_2} A{-}CH_2{-}CH_2{-}CH_2{-}\overset{+}{C}H_2$$

$$\xrightarrow{nCH_2=CH_2} A{-}CH_2{-}CH_2{+}\!\left[CH_2{-}CH_2\right]_{n-1}{-}CH_2{-}\overset{+}{C}H_2$$

$$\xrightarrow{-H^{+}} A{-}CH_2{-}CH_2{+}\!\left[CH_2{-}CH_2\right]_{n-1}{-}CH{=}CH_2$$

표 19-7 여러 가지 합성 고분자 및 단량체

단량체	고분자	용도
Ethylene $H_2C{=}CH_2$	Polyethylene $-(CH_2{-}CH_2)_n-$	Pipes, bottles, electrical insulation, toys
Propylene $H_2C{=}C(H)(CH_3)$	Polypropylene $-(CH(CH_3){-}CH_2{-}CH(CH_3){-}CH_2)_n-$	Films for packaging, carpets, lab wares, toys
Vinyl chloride $H_2C{=}C(H)(Cl)$	Polyvinyl chloride(PVC) $-(CH_2{-}CH(Cl))_n-$	Pipes, siding, floor tile, clothing, toys
Acrylonitrile $H_2C{=}C(H)(CN)$	Polyacrylonitrile(PAN) $-(CH_2{-}CH(CN))_n-$	Carpets, fabrics
Tetrafluoroethylene $F_2C{=}CF_2$	Teflon $-(CF_2{-}CF_2)_n-$	Cooking utensils, electrical insulation, bearings
Styrene 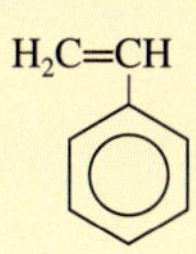	Polystyrene 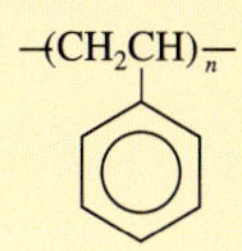	Containers, thermal insulation, toys
Butadiene $CH_2{=}CH{-}CH{=}CH_2$	Polybutadiene $-(CH_2CH{=}CHCH_2)_n-$	Tire tread, coating resin
Butadiene and styrene (See above.)	Styrene-butadiene rubber 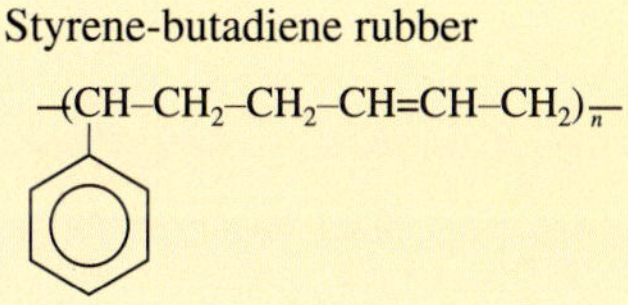	Synthetic rubber

2) 음이온성 중합

소량의 아민 이온(NH_2^-)이나 유기 알칼리 금속 화합물(R^-)과 같은 반응성이 큰 음이온을 아이소프렌과 같은 알켄과 반응시키면 첨가가 일어나 카르보 음이온이 생긴다. 이것이 반응하지 않은 다른 알켄에 되풀이하여 첨가가 일어나는 방법이다.

$$B^- + H_2C{=}CH_2 \longrightarrow B{-}CH_2{-}\overset{-}{C}H_2 \xrightarrow{CH_2=CH_2} B{-}CH_2{-}CH_2{-}CH_2{-}\overset{-}{C}H_2$$

$$\xrightarrow{n CH_2=CH_2} B{-}CH_2{-}CH_2{-}\!\left[CH_2{-}CH_2\right]_{n-1}\!{-}CH_2{-}\overset{-}{C}H_2$$

$$\xrightarrow{H^+} B{-}CH_2{-}CH_2{-}\!\left[CH_2{-}CH_2\right]_{n-1}\!{-}CH_2{-}CH_3$$

3) 자유 라디칼 중합

과산화 화합물 등의 자유 라디칼 개시제를 알켄에 조금 가하면 개시제가 분해하여 자유 라디칼이 되고, 알켄에 첨가된다. 새로 생긴 자유 라디칼이 같은 방법으로 반복 중합하여 고분자를 만든다. 폴리에틸렌, 폴리스타이렌, 폴리부타다이엔 등은 이 방법으로 만들 수 있다.

$$R{-}O{-}O{-}R \xrightarrow[\triangle]{} R{-}O\cdot + \cdot O{-}R$$

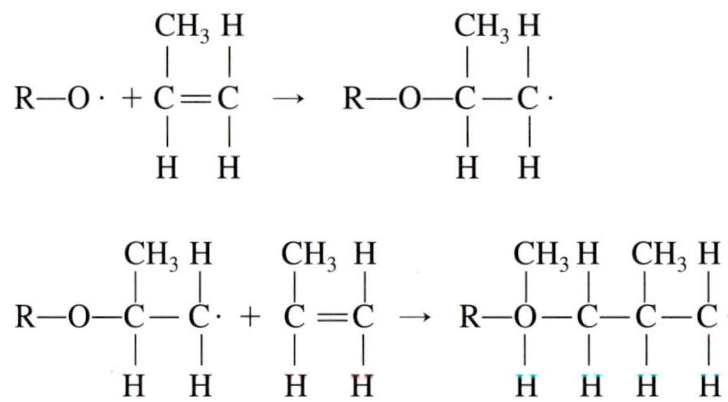

(2) 축합중합

1) 폴리아마이드 수지

가장 중요한 폴리아마이드는 합성폴리아마이드인 **나일론 66**(nylon 66)으로서 adipic acid와 hexamethylenediamine으로 만든다. 이 경우 이 작용기성(difunctional) 분자이기 때문에 선형 중합체가 합성된다.

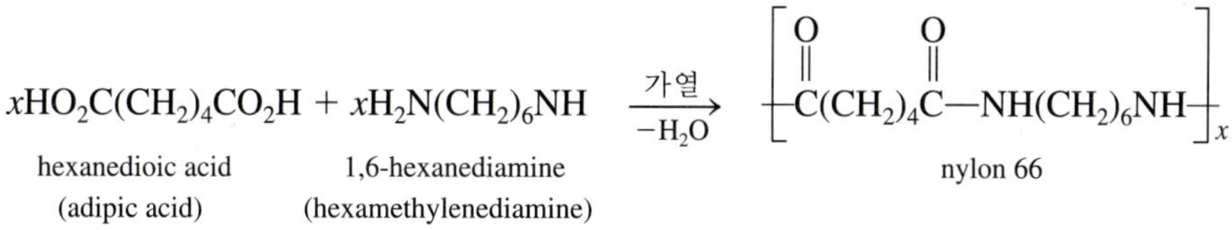

따라서, 나일론 66은 6개의 탄소로 된 dicarboxylic acid 6개의 탄소로 된 dimine으로 만들어진다. 반면 **나일론 6**(nylon 6)은 한 분자 내에 카복실산과 아민이 함께 있는 단위체(6개의 탄소로 구성)인 caprolactam으로부터 만들어진다. 이 반응에서 caprolactam은 물에 의하여 고리가 열리면서 중합반응을 하고 다시 물이 떨어져 나간다.

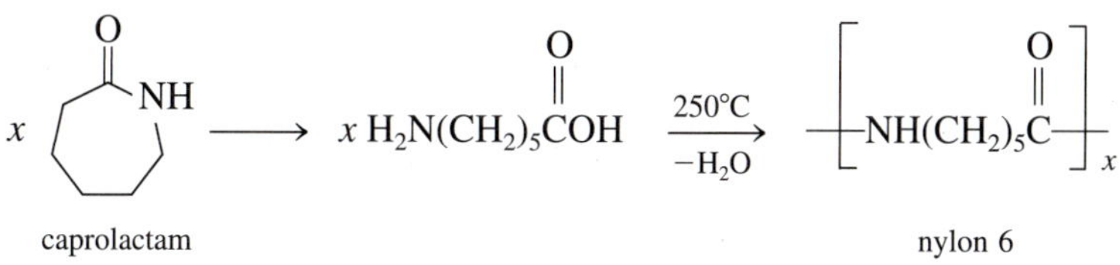

2) 폴리에스터 수지

Polyamide(나일론)를 이중산과 이중아민에서 얻는 것처럼 폴리에스터는 이중 산과 이중 알코올의 반응에서 얻어진다. 가장 유용한 폴리에스터는 dimethyl terephthalate(dimethyl 1,4-benzendicarboxylate)와 ethylene glycol의 친핵성 아실 치환반응으로 만든다. 이것은 의복용 섬유와 타이어 선제조시 다크론(Dacron)이라는 상품명으로 널리 알려져 있으며, 플라스틱 박막과 녹음용 테잎으로는 마일라(Mylar)라는 이름으로 쓰인다. 폴리에스터 박막의 인장강도(tensile strength)는 거의 강철에 필적한다.

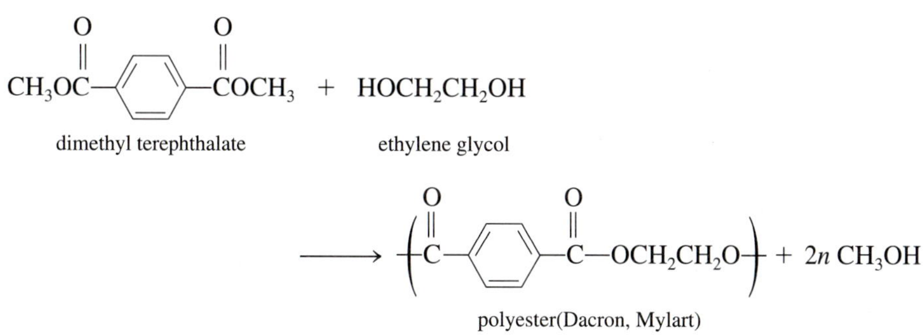

연습문제

PROBLEMS

01. 다음 화합물의 이름을 IUPAC명으로 명명하여라.

(a) 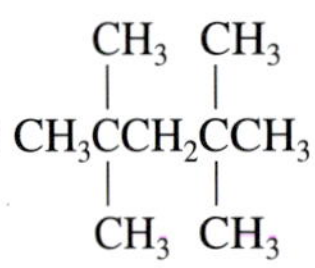

(b) 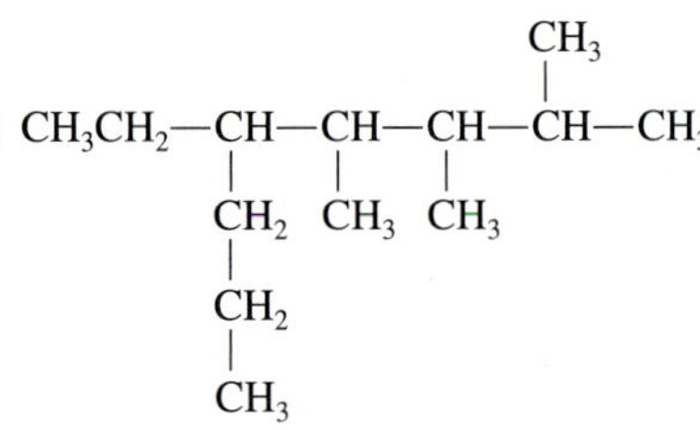

(c) 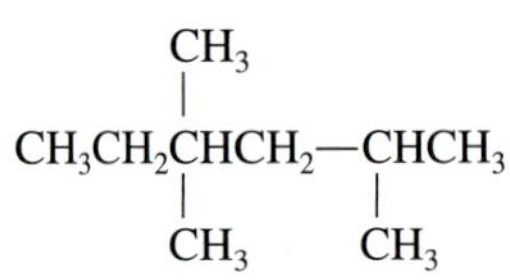

(d) 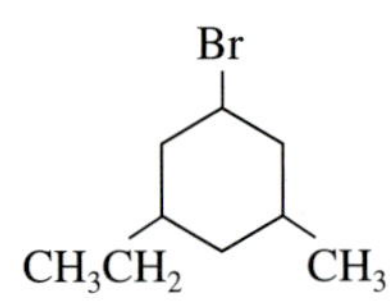

(e) 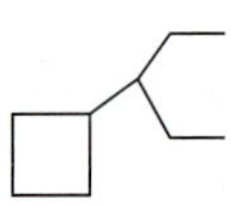

(f) 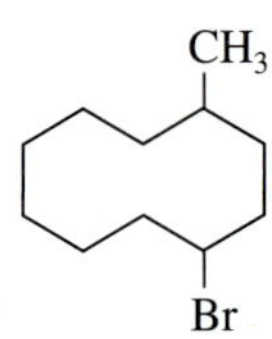

02. 다음 분자식을 가진 모든 구조 이성질체의 구조를 적고, IUPAC명으로 명명하여라(괄호안의 숫자는 이성질체 개수를 나타냄).

(a) $C_3H_6Br_2$(4)

(b) $C_4H_8Br_2$(9)

(c) $C_2H_2BrCl_3$(3)

03. 아래 이름을 가진 화합물의 구조를 그려라.

(a) 2,4-dimethyl-1,4-hexadiene

(b) 3,3-dimethyl-4-propyl-1,5-octadiene

(c) 2,2,5,5-tetramethyl-3-hexene

(d) 1,3-dibromo-2-butene

(e) 3-methyl-1-pentyne

(f) 6-isopropylcyclodecyne

(g) 2,5,5-trimethyl-3-heptyne

04. 분자식 C_5H_{10}을 가진 알켄 화합물의 구조 이성질체의 구조식을 그려라(시스, 트랜스 무시).

05. 분자식 C_6H_{10}인 알켄의 구조식을 그려라.

06. C_4H_6와 C_5H_8의 구조이성질체와 IUPAC명을 써라.

07. 다음 화합물의 구조를 그려라.

(a) 2-chloro-4-nitrophenol

(b) *p*-iodonitrobenzene

(c) 3-phenyl-2-phenylhexane

(d) benzyl alcohol

08. 트라이메틸벤젠의 모든 이성질체들의 구조를 그리고 IUPAC명명법에 따라 명명하여라.

09. 다음 알코올의 이름을 IUPAC명으로 명명하여라.

(a) $BrCH_2CH_2OH$

(b) 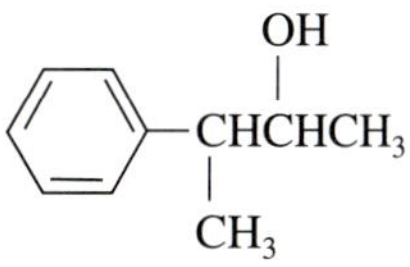

(c) 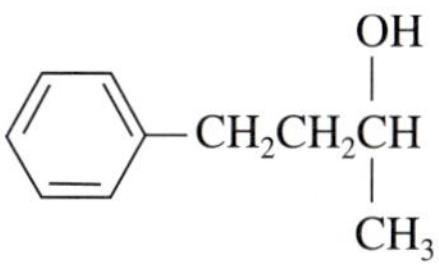

(d) 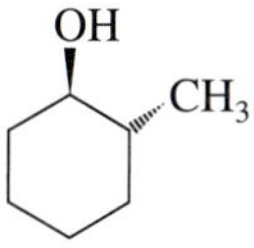

(e) 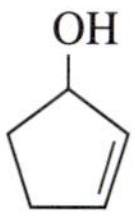

(f) 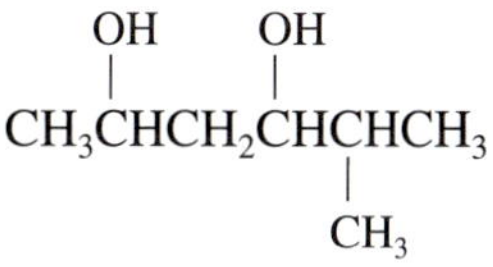

(g) 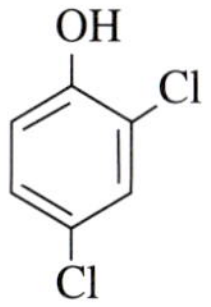

(h) 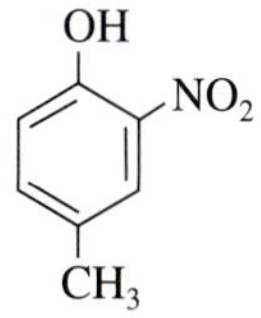

(i) 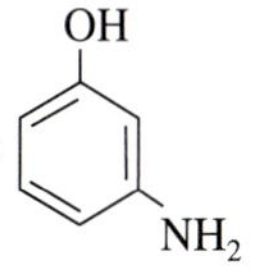

10. 다음 화합물의 구조를 그려라.

(a) 1-bromo-2-octanol

(b) 3-methyl-3-pentanol

(c) *cis*-3-chlorocyclohexanol

(d) 3-phenyl-2-propanol

(e) 3-cyclohexen-1-ol

(f) 1,4-pentanediol

11. 다음 알코올을 일차, 이차, 삼차, allylic, benzylic 등으로 구별하여라.

(a) 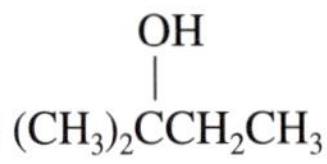

(b) 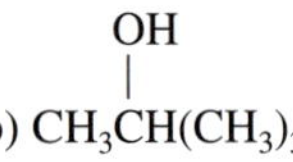

(c) $(CH_3)_3CCH_2OH$

(d) 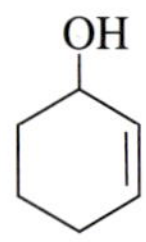

12. 다음 화합물에 대한 구조식을 그려라.

(a) methyl phenyl ether

(b) 1,3,5-triisopropoxybenzene

13. 다음 화합물의 구조식을 나타내어라.

(a) *p*-bromobenzaldehyde

(b) *t*-butyl ethyl ketone

(c) cyclobutanone

(d) (E)-3-phenylpropenal

14. 다음 화합물을 명명하여라.

(a) 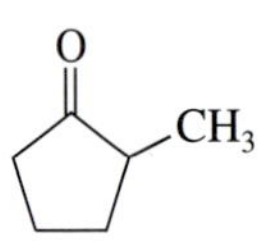

(b) 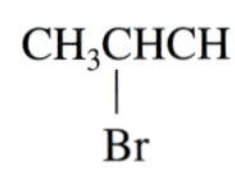

(c) 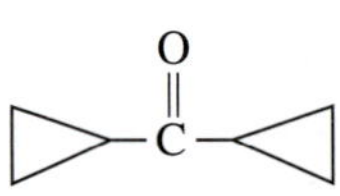

(d) 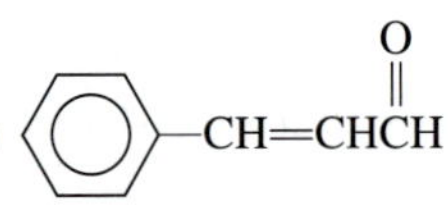

(e) 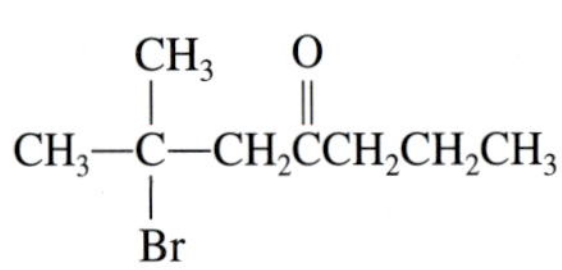

15. 분자식 $C_5H_{10}O$를 가진 모든 알데하이드의 구조식을 쓰고 IUPAC법으로 명명하여라.

16. 분자식 $C_5H_{10}O$를 가진 모든 케톤의 구조식을 쓰고 IUPAC법으로 명명하여라.

17. 다음 카복실산을 명명하여라.

(a) 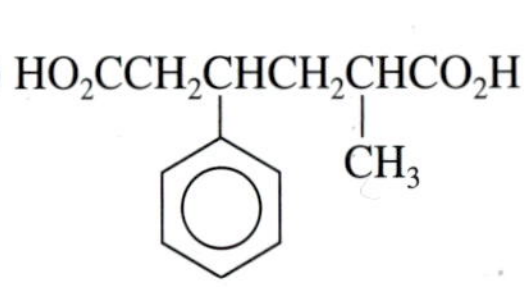

(b) 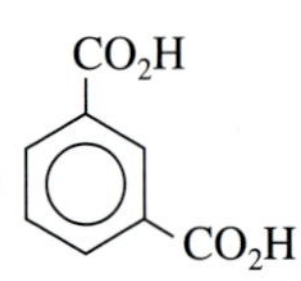

(c) 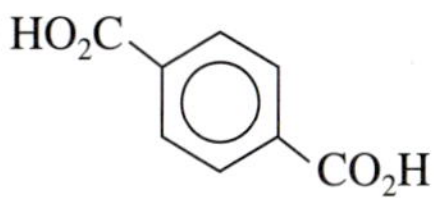

(d) 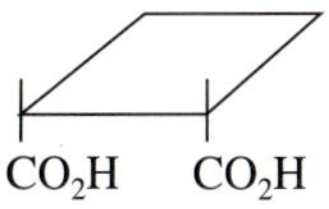

18. 다음 산의 구조를 적어라.

(a) 1,3,5-benzenetricarboxylic acid

(b) acrylic aicd

(c) *p*-toluic acid

(d) stearic acid

19. 분자식이 $C_4H_{11}N$인 아민의 구조식을 모두 적고 1차, 2차 및 3차로 분류하여라.

20. *n*-hexane의 모든 이성질체의 구조식을 그려라.

21. 다음을 설명하여라.

(a) 방향족성

(b) Hückel규칙

(c) 옥탄가

(d) 에스터화 반응

22. 자유 라디칼 연쇄반응 메커니즘을 써라.

23. 첨가중합과 축합중합을 구분 설명하여라.

24. Nylon 6과 Nylon 66의 합성법을 써라.

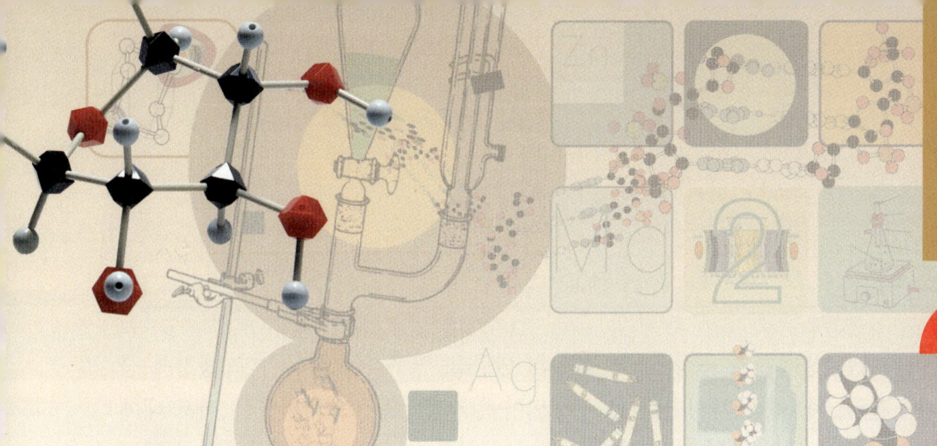

CHAPTER

20

생화학

생화학은 최근에 들어서 가장 활발히 연구되고 있는 화학의 한 분야로서 생명체 내에서 일어나고 있는 여러 가지 화학적 반응을 다루는 분야이다. 현대의 생화학자들은 생명체를 그 주위나 다른 분자들과 반응하는 유기분자들의 집합체로서 생각하고 있다. 이러한 생체 분자들은 생명체내에서 분리되면 그 생명성을 결여하게 된다. 그들은 또한 모든 화학의 법칙과 열역학 등의 법칙에 따라서 작용하며, 이들 분자의 기능과 상호간의 작용에 의해 형성되는 생명 현상을 파악하는 것이 현대 생화학자들의 궁극적인 목적이라 하겠다.

이 장에서는 생명체를 구성하는 기본적인 분자들을 소개하고 이 분자들에 대한 흥미있고 중요한 화학을 공부할 것이다. 생명체 구성의 기본단위인 세포에 관한 개요와 세포내에서 물질과 에너지의 전이과정이 어떤 것인지 알아볼 것이다. 네 가지 중요한 생체 고분자들 즉 단백질 · 탄수화물 · 핵산 및 지질의 구조와 생물학적 기능을 알아보며, 특히 세포내에서 일어나는 모든 반응을 조절하는 생물학적 촉매인 효소의 역할과 유전정보를 저장시켜 놓고 발현시키는 핵산의 기능을 알아볼 것이다.

미리보기

20.1 생명조직

생화학(biochemistry)이란 생명체의 구성, 구조, 물질의 반응을 연구하는 학문이다. 생명체 중 인간의 신체는 크게 혈액, 뼈, 여러 가지 장기로 구성되어 있지만, 모든 화학반응은 세포 내에서 일어난다. 그림 20-1에서 보는 바와 같이 인간은 유기체이며, 그 유기체는 소화계통, 신경계통, 골격계통 등과 같은 여러 가지 **계통**(system)으로 이루어져 있다. 예를 들어 소화계통은 위, 십이지장, 소장, 대장과 같은 **기관**(organ)으로 이루어져 있으며, 다시 그 기관은 **조직**(tissue)으로 구성되어 있다. 조직 내에서 수많은 세포가 있으며, 이 세포 내에서 모든 화학반응이 일어나는 것이다.

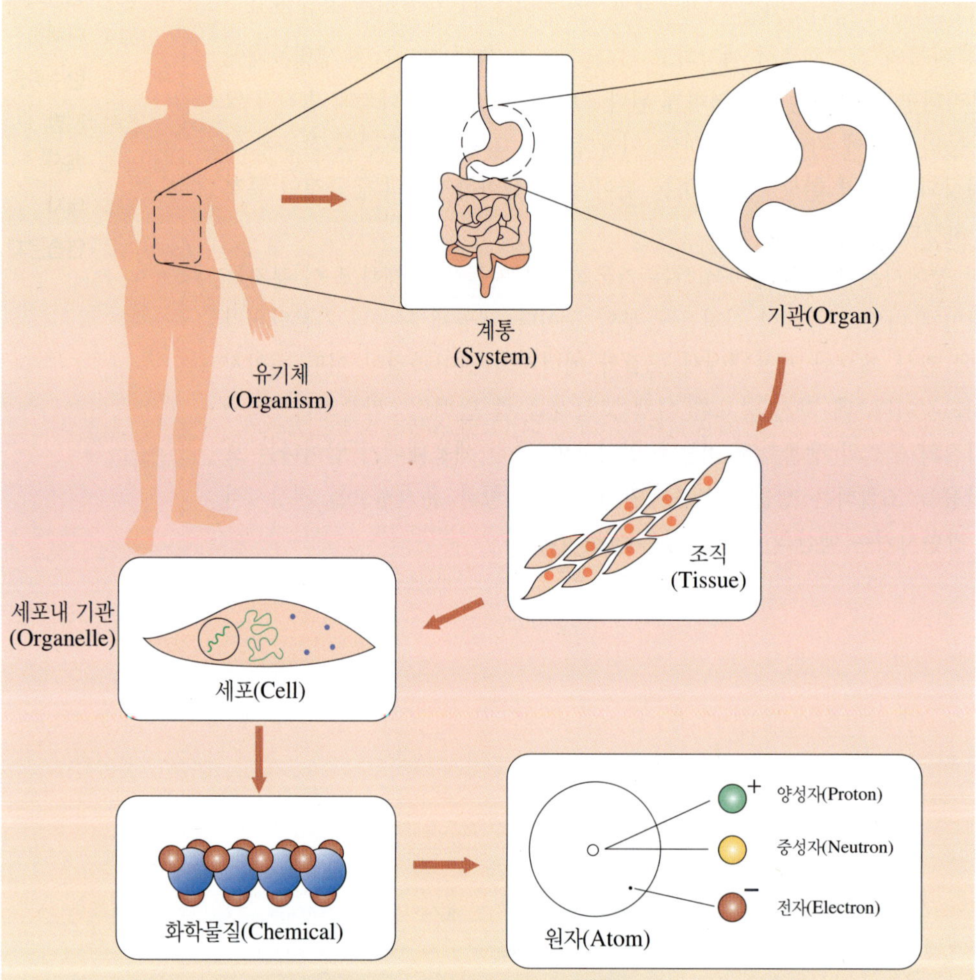

그림 20-1 유기체 구성의 기본 요소

세포(cell)는 생명활동을 위한 기본체로서 성장능력, 물질 및 에너지 전이능력, 외부자극에 대한 반응력 그리고 재생산 능력을 가지고 있다. 우리 눈으로 볼 수 있는 대부분의 동물이나 식물들은 다세포 생명체이다. 다세포 생명체에서 세포는 그 고유의 기능을 가지고 있으며 세포의 기능에 따라서 근육세포, 혈액세포, 신경세포 등으로 분류할 수 있다. 세포의 구성성분에는 다양한 분자들이 있는데 이들 성분을 크게 두 가지로 분류하면 첫째가 분자량이 작은 유기화합물 또는 무기물 종류이고, 둘째는 분자량이 큰 고분자 물질이다. 이들 고분자물질을 생체고분자라고 하며 단백질, 탄수화물, 지방 및 핵산으로 대별되고 있다. 주로 이 분자들은 세포 자체 내에서 생산되는데 동물 세포의 경우 보통 음식물로부터 필요한 유기물 및 무기물을 섭취하고 이들을 이용하여 필요한 생체고분자 물질을 만들게 되며, 녹색식물의 경우 간단한 무기물로부터 필요한 유기물질을 생산하여 생명활동에 이용하게 된다.

대사(metabolism)란 세포내에 흡수된 유기분자들을 더욱 큰 분자로 만들어 주는 합성과정과 작은 분자로 분해시켜주는 분해과정으로 이루어지며, 이 과정들은 효소(enzyme)에 의한 촉매작용으로 진행되는 것이다. 효소란 촉매작용을 하는 단백질로서 세포내에 존재하는 대부분의 단백질들이 효소라고 생각해도 과언이 아니다. 효소에 의한 일련의 촉매 반응 묶음을 신진대사 경로라고 한다. 이 반응들은 효소의 활성도 변화에 따라 빠르게 일어날 수도 있고 천천히 일어날 수도 있다. 다시 말해서 세포는 생체분자들의 합성이나 분해 속도를 필요에 따라 임의로 조절할 수 있게 된다.

생체분자(biological molecule)란 생명체가 생명활동을 하는데 필요한 모든 분자를 말한다. 인간의 생체분자는 여러 가지 화합물로 이루어져 있으나 그 구성을 원자의 측면으로 살펴보면 0.1%를 넘는 원자는 10여종에 불과하다(표 20-1). 그 중에서 93% 이상을 차지하는 산소, 수소, 탄소는 고유결합 상태로 인간의 신체를 구성하지만, 나트륨, 칼륨, 칼슘, 염소 등은 이온 상태로 존재한다.

생체분자 중 원자의 구성비가 반드시 높아야 중요한 역할을 하는 것은 아니다. 요오드(iodine)는 갑상선의 기능을 위해 반드시 필요하고, 코발트는 비타민 B_{12}에 포함되어 있으며,

표 20-1 신체의 구성 원소

원소	비율(%)	원소	비율(%)
oxygen	65	sulfur	0.2
carbon	18	sodium	0.1
hydrogen	10	chrome	0.1
nitrogen	3	magnesium	0.05
calcium	2	iron	trace
phosphorus	1.1	iodine	trace
potassium	0.3	bromine	trace

아연(zinc), 구리(copper), 망간(manganese)은 효소(enzyme)를 구성하는 중요한 미량 원소이다.

생체분자들은 저분자와 고분자로 나뉘어지며 저분자의 대표적인 것들로서는 물, 비타민류, 기타 무기물질 또는 유기물질 등이 있고, 고분자 물질로는 네 가지를 들 수 있는데 단백질, 탄수화물, 지방 그리고 핵산이다.

20.2 단백질

단백질(protein)은 모든 생명 세포에 존재하는 거대 분자의 물질로서 동물 조직을 구성하는 주된 성분이다. 즉 단백질 분자는 동물의 피부, 근육 또는 손톱과 같은 각질의 부위를 구성하고 있는 주요 성분이다. 또한 생명체 내에서 일어나고 있는 모든 생화학적 반응의 촉매작용을 하는 효소가 단백질이라는 사실도 중요하다. 이 밖에도 단백질은 생체내의 생리작용에 필요한 물질을 운반해 주는 운반체이며 면역에서 중요한 항체도 역시 단백질이다. 이와 같은 단백질들의 분자량은 대개 10,000에서부터 5천만까지로 다양하며, 대부분의 간단한 단백질은 아미노산만으로 구성되어 있는데, 그러나 단백질이 다른 종류의 생화학분자들과 결합하고 있는 경우도 많다. 보통 단순한 단백질은 아미노산의 선형 고분자 물질인데 고분자 결합의 특징은 아마이드 결합으로서 다음과 같은 구조를 가진다.

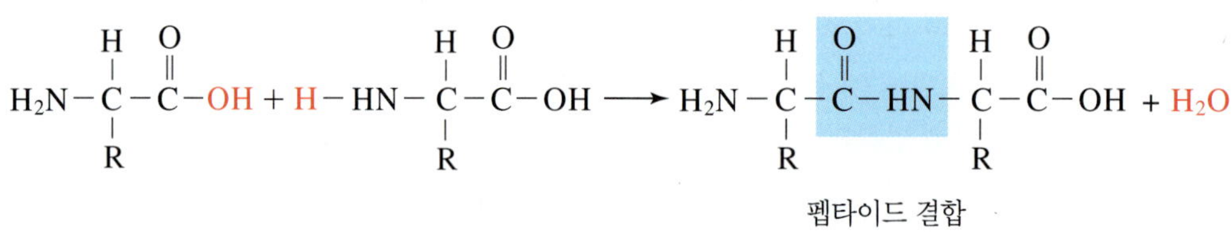

아미노산의 카보닐기와 아미노기가 결합하여 형성된 결합을 **펩타이드 결합**(peptide linkage)이라 하며 단백질을 때때로 **폴리펩타이드**(polypeptide)라고도 부른다. 그러나 보통 폴리펩타이드라고 불리는 단백질의 경우는 분자량 10,000 이하인 아미노산의 고분자를 말한다. 아미노산의 결합으로 형성된 펩타이드 결합을 알기 위해서는 아미노산의 구조를 알아야 할 것이다.

(1) 아미노산

아미노산은 분자 속에 아미노기(—NH_2)와 카복실기(—COOH)를 가지고 있다. 이 두 종류의 작용기는 이온화(—NH_3^+, —CO_2^-)되거나 이온화되지 않은 상태(—NH_2, —COOH)로 존재하는데, 양이온과 음이온을 동시에 가지는 이온을 **쯔비터 이온**(zwitter ion)이라고 한다. 그림 20-2(c)에 가장 간단한 아미노산인 알라닌(alanine)의 구조를 나타내었다.

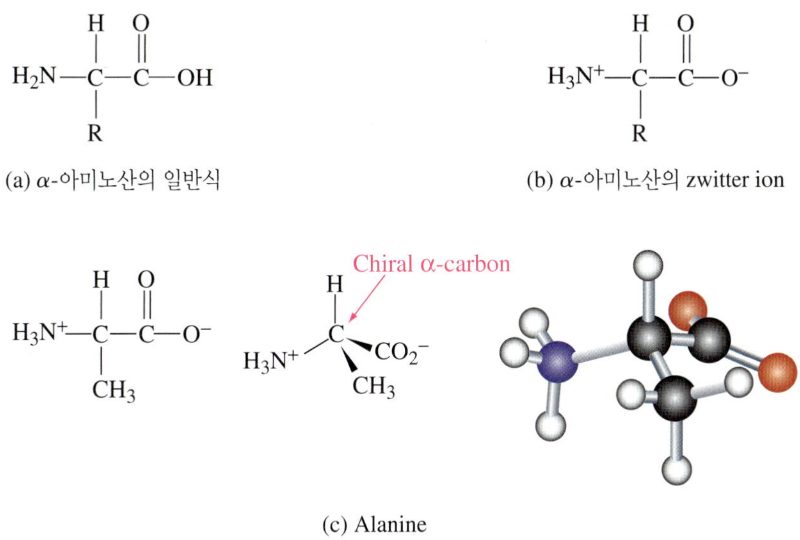

그림 20-2 α-아미노산의 일반식과 alanine의 구조식

단백질의 가수분해로 분리된 아미노산은 모두 α-아미노산인데, 구조상 아미노기와 카복실기가 똑같은 탄소에 결합한 것을 α-아미노산이라 하고 이웃탄소에 결합된 것을 β-아미노산이라 한다.

α-아미노산 β-아미노산

표 20-2에 20여종류의아미노산의 약자와 구조를 나타내었다.

(2) 단백질 구조

단백질분자에서는 여러 개의 아미노산이 서로 연결되어 긴 사슬을 이루는 데 두 개의 아미노산이 결합할 때에는 한 분자의 아미노기가 두 번째 아미노산의 카복실기와 탈수축합하여 **펩타이드결합**이 형성된다.

이때의 생성물을 **다이펩타이드**(dipeptide)라고 부르는데 이 분자의 한 끝에는 카복실기를, 다른 한 끝에는 아미노기를 가지며 이것은 다른 아미노산들과 계속 축합하여 폴리펩타이드(polypeptide)의 긴 사슬을 이룬다. 따라서 폴리펩타이드를 가수분해하면 역으로 아미노산이 생성된다.

같은 종류의 단백질은 아미노산들의 결합서열이 일정하다. 폴리펩타이드 사슬에서는 같은

표 20-2 아미노산의 종류와 구조

화합물명	약어	구조
Alanine	Ala	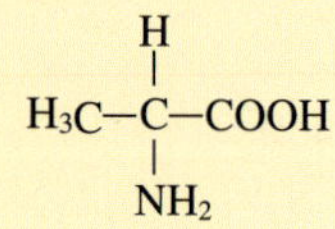
Arginine	Arg	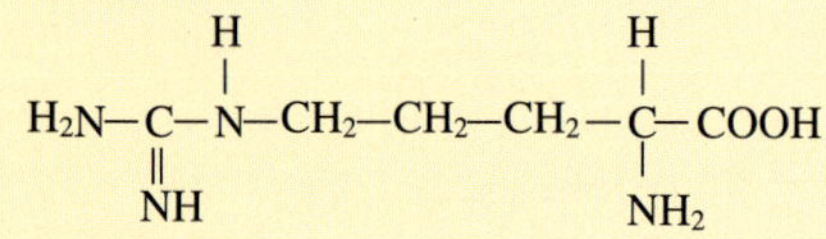
Asparagine	Asn	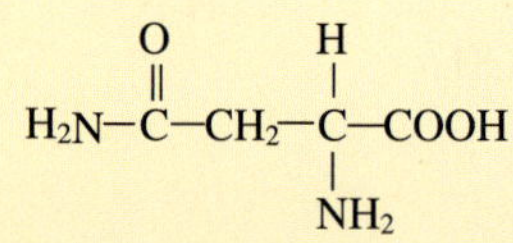
Aspartic acid	Asp	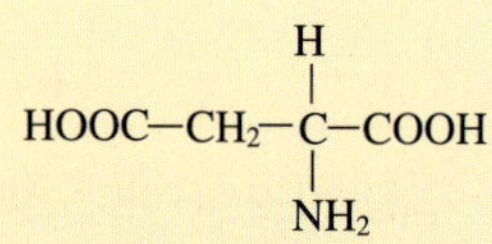
Cysteine	Cys	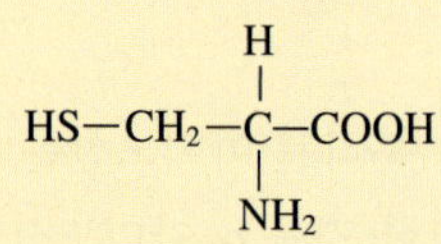
Glutamic acid	Glu	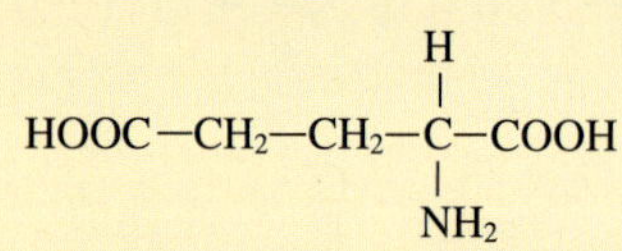
Glutamine	Gln	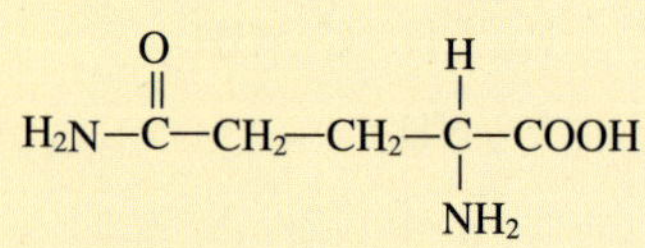
Glycine	Gly	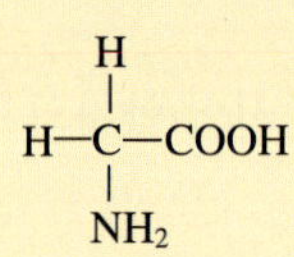
Histidine	His	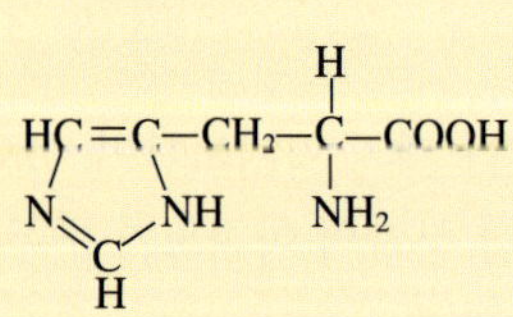
Isoleucine	Ile	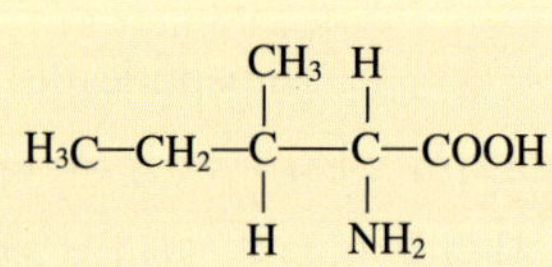

표 20-2 아미노산의 종류와 구조 (계속)

화합물명	약어	구조
Leucine	Leu	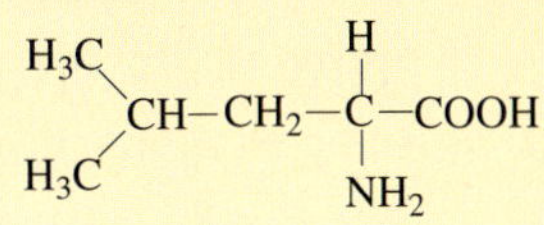
Lysine	Lys	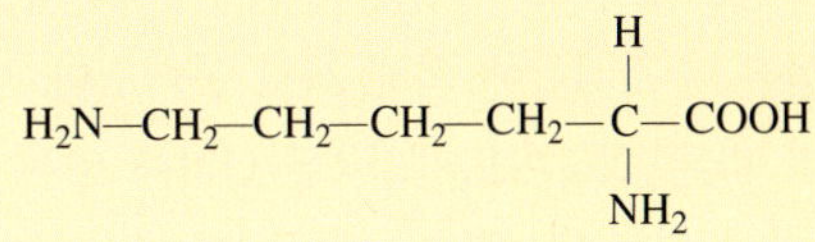
Methionine	Met	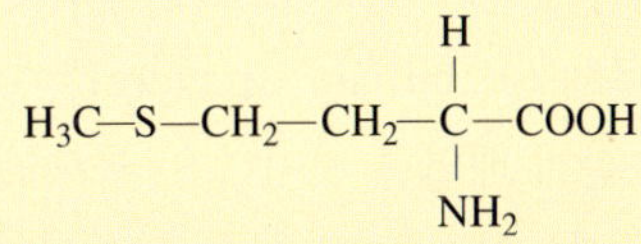
Phenylalanine	Phe	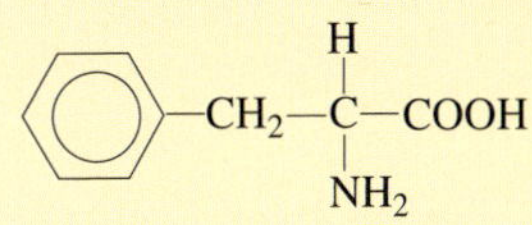
Proline	Pro	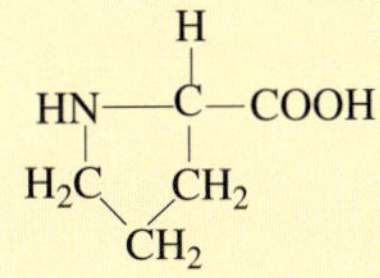
Serine	Ser	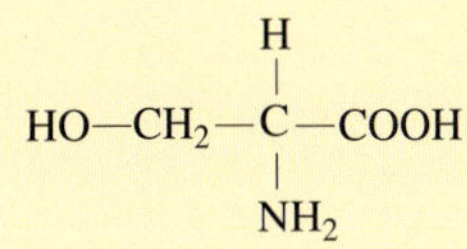
Threonine	Thr	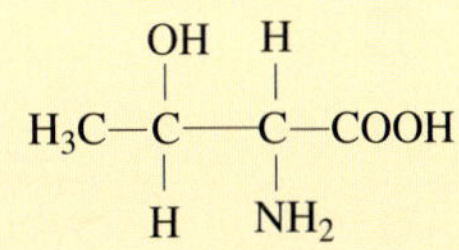
Tryptophan	Tyr	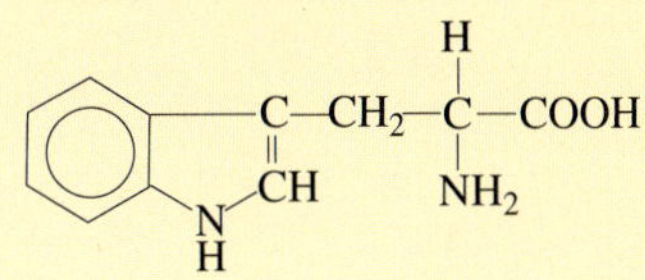
Tyrosine	Tyr	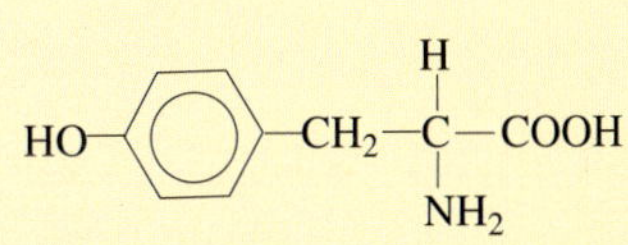
Valine	Val	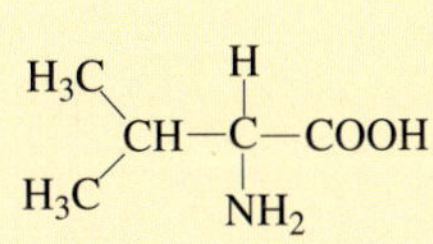

종류의 아미노산이 여러 번 쓰일 수 있고 단백질이 수많은 아미노산기를 가지기 때문에 비록 아미노산의 종류가 20여종에 불과하지만 수없이 많은 서로 다른 서열이 가능하다.

단백질에 있어서 아미노산 결합 순서를 가리켜 단백질의 1차구조(primary structure)라 한다. 단백질이 공간에서 어떠한 배열을 하는 지를 가리키는 것을 단백질의 2차구조(secondary structure)라고 한다. 가장 중요한 배열은 **알파 나선구조**(*α*-helix)이다. *α*-나선구조는 스프링처럼 나사모양으로 감겨있는 형태인데 한 회전당 3.6개의 아미노산 잔기를 가지고 있다. 나사선의 각 코일들은 수소결합에 의해 서로 붙어있다. 이 수소결합은 한 펩타이드기에 있는 —NH기의 H 원자가 다른 펩타이드기의 C═O기에 있는 O원자간에 이루어지는데 각 펩타이드기들은 앞쪽 네 번째와 뒤쪽 네 번째의 펩타이드기들과 수소결합을 하고 분자구조는 그림 20-3과 같다.

단백질의 3차구조(tertiary structure)는 아미노산 잔기에 들어있는 —R기의 상호작용으로 2차 구조가 또 한번 배열한 것이다. 나사모양의 사슬분절들이 치밀한 3차구조를 형성하는 것은 펩타이드결합 때문이 아니고 다음과 같이 아미노산 잔기중에 있는 —R 치환기들이 상호작용

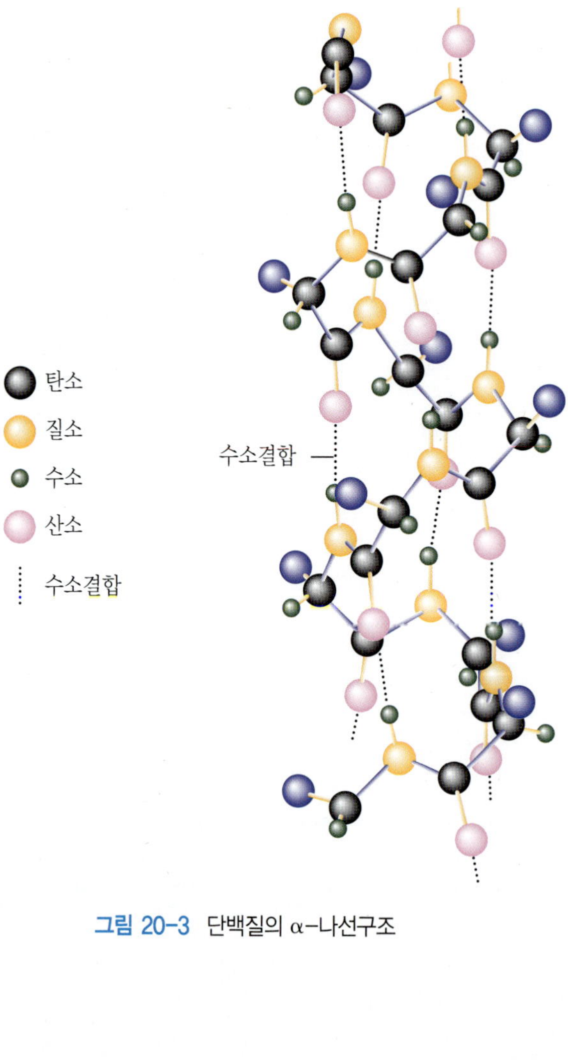

그림 20-3 단백질의 α-나선구조

하기 때문이다.

① 어떤 —R기는 —COOH기를, 다른 —R기들에는 —NH_2기를 각각 가질 수 있다. 이때 서로 다른 분절이 있는 —NH_2기와 —COOH기는 서로 반응할 수 있다.

② 사슬의 서로 다른 분절에 있는 —SH기가 완만한 산화에 의해 이황화결합을 형성할 수 있다.

③ 치환기들이 서로 수소결합을 할 수도 있다.

이러한 상호작용들은 코일이 서로 겹쳐지는 부분에서 일어난다. 1차, 2차 및 3차구조는 단일 펩타이드사슬의 배열을 나타내는 것인데, 경우에 따라서는 둘 이상의 사슬을 가지는 단백질도 있다. 즉 여러 개의 사슬들이 적당한 방법으로 배열하여 4차구조(quaternary structure)라 불리는 완성된 하나의 단백질을 형성한다.

혈액 중에 산소운반체인 **헤모글로빈**은 두 종류인 네 개의 사슬로 이루어져 있다. 그 중 두 개의 사슬은 각기 141개의 아미노산 잔기를 가지고 있으며 다른 두 사슬은 146개씩 아미노산 잔기를 가지고 있다. 네 사슬이 모두 철을 함유하고 있는 **헴**(heme)기와 결합하고 있으며, 그림 20-4와 유사한 3차 구조로 되어 있다.

그림 20-5에 헤모글로빈의 구조를 나타내었다.

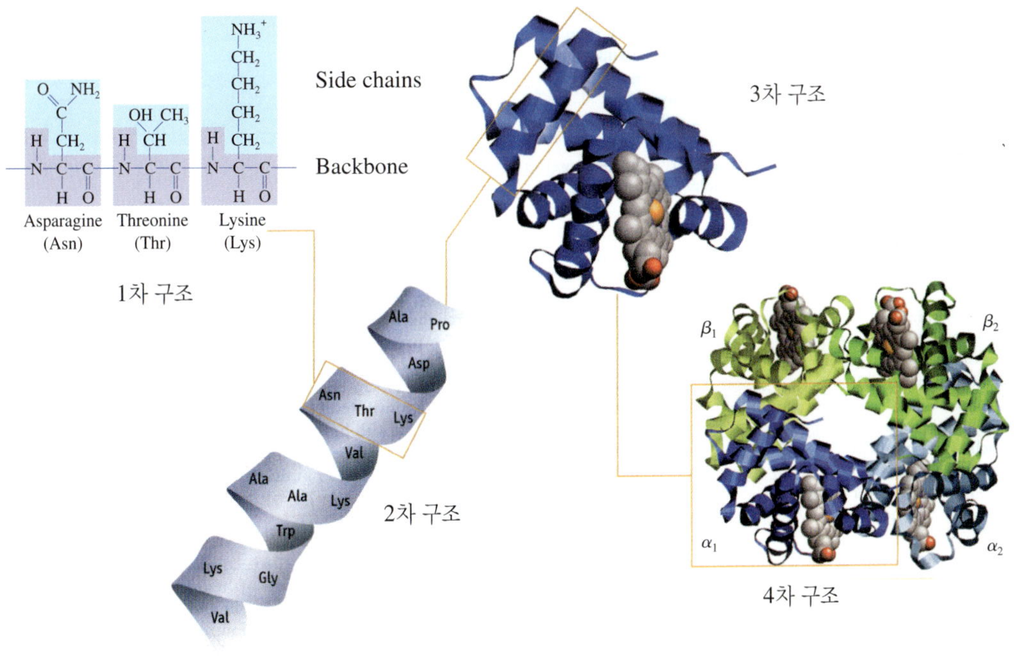

그림 20-4 단백질의 구조

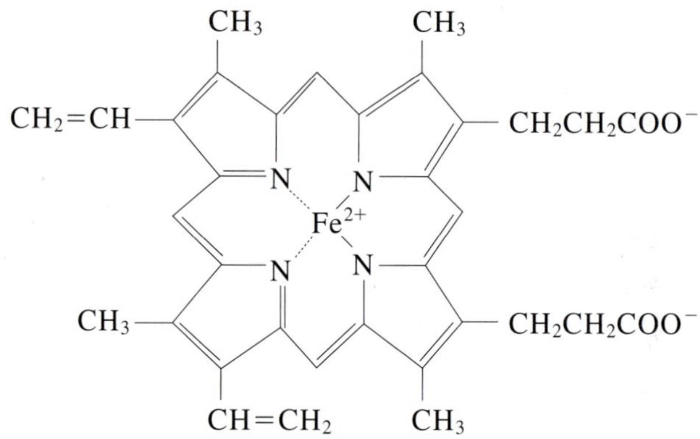

그림 20-5 헤모글로빈의 구조

(3) 효소(Enzyme)

인체의 내부에서는 매우 복잡한 화학반응이 일어나고 있는데 이 반응은 잘 조절된 속도로 일어나고 있다. 이와 같은 반응속도의 조절을 위해서는 **효소**(enzyme)라고 하는 촉매에 의하여 많은 화학성분이 적당한 농도로 유지되고 반응계는 생성물의 수요에 대응할 수 있는 능력을 가지고 있어야 한다. 생명계에서 일어나는 수많은 화학 반응을 보통의 화학방정식으로 표시할 수 있다.

인체 내에서 일어나는 글루코오스의 산화반응은 24단계 이상의 생화학적 반응을 거쳐 진행되는데 각 반응 단계의 촉매역할을 해주는 것이 효소(enzyme)라는 단백질이다. 이 효소는 살아있는 세포내에서 형성되는 천연 단백질로서 대개 그 분자량은 10,000에서부터 1백만 정도에 달한다. 효소는 한 개의 단백질 사슬로 구성되어 있거나 몇 개의 다른 단백질 사슬들이 약하게 결합되어 있다.

효소의 어떤 특정한 자리에서 촉매 역할을 하는 반응이 일어나는데 이 자리를 활성자리(active site)라고 한다. 이 자리에서 반응에 참여하는 기질 이외의 물질을 **보조인자**(cofactor) 또는 **보조효소**(coenzyme)라 한다. 예를 들면 효소는 반응을 진행시키기 위해서 기질 이외에 Mg^{2+}이나 다른 금속이온을 필요로 한다. 대부분의 효소 촉매반응에서 필요로 하는 보조인자는 비타민 중의 하나이다. 필요한 보조인자가 없는 효소를 **결손효소**(apoenzyme)라 하고 결손효소와 보조인자가 결합되어 있을 때 **완전효소**(holoenzyme)라 한다.

$$\text{결손효소} + \text{보조인자} \rightarrow \text{완전효소}$$

효소는 보통의 촉매와 달리 몇 가지 특징을 가지고 있다.

첫째, 효소의 활성도는 온도에 매우 민감하고 최대의 활성도를 나타내는 온도는 보통 생체 조직의 온도 부근이다.

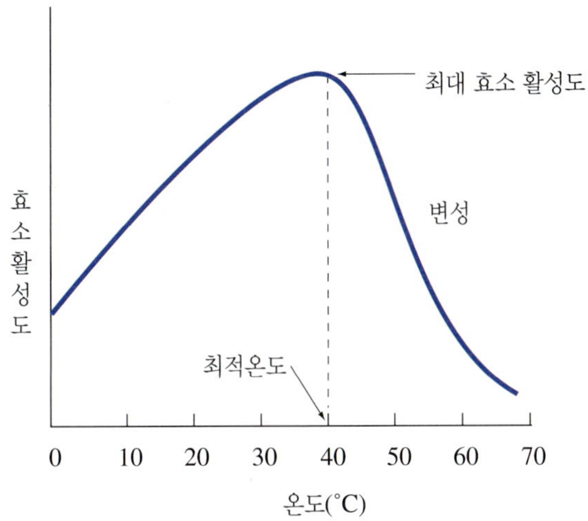

그림 20-6 온도변화에 따른 효소의 활성도

그림 20-6은 효소의 활성도와 온도와의 관계로, 온도가 올라가면 효소의 활성도가 증가하다가 어느 온도 이상에서는 다시 감소하기 시작한다. 온도 증가에 따라 효소의 활성도가 감소하기 시작한다는 사실은 단백질인 효소가 변성(denaturation)되기 시작한다는 것을 말해준다.

둘째, 효소가 녹아있는 용매의 산성 또는 염기성에 따라 그 효소의 활성도는 민감한 변화를 나타낸다. 이 사실은 효소에 의한 촉매 반응에서 산과 염기 반응이 매우 중요함을 말해준다.

셋째, 특정 효소는 어떤 특정한 반응만의 촉매 역할을 할 뿐이다. 예를 들면 카복시펩티다제(carboxypeptidase)라는 효소는 폴리펩타이드를 아미노산으로 분해시키는 반응에서 촉매 역할을 할 뿐이다.

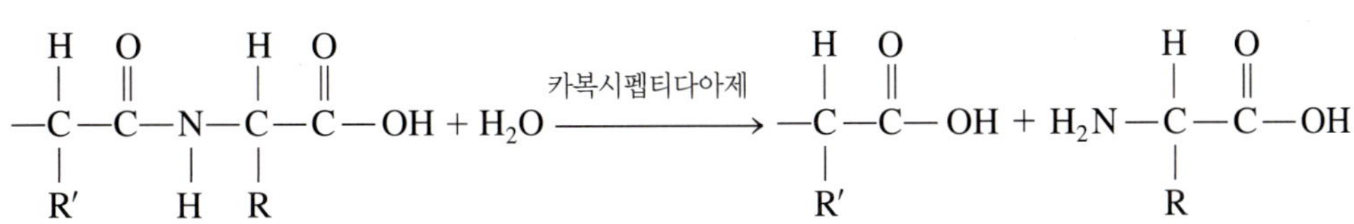

이 효소는 펩타이드 결합을 끊어주며 특히 사슬의 카복실 말단의 아마이드기만을 공격하여 끊어주는 특징을 가지고 있다.

마지막으로 보통의 촉매와 비교할 때 효소는 반응속도가 엄청나게 빠르다. 효소의 활성자리가 기질로 완전히 포화되어 있을 때 한 효소 분자에 의해서 1초 동안에 생성물로 전환되는 기질분자의 수를 **전환수**(turnover number)라 하는데, 보통 1/sec~10^4/sec의 범위에 있다. 이처럼 큰 전환수를 가지는 것으로 보아 효소가 촉매로 작용하는 반응은 활성화에너지가 매우 낮다는 것을 알 수 있다.

20.3 탄수화물

탄수화물(carbohydrate)은 지방과 마찬가지로 탄소, 수소, 산소의 3원소로 구성되며, 분자중에 물을 포함하고 있는 형태 즉 $(CH_2O)_n$의 일반식으로 나타내고 있다. 탄수화물은 설탕, 셀룰로오스, 녹말 그 밖에 이들과 밀접한 관계를 가진 물질을 성분으로 가진 것을 말하며, 식물에 의하여 합성되고 있다. 이들 화합물들은 식물의 뿌리, 줄기, 잎의 구성요소로서 존재할 뿐만 아니라 동물의 중요한 에너지 근원이다.

탄수화물에 속하는 화합물은 포도당, 설탕과 같은 당류가 많으므로 탄수화물 전체를 당류 또는 당질이라고 한다.

당류의 기본단위는 **단당류**(monosaccharides)라 하고 탄수화물은 어느 것이든 가수분해되어 단당류로 된다. 대개 단당류는 자연계에서 발견되는데 이들은 탄소수가 5개인 **펜토스**(pentose), 6개의 탄소를 가진 **헥소스**(hexose) 등이 있다.

이당류(disaccharides)는 2개의 단당류로 되어 있으며 가수분해하면 단당류로 된다. 다당류(polysaccharides)는 여러 개의 단당류로 이루어져 있는데 가수분해하면 단당류로 된다.

(1) 단당류(monosaccharides)

단당류는 삼탄당(triose; $C_3H_6O_3$), 오탄당(pentose; $C_5H_{10}O_5$), 육탄당(hexose; $C_6H_{12}O_6$) 등으로 나눌 수 있으며 한 분자 중에 있는 탄소수로 구분하고 있다. 카보닐기가 **알데하이드**(—CHO)와 케톤(:C=O) 중 어느 것이냐에 따라 **알도오스**(aldose)와 **케토오스**(ketose)로 나눈다. 삼탄당에는 글리세르알데하이드가 있으며 오탄당에는 리보오스 및 아라비노오스 등이 있다. 자연계에서 가장 많은 단당류는 육탄당으로 포도당, 과당, 갈락토오스, 만노오스 등이 여기에 속한다.

1) 3탄당($C_3H_6O_3$)

가장 간단한 당으로서 글리세르알데하이드(glyceraldehyde), 다이하이드록시아세톤(dihydroxy acetone)이 여기에 속한다. 이들은 근육이나 효모 중에서 당이 분해할 때 생기며 대개 이들은 인산염으로 존재한다. 유리형이나 인산염형은 불안정해서 음식물에는 존재하지 않는다. 글리세르알데하이드에는 키랄탄소(비대칭탄소, *표한 탄소)가 1개 있어 다음과 같은 입체 이성질체가 있게 된다.

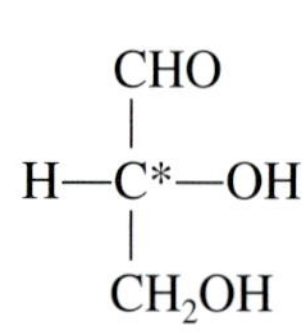

D-glyceradehyde

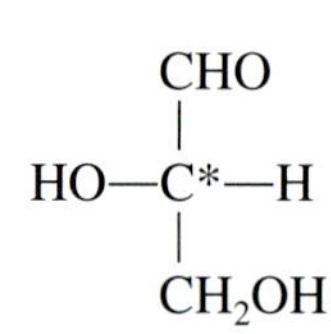

L-glyceraldehyde

2) 오탄당($C_5H_{10}O_5$)

식품 중에 들어 있는 오탄당으로서는 자일로오스(xylose)와 아라비노오스(arabinose) 등이 있다. 자일로오스는 알도펜토오스(aldopentose; —CHO)의 한 종류이며 다음과 같은 사슬모양 구조와 고리모양 구조로 표시할 수 있다.

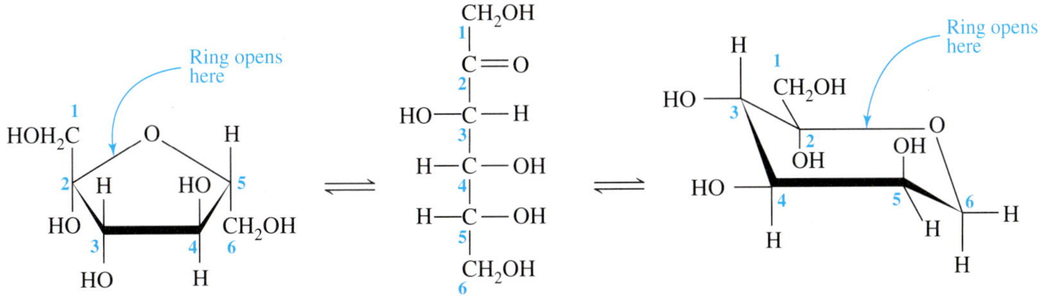

(a) Five-membered ring (b) Open-chain form (c) Six-membered ring

식품에 들어 있는 아라비노오스는 L-아라비노오스로서 자일로오스의 이성질체로 다음과 같이 표시된다. 자일로오스나 아라비노오스는 식품 중에 들어 있는 양은 적으며 어느 것이나 단당류의 상태로 들어 있지 않고 다당류인 펜토산(pentosan($(C_5H_8O_4)_n$), 즉 자일로오스는 자일란(xylan), 아라비노오스는 아라반(araban)으로서 존재한다. 이들은 초식동물의 사료로서 중요한 영양소가 된다.

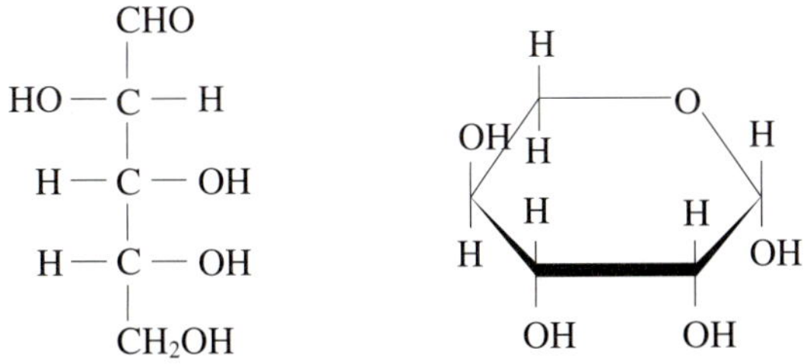

arabinose(사슬모양) arabinose(고리모양)

3) 육탄당($C_6H_{12}O_6$)

① 포도당(glucose)

포도 및 여러 가지 과실 중에 많이 들어 있으며 동물의 혈액에도 0.1% 정도 들어 있다. 포도당은 다른 당류들과 결합하여 이당류나 다당류를 형성한다. 또 녹말을 가수분해하여 얻을 수 있다. 순수한 것은 무색의 결정으로 한 분자의 결정수를 갖는다. 이 결정수를 가진 포도당은 118~120°C에서 녹으나 무수포도당은 146°C에서 녹는다. 또 포도당의 결정은 물에 녹기 쉬운데, 15°C에서의 용해도는 82이다. 단맛은 설탕맛을 100으로 한다면 74가량 된다. 캔디, 젤리 시럽 등의 제조에 널리 사용된다.

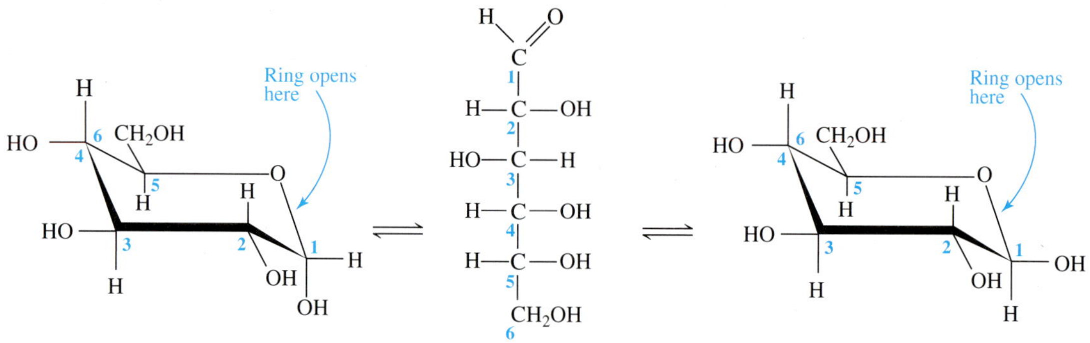

(a) α-D-glucose (b) Open-chain D-glucose (c) β-D-glucose

② 과당(fructose)

과실이나 벌꿀 또는 식물계에 존재하며 포도당과는 달리 분자 중에 카복실기가 있으므로 케토오스(ketose)라고 한다. 과당은 설탕을 가수분해하여 다량으로 얻고 있다. 순수한 것은 무색의 결정으로 물이나 알코올에 잘 녹는다. 포도당보다 달고 단맛은 설탕을 100으로 볼 때 175 정도이다.

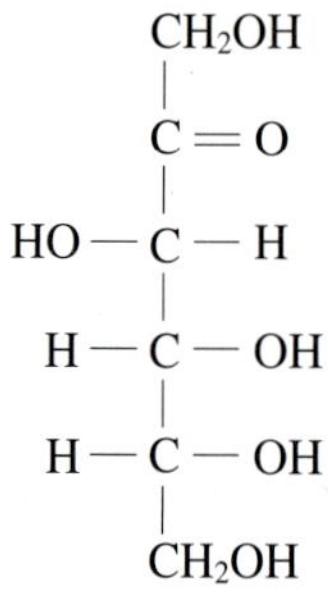

D-fructose

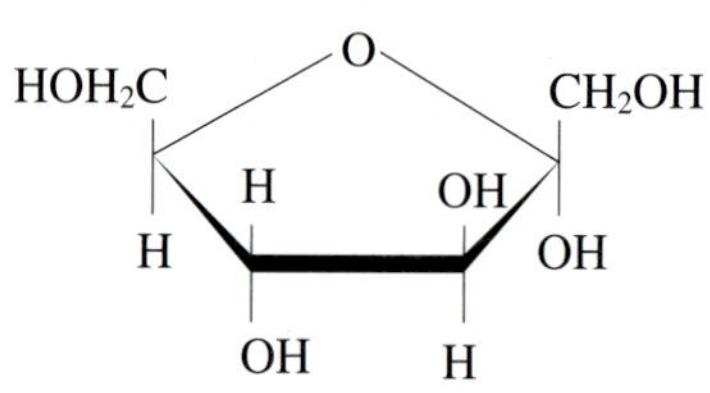

α-D-fructose
(프룩토오스의 고리형)

③ 만노오스(mannose)

만노오스는 유리상태로 거의 식품 중에는 존재하지 않는다. 만노오스는 만난(mannans)이란 다당류를 가수분해하여 얻는다.

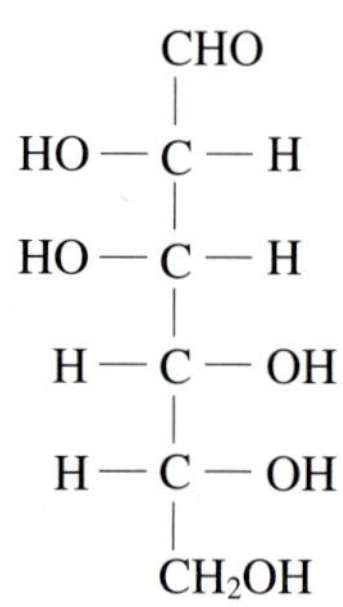

D-mannose

(2) 이당류(disaccharides)

다당류 중의 하나인 이당류의 당은 2개의 단당류가 결합함으로써 생성된다. 단당류의 당들은 축합반응에 의해 연결되며 이때 각 당의 OH기 사이에서 생성된 물분자가 떨어져 나오면서 이당류가 된다. 이당류는 설탕(sucrose), 엿당(maltose) 및 젖당(lactose)이 있다.

설탕 → 포도당 + 과당
엿당 → 포도당 + 포도당
젖당 → 포도당 + 갈락토오스

1) 설탕(sucrose, Cane Sugar)

수크로오스(sucrose) 식물의 줄기, 씨앗, 뿌리 등에 들어 있는데 특히 사탕수수(약 16%)의 줄기와 사탕무우(약 47%)에 많이 들어 있으며 공업적으로 설탕을 만들 때 이 두 가지를 원료로 하고 있다. 사탕수수에서 만든 것을 **캔슈가**(cane sugar)라 하며 사탕무우에서 만든 것을 **비이트슈가**(beat sugar)라 한다. 설탕은 아직까지는 순수한 화학적 방법으로 합성할 수 없으며 주로 사탕무우, 사탕수수로 전세계 수요량의 반 이상을 공급하고 있다. 순수한 설탕은 비중이 1.588의 결정인데 160°C에서 녹아서 엿처럼 되고 200°C에서 캐러멜이 만들어진다. 용해도는 190이나 된다.

설탕은 산이나 효소의 작용으로 가수분해되면 포도당과 과당으로 나뉜다. 그러므로 설탕은 포도당과 과당이 축합한 것임을 알 수 있다.

$$\underset{(\text{설탕})}{C_{12}H_{22}O_{11}} + H_2O \longrightarrow \underset{(\text{포도당})}{C_6H_{12}O_6} + \underset{(\text{과당})}{C_6H_{12}O_6}$$

다음에서 설탕의 구조식을 보면 포도당과 과당이 1,2자리에서 결합된 것임을 알 수 있다.

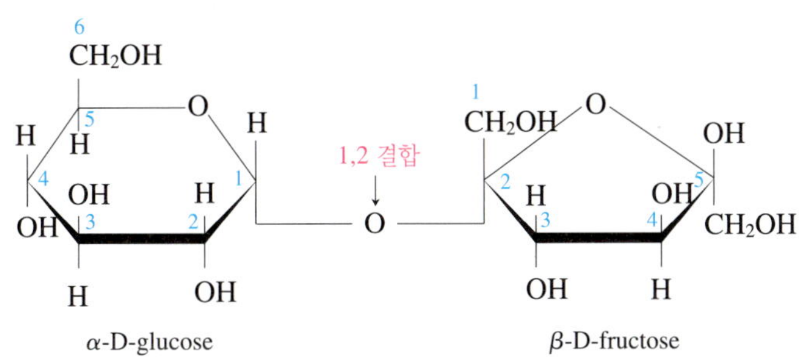

2) 유당(lactose. milk sugar)

락토오스(lactose) 또는 젖당이라고도 한다. 젖당은 우유(4~6%)나 모유속(5~8%)에 들어 있으며 200°C에서 녹고 물에 대한 용해도는 17로 비교적 잘 녹지 않는다. 단맛은 설탕 100에 대해

16이다. 효소나 산의 가수분해 작용으로 포도당과 갈락토오스가 된다.

젖당은 다른 당과는 달리 젖산균(유산균)의 작용으로 젖산발효(유산발효)를 일으켜 젖산($CH_3CH_2OH \cdot COOH$)이나 부티르산(butyric acid; $CH_3(CH_2)_2COOH$)으로 된다.

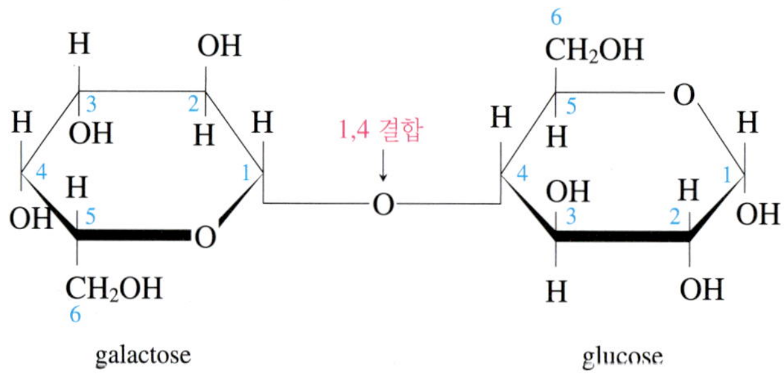

3) 맥아당(maltose, malt sugar)

말토오스(maltose)라고도 하는데 맥아 속에 있는 디아스타아제와 같은 효소의 작용으로 만들어진 것으로 이것이 가수분해되면 포도당만 생긴다.

이 엿당은 엿기름을 비롯한 발아된 씨앗에 들어 있고 엿에도 많이 들어 있다. 엿당의 단맛은 설탕 100에 대해서 32이며 순수한 것은 102~103℃에서 녹는다.

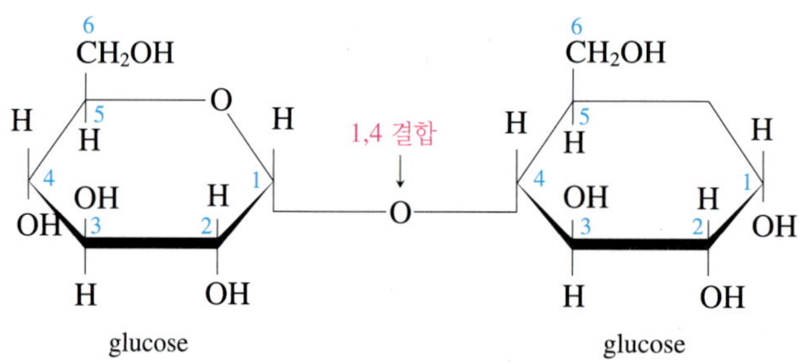

$$C_{12}H_{22}O_{11} + H_2O \longrightarrow 2C_6H_{12}O_6$$

(엿당) (포도당)

(3) 다당류(polysaccharides)

다당류의 당은 여러 개의 단당류가 이당류를 만들 때와 같은 원리로 결합하게 된다. 가장 중요한 다당류는 녹말, 글리코겐, 셀룰로오스 등을 들 수 있는데 이들은 글루코오스 분자가 반복해서 결합되어 있다.

1) 녹말(starch; $(C_6H_{10}O_5)_n$)

녹말은 식물의 동화작용으로 만들어진 저장물질로서 곡류, 감자, 고구마, 옥수수 및 쌀 속에 들어 있다. 녹말입자를 현미경으로 보면 식물의 종류에 따라 그 모양과 크기가 다르다. 무색이고 맛이 없으며 비중은 1.65이다. 녹말이 가지는 성질로서 요오드와 작용하면 진한 보라색을 나타낸다. 그러나 녹말의 가수분해가 계속 일어나면 청색은 차차 변하여 무색으로 된다.

녹말은 뜨거운 물의 처리했을 때, 두 종류로 나눌 수 있다. 즉 녹는 부분(10~20%)을 아밀로오스(amylose)라 하며 녹지 않는 부분(80~90%)을 아밀로펙틴(amylopectin)이라 한다.

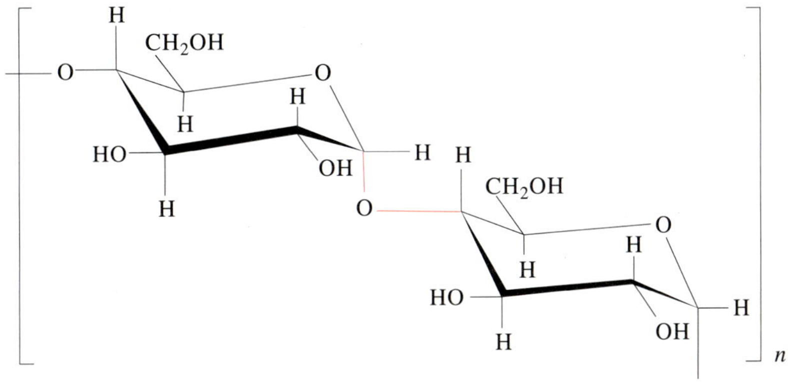

녹말

2) 글리코겐(glycogen; $(C_6H_{10}O_5)_n$)

글리코겐을 동물의 녹말이라고 하는데 포유동물의 간이나 근육 속에 들어 있으며 겉모양은 녹말과 비슷하나 분자량이 적다. 이것은 가수분해하면 포도당으로 변하여 에너지의 근원이 된다. 글리코겐은 냉수에서 잘 녹지 않으나 뜨거운 물에 녹아 콜로이드용액으로 된다.

3) 섬유소(cellulose; $(C_6H_{10}O_5)_n$)

섬유소는 셀룰로오스라고도 하며 식물의 구성물질로서 자연계에 널리 존재한다. 주로 세포벽의 성분, 솜, 볏짚 및 그 밖의 물질과 성분으로서 물이나 묽은 산, 묽은 알칼리에 녹지 않으나 수산화 구리의 암모니아성 용액에 녹는다. 또한 소화효소에는 작용을 받지 않으나 소화기 안에서는 세균류의 작용으로 분해되고 소화된다.

섬유소 분자는 적어도 3,000개의 포도당 단위체를 가지고 있으며 그 분자량은 500,000에 해당한다.

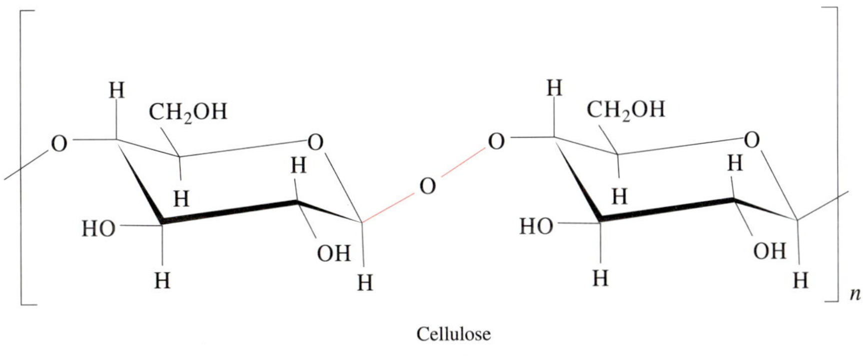

Cellulose

20.4 지방

식물이나 동물과 같은 생명체는 에너지의 저장 수단이 필요하다. 저장된 에너지는 필요에 따라 자신을 생존시키는데 쓰인다. 주로 에너지는 화학에너지의 형태로 저장되어 있다. 에너지 저장을 위한 가장 중요한 화합물 중의 하나가 지방이다. 이 물질은 상당히 긴 탄화수소의 사슬을 가지고 있는 카복실산과 글리세린이 에스테르결합으로 연결되어 있는 트라이글리세라이드(triglyceride)이다. 일반적인 구조식은 그림 20-7과 같다.

R_1, R_2, R_3는 탄소수가 3~21개까지의 탄화수소 사슬이다. 이 사슬은 완전히 포화(단일결합) 되어 있거나 하나 이상의 *cis*-올레핀기(이중결합)를 가지고 있다.

그림에서 R_1, R_2, R_3기는 같을 수도 있고 다를 수도 있다. 실온에서 액체인 경우에는 기름(oil)이라고 하며 고체인 경우에는 지방(fat)이라고 한다. 지방이나 기름은 가수분해시키면 글리세린과 R_1, R_2, R_3의 사슬을 가지는 카복실산으로 된다. 이 산을 지방산이라 하는데 대부분의 지방산은 보통 12~22개의 탄소원자를 함유하고 있다. 지방이나 기름은 음식물로부터 제공되는 중요한 에너지 자원이며, 체내에서 글리세린과 카복실산으로 가수분해되는데 리파아제(lipase)라는 효소의 작용으로 이루어진다.

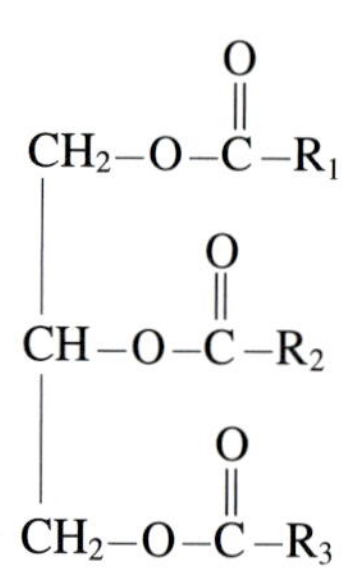

triglyceride

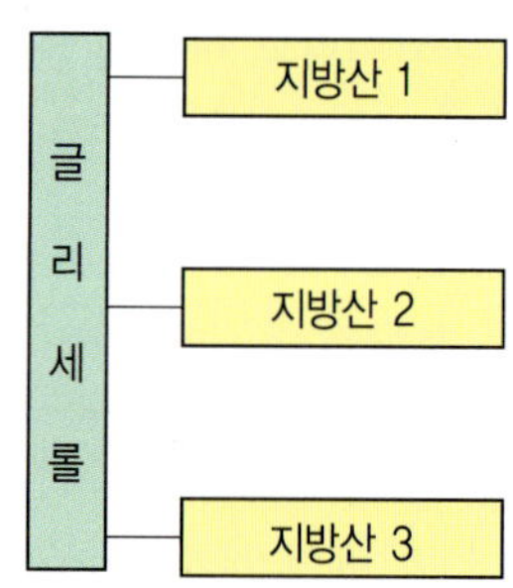

중성지방

그림 20-7 트라이글리세라이드의 구조

20.5 핵산

핵산은 거의 모든 세포에 존재하는 생체고분자 중의 하나이다. 이들은 **DNA**(deoxyribonucleic acid)와 **RNA**(ribonucleic acid)의 두 종류로 구분된다. DNA 분자는 매우 크며 분자량은 대개 6백만에서 1천 6백만 정도이다. RNA 분자는 이에 비해 상당히 작으며 분자량은 2,500~400,000 정도이다. DNA는 주로 세포의 핵 속에 존재하고, RNA는 주로 핵 밖의 주위에 있는 액체물질인 cytoplasm이라는 세포액 속에 존재한다. DNA나 RNA는 모두 **nucleotide**라고 불리는 기본

물질을 단위로 하여 구성되는 고분자 물질이다. 뉴클레오타이드는 (1) 인산분자 (2) 오각형 고리 모양의 푸라노오스형의 당분자 (3) 방향족분자와 비슷한 고리 구조를 가지고 질소를 함유하는 염기 분자로 구성되어 있다. RNA에서 발견되는 당분자는 리보오스(ribose)이고 DNA에서 발견되는 당분자는 데옥시리보오스(deoxyribose)이며 RNA의 리보오스고리 중 하나의 탄소에 붙

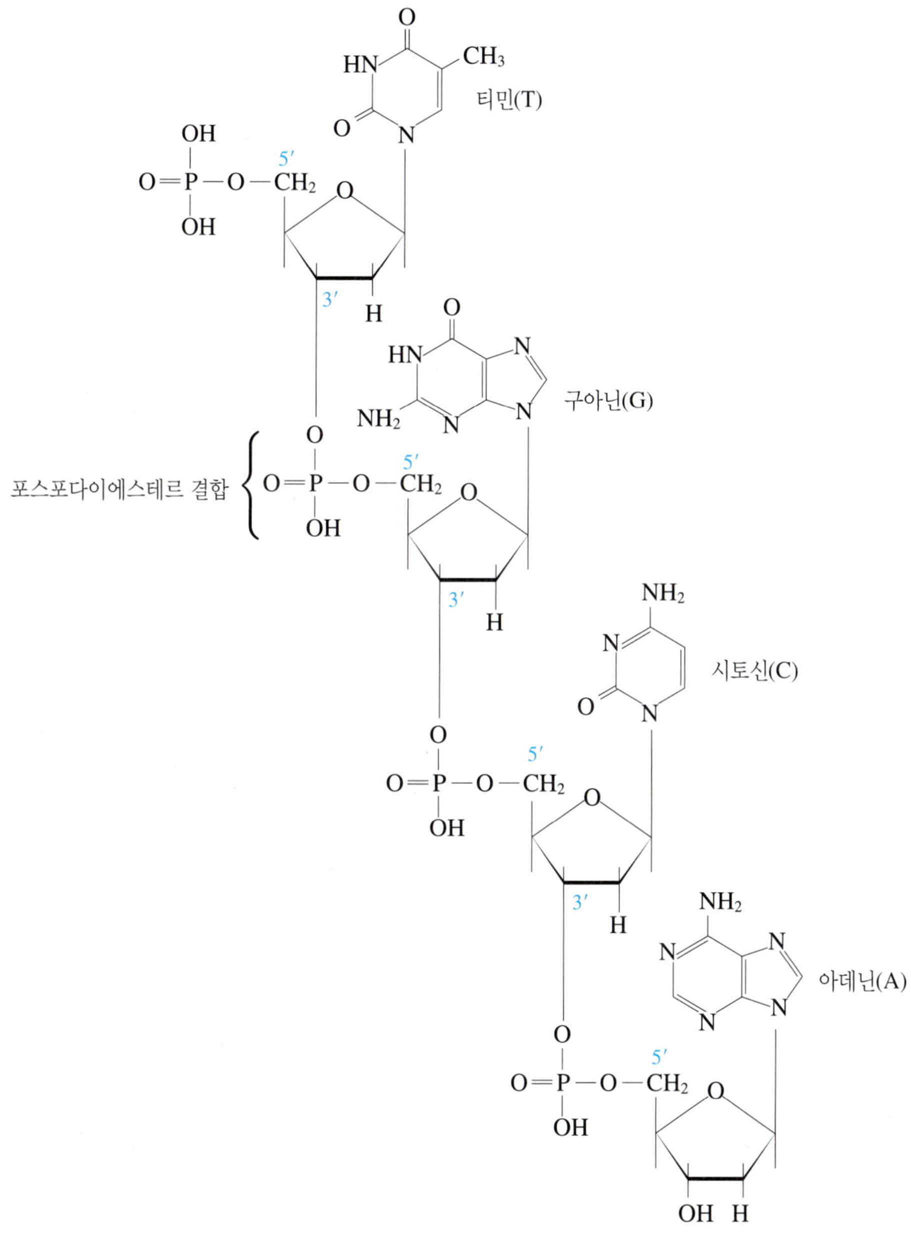

그림 20-8 DNA를 구성하는 네가지 염기들

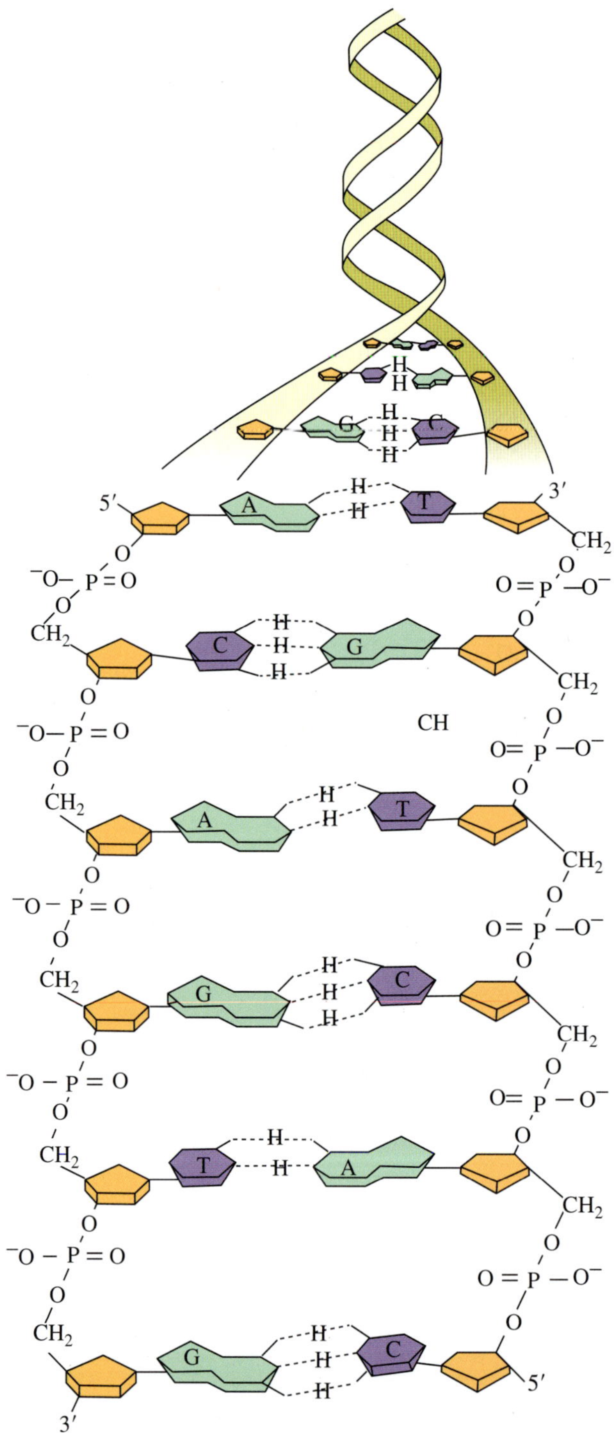

그림 20-9 DNA의 이중나선 구조

어 있는 −OH기 대신 수소원자가 치환되어 있다.

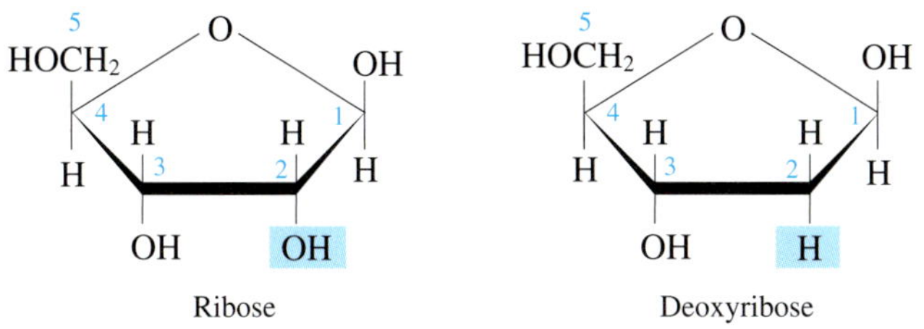

DNA 중의 염기 분자들의 결합상태는 그림 20-8에 표시되어 있으며, 이중나선 구조는 그림 20-9와 같다.

20.6 대사

세포내에서 일어나는 모든 화학반응을 **대사**(metabolism)라고 한다.

음식물의 삼대 요소인 탄수화물, 지방, 단백질 등은 우리 몸에서 일어나는 소화(digestion) 과정에서 모두 분해하여 더 작은 분자로 변화되어 장의 벽이나 세포막을 통하여 흡수된다. 녹말과 같이 탄수화물은 포도당으로 분해되고 지방은 글리세린과 지방산으로 가수분해되며, 단백질은 아미노산으로 분해된다.

녹말은 침 속에 있는 프티알린(ptyalin)이라는 효소로 소화되는데, 주로 소장에서 분해되어 포도당으로 된다.

지방은 주로 소장에서 소화되는데 담낭에서 나오는 담즙 중의 담즙산염에 의해 유화된 후 췌장(이자)액 중의 리파아제(lipase)에 의해 소화된다. 지방은 일부만이 가수분해되고 나머지는 지방의 유탁액이 되어 림프계로 들어가 혈액을 따라 순환한다. 단백질은 몸의 조직을 구성하고 효소를 만들어 주며 몇 가지 호르몬을 합성하는데 필요한 물질을 공급하여 주는 등 신진대사를 거쳐 조직을 만드는 데 필요한 물질이다.

연습문제

PROBLEMS

01. 다음 용어를 정의하여라.

a) 글루코오스 b) 셀룰로오스 c) 지방산
d) 과당 e) 아미노산 f) 펩타이드
g) 녹말 h) 단백질 i) 트라이글리세라이드

02. 탄수화물이란 무엇인가?

03. 단당류, 이낭류, 다낭류를 구분 설명하여라.

04. α-나선 구조와 이중나선 구조의 차이는 무엇인가?

05. RNA와 DNA의 구조를 설명하여라.

06. 효소의 특성에 대해 설명하여라.

07. 단백질, 탄수화물, 지방의 신진대사과정을 기술하여라.

08. 생체분자란?

09. 다음의 염기 순서 ACTCGA의 단면을 가진 하나의 DNA나선을 생각할 때 완성된 나선의 염기순서는 무엇인가?

10. (a) α-아미노산이란 무엇인가?
(b) 단백질을 형성하기 위하여 아미노산이 어떻게 반응하는가?

11. 올레산의 트라이글리세라이드의 구조를 그려라.

12. 변성이란 무엇을 말하는가? 온도의 증가에 의해 어떻게 변성이 일어나는가를 설명하여라.

부록 Appendix

A.1 여러 가지 물리적 상수

중력가속도	$g = 9.80665 ms^{-2}$
Avogadro 수	$N_0 = 6.022137 \times 10^{23}$
Bohr 반경	$a_0 = 0.52917725 \text{Å} = 5.2917725 \times 10^{-11}$ m
전자량	$e = 1.6021773 \times 10^{-19}$C
Faraday 상수	$F = 96,485.31$ $Cmol^{-1}$
기체상수	$R = 8.31451$ $Jmol^{-1}K^{-1}$
	$= 0.0820578$ L atm $mol^{-1}K^{-1}$
전자 질량	$m_e = 9.109390 \times 10^{-31}$ kg
양성자 질량	$m_p = 1.672623 \times 10^{-27}$ kg
중성자 질량	$m_n = 1.674929 \times 10^{-27}$ kg
양성자 질량 대 전자 질량비	$m_p/m_e = 1836.15270$
Planck 상수	$b = 6.626076 \times 10^{-34}$ Js
빛의 속도(진공)	$c = 2.99792458 \times 10^8$ ms^{-1}

A.2 25°C에서의 이온화상수

(1) 산의 이온화상수

일양성자산					
아세트산	(acetic)	$HC_2H_3O_2$	$\rightleftharpoons$	$H^+ + C_2H_3O_2^-$	1.8×10^{-5}
벤조산	(benzoic)	$HC_7H_5O_2$	$\rightleftharpoons$	$H^+ + C_7H_5O_2^-$	6.0×10^{-5}
아염소산	(chlorous)	$HClO_2$	$\rightleftharpoons$	$H^+ + ClO_2^-$	1.1×10^{-2}
시안산	(cyanic)	HOCN	$\rightleftharpoons$	$H^+ + OCN^-$	1.2×10^{-4}
포름산	(formic)	$HCHO_2$	$\rightleftharpoons$	$H^+ + CHO_2^-$	1.8×10^{-4}
아조화수소산	(hydrazoic)	HN_3	$\rightleftharpoons$	$H^+ + N_3^-$	1.9×10^{-5}
시안화수소산	(hydrocyanic)	HCN	$\rightleftharpoons$	$H^+ + CN^-$	4.0×10^{-10}
불화수소산	(hydrofluoric)	HF	$\rightleftharpoons$	$H^+ + F^-$	6.7×10^{-4}
차아브롬산	(hypobromous)	HOBr	$\rightleftharpoons$	$H^+ + OBr^-$	2.1×10^{-9}
차아염소산	(hypochlorous)	HOCl	$\rightleftharpoons$	$H^+ + OCl^-$	3.2×10^{-8}
아질산	(nitrous)	HNO_2	$\rightleftharpoons$	$H^+ + NO_2^-$	4.5×10^{-4}

(2) 다양성자산의 이온화 상수

비산	(arsenic)	H_3AsO_4	$\rightleftharpoons$	$H^+ + H_2AsO_4^-$	$K_1 = 2.5 \times 10^{-4}$
		$H_2AsO_4^-$	$\rightleftharpoons$	$H^+ + HAsO_4^{2-}$	$K_2 = 5.6 \times 10^{-8}$
		$HAsO_4^{2-}$	$\rightleftharpoons$	$H^+ + AsO_4^{3-}$	$K_3 = 3 \times 10^{-13}$
탄산	(carbonic)	$CO_2 + H_2O$	$\rightleftharpoons$	$H^+ + HCO_3^-$	$K_1 = 4.2 \times 10^{-7}$
		HCO_3^-	$\rightleftharpoons$	$H^+ + CO_3^{2-}$	$K_2 = 4.8 \times 10^{-11}$
황화수소산	(hydrosulfuric)	H_2S	$\rightleftharpoons$	$H^+ + HS^-$	$K_1 = 1.1 \times 10^{-7}$
		HS^-	$\rightleftharpoons$	$H^+ + S^{2-}$	$K_2 = 1.0 \times 10^{-14}$
옥살산	(oxalic)	$H_2C_2O_4$	$\rightleftharpoons$	$H^+ + HC_2O_4^-$	$K_1 = 5.9 \times 10^{-2}$
		$HC_2O_4^-$	$\rightleftharpoons$	$H^+ + C_2O_4^{2-}$	$K_2 = 6.4 \times 10^{-5}$
인산	(phosphoric)	H_3PO_4	$\rightleftharpoons$	$H^+ + H_2PO_4^-$	$K_1 = 7.5 \times 10^{-3}$
		$H_2PO_4^-$	$\rightleftharpoons$	$H^+ + HPO_4^{2-}$	$K_2 = 6.2 \times 10^{-8}$
		HPO_4^{2-}	$\rightleftharpoons$	$H^+ + PO_4^{3-}$	$K_3 = 1 \times 10^{-12}$
아인산	(phosphorous)	H_3PO_3	$\rightleftharpoons$	$H^+ + H_2PO_3^-$	$K_1 = 1.6 \times 10^{-2}$
(이양성자산)	(diprotic)	$H_2PO_3^-$	$\rightleftharpoons$	$H^+ + HPO_3^{2-}$	$K_2 = 7 \times 10^{-7}$
황산	(sulfuric)	H_2SO_4	$\rightleftharpoons$	$H^+ + HSO_4^-$	센산
		HSO_4^-	$\rightleftharpoons$	$H^+ + HSO_4^{2-}$	$K_2 = 1.3 \times 10^{-2}$
아황산	(sulfurous)	$SO_2 + H_2O$	$\rightleftharpoons$	$H^+ + HSO_3^-$	$K_1 = 1.3 \times 10^{-2}$
		HSO_3^-	$\rightleftharpoons$	$H^+ + SO_3^{2-}$	$K_2 = 5.6 \times 10^{-8}$

(3) 염기의 이온화 상수

암모니아	$NH_3 + H_2O$	$\rightleftharpoons$	$NH_4^+ + OH^-$	$K_b = 1.8 \times 10^{-5}$
아닐린	$C_6H_5NH_2 + H_2O$	$\rightleftharpoons$	$C_6H_5NH_3^+ + OH^-$	$K_b = 4.6 \times 10^{-10}$
다이메틸아민	$(CH_3)_2NH + H_2O$	$\rightleftharpoons$	$(CH_3)_2NH_2^+ + OH^-$	$K_b = 7.4 \times 10^{-4}$
하이드라진	$N_2H_4 + H_2O$	$\rightleftharpoons$	$N_2H_5^+ + OH^-$	$K_b = 9.8 \times 10^{-7}$
메틸아민	$CH_3NH_2 + H_2O$	$\rightleftharpoons$	$CH_3NH_3^+ + OH^-$	$K_b = 5.0 \times 10^{-4}$
피리딘	$C_5H_5N + H_2O$	$\rightleftharpoons$	$C_5H_5NH^+ + OH^-$	$K_b = 1.5 \times 10^{-9}$
트라이메틸아민	$(CH_3)_3N + H_2O$	$\rightleftharpoons$	$(CH_3)_3NH^+ + OH^-$	$K_b = 7.4 \times 10^{-5}$

(4) 용해도곱

브롬화물	
$PbBr_2$	4.6×10^{-6}
Hg_2Br_2	1.3×10^{-22}
$AgBr$	5.6×10^{-22}

크롬산염	
$BaCrO_4$	8.5×10^{-11}
$PbCrO_4$	2.0×10^{-16}
Hg_2CrO_4	2.0×10^{-9}
Ag_2CrO_4	1.9×10^{-12}
$SrCrO_4$	3.6×10^{-5}

탄산염	
$BaCO_3$	1.6×10^{-9}
$CdCO_3$	5.2×10^{-12}
$CaCO_3$	4.7×10^{-9}
$CuCO_3$	2.5×10^{-10}
$FeCO_3$	2.1×10^{-11}
$PbCO_3$	1.5×10^{-15}
$MgCO_3$	1.0×10^{-15}
$MnCO_3$	8.8×10^{-11}
$HgCO_3$	9.0×10^{-17}
$NiCO_3$	1.4×10^{-7}
$AgCO_3$	8.2×10^{-12}
$SrCO_3$	7.0×10^{-10}
$ZnCO_3$	2.0×10^{-10}

옥살산염	
BaC_2O_4	1.5×10^{-8}
CaC_2O_4	1.3×10^{-9}
PbC_2O_4	8.3×10^{-12}
MgC_2O_4	8.6×10^{-5}
$Ag_2C_2O_4$	1.1×10^{-11}
SrC_2O_4	5.6×10^{-8}

인산염	
$Ba_3(PO_4)_2$	6.0×10^{-39}
$Ca_3(PO_4)_2$	1.3×10^{-32}
$Pb_3(PO_4)_2$	1.0×10^{-54}

염화물	
$PbCl_2$	1.6×10^{-5}
$HgCl_2$	1.1×10^{-18}
$AgCl$	1.7×10^{-10}
Ag_3PO_4	1.8×10^{-8}
$Sr_3(PO_4)_2$	1.0×10^{-13}

황산염	
$BaSO_4$	1.5×10^{-9}
$CaSO_4$	2.4×10^{-5}
$PbSO_4$	1.3×10^{-8}
Ag_2SO_4	1.2×10^{-5}
$SrSO_4$	7.6×10^{-7}

불화물	
BaF_2	2.4×10^{-5}
CaF_2	3.9×10^{-11}
PbF_2	4.0×10^{-8}
MgF_2	8.0×10^{-8}
SrF_2	7.9×10^{-10}

요오드화물	
PbI_2	8.3×10^{-9}
Hg_2I_2	4.5×10^{-29}
AgI	8.5×10^{-17}

황화물	
Bi_2S_3	1.6×10^{-72}
CdS	1.0×10^{-28}
CoS	5.0×10^{-22}
CuS	8.0×10^{-37}
FeS	4.0×10^{-19}
PbS	7.0×10^{-29}
MnS	7.0×10^{-16}
HgS	1.6×10^{-54}
NiS	3.0×10^{-21}
Ag_2S	5.5×10^{-51}
SnS	1.0×10^{-26}
ZnS	2.5×10^{-22}

수산화물	
$Al(OH)_3$	5.0×10^{-33}
$Ba(OH)_2$	5.0×10^{-3}
$Cd(OH)_2$	2.0×10^{-14}
$Ca(OH)_2$	1.3×10^{-6}
$Cr(OH)_3$	6.7×10^{-31}
$Co(OH)_2$	2.5×10^{-16}
$Co(OH)_3$	2.5×10^{-43}
$Cu(OH)_2$	1.6×10^{-19}
$Fe(OH)_2$	1.8×10^{-15}
$Fe(OH)_3$	6.0×10^{-38}
$Pb(OH)_2$	4.2×10^{-15}
$Mg(OH)_2$	8.9×10^{-12}
$Mn(OH)_2$	2.0×10^{-13}
$Hg(OH)(HgO)$	3.0×10^{-26}
$Ni(OH)_2$	1.6×10^{-16}
$AgOH(AgO)$	2.0×10^{-8}
$Sr(OH)_2$	3.2×10^{-4}
$Sn(OH)_2$	3.0×10^{-27}
$Zn(OH)_2$	4.5×10^{-17}

기타	
$NaHCO_3$	1.2×10^{-3}
$KClO_4$	8.9×10^{-3}
$K_2[PtCl_6]$	1.4×10^{-6}
$AgC_2H_3O_2$	2.3×10^{-3}
$AgCN$	1.6×10^{-14}
$AgCNS$	1.0×10^{-12}

A.3 단위환산표

(1) 질량(M)

g	돈	oz	lb	근	kg	관	t
1	0.26667	0.035274	0.0022046	0.0016667	0.001		
3.75	1	0.13228	0.0082673	0.00625	0.00375	0.001	
28.3495	7.5597	1	0.0625	0.04725	0.028349	0.0075597	
453.592	120.958	16	1	0.75597	0.45359	0.120958	0 0004536
600	160	21.1644	1.3228	1	0.6	0.16	0.0006
1000	266.67	35.27395	2.20462	1.6667	1	0.2667	0.001
3750	1000	132.28	8.2673	6.25	3.75	1	0.00375
			2204.62	1666.7	1000	266.67	1

1 t(metric) = 0.9842 long ton(영국) = 1.102 short ton(미국), 1long ton(영국) = 2,240 lb = 1.0165 t,
1 short ton(미국) = 2000 lb = 0.90719 t, 1Lb · sec^2/ft = 1 slug

(2) 길이(L)

cm	in	자	ft	yd	m	간	km
1	0.3937	0.033	0.03281	0.01094	0.01	0.0055	1.0×10^{-5}
2.54	1	0.08382	0.008333	0.02773	0.0254	0.01397	2.54×10^{-5}
30.30303	11.9303	1	0.99419	0.3314	0.30303	0.16667	0.00030303
30.48	12	1.00584	1	0.33333	0.3048	0.16764	0.0003048
91.44	36	3.01752	3	1	0.9144	0.50292	0.0009144
100	39.37	3.3	3.28084	1.09361	1	0.55	0.001
181.8182	71.582	6	5.9562	1.9884	1.81818	1	0.0018182
	39370	3300	3280.84	1093.61	1000	550	1

1 Å = 10^{-8} cm, 1 μ = 10^{-4} cm, 1 mile = 5280 ft = 1609.3 m

(3) 면적(L)

cm^2	in^2	자	ft^2	m^2	평	아아르	에이커
1	0.15500	0.001089	0.0010764	0.0001			
6.4516	1	0.0070258	0.006944	0.00064516	0.0001952		
918.27	142.33	1	0.98842	0.091827	0.02778	0.0009183	
929.03	144	1.0117	1	0.092903	0.0281	0.000929	
10000	1550.1	10.89	10.7639	1	0.3025	0.01	0.0002471
33058	5124.0	36	35.583	3.3058	1	0.033058	0.0008169
		1089	1076.39	100	30.25	1	0.02471
		44070	43560	4046.85	1224	40467	1

헥타아르 = 100아아르, 1에이커 = 4840 yd^2, 1정보 = 300평 = 9917.4 cm^2

(4) 부피(L)

cm^3	in^3	L	U.S.gal	자	ft^3	말	m^3(kL)
1	0.061024	0.001	0.00026418	0.0_435937	0.0_435315	0.0_555437	0.0_51
16.387	1	0.0016387	0.004329	0.00058890	0.0005787	0.090845	0.0_416387
1000	61.02374	1	0.26418	0.35937	0.035315	0.0055437	0.001
3785.3	231	3.7853	1	0.13603	0.13368	0.020985	0.0037853
37826	1698.1	27.826	7.3511	1	0.08268	0.15426	0.027826
28316.8	1728	28.3168	7.4805	1.0176	1	0.15698	0.028817
		180.39	47.654	6.4825	6.3703	1	0.18089
		1000	264.18	35.937	35.3147	5.5437	1

1 t = 1000.03 cm^3, 석유 barrel(bbl) = 42 U.S. gal = 35 영국 gal, 1 영국 gal = 1.2 U.S. gal

A.4 그리스 문자

이름	문자	이름	문자	이름	문자
Alpha	A α	Iota	I ι	Rho	P ρ
Beta	B β	Kappa	K κ	Sigma	Σ σ
Gamma	Γ γ	Lambda	Λ λ	Tau	T τ
Delta	Δ δ	Mu	M μ	Upsilon	Υ υ
Epsilon	E ε	Nu	N ν	Phi	Φ φ
Zeta	Z ζ	Xi	Ξ ξ	Chi	X χ
Eta	H η	Omicron	O o	Psi	Ψ ψ
Theta	Θ θ	Pi	Π π	Omega	Ω ω

A.5 표준환원 전위

반쪽반응	(volts)	반쪽반응	(volts)
$F_2(g) + 2e^- \rightarrow 2F^-$	2.87	$SO_4^{2-} + 4H^+ + 2e^- \rightarrow H_2SO_3 + H_2O$	0.20
$H_2O_2 + 2H^+ + 2e^- \rightarrow 2H_2O$	1.776	$Cu^{2+} + e^- \rightarrow Cu^+$	0.158
$PbO_2(s) + SO_4^{2-} + 4H^+ + 2e^- \rightarrow PbSO_4(s) + 2H_2O$	1.685	$S_4O_6^{2-} + 2e^- \rightarrow 2S_2O_3^{2-}$	0.0895
$Au^+ + e^- \rightarrow Au(s)$	1.68	$NO_3^- + H_2O + 2e^- \rightarrow NO_2^- + 2OH^-$	0.01
$MnO_4^- + 4H^+ + 3e^- \rightarrow MnO_2(s) + 2H_2O$	1.679	$2H^+ + 2e^- \rightarrow H_2(g)$	0.000
$HClO_2 + 2H^+ + 2e^- \rightarrow HClO + H_2O$	1.64	$Pb^{2+} + 2e^- \rightarrow Pb(s)$	−0.1263
$HClO + H^+ + e^- \rightarrow \frac{1}{2}Cl_2(g) + H_2O$	1.63	$Sn^{2+} + 2e^- \rightarrow Sn(s)$	−0.1364
$Ce^{3+} + e^- \rightarrow Ce^{3+}$(1M HNO_3 solution)	1.61	$Ni^{2+} + 2e^- \rightarrow Ni(s)$	−0.23
$2NO(g) + 2H^+ + 2e^- \rightarrow N_2O(g) + H_2O$	1.59	$Co^{2+} + 2e^- \rightarrow Co(s)$	−0.28
$BrO_3^- + 6H^+ + 5e^- \rightarrow \frac{1}{2}Br_2(l) + 3H_2O$	1.52	$PbSO_4(s) + 2e^- \rightarrow Pb(s) + SO_4^{2-}$	−0.356
$Mn^{3+} + e^- \rightarrow Mn^{2+}$	1.51	$Mn(OH)_3(s) + e^- \rightarrow Mn(OH)_2(s) + OH^-$	−0.40
$MnO_4^- + 8H^+ + 5e^- \rightarrow Mn^{2+} + 4H_2O$	1.491	$Cd^{2+} + 2e^- \rightarrow Cd(s)$	−0.4026
$ClO_3^- + 6H^+ + 5e^- \rightarrow \frac{1}{2}Cl_2(g) + 3H_2O$	1.47	$Fe^{2+} + 2e^- \rightarrow Fe(s)$	−0.409
$PbO_2(s) + 4H^+ + 2e^- \rightarrow Pb^{2+} + 2H_2O$	1.46	$Cr^{3+} + e^- \rightarrow Cr^{2+}$	−0.41
$Au^{3+} + 3e^- \rightarrow Au(s)$	1.42	$Cr^{2+} + 2e^- \rightarrow Cr(s)$	−0.557
$Cl_2(g) + 2e^- \rightarrow 2Cl^-$	1.3583	$Fe(OH)_3(s) + e^- \rightarrow Fe(OH)_2(s) + OH^-$	−0.56
$Cr_2O_7^{2-} + 14H^+ + 6e^- \rightarrow 2Cr^{3+} + 7H_2O$	1.33	$PbO(s) + H_2O + 2e^- \rightarrow Pb(s) + 2OH^-$	−0.576
$O_3(g) + H_2O + 2e^- \rightarrow O_2 + 2OH^-$	1.24	$2SO_3^{2-} + 3H_2O + 4e^- \rightarrow S_2O_3^{2-} + 6OH^-$	−0.58
$O_2(g) + 4H^+ + 4e^- \rightarrow 2H_2O$	1.229	$Ni(OH)_2(s) + 2e^- \rightarrow Ni(s) + 2OH^-$	−0.66
$MnO_2(s) + 4H^+ + 2e^- \rightarrow Mn^{2+} + 2H_2O$	1.208	$Co(OH)_2(s) + 2e^- \rightarrow Co(s) + 2OH^-$	−0.73
$ClO_4^- + 2H^+ + 2e^- \rightarrow ClO_3 + H_2O$	1.19	$Cr^{3+} + 3e^- \rightarrow Cr(s)$	−0.74
$Br_2(l) + 2e^- \rightarrow 2Br^-$	1.065	$Zn^{2+} + 2e^- \rightarrow Zn(s)$	−0.7628
$NO_3^- + 4H^+ + 3e^- \rightarrow NO(g) + 2H_2O$	0.96	$2H_2O + 2e^- \rightarrow H_2(g) + 2OH^-$	−0.8277
$2Hg^{2+} + 2e^- \rightarrow Hg_2^{2+}$	0.905	$SO_4^{2-} + H_2O + 2e^- \rightarrow SO_3^{2-} + 2OH^-$	−0.92
$Ag^+ + e^- \rightarrow Ag(s)$	0.7996	$Mn^{2+} + 2e^- \rightarrow Mn(s)$	−1.029
$Hg_2^{2+} + 2e^- \rightarrow 2Hg(l)$	0.7961	$Mn(OH)_2(s) + 2e^- \rightarrow Mn(s) + 2OH^-$	−1.47
$Fe^{3+} + e^- \rightarrow Fe^{2+}$	0.770	$Al^{3+} + 3e^- \rightarrow Al(s)$	−1.706
$O_2(g) + 2H^+ + 2e^- \rightarrow H_2O_2$	0.682	$Sc^{3+} + 3e^- \rightarrow Sc(s)$	−2.08
$BrO_3^- + 3H_2O + 6e^- \rightarrow Br^- + 6OH^-$	0.61	$Ce^{3+} + 3e^- \rightarrow Ce(s)$	−2.335
$MnO_4^- + 2H_2O + 3e^- \rightarrow MnO_2(s) + 4OH^-$	0.588	$La^{3+} + 3e^- \rightarrow La(s)$	−2.37
$I_2(s) + 2e^- \rightarrow 2I^-$	0.535	$Mg^{2+} + 2e^- \rightarrow Mg(s)$	−2.375
$Cu^+ + e^- \rightarrow Cu(s)$	0.522	$Mg(OH)_2(s) + 2e^- \rightarrow Mg(s) + 2OH^-$	−2.69
$O_2(g) + 2H_2O + 4e^- \rightarrow 4OH^-$	0.401	$Na^+ + e^- \rightarrow Na(s)$	−2.7109
$Cu^{2+} + 2e^- \rightarrow Cu(s)$	0.3402	$Ca^{2+} + 2e^- \rightarrow Ca(s)$	−2.76
$PbO_2(s) + H_2O + 2e^- \rightarrow PbO(s) + 2OH^-$	0.28	$Ba^{2+} + 2e^- \rightarrow Ba(s)$	−2.90
$Hg_2Cl_2(s) + 2e^- \rightarrow 2Hg(l) + 2Cl^-$	0.2682	$K^+ + e^- \rightarrow K(s)$	−2.925
$AgCl(s) + e^- \rightarrow Ag(s) + Cl^-$	0.2223	$Li^+ + e^- \rightarrow Li(s)$	−3.045

찾아보기

INDEX

ㅈ

ㅊ

최신 일반화학 정가 29,000원

발 행 2024년 3월 10일 초판 3쇄
저 자 대학화학교재연구회
발행인 정우용
발행처 도서출판 **동화기술**
경기도 파주시 광인사길 201(문발동, 파주출판도시)
Tel (031)955-4211~6 donghwapub@nate.com
Fax (031)955-4217 www.donghwapub.co.kr
(등록) 1977년 12월 19일/9-16호

Printed in Korea

ISBN 978-89-425-9155-8